시스템생물학

SYSTEMS BIOLOGY

조광현 지음

홍릉과학출판사

생명체의 숨겨진 동작원리에 호기심을 가진 모든 이들에게

시 스 템 생 물 학

S y s t e m s   B i o l o g y

생명체의 숨겨진 동작원리에 호기심을 가진 모든 이들에게

서 문

태초에 빅뱅으로 우주가 탄생한 후 약 40억년의 시간이 흐르며 과연 어떻게 생명체의 존재가 생겨나게 된 것일까? 프리고진은 열린 비평형 동역학계 이론으로부터 생명의 고유한 특징을 설명하고자 하였으며 이러한 아이디어는 오랫동안 많은 사람들을 매료시켰다. 또한 스튜어트 카우프만은 일찍이 그의 번득이는 지적 영감으로부터 물질들이 상호작용을 통해 순환하는 자기추진고리를 형성하며 비로소 자급자족하는 촉매계를 '창발'하였을 가능성을 제시함으로써 생명의 기원이 결코 우연이 아닌 상호작용하는 물질계의 필연적 산물임을 주장한 바 있다. 카네코는 단순한 규칙을 따르는 독립된 개체들의 집단이 상호작용을 통하여 궁극에 생명의 다양성에 상응하는 특성을 나타낼 수 있음을 보인 바 있다. 지금껏 밝혀진 세포내의 복잡한 조절회로를 탐구하며 나를 매료시킨 재미있는 성질 가운데 하나는 네트워크상의 상호작용 연결고리가 결국 원래 노드로 회귀하는 피드백구조에 관한 것이다. 물론 공학에서는 20세기 초 진공관으로 앰프를 설계할 때 앰프의 특성이 온도와 습도에 민감하게 변화하는 문제점을 해결하기 위해 이미 이러한 피드백구조를 창안해서 이용하였으며, 오늘날 소위 제어공학의 모든 근간을 이루는 중요한 '모티프' 회로로 이용되고 있다. 그러나 이러한 원리가 생명체 내부에서는 벌써 오래 전부터 진화적으로 발생되어 이용되어지고 있었던 것이다. 세포내 조절회로를 반도체 집적회로의 설계도처럼 펼쳐 놓으면 수없이 많은 피드백구조가 발견되는데 여기에는 공학적으로 활용된 적은 없지만 생명체가 진화를 통해 이미 이용하고 있는, 보다 다양하고 놀라운 특징적 구조들을 찾아 볼 수 있다. 본서는 이렇듯 흥미진진한 세포내 조절회로를 중심으로 생명체의 다양한 동역학 성질들이 어떻게 유발되는지를 탐구해나가는 그야말로 바이오융합기술의 모험적 시도에 관한 안내서이며, 지난 10여년간 저자의 연구실에서 수행된 시스템생물학 연구경험을 토대로 향후 이 분야 연구에 관심을 가지고 도전해갈 과학도들에게 필요한 기초지식을 집약하여 전달하기 위한 노력의 일환이기도 하다.

21세기를 맞이하여 살아가고 있는 우리는 소용돌이치는 패러다임의 변화 한복판에 서있다. 전통적인 학문분야의 경계가 모호해지고 심지어 공학과 과학의 경계마저 사라지고 있다. 우리는 이러한 변화의 시기 한복판에 서서 이를 목격하는 행운을 가지게 된 것이다. 많은 새로운 아이디어가 분야의 경계에서 속속 탄생되고 있으며 어느덧 우리 사회는 이러한 사고의 전환을 부추기고 있다. 현대과학에서 큰 화두로 자리 매김을 하고 있는 이러한 퓨전열풍은 생명과학이 직면하고 있는 수수께끼를 풀기 위해 그동안 전혀 다른 영역(공학, 수학, 물리학 등)에서 발전되어져 온 시스템과학과 융합되어 '시스템생물학(Systems Biology)'이라는 새로운 학문분야를 창출하기에 이르렀다. 그 이면에는 지금까지 생명과학계의 주된 연구가 특정현상에 관여하는 요소를 '발견'하는 차원에서 이루어져온 데 반해 정작 생명현상의 원리를 이해하기 위해서는 그와 같은 요소들이 어떻게 상호작용하여 비로소 복잡한 생명현상을 만들어내는지 '논리'적인 탐구가 필요하다는 시대적 요청이 잠재되어져 있다. 우리는 특정질병과 관련된 유전자, 단백질 등의 발견에 관한 뉴스를 종종 접하여 왔지만 그와 같은 발견으로 인해 인류의 질병이 극복된 사례는 아직 접한 적이 없다. 이는 생명현상이 특정요소의 작용만으로 설명될 수 없는 복잡성을 지니고 있음을 보여주는 단적인 예라고 할 수 있다.

21세기 최대의 화두는 명실공히 생명과학이다. 전 세계적으로 생명과학기술의 우위를 점하기 위한 치열한 경쟁이 벌어지고 있는데 이러한 움직임 가운데 가장 두드러진 것이 학제간 공동연구이다. 그 대표적인 예가 생명과학, 공학, 수학, 물리학 등이 융합된 시스템생물학 연구이다. 여기에는 서로 다른 학제간의 벽을 허물고 서로의 장점을 활용하여 생명과학의 공유된 연구주제를 함께 탐구해가는 열린 자세와 새로운 시도를 두려워하지 않고 실천하는 도전정신이 중요한 역할을 하고 있다. 20세기말 인터넷을 통해 "Systems Biology"라는 영문 주제어를 검색하였을 경우 불과 1페이지의 웹문서가 검색되었던 것에 반해 21세기를 접어든 후 불과 몇년만에 1억여건의 웹문서가 검색된 것으로부터 가히 이 분야에 대한 관심이 얼마나 폭발적으로 증대되었는지를 짐작해 볼 수 있다. 융합과학은 매력적이나 결코 그 매력만큼 접근하기에 용이하지는 않다. 간혹 시스템생물학이, 기존 분자생물학의 연구범위를 넓혀 보다 많은 유전자, 단백질들의 변화를 집합적으로 연구하는 것으로 오인되기도 하지만 이는 단지 집합적 생물학(Integrative Biology)일 뿐 시스템생물학에서 추구하는 생명현상의 숨겨진 '시스템' 차원의 메커니즘을 융합연구를 통해 해독하려는 본래의 개념과는 거리가 멀다. 시스템생물학의 어원은 공학, 수학, 물리학을 망라하는 시스템과학(Systems Science)과 생물학(Biology)의 융합에서 비롯된 것이다. 본서는 저자의 연구실에서 지난 10여년간 수행되어진 다양한 시스템생물학 연구의 경험을 토대로, 공학, 수학, 물리학 등의 비생명과학 전공자에게는 생명과학 관점에서 필요한 지식과 접근법을, 생명과학 전공자에게는 공학, 수학, 물리학 등의 관점에서 필요한 지식과 접근법을 제공하기 위해 저술되었다. 특히 생명체를 정적인 구조체가 아닌 동역학 시스템으로 간주하고, 복잡한 생명현상 이면의 진화적 설계원리를 이해하는데 융합과학의 접근법이 어떻게 활용될 수 있는지를 소개한다.

본서의 구성은 다음과 같다. 1장에서는 시스템생물학의 개념을 소개하고 이러한 개념이 21세기를 들어서면서 새롭게 조명된 배경과 동향을 살펴본다. 2장에서는 생명과학의 기초적인 지식을 분자, 세포생물학을 중심으로 알아본다. 3장에서는 수리모델링과 시스템이론의 기초지식을 알아본다. 4장에서는 시스템생물학을 위한 통계학의 기초지식을 소개한다. 5장에서는 효소동역학을 중심으로 세포내 분자반응, 특히 신호전달과정에 대한 수학모델을 정립하기 위해 필요한 기초이론과 실제 예를 알아본다. 6장에서는 세포내 미세한 분자반응에 내재된 불확실성을 포함한 거동을 추계적 모델을 통해 모사하는 방법에 대해 알아본다. 7장에서는 대규모의 복잡한 생체반응을 보다 거시적인 관점에서 모사할 때 유용한 논리기반 모델링에 대해 소개한다. 8장에서는 복잡하고 비선형성이 강한 세포반응과 세포내 분자수준의 작동에 대한 동역학 특성을 파악하기 위해 필요한 다양한 동역학 분석방법에 대해 알아본다. 9장에서는 세포내 분자상호작용에 대한 시각을 조금 멀리하여, 이러한 상호작용들이 형성하는 거대한 네트워크를 어떻게 모사하고 주요한 특성들을 거시적으로 어떻게 파악할 수 있는지에 대해 살펴본다. 10장에서는 이러한 시각을 다시 전환하여 보다 면밀하게 생체네트워크를 바라보고, 크고 복잡한 네트워크내에 주요 동역학 성질을 유발하는 작은 요인들이 무엇인지를 알아본다. 11장에서는 세포내 분자상호작용 네트워크를 포함한 생체네트워크의 진화원리를 현대과학의 견지에서 조망해보고 이러한 진화원리가 생명시스템의 진화과정을 이해하는데 어떤 새로운 시각을 제공해주는지에 대해 살펴본다. 12장에서는 생체회로 모델링의 표준과 시뮬레이션 도구에 대해, 13장에서는 네트워크 모델링 및 분석에 유용한 도구들에 대해, 그리고 14장에서는 방대하고 다양한 생명정보들이 집대성되어 있는 생물학 데이터베이스들에 대해 소개한다. 끝으로 15장에서는 시스템생물학이 인체의 복잡한 질병에 대한 새로운 이해와 치료법 개발, 그리고 환자맞춤형 진단과 치료를 위한 시스템의학으로 어떻게 진화되어 가고 있는지에 대해 소개한다.

끝으로 민수, 상우, 대원, 준일, 동산, 태환, 제훈, 상민, 효빈, 종훈, 성환, 황열, 태준, 호성, 재경, 준혁, 신성영 박사, 권영근 박사를 비롯한 KAIST 시스템생물학 및 바이오영감공학 연구실(구 서울대 시스템생물학 연구실) 구성원 모두에게 감사의 마음을 전하며 본서가 시스템생물학이라는 융합학문에 호기심을 가지고 이제 연구를 시작하려는 후학들에게 길라잡이가 될 수 있기를 바란다. 그리고 본서가 마무리 될 때까지 아빠의 시간을 허락해 준 민영, 서영, 영욱에게 사랑을 전한다.

2013년 6월

조광현

목 차

제5장 효소동역학 모델 _ 145

제6장 추계적 모델링 _ 177

제7장 생체네트워크의 로직기반 모델 _ 205

제8장 동역학 분석 _ 235

제9장 생체네트워크의 구조와 특성 _ 287

제10장 네트워크 모티프와 동역학 _ 317

제11장 생체 네트워크의 진화 _ 347

제12장 생체회로 모델링을 위한 표준 및 시뮬레이션 도구들 _ 373

제13장 네트워크 분석 도구 _ 399

chapter 01

시스템생물학의 개요

"왜 세포는 동일한 자극에 대해 다른 반응을 보일까?"

"종양억제단백질을 주입해도 왜 암세포는 계속 증식하는 것일까?"

"세포내 서로 다른 두 신호전달경로 사이의 크로스토크는 어떤 역할을 할까?"

"복잡한 세포내 신호전달경로는 어떤 목적과 과정으로 진화하여 이루어진 것일까?"

종종 생명과학계의 주요 발견에 관한 뉴스가 전해질 때면 의례히 암, 에이즈 등 여러 난치성 질병들도 이제 곧 정복될 것이라는 기대섞인 소식이 함께 전해지곤 하였다. 그러나 이와 같은 기대가 오랫동안 지속되어 왔음에도 불구하고 정작 그러한 질병을 완전히 극복하는 길은 여전히 요원해보인다. 그 이유는 무엇일까? 여기에는 보다 근원적인 문제가 잠재해 있다. 우리가 소위 '복잡계 질환(선형적논리로 설명되지 않는 질병)'을 극복하기 위해서는 질병메커니즘 자체에 대한 보다 근본적인 이해가 필요하다. 여기서 질병메커니즘을 이해한다는 것은 관련된 주요 유전자나 단백질 등을 발견하는 것 이상을 의미한다. 즉, 생명시스템이 어떠한 원리에 의해 작동되며 다양한 외부자극에 대해 어떻게 대처하는지, 그리고 항상성이 깨어지는 경계조건은 무엇인지 등을 유전자와 단백질, 그리고 세포들의 상호작용 네트워크에서 궁극적으로 이해해야만 하는 것이다. 그러나 지금까지 생명과학계의 주된 연구주제는 생명현상에 관여하는 주요 물질을 발견하고 그 분자적 특징을 규명하는데 초점을 맞추어왔을 뿐 이들이 어떻게 '시스템'을 구성하며 그러한 시스템내에서 상호작용에 관한 역할이 무엇인지 등에 대해서는 그다지 관심을 가져오지 않았다. 여기 한가지 비유를 생각해보자(그림 1.1). 흔히 영국신사를 떠올리면 상상되는 영국인의 이미지는 매우 점잖고 예의바른 모습이다. 그러나 축구경기장의 훌리건을 지켜보면 전혀 다른 모습을 관측할 수 있다. 매우 흥분에 차있고 비이성적이다. 하지만 이들도 일상에서는 전혀 다를 바 없는 점잖고 예의바른 영국신사들이다. 그러면 무엇이 이러한 차이를 만드는 것일까? 다름아닌 축구경기장에서 관람객들 사이의 응원에 의한 상호작용이 바로 그 원인이다. 열기와 흥분은 사람들 사이에 쉽게 전파되고 시너지효과를 통해 급기야 동일한 사람의 전혀 다른

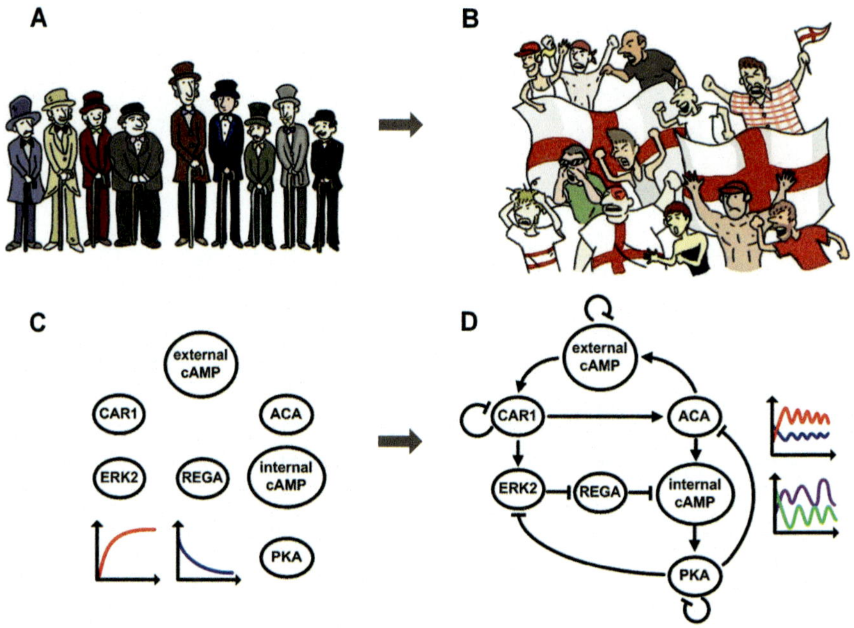

그림 1.1

시스템생물학 관점의 핵심 아이디어: 개별 요소가 독립적으로 존재시 나타나지 않지만 집단, 즉 시스템을 형성하며 주변의 다른 요소와 동적 상호작용을 할 때에 비로소 표출되는 복잡한 동역학적 특성에 대한 탐구. **(A)** 매우 점잖은 개개의 영국신사들, **(B)** 흥분에 차있는 축구장의 훌리건들(개개인의 동적상호작용에 의해 변화된 집단적 행동양식), **(C)** 매우 단조로운 농도변화를 보이는 개개 분자들, **(D)** 매우 동적인 농도변화를 보이는 네트워크상의 분자들(아메바(Dictyostelium)의 화학주성(chemotactic) 신호전달네트워크로 엮여진 분자들 사이에는 상호작용에 의해 동적인 변화가 유발된다).

모습을 만들어 내는 것이다. 그러면 과연 동일한 요소가 상황에 따라 서로 다르게 보이는 모습을 어떻게 분석하고 이해해야 할까? 조각그림을 맞추는 직소퍼즐을 상상해 보자(그림 1.2). 생명체를 구성하는 요소들로부터 관측되는 생명현상을 설명하는 과정은 마치 퍼즐맞추기와도 같다. 직소퍼즐을 맞추어 나갈 때 만일 퍼즐조각위의 그림을 무시하고 퍼즐조각의 구조적 모양만으로 맞추어 본다면 수없이 많은 시행착오를 거쳐 완성해 나갈 수 밖에 없을 것이다. 이러한 방식으로는 경우에 따라 조각의 개수가 너무 많으면 정해진 유한한 시간내에 완성이 불가능할 수도 있다. 그러나 조각위의 그림을 따라 의미있게 조각들을 연결하다 보면 손쉽게 전체 퍼즐이 완성된다. 즉, 현상의 물리/화학적 특징(퍼즐조각의 모양)뿐만 아니라 기능적 특징(퍼즐조각위의 그림)을 함께 고려했을 때 비로소 시스템 내에서 구성요소간의 상호관계와 상호작용에 관한 이해를 도모할 수 있는 것이다. '시스템생물학(Systems Biology)'의 아이디어는 바로 이러한 관점에서 출발하고 있다.

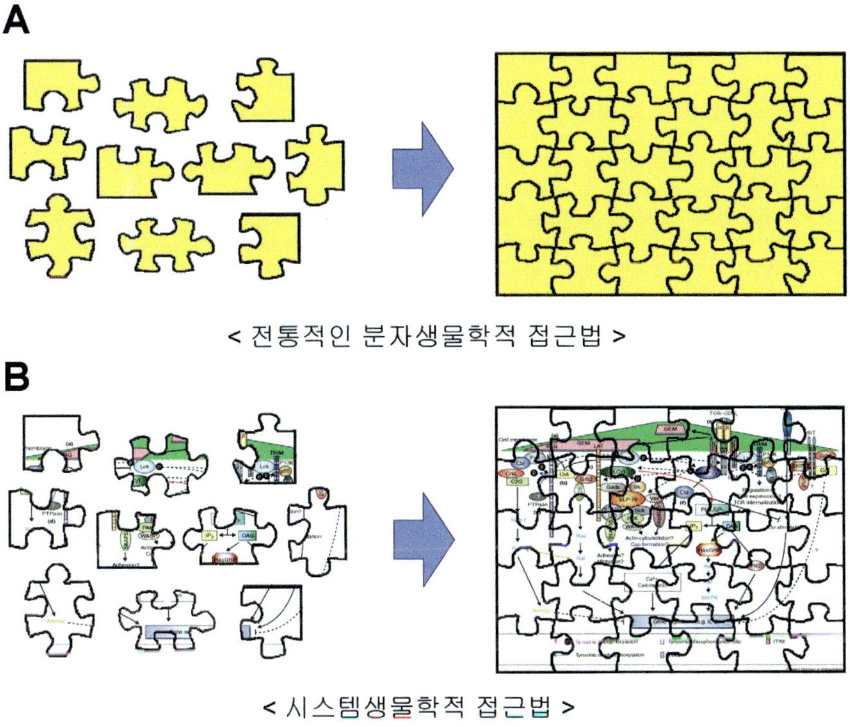

그림 1.2

생명현상의 이해에 대한 전통적인 분자생물학적 접근법과 시스템생물학적 접근법의 비교: (A) 전통적인 분자생물학적 접근법은 2차원 직소퍼즐의 그림(여기에서는 구성요소간의 상호작용과 이에 따른 동역학적 기능을 의미)을 무시하고 각 조각의 구조적 특성만을 고려하여 전체 퍼즐을 맞추는 방식에 비유될 수 있는데 반해 (B) 시스템생물학적 접근법은 구조와 기능을 모두 고려하여 퍼즐을 맞추는 방식에 비유될 수 있음.

생명과학의 궁극적인 목표는 복잡한 생명현상을 지배하고 있는 근본적인 원리를 밝혀내고자 하는 것이다. 즉, 생명시스템을 이루는 성분들간의 구성과 동역학(dynamics)적 특성을 집합적으로 이해하고자 하는 것이다. 이를 위해서는 모든 생체현상의 원인과 결과를 초래하는 분자, 세포, 조직, 장기, 그리고 유기체들 각각에 있어서 시공간적 상호관계를 연구해야 한다. 이 경우 주된 문제의 출발은 세포작용의 네트워크가 다수의 유전자, 단백질 및 다른 분자들간의 복잡한 상호작용에 의해 조절된다는 것에 기인한다. 시스템생물학의 궁극적인 목적은 이러한 조절작용의 본질을 이해함으로써 생명현상 속에 잠재된 지배원리에 대해 보다 깊은 통찰력을 얻고 나아가 생명현상을 인위적으로 조절해보고자 하는 것이다. 이러한 목표는 전통적인 생물학 연구방식이 추구해온 생명시스템의 구성요소 발견과 발견된 요소의 물리/화학적 특징을 규명하는 것만으로는 결코 이루어질 수 없으며 수학 모델링을 통한 정보의 재구성과 이를 토대로 분자단위 혹은 그 이상의 레벨에서 이루어지는 구성요소들 간의 네트워크와 신호전달경로 등을 시스템 차원에서 분석, 시뮬레이션 해봄으로써 가능해질 수 있다. 최근 연이은 기술의 진보로 인해 생명현상에 대한 보다 정밀하고 다양한 측정이 가능해짐에 따라 측정된 데이터를 시스템 차원에서 재해석하기 위해 필요한 고유의 이론과 방법론 개발이 시스템생물학이라는 신기술 융합연구로서 새로운 패러다임을 형성하며 급부상하고 있다. 시스템생물학은 시스템이론을 생명과학에 응용하여 생체구성요소들의 상호관계와 상호작용을 분석, 규명함으로써 생명현상에 대한 시스템 차원의 이해를 도모하는 학제간 신기술 융합분야이다. 시스템생물학은 생체구성요소들이 개별적으로 존재할 때에는 보이지 않는, 즉 상호작용에 의해 새롭게 표출되는 생물학적 기능을 탐구하는데 그 초점이 있다. 이 때 대상은 분자수준에서 생리현상에 이르기까지 모든 단계에서 정의될 수 있다.

생명체의 DNA 염기서열 분석 및 유전자 해독과 더불어 유전체학, 분자생물학, 생화학, 물리생물학 등의 발전으로 인해 생명시스템의 구성세포에 대한 분자수준의 이해가 가능해졌으며 이로 인해 더 많은 정보를 수집할 수 있는 도구의 개발이 이루어지게 되었다. 생명시스템의 구성세포들이 복잡한 동역학 특성을 지닌 정교한 제어시스템이라는 사실은 이미 오래 전부터, 특히 실험생물학자들에 의해, 잘 알려져 온 사실이지만 오늘날까지 그러한 개념을 바탕으로 실험이 계획되거나 실험결과가 분석되지는 않고 있다. 즉, 분자생물학에서 사용해오고 있는 실험기법들은 지금까지 주로 유전자의 표현형에 대한 분자적 특징을 기술하는데 초점을 맞추어 왔다. 그러나 생명시스템 구성세포의 기능을 결정짓는 동역학 특성을 분석하기 위해서는 어떠한 표현형에 관련된 개별 유전자를 식별해내려는 시도보다 관측결과를 세포내부의 동역학에 의한 일련의 상태변화로 간주하고 이를 탐구하는 시도가 필요하다. 시스템생물학의 출발은 이렇듯 어떤 표현형의 원인 유전자를 찾기보다 그러한 결과를 초래한 세포내부의 동역학 특성을 규명하려는 시도에서 비롯된다. 현대 생명과학의 근원적인 질문에 대한 답을 찾기 위해서는 생명시스템의 기능과 오작동, 그리고 생체기능이 의료기술과 생명공학기술에 의해 어떻게 향상될 수 있는가 등에 관한 이해에 초점을 맞추어야 한다. 그러한 생체기능을 이해함에 있어서 최대 난제는 생명시스템 구성요소들의 복잡한 상호작용을 밝혀내는 것인데 이를 위해서는 전통적인 분자생물학적 접근보다 시스템생물학적 접근이 더욱 중요한 열쇠를 지니고 있다.

시스템생물학의 어원자체는 시스템과학(systems science)과 생물학(biology)의 합성어이다. 여기에서 '시스템'의 아이디어를 이해하기 위해 제어공학(control engineering)을 비롯한 기존 시스템과학에서 다루어온 시스템이론(systems theory)을 살펴보면 지금까지 공학이라는 전혀 다른 영역 속에서 오랜 역사를 지니며 발전해왔음을 알 수 있다. 이러한 시스템이론을 개념적으로 요약하면 단순한 기술적 지식의 총체라기 보다는 어떠한 물리적 현상 또는 그 대상체의 상태변수들간 상호관계 및 동역학 특성 등을 규명하고 이를 바탕으로 외부의 인위적 조작을 통해 원하는 출력, 성능 등을 획득함으로써 분석 및 예측 가능한 모델을 정립할 수 있도록 하는 체계적 사고방식이라 할 수 있다. 시스템생물학을 통한 시스템과학과 생명과학의 자연스러운 결합은 이미 역사적으로 오래 전에 언급되었으며 여러 선지적 과학자들이 관련 연구를 시도한 바 있다. 시스템생물학의 기원은 1929년 캐논(Cannon)[1]의 항상성(homeostasis) 개념과 유기체가 동적제어시스템이라고 언급한 사실로부터 찾을 수 있다. 이후 1945년 버터란피(Bertalanffy)[2]는 유기체를 개방형시스템(open system) 이론으로 기술하였으며, 위너(Wiener)[3-5]는 동물과 기계에서 공존하는 제어와 통신의 개념에 대해 기술함으로써 사이버네틱스(cybernetics)의 효시를 마련하였다. 1958년 애쉬비(Ashby)[6]는 적응, 자기구성 능력을 가진 유기체를 기계에 비유하였고, 한편 로젠(Rosen)[7-9]은 엠알(M,R)이론을 통해 유기체와 기계의 상이성을 이론적으로 승화시켰다. 시스템생물학이라는 용어는 1968년 메사로비치(Mesarovic)[10]에 의해 최초로 사용되었는데 당시 시스템생물학 연구의 성공을 위해 지적한 두 가지 사항, 즉 시스템과학자들(제어공학사, 수학사, 물리학자)은 생명과학의 의미있는 문제해결을 위해 실험생물학자들과 밀접한 공동연구를 수행해야 하며, 또한 생물학자들은 시스템과 신호, 그리고 동적 상호작용의 관점에서 생명현상을 바라보아야 한다고 한 것은 현 시점에 비추어 보아도 매우 의미심장하다. 1970년 자콥(Jacob)과 모노드(Monod)[11-13]는 조절단백질의 작용으로부터 세포 사이버네틱스(cell cybernetics)를 고안하였으며, 1975년 세겔(Segel)[14]은 효소역학(enzyme kinetics)을 정립하였고, 1978년 밀러(Miller)[15]는 시스템이론을 생명현상으로부터 국가전체의 사회현상에 이르기까지 적용하여 총체적 메커니즘을 해석하려는 시도를 하였다. 1996년 하인리히(Heinrich)와 슈스터(Schuster)[16]는 생체 세포시스템의 조절작용에 관해 기술하였고, 골드버터(Goldbeter)[17]는 생화학적 진동현상 및 세포주기에 관해 연구하였으며, 1997년 펠(Fell)[18]은 대사과정의 제어메커니즘에 관해 분석 기술하였다. 현대 생명과학계에서는 벤터(Venter)[19](1999), 하트웰(Hartwell)[20](1999), 널스(Nurse)[21](2000), 프레이저(Fraser)[22](2000) 등이 〈네이처〉와 〈셀〉 등의 저널을 통해 생명현상을 기술할 수 있는 일반적인 시스템이론의 필요성과 이를 통한 체계적이고 정량적인 현상의 예측에 관해 언급함으로써 시스템생물학의 필연적인 시대적 재조명을 예견하기에 이르렀다. 이러한 역사적 배경가운데 위버(Weaver)[23](1948), 마인하트(Meinhardt)[24](1988), 카우프만(Kauffman)[25](1995), 헤이켄(Haken)[26](1997), 해리슨(Harrison)[27](1993), 굿윈(Goodwin)[28](2001) 등에 의한 자연계의 비조직적 복잡성(disorganized complexity)과 조직적 복잡성(organized complexity)에 대한 연구는 현재의 시스템생물학 연구에 직접적 동기를 제공하였다. 즉, 시스템생물학은 이러한 복잡계에 대한 연구를 현대 생명과학의 포스트 게놈시대로 연장하며 재조명받게 된 분야라고 할 수 있다. 그러나 시스템생물학은 생명시스템의 동역학 특성을 신호 및 시스템적 접근법을 통해 기술한다는 측면에서 과거 복잡계의 연구와 분명 차별화된다.

최근 기술의 진보로 인해 가능해진 대량의 분자생물학 실험데이터의 생성은 데이터의 효율적 관리와 분석을 위해 자연스럽게 컴퓨터과학의 도움을 필요로 하게 되었으며, 이로 인해 생명과학의 발전은 생물정보학(bioinformatics)이라는 신분야의 창출과 관심의 고조, 그리고 급격한 발전으로 이어지게 되었다. 그러나 게놈서열데이터가 이제 이용가능해짐에 따라 서열분석이나 분자적 특징을 규명하는 생물정보학의 범주로부터 더 나아가 유전자, 단백질 등의 기능과 상호작용을 이해하려는 시스템생물학으로 관심의 초점이 옮겨지고 있다. 생물정보학과 시스템생물학

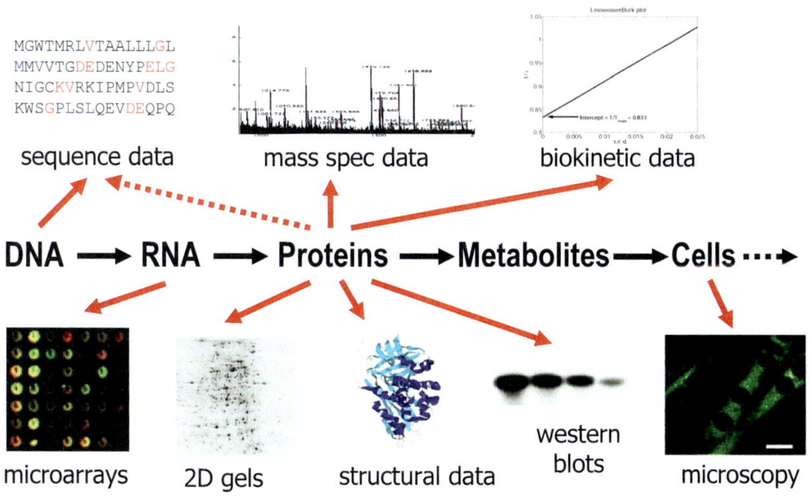

그림 1.3

시스템생물학 연구를 위해서는 세포내 정보처리 각 과정에서 얻어지는 여러 다른 종류의 측정데이터를 융합하여("Omics" –United) 세포기능에 대한 집합적이고 입체적인 이해를 도모하는 것이 필수적이다. 그러나 보다 궁극적인 목표는 세포가 주어진 외부자극에 대해 유전자와 단백질 수준에서 어떠한 상호작용을 통해 비로소 반응을 만들어내는가에 대한 동역학적 특성의 탐구이다.

의 흥미로운 차이점 가운데 하나는, 생물정보학에서는 데이터베이스상의(소위 '오믹스(omics)'로 인해) 무수히 많은 가용 데이터를 어떻게 처리할 것인가를 고민해야하는 반면, 시스템생물학에서는 그 정반대급부로 생체세포의 동역학 특성을 파악하기 위한 '정량적' 실험데이터의 부족으로 인해 유발되는 다양한 문제점들을 겪고 있다는 점이다. 따라서 시스템생물학에서는 서로 다른 측정기술로 얻어낸 데이터의 융합과 여러 연구그룹에서 생성해낸 다양한 실험데이터로부터 정보를 재구성하는 기술개발이 요구된다(그림 1.3). 그러나 시스템생물학의 보다 근원적인 목표는 단순히 생명현상에서 관측되는 상관관계(correlation)를 분석하는 것이 아니라 생명시스템이 외부 자극에 대해 어떻게 내부적인 동역학 변화를 유발하고 이로 인해 자극에 대한 반응을 비로소 표출하는지에 대한 인과관계(causality)를 밝히고자 하는 것이다. 생명시스템 구성의 기본 단위인 세포는 시공간상에서 상호작용하는 분자들의 '네트워크(network)'로 이루어져 있으며 자가조절기능을 갖춘 일종의 동역학시스템이다. 그런데 이러한 세포 네트워크의 구조, 기능, 그리고 조절작용 등을 지배하는 상호관계는 현재까지 대부분 밝혀져 있지 않다. 시스템생물학은 실험과 이론적 방법론 개발의 융합연구를 통해 이러한 상호관계를 규명하고 설명하려는데 그 목적이 있다. 이렇듯 시스템생물학 연구가 새롭게 중요시되는 이유는 종래의 생물정보학에서 데이터를 마이닝(mining)하는 방식으로는 구성요소 혹은 변수들

간의 상관관계만을 밝힐 수 있을 뿐 정작 필요한 상호관계와 상호작용 등에는 접근할 수 없기 때문이다. 즉, 더 이상 세포의 분자적 특성을 볼트와 너트의 조합만으로 이해하기 보다 그 본질적 기능을 탐구하기 위해서 게놈데이터의 마이닝 방식이 아닌 시스템과 신호 관점에서의 방법론 개발이 절실하다는 데에 초점이 집중되고 있다. 시스템생물학은 보다 많은 실험적 발견과 지식을 집대성하기 보다 새로운 '시스템'적 사고로의 전환을 요구하고 있는 것이다.

시스템생물학이 수십년간 역사속에서 사라졌다가 근래에 이르러 재조명을 받게 된 이유 가운데 하나는 기술의 진보로 인해 시스템이론의 적용이 가능한 수준의 정량적 데이터를 얻을 수 있게 된 사실에 있다. 그러한 예로서 다양한 형태의 유전자칩(DNA microarray, RNAseq, Nanostring 등) 기술을 들 수 있다. 이를 통해 동시에 여러 유전자의 발현정도를 비교 분석할 수 있게 되었기 때문이다. 그러나 생물정보학의 수준을 넘어서 시스템생물학 연구를 수행하기 위해서는 동역학 특성을 분석할 수 있는 시계열 데이터의 생성이 필요하며 여기에는 한편으론 아직 데이터의 품질향상, 정보의 불확실성 제거, 샘플링 숫자에 비해 상대적으로 많은 변수개수의 처리문제 등 또다시 선결되어야 할 많은 숙제들이 남아있다. 그러나 데이터의 질적 수준이 꾸준히 향상되고 있으며 실험비용 또한 점차 낮아지고 있어서 그 실용적 기대치는 높아지고 있는 추세이다. 더욱이 최근에는 이러한 한계점을 극복하고 유전자칩 데이터로부터 유전자 조절네트워크를 추론해내는 다양한 연구들이 이루어지고 있다. 또 다른 예로는 세포내외부의 신호전달경로에 대한 수학모델을 정립하여 이로부터 예측되는 다양한 동역학 특성으로부터 기존에 설명되기 어려웠던 복잡한 현상들에 대한 새로운 통찰력을 얻고 이로부터 예측된 결과를 실험을 통해 검증해내는 연구로부터 암과 같은 질병의 발병기작과 전이특성 등을 새롭게 이해하려는 시도가 많은 주목을 받고 있다. 특히 동역학시스템의 비선형성은 직관적 예측과 전혀 다른 결과를 유발하곤 하는데 대부분의 세포내외동역학은 이러한 비선형특성을 지니고 있어 시스템생물학적 접근 없이는 분석이나 예측이 불가능하다. 많은 실험생물학자들은 동일한 환경에서 배양한 세포들이 동일한 외부자극에 대해 서로 다르게 반응하는 현상을 의아해 하곤 하는데 이는 시스템의 상태변수개념을 간과하였기 때문에 겪는 일례라고 할 수 있다.

2000년대 이후로 국제학술대회와 각국의 연구그룹 및 연구기관 등에서 시스템생물학에 대한 중요도의 인식이 급격히 확산되고 있으며 관련 연구결과의 발표도 꾸준히 증가되고 있다. 다수의 국제저명학술지에서는 시스템생물학을 이미 주요 특집호로 다루었으며, 2004년에는 비로소 유럽 최대의 공학기관(IEE, 이후 IET로 변경되었음)으로부터 〈시스템생물학(Systems Biology)〉이라는 시스템생물학 분야 최초의 국제저널이 발간되기에 이르렀고(http://www.ieedl.org/IET-SYB) 이후 세계 각국의 여러 출판사들(Springer, Royal Academy of Science, Nature-EMBO 등)에서도 잇따른 관련국제저널들이 발간되어 이제는 학제간 융합연구영역을 넘어 독자적인 패러다임으로서 정립되기에 이르렀다. 뿐만 아니라 전세계의 유수한 대학에서는 시스템생물학을 새로운 학제분야로 받아들이고 이에 따른 학과를 신설하거나 연구프로그램을 가동하고 있는데 급기야는 보수적 아카데미의 대명사인 하버드대학에서도 '시스템생물학과'가 신설되기에 이르렀다. 이러한 교육, 연구프로그램들은 대부분의 경우 제어공학, 생명과학, 수학, 컴퓨터과학 등을 포함한 융합분야로 구성되어 있다. 시스템생물학은 최근 새로운 분야로 재등장하였음에도 불구하고 이미 개인수준의 인식을 넘어서 연구기관과 대학, 그리고 국가주도의 연구프로그램으로 확대되고 있다. 특히, 일본, 미국, 영국, 유럽의 여러 국가들을 위주로 연구비 투자와 저변확대가 경쟁적으로 이어지고 있으며 최근에는 중국에서도 국제학술회의 유치와 연구기관 설치에 막대한 투자를 전개하고 있다. 일본의 경우 동경에서 제1회 시스템생물학 국제학술대회를 개최한 데 이어 시스템생물학 연구소를 설립하고 2000년 초부터 이미 정부지원하의 대규모 국제프로젝트를 가동해오고 있으며, 미국에서도 비슷한 시점에 시스템생물학 연구소를 시애틀에 설립한 이래로 해마다 투자규모를 늘려 현재 미국 전역에 다수의 시스템생물학 연구센터와 연구컨소시엄이 구성 운영되고 있다. 또한 캐나다 오타와에도 시스템생물학 연구소가 설립 운영되고 있다. 독일에서는 2003년부터 대규모 시스템생물학 국가프로젝트를 가동하고 있고, 영국에서는 2006년 전국에 5개의 시스템생물학 핵심연구센터가 설립되었으며, 스웨덴, 프랑스, 이탈리아, 네덜란드, 이스라엘, 룩셈부르크, 아일

랜드, 스위스, 덴마크, 호주 등 많은 유럽과 오세아니아 국가에서 이 분야에 앞다투어 투자를 기울이고 있다. 특히 아일랜드는 2004년 대규모 시스템생물학 연구프로젝트를 시작한 이후 2009년 더블린에 시스템생물학 연구소를 설립하며 이 분야에 막대한 투자를 주도하고 있다. 또한 유럽연합(EU)에서도 모든 유럽연합 국가들을 대상으로 하는 연구프로그램인 EU프레임워크-7에 시스템생물학을 주요 연구주제로 선정하여 여러 연구컨소시엄을 장기간 지원하고 있다. 한편 국내에서도 2003년 서울 시스템생물학 국제심포지엄을 효시로 관심이 증대되고 있으며 Bio-Vision 2006 등 국가생명공학육성정책수립의 핵심에 시스템생물학을 언급하고 있다. 대부분의 선진국에서 이 분야에 집중적인 투자를 기울이고 있는 상황에 비하면 국내에서는 아직 그 중요도의 인식이나 투자규모 면에서 미미하지만 사회적으로 '융복합' 연구가 주목을 받으면서 점차 인식이 확대되고 있다. 시스템생물학이 단 몇 년 내에 여러 사회적 기대를 충족시킬 수는 없겠지만 장기적 안목에서의 연구결과에 따른 기대효과를 일부 나열하면 다음과 같다: 분자수준이 아닌 시스템수준에서의 새로운 생명과학법칙의 발견, 인간의 질병 메커니즘에 대한 새로운 이해와 통찰력의 획득, 체계적인 신약후보물질의 발굴 및 부작용의 예측, 치료기술의 최적화와 맞춤의학의 개발, 신약의 신체 내 기작에 대해 컴퓨터 모델링을 활용한 예측기법 개발(이는 특히 FDA 등의 신약승인기구에서 요구항목으로 추가예정임), 미생물의 새로운 산업적 응용분야 개척 및 고부가가치 창출 등.

시스템생물학은 기존 생명과학의 패러다임을 새로운 사람, 새로운 학제분야, 그리고 새로운 아이디어의 창출로 전환해가고 있다. 특히 현대 생명과학이 맞이하고 있는 포스트 게놈시대의 새로운 도전, 즉 축적되고 있는 데이터와 정보를 유용하게 활용하기 위해서는 새로운 아이디어의 창출이 절실하다. 시스템생물학은 결국 새로운 사람과 새로운 아이디어에 의해 이루어질 수 있는 것이다. 시스템생물학은 실험생물학자가 전통적인 접근방법의 고수에서 벗어나 실험계획의 단계에서부터 시스템과학자와 의논하기 시작할 때에 비로소 그 실효를 거두어 나갈 수 있다. 시스템생물학 연구의 승패 관건은 다학제간 융합연구를 위한 열린생각(open-mind)과 진정한 공동연구수행을 위한 동등한 상호노력에 있다(그림 1.4). 그러나

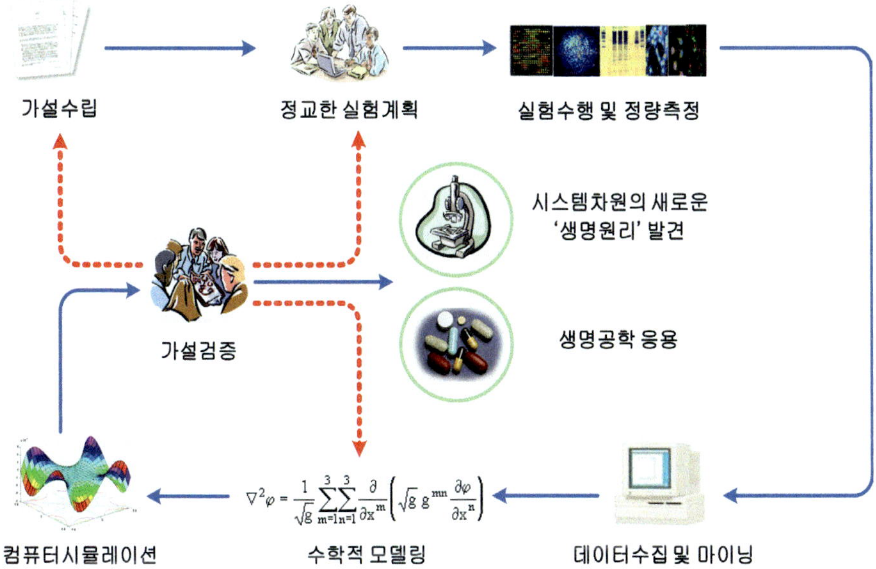

그림 1.4

시스템생물학의 전형적인 연구 수행방식: 생명과학의 구체화된 질문을 공유하는 서로 다른 영역의 과학자들이 그룹을 형성하여 가설을 수립하고 이를 테스트하기 위해 정교한 실험을 계획한다. 측정된 정량데이터로부터 수학모델을 정립하고 컴퓨터시뮬레이션을 통해 다양한 상황에서 가설을 검증한다. 그 결과에 따라 가설을 수정하거나 수학적 모델을 보완하거나 새로운 실험을 설계한다. 가설이 성공적으로 검증되면 시스템차원의 새로운 생명원리를 발견할 수 있으며 질병치료와 바이오산업 발전에 기여할 수 있다. 이 과정에서 전체 연구의 핵심적인 설계는 시스템과학자가 생물학자의 노움을 받아 효율적으로 진행해야만 성공을 기대할 수 있다(즉, 기존 생물학적 방식을 반복하지 않고 비로소 새롭게 접근할 수 있는 것이다).

각별히 주의를 요하는 사항은 시스템생물학에 대한 모호한 이해와 부풀려진 기대, 그리고 연구재원을 확보하기 위한 유행어의 확산이다. 이러한 관점에서 지나치게 이상적인 슬로건은 혹 시스템생물학을 오도할 우려가 있다. 시스템생물학의 진정한 묘미는 학제간 공동연구를 통해 새로운 차원의 문제를 탐구하는 것이며 중요한 것은 결과보다 그러한 타분야간의 '상호작용' 자체에 있는 것이다. 도대체 왜 많은 서방선진국들이 이토록 시스템생물학에 올인하는지 그리고 과연 무엇을 얻고자 하는 것인지에 대해 주목해볼 필요가 있다.

많은 사람들이 20세기 초엽을 물리학의 전성시대라고 한다면 21세기는 생명과학의 전성시대가 될 것이라고 한다. 하지만 동시에 어떤 사람들은 정반대급부로 현재가 생명과학의 위기의 시대라고도 한다. 이는 생명현상의 이해가 어느 시점부터 그 복잡성으로 인해 정체되지 않고, 그러한 복잡한 생명현상을 새로운 시각에서 이해하며 이를 토대로 질병을 극복하기 위해서는 생명과학이 더 이상 실험자의 경험과 수련된 기술에 크게 의존하는 '발견'의 학문이 아닌 동작원리를 설명할 수 있고 재현 가능한 '논리'의 학문으로서 거듭나야 한다는 것을 강조하는 의미이다.

즉, 복잡한 현상에 관여되는 중요한 구성요소들을 발견하는 차원에서 더 나아가 그러한 구성요소들이 어떠한 인과관계와 작동원리를 통해서 상호작용을 일으켜 비로소 관측된 복잡한 현상에 이르게 되는지를 논리적으로 설명할 수 있는 새로운 차원의 생명과학으로 거듭날 때 생명현상의 수수께끼를 푸는데 한 발자국 더 가까이 다가갈 수 있음을 의미하는 것이다. 이를 위해서는 서로 다른 타 학문 분야의 장점을 이해하고 이를 적극 활용하려는 자세가 필요하며 이러한 필요에 의해 자연스럽게 학제간 융합연구가 이루어져야 한다. 어쩌면 이러한 융합연구는 현대과학에서 이제 더 이상 선택이 아닌 외면할 수 없는 시대적 요청일지 모른다. 시스템생물학에 대한 융합연구의 이해와 접근은 이러한 관점에서 이루어져야 한다. 본서는 이러한 노력을 돕기 위해 실험생물학자(wet-lab scientist)와 이론/계산/시스템과학자(dry-lab scientist) 모두에게 필요한 기초지식을 제공하는 첫 번째 개론서이다.

참고문헌

1. W. B. Cannon. *Bodily changes in pain, hunger, fear and rage.* Appleton. 404 pp. 1929
2. L. V. Bertalanffy. *General system theory: foundation, development, applications.* George Braziller, Inc. 1945
3. N. Wiener. Extrapolation, interpolation and smoothing of stationary time series. *Journal of the American Statistical Association.* 47: 319 pp. 1949
4. N. Wiener. *Cybernetics: Or control and communication in the animal and the machine.* MIT Press. 1948
5. N. Wiener. *The human use of human beings.* The Riverside Press. 1950
6. W. R. Ashby. Requisite variety and its implications for the control of complex systems. *Cybernetica* 2: 83-99. 1958
7. R. Rosen. A relational theory of biological systems. *Bulletin of Mathematical Biophysics.* 22: 227-255. 1958
8. R. Rosen. A quantum-theoretic approach to genetic problems. *Bulletin of Mathematical Biophysics.* 22: 227-255. 1960
9. R. Rosen. *Dynamical systems theory in biology.* Wiley Interscience. 1970
10. M. D. Mesarovic. *Systems theory and biology.* Springer Verlag. 1968
11. J. Monod. *Chance and Necessity: An essay on the natural philosophy of modern biology.* Knopf. 1970
12. F. Jacob, J. Monod. Genetic regulatory mechanisms in the synthesis of proteins. *Journal of Molecular Biology.* 3: 318-356. 1961
13. F. Jacob, A. Ullman, J. Monod. The promotor, a genetic element necessary to the expression of an operon. *Comptes Rendus Hebdomadaires des Seances de l'Academie des Science.* 258: 3125-3128. 1964
14. I. H. Segel. *Enzyme kinetics: behavior and analysis of rapid equilibrium and steady-state enzyme systems.* John Wiley & Sons. 1975
15. W. R. Miller. Behavioral treatment of problem drinkers: A comparative outcome study of three controlled drinking therapies. *Journal of Consulting and Clinical Psychology.* 46: 74-86. 1978
16. R. Heinrich, S. Schuster. *The regulation of cellular systems.* Chapman & Hall. 1996
17. M. L. Cardenas, A. Goldbeter. The glucose-induced switch between glycogen phosphorylase and glycogen synthase in the liver: outlines of a theoretical approach. *Journal of Theoretical Biology.* 182: 421-426. 1996

18. D. Fell. *Understanding the control of metabolism.* Portland Press. 1997

19. J. C. Venter et. al. Evidence for lateral gene transfer between Archaea and Bacteria from genome sequence of Thermotoga maritima. *Nature.* 399: 323-329. 1999

20. L. H. Hartwell et. al. From molecular to modular cell biology. *Nature.* 402: C42-C52. 1999

21. P. Nurse. A long twentieth century of the cell cycle and beyond. *Cell.* 100: 71-78. 2000

22. A. G. Fraser et. al. Functional genomic analysis of C. elegans chromosome I by systematic RNA interference. *Nature.* 408: 325-330. 2000

23. W. Weaver. Science and Complexity. *American Scientist.* 36: 536-544. 1948

24. H. Meinhardt. Models for maternally supplied positional information and the activation of segmentation genes in Drosophila embryogenesis. *Development.* 104: 95-110. 1988

25. S. A. Kauffman. *At Home in the Universe : The search for the laws of self-organization and complexity.* Oxford University Press. 1995

26. H. Haken. Visions of synergetics. *Journal of the Franklin Institute.* 334: 759-792. 1997

27. R. G. Harrison. *Hybrid zones and the evolutionary process.* Oxford University Press. 1993

28. B. C. Goodwin. *How the leopard changed its spots: the evolution of complexity.* C. Scribner's Sons. 2001

chapter 02

생명과학의 기초

시스템생물학의 어원이 의미하듯, 두 가지 기본 축은 시스템과학과 생물학이다. 여기서 생물학은 특히 현대 생명과학의 중심을 이루고 있는 분자세포생물학을 주로 의미한다. 이 장에서는 생물학을 전공하지 않은 이들에게 시스템생물학 연구를 위해 필요한 기초적인 생물학 개념에 대해 소개한다. 그러나 방대한 생물학 지식을 모두 다루기보다, 매우 기초적인 개념만 축약하여 기술하고자 하므로 이미 생물학을 전공한 사람이라면 본 장의 내용은 생략하고 다음 장으로 넘어가기를 바란다. 본 장에서는 생물학 중에서도 분자세포생물학을 위주로 다루겠지만, 생물학에는 분자생물학이나 세포생물학 이외에도 생리학, 생태학, 분류학, 동물행동학, 진화생물학과 같은 여러 다른 영역들이 있음을 주지해야 한다. 단지 앞서 언급했듯이 현대 생물학이 분자세포생물학을 중심으로 발전되어져 왔으며 본 서에서 다룰 많은 예제들 또한 대부분 분자세포생물학을 바탕으로 하기 때문에 이 장에서는 분자세포생물학에 대한 내용만을 다루도록 한다. 이 장은 모두 4개의 절로 구성되어져 있다. 1절에서는 분자세포생물학에 대한 기본개요를, 2절에서는 현대 분자세포생물학에서 가장 중요하게 다루어지는 유전자와 그 발현에 대한 내용을, 3절에서는 실제 분자세포생물학 실험방식과 그 해석방법을, 4절에서는 분자세포생물학의 다양한 연구결과를 바탕으로 집대성되고 있는 세포내 상호작용 네트워크와 세포주기에 관한 예를 소개한다. 이 장에 수록된 내용은 어느 특정 참고문헌을 위주로 정리된 것이 아님을 밝히며, 이 장에서 다루고 있는 내용에 대해 보다 상세한 정보를 얻기 위해서는 [1-5]를 참조하기 바란다.

그림 2.1

생물의 계통수. 1990년부터는 세균, 고세균, 진핵생물 3개의 도메인(domain)으로 구성된 이와 같은 분류 방식이 가장 일반적으로 사용되고 있다. 바이러스는 근본적으로 생물로 보지 않기 때문에 계통수에 포함되지 않는다. 과거에는 가장 큰 분류군이었던 동물, 식물, 균류는 계통수 상에서 진핵생물의 끝 쪽에 위치하는 작은 집단에 불과하다.

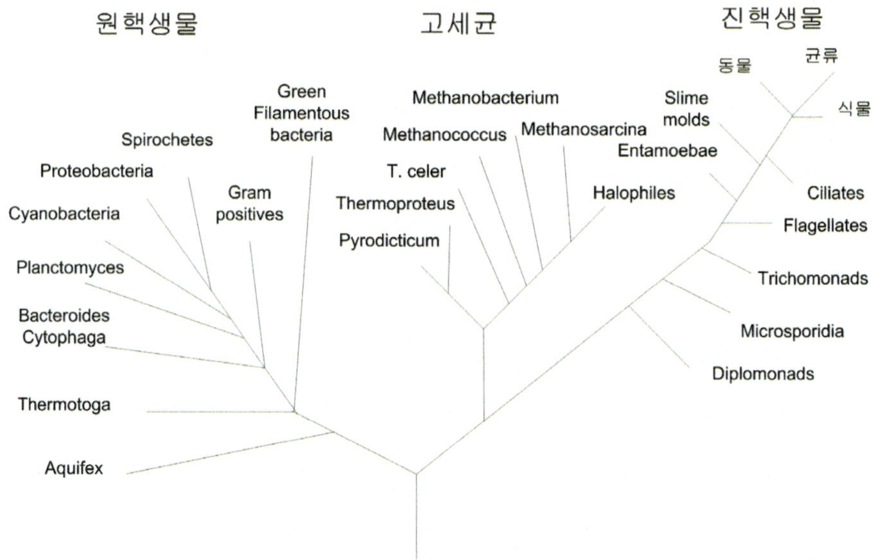

2.1 분자세포생물학이란 무엇인가?

2.1.1 세포: 바이러스, 원핵생물, 진핵생물, 그리고 고세균

모든 생물은 세포(cell)라는 기본 구조를 가지고 있다. 세포는 훅(Hooke, R.)이 코르크에서 발견하여 이름을 붙인 것으로부터 비롯된 개념으로서 이후 현미경 기술이 더욱 발전하면서 모든 생명체는 이러한 세포로 구성되어 있다는 사실이 밝혀지게 되었다. 또한 이러한 기술의 발달로 인해 여러 가지 생물을 더욱 상세히 관찰할 수 있게 되면서 세포만으로 살아가는 단세포 생물도 많이 존재한다는 사실을 알게 되었다. 이러한 단세포 생물들은 일반적으로 다세포 생물에 비해 세포의 구조도 더욱 단순하다. 현재 생물 종은 이러한 세포 구조에 따라서 크게 세 종류로 구분하고 있다(그림 2.1). 첫 번째는 원핵생물(prokaryote)이다. 원핵생물은 세포 안에 DNA를 보호하는 핵(nucleus)이라는 기관이 별도로 존재하지 않는다. 즉, 그만큼 더 원시적인 형태이며 거의 대부분이 단세포 생물이고, 세균(bacteria)에 속한다. 이보다 조금 발달한 두 번째 부류가 고세균(archaea)이다. 고세균은 예전에는 그 존재가 밝혀져 있지 않다가 1970년대에 이르러서 그 존재가 비로소 밝혀진 생물이다. 고세균은 원핵생물과 진핵생물의 중간 단계에 있는 생물로서, 핵은 존재하지 않고 DNA가 노출되어 있긴 하지만 여러 가지 면에서 진핵생물과 닮은 특성을 가지고 있다. 마지막으로 세 번째 부류는 진핵생물(eukaryote)이다. 진핵생물은 핵이라는 구조를 가지고 있으며 그 외에도 원핵생물에 비해 복잡한 세포 내 소기관들을 다수 포함하고 있다. 또한 진핵생물은 세포의 크기면에서도 원핵생물에 비하여 월등히 크다. 진핵생물에는 효모(yeast)와 같은 단세포 생물에서부터 군집생활을 하는 버섯류까지 다양한 부류를 아우르는 균류(fungus), 그리고 다세포 생물인 식물(plant)과 동물(animal)이 모두 포함된다.

이러한 세포 이외에도 바이러스(virus)라는 특수한 생명체가 있다. 바이러스는 정확히 말하자면 생명체라고 하기 어려운데, 그 이유는 생명의 기본 요건인 스스로를 복제해서 번식할 수 있는 능력을 가지고 있지 않기 때문이다. 하지만 바이러스는 DNA나 RNA와 같은 유전물질을 가지고 있으며, 이 유전물질을 숙주세포에 삽입하고 그 세포의 복제능력을 이용하여 번식한다. 바이러스는 대단히 간단한 구조를 지니고 있으며, 크기도 세균보다 더 작다. 하지만 질병을 유발할 수 있기 때문에 의학이나 생물학에서 중요한 부류로 여겨지고 있다.

2.1.2 진핵세포의 구조

인간 역시 진핵생물의 일종이며 그 중에서도 동물이기 때문에, 생물학 연구에서는 기본적으로 진핵생물에 관심을 많이 기울여 오고 있다. 이러한 이유에서, 진핵생물 세포, 특히 동물 세포의 기본적인 구조를 이해하는 것이 중요하다(그림 2.2).

세포를 가장 간단히 설명하자면, 일종의 물주머니라고 할 수 있다. 이 물주머니는 세포막(plasma membrane)이라는 막을 이용해서 자신의 내부와 외부를 구분한다. 세포막은 인지질(phospholipid)이 주요 구성성분이며, 이러한 인지질은 두 개의 층을 이루고 있는 것이 특징이다. 인지질은 지방으로 이루어진 소수성(hydrophobic) 꼬리와 인산으로 이루어진 친수성(hydrophilic) 머리를 가진다. 세포는 물속에 떠 있는 물주머니와 같은 구조이기 때문에 두 개의 친수성 머리가 세포 안팎의 물 방향으로 위치하게 되고, 대신 두 개의 소수성 꼬리끼리는 서로 마주보는 방식으로 모여 막을 형성한다. 이러한 방식으로 세포막은 두 개의 층을

그림 2.2

동물 진핵세포의 구조. 진핵세포는 원핵세포보다 훨씬 크고 복잡한 구조로 이루어져 있다. 내부에 존재하는 주된 소기관에는 핵, 소포체, 막, 골지체, 미토콘드리아 등이 있다.

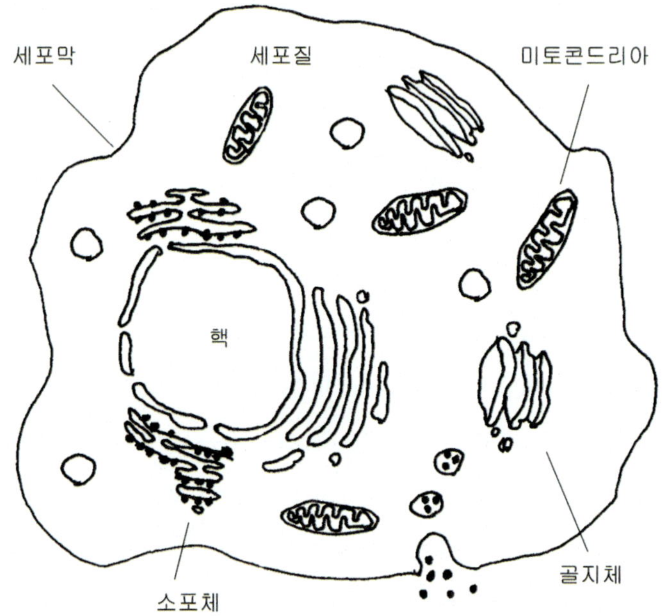

이룬다. 세포막의 이러한 구조로 인해 생물은 소수성, 친수성 물질 모두에 대하여 작용할 수 있는 특성을 지니고 있다.

진핵생물 세포에서 가장 주목해야 하는 기관은 핵이다. 핵은 일반적으로 진핵생물 세포 중간 부분에 동그란 모양으로 자리 잡고 있다. 핵 안에는 DNA, 즉 유전물질이 들어 있으며 핵의 구조는 이 DNA를 잘 보호하도록 이루어져 있다. 핵 안에 있는 DNA는 실과 같은 모양으로 풀어져 있는데, 이는 히스톤(histone)이라는 단백질에 감겨서 꼬여 있다. 진핵생물 세포가 분열할 때에는 이러한 핵 구조가 사라진 다음 내부에 있는 DNA가 더욱 꼬인 특정 모양을 형성한 후 분열하게 된다. 이렇게 DNA가 모여서 이루어진 정보를 담고 있는 구조체를 염색체(chromosome)라고 한다. 핵은 DNA를 보호할 뿐만 아니라 DNA를 작동시키기 위해 필요한 여러 가지 기능들도 함께 갖추고 있다. 한편, 세포막 안쪽의 구조 가운데 이 핵을 제외한 모든 영역을 세포질(cytosol)이라고 한다.

핵 바깥을 둘러싸고 있는 그물망 같은 구조를 소포체(ER: Endoplasmic reticulum)라고 한다. 이 소포체는 핵을 감싸는 모양으로 핵 주위에 둥그렇게 배치되어 있으며 근본적으로 핵을 형성하는 막과 동일한 구조를 지니고 있다. 소포체가운데 표면이 울퉁불퉁한 것을 조면소포체(rough ER)라고 하는데, 이러한 조면소포체는 소포체의 표면에 리보솜(ribosome)이라는 작은 소기관이 많이 달라붙어 있어서 울퉁불퉁한 모양을 보인다. 리보솜은 핵에서 생성된 mRNA를 이용해서 단백질을 합성하는 기관이다. 또한 리보솜은 조면소포체에 달라붙어 있는 것 이외에도, 따로 떨어져 세포질 내에서 작용하는 것도 있다. 소포체의 구조가 핵에서 더욱 멀어지면 골지체(golgi apparatus)가 된다. 골지체는 소포체에서 전달되는 여러 가지 물질을 받아서 작은 주머니(vesicle)로 포장한 후 세포 외부로 방출하는 역할을 담당한다.

세포질에는 또한 미토콘드리아(mitochondrion)가 있다. 미토콘드리아는 세포에 에너지를 공급하는 매우 중요한 기관이다. 기본적으로 세포내에서 에너지는 ATP(아데노신삼인산: adenosine triphosphate)의 형태로 순환된다. 세포의 양분이 되는 글루코오스(glucose)와 산소를 이용해서 다량의 ATP를 생산하는 기관이 바로 미토콘드리아다. 미토콘드리아는 삼중으로 된 막 구조를 이루고 있으며 자신의 DNA를 지니고 있어서, 스스로 세포 내에서 자신의 수를 늘릴 수도 있다. 미토콘드리아가 이러한 기능을 갖추게 된 이유는 애초에 미토콘드리아가 진핵생물 세포 내에 존재하지 않았다가 어떠한 과정을 통해 세포에 공생하는 식으로 함께 살게 된 때문인 것으로 추정되고 있다. 식물 세포에 존재하는, 광합성을 통해 글루코오스를 생산하는 엽록체(chloroplast)라는 소기관도 미토콘드리아와 비슷한 특성을 지니고 있는 공생 소기관으로 추정된다.

식물 세포에는 엽록체 이외에도 세포막을 감싸고 있는 더욱 단단한 막 구조인 세포벽(cell wall)이 있다. 이 세포벽은 β-글루코오스를 기본 구조로 한 섬유질(cellulose) 구조로 만들어져 있으며 세포막처럼 유동적이지 않다. 또한 액포(vacuole)라는 커다란 물주머니를 가지고 있는 것이 또 하나의 특징이다. 이러한 구조는 대부분 식물 세포에서만 존재하는 것으로 동물 세포에서는 관찰되지 않는다.

마지막으로, 세포의 형태를 구성하고 세포 내의 물질 수송을 돕는 세포 내골격(cytoskeleton)이 있다. 세포 내골격은 최근까지도 그 역할이나 중요성이 잘 알려지지 않았지만, 연구가 거듭됨에 따라 세포 내에서 중요한 역할을 담당하고 있다는 사실이 점차 밝혀지고 있다. 동물 세포의 내골격은 크게 세 종류의 단백질 섬유로 구성되어 있는데, 이는 미세섬유(microfilament), 중간섬유(intermediate filament), 미세관(microtubule)이다. 이들은 세포의 형태를 유지시켜줄 뿐만 아니라, 섬유 위를 움직이는 운동 단백질을 이용하여 세포 내에서 여러 물질을 이동시키는 과정에서도 중요한 역할을 담당한다.

2.1.3 DNA, 유전자, 그리고 게놈

생물이 지니는 가장 중요한 특징은, 부모가 자손에게 형질을 물려준다는 것이다. 이러한 현상을 유전이라고 하는데, 어떻게 유전이 일어나는지에 대하여 아주 오래 전부터 많은 과학자들이 연구를 해왔다. 그 결과 이러한 유전이 생물이 가지고 있는 어떠한 특정물질, 즉 유전인자가 대를 이어 전달되며 일어나는 현상이라고 생각하게 되었다. 이러한 유전인자에 대해 가장 정확하면서도 현대적인 개념을 최초로 제시한 인물이 바로 멘델(Mendel, G. J.)이다. 멘델은 완두콩을 이용한 여러 가지 실험을 통해 멘델의 법칙이라 불리는 유전법칙을 발견하여 유전이 일어나는 원리를 과학적으로 해석하였다. 멘델의 법칙은 19세기 중반에 발표되었는데, 그 당시에는 그다지 큰 파장을 일으키지 못한 것으로 알려져 있다. 1900년대에 이르러서야 비로소 생명을 이해하는데 중요한 개념으로서 주목받게 되었다.

멘델의 법칙이 과학계에 널리 알려진 이후 과학자들은 유전물질이 구체적으로 무엇인지 연구하기 시작하였다. 1903년 서튼(Sutton, W. S.)은 곤충의 생식세포를 관찰하여 염색체가 정자와 난자에 쪼개져 들어간다는 사실을 발견하였고, 이로부터 염색체에 유전물질이 존재한다고 주장하였다. 그리고 1909년에는 요한센(Johannsen, W.)에 의해 이러한 유전물질에 유전자(gene)라는 이름이 처음으로 명명되었다. 이후, 초파리를 생물학 실험에 사용하여 여러 업적을 남긴 것으로 잘 알려진 모건(Morgan, T. H.) 역시 염색체에 유전자가 존재한다는 사실을 재확인하였다.

1928년에는 그리피스(Griffith, F.)가 폐렴쌍구균을 이용한 형질전환(transformation) 실험을 하였다. 형질전환 실험은 독성을 가지고 있지 않은 R형 폐렴쌍구균에, 독성을 가지고 있는 S형 폐렴쌍구균의 핵 구성 물질을 추출하여 넣어 주면 R형 폐렴쌍구균이 S형 폐렴쌍구균으로 변환된다는 내용의 실험이다. 이 실험을 통해 염색체에 유전자가 존재한다는 것은 더욱 확실해졌다. 또한 그 뒤 1943년에는 에이버리(Avery, O. T.)가 염색체에서 뽑은 DNA를 이용하여 형질전환 실험을 수행하였으며, DNA에 유전자가 존재한다고 주장하였지만 그 당시에는 단백질이 유전자 후보로 더 유력했기 때문에 잘 받아들여지지 않았다. 이후 1952년에 이르러 허시(Hershey, A.)가 세균에 기생하는 바이러스인 박테리오파지(bacteriophage)를 이용한 실험을 통해 DNA에 유전자가 존재한다는 사실을 증명하게 되었다.

1953년에 비로소 왓슨(Watson, J. D.)과 크릭(Crick, F.)이 DNA의 이중나선 구조를 밝혀내었다. 이로 인해 DNA(Deoxyribo-Nucleic Acid)가 지니는 상보적인 성질과 그 성질로 인해 나타나는 복제(replication) 능력이 처음으로 이해되었고 이후 분자생물학이 급격히 발전해나가는 데 결정적인 역할을 하게 되었다.

이와 같이, 유전자란 생물의 개개 특성을 결정짓는 단위를 일컬으며, DNA는 유전자가 기록되는 분자물질을 지칭한다. 게놈(유전체, genome)은 이러한 유전자(gene)에 '모든 것'을 의미하는 어미 'ome'이 합성된 단어로서, 어떤 생물이 가지는 유전자 전체의 온전한 집합을 일컫는다. 게놈이라는 단어는 1920년에 윈클러(Winkler, H.)가 처음 제시한 단어로서 원래는 생식세포가 가지는 한 쪽 상동염색체를 지칭하는 단어로 사용되어졌으며 당시에는 유전자(gene)와 염색체(chromosome)를 합성한 단어였다. 이후 1930년에 이르러 기하라(Kihara, H.)에 의해서 현재와 같은 의미로 정착되었다. 현재는 이러한 게놈의 개념으로부터 출발하여, 세포가 가지는 mRNA의 전체집합인 전사체(transcriptome), 단백질의 전체집합인 단백실체(proteome), 신진대사에 관여하는 대사산물의 전체집합인 대사체(metabolome) 등의 개념이 등장하여 보편적으로 사용되고 있다.

2.1.4 DNA에서 RNA로, 그리고 RNA에서 단백질로

왓슨과 크릭이 DNA의 구조를 밝혀낸 것과 함께, 정립한 또 다른 중요한 개념이 바로 중심원리(central dogma)이다(그림 2.3). 이 개념은 현재까지도 분자생물학

그림 2.3

중심원리(central dogma). 유전자는 DNA에서 RNA로 전사되고, RNA에서 단백질로 번역되어 발현된다.

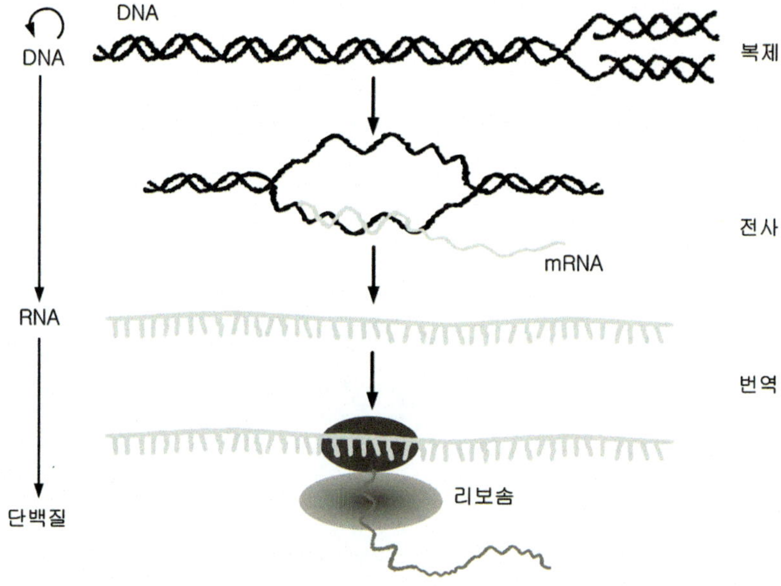

의 가장 중요한 기본 원리로 받아들여지고 있다. 이를 간략히 설명하면 다음과 같다: "DNA는 RNA를 만들고, RNA는 단백질을 만들며, 단백질은 세포를 구성한다." 또한, DNA는 스스로를 복제할 수 있는 능력을 가지고 있다. 여기서 DNA가 RNA를 만드는 작용을 전사(transcription), RNA가 단백질을 만드는 작용을 번역(translation)이라고 한다. 이렇게 만들어진 단백질은 효소(enzyme)로서 작용하여, 물리-화학 반응을 통해 발생하는 세포내외의 많은 현상들을 제어하게 된다. 이와 같이, DNA가 전사, 번역 과정을 거쳐 효소로 작용함으로써 그 역할을 드러내는 것을 발현(expression)이라고 한다. 발현은 생물이 어떤 기능을 작동시키기 위해 사용하는 가장 기본적인 방법이며, 분자생물학은 이러한 발현이 어떻게 일어나고 조절되는지를 탐구하면서 지금까지 발전해 왔다. 다음 절에서는 DNA, RNA, 단백질의 기능이 무엇인지, 그리고 이러한 기능이 어떻게 조절되는지를 알아보도록 한다.

2.2 DNA, RNA, 단백질의 기능과 조절

2.2.1 DNA와 복제

DNA는 생물내에 간직되어 있는 일종의 설계도이다. 바이러스를 제외한 모든 생물 개체는 DNA에 자신의 특성에 대한 대부분의 정보를 담고 있다. 이 DNA는 중심원리에 따른 방법을 통해 자신은 변화하지 않으면서 코딩되어 있는 특성을 발휘하는 주형(template)의 역할을 한다. 또한 세포분열을 할 때 똑같은 두 개의 DNA로 복제되어, 동일한 정보를 지니는 두 개의 세포를 만들어 낸다. 이러한 복제는 비단 유사분열(mitosis) 수준에서 그치는 것이 아니라, 다음 세대의 개체에 정보를 전달하는 감수분열(meiosis)도 담당함으로써 생물의 기본적인 정보를 다음 세대에 전달한다. 이와 같이 DNA는 주형으로서 작동하며, 또한 복제를 수행하는 두 가지 큰 특징을 지니고 있는데, 이러한 특징은 DNA의 구조와 밀접한 관련이 있다.

DNA는 다수의 뉴클레오타이드(nucleotide)가 모여서 만들어진 거대한 구조체이다. 뉴클레오타이드 한 분자는 세 가지 구성 요소로 이루어져 있다. 이러한 구성 요소는 당, 즉 디옥시리보오스(deoxyribose)와 인산(phosphate), 그리고 염기(nucleobase)이다. 여기서 당과 인산은 결합하여 DNA의 나선 모양을 구성하는 기본적인 뼈대(backbone) 역할을 한다. 실제로 중요한 것은 염기인데, 당과 인산이 모든 DNA 분자에서 동일한 반면 염기는 4가지로 나뉜다. 이 4가지의 염기는 아데닌(Adenine: A), 티민(Thymine: T), 시토신(Cytosine: C), 구아닌(Guanine: G)이다. DNA에 기록되어 있는 유전정보는 바로 이 4가지 염기의 조합을 이용한 유전암호(genetic code)이다. 즉, 이 네 염기가 어떤 방식으로 배열되어 있느냐가 그 생물의 유전정보를 결정짓는 것이다. 이렇게 염기가 배열되는 순서를 서열(sequence)이라고 한다. DNA는 이러한 방식으로 정보를 저장하여 주형으로서 역할을 담당하고, RNA에 이 유전암호를 전달하여 단백질을 합성해 낸다.

또한 이 네 가지 염기는 염기쌍(base pair)을 형성하여 이중나선 구조를 이룬다. 이 때 네 가지 염기는 기본적으로 정확히 서로 일치하는 상대와 만나서 쌍을 이루게 되는데, 아데닌은 티민과, 시토신은 구아닌과 수소결합(hydrogen bond)을

그림 2.4

DNA 복제의 개요. DNA는 지퍼가 열리듯 두 가닥 사이가 갈라진 뒤 새로운 가닥이 항상 5'에서 3' 방향으로 합성된다. 이를 위해 후미 가닥에는 오카자키 조각이라는 구조가 나타남을 주목하자. DNA를 합성할 때 가장 앞부분은 RNA로 된 선도체(primer)가 온다는 것도 중요한 특징이다.

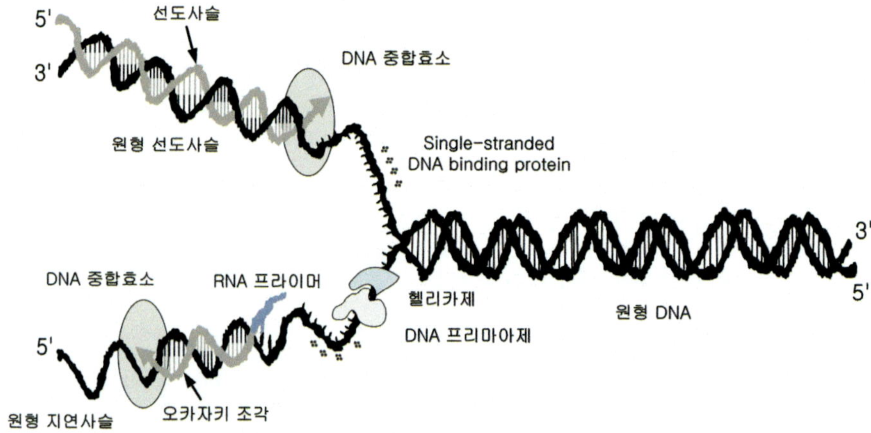

이용한 쌍을 이루게 된다. 이렇게 네 가지 염기가 서로 상보적인(complementary) 쌍을 이루기 때문에 한 쪽 나선 가닥(strand)의 정보는 온전히 다른 쪽 가닥에도 저장된다. 따라서 DNA가 복제를 할 때에는 이 두 가닥을 풀고 다시 서로 상보적인 가닥을 합성함으로써 정보를 보전하여 2개의 DNA를 다시 만들어 낼 수 있게 되는 것이다. 이러한 복제 형태를 반보존적 복제(semiconservative replication)라고 한다.

DNA 가닥은 5탄당인 디옥시리보오스의 몇 번째 탄소 위치에 인산이 결합했느냐에 따라 방향성을 정할 수 있다. 즉, 인산이 3번째 탄소에 결합한 방향을 3'이라고 하며, 5번째 탄소에 결합한 방향을 5'이라고 한다. 복제나 전사가 일어날 경우 DNA 주형은 일반적으로 3'에서 5' 방향으로 읽어 나가게 된다.

DNA의 복제는 DNA 중합효소(DNA polymerase)에 의해서 이루어진다(그림 2.4). 일단 헬리케이즈(helicase)라는 효소가 염기쌍 사이의 수소결합을 풀어서, 마치 지퍼를 열듯 DNA의 결합을 해체하게 된다. 그러면 단일 가닥이 된 DNA를 안정화시키기 위한 단백질이 결합하고, DNA 복제를 위한 구조체가 만들어진 후 DNA 가닥을 합성하는 중합효소가 결합하여, 원래의 DNA를 바탕으로 새로운 DNA 가닥을 합성하게 된다. 이 때 DNA 중합효소는 반드시 5'에서 3' 방향으로 새로운 가닥을 합성하기 때문에, 선도 가닥(leading strand)이라고 불리는 새로운 가닥은 문제없이 DNA를 계속 이어나가 합성할 수 있지만 후미 가닥(lagging strand)이라고 불리는 새로운 가닥은 DNA가 풀리는 방향과는 반대로 중합반응을 진행해야 한다는 문제가 발생한다. 이러한 문제를 해결하기 위해 후미 가닥에서는 DNA가 오카자키 조각(Okazaki fragment)이라는 작은 조각으로 나뉘어 중합되며 이후 이 조각들은 DNA 접착효소(DNA ligase)에 의해 하나의 긴 사슬로 이어진다. 이렇게 해서 하나의 DNA는 두 개의 DNA로 정보를 유지한 채 복제된다.

처음 DNA의 구조가 알려졌을 때에는 유전정보만 DNA에 담겨져 있다고 생각되었으나, 연구가 거듭되면서 DNA 자신을 조절하기 위한 서열이나, 별다른 기능을 가지지 않는(적어도 아직까지는 알려지지 않은) 서열도 많이 존재함을 알게 되었다. 이러한 DNA에는 일단 진핵생물 DNA의 전사 과정에서 잘려 나가는 인트론(intron)이 있으며, 세포분열을 할 때 염색체 구조를 이루기 위해서 필요한 중심체(centromere)나 말단체(telomere) 부위 등도 있어서 이들은 단백질을 직접 만들지는 않는다. 또한 RNA 상태에서 기능을 발휘하는 tRNA(transfer RNA)나 rRNA(ribosomal RNA), 또는 여러 가지 조절에 이용되는 소형 RNA(small RNA) 역시 DNA에 그 정보가 있지만 단백질로 만들어지지는 않는 부위이다.

2.2.2 RNA와 전사 조절

RNA는 리보핵산(ribo-nucleic acid)의 약자로서 DNA와 거의 동일한 구조를 가지고 있다. 단, DNA는 기본 골격이 되는 당 부위가 리보오스(ribose)에서 산소가 하나 빠진 디옥시리보오스로 되어 있는 반면, RNA는 리보오스 그대로 되어 있다는 점이 다르다. 그리고 염기가 네 가지로 되어 있는 것은 같지만 티민(T) 대신에 우라실(uracil: U)이 그 자리를 차지하고 있다는 것이 가장 큰 차이점이다. 또한 일반적으로 생물 내에서 DNA는 두 가닥의 이중나선 구조로 되어 있는 데 비하여 RNA는 단일 가닥으로만 이루어져 있다는 것도 큰 차이점이다.

DNA가 A, T, C, G 네 가지 염기로 이루어져 있는데 비하여 RNA는 A, U, C, G 네 가지로 구성되어 있다. 여기서 U는 T를 완전히 대체하기 때문에 A와 상보적으로 결합할 수 있다. RNA를 구성하는 이 네 가지 염기는 DNA를 주형으로 해서 그 정보를 그대로 복사할 수 있는 능력을 가지며, 이렇게 RNA가 만들어지는 과정이 바로 전사(transcription)이다. RNA 가운데 이렇게 전사를 통해 생성되는

그림 2.5

RNA 중합효소는 DNA에 결합하여 mRNA를 전사한다. RNA 중합효소가 결합하여 전사가 시작되는 지점은 DNA상의 전사 시작점(promoter region)이며 전사가 끝나서 mRNA와 RNA 중합효소가 분리되는 지점은 전사 종료점(stop region)이다. 실제로는 RNA 중합효소 이외에도 전사인자 같은 여러 다른 요소가 함께 관여하여 발현량을 조절한다.

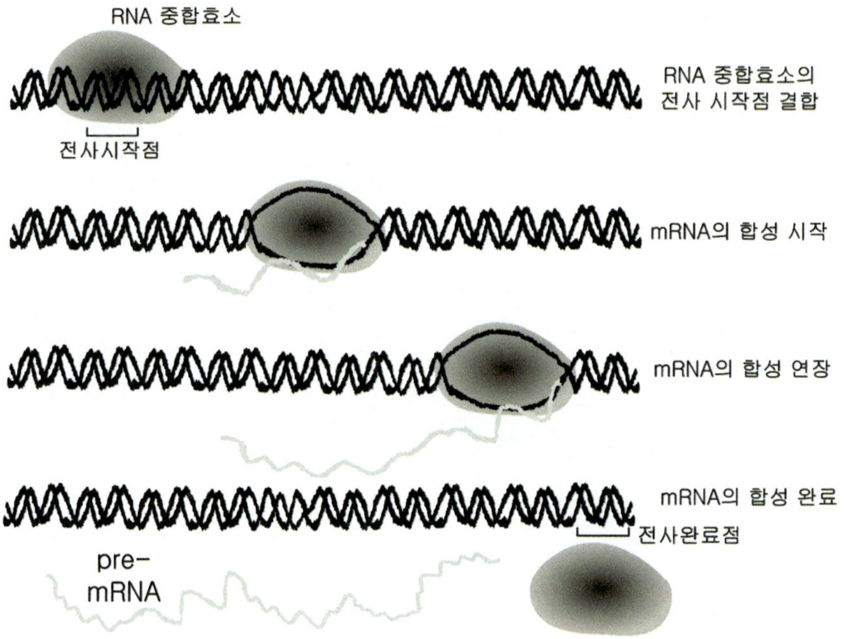

RNA를 mRNA(messenger RNA)라고 하며, 이러한 mRNA는 이후 단백질 합성과정을 거쳐 생명을 유지하는 데 필요한 주요 기능을 하게 된다. 이러한 mRNA 외에도 세포 내에는 여러 가지 다른 종류의 RNA가 있다. 대표적인 것이 rRNA와 tRNA이다. rRNA는 세포 내에서 단백질을 합성하는 기관인 리보솜을 구성하는 RNA로서, 다른 단백질들과 연합하여 리보솜 구조를 이룬다. tRNA는 단백질을 합성할 때 아미노산을 운반해오는 역할을 하는 RNA로서, 2차원 구조는 클로버 잎 모양이며 3차원 구조는 L자 형태를 띠고 있다. tRNA는 어떠한 트리플렛 암호(trpiplet codon)를 구성하느냐에 따라 운반해 오는 아미노산의 종류가 달라지는데, 이에 대해서는 뒷부분에서 다시 상세히 설명하기로 한다. 또한, 이러한 세 가지 주요 RNA 이외에도, 핵내에서 pre-mRNA의 스플라이싱(splicing)에 관여하는 snRNA(small nuclear RNA)나 각종 조절역할을 하는 miRNA(micro RNA), siRNA(small interfering RNA)와 같은 다양한 RNA가 존재하며, 이들의 역할에 대해서도 계속 그 중요성이 밝혀지고 있다(그 외 아직 밝혀지지 않은 RNA들도 많이 있을 것으로 추정되며, 이들에 대한 연구 또한 활발히 이루어지고 있다).

RNA 가운데 가장 중요한 역할을 담당하는 것은 mRNA이다. mRNA는 DNA의 일부 부위를 그대로 복사하여 여기에 담긴 정보를 해독함으로써 단백질 합성에 이용한다(그림 2.5). DNA에서 mRNA로 전사를 담당하는 효소는 RNA 중합효소(RNA polymerase)이다. RNA 중합효소가 DNA의 ORF(Open Reading Frame)라는 특정 부위 가운데 최초로 위치하는 TATA 상자(TATA box) 부분에 결합하게 되면, ORF 부위의 DNA 서열을 그대로 복사해서 mRNA가 형성된다. 이 과정에서 RNA 중합효소가 잘 결합하게 도와주거나, DNA가 풀리는 것을 도와주거나, 또는 DNA가 잘 전사되기 위한 구조를 마련해 주거나, 혹은 이러한 활성역할과 반대로 여러 억제효과를 나타내는 다양한 인자들이 있다. 이러한 인자들을 통틀어 전사인자(TF: Transcription Factor)라고 한다. 특히 이러한 전사인자 가운데에는 모든 상황에서 RNA 중합효소를 보조해 주는 것도 있지만, 반면 어떤 특정한 위치에 결합함으로써 RNA 중합효소를 보조해 주는 것도 있다. 이와 같이 특정 위치에 결합하여 RNA 중합효소를 보조하는 전사인자는, 외부에서 신호가 전달되는 등의 자극에 의해 반응을 나타냄으로써 DNA가 얼마나 기능을 발휘하느냐를 조절하는 데 중요한 역할을 한다.

원핵생물에는 핵이라는 구조가 없기 때문에 전사된 mRNA는 곧바로 리보솜에서 단백질로 합성된다. 하지만 진핵생물은 핵이라는 구조를 가지고 있고 핵의 안과 밖이 핵막으로 구분되어 있기 때문에 전사가 끝난 pre-mRNA는 몇 가지 과정을 거쳐 성숙한 mRNA로 변환된 후 핵 밖으로 나가게 된다. 이렇게 핵 밖으로 나간 성숙한 mRNA는 세포질에 있는 리보솜에서 단백질로 합성된다. 이렇듯 mRNA가 성숙되는 과정에서 가장 중요한 처리가 바로 스플라이싱이다(그림 2.6). 진핵생물의 DNA에 기록되어 있는 ORF 상의 서열은 모든 부분이 단백질로 합성되지는 않는다. 일부 서열은 장차 단백질로 합성되지만 일부 서열은 핵 안에서 잘려진 뒤 버려지게 된다. 이 때 단백질로 변화되는 부위를 엑손(exon)이라고 하며, 잘려나가는 부위를 인트론(intron)이라고 한다. pre-mRNA에서 인트론을 잘라내는 과정을 스플라이싱이라고 한다. pre-mRNA는 성숙되는 과정에서 스플라이싱뿐만 아니라 다른 처리도 겪게 된다. 예를 들어 mRNA가 핵 밖으로 이동하는 과정에서

그림 2.6

진핵생물에서는 전사와 함께 스플라이싱을 거쳐 단백질로 합성된다. 특히 인트론을 잘라내는 스플라이싱은 보다 다양한 단백질들을 만들어 낼 수 있는 진핵생물의 중요한 조절 기작이다.

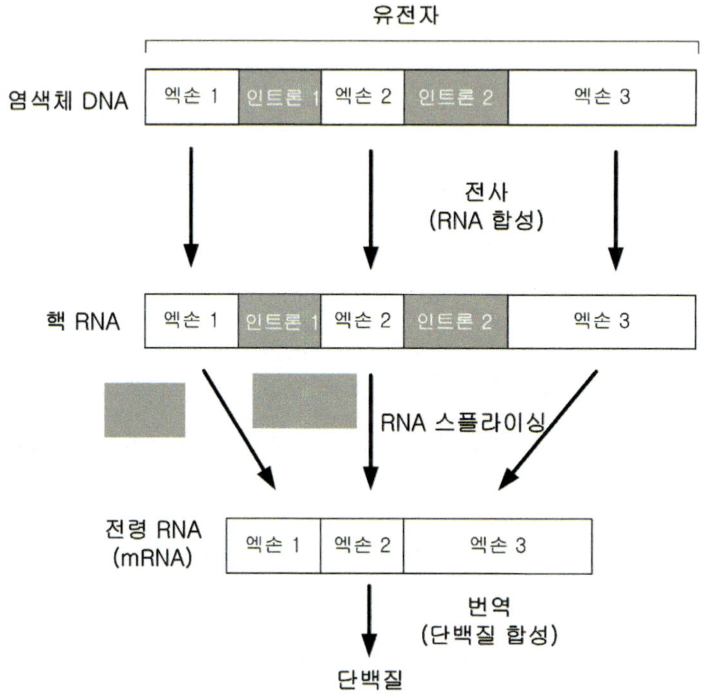

손상되지 않게끔 앞부분인 5' 부위에 캡(cap)을 붙이고 뒷부분인 3' 부위에 아데닌 사슬로 구성된 꼬리(poly A tail)를 붙이는 과정 등이 있다. 과거에는 스플라이싱이 별다른 역할 없이 단순히 인트론을 잘라내는 것으로만 여겨졌지만, 연구가 거듭됨에 따라 한 가지 DNA 서열을 이용하여 엑손 부위를 서로 다르게 끼워 맞추는 식으로 여러 종류의 단백질들이 생성되고, 조절될 수 있는 대체 스플라이싱(alternative splicing)이 진핵생물에서는 중요한 역할을 한다는 사실이 밝혀지게 되었고, 이로 인해 현재는 스플라이싱이 매우 중요한 조절기작으로서 받아들여지고 있다.

mRNA를 만드는 과정에서 스플라이싱으로 잘려나간 인트론이나, 잘못 만들어진 mRNA, 또는 단백질의 합성이 끝난 mRNA 등은 모두 소멸(decay) 과정을 거쳐서 분해된다. mRNA뿐만 아니라 다른 여러 가지 종류의 RNA 역시 특정 과정을 거쳐 분해되는데, 이렇게 RNA 분해에 작용하는 효소는 엑소뉴클리아제(exonuclease)와 엔도뉴클리아제(endonuclease)이다. 엑소뉴클리아제는 RNA를 양 끝에서부터 자르며 분해하는 효소이고 엔도뉴클리아제는 RNA의 중간 부분을 절단하는 효소이다. 여기서 실제로 RNA를 분해하는 효소는 엑소뉴클리아제인데, 일반적으로 전사 이전의 mRNA는 캡(cap)과 꼬리(poly A tail)가 있어서 이 엑소뉴클리아제의 역할을 막기 때문에 분해되지 않는다. 따라서 mRNA를 분해할 때에는 이러한 캡과 꼬리를 떼어내거나, 엔도뉴클리아제로 중간을 끊어서 RNA 말단이 노출되도록 한 뒤 엑소뉴클리아제가 작용함으로써 비로소 분해과정을 시작하게 된다.

최근에 중요한 조절 인자로 떠오르고 있는 소형 RNA는 일반적인 세포 내의 RNA와 달리 짧은 외가닥(single strand)의 형태로 존재하며 다른 mRNA에 결합함으로써 여러 조절작용을 하는 것으로 알려져 있다. 여기에 속하는 대표적인 두 가지 RNA로는 머리핀(hairpin) 형태의 전구체에서 잘려 나오는 miRNA와 긴 dsRNA(double strand RNA)에서 만들어지는 것으로 알려진 siRNA가 있다. 이들은 세포내에서 RISC(RNA-Induced Silencing Complex)라는 구조체와 결합하여 외가닥인 상태에서도 안정한 구조를 유지하며, mRNA에 결합하여 단백질 합성을 억제하거나 mRNA를 절단시키는 등의 조절효과를 나타낸다. 현재에도 이러한 소형 RNA에 관한 연구가 매우 활발히 이루어지고 있으며, 그 종류와 생성메커니즘, 그리고 조절작용의 베일이 점차 밝혀지고 있다.

2.2.3 단백질의 번역과 효소로서의 단백질

mRNA가 리보솜과 만나게 되면 단백질이 합성된다(그림 2.7). 그리고 이렇게 합성된 단백질이 효소로 작동함으로써 실제 생명체내 대부분의 작용이 조절된다. 리보솜은 rRNA와 여러 단백질들이 모여서 형성한 구조체로서 진핵생물 세포의 경우에는 40S, 60S라는 두 개의 구조체로 되어 있으며, 이 두 개의 구조체가 중앙 부분에 mRNA를 끼우듯이 결합된다. 원핵생물 세포에는 핵이 존재하지 않기 때문에 리보솜도 세포질 내에 흩어져 있지만, 진핵생물 세포에는 핵 구조가 존재하고 핵 주변에 소포체 구조가 있으며, 이 소포체 내에서 주로 단백질이 합성되기 때문에 리보솜은 주로 소포체 주변에 위치하고 있다.

실제 리보솜에서 단백질이 합성될 때 관여하는 가장 중요한 요소는 바로 tRNA

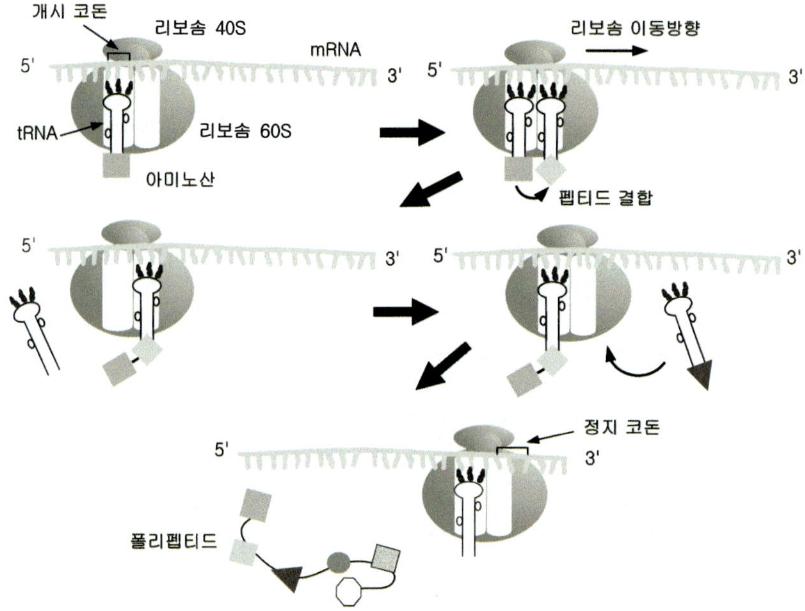

그림 2.7

rRNA와 단백질로 구성된 리보솜은 mRNA를 이용해서 단백질을 번역하는 작용을 한다. 리보솜이 mRNA에 결합하면 tRNA가 트리플렛 암호에 해당하는 아미노산을 운반해와서 결합시키는 형식으로 단백질이 만들어진다.

이다. 클로버 모양으로 생긴 tRNA는 중앙의 잎 부위에 서로 다른 3개의 염기를 가지는데, 이 세 가지 염기가 유전암호(codon)를 구성하는 트리플렛(triplet)이다. 이 트리플렛이 어떻게 구성되느냐에 따라 tRNA의 끝 쪽에 딸려오는 아미노산이 결정된다. 단백질은 결국 아미노산의 서열이 어떻게 이루어지느냐에 따라서 그 구조가 결정되는데, 이 아미노산 서열은 4가지 염기가 3개씩 배치됨으로써 DNA상에 그 내용이 모두 기록되어 있는 셈이다. 아미노산은 모두 20가지가 있는데, 이러한 20가지 아미노산 이외에도 시작을 알리는 유전암호, 종료(stop)를 알리는 유전암호 등이 존재한다. 이러한 유전암호는 반드시 트리플렛이 되어야만 20가지 이상의 조합이 가능하므로 (4×4×4 = 64가지의 경우가 가능) 트리플렛으로 이루어져 있을 것이라는 예측이 이미 존재했으며 이 예측은 정확하게 맞아 떨어졌다. 이렇게 tRNA가 해당되는 트리플렛 유전암호에 의해 운반해온 아미노산이 계속 펩티드 결합(peptide bond)으로 이어져서 폴리펩티드(polypeptide)를 구성함으로써 단백질의 가장 기본적인 구조를 형성하게 된다.

하지만 단순히 아미노산이 배열되어 폴리펩티드가 만들어진 것만으로 이를 곧 단백질이라고 부르지는 않는다. 단백질이 완전히 형성되어 자신의 역할, 즉 효소활성을 나타내기 위해서는 3차원 구조가 제대로 형성되어야만 하기 때문이다. 20가지 종류의 아미노산은 저마다 서로 다른 '잔기'를 가지고 있다. 어떤 잔기는 전하를 띠고 있어서 친수성이며, 어떤 잔기는 소수성이다. 또한 어떤 잔기는 -OH를 지니고 있어서 수소결합을 할 수 있으며, 어떤 잔기는 황을 가지고 있기도 하다. 이러한 여러 잔기들의 특성 때문에 단백질은 특정 방식으로 접혀져서 3차원 구조를 이루게 되는데, 이 과정을 단백질 접힘(protein folding)이라고 한다.

기본적으로 아미노산 서열이 폴리펩티드를 이루고 있는 형태를 1차 구조라고 하며, 가장 기본적인 입체 형태인 알파나선(α-helix)이나 베타병풍(β-sheet) 형태로 변화한 폴리펩티드의 구조를 2차 구조라고 한다. 또한 이러한 기본 형태들이 모여 다시 3차 입체구조를 이루게 되며, 마지막으로 3차 구조를 이룬 여러 구조체가 집산하여 거대한 4차 구조를 이루게 된다. 이 과정에서 단백질은 잔기가 가지고 있는 여러 가지 힘, 즉, 소수성 결합이나 수소결합, 이황결합 등을 통해 아미노산 구조로부터 자신만의 특징적인 구조를 가지게 되는 것이다. 하지만 이러한 구조 형성이 단백질 자체만의 힘으로 이루어지는 것은 아니며 접힘을 돕는 여러 다른 단백질들을 통해 이루어진다. 이러한 단백질군을 일반적으로 샤페론(chaperone)이라고 한다.

샤페론의 역할은 단백질 구조에 결합해서 구조를 안정화시켜주는 역할뿐만 아니라 번역 후 변형과정(post-translational modification)에서도 중요한 역할을 한다. 이러한 번역 후 변형과정에는 아세틸기를 달거나 떼어내어 단백질 구조를 이완시키거나 긴장시키는 아세틸화(acetylation), 마찬가지로 메틸기를 이용해 단백질 구조를 변화시키는 메틸화(methylation), 인산을 붙여서 활성도를 변화시키는 인산화(phosphorylation), 유비퀴틴(ubiquitine)으로 표적조절을 하는 유비퀴틴화(ubiquitination), 그리고 최근 주목받고 있는 SUMOylation 등 기타 여러 가지 과정들이 있다. 이와 같이 번역 후 여러 변형과정을 통하여 단백질은 비로소 자신의 역할을 수행할 수 있는 정확한 구조를 가지게 된다.

위에서 나열한 과정들 가운데 유비퀴틴화는 진핵생물 세포 내에서 단백질 분해(proteolysis) 과정에 특히 중요한 역할을 담당하고 있는 것으로 알려져 있다. 필요가 없어진 단백질을 없애거나, 단백질의 수를 적절한 수준으로 유지하기 위해서는 이런 다중 유비퀴틴화(poly-ubiquitination)가 일반적인 방법으로 이용되기 때문이다. "E2/3 ligase"와 같은 효소가 표적이 되는 단백질을 다중 유비퀴틴화시키게 되면 유비퀴틴 꼬리가 많이 달린 표적 단백질은 단백질을 분해하는 구조체인 프로테아좀(proteasome)에 들어가서 분해과정을 거치게 된다. 이러한 단백질 분해과정은 세포주기(cell cycle)에서 중요한 역할을 하는 것으로 밝혀졌으며 특히 암의 생성과 조절에도 밀접하게 관련되어 있는 것으로 알려지고 있다.

2.2.4 염색체와 히스톤 암호: 후생유전학

지금까지 주로 DNA에서 mRNA, 그리고 단백질로 이어지는 중심원리에 관련된 조절 기작에 대해 알아보았다. 그런데 진핵생물에서 DNA는 히스톤이라는 단백질에 감겨진 상태로 염색질(chromatin)이라는 거대 구조를 이루고 있으며, 이러한 염색질의 상태가 DNA의 활성에 어떻게 관여하는가 하는 것이 근래에 매우 중요한 조절작용으로서 알려지고 있다(그림 2.8). 진핵생물 유전자의 구조는 히스톤에 DNA가 감겨져 있는 형태이며, 이는 뉴클레오좀(nucleosome)이라는 소형구조로 이루어져 있다. 이 뉴클레오좀은 모여서 다시 염색질이라는 큰 구조를 이루며, 결국 이 염색질이 진핵생물의 염색체를 구성하게 된다. 따라서 염색질의 상태가 어떤가가 진핵생물에서 DNA의 조절에 큰 영향을 준다. 만일 염색질이 많이 응축(condensation)되어 있어서 DNA에 접근하기 어려운 상태이면 설령 DNA에 전사인자가 다가온다 하더라도 전사가 이루어지기 어렵기 때문이다. 이러한 이유로 염색질의 상태, 즉 뉴클레오좀에 존재하는 히스톤의 활성을 변경함으로써 유전물질의 활성을 조절할 수 있을 것이라는 발상이 등장하게 되었고, 이를 히스톤 암호(histone code)라고 부른다.

앞서 단백질에 대하여 설명한 바와 같이, 히스톤 역시 단백질의 일종이기 때문에 그 구조가 여러 가지 번역 후 변형과정에 따라 영향을 받는다. 여기에 관여하는 두 가지 주된 조절방식이 아세틸화와 메틸화이다. 염색질 전체의 응축정도는 결국 히스톤이 어떤 방식으로 아세틸화되어 있는가, 또는 메틸화되어 있는가에 따라서

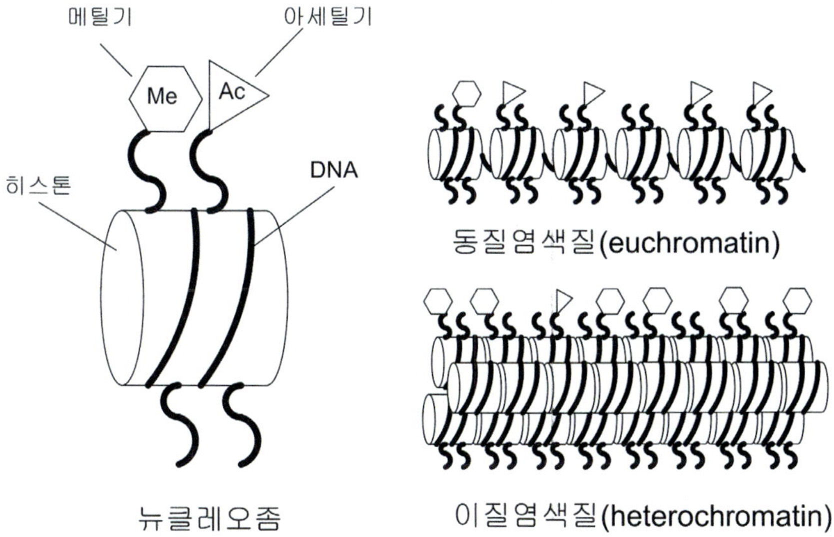

그림 2.8

뉴클레오좀의 구조와 염색질의 구조. 뉴클레오좀은 히스톤에 DNA가 감겨서 이루어지며, 히스톤 단백질에서 뻗어 나온 4개의 꼬리 부분에 메틸기, 아세틸기와 같은 여러 염색질 구조 조절인자가 붙는다. 염색체는 일반적으로 동질염색질(euchromatin) 구조로 이루어져 있지만, 완전히 비활성화되는 일부 영역은 메틸기가 많이 붙고 아세틸기가 많이 떨어져서 단단하게 응축되며 이질염색질(heterochromatin)이라는 구조를 형성하게 된다.

조절되는데, 아세틸화 효소(acetylase)에 의해 히스톤이 아세틸화되면 염색질은 풀어지고 탈아세틸화 효소(deacetylase)에 의해 히스톤에서 아세틸기가 분리되면 염색질은 응축된다.

아세틸화에 비해 메틸화는 최근까지도 상대적으로 덜 주목받았는데, 그 이유는 생체 내에서 작동하는 탈메틸화 효소가 발견되지 않았기 때문이며 메틸화는 한 방향으로만 진행되는 영구적인 과정이라고 간주되었기 때문이다. 하지만 2000년대에 들어서면서 메틸기를 분리하여 염색질을 크게 풀어주는 탈메틸화 효소(demethylase)가 발견되었고 또한 메틸화도 역반응이 존재하는 작용이라는 것이 밝혀짐에 따라, 이러한 일련의 과정을 통해 염색질의 상태가 조절됨으로써 DNA의 전사에 영향을 준다는 히스톤 암호이론은 대단히 중요한 조절작용 중의 하나로 부각되고 있다. 이러한 과정은 주로 발생(development) 분야에서 중요한 의미를 가지기 때문에 후생유전학(epigenetics)이라는 새로운 용어로서 널리 사용되고 있다.

2.3 생명과학의 주요 연구기법들

2.3.1 모델 생물

생물학은 광범위한 생물체를 다루는 학문이지만 궁극적인 목적은 역시 우리 인간이 어떻게 구성되어 있으며 인체의 생명현상을 유지하는 근본적인 원리는 무엇인지를 이해하고자 하는 것이다. 그러나 인체를 직접 연구의 대상으로 삼기는 어렵기 때문에 많은 생물학 실험에서는 인체에서 추출한 조직이나 세포를 이용해서 연구하거나, 또는 모델 생물(model organism)이라는 여러 다른 생물을 사용하여 연구하는 것이 일반적이다. 인간의 세포를 대상으로 할 경우에는 사람에게서 세포를 직접 추출하여 이용하는 방법도 있지만, 이 경우 여러 가지 변인을 제어하기도 어렵고 윤리적인 문제도 따르므로 일반적으로는 인간의 암세포를 기반으로 이를 실험실 환경에서 증식시킨 여러 종류의 세포주(cell line)를 이용한다. 여기에 대표적인 것으로는 "HeLa" 세포가 있는데, 이러한 여러 세포주는 암세포를 기반으로 했기 때문에 인간의 보통 정상세포에 비하여 배양하기가 쉽고 잘 죽지 않는다는 특징이 있다.

세포주를 이용한 실험은, 여전히, *in vitro*(시험관 내) 실험에 해당하는 것이어서 생체 현상에 보다 가까운 실험을 하기 위해서는 생물을 직접 이용하는 *in vivo*(생체 내) 실험이 필요하다. 이러한 실험에 이용되는 주요 생물들이 바로 '모델 생물'이다. 모델 생물에는 세포단위의 미생물에서부터 포유류에 이르기까지 다양한 생물들이 활용되고 있는데, 이러한 생물들을 이용하여 수행한 연구 결과를 인간에게까지 적용하여 해석함으로써 생물학이 지금까지 발전해 온 것이다. 단세포성의 미생물 가운데 모델 생물로 사용되는 가장 대표적인 생물은 대장균(*Escherichia coli*)이다. 대장균은 원핵생물에 속하는 세균이며, 배양하기 쉽고 또 제어하기 쉽기 때문에 분자생물학 초창기에 많은 성과를 가져다주었다. 현재는 인간과 유사한 진핵생물 세포에 대한 연구가 주가 되면서 이러한 원핵생물 연구는 예전보다 많이 이루어지고 있지는 않지만 대장균은 여전히 복제(cloning)와 같은 생물학 실험의 여러 기본적인 과정에서 지금도 널리 사용되고 있는 중요한 재료이다.

진핵생물의 모델 생물 가운데 가장 많은 성과를 가져다 준 생물은 역시 단세포 진핵생물인 효모이다. 효모는 크게 두 종류로 나뉘는데 하나는 출아(budding)를 통해 번식하는 출아효모(*Saccharomyces cerevisiae*)이고, 다른 하나는 인간의 세포분열과 비슷한 분열(fission)을 통해 번식하는 분열효모(*Schizosaccharomyces pombe*)이다. 이 두 가지 효모에는 모두 핵이 존재하기 때문에 원핵생물에 비해 구조가 훨씬 복잡한 진핵생물 세포의 연구에 매우 중요한 모델 생물이다. 이러한 이유로 지금도 효모를 이용한 수많은 연구가 진행되고 있다.

단세포 진핵생물이 아닌, 다세포 생물에서는 초파리(*Drosophila melanogaster*)가 가장 유명한 모델 생물이다. 초파리는 20세기 초반 유전학에 엄청난 발전을 가져다 준 모델 생물로서 모건이 유전학 실험에 적극적으로 도입하면서부터 현재까지도 널리 이용되고 있다. 초파리 역시 번식시키기 쉬우며, 침샘에서 거대 염색체가 나오기 때문에 이를 이용하여 염색체를 관찰하기 용이한 장점이 있다. 특히 다양한 돌연변이를 일으킬 수 있고 그러한 돌연변이를 선별해 내기 쉬운 장점도 있다. 이외에도 예쁜꼬마선충(*Caenorhabditis elegans*)이라는 생물도 자주 이용된다. 예쁜꼬마선충은 발생과정과 세포분열, 세포자살(apoptosis) 등의 연구에 널리 이용되고 있는데 특히 최근 주목받고 있는 소형 RNA를 이용한 RNAi(RNA interference)의 효과를 처음 밝혀내게 된 생물이기도 하다. 좀 더 고등동물로 가면 생쥐(mouse: *Mus musculus*)와 쥐(rat: *Rattus norvegicus*)를 모델 생물로 가장 많이 이용하고 있다. 이러한 동물에서의 모델 생물뿐만 아니라 식물에서 가장 자주 사용되는 생물은 애기장대(*Arabidopsis thaliana*)이다. 애기장대는 크기가 작아서 키우기 쉽고 생활주기가 짧아서 씨를 수확하기가 좋으며, 유전자를 도입하기 쉬운 여러 장점이 있다.

이외에도 바이러스로는 람다 파지(lambda phage), 담배 모자이크 바이러스(tobacco mosaic virus), 원핵생물로는 고초균(*Bacillus subtilis*)이나 슈도모나스(*Pseudomonas fluorescens*), 단세포 진핵생물로는 클라미도모나스(*Chlamydomonas reinhardtii*)나 아메바(*Dictyostelium discoideum*), 식물에서는 담배(tobacco)나 쌀(rice: *Oryza sativa*), 고등동물에서는 기니피그(*Cavius porcellus*),

제브라피쉬(*Danio rerio*), 아프리카 발톱 개구리(*Xenopus laevis*), 햄스터, 개, 닭 등이 모델 생물로 사용되고 있다. 모델 생물로서 갖춰야 하는 주요 특징은 다음과 같다. 육성과 번식이 쉽고, 유전자를 쉽게 변화시키거나 바꾸는 것이 용이해야 하며, 유전적 특성이 잘 드러나야 하고, 한 세대가 가능한 짧아야 하며, 크기가 작아야 할 것 등이다. 하지만 어떠한 생물학적 특성을 알아보고자 하느냐에 따라(즉, 실험목적에 따라) 더 적합한 성질을 가진 생물을 선택할 수 있기 때문에 반드시 위에서 언급한 모델 생물만을 실험에 사용해야 하는 것은 아니다.

2.3.2 생물학 연구의 기본기술: 유전자 변환기술

어떠한 세포주나 모델 생물을 이용하여 실험을 하기로 했을 때 우리가 목표로 하는 유전자를 과연 어떻게 조작할 수 있을까? 앞 절에서 살펴보았듯이 생물의 유전자는 여러 가지 과정을 거쳐서 발현된다. 따라서 생물의 특성을 지배하는 DNA나 RNA, 단백질이나 염색질 등의 기능을 알아내기 위해서는 결과적으로 발현이 어떻게 조절되는지를 확인할 필요가 있다. 이를 위해 우리가 사용할 수 있는 방법은 발현의 원인을 여러 가지 방법으로 억제(inhibition)하거나, 또는 반대로 많이 발현(overexpression)되게끔 하여 그 조절 결과를 비교해보는 것이다. 분자생물학에서는 이와 같이 어떤 기능에 관여하는 DNA, RNA, 단백질, 염색질을 찾아내기 위해서 발현을 억제시키거나 과발현시키는 방법을 많이 이용하고 있다. 그러한 억제 실험이나 과발현 실험을 수행하기 위해서는 필요한 DNA나 RNA, 단백질 등을 세포에 삽입하여서 그 효과를 관측해야 한다. 이렇게 삽입하는 방법에는 우리가 원하는 물질을 직접 세포에 주사하는 방식의 미세주사법(microinjection)도 있지만, RNA나 단백질의 경우 이러한 방식으로 삽입할 경우 잘 분해되어버리고 지속적인 효과가 나타나지 않기 때문에 DNA 수준에서 발현을 변화시키는 방식을 많이 사용하고 있다. 그러한 방식 가운데 가장 기본적인 방법은 플라스미드(plasmid)와 같은 작은 DNA 고리를 이용한 운반자(vector)를 삽입하는 것이다(그림 2.9). 이 방법은 최초에는 대장균처럼 작은 생물에서 시행되었으나 현재는 여러 가지 세포주에서 광범위하게 사용되고 있다. 플라스미드는 원래 대장균끼리 접합하여 서로 간에

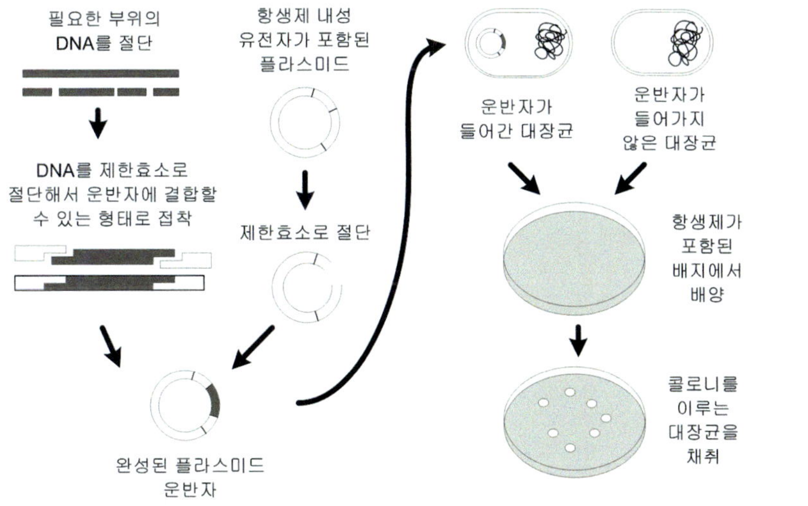

그림 2.9

플라스미드 운반자를 이용한 복제의 개요도. 이 기술은 분자생물학에서 원하는 유전자를 세포 내에 삽입할 때 가장 기본적으로 사용된다.

필요한 유전 정보를 간단하게 주고받는 과정에서 사용되는 DNA였다. 이에 착안해 연구자들은 인공적으로 플라스미드를 만들어 대장균에 삽입하는 방식으로 원하는 유전자를 대장균 안에 집어넣게 되었다. 이 과정에서 플라스미드의 복제가 시작되는 복제기점(origin of replication)과 플라스미드가 들어갔는지 들어가지 않았는지를 확인하기 위해 특정 항생제에 내성을 가지는 내성 유전자를 표지자(marker)로서 함께 삽입한다. 그리고 우리가 원하는 유전자를 집어넣어 발현을 시키게 된다. 이러한 플라스미드 운반자는 이후 효모에서도 이용되게 되었으며, 인간의 세포주에서도 이와 비슷한 운반자를 이용하여 유전자의 발현을 조절할 수 있게 되었다. 현재는 우리가 원하는 유전자를 대량으로 생산하기 위해 대장균에 플라스미드를 넣고 증식시키는 복제 역시 일반적인 분자생물학 기술로 널리 이용되고 있다.

이외에 보다 단순하고 오래 전부터 사용되어온 방법으로는 돌연변이 유발(mutagenesis)을 이용하는 것이 있다. 생물에 자외선(ultraviolet: UV)을 쬐어 주거나 DNA에 손상을 유발하는 여러 가지 화학 약품을 처리하게 되면 돌연변이(mutation)가 일어나서 특정 기능이 손상된다. 이렇게 무작위적으로 기능 손상이 일어났을 경우에 간단한 생물이라면 유전자가 많지 않기 때문에 어디에 관여하는 유전자인지 여러 가지 선별 방법을 통하여 알아낼 수 있다. 이렇게 특정 유전자형(genotype)을 표현형(phenotype)을 통해 골라내는 방식을 스크리닝(screening)

이라고 한다. 돌연변이 유발을 통해 효모, 예쁜꼬마선충, 초파리 등에서는 많은 유전자를 찾아낼 수 있었지만 이보다 더 큰 생물에 있어서는 내재된 복잡한 조절메커니즘으로 인해 이용하기 힘든 방식이다.

현재 일반적으로 널리 사용되는 방식은, 유전자의 일정 부위가 발현되지 않도록 하거나 또는 발현되는 양이 줄어들도록 조정하는 것이다. 이러한 방식에서 유전자를 아예 발현되지 않도록 없애는 것을 KO(knockout)라고 하며, 유전자의 발현양을 줄어들게 하는 방식을 KD(knockdown)라고 한다. KO를 일으키기 위한 방법으로는 운반자를 이용하거나 바이러스 감염 등을 통해서 유전자의 특정 부위를 작동하지 않는 유전자와 바꿔치기하는 방법(gene silencing)이 가장 많이 사용된다. 또한 KD의 경우에는 RNAi를 주입하여 기능을 저해하는 방식을 많이 이용하고 있다. 이렇게 특정 유전자 부위를 KO시키거나 KD시킨 세포를 배양해 나가면 우리가 원하는 유전자를 확인할 수 있다. 단세포 생물이나 세포주는 이러한 방식으로 증식시킬 수 있으며, 식물의 경우에는 특히 이러한 방식으로 얻은 한 세포를 증식시켜 다시 전체 개체를 얻을 수 있지만 동물의 경우에는 이러한 방식으로는 세포 하나만을 바꿀 수 있을 뿐 실제 개체를 얻을 수는 없다. 그러므로 동물에서는 개체로 발달하기 이전의 배아(embryo)에 있는 줄기세포(stem cell)를 조작하여 개체로 키워 내는 방법이 보다 일반적이다.

2.3.3 생물학의 여러 측정기술들

생물학의 발전 과정에서 여러 가지 실험기술들이 개발되어져 왔다. 앞서 살펴본 바와 같이 유전자의 발현을 조절한 다음 그 결과를 관찰하여 어떠한 변화가 나타났는지를 확인하는 기술 등이 그 예이다. 이렇게 변화를 측정하기 위한 방법으로 가장 대표적인 것이 전기영동(electrophoresis)이다(그림 2.10). 전기영동은 전하를 띠고 있는 입자가 양쪽 극으로 이동하는 현상을 이용하는 관측 방식으로서, 입자의 무게나 구조 등의 차이가 이동속도의 차이를 유발한다는 점을 이용하여 입자를 서로 분리하여 볼 수 있게 한 것이다. 생물학에서 많이 사용되는 방법으로는, 우리가 관찰할 DNA 등을 염색한 후, 한천을 이용해서 만든 아가로스 겔(agarose gel)

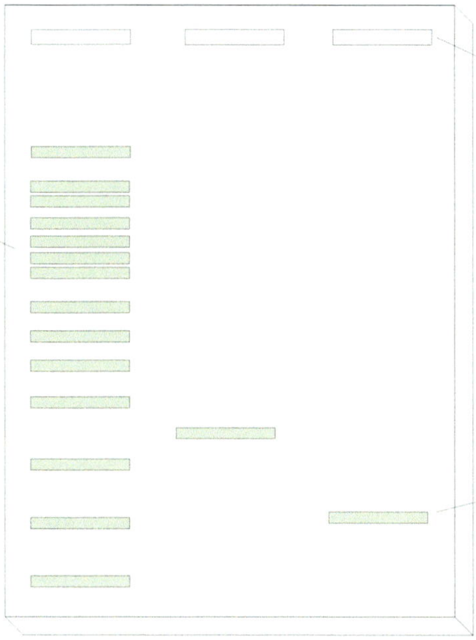

그림 2.10

전기영동은 실험생물학에서 가장 중요한 관측방법이다. 전기영동을 할 때에는 원하는 물질이 어디에 위치할지 측정할 수 있는 래더(ladder)를 한 열에 사용하여 전기영동이 끝난 후 목표로 하는 물질의 띠를 확인한다.

상에 DNA 등을 올려놓고 전극을 꽂아서 이동시켜 띠(band)가 형성되는 것을 보고 얼마나 이동했는지 서로 비교하는 방식이 있다.

생물학의 여러 실험에 보편적으로 쓰이는 기본기술로 PCR(Polymerase Chain reaction)이 있다. PCR은 DNA 중합효소를 이용하여 적은 수의 DNA를 엄청난 수로 증식시키는 방법이다. PCR은 증식하려는 DNA를 주형으로 하여, 여기에 맞는 선도체와 DNA 중합효소, 그리고 새로이 DNA를 합성할 재료가 되는 dNTP(deoxynucleotide triphosphate)를 함께 집어넣고 열을 가해 DNA의 가닥을 서로 분리한 후, 온도를 낮추어 중합 반응을 일으키고, 다시 온도를 올려 DNA를 분리하는 작업을 반복하여 DNA를 계속 늘려 나가는 것이다. 이러한 방식으로 아주 소량의 DNA로부터 원하는 만큼의 충분히 큰 양을 얻어낼 수 있기 때문에 생물학 실험에서는 매우 중요하게 쓰이고 있으며, 응용방법도 다양하다. 역전사효소(reverse transcriptase)를 이용하여 RNA로부터 많은 양의 DNA를 얻어 내는 RT-PCR(reverse transcription PCR)이나, 초기 DNA의 양에 따라 PCR 결과로 나온 DNA의 양을 거의 정확히 계산할 수 있다는 점을 이용한 정량 PCR (quantitative PCR), 형광을 이용해서 정량 PCR을 실시간으로 계측하는 실시간

PCR(real-time PCR)과 같은 여러 응용방법들이 있다.

DNA나 RNA, 단백질의 양을 정량적으로 측정하기 위해 사용하는 가장 대표적인 방법으로 "blot"이 있다. 가장 처음 만들어진 blot은 DNA의 양을 정확히 측정하기 위한 것이었으며 만든 사람의 이름을 따서 "Southern blot"이라고 했는데, 이후 RNA의 양을 측정하는 기술이 개발되면서 이 명칭을 확대하여, "Northern blot"이라는 이름을 붙이게 되었다. 비슷한 맥락으로부터, 단백질을 측정하는 기술은 "Western blot"이라고 불리게 되었다. "blot"은 우리가 원하는 DNA나 RNA 서열과 상보적으로 결합하는 올리고뉴클레오타이드(oligonucleotide)나, 또는 특정 단백질에 결합하는 항체(antibody)를 탐지자(probe)로 이용하는 기술이다. 전기영동 등을 통해 검출해낸 DNA, RNA나 단백질을 막(membrane)에 빨아들여서 그대로 옮긴 후 고정하여, 여기에 방사선이나 형광을 발하는 탐지자를 해당 위치에 결합시키면 우리가 원하는 물질의 양을 정확하게 측정할 수 있게 된다. Western blot은 이 경우 항체를 이용하기 때문에 "immunoblot"이라고 부르기도 한다.

이와 같이 상보적으로 결합하는 올리고뉴클레오타이드나 특정 단백질에 결합하는 항체를 이용해서 우리가 원하는 물질을 검출하거나, 그 양을 측정하는 방식은 다양하게 응용될 수 있다. 대표적으로 올리고뉴클레오타이드를 대량으로 심어 넣은 칩을 이용하여 DNA나 RNA의 발현 양을 한꺼번에 대규모로 측정하는 마이크로어레이(microarray) 기술이 있다. 마이크로어레이를 이용하면 RNA가 전사된 양 등을 한 번에 엄청난 규모로 조사할 수 있기 때문에 이러한 방식은 여러 가지 세포의 반응 양상 등을 확인하는 데 아주 중요한 기술로 사용되고 있다. 이외에도 특정 단백질에 항체를 붙여서 그 무게에 의해 침전시킨 후 해당물질을 측정하는 방식인 "IP(immunoprecipitation)"나 이를 염색체에 이용하는 방식인 "ChIP(chromatin IP)" 등 다양한 기술들이 개발되었으며, 형광을 이용하여 세포내에서 정량적으로 측정하는 방식인 "FISH(fluorescent in situ hybridization)"처럼 형광물질을 세포내에 도입하여 상보결합, 항체결합 등을 측정하는 실험방식들도 개발되었다.

2.3.4 실험의 한계와 문제

생물학 실험기술은 앞서와 같이 그동안 많은 괄목할만한 발전을 거듭하여 우리의 눈으로 직접 관측하기 어려운 미시세계의 변화를 간접적으로 측정할 수 있게 해주었지만 여전히 많은 한계와 문제점들이 남아 있다. 가장 중요한 점은 생물을 실험 대상으로 하는 만큼 근본적인 실험수단이 매우 한정되어 있다는 것이다. 즉, 많은 관찰방법이 존재할지라도, 근본적으로는 대부분 어떠한 발현을 증가시키거나 감소시켜서 현상을 관찰하고 이로부터 그 원인을 유추하는 것이 현대 분자생물학의 공통된 실험방식이라고 할 수 있는데 여기서 변인 통제가 용이하지 않다는 문제가 있다. 생물학 실험은 항상 대조군(control)을 염두에 두고 진행해야 한다. 그러나 생물은 매우 복잡한 구조를 지니고 있으며 우리가 이를 충분히 잘 이해하고 있지 못하기 때문에, 결국 대조군을 아무리 유사하게 만든다 하더라도 실험환경이 완전히 동일할 수는 없으므로 대조군의 유사성 제어에는 한계가 존재한다. 이를 조금이라도 해결하기 위하여 생명과학계에서는 일반적으로 이용하는 음성 대조군(negative control)외에도 양성 대조군(positive control)의 이용을 권장하고 있다. 음성 대조군은 흔히 우리가 대조군이라고 할 때 의미하듯이 우리가 원하는 변인만을 빼고 나머지 다른 조건을 모두 일치시킨 대조군이다. 예를 들어 세포에 나쁜 영향을 주는 어떤 약물을 세포내에 주입하는 실험을 할 때, 음성 대조군은 그 약물을 녹일 때 사용한 용매만을 세포에 주입하는 식으로 마련된다. 이때 아예 용매조차 주입하지 않고 세포를 배양해서는 적절한 대조군이 되지 않는다. 양성 대조군은 우리가 대상으로 하는 처치의 효과를 조사하기 위해서 예전 처치와 비교하는 방식이다. 즉, 앞서의 예에서, 어느 정도로 세포에 나쁜 영향을 주는지 이미 알려져 있는 약물에 대비하여 우리가 그 영향을 조사하고자 하는 약물을 주입하여 얻은 결과를 비교하면 기존에 영향이 잘 알려진 약물로 실험한 것이 양성 대조군이 된다. 이러한 방식으로 음성, 양성 대조군을 모두 고려해서 계획된 실험은 그나마 대조군의 변이를 최대한 줄여서 보완한 실험이라고 할 수 있다.

이외에도 생물실험에는 '살아 있는' 생명체를 대상으로 하는 만큼 여러 어려운 점들이 있다. 물론 살아 있는 상태의 생물을 그대로 관찰하면 가장 좋겠지만, 대부분 사용가능한 분자생물학적 측정 방식은 세포나 개체를 죽인 후에 이를 가공하여 관찰하는 방식이다. 그렇기 때문에 실시간으로 시간 추이에 따라 현상을 추적하는 실험은 쉽지 않으며 (물론 단일세포에서 이러한 방식으로 특정 단백질 등을 추적 조사하는 현미경기술이 최근 개발되어서 ("단세포 이미징기술") 제한적으로 이용되고 있으며 앞으로 더욱 발전될 것으로 예상된다), 대부분의 측정결과가 실제 생물이 살아 있는 상태에서 나타내는 결과와는 다소 차이가 있을 것으로 여겨지고 있다. 또한 생물학 실험의 대상물은 일반적으로 주위변화나 자극에 민감하기 때문에 측정 데이터에 오차가 크게 나타나는 경우도 많고, 이 때문에 정량적인 측정이 실험자의 기술에 따라 민감한 영향을 받기도 한다. 이러한 여러 가지 실험상의 한계를 보완하고, 복잡한 생명시스템의 동적특성을 예측하여 가설을 제기할 수 있는 방법으로서 시스템생물학이 더욱 중요한 의미를 가지며 급부상하게 된 것이다. 다음 절에서는 시스템생물학에서 다루어지고 있는 주요 생화학 네트워크와 세포내 기능들을 간략히 살펴보기로 한다.

2.4 세포내의 다양한 조절 네트워크

2.4.1 생물학 네트워크: 유전자 조절 네트워크와 단백질 상호작용 네트워크

2.2절에서 살펴본 것처럼, 세포내 유전자가 발현되는 과정은 매우 복잡한 여러 가지 과정을 거치게 되며 이를 제어하는 방식도 다단계에 걸쳐 존재한다. 이러한 유전자 발현과정과 그 제어작용을 개념적인 네트워크 형태로 표현한 것이 생물학 네트워크이다(그림 2.11). 유전자의 복잡한 발현과정을 제어하는 여러 가지 단백질들은 서로 결합하여 신호를 전달하기도 하고, 때로는 신호전달을 억제하기도 한다. 결과적으로 이러한 단백질로 구성된 전사인자가 DNA의 특정 부위에 결합하여 유전자 전사를 촉진하거나 억제하게 되고, 전사된 유전자는 다시 mRNA를 거쳐 단백질로 번역됨으로서 여러 생체 작용에 영향을 미치게 된다. 결국 유전자, 단백질과 같은 모든 생물학 요소들은 이런 방식으로 상호간에 영향을 미치고 있는 것이다.

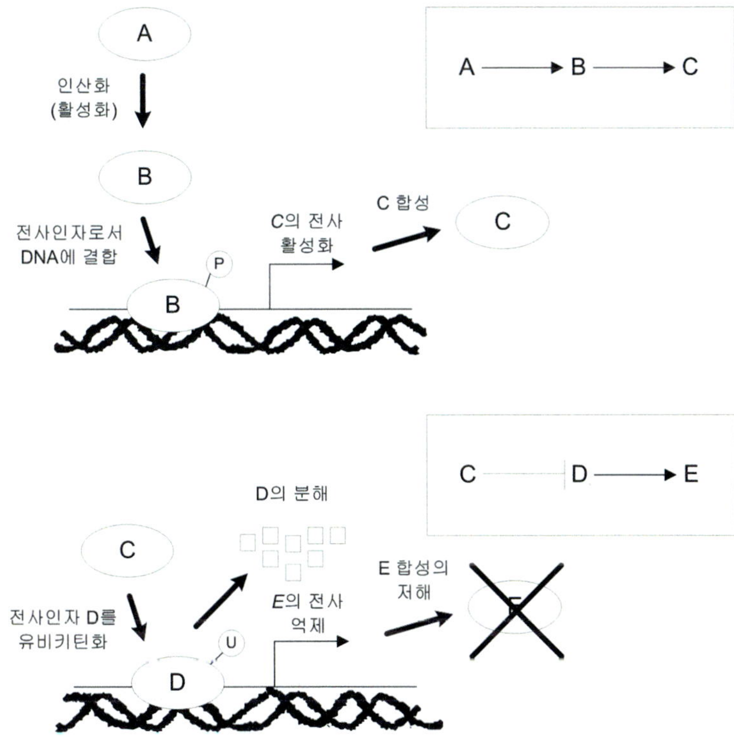

그림 2.11

생물학 네트워크와 그 표기 방법. 단백질은 다른 단백질과 상호작용하거나 또는 전사인자로서 DNA에 결합하여 결과적으로 발현을 조절한다. 여기에서 발현을 활성화시키는 관계는 연결선 끝에 화살표로 표시하며, 억제하는 관계는 연결선 끝에 수직인 막대모양으로 표시한다. 또한 이러한 상관관계를 어느 수준에서 보느냐에 따라 생물학 네트워크를 도식화하는 방법도 달라진다. 이 그림에서 보여주고 있는 관계는 단백질과 단백질사이의 상호작용에 관한 것이지만, 유전자 상호작용 관점에서 보면 유전자 C가 유전자 E를 억제하는 것으로 볼 수 있다.

상호작용 관계에 있어서, 영향을 미치는 주체는 상류(upstream)에 있다고 볼 수 있으며 이에 의해 영향을 받는 주체는 하류(downstream)에 있다고 할 수 있다. 또한 이렇게 상류와 하류가 구분될 때, 이는 단순히 한 인자가 다른 인자를 조절하는 것 뿐만 아니라 여러 인자가 한 인자를 조절하거나, 한 인자가 여러 인자를 조절하기도 하므로 전체 네트워크의 구조는 더욱 복잡해지게 된다. 이와 같이 복잡한 생물학 네트워크를 도식화할 때, 각 인자를 노드(node)로 하고 이들이 서로 상호작용하는 관계를 맺고 있을 경우 링크(link)로 연결할 수 있다. 이렇게 각 노드를 링크로 연결할 때, 상류와 하류는 상호간에 화살표 혹은 막대(bar)로 된 링크로 연결함으로써 상하류의 조절관계를 표시할 수 있다. 보편적으로 화살표는 활성(activation)화시키는 관계를, 막대는 억제(inhibition)하는 관계를 의미한다.

생물학 네트워크를 이러한 방식으로 도식화할 때, 각 노드를 유전자로 간주하면 이를 유전자 조절 네트워크(gene regulatory network)라고 한다. 즉, 중간단계에 관여하는 단백질이나 mRNA 등을 함축하고, 어떤 유전자가 특정 전사인자나 전사인자에 영향을 주는 단백질을 만들어내어 결과적으로 다른 유전자에 영향을 주는 '조절기능'을 추상화해서 이를 집대성하여 네트워크로서 나타낸 것이다. 마찬가지로, 단백질간의 상호작용, 즉 앞서 언급된 인산화나 메틸화, 아세틸화, 유비퀴틴화 등을 포함하여 결합을 통해 구조를 바꾸어서 다른 단백질을 활성 또는 억제하는 등의 상호작용 관계를 나타낸 것이 단백질 상호작용 네트워크가 된다. 또한 단백질이 효소로 작용하고 각종 화학물질을 리간드(ligand)로 하여 대사과정을 처리하는 것을 네트워크로 추상화해서 표현하면 신진대사 네트워크가 된다. 물론 이러한 각 네트워크는 대부분 독립적으로 존재하는 것이 아니라 서로 밀접하게 얽혀 있다. 주목해야 할 것은 위와 같은 생물학 네트워크의 개념으로 세포내 정보처리과정을 새롭게 조망해볼 필요가 있다는 것이다. 다음 절에서 다루는 세포내 신호전달 시스템에 대한 예와 세포주기에 대한 예로부터 이러한 생물학 네트워크의 개념을 구체적으로 살펴보기로 하자.

2.4.2 세포내 신호전달경로

세포는 현재 자신이 주변 환경으로부터 어떤 상황에 처해있는지를 인식하고, 그 처해진 상황에 따라 반응을 일으키는 유동적인 체계를 갖추고 있다. 여기에서 반응이란 주로 전사인자에 의한 유전자의 발현을 의미한다. 이렇게 유전자가 발현되는 방법에 대해서는 앞서 살펴보았으므로 여기에서 주목하고자 하는 사항은, 유전자가 발현되는 현상은 세포내에서 일어나는 현상인데 반하여, 세포가 처해있는 상황은 세포 외부의 환경에 의해 결정된다는 것이다. 즉, 세포외부의 자극으로부터 세포내부의 반응을 매개하는 중간단계가 필요한데, 바로 이 중간 매개과정이 신호전달경로(signal transduction pathway 또는 signaling pathway)에 의해서 이루어진다.

이러한 신호전달경로는 세균과 같은 원핵생물에서도 존재한다. 원핵생물은 TCS(Two Component System)이라는 간단한 신호전달경로 시스템을 갖추고 있다. TCS는 이름 그대로 두 가지 부분으로 구성되어 있다. 하나는 원핵생물의 세포막에 존재하며 외부의 자극을 감지하고, 자극이 주어지면 그 구조가 변화하여 히스티딘(histidine) 부위에 인산과 결합함으로써 카이나제(kinase: 인산화 효소)로서 작동하는 센서카이나제(sensor kinase)이다. 또 하나는 센서카이나제에 의해 아스파테이트(aspatate) 부위가 인산화되어 구조가 변화, 활성화되면 DNA에 직접 결합하여 전사를 활성화하거나 억제하는 반응조절자(response regulator)이다. TCS는 두 단계로만 구성되어 있는 매우 간단한 시스템이지만, 외부에 글루코오스나 인산과 같은 양분이 얼마나 존재하는지를 파악하거나 산소, pH 상태 등을 파악하여 유전자 발현에 직접 반영할 수 있는 효과적인 신호전달경로 시스템이다. 그리고 일반적으로 TCS는 각 자극에 대한 반응을 담당하는 센서카이나제와 반응조절자가 자극의 종류별로 따로 존재하여 각기 다른 유전자를 조절한다. 예를 들어 대장균에서는 "UhpB-UhpA" 쌍이 글루코오스를 감지하는 데 관여하고, "PhoR-PhoB" 쌍이 인산을 감지하는 데 관여하며, "ArcB-ArcA" 쌍이 산소상태를 감지하는데 관여한다(물론, 이들 사이에 크로스토크도 존재하며 전체 네트워크의 조절구조는 실제로 이보다 복잡하다).

진핵생물 세포는 그 크기가 원핵생물 세포에 비해 매우 크고, 신호전달을 위해서는 핵막을 통과해야 하는 등의 이유로 인해, 이렇게 간단한 구조를 가진 TCS와는 달리 보다 복잡한 신호전달구조로 이루어져 있다. 또한 진핵생물에는 단세포 생물도 있지만 다세포 생물도 많은 종류가 있고, 다세포 생물에서는 개체의 외부환경을 파악하는 문제보다는 세포와 세포 간에 정보를 전달하는 문제가 더 중요하다. 이러한 이유들로 인해 진핵생물 세포는 여러 가지 복잡한 신호전달경로 시스템을 발전시켜 왔다. 현재 많이 연구되어지고 있는 신호전달경로의 예로는 MAP(mitogen activated protein) 카이나제 경로, JAK-STAT 경로, TGFβ-Smad 경로, IP3/DAG 경로, PI3K 경로와 같이 주로 인산화 과정에 의해 전달되는 신호전달경로들이 있고, 이외에도 단백질 분해를 이용하는 Wnt 경로, Hh(hedgehog) 경로, Notch/Delta 경로, NF-κB 경로 등이 있다. 그 밖에도, 주로 스테로이드 호르몬 같은 지질 성분에 반응하여 직접 핵 안으로 전사인자를 전달하는 NR(nuclear receptor) 경로 등이 있다.

이와 같이 다양한 신호전달경로들 가운데 가장 많이 연구되어지고 있으며 또한 세포주기를 조절하는 여러 인자와 직접 연관되어 있기 때문에 매우 중요한 경로로 여겨지고 있는 것이 바로 MAP 카이나제 경로이다. MAP 카이나제 경로는 다단계(cascade)의 인산화 과정을 거쳐서 막으로부터 전사까지 정보를 전달한다. 가장 잘 알려져 있는 MAP 카이나제 경로를 자세히 살펴보면, 우선 막에 부착되어 있으면서 세포외부 또는 내부에서 전달되는 신호를 통해 GDP가 GTP로 변화하여 활성화되는 Ras 단백질이 있다. Ras 단백질에 GTP가 결합하여 활성화되면 Raf라고 하는 N-터미널의 조절도메인(regulatory domain)과 C-터미널의 카이나제도메인(kinase domain)을 함께 가지고 있는 단백질과 결합할 수 있게 된다. Raf의 조절도메인과 Ras가 결합하면 "serine/threonine" 카이나제인 Raf의 카이나제도메인에 인산이 붙어 활성화된다. 이후 Raf는 Ras와 분리되고, Raf의 카이나제는 ATP를 사용하여 MEK(MAPK/ERK kinase)를 인산화하고, MEK는 ATP를 사용하여 또 다른 "serine/threonine" 카이나제인 MAP 카이나제를 인산화한다. 그러면 활성화된 MAP 카이나제는 이합체(dimer) 구조를 이루어서 핵 안으로 이동한 후 핵 안에서 여러 가지 전사인자를 활성화시키게 된다.

이러한 MAP 카이나제는 처음에 ERK(Extracellular Signal-regulated Kinase)로서 알려졌다. ERK는 세포의 분열과 분화에 매우 중요한 여러 가지 전사인자를 활성화시키는 카이나제로서 성장인자(growth factor), 사이토카인(cytokine), 바이러스 감염(virus infection) 등과 같은 자극에 반응한다. 이외에도 G단백질-결합 수용체(G protein-coupled receptor)로 전달되는 신호에도 반응한다. 때문에 처음에는 단순히 외부자극에 대해 반응하는 카이나제로 알려졌던 ERK는 이후 마이토젠(mitogen), 즉 유사분열에 관여하는 물질 전반에 의해 자극을 받는다는 의미에서 MAP 카이나제라는 이름을 가지게 되었다. 또한 처음에 알려진 ERK 이외에도 이와 같은 다단계 구조를 가지고 사이토카인, 자외선, 고온자극(heat shock), 삼투자극(osmotic shock) 등에 반응하는 JNK(c-Jun N-terminal Kinase), p38이 알려지면서 이들도 모두 MAP 카이나제의 일종이라는 것이 알려지게 되었다. 따라서 이러한 MAP 카이나제 전반에 걸쳐서 이야기할 때는 ERK에서 MEK에 해당하는 MAP 카이나제의 카이나제는 MKK 또는 MAP2K(MAPK kinase), Raf에 해당하는 MAPKK의 카이나제는 MKKK 또는 MAP3K(MAPKK kinase)라고 한다. MAP 카이나제 다단계 신호전달경로의 결과는 세포가 분열할 것인지, 분화할 것인지, 아니면 자살할 것인지 등의 매우 중요한 세포운명의 결정으로 이어지게 되며, 이는 결국 암과 같은 질병으로의 천이에도 큰 영향을 미치게 된다.

다단계 인산화 과정을 거쳐 신호를 전달하는 MAP 카이나제 경로와는 달리, 다른 과정을 통하여 전사인자를 작동시키는 경우도 있다. 이 중 대표적인 것이 단백질 분해를 이용하여 전사인자를 작동시키는 NF-κB(nuclear factor κB) 경로이다. NF-κB는 p65와 p50이라는 두 가지 단백질이 결합하고 있는 전사인자이다. 이들은 평상시에는 세포질 내에서 IκB(inhibitor of NF-κB)라는 단백질과 결합하여, 활성이 저해되어 있다. 이 때 TNF-α(tumor necrosis factor-α)나 IL-1 (interleukin-1) 같은 사이토카인이 세포막에 있는 수용체와 결합해서 TAK1을 자극하면, TAK1은 IκB를 인산화시키는데 관여하는 IκB 카이나제를 활성화시킨다. 또는 방사선의 영향으로 IκB 카이나제가 활성화되기도 한다. 그러면 IκB 카이나제는 IκB를 인산화시키고, 이렇게 해서 인산화된 IκB는 단백질에 유비퀴틴화를 일으키는 E3 라이가제(ligase)의 표적이 되어 다중 유비퀴틴화된다. 다중 유비퀴틴화된 IκB는 프로테아좀에서 분해되어 사라지고, 자유롭게 된 NF-κB는 핵 안으로 이동하여 면역작용에 관련된 여러 유전자를 전사한다. 여기에서 한 가지 흥미로운 사실은 NF-κB가 전사하는 유전자들 가운데 IκB도 있기 때문에, 이에 의한 음성피드백 작용으로 인해 NF-κB가 작동하지 못하는 상태로 복귀되도록 조절된다는 것이다.

세포내 신호전달경로 시스템은 다양한 자극을 인식하고 이 정보를 파악하여 각 상황에 따라 결국 유전자 수준에서 반응을 일으키는 데 그 목적이 있다. 하지만 이러한 과정에서 많은 인자들이 관여하고 있으며, 여러 복잡다단한 과정을 거치기 때문에 단순히 전체구조만 파악해서는 어떠한 방식으로 이들이 작동하여 신호를 전달하는지 파악하기 어렵다. 시스템생물학에서는 실험생물학에서 신호전달의 각 과정별로 밝혀낸 여러 가지 실험적 발견을 토대로 하여 이러한 신호전달경로 시스템의 전모를 파악하고, 실제로 신호전달경로가 어떠한 동역학 특성에 따라 작동하는지 그 본질적인 원리를 시스템 차원에서 탐구한다. 이러한 신호전달경로 시스템의 탐구에 대해서는 본 서의 뒷 장에서 더욱 상세히 다루기로 한다.

2.4.3 세포주기의 구성과 관여하는 인자들

세포의 생명활동 가운데 가장 중요한 것은 분열과 증식을 통하여 동일한 유전자를 가진 세포의 수를 늘려 나가는 것이다. 이를 위해서 반드시 필요한 것이 세포주기(cell cycle)이다. 세포주기는 세포 자신이 현재 어떤 상태에 있는지를 알고, 적절한 상황에서 스스로 분열해 나가는 과정을 의미한다. 단세포 생물에서는 세포주기가 곧 증식 방법이어서 물론 중요하며, 다세포 생물에서도 개체를 구성하는 기반을 만들어 나가는 과정이기 때문에 또한 중요하다. 다세포 생물, 특히 척추동물이나 포유류처럼 상당히 고등한 생물에서는 세포 자신이 스스로 어떤 상태에 있는지를 파악하여, 만일 자신의 상태가 정상으로 회복될 수 없다고 판단되면 스스로 그것을 확인하여 세포자살(apoptosis)을 일으키는 과정도 존재한다. 만일 이런 과정에 문제가 생기게 되면 세포는 암세포로 변화하여 개체의 생명을 위협하기도 한다. 이처럼 세포주기는 생물 개체에 있어서도 큰 의미를 지니는 중요한 과정이다(그림 2.12).

세포주기는 크게 네 단계로 나뉜다. 이는 각각 실제 세포분열이 일어나는 M기(mitotic phase), 그리고 그 사이에 DNA를 복제하고 세포분열을 준비하는 G1 기, S(synthesis) 기, G2 기이다. 이 네 가지 단계가 순차적으로 반복되는데 각 단계는 사이클린(cyclin)이라는 단백질의 양이 변화함으로써 그 주기를 만들어내게 된다. 사이클린의 양이 변화하면 사이클린과 결합하는 CDK(cyclin dependent kinase)의 활성에 변화가 생겨서 결과적으로 세포주기가 다음 기로 이행하게 된다. 또한 각 단계가 진행될 때, 세포내에 어떠한 문제가 있는지를 확인하여 필요에 따라서는 세포주기를 멈추고, 잘못된 부분을 수정하거나 또는 손상이 심각할 때는 세포자살을 유발하기 위한 검사점(check-point)이 존재한다. 이러한 검사점은 현재 G1/S 검사점, S 검사점, G2/M 검사점, M 검사점 네 가지가 잘 알려져 있다.

G1 기는 세포분열이 끝난 후 세포가 성장하면서 다음 세포분열을 위해 DNA를 복제하는 단계인 S 기를 준비하는 기간이다. 또한 분열하지 않는 세포는 이러한 G1 기에서 정지하여 자신의 역할만 수행하는 시기인 G0 기에 돌입하기도 한다. 예를 들어 G1 기에서 그 양이 변화하는 사이클린은 출아효모의 G1 기 중반에는

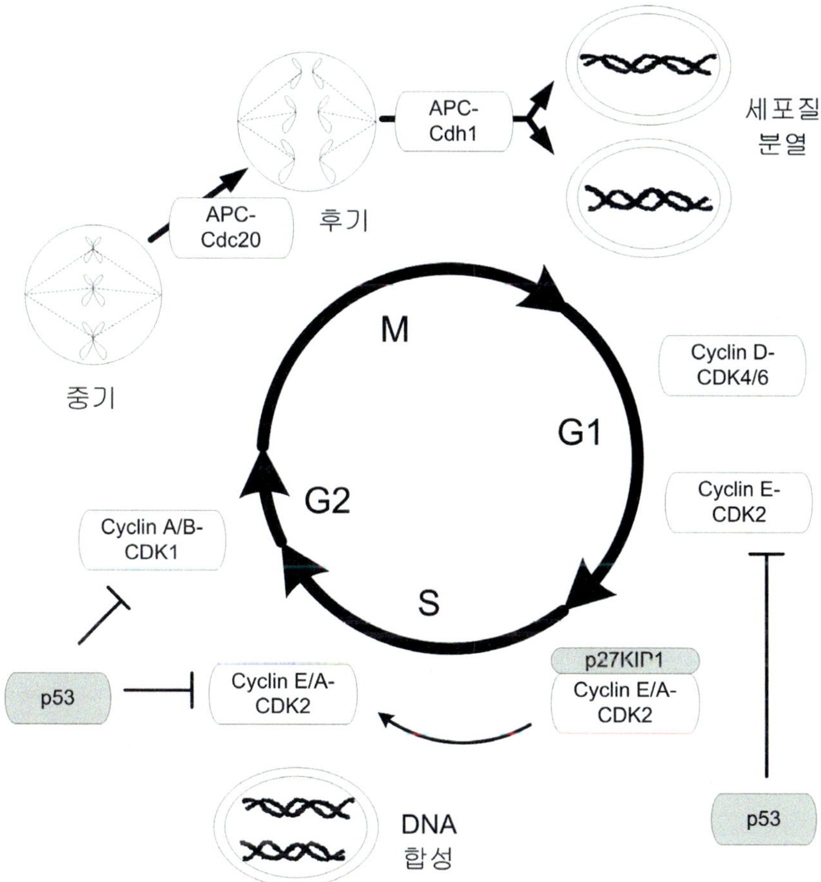

그림 2.12

척추동물에서 관찰할 수 있는 세포주기의 개요. 세포주기는 G1, S, G2, M, 4개의 기로 이루어지며, 각각의 기에는 cyclin과 CDK의 복합체가 작용하여 세포주기를 다음 기로 이행하게끔 한다. G1기 전반에는 cyclin D-CDK4/6 복합체가 작용하며, 후반에는 cyclin E-CDK2 복합체가 작용하여 S기로 진입하게 한다. S기의 cyclin E/A-CDK2 복합체는 처음에는 p27KIP1이라는 억제단백질과 결합한 상태로 있어서 제대로 작동하지 못하지만 이후 SCF가 p27KIP1을 유비퀴틴화하여 분해하면 cyclin E/A-CDK2 복합체가 자유롭게 작동하여 DNA를 합성한다. G2기부터 M기에 걸쳐서는 cyclin A/B-CDK1 복합체가 작동하여 세포분열을 시작하게 한다. 세포분열 과정의 후기, 말기에는 APC가 관여하여 염색체 분리와 세포질 분열을 일으키게 한다. 만일 이러한 과정 도중에 DNA 손상과 같은 문제가 발생하면 검사점 단백질인 p53에 의해서 세포주기가 중단되기도 한다.

"Cln3"이며, G1 기 후반에는 "Cln1"과 "Cln2"이다. 출아효모의 모든 과정에서 CDK는 단 한 가지이며, 단백질 이름은 "Cdc28"이다. 척추동물에서는 G1 기 중반에 작용하는 사이클린이 "Cyclin D"이며, G1 기 후반에는 "Cyclin E"이다. CDK는 G1 기 중반에 CDK4, 6이 작동하며, G1 기 후반에는 CDK2가 작동한다. 즉, 척추동물의 G1 기 중반에는 "Cyclin D-CDK4/6" 복합체(complex)가 주된 카이나제로 작동하며, G1 기 후반이 되면 "Cyclin E-CDK2" 복합체가 주된 카이나제로 작동하게 된다. 만일 G1 기로 진입한 세포에 성장인자가 공급되지 않으면 이러한 사이클린과 CDK가 모두 늘어나지 않게 되며, 때문에 더 이상 분열하지 않는 G0 기로 돌입하게 된다. G0 기 상태에 있는 세포에 성장성분을 공급해 주면 신호전달과정을 통해 "Cyclin D/E", "CDK2/4/6"과 같은 여러 단백질이 합성된다. 만일 여기서 생산되는 사이클린과 CDK의 양이 충분하지 않으면 세포는 제한지점(restriction point)에 온 것으로 간주되어 G0 기로 진입한다. 출아효모의 경우에는 "Cln3"가 "Cyclin D"와 비슷한 역할을 하며, "Cln1/2"가 "Cyclin E"와 비슷한 역할을 수행하게 된다.

"Cyclin D-CDK4/6" 복합체의 양이 많아지게 되면 이는 전사인자인 E2F를 활성화시킨다. E2F는 S 기에 진입하기 위해 필요한 여러 가지 유전자를 전사하는데, 척추동물에서는 이 단백질이 "RB(retinoblastoma)"라는 종양억제자(tumor suppressor) 단백질과 결합하고 있으며, 이 상태에서는 E2F가 전사인자로 작동하지 않는다. "Cyclin D-CDK4/6"은 이 "RB" 단백질을 인산화시킴으로써 E2F와 분리해내며 따라서 E2F가 작동하게 된다. E2F가 작동하면 "Cyclin E", "CDK2", E2F, 그리고 S 기에 필요한 여러 가지 유전자를 전사해내는데, 이 과정에서 "Cyclin E-CDK2" 복합체의 양이 증가한다. "Cyclin E-CDK2" 복합체 역시 "RB"를 더욱 인산화시켜서 E2F는 더욱 활발하게 작동하는 양성피드백을 구성하게 되고, 결국 이로 인해 제한지점의 문턱값(threshold)을 넘어서면 G1 기는 끝나고 S 기로 이행하게 된다.

G1 기에서 나타나는 검사점은 DNA 손상을 확인하기 위한 것으로서 여기에 관여하는 주된 단백질은 p53이다. DNA에 DSB(Double Strand Break)나 SSB(Single Strand Break)가 일어나게 되면 이를 감지하는 단백질인 ATM과 ATR이 활성화되고, 이는 종양억제자 단백질로 잘 알려져 있는 p53의 양을 늘린다. p53은 평상시에는 Mdm2의 유비퀴틴화를 통해 단백질 분해과정을 거쳐 계속 분해되어 양이 줄어들지만, ATM/R이 활성화되면 Mdm2의 활성이 줄어들고 p53의 양이 많아진다. p53은 전사인자로 작용하여 세포주기중단을 유발하고 세포자살에 관련된 여러 유전자를 전사하는데, 이 기운데에는 CIP(CDK Inhibitory Protein)인 p21CIP도 있다. p21CIP는 "Cyclin D-CDK4/6" 복합체나 "Cyclin E-CDK2" 복합체를 저해하여 G1 기에서 S 기로 이행하는 과정을 차단한다.

S 기는 세포분열을 위해 DNA가 실제로 합성되어 양이 두 배로 늘어나는 단계이다. 즉, DNA 복제는 이 시기에 시작되고 종료되며, M 기에서 일어나는 것은

이렇게 하여 복제된 DNA가 배치되어 갈라지는 과정일 뿐이다. 출아효모에서 S 기에 관계하는 사이클린은 S 기 초반에는 Clb5와 Clb6이다. 그리고 S 기 후반에는 Clb3과 Clb4의 양이 많아져서 CDK인 Cdc28과 결합하고 카이나제로 작동한다. 척추동물에서는 G1 기에서 그 양이 많아졌던 "Cyclin E"가 S 기 초반에 주된 사이클린으로 작동하며, 또한 S 기에 진입한 뒤 그 양이 많아지는 "Cyclin A"가 M 기까지 중요한 역할을 수행하게 된다. S 기에서 활성화되는 척추동물의 CDK는 CDK2의 하나로서, S 기에서는 "Cyclin E-CDK2" 복합체와 "Cyclin A-CDK2" 복합체가 주된 카이나제로 작동한다.

분열효모에서 S 기가 작동하는 방식은 이러한 출아효모나 척추동물과는 조금 다르다. 분열효모에서는 G1 기에서 S 기로 이행할 때 CDK인 Cdc2에 Cig2가 결합해 있는 형태이고, 이 과정에서 CDK의 활성이 억제되어 있다. 여기에서 Cig2가 떨어지고 사이클린인 Cdc13이 결합하면 여러 활성이 나타나게 되는데, 이는 주로 G2에서 M 기로 진입하기 위해 작동하지만 S 기에서도 역할을 하는 것으로 알려져 있다. 이러한 Cdc13-Cdc2 복합체는 활성상태인 Cdc18을 인산화시켜 비활성으로 만들고 Cdc18이 비활성화되면 DNA 복제가 일어난다. 또한 이 상태에서 바로 M 기로 진입하는 것을 막기 위해서 Rum1이라는 단백질이 작동한다. Rum1은 S 기에서 Cdc13-Cdc2 복합체에 결합해 이를 비활성화시킴으로써 너무 이른 상태에서 M 기로 진행하는 것을 방지한다.

다른 진핵생물에서 S 기에 돌입했을 때 어떤 일이 벌어지는가 하는 것은 출아효모에서 잘 연구되어져 있다. 출아효모의 S 기에서 중요한 여러 단백질을 활성화시키는데 관여하는 카이나제인 Clb5/6-Cdc28 복합체는 Sic1이라는 단백질과 결합하여 비활성 상태로 머물러 있다. Sic1은 B-타입 사이클린 복합체에 특이적으로 결합하기 때문에 G1 기에서는 영향을 미치지 않고 S 기에 진입하는 것을 막는다. 이때 G1 기 후반에 그 양이 많아지는 Cln1/2-Cdc28 복합체는 Sic1을 인산화시키게 된다. 인산화된 Sic1은 SCF라는 E3 라이가제의 표적이 된다. SCF는 Cdc53, Skp1, Cdc4로 이루어진 "F box protein"으로 인산화된 Sic1에 Cdc4가 결합하면, 여기에 E2 라이가제인 Cdc34가 다가와서 Sic1에 유비퀴틴을 붙인다. 유비퀴틴이 붙은

Sic1은 그대로 다중 유비퀴틴화가 일어나고 단백질 분해과정을 거쳐서 분해된다. Sic1이 분해되고 나면 Clb5/6-Cdc28 복합체는 활성화되어 S 기에 필요한 여러 단백질들을 활성화시키게 되어 본격적인 S 기가 시작된다. 여기서부터는 M 기까지 계속 중요한 역할을 담당하는 B-타입 사이클린인 Clb3/4가 많이 합성되어 Clb3/4-Cdc28 복합체가 만들어져서 활동한다. 이들은 복제 전단계(pre-replication)에 관여하는 Cdc6/Cdc18이나 Cdt1과 같은 단백질들을 활성화시킴으로써 DNA 복제가 일어나도록 관여한다.

척추동물에서 Clb5/6-Cdc28 복합체와 비슷한 역할을 수행하는 카이나제는 "Cyclin A-CDK2" 복합체이다. 그리고 Sic1과 비슷한 역할을 하는 억제자(inhibitor)는 p27KIP1이다. 이외에도 p21CIP나 p57KIP2와 같은 CIP도 이러한 역할을 수행하는 것으로 생각되지만 아직 연구가 부족한 상황이다. 좌우간 척추동물에서는 G1 기 후반에 작용하는 "Cyclin E-CDK2" 복합체가 p27KIP1을 인산화시키며 SCF를 통해 다중 유비퀴틴화와 단백질 분해가 일어나서 분해되는 과정을 거치게 된다. 이렇게 되면 "Cyclin A-CDK2" 복합체가 작동하여 복제 전단계 과정이 진행된다. 또한 이와 함께 Cdc25A라는 단백질도 S 기에서 작용한다. Cdc25A는 탈인산화 효소(phosphatase)로서 분열효모에서 M 기에 작용하는 Cdc25와 매우 유사하다. 하지만 척추동물에서 Cdc25A는 "Cyclin A-CDK2" 복합체의 활성을 저해하는 인산을 떼어내는 역할을 수행함으로써 S 기에서 일어나는 복제 전단계 과정이 더욱 빠르게 진행되게끔 도와준다. 또한 포유류에서는 이러한 세 가지의 CIP 말고도 INK4(inhibitors of kinase 4)라는 억제자가 CDK4/6에 작용하여 CIP와 비슷한 역할을 수행한다. INK4는 p16이 대표적이며 CDK4/6에 결합하여 CDK의 활성을 저해하다가 S 기에 들어설 때 CIP와 비슷한 방식으로 제거된다.

S 기에서의 검사점은 무엇보다도 DNA 복제가 제대로 수행되고 있는지 감시하는 것이 주된 사항이다. 여기에 관련된 단백질은 DNA 복제속도를 제어하여, 만일 문제가 일어나면 복제를 늦추는 식으로 작동한다. 이 과정에서 가장 크게 관여하는 것은 G1 기에서와 마찬가지로 DNA 손상을 감지하는 ATM/ATR이다. 이들은 역시 p53을 활성화하고 또한 연쇄적으로 p21CIP를 활성화하는 방식으로 S 기에서 작동

하는 “Cyclin E/A-CDK2” 복합체를 억제한다. 뿐만 아니라 ATM은 Chk2, ATR은 Chk1이라는 검사점 단백질을 활성화시키고, Chk1/2는 Cdc25A 탈인산화 효소를 저해하여 그 결과 “Cyclin A-CDK2” 복합체를 억제한다.

S 기까지 완료되어 DNA 복제가 끝나게 되면 실제 염색체가 배치되고 세포질 분열(cytokinesis)이 일어나는 유사분열 과정이 일어나기 전에, 잠시 머물면서 DNA를 검사하고 M 기를 준비하는 시기를 거친다. 이 시기가 G2 기다. G2 기에서 특이적으로 작동하는 “Cyclin-CDK” 복합체는 별도로 없으며, S 기에서 주로 작동하던 복합체가 그대로 작동한다. 즉, 출아효모에서는 Clb5/6-Cdc28 복합체와 Clb3/4-Cdc28 복합체가, 척추동물에서는 “Cyclin A-CDK2” 복합체가 주로 작용한다. 하지만 G2 기 후반으로 가면 M 기로 이행하기 위해서 여러 가지 단백질들이 작용하는데, 여기서 출아효모의 경우는 Clb1/2-Cdc28 복합체의 양이 늘어나고 척추동물에서는 “Cyclin A/B-CDK1” 복합체의 양이 늘어난다. 분열효모의 경우에는 이 단계에서 사이클린인 Cdc13의 양이 늘어나며 CDK인 Cdc2도 활성화되기 시작하고, Cdc13-Cdc2 복합체가 M 기를 준비하게 된다.

G2 기에서 실제로 중요한 부분은 M 기로 넘어가는 M 기 진입시점이다. 이 과정은 분열효모에서 가장 먼저 연구되었으며 척추동물까지 매우 잘 보존되어 있는 과정이다. Cdc13-Cdc2 복합체는 인산화되기 이전에는 활성화되지 않는다. 여기에 Wee1이라는 단백질이 작용하면 Cdc2의 15번 타이로신(tyrosine) 부위에 인산이 하나 결합한다. 다음에 CAK(CDK-Activating Kinase)가 작용하여 Cdc2의 161번 쓰레오닌(threonine) 부위에 인산을 결합시킨다. 그리고 여기에 Cdc25 탈인산화 효소가 작용하여 15번 타이로신에 결합되어 있는 인산을 다시 분리해내면 Cdc13-Cdc2 복합체가 활성화되어 M 기에 필요한 여러 가지 단백질들을 활성화시킨다.

척추동물에서도 이와 비슷한 과정을 통해 G2 기에서 M 기로 이행한다. 척추동물에서 M 기 진입을 위해 작동하는 복합체는 앞서 기술한 바와 같이 “Cyclin A/B-CDK1” 복합체이다. 여기에 Wee1과 CAK가 작용해서 인산이 두 개 결합하는 것도 동일하다. 단, 마지막 부분에서 작용하는 탈인산화 효소는 Cdc25C이다. 즉, 척추동물에서 Cdc25A는 CDK2에 작용하여 S 기를 촉진시키고, Cdc25C는 CDK1

에 작용하여 M 기를 촉진시킨다. 또한 척추동물의 G2 기에서 처음으로 생산되는 “Cyclin B”는 CDK1과 결합하여 작동하며, 이후 M 기에서까지 중요한 역할을 담당하게 된다.

G2에서 M 기로 이행하는 과정에 관여하는 검사점은 역시 DNA 손상을 확인하기 위한 것이다. 이는 다른 과정과 마찬가지로 ATM/ATR이 DNA 손상을 체크하여 p53을 활성화시키고, p21CIP가 활성화되어 “Cyclin A/B-CDK1” 복합체를 저해하는 방식으로 진행된다. 하지만 이와 달리 주목해야 할 사항은 DNA가 제대로 복제되었는지 확인하는 단계이다. 만일 DNA가 제대로 복제되지 않았다면 그만큼 SSB(single-stranded DNA-binding protein)가 생기기 때문에 ATR이 활성화되고 ATR의 활성화는 Chk1 단백질 활성화로 이어진다. Chk1은 Cdc25C의 활성을 저해하게 되어 “Cyclin A/B-CDK1” 복합체가 활성화되지 못하고 결국 M 기로 진행할 수 없게 된다.

M 기는 실제로 유사분열이 일어나는 과정이다. 이 과정은 G2 기 → 전기(prophase) → 중기(metaphase) → 후기(anaphase) → 말기(telophase) 단계로 이루어진다. 이 단계에서 중요한 점은 일단 핵막을 잘 분해해야 하고, 다음 염색체를 잘 배치하는 것과, 스핀들(spindle)을 잘 부착하는 것, 그리고 스핀들 중간의 연결을 잘 끊어서 시스터크로마티드(sister chromatid)가 잘 떨어지도록 하는 것과 이렇게 분리된 시스터크로마티드가 양쪽으로 잘 끌려가도록 하는 것, 세포질 분열이 일어나서 세포질이 잘 분리되게 하는 것, 마지막으로 핵막을 다시 형성하는 것 등으로 M 기가 완료된다. 여기에 관여하는 M 기 “Cyclin-CDK” 복합체는 출아효모에서 Clb1/2-Cdc28 복합체, 척추동물에서는 “Cyclin A/B-CDK1” 복합체이며, 분열효모는 Cdc13-Cdc2 복합체이다. 일반적으로 이러한 M 기 “Cyclin-CDK” 복합체는 처음 아프리카 발톱 개구리의 난자에서 발견했을 때의 이름을 따서 MPF(Mitosis-Promoting Factor)라고 한다.

MPF는 실로 많은 작용을 하는데, 처음 하는 일은 염색체를 응축시키고, 마이토틱스핀들(mitotic spindle)을 만들게 하고, 핵막(nuclear envelope)을 해체하는 작업이다. 여기서 MPF는 직접 카이나제로 작동하여 핵막을 구성하는 라미닌

(lamin) 이합체를 인산화시키는데, 이렇게 인산화된 라미닌 이합체는 막을 구성하지 못하고 떨어져 나와서 결국 핵막은 해체된다. 또한 MPF는 SMC(Structural Maintenance of Chromosome) 단백질을 인산화시켜서 염색체의 응축을 진행하고 마이토틱스핀들을 부착한다. SMC는 유사분열을 진행하기 위한 염색체의 모양을 만들고, 또한 어떤 Smc1이나 Smc3과 같은 경우에는 복합체를 이루어 Scc1이라는 단백질로 연결됨으로써 시스터크로마티드 사이를 연결해 준다.

다음에는 배치된 시스터크로마티드 사이를 끊는 작업이 진행된다. 여기에 관여하는 것은 M 기에서 매우 중요한 복합체인 APC(Anaphase-Promoting Complex)이다. APC는 주로 단백질의 유비퀴틴화에 관여한다. MPF가 활성화되면 Cdc20이라는 단백질이 그로 인해 활성화가 되는데, Cdc20은 APC와 결합했을 때 APC를 시큐린(securin)이라는 단백질에 유도해 준다. 시큐린은 다른 단계에서는 항상 세퍼라제(separase)라는 단백질에 결합하여 세퍼라제를 비활성화시킨다. APC-Cdc20 복합체가 시큐린을 탐지하여 다중 유비퀴틴화시키면 시큐린은 단백질 분해 과정을 거쳐 분해되고 세퍼라제는 활성화된다. 활성화된 세퍼라제는 Scc1을 분해하여, 결국 Scc1으로 연결되어 있는 두 개의 시스터크로마티드는 서로 떨어져서 스핀들의 장력에 의해 양쪽으로 끌려가게 된다.

M 기가 완료되는 작용 역시 APC에 의해 진행된다. 높은 상태의 MPF에 의해 활성화되는 Cdc14는 탈인산화 효소로서 Cdh1이라는 단백질에서 인산을 떼어낸다. Cdh1에서 인산이 분리되면 이후 APC에 결합하여 APC-Cdh1 복합체를 이룬다. Cdh1은 APC를 MPF의 M 기 사이클린(분열효모에서는 Cdc13, 출아효모에서는 Clb1/2, 척추동물에서는 cyclin A/B)에 유도하는 역할을 하며, 결국 M 기 사이클린은 APC에 의해 다중 유비퀴틴화되고 이후 프로테아좀에 의해 단백질 분해과정을 거쳐 분해된다. 이렇게 M 기 사이클린을 잃은 CDK는 역시 그 활성을 잃게 되고 비로소 M 기는 완료된다. 또한 Cdh1는 G1 기 "Cyclin-CDK"(출아효모에서는 Cln3-Cdc28 복합체, 척추동물에서는 "Cyclin D-CDK4/6" 복합체)에 의해 인산화되어 APC에서 떨어져 나온다. 이런 방식으로 MPF의 양이 줄어들게 되면 소포체가 확장되어 다시 핵막이 형성되고 세포질 분열이 진행되어 M 기가 종료된다.

위 과정들에 관여하는 검사점은 후기에 스핀들이 잘 형성되었는지 확인하는 것과, 말기에 염색체가 잘 분리되었는지 확인하는 것 등이 있다. 스핀들은 세포의 양쪽 끝에서 형성되는 미세관이며 염색체의 키네토초어(kinetochore) 부위에 결합한다. 이 때 여러 검사점 단백질의 방향이 올바로 결합되어 있는지, 스핀들의 장력이 충분한지 검사한다. 여기에 관여하는 단백질은 Mad2이다. Mad2는 평상시에는 Cdc20과 결합하여 Cdc20을 비활성화 시키다가 충분히 검사가 끝나면 Cdc20에서 떨어져서 Cdc20이 APC와 결합할 수 있게 해 준다. 말기에서는 검사점 단백질이 염색체가 잘 분리되었는지를 확인한다. 여기에 관여하는 것은 출아효모에서 밝혀진 GTPase인 Tem1이다. Tem1은 SPB(spindle pole body)라는, 새 눈이 나타나는 끝 쪽에 비활성 상태로 위치하고 있다. 새로이 만들어지는 눈 안에는 GEF (Guanosine nucleotide-Exchange Factor)가 있는데, SPB가 제대로 연장되어 Tem1이 버드(bud) 안에 들어가면 GEF를 만나서 활성화된다. 활성화된 Tem1은 Cdc14가 세포안에 퍼지게 하며 이렇게 퍼진 Cdc14는 Cdh1과 APC를 결합시킴으로써 M 기 사이클린을 분해하여, 비로소 M 기가 끝나고 다시 세포는 G1 기로 넘어가게 된다.

이처럼 세포주기에는 매우 다양한 요소가 관여하여 그 과정을 조절하고 있으며, 조절 메커니즘 역시 매우 복잡하다. 실제 현상은 지금까지 기술한 것보다 훨씬 복잡한 과정이 관여되어 있으며, 그 전모가 아직까지도 모두 밝혀져 있지 않다. 시스템생물학은 이러한 복잡한 과정을 전체적인 관점에서 해석하고, 어떠한 조절네트워크에 의해 세포주기가 작동하게 되는지에 대한 가설을 제시해 주는 역할을 하고 있으며, 향후 세포주기를 해석하는 과정에서 반드시 필요한 연구방식으로 점차 인식되어가고 있다.

연 습 문 제

2.1 왓슨과 크릭이 정립한 유전정보전달에 관한 개념과 원리에 대해 자세하게 기술하고 이에 위배되는 사례를 찾아 구체적으로 설명하시오.

2.2 세포내 여러 신호전달경로들 가운데 2가지를 자세하게 기술하시오.

2.3 암의 생성 및 조절에 영향을 미칠 수 있는 세포 주기 및 세포내 신호전달경로를 조사하고 이를 바탕으로 구체적인 암 치료전략을 위한 여러분의 의견을 서술해보시오.

참 고 문 헌

1. D. Sadava, C. Heller, G. H. Orians, W. K. Purves, and D. Hillis. *Life: The Science of Biology*. 8th ed. W. H. Freeman and Company, New York. 2006.
2. H. Lodish, M. P. Scott, P. Matsudaira, J. Darnell, L. Zipursky, C. A. Kaiser, A. Berk, and M. Krieger. *Molecular Cell Biology*. 5th ed. W. H. Freeman and Company, New York. 2003.
3. B. Lewin. *GENES VIII*. Pearson Prentice Hall, Upper Saddle River, New Jersey. 2004.
4. B. Alberts, A. Johnson, J. Lewis, M. Raff, K. Roberts, and P. Walter. *Molecular Biology of the Cell*. 4th ed. Garland Science, New York and London. 2002.
5. G. M. Cooper and R. E. Hausman. *The Cell: A Molecular Approach*. 4th ed. Sinauer Associates, Inc. Sunderland. 2006.

chapter 03

수학모델링과 시스템이론의 기초

시스템생물학에서는 생체내 여러 구성요소들이 복잡한 상호작용을 통해 만들어내는 생명현상을 '시스템' 차원에서 분석한다. 일반적으로 어떤 시스템을 기술하기 위해서는 그 시스템을 구성하는 요소들과 시스템의 입출력, 그리고 이러한 구성요소들간 상호작용관계를 나타내야 하는데, 이 때 이러한 관계를 정량적으로 기술하는 언어로서 수학모델링이 활용된다. 생체시스템에 대한 수학모델은 다양한 생화학 작용원리를 기반으로 하며, 수학모델로서 정립된 시스템의 동적(dynamic) 성질을 파악하기 위해 시스템이론이 사용된다. 대부분의 생명현상은 직관만으로는 이해하기 어려운 비선형성을 지니므로 보다 근본적인 원리를 탐구하기 위해서 이러한 수학모델링과 시스템이론에 기반한 체계적인 분석이 필요하다. 이 장에서는 이러한 모델링과 분석에 경험이 없는 생물학자를 대상으로 필요한 매우 기초적인 지식을 전달한다.

3.1 선형대수

3.1.1 벡터와 행렬

순서가 정해진 n개의 요소들로 이루어진 하나의 모둠(set)을 n-차원 벡터(vector)라고 한다. 예를 들어, n-차원 벡터 $\mathbf{x}$는 정렬된 n개의 변수들 $(x_1, x_2, \ldots, x_n)$로 이루어진다. 벡터는 다음과 같이 행(행벡터)으로서 나타내거나

$$\mathbf{x} = [x_1, x_2, \ldots, x_n],$$

또는 다음과 같이 열(열벡터)로서 나타낼 수 있다.

$$\mathbf{x}=\begin{bmatrix} x_1 \\ x_2 \\ \vdots \\ x_n \end{bmatrix}.$$

이러한 벡터와 다음에 소개할 행렬을 이용하면 연립방정식을 간편하게 나타낼 수 있다. 또한 벡터, 행렬을 이용한 표현을 살펴보면 연립방정식의 의미를 다른 관점에서 해석할 수 있다. 예를 들어 다음과 같은 m개의 일차 연립방정식을 생각해 보자.

$$\begin{aligned} y_1 &= a_{11}x_1 + a_{12}x_2 + \cdots + a_{1n}x_n, \\ y_2 &= a_{21}x_1 + a_{22}x_2 + \cdots + a_{2n}x_n, \\ &\vdots \\ y_m &= a_{m1}x_1 + a_{m2}x_2 + \cdots + a_{mn}x_n. \end{aligned} \tag{3.1}$$

두 개의 열벡터 $\mathbf{x}$와 $\mathbf{y}$를 각각 다음과 같이 정의한다면

$$\mathbf{x}=\begin{bmatrix} x_1 \\ x_2 \\ \vdots \\ x_n \end{bmatrix}, \ \mathbf{y}=\begin{bmatrix} y_1 \\ y_2 \\ \vdots \\ y_m \end{bmatrix}, \tag{3.2}$$

식 (3.1)은 벡터 $\mathbf{x}$를 벡터 $\mathbf{y}$로 변환시키는 함수 또는 매핑(mapping)으로 볼 수 있다. 이러한 변환을 벡터의 선형변환(linear transformation)이라고 한다. 선형변환을 위해서는 식 (3.2)에 표현된 것과 같이 계수 a_{ij}의 배열을 정의해야 한다. 이러한 배열을 행렬(matrix)이라고 하는데, 이를 $\mathbf{A}$로 표기해보자. 그러면 1차 연립방정식의 풀이는 행렬 $\mathbf{A}$로 정의되는 선형변환을 생각할 때 벡터 $\mathbf{y}$로 변환되는 벡터 $\mathbf{x}$를 찾는 문제로 귀결된다.

$$\mathbf{A}=\begin{bmatrix} a_{11} & a_{12} & \cdots & a_{1n} \\ a_{21} & a_{22} & \cdots & a_{2n} \\ & & \vdots & \\ a_{m1} & a_{m2} & \cdots & a_{mn} \end{bmatrix}. \tag{3.3}$$

m개의 행과 n개의 열로 구성된 행렬을 차수 (m,n)의 행렬 또는 $(m \times n)$행렬이라고 한다. 특히, $m = n$인 경우 n차원의 정방(square)행렬이라고 한다. 여기서 행렬은 특정한 순서로 정렬된 숫자/변수들의 배열이라는 점에 주목하자. 식 (3.3)의 행렬 $\mathbf{A}$를 $(a_{ij})_{m \times n}$의 형태로 축약하여 표현하면 편리한데 이러한 표현은 ij번째 요소로서 a_{ij}를 가지는 차수 $m \times n$의 행렬임을 나타낸다. 여기서 a_{ij}의 첫 번째 첨자 i는 행을, 두 번째 첨자 j는 열을 나타낸다. 만일 차수 $m \times n$을 이미 알고 있거나 특별히 지정할 필요가 없이 자명한 경우에는 (a_{ij})로 축약하여 나타낸다. 이러한 표기방식을 따르면 연립방정식 식 (3.1)은 다음과 같이 표현할 수 있다.

$$\mathbf{y} = \mathbf{A}\mathbf{x}. \tag{3.4}$$

또는

$$\begin{bmatrix} y_1 \\ y_2 \\ \vdots \\ y_m \end{bmatrix} = \begin{bmatrix} a_{11} & a_{12} & \cdots & a_{1n} \\ a_{21} & a_{22} & \cdots & a_{2n} \\ & & \vdots & \\ a_{m1} & a_{m2} & \cdots & a_{mn} \end{bmatrix} \begin{bmatrix} x_1 \\ x_2 \\ \vdots \\ x_n \end{bmatrix}. \tag{3.5}$$

식 (3.4)에서 행렬과 벡터의 곱셈연산 $\mathbf{Ax}$의 의미는 아래에서 다룬다.

3.1.2 정의와 성질

주대각선을 제외한 행렬의 모든 요소들이 0의 값을 가지는 정방행렬을 대각행렬이라고 정의한다. 예를 들면 다음 $\mathbf{A}$와 같다.

$$\mathbf{A} = \begin{bmatrix} 2 & 0 & 0 \\ 0 & 1 & 0 \\ 0 & 0 & 5 \end{bmatrix}.$$

특히, 주대각선에 있는 요소의 값이 모두 1인 대각행렬을 항등행렬 또는 단위행렬이라고 하고 $\mathbf{I}$로 표기한다. 이러한 단위행렬은 행렬의 곱셈에 대한 항등원이 된다.

$$\mathbf{I} = \begin{bmatrix} 1\,0 \cdots 0 \\ 0\,1 \cdots 0 \\ \vdots \\ 0\,0 \cdots 1 \end{bmatrix}. \tag{3.6}$$

단위행렬의 차원은 종종 아래첨자로서 $\mathbf{I_n}$과 같이 나타내기도 한다. 즉, $\mathbf{I_n}$은 $n \times n$ 단위행렬(또는 항등행렬)을 나타낸다. 그러나 단위행렬의 차원은 전후 관계로부터 알 수 있으므로 보통 아래첨자를 생략한다. 행렬의 모든 요소들이 0의 값을 가지는 행렬을 영행렬이라고 한다. 그리고 정방행렬 $\mathbf{A}$가 $a_{ij} = a_{ji}$(즉, 주대각선에 대해 대칭)이면 대칭행렬이라 한다. 만약 동일한 차원의 두 행렬의 각 요소가 서로 같은 값을 가지면 이 두 행렬은 동치라고 한다. 즉, 다음과 같은 두 행렬의 경우

$$\mathbf{A} = (a_{ij})_{m \times n}, \mathbf{B} = (b_{ij})_{m \times n},$$

모든 i와 j에 대해서 $a_{ij} = b_{ij}$이면 $\mathbf{A} = \mathbf{B}$이다. $m \times n$ 행렬 $\mathbf{A}$의 행과 열이 서로 바뀌어진, 즉 i번째 행이 j번째의 열로 바뀌어진 행렬을 $\mathbf{A}$의 전치(transpose)라 하고, $\mathbf{A}^{\mathbf{T}}$로 표기한다. 따라서 $\mathbf{A}^{\mathbf{T}}$는 $n \times m$ 행렬이 된다. 예를 들면 다음과 같다.

$$\mathbf{A} = \begin{bmatrix} 2\,1 \\ 3\,2 \\ 1\,3 \end{bmatrix}, \ \mathbf{A}^{\mathbf{T}} = \begin{bmatrix} 2\,3\,1 \\ 1\,2\,3 \end{bmatrix}.$$

만일 $\mathbf{A} = (a_{ij})_{m \times n}$이라면 그 전치행렬은 $\mathbf{A} = (a_{ji})_{n \times m}$이 된다. 다음과 같이 행렬의 전치를 거듭 수행하면 원래의 행렬과 동치가 된다.

$$(\mathbf{A}^{\mathbf{T}})^{\mathbf{T}} = \mathbf{A}.$$

3.1.3 행렬 대수학

행렬의 대수연산, 즉 행렬의 덧셈, 뺄셈, 곱셈 그리고 나눗셈에 대해 알아보자. 이러한 연산을 익히면 행렬의 취급이 용이해진다.

(1) 행렬의 덧셈

동일한 차수$(m \times n)$를 가지는 두 개의 행렬 **A**와 **B**를 생각해보자.

$$\mathbf{A} = \begin{bmatrix} a_{11} & a_{12} & \cdots & a_{1n} \\ a_{21} & a_{22} & \cdots & a_{2n} \\ & & \vdots & \\ a_{m1} & a_{m2} & \cdots & a_{mn} \end{bmatrix}, \quad \mathbf{B} = \begin{bmatrix} \mathrm{b}_{11} & \mathrm{b}_{12} & \cdots & \mathrm{b}_{1\mathrm{n}} \\ \mathrm{b}_{21} & \mathrm{b}_{22} & \cdots & \mathrm{b}_{2\mathrm{n}} \\ & & \vdots & \\ \mathrm{b}_{\mathrm{m}1} & \mathrm{b}_{\mathrm{m}2} & \cdots & \mathrm{b}_{\mathrm{mn}} \end{bmatrix}.$$

그러면 행렬의 합 **A + B**는 다음과 같이 정의된다.

$$\mathbf{A}+\mathbf{B} = \begin{bmatrix} (a_{11}+b_{11}) & (a_{12}+b_{12}) & \cdots & (a_{1n}+b_{1n}) \\ (a_{21}+b_{21}) & (a_{22}+b_{22}) & \cdots & (a_{2n}+b_{2n}) \\ & & \vdots & \\ (a_{m1}+b_{m1}) & (a_{m2}+b_{m2}) & \cdots & (a_{mn}+b_{mn}) \end{bmatrix}.$$

또는 $\mathbf{A}+\mathbf{B} = (a_{ij}+b_{ij})_{m \times n}$으로 정의할 수 있다. 이 때 두 행렬을 더하기 위해서는 두 행렬의 차원이 반드시 동일해야 한다.

(2) 스칼라와 행렬의 곱셈

스칼라(scalar) c와 행렬 **A**의 곱셈은 다음과 같이 정의된다.

$$c\mathbf{A} = c\begin{bmatrix} a_{11} & a_{12} & \cdots & a_{1n} \\ a_{21} & a_{22} & \cdots & a_{2n} \\ & & \vdots & \\ a_{m1} & a_{m2} & \cdots & a_{mn} \end{bmatrix} = \begin{bmatrix} ca_{11} & ca_{12} & \cdots & ca_{1n} \\ ca_{21} & ca_{22} & \cdots & ca_{2n} \\ & & \vdots & \\ ca_{m1} & ca_{m2} & \cdots & ca_{mn} \end{bmatrix}.$$

(3) 행렬의 곱셈

행렬의 곱셈은 다음과 같이 정의된다.

$$\mathbf{AB} = \mathbf{C}.$$

여기서 행렬 **C**의 i번째 행, j번째 열의 요소 c_{ij}는 행렬 **A**의 i번째 행과 대응하는 행렬 **B**의 j번째 열의 각 요소들 곱의 전체 합으로서 정의된다. 즉, 다음과 같이 계산된다.

$$
\begin{aligned}
c_{ij} &= a_{i1}b_{1j} + a_{i2}b_{2j} + \cdots \; a_{in}b_{nj} \\
&= \sum_{k=1}^{n} a_{ik}b_{kj}.
\end{aligned} \tag{3.7}
$$

이를 도식화하여 나타내면 다음과 같다.

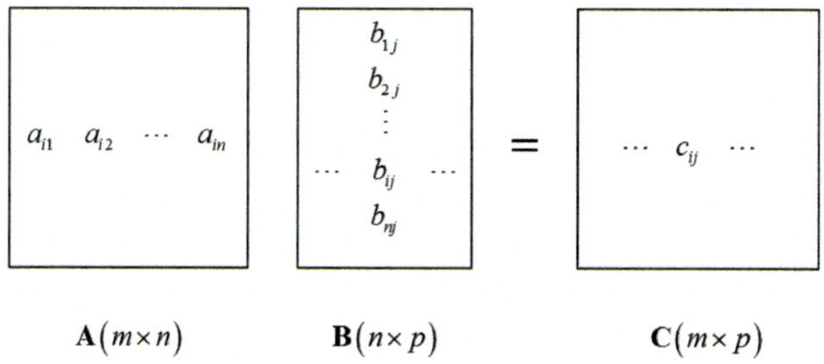

이러한 곱셈 연산은 행렬 **A**의 열의 수와 행렬 **B**의 행의 수가 동일할 때에만 (여기서는 n) 정의된다. 만약 이 조건이 만족되지 않는다면, 곱 **AB**는 정의될 수 없다. 행렬 **A**의 열의 수가 행렬 **B**의 행의 수와 일치할 경우 행렬 **A**는 곱 **AB**를 구하기 위해 행렬 **B**에 적합하다고 한다. 만약 행렬 **A**가 $m \times n$의 행렬이고, 행렬 **B**가 $n \times p$의 행렬이라면, 행렬 **A**와 **B**는 곱을 구하기에 적합하고, 행렬 **C**는 $m \times p$의 행렬이 된다. 식 (3.7)로부터 다음 예제를 생각해보자.

$$
\begin{bmatrix} 2 & 3 \\ 1 & 1 \\ 3 & 1 \end{bmatrix} \begin{bmatrix} 1 & 3 & 1 & 2 \\ 2 & 1 & 1 & 1 \end{bmatrix} = \begin{bmatrix} 8 & 9 & 5 & 7 \\ 3 & 4 & 2 & 3 \\ 5 & 10 & 4 & 7 \end{bmatrix},
$$

$$
\begin{bmatrix} 2 & 1 & 3 \end{bmatrix} \begin{bmatrix} 2 \\ 1 \\ 1 \end{bmatrix} = 8.
$$

위 예제의 경우 왼편의 두 행렬은 곱셈연산을 수행하기에 적합하다. 하지만 만약 행렬의 차수를 아래와 같이 서로 뒤바꾸면 행렬의 곱셈연산은 수행할 수 없다.

$$
\begin{bmatrix} 1 & 3 & 1 & 2 \\ 2 & 1 & 1 & 1 \end{bmatrix} \begin{bmatrix} 2 & 3 \\ 1 & 1 \\ 3 & 1 \end{bmatrix}.
$$

따라서 일반적으로 다음이 성립된다.

$$\mathbf{AB} \neq \mathbf{BA}.$$

위 예제에서와 같이 **AB**는 존재하더라도 **BA**가 존재하지 않을 경우가 있으며 또한 그 반대의 경우도 있다. 특수한 경우에만 다음이 성립된다(이 조건에 대해서는 추후 알아본다).

$$\mathbf{AB} = \mathbf{BA}. \tag{3.8}$$

식 (3.8)이 참일 경우, 행렬 **A**와 **B**는 곱셈에 대해 교환적(commutative)이라고 한다. 그러나 일반적으로 행렬의 곱셈은 교환적이지 않다.

행렬의 곱 **AB**에서 행렬 **A**는 **B**에 의해서 후승되었다고 하며, 행렬 **B**는 **A**에 의해서 전승되었다고 한다. 곱셈과 덧셈의 조합에 대해서는 다음의 관계가 성립된다.

$$(\mathbf{A}+\mathbf{B})\mathbf{C} = \mathbf{AC}+\mathbf{BC}, \tag{3.9}$$

$$\mathbf{C}(\mathbf{A}+\mathbf{B}) = \mathbf{CA}+\mathbf{CB}. \tag{3.10}$$

그리고 임의의 행렬 **A**는 항등행렬 **I**에 의해서 후승되거나 전승되어도 변함이 없다. 즉, 다음이 성립하며, 행렬 **I**는 곱셈에 대한 항등원임을 알 수 있다.

$$\mathbf{AI} = \mathbf{IA} = \mathbf{A}. \tag{3.11}$$

단, **I**의 차원은 상응하는 곱에 적합해야 한다.

(4) 행렬과 벡터의 곱셈

식 (3.1)을 행렬로 나타낸 식 (3.4)를 생각해 보자. 이 식의 우변은 $m \times n$의 행렬 **A**와 벡터 **x**의 곱이다. 여기서 벡터 **x**를 $n \times 1$의 행렬로 본다면, 행렬의 곱셈 규칙에 따른 곱 **Ax**는 식 (3.1)의 우변이 된다. 이와 같이 벡터 **x**를 $n \times 1$의 행렬로 가정함으로써 벡터와 행렬의 곱셈을 수행할 수 있다. 이 경우에도 마찬가지로 적합성에 관한 제한이 적용된다. 따라서 순서를 뒤바꾼 **xA**는 정의되지 않는다.

(5) 크레이머의 공식

크레이머(Cramer)의 공식은 선형 연립방정식을 푸는데 있어서 매우 유용하다[2]. n개의 미지수 $x_1, x_2, \cdots, x_n$에 대한 다음 n개의 선형 연립방정식을 생각해 보자.

$$\begin{aligned} a_{11}x_1 + a_{12}x_2 + \cdots + a_{1n}x_n &= y_1 \\ a_{21}x_1 + a_{22}x_2 + \cdots + a_{2n}x_n &= y_2 \\ &\vdots \\ a_{n1}x_1 + a_{n2}x_2 + \cdots + a_{nn}x_n &= y_n. \end{aligned} \tag{3.12}$$

위 식은 다음과 같은 행렬식으로 표현할 수 있다.

$$\begin{bmatrix} a_{11} & a_{12} & \cdots & a_{1n} \\ a_{21} & a_{22} & \cdots & a_{2n} \\ & & \vdots & \\ a_{n1} & a_{n2} & \cdots & a_{nn} \end{bmatrix} \begin{bmatrix} x_1 \\ x_2 \\ \vdots \\ x_n \end{bmatrix} = \begin{bmatrix} y_1 \\ y_2 \\ \vdots \\ y_n \end{bmatrix}. \tag{3.13}$$

요소 a_{ij}로 구성된 좌변의 행렬을 $\mathbf{A}$라고 할 때, $\mathbf{A}$의 행렬식(determinant)은 $|\mathbf{A}|$로 표시한다. 행렬식 $|\mathbf{A}|$가 0이 아니라면 식 (3.12)에 대하여 다음과 같은 크레이머의 공식으로부터 유일한 해를 구할 수 있다.

$$x_k = \frac{|C_k|}{|\mathbf{A}|} \quad k = 1, 2, \cdots, n. \tag{3.14}$$

여기서 $|C_k|$는 $\mathbf{A}$의 k번째 열을 식 (3.13)의 우변의 열(요소 $y_1, y_2, \cdots, y_n$)로 치환한 후 행렬식을 계산하여 구한다. 예를 들어 다음 식을 생각해 보자.

$$\begin{aligned} 3x_1 + 2x_2 &= 5, \\ -4x_1 + 3x_2 &= 1. \end{aligned}$$

위 식을 행렬식으로 표현하면,

$$\begin{bmatrix} 3 & 2 \\ -4 & 3 \end{bmatrix} \begin{bmatrix} x_1 \\ x_2 \end{bmatrix} = \begin{bmatrix} 5 \\ 1 \end{bmatrix}$$

가 되며, $|\mathbf{A}| = \begin{vmatrix} 3 & 2 \\ -4 & 3 \end{vmatrix} = 17$, $|C_1| = \begin{vmatrix} 5 & 2 \\ 1 & 3 \end{vmatrix} = 13$, 그리고 $|C_2| = \begin{vmatrix} 3 & 5 \\ -4 & 1 \end{vmatrix} = 23$

을 얻을 수 있다. 이를 이용하면 주어진 연립방정식의 미지수를 다음과 같이 구할 수 있다.

$$x_1 = 0.7647\left(= \frac{13}{17}\right),\ \ x_2 = 1.3529\left(= \frac{23}{17}\right).$$

(6) 행렬의 나눗셈 및 역행렬

실수의 나눗셈은 첫 번째 피연산자 a를 두 번째 피연산자 b로 나누는 연산이다. 이는 두 번째 피연산자의 역수($1/b$)를 첫 번째 피연산자에 후승하는 것과 동일하다. 이와 마찬가지로 행렬의 나눗셈을 정의하기 위해서는 실수의 역수처럼 행렬의 역행렬을 먼저 정의해야 한다. 역행렬을 정의하기 위해 다음과 같은 벡터-행렬 방정식을 생각해 보자.

$$\begin{bmatrix} y_1 \\ y_2 \\ \vdots \\ y_n \end{bmatrix} = \begin{bmatrix} a_{11} & a_{12} & \cdots & a_{1n} \\ a_{21} & a_{22} & \cdots & a_{2n} \\ & & \vdots & \\ a_{n1} & a_{n2} & \cdots & a_{nn} \end{bmatrix} \begin{bmatrix} x_1 \\ x_2 \\ \vdots \\ x_n \end{bmatrix}. \tag{3.15}$$

앞서 설명한 크레이머의 공식(식 3.14)에서는 해를 얻기 위해 필요한 결과식만을 알아보았다. 그런데 역행렬의 개념을 이해하기 위해서는 행렬과 벡터의 곱셈으로 이루어진 크레이머 공식의 중간 유도과정을 살펴볼 필요가 있다. 식 (3.15)로 주어진 벡터-행렬 방정식의 해($x_1, x_2, \cdots, x_n$)는 다음과 같이 표현될 수 있다.

$$\begin{bmatrix} x_1 \\ x_2 \\ \vdots \\ x_n \end{bmatrix} = \begin{bmatrix} \frac{|D_{11}|}{|\mathbf{A}|} & \frac{|D_{21}|}{|\mathbf{A}|} & \cdots & \frac{|D_{n1}|}{|\mathbf{A}|} \\ \frac{|D_{12}|}{|\mathbf{A}|} & \frac{|D_{22}|}{|\mathbf{A}|} & & \frac{|D_{n2}|}{|\mathbf{A}|} \\ & & \vdots & \\ \frac{|D_{1n}|}{|\mathbf{A}|} & \frac{|D_{2n}|}{|\mathbf{A}|} & \cdots & \frac{|D_{nn}|}{|\mathbf{A}|} \end{bmatrix} \begin{bmatrix} y_1 \\ y_2 \\ \vdots \\ y_n \end{bmatrix}. \tag{3.16}$$

이로부터 x_1은 다음과 같은 두 벡터의 내적(inner product) 연산에 의해 계산된다.

$$x_1 = \left(\frac{|D_{11}|}{|\mathbf{A}|}, \frac{|D_{21}|}{|\mathbf{A}|}, \cdots, \frac{|D_{n1}|}{|\mathbf{A}|}\right) \cdot (y_1, y_2, \cdots, y_n)$$
$$= \frac{(|D_{11}|y_1 + |D_{21}|y_2 + \cdots + |D_{n1}|y_n)}{|\mathbf{A}|}.$$

따라서 식 (3.14)의 $|C_k|$에 대하여 다음이 성립한다.

$$|C_k| = \sum_{k=1}^{n} |D_{kj}| y_k.$$

식 (3.16)에서 $|\mathbf{A}|$ 는 행렬 $\mathbf{A}$의 행렬식이고, $|\mathbf{D_{ij}}|$ 는 행렬 $\mathbf{A}$의 요소 a_{ij}의 여인자(cofactor)이다. 요소 a_{ij}의 여인자는 행렬 $\mathbf{A}$에서 i번째 행과 j번째 열이 삭제된 $(n-1)\times(n-1)$행렬의 행렬식에 $(-1)^{(i+j)}$배함으로써 구할 수 있다. 식 (3.15)를 다음과 같은 행렬식으로 나타내보자.

$$\mathbf{y} = \mathbf{A}\mathbf{x}. \tag{3.17}$$

그리고 다음과 같은 성질을 가진 정방행렬 $\mathbf{A}$의 역행렬 $\mathbf{A}^{-1}$를 정의할 수 있다고 하자.

$$\mathbf{A}\mathbf{A}^{-1} = \mathrm{I} \ \text{(단위행렬)}. \tag{3.18}$$

식 (3.17)의 양변을 $\mathbf{A}^{-1}$로 전승하면 $\mathbf{A}^{-1}\mathbf{y} = \mathbf{A}^{-1}\mathbf{A}\mathbf{x} = \mathbf{I}\mathbf{x} = \mathbf{x}$가 된다. 따라서 다음과 같이 식 (3.19)를 구할 수 있다.

$$\mathbf{x} = \mathbf{A}^{-1}\mathbf{y}. \tag{3.19}$$

식 (3.19)를 식 (3.16)과 비교하면 다음을 알 수 있다.

$$\mathbf{A}^{-1} = \frac{\mathbf{1}}{|\mathbf{A}|}\begin{bmatrix} |\mathrm{D}_{11}| & |\mathrm{D}_{21}| & \cdots & |\mathrm{D}_{n1}| \\ |\mathrm{D}_{12}| & |\mathrm{D}_{22}| & \cdots & |\mathrm{D}_{n2}| \\ & & \vdots & \\ |\mathrm{D}_{1n}| & |\mathrm{D}_{2n}| & \cdots & |\mathrm{D}_{nn}| \end{bmatrix}. \tag{3.20}$$

식 (3.15)로부터 유일한 해를 구하기 위한 필수조건 가운데 하나는 등식의 수가 미지수의 수와 동일해야 한다는 것이다. 이는 행렬 $\mathbf{A}$가 반드시 정방행렬이어야

함을 의미한다. 또한, 식 (3.16)으로부터, 만약 해가 존재할 경우 $|\mathbf{A}| \neq 0$ 이어야 함을 알 수 있다. 이 두 가지 조건은 방정식의 수가 미지수의 수와 같고, 모든 방정식은 서로 선형독립이어야 함을 의미한다. 그런데 역행렬은 정방행렬에 대해서만 정의되므로, 결국 행렬식이 0이 아닌 조건으로 귀결된다. 행렬식이 0이 아닌 행렬을 정칙(nonsingular)행렬이라고 한다. 즉, 역행렬은 정칙행렬의 경우에만 존재한다. 이 경우 정의로부터

$$\mathbf{A}^{-1}\mathbf{A} = \mathbf{I} \tag{3.21}$$

이고, 이 식에 $\mathbf{A}^{-1}$을 후승하고 다시 $\mathbf{A}$를 전승하면 다음이 성립된다.

$$\mathbf{A}\mathbf{A}^{-1} = \mathbf{I}. \tag{3.22}$$

따라서 행렬 $\mathbf{A}$와 $\mathbf{A}^{-1}$은 서로 교환적이다.

(7) 행렬의 미분과 적분

행렬의 요소는 때론 변수이거나 함수일 수 있다. 예를 들어 다음 행렬을 생각해 보자.

$$\mathbf{A} = \begin{bmatrix} e^{-2t} & \sin t \\ e^{t} & e^{-t} + e^{-2t} \end{bmatrix}. \tag{3.23}$$

이 행렬의 요소들은 모두 t의 함수이다. 이러한 경우 행렬 $\mathbf{A}$를 $\mathbf{A}(t)$로 표기하기도 하며, $\mathbf{A}(t)$의 미분과 적분을 정의할 수 있다. 행렬 $\mathbf{A}(t)$의 t에 관한 미분은 그 ij번째 요소가 행렬 $\mathbf{A}(t)$의 ij번째 요소의 t에 관한 미분인 행렬로서 정의된다. 즉, $\mathbf{A}(t) = [a_{ij}(t)]_{m \times n}$이면, $\frac{d}{dt}[\mathbf{A}(t)] = [\frac{d}{dt}a_{ij}(t)]_{m \times n}$이다. 그러므로 식 (3.23)의 행렬에 대한 미분은 다음과 같다.

$$\dot{\mathbf{A}}(t) = \begin{bmatrix} -2e^{-2t} & \cos t \\ e^{t} & -e^{-t} - 2e^{-2t} \end{bmatrix}.$$

마찬가지로 행렬 $\mathbf{A}(t)$의 t에 관한 적분도 그 ij번째 요소가 행렬 $\mathbf{A}(t)$의 ij번

째 요소의 t에 관한 적분인 행렬로서 정의된다. 즉,

$$\int \mathbf{A}dt = \left(\int a_{ij}(t)dt\right)_{m \times n}. \tag{3.24}$$

따라서 식 (3.23)의 행렬에 대한 적분은 다음과 같다.

$$\int \mathbf{A}(t)dt = \begin{bmatrix} \int e^{-2t}dt & \int \sin t dt \\ \int e^{t}dt & \int (e^{-t} + e^{-2t})dt \end{bmatrix}.$$

행렬의 미분은 스칼라(즉, 단일변수)에 대한 미분과 유사하게 다음과 같은 성질을 가진다.

$$\frac{d}{dt}(\mathbf{A} + \mathbf{B}) = \frac{d\mathbf{A}}{dt} + \frac{d\mathbf{B}}{dt}, \tag{3.25}$$

$$\frac{d}{dt}(c\boldsymbol{A}) = c\frac{d\mathbf{A}}{dt}, \tag{3.26}$$

$$\frac{d}{dt}(\mathbf{AB}) = \frac{d\mathbf{A}}{dt}\mathbf{B} + \mathbf{A}\frac{\mathrm{d}\mathbf{B}}{\mathrm{dt}} = \dot{\mathbf{A}}\mathbf{B} + \mathbf{A}\dot{\mathbf{B}} \tag{3.27}$$

(8) 행렬의 특성 방정식: 케일리-헤밀턴의 정리

$(n \times n)$의 정방행렬 $\mathbf{A}$에 대해,

$$\mathbf{Ax} = \lambda\mathbf{x} \tag{3.28}$$

을 만족하는 벡터 $\mathbf{x}(\mathbf{x} \neq 0)$를 고유벡터(eigen vector) 또는 특성벡터(characteristic vector)라 하고 대응하는 λ를 행렬 $\mathbf{A}$의 고유치(eigen value) 또는 특성치(characteristic value)라고 한다. 식 (3.28)은 다음과 같이 표현할 수 있다.

$$(\mathbf{A} - \lambda\mathbf{I})\mathbf{x} = \mathbf{0}. \tag{3.29}$$

$\mathbf{x} \neq 0$일 때 위 등식을 만족시키는 해가 존재할 필요충분조건은 다음과 같다.

$$|\mathbf{A} - \lambda\mathbf{I}| = |\lambda\mathbf{I} - \mathbf{A}| = 0. \tag{3.30}$$

이 조건식을 행렬 A의 특성방정식(characteristic equation)이라고 하며 이를 전개하여 나타내면 다음과 같다.

$$Q(\lambda) = |\lambda\mathbf{I} - \mathbf{A}| = \lambda^n + a_{n-1}\lambda^{n-1} + \cdots + a_1\lambda^1 + a_0\lambda^0 = 0. \tag{3.31}$$

여기서 고유치 λ의 함수인 $Q(\lambda)$를 행렬 $\mathbf{A}$의 특성다항식(characteristic polynomial)이라고 부른다. 따라서 특성다항식의 n개의 영점(zeros)은 행렬 $\mathbf{A}$의 고유치이며, 각 고유치에 대해 식 (3.28)을 만족하는 고유벡터가 존재한다. 케일리-헤밀턴(Cayley-Hamilton) 정리는 만약 λ가 $\mathbf{A}$로 치환되더라도 식 (3.31)이 성립됨을 보여준다. 즉, 이 정리에 따르면 모든 $n \times n$행렬 $\mathbf{A}$는 다음과 같이 특성방정식을 만족한다.

$$Q(\mathbf{A}) = \mathbf{A}^n + a_{n-1}\mathbf{A}^{n-1} + \cdots + a_1\mathbf{A}^1 + a_0\mathbf{A}^0 = 0. \tag{3.32}$$

(9) 행렬의 함수

앞서 설명한 케일리-헤밀턴 정리는 정방행렬 $\mathbf{A}$의 함수를 평가하는데 유용하다. 다음과 같이 멱급수의 형태인 함수 $f(\lambda)$를 생각해 보자.

$$f(\lambda) = \alpha_0 + \alpha_1\lambda + \alpha_2\lambda^2 + \cdots + \cdots = \sum_{i=0}^{\infty}\alpha_i\lambda^i. \tag{3.33}$$

λ는 특성방정식 식 (3.31)를 만족하기 때문에 다음과 같이 나타낼 수 있다.

$$\lambda^n = -a_{n-1}\lambda^{n-1} - a_{n-2}\lambda^{n-2} - \cdots - a_1\lambda - a_0. \tag{3.34}$$

양변에 λ를 곱하면 좌변은 λ^{n+1}이고, 우변은 $\lambda^n, \lambda^{n-1}, \cdots, \lambda$의 선형결합이 된다. 식 (3.34)를 사용하여 λ^n을 λ^{n-1}, $\lambda^{n-2}, \cdots, \lambda$와 상수항의 선형결합으로 치환하면, 최고차 멱수가 n-1로 감소한다. 이를 반복하여 적용하면, 임의의 k에 대해 λ^{n+k}는 λ^{n-1}, $\lambda^{n-2}, \cdots, \lambda$와 상수항의 선형결합으로 표현할 수 있다. 따라서 식 (3.33)의 우변의 무한급수는 다음과 같이 항상 유한개의 λ^{n-1}, $\lambda^{n-2}, \cdots, \lambda$와 상수항의 선형결합으로 표현 가능하다.

$$f(\lambda) = \beta_0 + \beta_1\lambda + \beta_2\lambda^2 + \cdots + \beta_{n-1}\lambda^{n-1}. \tag{3.35}$$

n개의 서로 다른 고유치 $\lambda_1, \lambda_2, \cdots, \lambda_n$이 존재할 때, 식 (3.35)는 이 n개의 λ값에 대해서도 성립하므로 이 값들을 대입하면 다음과 같은 n개의 연립방정식이 구해진다.

$$\begin{bmatrix} f(\lambda_1) \\ f(\lambda_2) \\ \vdots \\ f(\lambda_n) \end{bmatrix} = \begin{bmatrix} 1 \ \lambda_1 \ \lambda_1^2 \cdots \lambda_1^{n-1} \\ 1 \ \lambda_2 \ \lambda_2^2 \cdots \lambda_2^{n-1} \\ \vdots \\ 1 \ \lambda_n \ \lambda_n^2 \cdots \lambda_n^{n-1} \end{bmatrix} \begin{bmatrix} \beta_0 \\ \beta_1 \\ \vdots \\ \beta_{n-1} \end{bmatrix}. \tag{3.36}$$

이로부터 선형결합 계수를 다음과 같이 구할 수 있다.

$$\begin{bmatrix} \beta_0 \\ \beta_1 \\ \vdots \\ \beta_{n-1} \end{bmatrix} = \begin{bmatrix} 1 \ \lambda_1 \ \lambda_1^2 \cdots \lambda_1^{n-1} \\ 1 \ \lambda_2 \ \lambda_2^2 \cdots \lambda_2^{n-1} \\ \vdots \\ 1 \ \lambda_n \ \lambda_n^2 \cdots \lambda_n^{n-1} \end{bmatrix}^{-1} \begin{bmatrix} f(\lambda_1) \\ f(\lambda_2) \\ \vdots \\ f(\lambda_n) \end{bmatrix}. \tag{3.37}$$

또한 $\mathbf{A}$도 식 (3.34)를 만족하므로, 만약 $f(\mathbf{A})$가 다음과 같이 $\mathbf{A}$의 무한 멱급수로 표현되는 정방행렬 $\mathbf{A}$의 함수라면

$$f(\mathbf{A}) = \alpha_0\mathbf{I} + \alpha_1\mathbf{A} + \alpha_2\mathbf{A}^2 + \cdots + \cdots = \sum_{\mathrm{i}=0}^{\infty} \alpha_{\mathrm{i}}\mathbf{A}^{\mathrm{i}}. \tag{3.38}$$

앞서와 같은 방법으로 다음과 같이 표현할 수 있다.

$$f(\mathbf{A}) = \beta_0\mathbf{I} + \beta_1\mathbf{A} + \beta_2\mathbf{A}^2 + \cdots + \beta_{\mathrm{n}-1}\mathbf{A}^{\mathrm{n}-1}. \tag{3.39}$$

여기서 계수 β_i는 식 (3.37)로부터 구할 수 있다. 이 결과식의 유용성을 예제를 통해 알아보자. 다음과 같이 무한급수로 표현된 $e^{\mathbf{A}t}$를 생각해보자.

$$e^{\mathbf{A}t} = \mathbf{I} + \mathbf{A}t + \frac{\mathbf{A}^2 t^2}{2!} + \cdots + \frac{\mathbf{A}^{\mathrm{n}} t^n}{n!} + \cdots = \sum_{k=0}^{\infty} \frac{\mathbf{A}^{\mathrm{k}} t^k}{k!}.$$

그러면 식 (3.39)로부터 다음과 같이 나타낼 수 있다.

$$e^{\mathbf{A}t} = \sum_{i=0}^{n-1} \beta_i (\mathbf{A}t)^i.$$

여기서 β_i는 $f(\lambda_i) = e^{\lambda_i t}$인 식 (3.37)로부터 주어진다.

3.2 상미분방정식

생체시스템의 수학모델을 정립하는 과정에서 중요하게 고려되어야 하는 것은 시공간상에서 변화하는 시스템의 여러 가지 특성을 수학적으로 어떻게 기술할 것인지를 결정하는 문제이다. 이를 위해 주로 사용되는 방법은 미분방정식으로 상태변수의 연속적인 변화를 기술하는 것이다. 특히 생체시스템내의 어떤 특성이 오로지 시간에 따라 변화한다면 (또는 공간상의 변화를 무시하고 시간상의 변화만을 고려하고자 한다면), 상미분방정식(Ordinary Differential Equation, ODE)을 사용하면 된다. 반면, 시간뿐만 아니라 공간에 따른 변화까지 고려해야 한다면 편미분방정식(Partial Differential Equation, PDE)을 사용해야 한다. 다음에는 시스템생물학에서 신호전달경로 모델링을 중심으로 상미분방정식과 이의 수치해석 해를 구하기 위한 기초적인 수학개념을 살펴본다.

3.2.1 상미분방정식의 표기 및 용어

생체시스템을 구성하는 분자들의 농도를 상태변수로 나타낼 수 있다. 이를 테면, mRNA나 단백질의 농도 등이 상태변수가 될 수 있다. 시간 t에 따라 변화하는 여러 생체분자의 농도를 상태변수 x_i, 동역학계수를 p_j 로 각각 나타내면 이 생체 시스템은 다음과 같은 연립 1차 상미분방정식으로 기술할 수 있다. 여기서 **x** 및 **p**와 같이 굵은 글씨체로 표기된 기호들은 벡터를 의미한다.

$$\begin{aligned} \frac{dx_i}{dt} &= \dot{x}_i = f_i(\mathbf{x}, \mathbf{p}, \mathrm{t}) \\ &= f_i(x_1, x_2, \ldots x_n, p_1, p_2, \ldots p_m, t), \quad i = 1, 2, \ldots, n. \end{aligned} \tag{3.40}$$

생체시스템에 대한 상미분방정식 모델의 경우에는 대부분 우항 f_i가 시간 t의 함수로서 직접 기술될 필요가 없는, 즉 '자율계(autonomous system)'이기 때문에 식 (3.40)을 축약하여 표현하면 다음과 같다.

$$\begin{aligned}\frac{dx_i}{dt} &= \dot{x}_i = f_i(\mathbf{x}, \mathbf{p}) \\ &= f_i(x_1, x_2, \dots x_n, p_1, p_2, \dots p_m), \quad i = 1, 2, \dots, n.\end{aligned} \tag{3.41}$$

식 (3.40)과 같이, 미분방정식을 양함수(explicit function, 종속변수가 종속변수가 없는 독립변수들의 식만으로 표현되는 함수) 형태로 나타내었을 때 독립변수 t가 미분방정식의 우항에 존재하는 경우 이를 비자율계(nonautonomous system)라고 부르며, 식 (3.41)과 같이 미분방정식의 우항에 t가 없는 경우는 자율계라고 한다. 예를 들면 다음과 같은 식은 자율계를 표현하는 미분방정식이고,

$$\begin{aligned}\frac{dx_1}{dt} &= 7x_1 - x_2, \\ \frac{dx_2}{dt} &= x_1 + x_2.\end{aligned}$$

다음과 같은 식은 비자율계를 표현하는 미분방정식이다.

$$\begin{aligned}\frac{dx_1}{dt} &= 3x_1 + x_2 - 2t, \\ \frac{dx_2}{dt} &= 3x_1x_2 - 4t^2.\end{aligned}$$

수학적으로 자율계는 시스템을 기술하는 미분방정식이 독립변수에 명시적으로 종속적이지 않은 시스템을 말한다. 독립변수가 시간인 경우라면 이 시스템은 시불변 시스템이라고 부르는데, 이는 시간의 변화에 대해서 시스템을 지배하는 기본적인 법칙(governing law)들이 변화하지 않음을 의미한다. 생체시스템을 기술하는 수학모델의 대부분은 생체현상을 지배하는 물리법칙들이 시간에 대해 변하지 않는다고 가정하기 때문에 자율계라고 볼 수 있다.

상태변수가 가질 수 있는 값은 이산적(discrete)이거나 연속적(continuous)일

수 있다. 여기서 시스템의 상태변수들이 가질 수 있는 모든 값의 집합을 상태공간(state space)이라고 한다. 상태변수가 2개 혹은 3개라면 상태공간을 2차원 또는 3차원 그래프로 시각화하여 표현할 수 있다. 특히, 2차원 상태공간의 경우에는 위상평면(phase plane)이라고 부른다. 미분방정식 모델 $\dot{\mathbf{x}} = f(\mathbf{x}, \mathbf{p}, \mathrm{t})$ 가 있을 때, 초기값 $\mathbf{x}(\mathrm{t}_0) = \mathbf{x}_0$와 파라미터 집합 $\mathbf{p}$가 결정되면 해석적(analytic) 방법 또는 수치해석적(numerical) 방법을 이용하여, 특정시점 t에 대한 특수해(particular solution)를 구할 수 있다. 각 시점 t에서 얻은 특수해를 상태공간에 나타낼 수 있는데 이를 궤적(trajectory)이라고 하며, 상태공간에서 $\dot{\mathbf{x}} = 0$ 을 만족하는 상태를 정상상태(steady state)라고 한다. 세포내 어떤 단백질의 농도가 정상상태에 놓여 있다면 이 단백질의 농도는 시간에 따라 더이상 변화하지 않는 상태라고 볼 수 있다. 수학적으로는 이 단백질의 양을 나타내는 상태변수를 시간 t에 대해 편미분한 뒤 정상상태에서의 값을 대입하면 0이 나오는 것을 의미한다. 이는 수학적으로 다음과 같이 표현된다.

$$\left.\frac{\partial x}{\partial t}\right|_{x = x_s} = 0 \ .$$

3.2.2 상미분방정식의 해석적 해법

만약 어떤 단백질 X의 생성 속도가 시간에 따라 거의 변화하지 않는다고 가정할 수 있다면, 시간에 대한 단백질의 농도 변화는 다음 예와 같은 상미분방정식으로 표현될 수 있다.

$$\frac{dX}{dt} = K_p - K_d X. \tag{3.42}$$

여기서 K_p는 단백질 생성에 대한 속도상수이며, K_d는 단백질의 분해에 대한 속도상수이다. 이는 또한 다음과 같은 1차 선형미분방정식으로 표현될 수 있다.

$$X' + p(t)X = f(t), \text{ 여기서 } p(t) = K_d, \ f(t) = K_p \text{ 이다.} \tag{3.43}$$

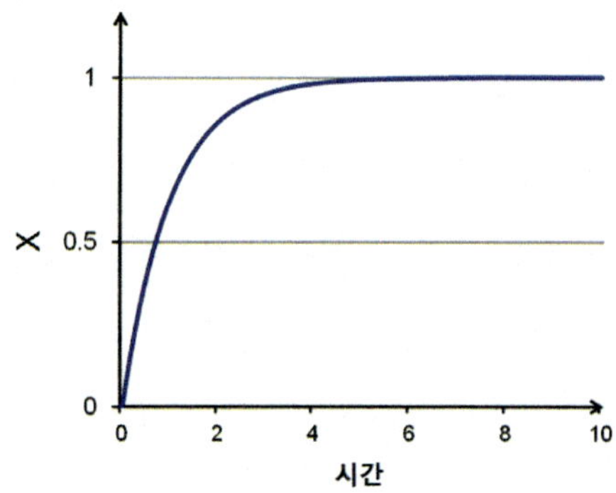

그림 3.1
$X(t) = X_{st}(1 - e^{-K_d t})$의 그래프($K_p = 1.0$, $K_d = 1.0$).

도함수(derivative function)의 최고 차수가 1이기 때문에 '1차'라고 하며, X의 지수가 1이하이기 때문에 선형이다. 여기서 $f(t) = 0$이면 동차(homogeneous)이며, $f(t) \neq 0$이면 비동차(nonhomogeneous)라고 한다. 식(3.43)에서 $f(t) = K_p$이기 때문에 비동차에 해당된다. 1차 선형미분방정식은 다음과 같은 변수분리법(separation of variables)으로 쉽게 해를 구할 수 있다.

$$\frac{dX}{dt} = K_p - K_d X \,,$$

$$\frac{1}{K_p - K_d X} dX = dt \,,$$

$$\int \frac{1}{K_p - K_d X} dX = \int 1 \, dt \,,$$

$$-\frac{1}{K_d} ln|K_p - K_d X| = t + C \quad ,$$

$$|K_p - K_d X| = e^{-K_d t - K_d C} \quad ,$$

$$K_p - K_d X = \pm e^{-K_d C} e^{-K_d t} \,,$$

$$X = \frac{1}{K_d}(K_p - A_0 e^{-K_d t}), \text{ 여기서 } A_0 = \pm e^{-K_d C} \,.$$

$t = 0$일 때 $X = 0$이라고 하면, $A_0 = K_p$가 된다. 식을 정리하면 다음과 같다.

$$X(t) = X_{st}(1 - e^{-K_d t}), \text{ 여기서 } X_{st} = \frac{K_p}{K_d} \text{ 이다.} \qquad (3.44)$$

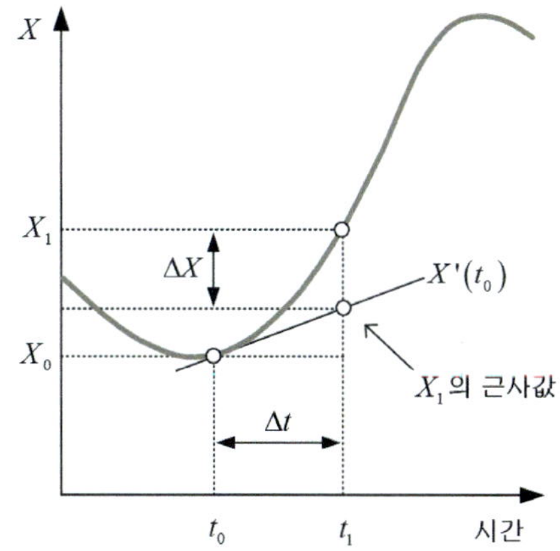

그림 3.2
오일러공식의 개념설명

X_{st}는 정상 상태로서, 생성속도와 분해속도가 동일하여 X의 농도에 변화가 없는 상태이다($\frac{dX}{dt} = 0$). 이는 식 (3.44)에서 많은 시간이 지난 이후 (즉 $t \to \infty$), X의 농도로서 생각할 수 있다. 식 (3.44)를 도식화하면 그림 3.1과 같다.

3.2.3 상미분방정식의 수치적 해법

상미분방정식의 해석적 해를 항상 구할 수 있는 것은 아니다. 대부분의 생명 현상은 비선형적(nonlinear)이므로 이를 기술한 수학모델의 수식에는 복잡한 비선형항이 종종 포함된다. 따라서 이를 해석적으로 풀이하는 것은 매우 어렵다. 이러한 문제를 해결하기 위해서 시스템생물학의 수학모델링을 포함한 비선형시스템의 모델링에서는 시스템의 해를 구하기 위하여 실질적으로 수치해석(numerical analysis) 방법을 이용하고 있다. 이 가운데 오일러(Euler)법은 상미분방정식을 수치해석적으로 풀기 위한 가장 기초적 방법으로서 선형근사(linear approximation)에 기반한 방법이다. 이는 우리가 초기값 (t_0, X_0)을 알고 있을 때 $X'(t_0)$가 (t_0, X_0)에서의 접선의 기울기라는 것을 이용하여 다음 상태 (t_1, X_1)를 추정하여 구하는 것이다(그림 3.2).

다음 식 (3.45)에서 h가 작으면 작을수록 수치해석적으로 구한 X_1의 값은 실제 값에 점점 더 가까워지게 된다. X_1을 구한 방식을 반복적으로 적용함으로써 나머지 값들도 모두 구할 수 있다.

$$
\begin{aligned}
& X'(t_0) \approx \lim_{t_1 \to t_0 + h} \frac{X_1 - X_0}{t_1 - t_0} = \lim_{\Delta t \to h} \frac{\Delta X}{\Delta t}, \\
& \lim_{t_1 \to t_0 + h} X_1 - X_0 \approx \lim_{t_1 \to t_0 + h} (t_1 - t_0) X'(t_0), \\
& X_1 \approx X_0 + hX'(t_0).
\end{aligned} \tag{3.45}
$$

3.2.4 수치해석 소프트웨어를 이용한 미분방정식의 풀이

많은 연구자들과 상용 소프트웨어 개발 회사들에 의해 상미분방정식의 수치해석적 해를 얻기 위한 다양한 방법들과 도구는 이미 잘 고안되어져 있다. 따라서 우리는 사용가능한 수치해석 소프트웨어를 이용하여 문제를 해결하면 된다. 본서에서는 보편적으로 사용되는 과학기술용 소프트웨어 가운데 하나인 매트랩(MATLAB®)을 이용하여 상미분방정식의 해를 구하는 방법을 알아보도록 하자.

다음과 같은 효소(E)-기질(S) 반응을 생각해 보자.

$$S + E \underset{k_{-1}}{\overset{k_1}{\rightleftharpoons}} C \xrightarrow{k_2} P + E.$$

이 반응에 대한 상미분방정식은 식 (3.46)과 같이 나타낼 수 있다.

$$
\begin{aligned}
\frac{dS}{dt} &= k_{-1}C - k_1 SE, \\
\frac{dE}{dt} &= (k_{-1} + k_2)C - k_1 SE, \\
\frac{dC}{dt} &= k_1 SE - (k_2 + k_{-1})C, \\
\frac{dP}{dt} &= k_2 C.
\end{aligned} \tag{3.46}
$$

매트랩에서 제공하는 수치해석기를 이용하여 식 (3.46)의 미분방정식을 풀기 위해서는 미분방정식이 정의된 '미분방정식 함수 파일'과 이를 불러 들여서 수치해석적으로 풀이하기 위한 메인 스크립트 파일을 작성해야 한다. 여기에서는 이를 위하여 각각 'odefunc.m'과 'main.m' 파일을 작성하였으며 실제 코드는 다음 페이

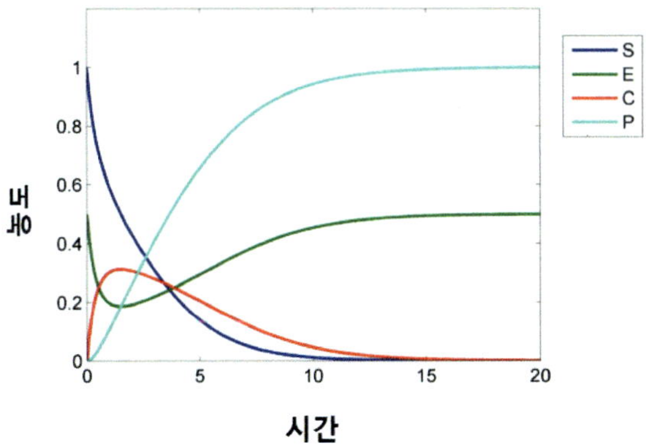

그림 3.3

효소-기질 반응 모델의 수치해석 소프트웨어(매트랩)를 활용한 풀이결과의 예시

지에 기술되어 있다. 미분방정식 함수(odefunc)의 구동을 위해서는 기본적으로 시간(t)과 상태변수(y)가 함수의 인자로서 주어져야 하며 필요에 따라서 미분방정식의 파라미터(params) 값들을 추가로 명시해줄 수도 있다. 미분방정식 함수의 출력($dydt$)은 미분방정식을 평가한 값을 저장하고 있는 열벡터이다. 일단 미분방정식을 함수 파일에 정의한 이후에는 매트랩에서 제공하는 수치해석기를 이용하여 해당 상미분방정식의 해를 쉽게 구할 수 있다. 수치해석기는 상미분방정식의 해가 시간에 따라서 동적으로 변화하는 양상을 수치적으로 계산하여 준다. 계산된 결과값을 그래프로 나타내기 위해서는 메인 스크립트 파일 'main.m'에 그래프를 그리기 위한 코드를 추가로 작성해야 한다. 매트랩에서는 풀고자 하는 문제의 특성에 따라 다양한 종류의 수치해석기를 제공하는데, 시스템 방정식의 해의 궤적이 경직(stiff)하지 않은 경우에는 'ode45'를 보편적으로 사용한다. 여기서 경직한 시스템이란 수치해석기의 스텝크기를 매우 작게 하지 않는 한 수식의 적분이 수치해석적으로 안정하지 않은 결과를 나타내는 시스템을 의미한다.

```
% odefunc.m
function dydt = odefunc(t, y, params)
    k1 = params(1);
    k_1 = params(2);
    k2 = params(3);

    E = y(1);
    S = y(2);
```

```
    C = y(3);
    P = y(4);

    dSdt = k_1*C - k1*S*E;
    dEdt = (k_1 + k2)*C - k1*S*E;
    dCdt = k1*S*E - (k2 + k_1)*C;
    dPdt = k2*C;

    dydt = [dSdt; dEdt; dCdt; dPdt];
end
```

```
% main.m

time_span = 0:0.1:20;
init_values = [1.0, 1.0, 0, 0];
params = [1.0, 0.1, 1.0];

[t, y] = ode45(@odefunc, time_span, init_values, [],
params);


figure('Color', [1, 1, 1]);
plot(t, y, 'LineWidth', 2);
legend('E', 'S', 'C', 'P');
```

경직한 시스템의 풀이를 위해서는 'ode23s'을 이용하는 것이 'ode45'를 이용하는 것보다 안정된 결과를 얻게 해준다. 하지만 'ode23s'는 'ode45'에 비하여 상대적으로 낮은 정밀도의 해석결과를 나타내기 때문에 사용자는 안정성과 정밀도를 고려하여 적합한 수치해석기를 선택해야 한다. 매트랩에서 제공하는 상미분방정식 수치해석기(ode계열 함수)들은 공통적으로 (1) 미분방정식 함수, (2) 시간범위, 그리고 (3) 상태변수의 초기값을 필요로 한다. 이 밖에도 추가적으로 수치해석기의 실행에 필요한 다양한 옵션들을 지정해 줄 수 있으며, 옵션에 해당되는 네 번째 인자 이후로는 미분방정식 함수에서 정의한 세 번째 인자에 차례로 대응된다. 위 예제에서는 특별히 옵션을 지정해 줄 필요가 없기 때문에 비어있는 변수로서 '[ ]'을 입력하였으며, 이후 'params' 변수를 넣어 주었는데 이는 'odefunc'의 세 번째 인자, 'params'에 대응된다. 위 예제에서 사용된 시간범위, 초기값, 파라미터 집합 등은 효소-기질 동역학의 특징을 보여주기 위해 임의로 선택한 값이며 물리적 단위는 고려되지 않았다. 'ode45' 함수를 이용하여 얻은 결과는 수치해를 얻은 시간범위와 그에 대응되는 각 상태변수의 궤적이다(위 예제에서 변수 t와 y에 해당). 매트랩에서 제공하는 'plot' 함수를 이용하면, 시간에 따른 상태변수들의 변화인 효소, 기질, 효소-기질 복합체, 그리고 생성물의 변화를 그래프로 나타낼 수 있다(그림 3.3). 시간의 경과에 따라 기질(S)은 줄어들고 생성물(P)은 늘어나는 것을 확인할 수 있다. 효소(E)의 농도는 반응이 진행되면서 효소-기질 복합체(C) 형성에 참여하게 되어 0.2 이하로 내려가게 되지만 반응이 종료되어 정상상태에 도달하면 초기농도와 동일한 0.5로 복구된다. 이는 반응전후 효소의 총 농도는 보존된다는 전제와 잘 부합된다.

3.3 정상상태와 안정성 분석

3.3.1 정상상태

정상상태(steady-state)란, 시스템의 상태변수가 시간에 따라 더 이상 변화하지 않고 일정하게 유지되는 상태를 의미한다. 이 때 시스템의 상태변수값(x_s)을 상태변수의 도함수에 대입하면 0이 된다. 이러한 x_s를 그 시스템의 고정점(fixed point)이라고 부른다.

$$\left.\frac{\partial x}{\partial t}\right|_{x=x_s} = 0$$

가역반응(reversible reaction)에서 서로 다른 방향의 반응을 모두 고려했을 때 순변화가 없는 상태인 동적평형(dynamic equilibrium)은 정상상태의 일종이다. 시스템에는 비가역반응(irreversible reaction)이 존재하여도 어떤 상태변수나 반응이 시간에 따라 변화하지 않을 수 있기 때문에 정상상태는 동적평형보다 더 포괄적인 개념이다. 그림 3.4와 같이 유전자 발현이 차례로 활성화되는 전사 활성화 케스케이드(cascade) 회로가 있을 때, 이에 대한 상미분방정식 모델은 식 (3.47)과 같이 나타낼 수 있다.

그림 3.4

전사활성화 케스케이드 회로

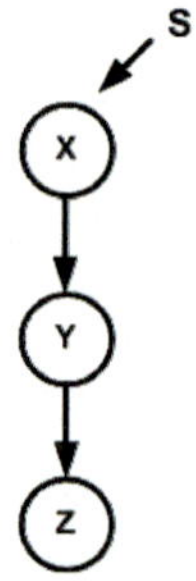

상태변수 X, Y, Z는 각 단백질의 농도를 나타내며, S는 X의 유전자 발현을 유도하는 외부신호를 나타낸다. 식 (3.47)에서, 전사가 활성화되어 단백질의 생성 속도가 증가하는 부분은 힐(Hill) 함수로 나타내어져 있는데, 이 때 사용된 힐 계수(변수의 차수에 해당하며 그림 3.5B의 n, 이 경우는 4임)는 S자 모양을 가지는 힐 함수의 반응곡선 모양을 결정하는 매개변수이다(그림 3.5A).

$$\begin{aligned} \frac{dX}{dt} &= K_{p1}\frac{S^4}{K_x^4+S^4} - K_{d1}X, \\ \frac{dY}{dt} &= K_{p2}\frac{X^4}{K_y^4+X^4} - K_{d2}Y, \\ \frac{dZ}{dt} &= K_{p3}\frac{Y^4}{K_z^4+Y^4} - K_{d3}Z. \end{aligned} \tag{3.47}$$

힐 함수의 수식(그림 3.5B)을 살펴보면, 힐 함수는 0과 1 사이의 값을 갖는 것을 알 수 있다($X\rightarrow\infty$, $Y\rightarrow 1$). X가 K값과 동일할 때 힐 함수는 최대값의 절반인 0.5가 된다.

식 (3.47)의 좌변을 모두 0으로 놓고 상태변수에 대한 대수방정식을 풀면 (식 3.48), 정상상태에서 각 상태변수의 값(예를 들면 단백질의 농도)을 구할 수 있다(식 3.49).

(A)

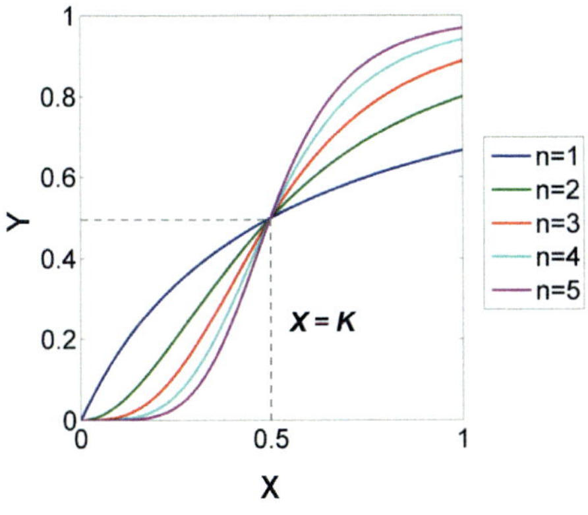

(B)

$$Y = \frac{X^n}{K^n + X^n}$$

그림 3.5
(A) 다양한 힐 계수에 대한 힐 함수의 형태(K=0.5로 고정), (B) 힐 함수의 수식

$$\begin{aligned} 0 &= K_{p1}\frac{S^4}{K_x^4 + S^4} - K_{d1}X_{ss}, \\ 0 &= K_{p2}\frac{X_{ss}^4}{K_y^4 + X_{ss}^4} - K_{d2}Y_{ss}, \\ 0 &= K_{p3}\frac{Y_{ss}^4}{K_z^4 + Y_{ss}^4} - K_{d3}Z_{ss}. \end{aligned} \tag{3.48}$$

정상상태에 도달한 해에만 관심이 있는 경우에는 상미분방정식의 시간에 따른 궤적을 모두 구하기보다 대수방정식을 이용하여 정상상태의 해를 구하는 것이 훨씬 효율적이다. 그러나 상미분방정식의 해를 구하는 것과 마찬가지로 시스템이 비선형항으로 복잡하게 이루어져 있는 경우에는 대수방정식의 해를 해석적으로 구하는 것도 매우 어려울 수 있다. 이를테면 생체시스템에 존재하는 다양한 종류의 피드백 회로가 정상상태의 해를 해석적인 방법으로 구하는 것을 어렵게 만드는 경우가 있다. 따라서 정상상태의 해도 수치해석적 방법으로 구해야 할 필요가 있다.

$$\begin{aligned} X_{ss} &= \frac{K_{p1}}{K_{d1}}\frac{S^4}{K_x^4 + S^4}, \\ Y_{ss} &= \frac{K_{p2}}{K_{d2}}\frac{X_{ss}^4}{K_y^4 + X_{ss}^4}, \\ Z_{ss} &= \frac{K_{p3}}{K_{d3}}\frac{Y_{ss}^4}{K_z^4 + Y_{ss}^4}. \end{aligned} \tag{3.49}$$

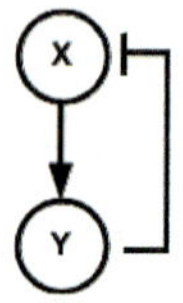

그림 3.6
음성피드백회로의 예

그림 3.6과 같이 두 단백질이 음성피드백 고리로 연결된 시스템은 식 (3.50)과 같이 나타낼 수 있다. 여기서 K_{p1}과 K_{p2}는 각각 X와 Y의 기저 생성속도이며, K_{d1}과 K_{d2}는 각각 X와 Y의 기저 분해/해리 속도이다.

음성피드백은 X가 Y를 전사적으로 촉진하는 반응과 Y가 X의 분해를 촉진하는 반응으로 이루어져 있으며, 이는 각각 힐함수와 미카엘리스-멘텐(Michaelis-Menten) 식으로 표현되었다.

$$\begin{aligned} \frac{dX}{dt} &= K_{p1} - K_{d1}Y - K_{dyx}Y\frac{X}{K_m + X} \\ \frac{dY}{dt} &= K_{p2} + K_{pxy}\frac{X^4}{K_{xy}^4 + X^4} - K_{d2}Y. \end{aligned} \qquad (3.50)$$

식 (3.50)의 좌변을 0으로 놓고, X와 Y의 정상상태일 때의 값(X_{ss}, Y_{ss})을 구해 보자. 먼저 두 번째식으로부터 Y_{ss}를 X_{ss}와 동역학 파라미터들로 나타내면 식 (3.51)과 같다.

$$Y_{ss} = \frac{1}{K_{kd2}}\left(K_{p2} + K_{pxy}\frac{X_{ss}^4}{K_{xy}^4 + X_{ss}^4}\right). \qquad (3.51)$$

이를 식 (3.50)의 좌변을 0으로 놓은 첫번째 식에 대입하여 X_{ss}의 해를 구할 수 있다(식 3.52). 그러나 식 (3.52)는 X_{ss}에 대한 5차식이며 이에 대한 해석적 해를 구하는 것은 난해하다. 이와 같이 두 개의 상태변수만으로 이루어진 간단한 시스템의 경우에도 비선형항이나 여러 형태의 피드백회로로 구성된 경우에는 정상상태의 해를 대수방정식으로부터 직접 구하기가 어렵다. 그러나 비선형방정식에 대한 수치해석기를 이용하면 해석적으로 구한 해에 비하여 미세한 오차 값만을 지닌 수치해를 용이하게 구할 수 있다.

$$
\begin{aligned}
&K_{p1} - K_{d1}Y_{ss} - K_{dyx}Y_{ss}\frac{X_{ss}}{K_m + X_{ss}} = 0 \\
&\rightarrow K_{p1} - Y_{ss}\left(K_{d1} + K_{dyx}\frac{X_{ss}}{K_m + X_{ss}}\right) = 0 \\
&\rightarrow K_{p1} - \frac{1}{K_{kd2}}\left(K_{p2} + K_{pxy}\frac{X_{ss}^4}{K_{xy}^4 + X_{ss}^4}\right)\left(K_{d1} + K_{dyx}\frac{X_{ss}}{K_m + X_{ss}}\right) = 0.
\end{aligned} \tag{3.52}
$$

매트랩에서 제공하는 비선형방정식 수치해석기 가운데 하나인 'fsolve'를 이용하여 위에서 다룬 시스템(식 3.50)이 정상상태일 때의 해를 구해보도록 하자. 이 함수를 구동하기 위해서는 비선형방정식에 대한 매트랩의 함수, 초기추정치, 수치해석기 옵션, 그리고 여타 사용자가 정의한 값을 함수의 인자로서 명시해주면 된다. 비선형방정식에 대한 매트랩 함수는 'objfunc'라는 이름의 함수로 정의하였는데 식 (3.50)의 좌변을 0으로 놓아 만든 연립 비선형방정식을 아래에 예시한 것과 같은 매트랩 코드로 옮겨 놓은 것이다. 초기추정치는 수치해석기가 수치해석 알고리즘을 적용하기 위해 필요한 초기값으로서, 사용자가 원하는 임의의 값을 넣어주면 된다. 식 (3.51)에서는 X에 의한 Y의 전사활성화를 나타내는 힐 함수가 최대값인 1.0을 갖는다고 가정할 때 Y_{ss}는 2.0의 값을 갖게 된다($K_{p2} = 1.0$, $K_{pxy} = 1.0$, $K_{d2} = 1.0$). 극단적인 경우 Y_{ss}의 최소값을 0이라고 가정하면 Y_{ss}가 가질 수 있는 값의 범위는 실수범위인 0.0~2.0이 된다. 이를 참고하여 Y_{ss}의 초기추정값을 실수범위 0.0~2.0의 중간값인 1.0으로 설정해보자. 여기서는 X_{ss}의 초기추정값도 이와 동일한 값을 사용하도록 한다. 'options'에 정의된 수치해석기 옵션 사항을 비워둠으로써 (매트랩에서 비어있는 행렬을 나타내는 '[ ]'을 대입) 기본 설정값을 이용하여도 좋은 수치해석 결과를 얻을 수 있다. 하지만 'fsolve'가 해를 구하는 과정에서 출력하는 매트랩 메시지가 나오지 않도록 하거나 함수의 허용오차 값을 변경하고 싶다면 'optimset' 함수를 이용하여 설정할 수 있다. 여기에서는 'fsolve'의 매트랩 메시지가 나오지 않도록 하고('Display: off'), 허용오차 값은 10^{-15} 이하로 하였다. 'fsolve'의 허용오차 값은 최종적으로 구한 수치해석 해를 실제 연립방정식에 대입하였을 때 나타나는 오차이기 때문에 허용오차 값이 작으면 작을수록 보다 정확한 해라고 할 수 있다. 'params'는 'fsolve' 내부에서 'objfunc'에 전달되는 값으로서, 우리가 정의한 각종 파라미터의 값이다.

```
% objfunc.m
function F = objfunc(x, params)
    Kp1 = params(1);
    Kd1 = params(2);
    Kdyx = params(3);
    Km = params(4);
    Kp2 = params(5);
    Kpxy = params(6);
    Kxy = params(7);
    Kd2 = params(8);
    X = x(1);
    Y = x(2);
    F = zeros(2, 1);
    F(1) = Kp1 - Kd1*Y - Kdyx*Y*X/(Km+X);
    F(2) = Kp2 + Kpxy*X^4/(Kxy^4+X^4) - Kd2*Y;
end
% main.m
Kp1 = 1.0;
Kd1 = 0.5;
Kdyx = 0.1;
Km = 0.5;
Kp2 = 1.0;
Kpxy = 1.0;
Kxy = 0.5;
Kd2 = 1.0;
params(1) = Kp1;
params(2) = Kd1;
params(3) = Kdyx;
params(4) = Km;
params(5) = Kp2;
params(6) = Kpxy;
params(7) = Kxy;
params(8) = Kd2;
options = optimset('Display','off', 'TolFun', 1e-15);
[ss, fval, exitflag] = fsolve(@objfunc, [1, 1], options,
params);
```

위 매트랩 코드를 실행하면, 수치해 $ss(1)=X_{ss}$=0.69771, $ss(2)=Y_{ss}$=1.7913의 결과를 얻게 된다. 해석적 해를 구하는 것이 여의치 않기 때문에, 여기서는 매트랩 함수 'ode45'를 이용하여 얻은 상미분방정식(식 3.50)의 수치해석 해의 정상상태 영역을 'fsolve'에 의해서 얻은 정상상태 해와 비교해 보도록 하자. 상미분방정식의 수치해는 그림 3.7과 같다. X와 Y 모두 최대치에 도달하였다가 음성피드백회로의 작동에 의해 특정값의 정상상태에 도달하게 된다. 'fsolve'로 구한 값과 비교해 보면 최대 소수점 넷째 자리 이하에서 다르다는 것을 알 수 있다. 이로부터 정상상태의 값을 얻기 위하여 미분방정식의 시간에 따른 궤적을 모두

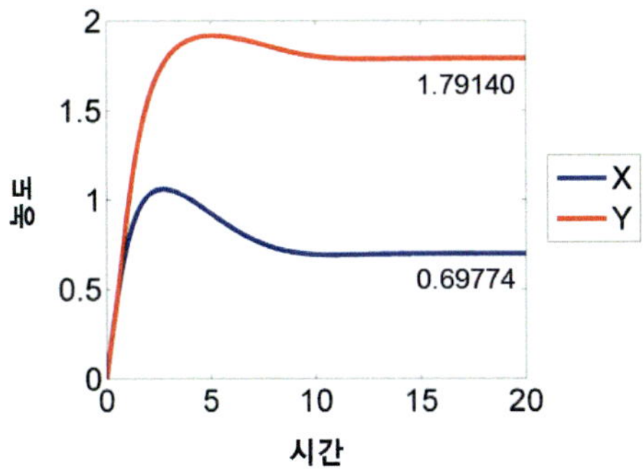

그림 3.7
음성피드백회로(식 (3.50))의 수치해석 해

구하기보다는 미분방정식의 좌변을 0으로 설정한 대수방정식을 풀이함으로써 정상 상태의 해를 직접 구하는 편이 더 효율적이라는 것을 알 수 있다. 왜냐하면 대수방정식이 미분방정식에 비하여 훨씬 빠르고 용이하게 풀이될 수 있기 때문이다.

3.3.2 동적시스템의 안정성

동적시스템의 안정성(stability)이란 시스템의 평형점(equilibrium point) 또는 고정점(fixed point)이 안정(stable)한지를 나타내는 시스템 고유의 성질을 의미한다. 평형점에서는, 그 정의로부터, 시스템에 가해지는 외부의 입력이 없는 한 시스템의 상태가 자발적으로 변화하지 않는다. 그러나 모든 평형점들이 동일한 성질을 갖는 것은 아니다. 그림 3.8에서 볼 수 있듯이 평형점은 두 가지 성질을 가질 수 있다.

평형점의 성질을 조사하기 위해서는 평형점에 도달한 시스템에 약간의 외란(external disturbance)를 가한 후 시스템이 어떻게 행동하는지를 살펴보면 된다. 시스템은 가해진 외란으로 인해 운동을 시작하게 되며, 그 결과 잠시 후 평형점으로부터 조금 벗어나게 될 것이다. 이후 (A)와 (B)의 경우를 각각 관찰해 보면, (A)는 원래 자리로 돌아오는 반면, (B)는 원래 자리로 돌아오지 못한다. (A)와 같이 가해졌던 외란이 사라진 후 원래의 평형점으로 복귀하는 평형점을 안정한 평형점이라고 하고, (B)와 같이 그렇지 않은 경우를 불안정한(unstable) 평형점이라고 한다. 다음은 평형점의 안정성에 대한 엄밀한 수학적 정의이다.

그림 3.8
평형점이 안정한 경우(A)와 불안정한 경우(B)의 개념적 모식도

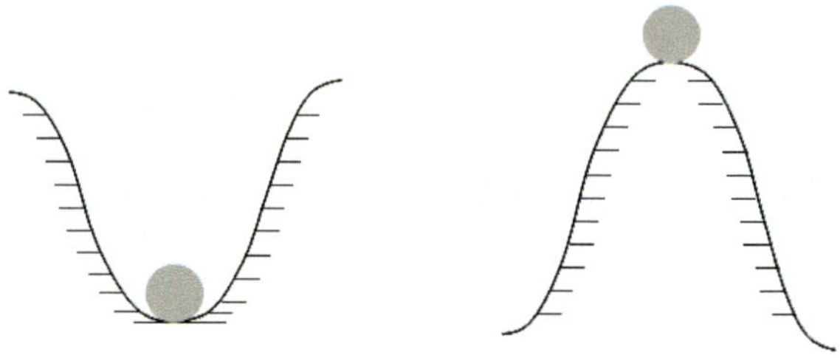

(A) (B)

(1) 임의의 $\epsilon > 0$과 모든 $t \geq 0$에 대하여 상태변수 $x(\cdot)$가 $\|x(0)\| < \delta \Rightarrow \|x(t)\| < \epsilon$를 만족하는 $\delta = \delta(\epsilon) > 0$가 존재하면 이 시스템은 안정하다고 한다.

(2) 안정하지 않으면 불안정하다고 한다.

(3) 안정하면서, $\|x(0)\| < \delta \Rightarrow \lim_{t \to \infty} x(t) = 0$을 만족하는 $\delta > 0$가 존재하면 이 시스템은 점근적으로(asymptotically) 안정하다고 한다. 여기서 $\|\cdot\|$는 벡터의 크기를 측정한 놈(norm)을 나타낸다.

위 정의를 좀 더 잘 이해하기 위해, 그림 3.9와 같은 진자시스템의 수학모델인 식 (3.53)을 생각해 보자. 이 시스템의 상태는 각위치($x_1 = \theta$) 및 각속도($x_2 = \dot{\theta}$)에 의해 정의된다.

$$
\begin{aligned}
x'_1 &= x_2, \\
x'_2 &= -\frac{g}{l}\sin(x_1) - \frac{R}{m}x_2.
\end{aligned} \tag{3.53}
$$

여기서 매개변수들은 각각 중력가속도(g), 진자의 길이(l), 진자의 질량(m), 그리고 마찰에 의한 에너지의 손실(R) 등이다. 먼저, 마찰이 없는 경우($R = 0$)에 대해 생각해 보자. 진자가 $(x_1, x_2) = (0, 0)$에서 평형을 유지하고 있을 때, 약간의 외란을 가하면 진자의 운동은 평형점 주변에서 유한한 크기의 주기운동을 할 것이다.

마찰이 없는 진자시스템은 위의 수학적 조건식 (1)을 만족하기 때문에 안정하다

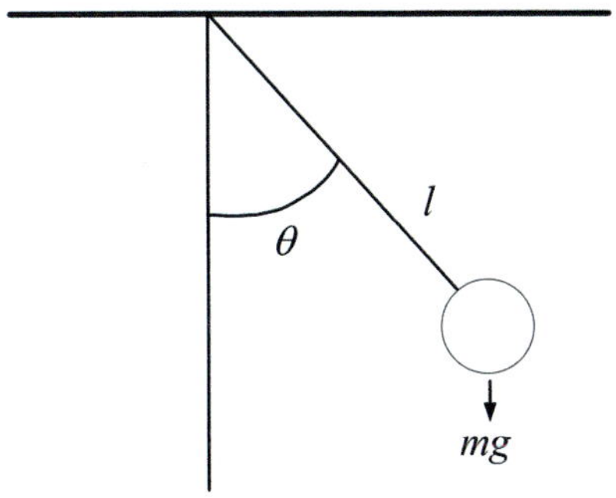

그림 3.9
진자시스템 및 관련 물리량들

고 말할 수 있다. 하지만 원래의 평형점 $(x_1, x_2)=(0, 0)$으로 수렴하지는 않으므로 조건식 (3)을 만족하지는 못한다. 따라서 점근적으로 안정하지 않다. 만약, 마찰이 있는 경우, 즉 $R \neq 0$인 경우에는 시간의 흐름에 따라 시스템의 상태는 평형점 $(x_1, x_2)=(0, 0)$에 수렴하므로 시스템은 점근적으로 안정하다고 할 수 있다.

3.3.3 선형시스템의 안정성

선형안정성 분석의 개념을 이해하기에 앞서 선형시스템의 풀이방법을 살펴보도록 하자. 오랫동안 연구되어져 온 선형시스템에 대한 연립 미분방정식의 해석적 해를 구하는 방법은 이미 잘 정립되어 있다.

$$\begin{cases} \dot{x} = ax + by \\ \dot{y} = cx + dy \end{cases} \rightarrow \begin{pmatrix} \dot{x} \\ \dot{y} \end{pmatrix} = \begin{pmatrix} a & b \\ c & d \end{pmatrix} \begin{pmatrix} x \\ y \end{pmatrix} = A\mathbf{x} \ . \tag{3.54}$$

$$\begin{aligned} x_i = p_i e^{\lambda_i t}, \ y_i = q_i e^{\lambda_i t} \ , \\ \mathbf{x_i} = \begin{pmatrix} p_i \\ q_i \end{pmatrix} e^{\lambda_i t} = \mathbf{u_i} e^{\lambda_i t} \ . \end{aligned} \tag{3.55}$$

식 (3.54)와 같이 2원 1차 선형시스템이 주어졌을 때, 식 (3.55)를 식 (3.54)에 대입하여 정리하면 식 (3.56)을 얻을 수 있다($\mathbf{x}$, $\mathbf{u}$는 벡터를 의미한다). 식 (3.55)에서 첨자 i를 붙인 이유는 시스템의 차원 n에 따라서 n개까지 해를 구할 수 있기 때문이다(이후 식에서는 편의상 첨자를 제외한다).

$$\lambda\begin{pmatrix}p\\q\end{pmatrix}e^{\lambda t}=\begin{pmatrix}a & b\\c & d\end{pmatrix}\begin{pmatrix}p\\q\end{pmatrix}e^{\lambda t},$$
$$\lambda\begin{pmatrix}p\\q\end{pmatrix}=\begin{pmatrix}a & b\\c & d\end{pmatrix}\begin{pmatrix}p\\q\end{pmatrix}\rightarrow A\mathbf{u}=\lambda\mathbf{u}\rightarrow(\mathrm{A}-\lambda\mathbf{I})\mathbf{u}=0\quad. \tag{3.56}$$

식 (3.56)에서 우리가 구해야 하는 것은 λ와 벡터 $\mathbf{u}=\begin{pmatrix}\mathrm{p}\\\mathrm{q}\end{pmatrix}$ 인데, 이는 고유값과 고유벡터를 구하는 문제로 귀결된다. $\mathbf{u}$가 0벡터가 아니라면, $\det(A-\lambda\mathbf{I})=0$ 이어야 하므로 특성방정식 식 (3.57)을 얻을 수 있다.

$$\det(A-\lambda\mathbf{I})=\begin{vmatrix}\mathrm{a}-\lambda & \mathrm{b}\\\mathrm{c} & \mathrm{d}-\lambda\end{vmatrix}=0$$
$$\rightarrow\lambda^2-(a+d)\lambda+(ad-bc)=0. \tag{3.57}$$

위 특성방정식을 풀면 두 개의 고유값 λ를 구할 수 있으며 그에 대응되는 두 개의 고유벡터 $\mathbf{u}$를 구할 수 있다(n차원 시스템이면, n개의 고유값과 고유벡터를 얻게 될 것이다). 선형시스템의 일반해를 고유값과 고유벡터로 표현하면 식 (3.58)과 같다. $\mathbf{x}(\mathrm{t})$가 갖는 두 개의 초기값 또는 $\mathbf{x}(\mathrm{t})$가 지나는 임의의 어떤 두 값을 알면 일반해로부터 특수해를 구할 수 있다.

$$\mathbf{x}(\mathrm{t})=\mathrm{c}_1\mathbf{u}_1\mathrm{e}^{\lambda_1\mathrm{t}}+\mathrm{c}_2\mathbf{u}_2\mathrm{e}^{\lambda_2\mathrm{t}},$$
$$\begin{cases}x(t)=c_1p_1e^{\lambda_1t}+c_2p_2e^{\lambda_2t}\\y(t)=c_1q_1e^{\lambda_1t}+c_2q_2e^{\lambda_2t}\end{cases} \tag{3.58}$$

식 (3.58)에서 우리가 주목할 것은 고유값 λ의 값이다. 시스템의 궤적 $\mathbf{x}(\mathrm{t})$는 벡터 $\mathbf{u}_1$과 $\mathbf{u}_2$의 선형결합에 의해 결정되는데 (c_1과 c_2는 상수), 시간 t에 따라 벡터 $\mathbf{u}_1$과 $\mathbf{u}_2$의 크기가 각각 e^{λ_1t}과 e^{λ_2t}에 의해 변화하는 형태이다. 따라서 시간이 무한히 지났을 때 $\mathbf{x}(\mathrm{t})$가 도달하게 되는 지점(또는 상태)은 λ에 의해 결정된다. λ_1과 λ_2의 값이 모두 0보다 작다면 오랜 시간이 흐른 후 ($t\rightarrow\infty$), $\mathbf{x}(\mathrm{t})$는 0에 도달하게 된다(왜냐하면 e^{λ_1t}, $e^{\lambda_2t}\rightarrow 0$이므로). 하지만 λ_1과 λ_2 둘 중 어느 하나라도 0보다 크면 $\mathbf{x}(\mathrm{t})$는 시간에 따라 계속 변할 것이다 (벡터 $e^{\lambda_1t}\mathbf{u}_1$ 또는 $e^{\lambda_2t}\mathbf{u}_2$의 크기가 계속 증가하므로 시스템은 결국 발산한다).

고유값 λ는 실수가 아니라 복소수일 수도 있다. 고유값 λ_i가 복소수이면 고유벡터 $\mathbf{u}_i$와 c_i 또한 복소수가 될 수 있다. 동차 시스템에서 고유값 $\lambda = \alpha + i\beta$ 가 존재하면 $\overline{\lambda} = \alpha - i\beta$도 해당 시스템의 고유값이며, λ에 대응하는 고유벡터가 $\mathbf{u}$라면 $\overline{\lambda}$에 대응하는 고유벡터는 $\overline{\mathbf{u}}$이다(식 (3.57)의 특성방정식이 복소수 λ를 해로 갖는다면, 공액복소수 $\overline{\lambda}$도 특성방정식의 해가 되는 사실로부터 쉽게 유추할 수 있다). 따라서 $\mathbf{x}(t)$를 식 (3.59)와 같이 나타낼 수 있으며, 지수에 존재하는 복소수를 처리하기 위해 오일러공식($e^{i\theta} = \cos\theta + i\sin\theta$)을 활용하면 식 (3.60)을 얻게 된다.

$$\begin{aligned}\mathbf{x}(t) &= c_1\mathbf{u_1}e^{\lambda_1 t} + c_2\mathbf{u_2}e^{\lambda_2 t} = c_1\mathbf{u}e^{\lambda t} + c_2\overline{\mathbf{u}}e^{\overline{\lambda}t} \\ &= c_1\mathbf{u}e^{(\alpha+i\beta)t} + c_2\overline{\mathbf{u}}e^{(\alpha-i\beta)t} \\ &= c_1\mathbf{u}e^{\alpha t}e^{i\beta t} + c_2\overline{\mathbf{u}}e^{\alpha t}e^{-i\beta t} \\ &= e^{\alpha t}\left(c_1\mathbf{u}e^{i\beta t} + c_2\overline{\mathbf{u}}e^{-i\beta t}\right)\end{aligned} \tag{3.59}$$

$$\begin{aligned}\mathbf{x}(t) &= e^{\alpha t}\left\{c_1\mathbf{u}(\cos\beta t + i\sin\beta t) + c_2\overline{\mathbf{u}}(\cos\beta t - i\sin\beta t)\right\} \\ &= e^{\alpha t}\left\{(c_1\mathbf{u}+c_2\mathbf{u})\cos\beta t + i(c_1\mathbf{u}-c_2\overline{\mathbf{u}})\sin\beta t\right\}\end{aligned} \tag{3.60}$$

$\mathbf{u}$를 식 (3.61)과 같이 정의하면 식 (3.60)의 $c_1\mathbf{u}+c_2\overline{\mathbf{u}}$와 $c_1\mathbf{u}-c_2\overline{\mathbf{u}}$는 식 (3.62)와 같이 나타낼 수 있다.

$$\mathbf{u} = \begin{pmatrix} z_1 \\ z_2 \end{pmatrix} = \begin{pmatrix} l + im \\ r + is \end{pmatrix}, \quad \overline{\mathbf{u}} = \begin{pmatrix} \overline{z_1} \\ \overline{z_2} \end{pmatrix} \quad (z_1, z_2 \in \mathbb{C}), \tag{3.61}$$

$$\begin{aligned} c_1\mathbf{u}+c_2\overline{\mathbf{u}} &= c_1\begin{pmatrix} z_1 \\ z_2 \end{pmatrix} + c_2\begin{pmatrix} \overline{z_1} \\ \overline{z_2} \end{pmatrix} = \begin{pmatrix} (c_1+c_2)l + i(c_1-c_2)m \\ (c_1+c_2)r + i(c_1-c_2)s \end{pmatrix}, \\ c_1\mathbf{u}-c_2\overline{\mathbf{u}} &= c_1\begin{pmatrix} z_1 \\ z_2 \end{pmatrix} - c_2\begin{pmatrix} \overline{z_1} \\ \overline{z_2} \end{pmatrix} = \begin{pmatrix} (c_1-c_2)l + i(c_1+c_2)m \\ (c_1-c_2)r + i(c_1+c_2)s \end{pmatrix}. \end{aligned} \tag{3.62}$$

식 (3.60)에서 $c_1\mathbf{u}+c_2\overline{\mathbf{u}} = \mathbf{A}_1$ 는 실수벡터, $c_1\mathbf{u} - c_2\overline{\mathbf{u}} = \mathbf{A}_2$ 는 순허수벡터이면, $\mathbf{x}(t)$가 실수공간에 존재하는 조건을 만족시킬 수 있다 ($\mathbf{x}(t)$는 실수벡터로 표현되어야 한다). 따라서 식 (3.62)의 c_1+c_2는 실수 d_1으로 놓고, c_1-c_2는 순허수 id_2로 놓아 (d_1과 d_2는 실수), c_1와 c_2가 공액복소수 $c_1 = \dfrac{d_1+id_2}{2}$와 $c_2 = \dfrac{d_1-id_2}{2}$ 가 되도록 하면, 식 (3.60)은 식 (3.63)으로 나타내어진다.

$$
\begin{aligned}
\mathbf{x}(\mathrm{t}) &= e^{\alpha t}\{(c_1\mathbf{u}+c_2\bar{\mathbf{u}})\cos\beta t + i(c_1\mathbf{u}-c_2\bar{\mathbf{u}})\sin\beta t\} \\
&= e^{\alpha t}\{\mathbf{A}_1\cos\beta t + i\mathbf{A}_2\sin\beta t\} = e^{\alpha t}\left\{\begin{pmatrix} p_1 \\ q_1 \end{pmatrix}\cos\beta t - \begin{pmatrix} p_2 \\ q_2 \end{pmatrix}\sin\beta t\right\},
\end{aligned}
$$

$$
\begin{aligned}
\mathbf{A}_1 &= c_1\begin{pmatrix} z_1 \\ z_2 \end{pmatrix} + c_2\begin{pmatrix} \bar{z}_1 \\ \bar{z}_2 \end{pmatrix} = \begin{pmatrix} c_1z_1 + c_2\bar{z}_1 \\ c_1z_2 + c_2\bar{z}_2 \end{pmatrix} = \begin{pmatrix} c_1z_1 + \overline{c_1z_1} \\ c_1z_2 + \overline{c_1z_2} \end{pmatrix} = \begin{pmatrix} p_1 \\ q_1 \end{pmatrix}, \\
\mathbf{A}_2 &= c_1\begin{pmatrix} z_1 \\ z_2 \end{pmatrix} - c_2\begin{pmatrix} \bar{z}_1 \\ \bar{z}_2 \end{pmatrix} = \begin{pmatrix} c_1z_1 - c_2\bar{z}_1 \\ c_1z_2 - c_2\bar{z}_2 \end{pmatrix} = \begin{pmatrix} c_1z_1 - \overline{c_1z_1} \\ c_1z_2 - \overline{c_1z_2} \end{pmatrix} = \begin{pmatrix} ip_2 \\ iq_2 \end{pmatrix}, \\
&(p_i,\ q_i \in \mathbb{R})
\end{aligned}
\tag{3.63}
$$

$$
\text{따라서} \quad \begin{cases} x(t) = e^{\alpha t}(p_1\cos\beta t - p_2\sin\beta t) \\ y(t) = e^{\alpha t}(q_1\cos\beta t - q_2\sin\beta t) \end{cases}.
$$

λ가 복소수인 경우에는, 식 (3.63)에서 보는 바와 같이 $\mathbf{x}(\mathrm{t})$는 삼각함수의 선형 조합에 $e^{\alpha t}$를 곱한 형태이다. 삼각함수의 선형조합은 다시 삼각함수로 나타낼 수 있으므로 (예를 들면 $A\sin(x)+B\cos(x)=C\sin(x+\phi)$), $\mathbf{x}(\mathrm{t})$의 궤적은 $e^{\alpha t}$, 즉 λ의 실수부 α의 값에 의해 결정된다. α가 0이면, $\mathbf{x}(\mathrm{t})$는 주기운동을 하는 시스템이 된다. α가 0보다 작으면 $\mathbf{x}(\mathrm{t})$는 원형을 그리며 원점으로 수렴하는 회오리 형태의 운동을 하게 된다. 그러나 α가 0보다 큰 경우 $\mathbf{x}(\mathrm{t})$는 원점을 중심으로 외부로 점점 커져나가는 회오리 형태의 발산운동을 하게 된다. 즉, 행렬의 고유값을 살펴보면 해당 선형시스템의 수렴 또는 발산 여부를 예측할 수 있다. 동차 선형시스템 $\dot{\mathbf{x}}=\mathbf{A}\mathbf{x}$가 있을 때, $\det(\mathbf{A})\neq 0$이고 $\mathbf{A}$ 의 고유값 λ_i의 실수부 $Re(\lambda_i)$가 모두 음수이면 해당 시스템은 원점으로 수렴하게 된다. 이와 같이 시간에 따라 변화하는 어떤 시스템의 상태가 고정점에 수렴하는 경우 그 시스템은 해당 고정점에서 '안정하다'라고 한다.

이제 지금까지 살펴본 동차 선형시스템의 안정성 분석을 비선형시스템에 적용하는 국소안정성(local stability) 분석에 대하여 상세히 살펴보자.

3.3.4 비선형시스템의 선형화와 국소안정성 해석

앞서 설명한 바와 같이 선형시스템의 안정성을 조사하는 방법은 상대적으로 잘 정립되어 있기 때문에 쉽게 파악할 수 있다. 만약 비선형시스템을 선형시스템으로 근사할 수 있다면 시스템의 안정성을 용이하게 조사할 수 있을 것이다. 그러나 비선형시스템의 모든 동작점(operating point)에 대하여 적합한 선형시스템으로 근사화하는 것은 사실상 불가능하다. 다행히 우리는 시스템의 안정성을 조사하는 것이 목적이므로 평형점을 동작점으로 하여 비선형시스템을 선형시스템으로 근사화한 뒤 국소안정성을 조사할 수 있다.

비선형시스템을 동작점 근방에서 선형시스템으로 근사화하는 방법은 다음과 같다. n개의 미분방정식과 q개의 입력 $u_1(t)$, $u_2(t)$, $\cdots$, $u_q(t)$, 그리고 p개의 출력 $y_1(t)$, $y_2(t)$, $\cdots$, $y_p(t)$를 가지는 동적시스템(dynamic system)을 생각해 보자. 먼저 n개의 상태변수 $x_1(t)$, $x_2(t)$, $\cdots$, $x_n(t)$를 정의하면 이 시스템을 다음과 같이 표현할 수 있다.

$$\begin{aligned} \dot{x}_1 &= f_1(x_1, x_2, \cdots, u_1, u_2, \cdots), \\ \dot{x}_2 &= f_2(x_1, x_2, \cdots, u_1, u_2, \cdots), \\ &\vdots \\ \dot{x}_n &= f_n(x_1, x_2, \cdots, u_1, u_2, \cdots). \end{aligned} \tag{3.64}$$

그리고 시스템의 출력 $y_1(t)$, $y_2(t)$, $\cdots$, $y_p(t)$는 다음과 같이 표현할 수 있다.

$$\begin{aligned} y_1(t) &= g_1(x_1, x_2, \cdots, u_1, u_2, \cdots), \\ y_2(t) &= g_2(x_1, x_2, \cdots, u_1, u_2, \cdots), \\ &\vdots \\ y_p(t) &= g_p(x_1, x_2, \cdots, u_1, u_2, \cdots). \end{aligned} \tag{3.65}$$

입력, 출력, 그리고 상태변수들은 다음과 같은 벡터 표기를 통해 간략히 표현할 수 있다.

$$\mathbf{x}(\mathrm{t}) = \begin{bmatrix} x_1(t) \\ \vdots \\ x_n(t) \end{bmatrix}, \ \mathbf{y}(\mathrm{t}) = \begin{bmatrix} y_1(t) \\ \vdots \\ y_p(t) \end{bmatrix}, \ \mathbf{u}(\mathrm{t}) = \begin{bmatrix} u_1(t) \\ \vdots \\ u_q(t) \end{bmatrix},$$

$$\mathbf{f}(x_1, x_2, \cdots, u_1, u_2, \cdots) = \begin{bmatrix} f_1(x_1, x_2, \cdots, u_1, u_2, \cdots) \\ \vdots \\ f_n(x_1, x_2, \cdots, u_1, u_2, \cdots) \end{bmatrix},$$

$$\mathbf{g}(x_1, x_2, \cdots, u_1, u_2, \cdots) = \begin{bmatrix} g_1(x_1, x_2, \cdots, u_1, u_2, \cdots) \\ \vdots \\ g_p(x_1, x_2, \cdots, u_1, u_2, \cdots) \end{bmatrix}.$$

이러한 벡터를 이용하면 위에서 비선형 미분방정식으로 나타낸 동적시스템은 다음과 같이 단순화된 형태로 표현된다.

$$\begin{aligned} \dot{\mathbf{x}}(\mathrm{t}) &= \mathbf{f}(\mathbf{x}(\mathrm{t}), \mathbf{u}(\mathrm{t})), \\ \mathbf{y}(\mathrm{t}) &= \mathbf{g}(\mathbf{x}(\mathrm{t}), \mathbf{u}(\mathrm{t})). \end{aligned} \tag{3.66}$$

식 (3.66)은 상태변수의 시간에 대한 변화를 조사하기 위하여 시스템을 미분방정식으로 나타낸 상태방정식(state equation)이며, 이 자체를 시스템이라고 지칭하기도 한다. 특별히 시스템의 동적 특성이 시간에 따라서 변화하지 않고 입력변수와 상태변수가 상태변수의 미분에 대해 선형인 시스템을 선형시불변(Linear Time-Invariant, LTI) 시스템이라 하며, 다음과 같이 표현한다.

$$\begin{aligned} \dot{x}(t) &= Ax(t) + B(t), \\ y(t) &= Cx(t). \end{aligned} \tag{3.67}$$

비선형시스템의 선형화를 이해하기 위해 우선 동작점의 개념을 살펴보자. 시스템이 넓은 범위에서 상태변화를 가질 수 있더라도 보통은 특정 상태의 근방에서 주로 작동하는 경우가 많다. 이와 같이 시스템이 작동되는 특정 상태를 동작점이라고 부른다. 식 (3.66)으로 주어진 비선형시스템에서 동작점이 (p_1, p_2)이고 함수 $f(x_1, x_2)$의 x_1과 x_2에 관한 미분이 연속적이라고 가정하면 이 식은 동작점을 기준으로 하여 다음과 같은 테일러급수로서 전개될 수 있다.

$$\begin{aligned} \dot{x}_1 &= f_1(p_1, p_2) + A_{11}(x_1 - p_1) + A_{12}(x_2 - p_2) + \cdots, \\ \dot{x}_2 &= f_2(p_1, p_2) + A_{21}(x_1 - p_1) + A_{22}(x_2 - p_2) + \cdots. \end{aligned} \tag{3.68}$$

여기서 A_{11}, A_{12}, A_{21}, A_{22}는 $x_1 = p_1$, $x_2 = p_2$에서 각각 다음과 같이 계산된다.

$$\begin{aligned} A_{11} &= \frac{\partial f_1(x_1, x_2)}{\partial x_1}, \quad A_{12} = \frac{\partial f_1(x_1, x_2)}{\partial x_2}, \\ A_{21} &= \frac{\partial f_2(x_1, x_2)}{\partial x_1}, \quad A_{22} = \frac{\partial f_2(x_1, x_2)}{\partial x_2}. \end{aligned} \tag{3.69}$$

이 때 $z_1 = x_1 - p_1$, $z_2 = x_2 - p_2$라는 변수를 정의하고, 이를 활용하여 식 (3.68)를 다시 쓰면 다음과 같다.

$$\begin{aligned} \dot{z}_1 &= \dot{x}_1 = f_1(p_1, p_2) + A_{11}z_1 + A_{12}z_2 + \cdots, \\ \dot{z}_2 &= \dot{x}_2 = f_2(p_1, p_2) + A_{21}z_1 + A_{22}z_2 + \cdots. \end{aligned}$$

여기서 상태 (x_1, x_2)의 도함수가 동작점 (p_1, p_2) 근방에서 상태값에 선형적으로 비례한다고 가정할 수 있으므로 z_1과 z_2에 대한 이차항 이상을 모두 무시할 수 있다(동작점을 중심으로 매우 작은 범위의 상태변화를 고려할 경우). 그러면 다음과 같이 근사화된 선형시스템 방정식이 얻어진다.

$$\begin{aligned} \dot{z}_1 &= f_1(p_1, p_2) + A_{11}z_1 + A_{12}z_2, \\ \dot{z}_2 &= f_2(p_1, p_2) + A_{21}z_1 + A_{22}z_2. \end{aligned}$$

이를 벡터-행렬 방정식으로 표현하면 다음과 같다.

$$\dot{\mathbf{z}} = \mathbf{A}\mathbf{z} + \mathbf{B}.$$

여기서 $\mathbf{A}$와 $\mathbf{B}$는 각각 다음과 같다.

$$\mathbf{A} = \begin{bmatrix} A_{11} & A_{12} \\ A_{21} & A_{22} \end{bmatrix} = \begin{bmatrix} \dfrac{\partial f_1}{\partial x_1} & \dfrac{\partial f_1}{\partial x_2} \\ \dfrac{\partial f_2}{\partial x_1} & \dfrac{\partial f_2}{\partial x_2} \end{bmatrix} = \frac{\partial f}{\partial x}, \quad \mathbf{B} = \begin{bmatrix} f_1(p_1, p_2) \\ f_2(p_1, p_2) \end{bmatrix}. \tag{3.70}$$

식 (3.70)의 행렬 $\mathbf{A}$를 $f(\cdot)$의 자코비안(Jacobian) 행렬이라고 부른다. 즉, 식 (3.66)으로 주어진 시스템 $\dot{\mathbf{x}}(t) = \mathbf{f}(\mathbf{x}(t), \mathbf{u}(t))$를 동작점 (p_1, p_2) 근방에서 자코비안 행렬 $\mathbf{A}$를 이용하여 $\dot{\mathbf{z}} = \mathbf{A}\mathbf{z} + \mathbf{B}$로 선형화할 수 있다. 만일 동작점 근방에서 시스템이 크게 변화하지 않는다면 근사화하여 얻어진 선형시스템과 원래의 비선형시스템은 매우 비슷하게 동작할 것이다. 그리고 근사화하여 얻어진 선형시스템에서 확인된 성질이 원래의 비선형시스템에서도 존재한다는 몇 가지 이론적인 결과들이 있다. 이 가운데 대표적인 것이 리아푸노프(Lyapunov)에 의해서 제안된 간접적 안정성 확인방법(indirect method)이다. 이 방법은 평형점 근처에서 비선형시스템의 안전성을 근사화하여 얻어진 선형시스템의 안정성으로부터 간접적으로 평가하는 것인데 안정성의 평가기준은 다음과 같다:

(1) 쟈코비안 행렬의 모든 고유값의 실수부가 0보다 작으면 평형점은 점근적으로 안정하다.

(2) 쟈코비안 행렬의 고유값 중 실수부가 0보다 큰 것이 하나라도 존재하면 평형점은 불안정하다.

3.3.5 리아푸노프 함수를 이용한 안정성 해석

리아푸노프 함수는 상미분방정식으로 표현된 시스템의 안정성을 일반적으로 증명하기 위해 사용되는 스칼라(scalar) 함수이다. 리아푸노프는 1892년에 평형점의 안정성을 보다 체계적으로 판단할 수 있도록 특정 형태의 함수 $V(x(t))$를 제안하였고 이 함수의 성질과 안정성과의 연관성을 다음과 같이 정리하였다[3](이러한 리아푸노프의 안정성 이론은 현대 시스템과학(systems science)의 정수로 평가되고 있는데 놀랍게도 이 연구성과는 그의 박사학위 논문에서 정립된 것이었으며 구소련과 미국의 냉전으로 인해 오랫동안 서방세계에 잘 알려지지 않았었다).

(1) $V(0)=0$이고, 상태변수 $x(t)$가 0이 아닌 곳에서는 $V(x(t))>0$을 만족하며, 미분치가 항상 $\dot{V}(x(t))\le 0$ 이면 평형점은 안정하다.

(2) $\dot{V}(x(t))\le 0$ 대신 $\dot{V}(x(t))<0$ 를 만족하면 평형점은 점근적으로 안정하다.

위와 같은 성질을 만족하는 함수를 리아푸노프 함수라고 하며, 위의 정리를 리아푸노프의 안정성 정리라고 한다. 따라서 리아푸노프 함수가 존재한다는 것은 곧 평형점이 안정하다는 것을 의미한다. 그러나 비선형시스템의 경우 이러한 리아푸노프 함수를 찾는 일반적인 방법은 아직 알려져 있지 않다(만일 그러한 일반적인 방법이 누군가에 의해 밝혀진다면 현대 과학의 획기적인 사건이 될 것이다). 또한, 만일 리아푸노프 함수가 존재한다면 안정성을 확인할 수 있으나, 찾지 못한다 하더라도 불안정하다고 할 수는 없다. 찾을 수 없는 경우에는 시스템의 안정성에 대해 단지 아무런 결론을 내릴 수 없는 것이다. 위 정리를 잘 살펴보면 리아푸노프 함수는 마치 시스템의 에너지를 나타내는 물리적인 의미를 가지는 것으로 생각할 수 있다(이는 안정한 시스템의 경우 열이나 빛 형태로 원래의 에너지를 점차 소모한 뒤 결국 평형점에 도달하게 된다는 직관에 기반한 해석이다). 그래서 이러한 개념으로부터 리아푸노프 함수를 찾는 경우가 많다. 리아푸노프 함수를 설명하기 위하여, 앞서 살펴본 진자시스템(그림 3.9)의 예를 다시 살펴보자. 질량(m)의 각위치(x_1) 및 각속도(x_2)를 시스템의 상태로 하는 미분방정식 모델은 다음과 같다.

$$\begin{aligned} x'_1 &= x_2, \\ x'_2 &= -g'\sin(x_1) - R'x_2. \end{aligned} \tag{3.71}$$

여기서 $g' = g/l$, $R' = R/m$이다. 이러한 진자시스템은 물리시스템의 일종이기 때문에 에너지의 개념을 쉽게 적용할 수 있다. 예를 들면, 이 시스템의 총 에너지는 위치에너지와 운동에너지로 이루어져 있으며, 다음과 같이 표현할 수 있다.

$$E(\mathbf{x}) = \overbrace{\int_0^{x_1} \frac{g}{l}\sin(y)\,dy}^{\text{위치 에너지}} + \overbrace{\frac{1}{2}x_2^2}^{\text{운동 에너지}}.$$

위 식을 정리해 보면, 총 에너지는 다음과 같이 정의될 수 있다.

$$E(\mathbf{x}) = g'(1 - \cos(x_1)) + \frac{1}{2}x_2^2.$$

위와 같이 물리적 개념의 에너지 함수(E)을 이용하여 리아푸노프 함수를 정의할 수 있다. 주의할 점은 물리적인 개념의 에너지 함수를 이용하는 것은 리아푸노프 함수를 정의하는 한 가지 방법일 뿐이며, 그 외 다양한 방법을 통하여 리아푸노프 함수를 정의할 수 있다는 것이다. 여기서는 물리적 개념의 에너지 함수를 이용하여 다음과 같은 리아푸노프 함수 $V(\mathbf{x})$를 설명하기로 한다.

$$V(\mathbf{x}) = g'(1-\cos(x_1)) + \frac{1}{2}x_2^2.$$

$\partial V(\mathbf{x})/\partial t$를 조사해 보면 리아푸노프 함수가 어떻게 시스템의 안정성에 관한 정보를 제공해 주는지를 알 수 있다. 다음과 같이 리아푸노프 함수의 도함수를 조사해 보자.

$$\begin{aligned}\frac{\partial V(\mathbf{x})}{\partial t} &= \frac{\partial V(\mathbf{x})}{\partial \mathbf{x}}\frac{\partial \mathbf{x}}{\partial t} \\ &= \begin{bmatrix}\frac{\partial V}{\partial x_1} & \frac{\partial V}{\partial x_2}\end{bmatrix}\begin{bmatrix}f_1(x_1,x_2) \\ f_2(x_1,x_2)\end{bmatrix} \\ &= g'\sin(x_1)x_2 - g'\sin(x_1)x_2 - R'x_2^2.\end{aligned}$$

여기서 $f_1(x_1,x_2)$와 $f_2(x_1,x_2)$는 각각 x_1과 x_2의 도함수를 의미하며, 식 (3.71)로부터 각각 $f_1(x_1,x_2)=x_2$, $f_2(x_1,x_2)=-g'\sin(x_1)-R'x_2$로 주어진다. $R=0$인 경우(에너지의 총량이 보존되는 시스템의 경우) $\partial V(\mathbf{x})/\partial t=0$가 된다. 이 경우, 시스템은 마찰 등에 의해서 발생하는 에너지 손실이 없는 시스템이다. 그러므로 시스템의 에너지 및 에너지의 미분은 각각 $V(t)=$ 상수 및 $dV(t)/dt=0$가 된다. 즉 시스템이 가진 에너지의 총량은 보존되며, 이러한 성질을 가진 시스템은 리아푸노프의 안정성 정리에 따르면 안정한 시스템으로 판별된다. 이 시스템의 경우 $x_1=0$ 및 $x_2=0$ 이외에도 $\partial V(\mathbf{x})/\partial t=0$가 되는 점들이 존재한다는 것을 알 수 있다. 따라서 에너지 손실이 없는 진자시스템은 시스템의 에너지가 일정하게 보존된다는 관점에서 안정하다고 할 수 있지만, 점근적 안정성은 보장되지 않는다(리아푸노프의 안정성 정리에서 두 번째 조건을 만족하지 못함).

$R>0$인 경우(에너지의 손실이 발생하는 시스템의 경우) $V(t)\neq$ 상수이고 $dV(t)/dt<0$, 즉 에너지가 시간의 흐름에 따라 감소하고 결국 시스템이 가진 에너지의 총량은 0이 될 것이다. 이러한 시스템은 점근적으로 안정한 시스템(asymptotically stable system)이다. $R>0$인 경우에는 다음과 같이 에너지 총량의 시간에 대한 변화가 항상 음수가 됨을 알 수 있다.

$$\frac{\partial V(\mathbf{x})}{\partial t} = -R'x_2^2$$

위 예에서 살펴본 바와 같이 리아푸노프 함수를 찾을 수만 있다면 이로부터 시스템의 안정성을 확인 할 수 있다(단, 전술한 바와 같이 찾을 수 없을 경우에는 안정성에 관해 어떤 결론도 내릴 수 없다).

선형시불변 시스템의 경우에는 리아푸노프 함수를 찾는 일반적인 방법이 존재한다. 외부입력이 없는 선형시불변 시스템은 $\dot{\mathbf{x}}=\mathbf{Ax}$로 표현되는데, 이 경우 체계적으로 리아푸노프 함수를 찾을 수 있다. 만일 이 시스템 행렬 $\mathbf{A}$의 고유값들의 실수부분이 모두 0보다 작으면 이 시스템은 점근적으로 안정하다. 이 때 임의의 양한정 행렬(positive definite matrix) $\mathbf{Q}$에 대하여 다음과 같은 리아푸노프 방정식을 만족하는 유일한 양한정 행렬 $\mathbf{P}$가 항상 존재한다.

$$\mathbf{AP}+\mathbf{PA}^{\mathrm{T}}=-\mathbf{Q}.$$

그러면 리아푸노프 함수는 다음과 같이 정의된다.

$$V(\mathbf{x}(t))=\mathbf{x}^{\mathrm{T}}(t)\mathbf{P}\mathbf{x}(t).$$

예를 들어, 고유값이 모두 음수인 행렬 $\mathbf{A}$와 $\mathbf{Q}$가 다음과 같이 주어진 경우를 생각해보자.

$$\mathbf{A}=\begin{bmatrix}-2 & 1\\ 0 & -3\end{bmatrix},\quad \mathbf{Q}=\begin{bmatrix}1 & 0\\ 0 & 1\end{bmatrix}$$

위 리아푸노프 방정식을 직접 풀거나 또는 바텔스(Bartels)[4]에 의해서 제안된 수치해석 방법을 활용하여 $\mathbf{P}$의 값을 다음과 같이 구할 수 있다.

$$\mathbf{P}=\begin{bmatrix}0.2667 & 0.0333\\ 0.0333 & 0.1667\end{bmatrix}$$

그러면 위 행렬 $\mathbf{A}$로 주어진 선형시불변 시스템에 대해 다음과 같은 리아푸노프 함수를 찾을 수 있다: $V(x_1,x_2)=0.2667x_1^2+0.0666x_1x_2+0.1667x_2^2$. 이 리아푸노프 함수 $V(x_1,x_2)$를 3차원 에너지 지형 그래프로 그려보면 그림 3.10과 같이 아래로 볼록한 형태의 그래프가 된다(여기서 x축은 x_1, y축은 x_2, z축은 $V(x_1,x_2)$를 각각 나타낸다).

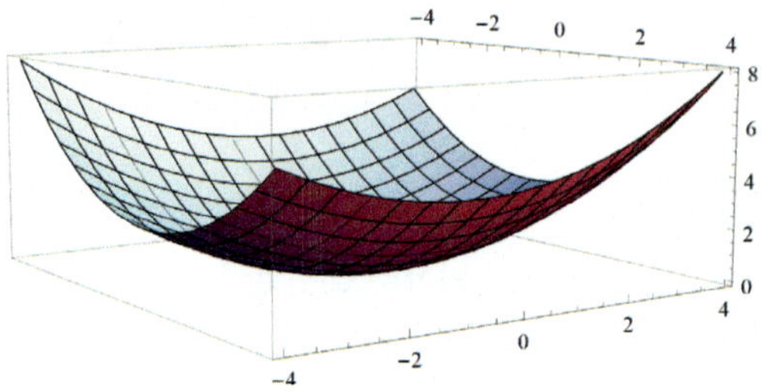

그림 3.10
리아푸노프 방정식으로부터 구한 리아푸노프 함수의 3차원 그래프

리아푸노프 함수에 대한 에너지 지형 그래프를 살펴보았을 때 시스템의 평형점이 최소 에너지를 갖는 지점에 해당되고 그 외의 국소 최저점이 존재하지 않는다면 그 평형점은 점근적으로 안정함을 직관적으로 이해할 수 있다.

연 습 문 제

3.1 다음과 같이 주어진 행렬 $\mathbf{A}$의 고유값과 고유벡터를 구하시오.

$$\mathbf{A}=\begin{bmatrix}2 & 1\\ 3 & 4\end{bmatrix}$$

3.2 다음과 같이 주어진 비선형시스템을 자코비안 행렬을 이용하여 선형화하라. 여기서 매개변수는 a=0.3, b=0.1, c=0.3, 그리고 r=0.1로 주어졌다고 가정한다.

$$\frac{dx}{dt}=rx(1-ax-by),$$
$$\frac{dy}{dt}=-cy+x.$$

3.3 다음과 같이 주어진 두 개의 상태변수를 가지는 선형시스템에서 리아푸노프 함수 $V(x_1,x_2)$를 구하고 이것을 3차원 그래프로 나타내라. 선형시스템은 $\dot{\mathbf{x}}=\mathbf{A}\mathbf{x}$으로 주어지며, 여기서 시스템 행렬은 $\mathbf{A}=\begin{pmatrix}-1 & 3\\ -3 & -2\end{pmatrix}$이고, 시스템의 상태변수는 $\mathbf{x}=\begin{pmatrix}x_1\\ x_2\end{pmatrix}$이다.

참 고 문 헌

1. Lathi, B. P. Signal Processing and Linear Systems, Oxford University Press, USA, 2000.
2. Hedman BA. An Earlier Date for "Cramer's Rule." Historia Mathematica. 1999;26(4):365–368.
3. Lyapunov A.M. The General Problem of the Stability of Motion (In Russian), Doctoral dissertation, Univ. Kharkov 1892 English translations: (1) Stability of Motion, Academic Press, New-York & London, 1966 (2) The General Problem of the Stability of Motion, (A.T. Fuller trans.) Taylor & Francis, London 1992.
4. Bartels, R.H. and G.W. Stewart, "Solution of the Matrix Equation AX + XB = C," Comm. of the ACM, Vol. 15, No. 9, 1972.

chapter 04

시스템생물학을 위한 통계학의 기초

시스템생물학에서는 생물학 실험데이터 또는 시뮬레이션데이터를 분석하여 가설을 검증하는 과정을 빈번히 거치게 되는데, 이 때 통계적 유의성을 확인해야 하므로 기초적인 통계지식을 필요로 한다. 이 장에서는 이러한 통계학의 기초이론에 대해 알아본다. 통계학은 크게 기술통계학(descriptive statistics)과 추론통계학(inferential statistics)으로 나뉘는데 기술통계학은 데이터를 수집하고 데이터의 특징을 정리하는 것을 다루는 반면 추론통계학은 이를 토대로 통계적인 추론을 하는 것을 주로 다룬다[1]. 실험생물학에서도 통계적 유의성을 조사하기 위해 통계학의 방법을 활용하는데 이는 실험데이터에 여러 가지 원인에 의한 불확실성이 존재하기 때문이다. 통계학은 이러한 실험데이터의 불확실성(uncertainty)을 정량적으로 분석할 수 있는 체계적인 틀을 제공한다[2]. 특히 시스템생물학에서 필요로 하는 정량적 데이터 측정에는 내재적 또는 외재적 요인에 의한 불확실성이 동반되는 경우가 많으므로, 이러한 통계학적 접근이 매우 필수적이다.

통계학에서 다루는 데이터는 크게 정성적 데이터(qualitative data) 또는 범주형 데이터(categorical data)와 정량적 데이터(quantitative data)로 구분할 수 있다. 정성적 데이터는 유전자가 속한 기능별 그룹과 같이 수치로 표현될 수 없는 성질을 나타내며, 정량적 데이터는 유전자의 발현량이나 진화속도와 같이 수치로 표현될 수 있는 양을 나타낸다. 데이터의 종류에 따라 사용되는 통계적 모델이나 방법도 달라지기 때문에 이를 잘 고려해서 적용해야 한다. 이 장에서 다룰 대부분의 내용은 정량적 데이터 분석에 관한 방법론들이며, 정성적 데이터에 대한 분석법은 후반부에서 일부 다루기로 한다.

4.1 기술통계학

4.1.1 모집단과 표본

모집단(population)은 조사대상에 해당하는 전체집합을 의미한다[1]. 한 국가의 인구와 같이 중요한 통계량을 다룰 때에는 모집단 전체를 조사하기도 하지만, 그러한 접근에는 비용과 시간이 많이 소요되기 때문에 대부분의 통계량은 모집단으로부터 무작위로 표본(sample)을 추출하고 이 표본의 통계량을 구한 뒤 이로부터 모집단의 통계량을 추정하는 방법을 사용한다. 예를 들면 암환자에서 특정 유전자의 발현량을 조사할 때 암환자 전체가 모집단이 되고 실제 암세포를 제공한 암환자는 표본이 된다.

4.1.2 데이터의 위치에 대한 통계량

데이터의 위치, 즉 데이터의 값들이 상대적으로 큰지 작은지를 나타내는 통계량으로는 다음과 같은 것들이 있다[3].

(1) 표본평균(sample mean): $\bar{x} = \sum_{i=1}^{n} x_i / n$로 정의된다.

(2) 표본중앙값(sample median): 표본측정치를 $x_1 \le x_2 \le \cdots \le x_n$와 같이 오름차순으로 나열 했을 때 n이 홀수이면 $x_{(n+1)/2}$가 중앙값이 되고, n이 짝수이면 $\frac{x_{n/2} + x_{n/2+1}}{2}$가 중앙값이 된다.

(3) 제p백분위수(pth percentile): 표본측정치를 오름차순으로 나열했을 때 $p\%$에 해당하는 측정치를 의미한다.

(4) 사분위수(quartile)

① 제1사분위수(first quartile 또는 lower quartile): Q_1 = 제25백분위수

② 제2사분위수(second quartile): Q_2 = 표본중앙값

③ 제3사분위수(third quartile 또는 upper quartile): Q_3 = 제75백분위수를

의미한다.

(5) 최빈값(mode): 최빈값은 가장 빈도수가 높은 값으로 정의된다.

위의 통계량들 가운데 평균을 데이터의 대표값으로서 널리 사용하는데 평균은 사실상 이상치(outlier)에 영향을 많이 받기 때문에 데이터에 이상치가 존재할 경우에는 평균보다는 중앙값을 대표값으로 사용하는 것이 더 합리적이다. 이상치란 $Q_3 + 1.5 \times (Q_3 - Q_1)$보다 크거나 $Q_1 - 1.5 \times (Q_3 - Q_1)$보다 작은 값으로서 정의된다.

4.1.3 데이터의 산포도에 대한 통계량

데이터의 산포도, 즉 데이터의 값들이 얼마나 넓게 퍼져있는지를 나타내는 통계량으로는 다음과 같은 것들이 있다[3].

(1) 표본분산(sample variance): $v = \sum_{i=1}^{n} (x_i - \overline{x})^2 / (n-1)$로 정의된다.

(2) 표본표준편차(sample standard deviation): $s = \sqrt{v}$로 정의된다.

(3) 범위(range): $x_1 \le x_2 \le \cdots \le x_n$인 경우 $x_n - x_1$로 정의된다.

(4) 사분위수 범위(interquartile range, IQR): $IQR = Q_3 - Q_1$로 정의된다.

가장 널리 사용하는 산포도에 대한 통계량은 표준편차인데 앞서 설명한 평균의 경우와 마찬가지로 표준편차도 이상치에 영향을 많이 받기 때문에 데이터에 이상치가 존재할 경우에는 표준편차보다 사분위수 범위를 사용하는 것이 더 합리적이다.

4.1.4 데이터의 상관성에 대한 통계량

데이터의 상관성, 즉 데이터가 두 가지 종류의 값들로 이루어진 경우 그 표본의 변화양상이 서로 유사한 정도에 대한 통계량을 의미하며, 다음과 같은 것들이 있다[3].

(1) 공분산(covariance): $s_{xy} = \sum_{i=1}^{n} (x_i - \overline{x})(y_i - \overline{y}) / (n-1)$로 정의된다.

출아효모의 신호전달네트워크

무작위 네트워크

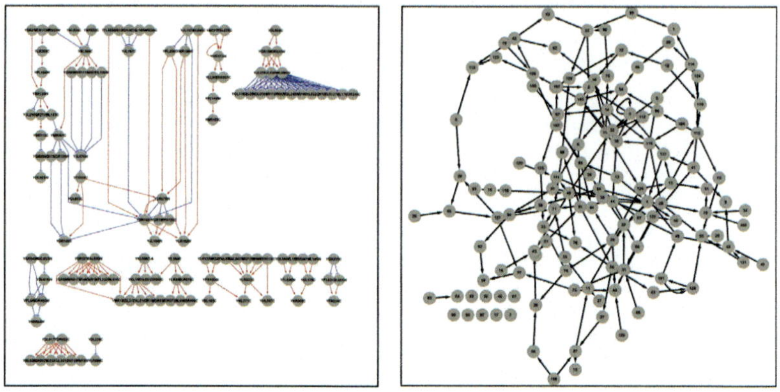

그림 4.1

출아효모의 신호전달네트워크 [4]와 무작위 네트워크. 무작위 네트워크는 출아효모의 신호전달네트워크와 동일한 노드 수와 링크수를 갖지만 연결방식이 무작위로 이루어져 있다.

(2) 상관계수(correlation coefficient): $r = \dfrac{\sum_{i=1}^{n}(x_i - \overline{x})(y_i - \overline{y})}{\sqrt{\sum_{i=1}^{n}(x_i - \overline{x})^2}\sqrt{\sum_{i=1}^{n}(y_i - y)^2}}$로 정의된다.

4.1.5 통계량의 예시

그림 4.1에 제시된 두 종류의 네트워크에 대하여 각 노드의 링크수(k), 입력링크수(k_i), 출력링크수(k_o) 등은 표 4.1과 4.2에 정리되어 있다.

표 4.1

출아효모 신호전달네트워크에서 각 노드의 링크수, 입력링크수, 그리고 출력링크수

노드	1	2	3	4	5	6	7	8	9	10	11	12	13	14	15	16	17	18	19	20	21	22
k	1	3	2	1	1	1	1	1	2	2	3	1	3	1	3	3	1	3	1	3	3	6
k_i	1	1	2	0	0	0	0	0	2	1	3	1	2	0	3	3	0	2	1	0	2	2
k_o	0	2	0	1	1	1	1	1	0	1	0	0	1	1	0	0	1	1	0	3	1	2
노드	23	24	25	26	27	28	29	30	31	32	33	34	35	36	37	38	39	40	41	42	43	44
k	7	1	1	3	2	1	3	4	1	2	2	2	2	2	1	4	2	2	2	2	1	2
k_i	0	0	1	2	1	1	1	4	0	2	0	2	1	2	0	2	2	2	1	2	1	1
k_o	7	1	0	1	1	0	2	0	1	0	2	0	1	0	1	2	0	0	1	0	0	1
노드	45	46	47	48	49	50	51	52	53	54	55	56	57	58	59	60	61	62	63	64	65	66
k	1	2	2	2	4	1	3	6	1	1	1	6	1	3	3	14	7	1	3	2	8	2
k_i	0	1	2	2	3	0	3	2	1	0	0	0	1	3	3	2	5	0	3	1	3	1
k_o	1	1	0	0	1	1	0	4	0	1	1	6	0	0	0	12	2	1	0	1	5	1

노드	67	68	69	70	71	72	73	74	75	76	77	78	79	80	81	82	83	84	85	86	87	88
k	4	3	3	1	2	1	1	2	1	1	3	1	7	3	14	4	1	3	4	1	6	14
k_i	1	3	3	0	2	1	1	0	1	1	3	0	4	3	2	1	0	3	4	0	0	2
k_o	3	0	0	1	0	0	0	2	0	0	0	1	3	0	12	3	1	0	0	1	6	12
노드	89	90	91	92	93	94	95	96	97	98	99	100	101	102	103	104	105	106	107	108	109	110
k	6	2	7	1	2	2	3	1	1	2	5	4	2	2	1	2	2	2	6	2	1	1
k_i	1	2	0	0	1	2	0	0	1	1	2	1	2	2	0	1	1	1	5	0	0	0
k_o	5	0	7	1	1	0	3	1	0	1	3	3	0	0	1	1	1	1	1	2	1	1
노드	111	112	113	114	115	116	117	118	119	120	121	122	123	124	125	126	127	128	129			
k	2	1	2	2	2	3	4	1	3	1	2	2	2	2	1	3	2	3	10			
k_i	2	1	1	0	1	1	1	1	0	0	1	2	2	1	1	3	1	3	6			
k_o	0	0	1	2	1	2	3	0	3	1	1	0	0	1	0	0	1	0	4			

표 4.2

무작위 네트워크의 각 노드별 링크수, 입력링크수, 그리고 출력링크수

노드	1	2	3	4	5	6	7	8	9	10	11	12	13	14	15	16	17	18	19	20	21	22
k	2	4	6	7	3	4	0	2	2	5	4	1	2	4	5	1	0	2	2	1	2	4
k_i	2	4	3	3	2	1	0	0	2	3	1	1	0	0	1	0	0	0	1	0	0	3
k_o	0	0	1	4	1	3	0	2	0	2	3	0	2	4	4	1	0	2	1	1	2	1
노드	23	24	25	26	27	28	29	30	31	32	33	34	35	36	37	38	39	40	41	42	43	44
k	4	1	1	3	2	4	5	4	3	5	5	1	2	2	1	5	3	5	4	4	3	4
k_i	2	1	1	2	1	2	2	3	1	2	2	0	1	1	1	3	2	1	0	1	3	0
k_o	2	0	0	1	1	2	3	1	2	3	3	1	1	1	0	2	1	4	4	3	0	4
노드	45	46	47	48	49	50	51	52	53	54	55	56	57	58	59	60	61	62	63	64	65	66
k	4	0	1	1	4	2	4	0	0	2	5	2	2	3	2	4	0	2	2	4	3	5
k_i	3	0	0	1	1	2	2	0	0	2	4	1	1	2	2	4	0	2	1	1	2	1
k_o	1	0	1	0	3	0	2	0	0	0	1	1	1	1	0	0	0	0	1	3	1	4
노드	67	68	69	70	71	72	73	74	75	76	77	78	79	80	81	82	83	84	85	86	87	88
k	4	1	1	4	5	3	2	3	3	3	3	2	1	3	2	2	1	2	3	2	4	3
k_i	3	0	1	3	5	2	1	0	1	3	2	2	0	2	2	2	0	2	1	2	2	1
k_o	1	1	0	1	0	1	1	3	2	0	1	0	1	1	0	0	1	0	2	0	2	2
노드	89	90	91	92	93	94	95	96	97	98	99	100	101	102	103	104	105	106	107	108	109	
k	2	0	4	2	1	3	0	3	0	2	2	1	4	4	6	1	1	5	2	2	4	
k_i	1	0	2	1	1	2	0	2	0	0	0	0	2	2	2	0	0	3	1	0	2	
k_o	1	0	2	1	0	1	0	1	0	2	2	1	2	2	4	1	1	2	1	2	2	
노드	110	111	112	113	114	115	116	117	118	119	120	121	122	123	124	125	126	127	128	129		
k	3	3	5	3	3	4	2	4	6	1	1	2	4	2	2	2	5	5	4	1		
k_i	3	2	2	3	0	2	0	2	2	0	0	0	2	1	0	1	4	1	2	0		
k_o	0	1	3	0	3	2	2	2	4	1	1	2	2	1	2	1	1	4	2	1		

표 4.1과 4.2에 정리된 데이터의 위치에 대한 통계량과 산포도에 대한 통계량은 표 4.3과 같다.

표 4.3
예제 네트워크의 각 데이터별 위치와 산포도에 대한 통계량

	출아효모의 신호전달네트워크			무작위 네트워크		
	k	k_i	k_o	k	k_i	k_o
평균	2.744	1.364	1.364	2.744	1.364	1.364
중앙값	2	1	1	3	1	1
1사분위수	1	0	0	2	0	0
3사분위수	3	2	1	4	2	2
최빈값	1	1	0	2	2	1
분산	5.957	1.530	4.796	2.442	1.312	1.405
표준편차	2.441	1.237	2.190	1.563	1.145	1.185
범위	13	6	12	7	5	4
사분위수 범위	2	2	1	2	2	1

표 4.3에서 k, k_i, k_o 가운데 두 개씩 뽑은 데이터들의 상관성에 대한 통계량은 표 4.4와 같다.

표 4.4
예제 네트워크에서 각 데이터 쌍의 상관성에 대한 통계량

	출아효모의 신호전달네트워크			무작위 네트워크		
	k와 k_i	k_i와 k_o	k_o와 k	k와 k_i	k_i와 k_o	k_o와 k
공분산	1.310	−0.218	4.551	1.155	−0.172	1.217
상관계수	0.437	−0.081	0.858	0.651	−0.127	0.662

4.2 확률론

4.2.1 표본공간과 확률

확률을 정의하기에 앞서 먼저 표본공간(sample space)을 정의해야 한다. 한 실험에 대한 표본공간 S는 그 실험에서 얻을 수 있는 모든 가능한 결과(output)들의 집합을 의미하며, 다음과 같이 표현된다[5].

$$S=\{O_1, O_2, \cdots, O_n\}. \tag{4.1}$$

식 (4.1)에서 O_k는 k번째 실험결과를 나타낸다. 실험의 결과가 O_k일 확률을 P_k라고 했을 때 $P(O_k)=P_k$라고 표현한다. 각 실험결과별로 $P_1, P_2, \ldots, P_n$과 같이 확률이 주어지면 이 확률들은 다음의 성질을 만족한다.

$$\begin{aligned}&0 \le P_1 \le 1, 0 \le P_2 \le 1, \cdots, 0 \le P_n \le 1,\\&P_1 + P_2 + \cdots\ P_n = 1.\end{aligned} \tag{4.2}$$

표 4.1의 데이터를 활용하여 설명하면, 출아효모의 신호전달네트워크를 구성하는 129개의 노드들 가운데 임의로 하나를 뽑아서 연결된 링크수를 측정하는 실험을 한다고 생각해보자. 그러면 이 실험의 표본공간은 다음과 같다.

$$S = \{노드1, 노드2, \cdots, 노드129\}. \tag{4.3}$$

각 노드가 선택될 확률이 모두 동일하다고 가정하면, 특정 노드 i가 선택될 확률은 다음과 같다.

$$P(노드 i) = 1/전체노드수 = 1/129 \simeq 0.00775. \tag{4.4}$$

4.2.2 사건

사건(event)이란 표본공간의 부분집합을 의미하며, 사건이 일어날 확률은 그 부분집합에 속한 모든 결과가 일어날 확률들의 합으로서 정의된다. 앞의 예제에서 임의의 노드를 선택하였을 때 연결된 링크수가 3인 사건을 A라고 했을 때, 사건 A가 일어날 확률 $P(A)$는 다음과 같이 계산된다.

$$P(A) = P(노드2) + P(노드11) + \cdots + P(노드128) \simeq 0.186. \tag{4.5}$$

사건은 다음과 같은 성질들을 만족한다[5].

$$\begin{aligned}&P(A) + P(A') = 1, A \cap B = B \cap A, A \cup B = B \cup A, A \cap A = A,\\&A \cup A = A, A \cap S = A, A \cup S = S, A \cap \varnothing = \varnothing, A \cup \varnothing = A,\\&A \cap A' = \varnothing, A \cup A' = S, (A \cup B)' = A' \cap B', (A \cap B)' = A' \cup B',\\&A \cap (B \cap C) = (A \cap B) \cap C, A \cup (B \cup C) = (A \cup B) \cup C,\\&P(A \cap B') = P(A) - P(A \cap B),\\&P(A \cup B) = P(A \cap B') + P(A' \cap B) + P(A \cap B),\\&P(A \cup B) = P(A) + P(B) - P(A \cap B).\end{aligned} \tag{4.6}$$

4.2.3 조건부 확률

특정 사건이 일어난 조건 하에서 다른 사건이 일어날 확률을 조건부 확률(conditional probability)이라고 한다. 사건 B가 일어난 조건 하에서 사건 A가 일어날 조건부 확률 $P(A|B)$는 다음과 같이 정의된다[5].

$$P(A|B) = P(A \cap B)/P(B). \tag{4.7}$$

이 때 사건 B가 일어날 확률은 0 이상이어야 한다($P(B) > 0$). 식 (4.7)로부터 사건 A와 사건 B가 동시에 일어날 확률 $P(A \cap B)$을 구하는 식 (4.8)을 유도할 수 있다.

$$P(A \cap B) = P(B)P(A|B) = P(A)P(B|A). \tag{4.8}$$

이를 n개의 사건이 동시에 일어날 확률로 확장시키면 다음과 같다.

$$\begin{aligned} P(A_1 \cap A_2 \cap \dots \cap A_n) = {} & P(A_1) \times P(A_2|A_1) \times P(A_3|A_1 \cap A_2) \times \\ & \cdots \times P(A_n|A_1 \cap A_2 \cap \dots A_{n-1}). \end{aligned} \tag{4.9}$$

식 (4.9)로부터 n개의 사건이 동시에 일어날 확률을 계산할 수 있지만, 실제로는 오른쪽 항에 나열된 각각의 조건부 확률을 구하는 것이 불가능한 경우가 많다. 그런데 만일 n개의 사건이 모두 독립(independent)인 경우를 생각해 보자. 두 사건 A와 B가 독립인 조건은 다음과 같다.

$$P(A|B) = P(A). \tag{4.10}$$

식 (4.10)을 식 (4.7)에 대입하고 다음과 같이 두 사건이 독립이면, 두 사건이 동시에 일어날 확률은 각 사건이 일어날 확률의 곱과 같다는 것을 알 수 있다.

$$P(A \cap B) = P(A)P(B). \tag{4.11}$$

따라서 서로 독립인 n개의 사건이 동시에 일어날 확률은 다음과 같이 구해진다.

$$P(A_1 \cap A_2 \cap \dots \cap A_n) = P(A_1)P(A_2)\dots P(A_n). \tag{4.12}$$

4.3 확률변수

4.3.1 이산확률변수

확률변수(random variable)는 특정실험에서 확률적으로 얻어질 수 있는 각 결과를 나타내는 변수이다. 예를 들어 그림 4.1의 출아효모 신호전달네트워크에서 임의의 한 노드에 연결된 링크수, 입력링크수, 출력링크수 등은 모두 확률변수이다. 그런데 이러한 확률변수들은 1, 2, 3과 같이 이산값(discrete value)을 가지므로, 특히 이산확률변수(discrete random variable)라고 한다. 이산확률변수 X의 변수값 x_i에 해당하는 확률 p_i의 집합을 확률질량함수(probability mass function)라고 하며, $P(X=x_i)=p_i$으로 나타낸다. 그리고 확률질량함수가 이루는 분포를 확률분포(probability distribution)라고 한다. 확률질량함수는 다음 두 조건을 만족해야 한다[5].

$$\sum_i p_i = 1, 0 \le p_i \le 1. \tag{4.13}$$

그림 4.1의 출아효모 신호전달네트워크에서 임의의 한 노드에 연결된 링크수를 확률변수 X로 정의했을 때, 각 변수값에 대한 확률은 다음과 같다(단, 각 노드가 선택될 확률은 동일하다고 가정한다).

$$\begin{gathered} P(X=1)=41/129 \simeq 0.318, P(X=2)=40/129 \simeq 0.310, \\ \cdots, P(X=14)=1/129 \simeq 0.023. \end{gathered} \tag{4.14}$$

특정값 x_i 이하의 확률변수값에 대한 확률의 합을 구하고자 할 때에는 다음과 같은 누적분포함수(cumulative distribution function)를 이용한다.

$$F(x)=P(X \le x_i). \tag{4.15}$$

4.3.2 연속확률변수

연속확률변수(continuous random variable)는 확률변수가 연속적인 값을 가지는 확률변수이다. 예를 들어 유전자 A의 mRNA가 어떤 세포에서 0과 1 사이의 발현량을 가진다고 하면 이 발현량은 연속확률변수로 나타낼 수 있다. 연속확률변수가 특정 범위에 있을 확률을 나타내는 함수를 확률밀도함수(probability density function)라고 하며 확률밀도함수가 $f(x)$일 때 확률변수 X가 a와 b 사이의 값을 가질 확률은 다음과 같이 적분으로 구해진다[5].

$$P(a \leq X \leq b) = \int_a^b f(x)dx. \tag{4.16}$$

이러한 확률밀도함수가 이루는 분포를 확률분포라고 한다. 확률밀도함수는 다음 두 조건을 만족해야 한다.

$$f(x) \geq 0, \int_{\text{표본공간}} f(x)dx = 1. \tag{4.17}$$

연속확률변수가 특정한 값을 가질 확률은 다음 예와 같이 0이 된다.

$$P(X = a) = \int_a^a f(x)dx = 0. \tag{4.18}$$

연속확률변수의 누적분포함수는 다음과 같다.

$$F(x) = \int_{-\infty}^{x} f(y)dy. \tag{4.19}$$

4.3.3 확률변수의 기대값과 분산

이산확률변수를 대표하는 값으로서 기대값(expectation) 또는 평균 $E(X)$는 다음과 같이 정의된다.

$$E(X) = \sum_i p_i x_i. \tag{4.20}$$

식 (4.20)을 이용하여 출아효모 신호전달네트워크에서 임의의 한 노드에 연결된 링크수에 대한 기대값을 계산하면 다음과 같다.

$$E(X) \simeq (1\times 0.318)+(2\times 0.310)+(3\times 0.186)+(4\times 0.062) \\ +(5\times 0.008)+(6\times 0.047)+(7\times 0.031)+(8\times 0.008) \\ +(10\times 0.008)+(14\times 0.023) \simeq 2.744. \quad (4.21)$$

이 값은 표 4.3에 제시된 값과 일치하는 것을 알 수 있다.

확률밀도함수가 $f(x)$인 연속확률변수의 기대값 $E(X)$는 다음과 같이 정의된다 [5].

$$E(X) = \int_{\text{표본공간}} xf(x)dx. \quad (4.22)$$

그리고 확률변수 X의 분산 $Var(X)$는 다음과 같이 정의된다.

$$Var(X) = E((X-E(X))^2). \quad (4.23)$$

식 (4.23)에서 제곱항을 풀면 다음과 같이 전개된다.

$$Var(X) = E((X-E(X))^2) \\ = E(X^2 - 2XE(X) + E(X)^2) = E(X^2) - 2E(X)E(X) + E(X)^2 \\ = E(X^2) - E(X)^2. \quad (4.24)$$

식 (4.24)로부터 출아효모의 신호전달네트워크에서 임의의 한 노드에 연결된 링크수에 대한 분산을 다음과 같이 구할 수 있다.

$$Var(X) \simeq (1\times 0.318)+(4\times 0.310)+(9\times 0.186)+(16\times 0.062) \\ +(25\times 0.008)+(36\times 0.047)+(49\times 0.031)+(64\times 0.008) \\ +(100\times 0.008)+(196\times 0.023)-2.744^2 \\ \simeq 5.911. \quad (4.25)$$

이 값 역시 표 4.3에 제시된 값과 거의 일치한다.

표준편차는 앞 절에서 정의한 것과 마찬가지로 분산의 제곱근이며, 보통 σ로 표기한다(따라서 분산을 σ^2으로 표기하기도 한다).

4.3.4 결합확률변수

지금까지 한 개의 확률변수와 그에 따른 확률분포에 대해서 알아보았다. 이 개념을 확장하여 두 개의 확률변수를 동시에 고려하는 결합확률변수(joint random variable)에 대해 알아보자. 이와 같이 두 개의 확률변수에 대한 확률분포를 표현하기 위해서는 결합확률분포(joint probability distribution)을 도입해야 한다. 이산확률변수의 경우 결합확률질량함수(joint probability mass function)를 사용하는데, $P(X=x_i, Y=y_i)=p_{ij}$로 표기하고, 이 함수는 다음 두 조건을 만족해야 한다[5].

$$\sum_i \sum_j p_{ij} = 1, 0 \le p_{ij} \le 1. \tag{4.26}$$

확률변수 X를 그림 4.1의 출아효모 신호전달네트워크에서 임의의 한 노드에 연결된 입력링크수로 정의하고, Y를 출력링크수로 정의하면, 각 변수값에 대한 확률은 다음과 같이 구할 수 있다(단, 각 노드가 선택될 확률은 동일하다고 가정한다).

$$\begin{aligned} &P(X=0, Y=1)=\frac{25}{129} \simeq 0.194, P(X=0, Y=2)=\frac{4}{129} \simeq 0.031, \\ &\cdots, P(X=6, Y=4)=\frac{1}{129} \simeq 0.008. \end{aligned} \tag{4.27}$$

연속확률변수에 대해서는 결합확률밀도함수(joint probability density function)가 사용되는데 이를 $f(x,y)$로 표기하고, 다음 두 조건을 만족해야 한다.

$$f(x,y) \ge 0, \iint_{\text{표본공간}} f(x,y)dydx = 1. \tag{4.28}$$

두 확률변수가 결합되어 있을 때 이 가운데 하나의 변수만을 보고 싶다면, 이 변수에 대한 주변확률분포(marginal probability distribution)를 살펴보면 된다. 예를 들어 확률변수 X와 Y 중에서 X에만 관심이 있을 경우, 이산확률변수의 경우 식 (4.29)와 같이 Y(즉, j)에 대해서 합해주고, 연속확률변수의 경우 식 (4.30)과 같이 Y에 대해서 적분함으로써 주변확률분포를 구할 수 있다.

$$P(X=x_i)=p_i=\sum_j p_{ij}, \tag{4.29}$$

$$f_X(x)=\int_{\text{표본공간}} f(x,y)dy. \tag{4.30}$$

앞 절에서 다룬 조건부 확률에 대한 내용도 확률분포에 적용할 수 있다. 식 (4.31), (4.32)는 확률변수 Y가 특정값을 갖는 조건하에서 각각 이산확률변수일 때와 연속확률변수일 때 X의 조건부 확률분포(conditional probability distribution)를 나타내는 확률질량함수와 확률밀도함수이다.

$$P(X=x_i|Y=y_j)=P(X=x_i, Y=y_j)/P(Y=y_j), \tag{4.31}$$

$$f_{X|Y=y}(x)=f(x,y)/f_Y(y). \tag{4.32}$$

식 (4.32)에서 $f_Y(y)$는 Y에 대한 주변확률분포를 나타낸다.

4.4 이산확률분포

앞 절에서 확률변수와 그에 따른 확률분포의 일반적인 수식과 표기법에 대해 다루었다. 이 절에서는 대표적인 이산확률변수의 확률분포, 즉 이산확률분포(discrete probability distribution)에 대해 살펴본다.

4.4.1 이항분포

p의 성공확률을 갖는 시도를 n번 수행했을 때의 성공횟수를 이항확률변수 X라고 하자. 이러한 이항확률변수의 분포를 이항분포(binomial distribution)라고 하며, 다음과 같이 표기한다[5].

$$X \sim B(n,p). \tag{4.33}$$

식 (4.33)에서 $\sim$ 기호는 왼쪽 항의 확률변수가 오른쪽 항의 분포를 따른다는 의미이다. 이항분포는 n과 p라는 두 가지 모수(parameter)를 가지며, 이항분포의 확률질량함수는 다음과 같다.

$$P(X=x)=\binom{n}{x}p^x(1-p)^{n-x}. \tag{4.34}$$

예를 들어 확률변수 X를, 그림 4.1의 무작위 네트워크로부터 임의의 노드를 선택하는 실험에서 복원을 허용하며 5번 수행했을 때 링크수가 1인 횟수라고 정의하면, 링크수가 1인 노드의 비율이 0.155이므로 X는 n이 5이고, p는 0.155인 이항분포를 따른다. 이 때 X의 각 값에 대한 확률은 다음과 같이 계산할 수 있다.

$$\begin{aligned} P(X=0) &= \binom{5}{0} 0.155^0 0.845^5 \simeq 0.431, \\ P(X=1) &= \binom{5}{1} 0.155^1 0.845^4 \simeq 0.395, \\ \cdots, P(X=5) &= \binom{5}{5} 0.155^5 0.845^0 \simeq 0.00009. \end{aligned} \tag{4.35}$$

이항분포의 기대값과 분산은 모수인 n과 p만으로 구할 수 있는데, 이항확률변수 X에 대한 기대값과 분산을 구하는 식은 다음과 같다.

$$E(X) = np,\ Var(X) = np(1-p). \tag{4.36}$$

식 (4.36)을 앞의 예제에 적용하여 다음과 같이 기대값과 분산을 계산할 수 있다.

$$E(X) = 5 \times 0.155 \simeq 0.775,\ Var(X) = 5 \times 0.155 \times 0.845 \simeq 0.655. \tag{4.37}$$

4.4.2 초기하분포

N개의 물건들 가운데 특정 종류의 물건이 r개 포함되어 있다고 하자. 여기서 n개의 물건을 복원을 허용하지 않으며 임의로 선택할 때, 그 특정 종류의 물건이 선택되는 개수를 확률변수로 정의하면, 이 확률변수는 초기하분포(hypergeometric distribution)를 따르며, 다음과 같이 표현된다[5].

$$X \sim B(n, r/N). \tag{4.38}$$

초기하분포의 확률질량함수는 다음과 같다.

$$P(X=x) = \binom{r}{x} \times \binom{N-r}{n-x} / \binom{N}{n}. \tag{4.39}$$

예를 들어 그림 4.1의 무작위 네트워크에서 복원을 허용하지 않으며 임의로

5개의 노드를 선택할 때 이 5개의 노드들 가운데 연결된 링크수가 1인 노드의 개수를 확률변수 X로 정의하면 X는 n이 5, r이 20, N이 129인 초기하분포를 따른다. 이 때 X의 각 값에 대한 확률은 다음과 같이 계산할 수 있다.

$$
\begin{aligned}
&P(X=0)=\binom{20}{0}\times\binom{109}{5}\bigg/\binom{129}{5}\simeq 0.424,\\
&P(X=1)=\binom{20}{1}\times\binom{109}{4}\bigg/\binom{129}{5}\simeq 0.404,\\
&\cdots,\ P(X=5)=\binom{20}{5}\times\binom{109}{0}\bigg/\binom{129}{5}\simeq 0.00006.
\end{aligned}
\tag{4.40}
$$

초기하분포의 기대값과 분산은 다음과 같이 구할 수 있다.

$$E(X)=\frac{nr}{N},\ Var(X)=\frac{N-n}{N-1}n\frac{r}{N}\left(1-\frac{r}{N}\right). \tag{4.41}$$

식 (4.41)로부터 앞의 예제에 대한 기대값과 분산은 다음과 같이 계산할 수 있다.

$$
\begin{aligned}
&E(X)=\frac{5\times 20}{129}\simeq 0.775,\\
&Var(X)=\frac{124}{128}\times 5\times\frac{20}{129}\times\left(1-\frac{20}{129}\right)\simeq 0.635.
\end{aligned}
\tag{4.42}
$$

4.4.3 포아송분포

특정한 범주내의 어떤 사건이 벌어진 횟수를 확률변수 X로 정의하면 X는 포아송분포(Poisson distribution)를 따르며, 다음과 같이 표기한다[5].

$$X\sim P(\lambda). \tag{4.43}$$

모수 λ를 갖는 포아송분포의 확률질량함수는 다음과 같이 구해진다.

$$P(X=x)=e^{-\lambda}\lambda^{x}/x!. \tag{4.44}$$

포아송분포의 특징은 기대값과 분산이 모두 λ로서 동일한 값을 가진다는 것이다. N개의 노드가 있을 때 두 개씩 선택하여 링크로 연결하는 일을 L번 반복하면 각 노드가 선택되는 횟수는 포아송분포를 따르게 된다. 10,000개의 노드와 20,000개의 링크로 구성된 무작위네트워크를 생성하였을 때, 각 노드에 연결된 링크수의 평균은 4가 되기 때문에(9장의 네트워크 특징 참조) 링크수를 확률변수 X로 하는 확률분포는 λ가 4인 포아송분포가 된다. 따라서 확률변수 X의 특정 값에 대한 확률은 다음과 같이 구할 수 있다.

$$P(X=0)=e^{-4}4^0/0!=0.018,\ P(X=1)=e^{-4}4^1/1!=0.073, \cdots . \quad (4.45)$$

4.5 연속확률분포

4.5.1 균등분포

균등분포(uniform distribution)는 가장 단순한 형태의 연속확률분포(continuous probability distribution)이며 특정 범위내에서 균등한 확률이 주어지는 분포이다. 확률변수 X가 a와 b 사이에 균등한 분포를 따를 때 $X \sim U(a,b)$으로 표기하며 이 분포의 확률밀도함수 $f(x)$는 다음과 같다[5].

$$f(x)=1/(b-a). \quad (4.46)$$

그리고 이 확률밀도함수로부터 유도된 기대값과 분산은 다음과 같다.

$$E(X)=(a+b)/2,\ Var(X)=(b-a)^2/12. \quad (4.47)$$

4.5.2 지수분포

지수분포(exponential distribution)는 지수함수의 형태를 따르는 분포를 일컫는다. 예를 들어 무작위로 발생하는 일련의 사건들 사이의 시간간격을 확률변수로 정의하면 이 확률변수는 지수분포를 따른다. 지수분포의 확률밀도함수 $f(x)$는 다음과 같다[5]. 여기서 λ는 임의의 모수를 나타낸다.

$$f(x)=\lambda e^{-\lambda x}. \quad (4.48)$$

이 확률밀도함수로부터 유도된 기대값과 분산을 구하는 식은 다음과 같다.

$$E(X)=1/\lambda,\ Var(X)=1/\lambda^2. \tag{4.49}$$

4.5.3 정규분포

정규분포(normal distribution)는 가우스분포(Gaussian distribution)라고도 하며 가장 널리 사용되는 연속확률분포이다. 정규분포가 널리 사용되는 이유는 다음에 소개할 중심극한 정리(central limit theorem)와도 관련이 깊다. 확률변수 X가 평균이 μ이고 분산이 σ^2인 정규분포를 따를 때, $X \sim N(\mu,\sigma^2)$으로 표기하며, 이 때 $-\infty \le x \le \infty$의 범위를 갖는 확률밀도함수 $f(x)$는 다음과 같다[5].

$$f(x)=\frac{1}{\sigma\sqrt{2\pi}}e^{-(x-\mu)^2/2\sigma^2} \tag{4.50}$$

특히 평균이 0, 분산이 1인 정규분포를 표준정규분포(standard normal distribution)라고 하며, $\phi(x)$로 표기한다. 표준정규분포의 확률밀도함수는 다음과 같다.

$$\phi(x)=\frac{1}{\sqrt{2\pi}}e^{-x^2/2}. \tag{4.51}$$

그리고 표준정규분포의 누적분포함수는 $\Phi(x)$로 표기하는데 정규분포가 대칭을 이루기 때문에 표준정규분포의 누적분포함수는 다음과 같은 성질을 가진다.

$$\Phi(0)=0.5,\quad 1-\Phi(x)=\Phi(-x). \tag{4.52}$$

모든 정규분포 $X \sim N(\mu,\sigma^2)$는 다음과 같은 변수치환을 통해 표준정규분포 Z로 변환이 가능하다.

$$Z=\frac{X-\mu}{\sigma} \sim N(0,1). \tag{4.53}$$

표준정규분포로 변환하는 과정을 표준화(standardization)라고 하며, 표준화를 하는 이유는 미리 계산해놓은 표준정규분포의 누적분포함수 값으로부터 특정범위의 정규분포 확률을 쉽게 계산하기 위해서이다. 다음 식으로부터 그러한 계산을 할 수 있다.

$$P(a \le X \le b) = \Phi\left(\frac{b-\mu}{\sigma}\right) - \Phi\left(\frac{a-\mu}{\sigma}\right). \tag{4.54}$$

확률변수 X가 정규분포를 따르면 X에 상수배를 하거나 상수를 더한 확률변수도 마찬가지로 정규분포를 따른다. 즉, $X \sim N(\mu, \sigma^2)$이고, a와 b가 상수라면, 다음이 성립된다.

$$Y = aX + b \sim N(a\mu + b, a^2\sigma^2). \tag{4.55}$$

식 (4.55)로부터 알 수 있듯이 확률변수에 상수 a배를 하면 그 확률변수의 평균과 분산은 각각 a배와 a^2배가 되고 상수 b를 더하면 그 확률변수의 평균도 b만큼 증가하지만 분산은 변하지 않는다. 한편 서로 독립이며 각각 정규분포를 따르는 두 개의 확률변수를 더하면 평균과 분산은 그대로 더해진다. 즉, $X_1 \sim N(\mu_1, \sigma_1^2)$과 $X_2 \sim N(\mu_2, \sigma_2^2)$이 독립적인 확률변수이면 다음이 성립된다.

$$Y = X_1 + X_2 \sim N(\mu_1 + \mu_2, \sigma_1^2 + \sigma_2^2). \tag{4.56}$$

이를 일반화하여, 서로 독립이며 정규분포를 따르는 n개의 확률변수 $X_i \sim N(\mu_i, \sigma_i^2)$, $1 \le i \le n$를 선형결합하면 다음과 같이 된다.

$$\begin{aligned} Y = {} & a_1X_1 + a_2X_2 + \cdots + a_nX_2 + b \\ & \sim N(a_1\mu_1 + a_2\mu_2 + \cdots + a_n\mu_n + b, a_1^2\sigma_1^2 + a_2^2\sigma_2^2 + \cdots + a_n^2\sigma_n^2). \end{aligned} \tag{4.57}$$

이러한 선형결합의 특수한 예로서, 평균과 분산이 동일하며 정규분포를 따르는 서로 독립인 n개의 확률변수 $X_i \sim N(\mu, \sigma^2)$의 평균을 새로운 확률변수 $\overline{X}$로 정의하면 이 확률변수는 다음과 같은 정규분포를 따른다.

$$\overline{X} \sim N(\mu, \sigma^2/n). \tag{4.58}$$

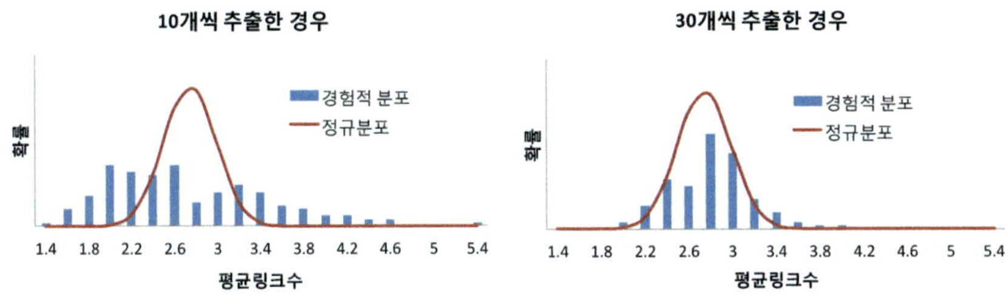

그림 4.2
그림 4.1의 출아효모 신호전달 네트워크에서 임의로 노드를 추출하여 연결된 링크수의 평균을 구하는 실험을 100번 반복해서 평균링크수의 분포를 그려보았다. 붉은 선은 평균이 2.744, 표준편차가 0.244인 정규분포를 나타낸다.

4.5.4 중심극한정리

평균이 μ이고 분산이 σ^2으로 동일하며 서로 독립인 n개의 확률변수들(independent identically distributed random variables)인 $X_1, X_2, \cdots, X_n$를 생각해보자. 이 독립변수들의 평균을 새로운 확률변수 $\overline{X}$라고 하면 이 확률변수는 n이 증가함에 따라 다음과 같은 정규분포를 근사적으로 따른다는 것이 중심극한정리(central limit theorem)이다.

$$\overline{X} \sim N(\mu, \sigma^2/n). \tag{4.59}$$

식 (4.59)는 식 (4.58)과 동일한 형태이지만 식 (4.58)의 확률변수 $\overline{X}$는 정규분포를 따르는 확률변수들의 평균이고, 식 (4.59)의 확률변수 $\overline{X}$는 그 분포가 어떤 분포이든지 상관없이 평균과 분산이 같은 확률변수들의 평균이라는 점이 다르다. 식 (4.59)의 근사화는 n이 클수록 정확해지는데, 보통은 $n \geq 30$의 범위에서 비교적 정확히 근사화되는 것으로 알려져 있다[5]. 중심극한정리가 중요한 이유는 이 정리로부터 모집단에서 표본을 충분히 뽑아내면 모집단의 분포와 상관없이 표본들의 평균이 정규분포를 근사적으로 따른다는 것을 알 수 있기 때문이다. 이는 다음 절에서 다룰 추정과 가설검정에서 중요한 의미를 가진다. 예를 들어 그림 4.1의 출아효모에 대한 신호전달네트워크를 구성하는 129개의 노드들 가운데 임의로 n개를 선택하면 선택된 노드들에 연결된 링크수의 평균은 중심극한정리에 의해 정규분포를 따르게 된다. 이를테면 10개의 노드를 선택해서 링크수의 평균을 구하는 실험과 30개의 노드를 선택해서 링크수의 평균을 구하는 실험을 각각 100번 반복해서 링크수의 평균에 대한 분포를 그려보면 그림 4.2와 같다. 그림 4.2의 두 그래프를 서로 비교하면 10개를 추출한 경우에 비하여 30개를 추출한 경우 정규분포에 좀 더 가깝다는 것을 알 수 있다.

4.5.5 정규분포에서 유도된 분포

정규분포로부터 유도된 분포에는 카이제곱분포(chi-square distribution), t-분포(t-distribution), F-분포(F-distribution) 등이 있다[5].

서로 독립인 n개의 표준정규분포 $X_i \sim N(0,1), 1 \leq i \leq n$ 각각을 제곱하여 모두 합하는 다음의 과정을 통해 새로 정의된 확률변수 X를 카이제곱확률변수라 하고, 이 확률변수가 따르는 분포를 자유도(degree of freedom)가 n인 카이제곱분포라고 한다.

$$X = X_1^2 + X_2^2 + \cdots + X_n^2 \sim \chi_n^2. \tag{4.60}$$

자유도가 n인 카이제곱분포의 확률밀도함수는 다음과 같다[3].

$$f(x) = \frac{1}{2^{n/2}\Gamma(n/2)} x^{n/2-1} e^{-x/2}, x \geq 0, \tag{4.61}$$

$$\Gamma(k) = \int_0^\infty x^{k-1} e^{-x} dx. \tag{4.62}$$

표준정규확률변수를 자유도가 n인 카이제곱확률변수로 나누어서 정의한 분포를 자유도가 n인 t-분포라고 한다.

$$t_n \sim N(0,1)/\sqrt{\chi_n^2/n}. \tag{4.63}$$

식 (4.63)에서 자유도 n이 커지면 점점 표준정규분포에 가까워진다. 자유도가 n인 t-분포의 확률밀도함수는 다음과 같다.

$$f(x) = \frac{\Gamma\left(\frac{n+1}{2}\right) \times \left(1 + x^{2/n}\right)^{-\frac{n+1}{2}}}{\sqrt{n\pi}\,\Gamma(n/2)}, -\infty \leq x \leq \infty. \tag{4.64}$$

자유도가 n인 t-분포를 따르는 확률변수 X의 임계점 $t_{\alpha,n}$은 다음과 같이 정의된다.

$$P(X \geq t_{\alpha,n}) = \alpha. \tag{4.65}$$

이러한 t-분포는 0을 기준으로 대칭을 이루기 때문에 다음과 같은 성질을 가진다.

$$t_{1-\alpha,n} = -t_{\alpha,n},\ P(-t_{\alpha/2,n} \leq X \leq t_{\alpha/2,n}) = 1-\alpha. \tag{4.66}$$

이와 같은 성질들은 다음 절에서 다룰 신뢰구간과 가설검정에서 유용하게 사용된다.

자유도가 각각 n과 m인 두 개의 서로 독립인 카이제곱분포를 나눔으로서 새로 정의한 분포를 자유도가 n과 m인 F-분포라고 하며, 다음과 같이 표기한다.

$$F_{n,m} \sim \frac{\chi_n^2/n}{\chi_m^2/m}. \tag{4.67}$$

자유도가 n과 m인 F-분포의 확률밀도함수는 다음과 같다[3].

$$f(x) = \frac{\Gamma\left(\frac{n+m}{2}\right)}{\Gamma(n/2)\times\Gamma(m/2)\times(n/m)^{n/2}\times x^{n/2-1}\times\left(1+\frac{n}{m}x\right)^{-\frac{n+m}{2}}},\ x \geq 0. \tag{4.68}$$

4.6 추정과 가설검정

4.6.1 점추정

추정(estimation)에 대해 알아보기 이전에 먼저 모수와 통계량의 개념에 대해 알아보도록 하자. 모수란 알려지지 않은 값으로서 확률분포의 특성을 나타내는 양을 의미하며 보통 θ로 나타낸다. 이를테면 모집단의 평균과 분산이 모수의 대표적인 예이다. 통계량은 모집단으로부터 추출한 표본의 특성을 나타내는 양을 의미하며 보통 $\hat{\theta}$로 나타낸다. 기술통계학에서 다룬 표본평균과 표본분산이 통계량의 대표적인 예이다. 추정이란 통계량 $\hat{\theta}$로부터 모수 θ를 추론하는 것을 의미한다. 특히 점추정(point estimation)이란 통계량 $\hat{\theta}$으로부터 모수 θ를 나타내는 가장 좋은 값을 제시하는 추정을 말한다. 추정치 $\hat{\theta}$가 모수 θ를 나타내는 가장 좋은 값이 되려면 전체 범위에서 어느 한 쪽으로 치우치지 않은(unbiased) 값이어야 하는데, 이를 위한 조건은 다음과 같다.

$$E(\hat{\theta}) = \theta. \tag{4.69}$$

즉, 추정치 $\hat{\theta}$의 기대값이 모수와 동일하면 치우치지 않은 값이 되는 것이다. 추정치가 치우친 경우에는 그 치우친 정도를 최소화하는 추정치가 가장 좋은 추정치가 된다. 이러한 과정을 통하여 표본 $X_1, X_2, \cdots, X_n$가 주어졌을 때 모집단의 평균에 대한 가장 좋은 추정치는 표본평균인 $\hat{\mu} = \overline{X} = \frac{1}{n}\sum_{i=1}^{n} X_i$이고, 모집단의 분산에 대한 가장 좋은 추정치는 표본분산인 $\widehat{\sigma^2} = S^2 = \frac{\sum_{i=1}^{n}\left(X_i - \overline{X}\right)}{n-1}$이라는 것이 알려져 있다.

4.6.2 표본분포

점추정의 추정치로 사용되는 표본의 통계량이 어떤 분포를 따르는지에 대해 알아보자. 평균이 μ이고 분산이 σ^2인 모집단으로부터 추출된 n개의 표본 $X_1, X_2, \cdots, X_n$이 주어진 경우 표본평균은 중심극한정리로부터 대략 다음과 같은 정규분포를 따르게 된다.

$$\hat{\mu} = \overline{X} \sim N(\mu, \sigma^2). \tag{4.70}$$

이 때 표본평균의 표본오차(sample error)는 $s.e.(\overline{X}) = \frac{\sigma}{\sqrt{n}}$이 된다. 예를 들어 표본크기 $n = 100$인 표본의 평균인 $\overline{X}$가 모집단의 평균 μ에서 σ의 거리 내에 놓여있을 확률은 다음과 같다.

$$
\begin{aligned}
&P(\mu-\sigma \le \overline{X} \le \mu+\sigma) \\
&= P\left(\mu-\sigma \le N\left(\mu, \frac{\sigma^2}{100}\right) \le \mu+\sigma\right) = P\left(-\sigma \le N\left(0, \frac{\sigma^2}{100}\right) \le \sigma\right) \\
&= P(-10 \le N(0,1) \le 10) = \Phi(10) - \Phi(-10).
\end{aligned} \tag{4.71}
$$

이 확률은 표본크기 n이 커질수록 커지게 된다. 위와 같이 표본의 평균인 $\overline{X}$가 모집단의 평균 μ에서 σ의 거리 내에 놓여있을 확률은 계산할 수 있지만, 중요한 문제는 모집단의 표준편차 σ가 알려져 있지 않은 경우가 대부분이라는 것이다. 따라서 σ를 표본의 표준편차인 s로 대체하여 사용해야 한다. 평균이 μ이고, 분산이 σ^2이며 정규분포를 따르는 표본 $X_1, X_2, \cdots, X_n$의 표본분산 S^2은 다음과 같은 분포를 따른다[5].

$$
S^2 \sim \sigma^2 \frac{\chi^2_{n-1}}{n-1}. \tag{4.72}
$$

앞서 다룬 표본평균의 표본오차에는 모집단의 분산이 포함되어 있는데 표본오차가 알려지지 않은 분산에 의존한다는 문제가 있다. 따라서 이 문제를 극복하기 위하여 표본평균과 표본분산을 섞어서 t-통계량(t-statistics)이라는 새로운 통계량을 이용한다. 평균이 μ이고, 정규분포를 따르는 표본 $X_1, X_2, \cdots, X_n$의 t-통계량은 $\frac{\sqrt{n}(\overline{X}-\mu)}{S}$으로 계산되며, 이 통계량은 다음과 같이 자유도가 $n-1$인 t-분포를 따른다.

$$
\frac{\sqrt{n}(\overline{X}-\mu)}{S} \sim t_{n-1}. \tag{4.73}
$$

4.6.3 신뢰구간

모수 θ의 신뢰구간(confidence interval)은 모수 θ가 신뢰구간 내에 있을 확률이 신뢰수준(confidence level) $1-\alpha$인 구간으로서 정의된다. 신뢰수준은 보통 90%, 95%, 99%를 사용한다. 중심극한정리에 따라서 모집단의 분포와 관계없이 표본크기가 $n \ge 30$이거나 표본크기가 30보다 작더라도 표본데이터가 정규분포를 따를 경우에는 모집단의 평균 μ에 대한 신뢰구간을 t-분포를 활용하여 구할 수 있다. 만약 표본크기도 30보다 작고 표본데이터도 정규분포를 따르지 않을 경우에는 비모수적인 접근방법을 사용할 수 있다. 표본평균 $\bar{x}$, 표본표준편차 s인 n개의 연속형 데이터에 대해서 다음과 같이 신뢰구간을 계산할 수 있는데 이를 양측 t-신뢰구간(two-sided t-interval)이라고 부른다[5].

$$\begin{aligned}
&P\left(-t_{\alpha/2,n-1} \le \frac{\sqrt{n}(\bar{x}-\mu)}{s} \le t_{\alpha/2,n-1}\right) = 1-\alpha, \\
&P\left(\bar{x} - \frac{t_{\alpha/2,n-1}s}{\sqrt{n}} \le \mu \le \bar{x} + \frac{t_{\alpha/2,n-1}s}{\sqrt{n}}\right) = 1-\alpha, \\
&\mu \in \left(\bar{x} - \frac{t_{\alpha/2,n-1}s}{\sqrt{n}}, \bar{x} + \frac{t_{\alpha/2,n-1}s}{\sqrt{n}}\right).
\end{aligned} \tag{4.74}$$

만약 모집단의 평균 μ의 상한선 또는 하한선에만 관심이 있을 경우에는 다음과 같은 두 종류의 단측 t-신뢰구간(one-sided t-interval)을 사용할 수 있다.

$$\mu \in \left(-\infty, \bar{x} + \frac{t_{\alpha/2,n-1}s}{\sqrt{n}}\right), \mu \in \left(\bar{x} - \frac{t_{\alpha/2,n-1}s}{\sqrt{n}}, \infty\right). \tag{4.75}$$

4.6.4 가설검정

가설검정(hypothesis test)은 실험자가 세운 가설의 유의성을 검정하는 통계적 기법이다. 검정을 위해 실험자는 귀무가설과 대립가설을 세우는데, 예를 들어 모집단의 평균 μ가 특정 값인 μ_0와 같다는 가설을 귀무가설 H_0이라고 하고, 이와 반대되는 가설인 대립가설을 H_A라고 하면, 이를 다음과 같이 표현할 수 있다[5].

$$H_0 : \mu = \mu_0 \ \ vs. \ \ H_A : \mu \ne \mu_0. \tag{4.76}$$

두 값이 같은가에 관한 이러한 가설은 양측문제에 대한 가설이고, 단측문제에 대한 가설이라면 다음과 같이 표현할 수 있다.

$$\begin{aligned}
&H_0 : \mu \le \mu_0 \ \ vs. \ \ H_A : \mu > \mu_A, \\
&H_0 : \mu \ge \mu_0 \ \ vs. \ \ H_A : \mu < \mu_A.
\end{aligned} \tag{4.77}$$

귀무가설이 맞는지 틀리는지를 검정하기 위해서 사용하는 값이 유의확률(p-value) p인데, 이 p값은 귀무가설이 옳다고 했을 때 주어진 데이터로부터 얻어진 특정 값 또는 그보다 더 나쁜 값을 얻게 될 확률로서 정의된다. 여기서 나쁜 값이라는 것은 귀무가설을 덜 타당하게 하는, 즉 귀무가설보다는 대립가설을 지지하는 값이라는 의미이다. 여기에서 다소 혼동의 여지가 있으나, 유의할 사항은 더 나쁜 값을 얻을 수 있다는 것은 반대급부로서 현재 값이 그만큼 충분히 나쁘지 않음을 의미한다는 것이다(즉, 더 나쁜 값을 얻을 소지가 크다는 것이다). 따라서 이 p값이 크면 클수록 귀무가설을 선택하는 것이 더 옳고, 작으면 작을수록 대립가설을 선택하는 것이 더 옳다. 즉, p값을 기준으로 가설을 선택하게 되는데 p값이 유의수준(significance level)인 α값보다 크면 귀무가설을 채택하고, α값보다 작으면 귀무가설을 기각하는 것이다. 유의수준 α값은 보통 0.1, 0.05, 0.01을 많이 사용한다. 위에서 제시한 모집단의 평균 μ가 특정값인 μ_0와 같다는 귀무가설에 대한 가설검정은 양측 t-검정(two-sided t-test)을 사용하면 되는데 n개 데이터의 표본평균이 $\bar{x}$이고, 표본표준편차가 s일 때, p값은 다음과 같이 구할 수 있다.

$$p = 2 \times P(X \geq |t|), t = \frac{\sqrt{n}\left(\bar{x} - \mu_0\right)}{s}. \tag{4.78}$$

여기서 X는 자유도가 $n-1$인 t-분포를 따르는 확률변수이다. 단측검정의 경우 가설 $H_0: \mu \leq \mu_0$ $vs.$ $H_A: \mu > \mu_A$에 대해서는 $p = P(X \geq t)$로 계산되고, 가설 $H_0: \mu \geq \mu_0$ $vs.$ $H_A: \mu < \mu_A$에 대해서는 $p = P(X \leq t)$로 계산된다. t-통계량은 양측검정의 경우와 동일하게 계산된다. 이렇게 p값을 계산함으로써 가설을 검정할 수도 있지만 t-통계량을 이용해서 가설검정을 하는 방법도 있다. 양측검정의 경우 $|t| > t_{\alpha/2, n-1}$이면 귀무가설을 기각하고, $|t| \leq t_{\alpha/2, n-1}$이면 귀무가설을 채택한다. 단측검정의 경우 가설 $H_0: \mu \leq \mu_0$ $vs.$ $H_A: \mu > \mu_A$에 대해서는 $t > t_{\alpha, n-1}$인 경우 귀무가설을 기각하고, $t \leq t_{\alpha, n-1}$인 경우 귀무가설을 채택한다. 그리고 가설 $H_0: \mu \geq \mu_0$ $vs.$ $H_A: \mu < \mu_A$에 대해서는 $t < -t_{\alpha, n-1}$인 경우 귀무가설을 기각하고, $t \geq -t_{\alpha, n-1}$인 경우 귀무가설을 채택한다. 모집단의 표준

편차인 σ가 알려져 있는 경우에는 t-검정 대신 z-검정(z-test)을 사용할 수 있다. 양측 z-검정의 경우 다음과 같이 p값을 계산할 수 있다.

$$p = 2 \times \Phi(-|z|), z = \frac{\sqrt{n}(\bar{x} - \mu_0)}{\sigma}. \quad (4.79)$$

여기서 $\Phi(x)$는 표준정규분포의 누적분포함수이다.

4.6.5 두 표본의 평균을 비교하는 가설검정

앞서 다룬 가설검정은 모집단으로부터 추출한 표본의 평균값과 특정 값을 비교하는 검정으로서 '일' 표본 검정이라고 한다. 다음에는 두 종류의 표본으로부터 평균을 비교하는 '이' 표본 검정에 대해 알아보자. 이 표본 검정은 표본의 종류에 따라서 다음과 같은 종류들이 있다[5].

먼저, 짝을 이루는 이 표본 t-검정(paired two-sample t-test)에 대해 알아보자. 짝을 이루는 두 표본 $(x_1, y_1), (x_2, y_2), \cdots, (x_n, y_n)$이 주어졌을 때 다음과 같이 두 변수의 차이로부터 새로운 변수를 만들어서 일 표본 문제로 변환하여 풀 수 있다.

$$d_i = x_i - y_i, 1 \le i \le n. \quad (4.80)$$

새로운 표본인 $d_1, d_2, \cdots, d_n$의 모집단 평균이 μ일 때, 다음과 같은 가설을 세울 수 있다.

$$H_0 : \mu = 0 \ \ vs. \ \ H_A : \mu \neq 0. \quad (4.81)$$

그리고 위 가설에 대하여 다음과 같이 t-통계량과 p-값을 구할 수 있다.

$$p = 2 \times P(X \ge |t|), t = \frac{\sqrt{n}\,\bar{d}}{s_d}. \quad (4.82)$$

위의 식에서 $\bar{d}$는 데이터 $d_1, d_2, \cdots, d_n$의 평균, s_d는 표준편차, X는 자유도가 $n-1$인 t-분포를 따르는 확률변수이다.

다음은 분산이 동일한 독립 이 표본 검정에 대해 알아보자. 모집단 A로부터 얻어진 표본크기가 n인 표본과 모집단 B로부터 얻어진 표본크기가 m인 표본이 서로 독립이라고 할 때, 두 모집단의 평균인 μ_A와 μ_B를 비교하여 다음과 같은 가설을 세울 수 있다.

$$H_0 : \mu_A = \mu_B \ vs. \ H_A : \mu_A \neq \mu_B. \tag{4.83}$$

위 가설에 대해 두 모집단의 분산이 동일한 경우 다음과 같이 t-통계량과 p-값을 구할 수 있다.

$$p = 2 \times P(X \geq |t|), t = \frac{\overline{x_A} - \overline{x_B}}{s\sqrt{1/n + 1/m}}. \tag{4.84}$$

위 식에서 $\overline{x_A}$와 $\overline{x_B}$는 각 표본의 표본평균이고, X는 자유도가 $n+m-2$인 t-분포를 따르는 확률변수이다. 두 표본으로부터 합쳐진 표준편차 s는 다음과 같이 계산된다.

$$s = \sqrt{\frac{(n-1)s_A^2 + (m-1)s_B^2}{n+m-2}}. \tag{4.85}$$

여기서 s_A와 s_B는 각 표본의 표본표준편차이다.

세 번째로, 분산이 다른 독립 이 표본 검정에 대해 알아보자. 앞의 경우와 동일한 가설에 대하여 두 모집단의 분산이 다른 경우 다음과 같이 t-통계량과 p-값을 구할 수 있다.

$$p = 2 \times P(X \geq |t|), t = \frac{\overline{x_A} - x_B}{\sqrt{s_A^2/n + s_B^2/m}}. \tag{4.86}$$

위 식에서 X는 자유도가 $\frac{(s_A^2/n + s_B^2/m)^2}{(s_A^2/n)^2/(n-1) + (s_B^2/m)^2/(m-1)}$인 t-분포를 따르는 확률변수이다.

마지막으로 두 모집단의 분산이 동일한지를 검정하는 방법에 대해 알아보자.

모집단의 분산이 동일한지 여부에 따라서 위의 검정방식 중 하나를 택하게 되는데 그 기준은 F-검정으로 제시할 수 있다. F-검정을 위한 F-통계량은 $F = s_A^2 / s_B^2$이고 $F \geq 1$인 경우 $p = 2 \times P(F_{n-1,m-1} > F)$이 되며, $F < 1$인 경우 $p = 2 \times P(F_{n-1,m-1} < F)$이 된다. 이렇게 구해진 p값이 α보다 클 경우 분산이 동일한 독립 이 표본 검정을 하고, 작을 경우 분산이 다른 독립 이 표본 검정을 하면 된다.

4.7 범주형 데이터의 분석

4.7.1 2×2 분할표

지금까지 양적 데이터의 평균을 추정하거나 비교하는 통계적 방법에 대하여 알아보았다. 이 절에서는 범주형 데이터(categorical data)의 통계적 분석 방법 가운데 널리 사용되는 2×2 분할표(contingency table)를 분석하는 방법에 대해서 알아보자. 특정 실험조건에서 의미있게 변화하는 유전자 그룹 A를 발견하였다고 하자. 이 그룹 A가 어떤 특징을 지니는지 알아보기 위해서는 기존에 특징이 이미 알려진 유전자 그룹과의 교집합의 크기가 얼마나 큰지를 조사해봄으로써 추측할 수 있을 것이다. 예를 들어 유전자 전체 개수를 10,000개라고 하고, 유전자 그룹 A에 속한 유전자의 개수는 300개, 대장암유발과 관련되어 있다고 알려진 유전자 그룹 B에 속한 유전자의 개수가 200개, 그리고 유전자 그룹 A에 속하면서 B에도 속한 유전자 그룹의 개수가 20개라고 하자. 이러한 정보를 정리하여 표 4.5를 만들 수 있는데 이를 2×2 분할표라고 한다.

표 4.5
유전자 그룹 A와 B에 대한 2×2 분할표

	그룹 A에 속한 유전자	그룹 A에 속하지 않은 유전자	합계
그룹 B에 속한 유전자	$O_{11} = 20$	$O_{12} = 180$	200
그룹 B에 속하지 않은 유전자	$O_{21} = 280$	$O_{22} = 9{,}520$	9,800
합계	300	9,700	10,000

그룹 A에 속한 유전자가 그룹 B에 속할 확률을 p_1이라고 하고, 그룹 A에

속하지 않은 유전자가 그룹 B에 속할 확률을 p_2라고 하면, 그룹 A와 그룹 B의 연관성에 대한 검정을 위해서 다음과 같은 가설을 세울 수 있다.

$$H_0 : p_1 = p_2 = p \ vs. \ H_1 : p_1 \neq p_2. \tag{4.87}$$

이를 검정하기 위해 우선 2×2 분할표 각 위치에 대한 기대값 E_{11}, E_{12}, E_{21}, E_{22}를 식 (4.88)과 같이 계산한다. 각 기대값은 표 4.6에 정리되어 있다.

$$E_{ab} = \sum_i^2 O_{ai} \times \sum_i^2 O_{ib} / \sum_i^2 \sum_j^2 O_{ij}. \tag{4.88}$$

표 4.6

표 4.5에 대한 기대값들

	그룹 A에 속한 유전자	그룹 A에 속하지 않은 유전자	합계
그룹 B에 속한 유전자	$E_{11} = 6$	$E_{12} = 194$	200
그룹 B에 속하지 않은 유전자	$E_{21} = 294$	$E_{22} = 9{,}506$	9,800
합계	300	9,700	10,000

이제 검정을 위한 통계량과 p-값을 구해보자. 검정 통계량 X^2과 p-값은 식 (4.89)로부터 구할 수 있으며, 이 통계량은 자유도가 1인 카이제곱분포를 따른다[1].

$$X^2 = \sum_i^2 \sum_j^2 \left\{ (|O_{ij} - E_{ij}| - 0.5)^2 / E_{ij} \right\} \sim \chi_1^2, p = P\left(\chi_1^2 > X^2\right). \tag{4.89}$$

이 검정은 네 개의 기대값이 모두 5 이상일 때 사용할 수 있다. 식 (4.89)를 이용하여 표 4.5에 대한 검정 통계량과 p-값을 구하면 다음과 같다.

$$\begin{aligned} X^2 &= (|20-6|-0.5)^2/6 + (|180-194|-0.5)^2/194 \\ &\quad + (|280-294|-0.5)^2/294 + (|9{,}520-9{,}506|-0.5)^2/9{,}506 \\ &= 31.95, \\ p &= P\left(\chi_1^2 > 31.95\right) = 1.58E-8. \end{aligned} \tag{4.90}$$

4.7.2 피셔의 정확검정

네 개의 기대값들 가운데 어느 하나라도 5보다 작을 경우 카이제곱분포를 이용한 검정 대신 피셔의 정확검정(Fisher's exact test)을 사용한다. 그림 4.1의 출아효모

표 4.7
그림 4.1의 출아효모 신호전달 네트워크에서 추출한 5개의 노드들 가운데 링크수가 1인 노드의 개수에 대한 기대값들.

	추출된 노드	추출된 노드 이외의 노드	합계
링크수가 1인 노드	$E_{11}=1.589$	$E_{12}=39.411$	41
링크수가 1이 아닌 노드	$E_{21}=3.411$	$E_{22}=105.589$	109
합계	5	124	129

신호전달네트워크에 대한 특정실험에서 의미 있게 변화한 5개의 노드를 발견하였다고 하자. 확률변수 X를 그 5개의 노드들 가운데 연결된 링크수가 1인 노드의 개수로 정의하면 X는 초기하분포를 따르며 표 4.7과 같은 기대값으로 이루어진 2×2 분할표를 만들 수 있다.

표 4.7에서 네 개의 기댓값들 가운데 5보다 작은 값이 존재하기 때문에 피셔의 정확검정을 사용해야 한다. 실험자가 찾은 5개의 노드에서 연결된 링크수가 1인 노드의 개수를 x라고 했을 때, x가 의미 있는 큰 숫자인지 검정하기 위하여 다음과 같은 가설을 세울 수 있다.

$$H_0 : p_1 \geq p_2 \ \ vs. \ \ H_1 : p_1 < p_2. \tag{4.91}$$

식 (4.91)에서 p_1은 추출된 노드에 연결된 링크수가 1일 확률이고 p_2는 추출된 노드 이외의 노드에 연결된 링크수가 1일 확률이다. 이 가설을 검정하기 위한 p-값은 다음과 같이 구할 수 있다.

$$p = \sum_{i > x} P(X = i). \tag{4.92}$$

식 (4.92)에서 X는 초기하분포를 따르는 확률변수이다. 식 (4.92)를 이용하여 x가 3일 때와 4일 때의 p-값을 각각 구해보면 다음과 같다.

$$\begin{aligned} & x = 3\text{일 때}, \\ & \quad p = P(X=3) + P(X=4) + P(X=5) \\ & \quad\quad = 0.148 + 0.0324 + 0.00272 = 0.183, \\ & x = 4\text{일 때}, \\ & \quad p = P(X=4) + P(X=5) \\ & \quad\quad = 0.0324 + 0.00272 = 0.0351. \end{aligned} \tag{4.93}$$

유의수준 α를 0.05로 하면 x가 3일 때는 p-값이 α보다 크므로 귀무가설이 채택되어 실험자가 선택한 노드들 가운데 연결된 링크수가 1인 노드의 비율이 우연히 나올 수 있는 결과라는 것을 의미하고, x가 4일 때는 p-값이 α보다 작으므로 대립가설이 채택되어 우연히 나올 수 없는 결과라는 것을 의미한다.

연 습 문 제

4.1 사건 A를 그림 4.1의 출아효모 신호전달네트워크에서 임의로 한 노드를 선택하였을 때 연결된 링크수가 3이하인 사건, 사건 B를 링크수가 짝수인 사건이라고 하면, 이 때 조건부 확률 $P(A|B)$을 구하라(각 노드의 링크수는 표 4.1에 정리되어 있다).

4.2 10,000개의 노드와 20,000개의 링크를 가지는 무작위 네트워크를 생성한 후, 생성된 네트워크에서 임의의 한 노드를 선택하였을 때 연결된 링크수가 4가 될 확률을 구하라.

4.3 그림 4.1의 출아효모 신호전달네트워크에서 특정실험에서 의미 있게 변화한 6개의 단백질들이 20, 56, 60, 79, 87, 88번 노드라고 하자(표 4.1 참조). 이 때 이 6개의 노드들 가운데 출력링크수가 5 이상인 노드의 개수가 우연히 선택된 경우보다 유의하게 큰지를 검정하기 위해 가설을 수립하고 p-값을 구하여 유의수준 α를 0.05로 했을 때 어떤 가설을 채택해야 할지를 검정하시오.

참 고 문 헌

1. B. Rosner, Fundamentals of Biostatistics. 5th ed. Duxbury, Pacific Grove, CA. 2000.
2. E. Klipp, et al., Systems Biology in Practice: Concepts, Implementation and Application. Wiley-VCH, Weinheim. 2005.
3. 생물정보통계연구실, 마이크로어레이 자료의 통계적 분석. 자유아카데미, 경기도 파주시. 2005.
4. M. Kanehisa, et al. The KEGG databases at GenomeNet. Nucleic Acids Res. 30(1):42-6. 2002.
5. A. Hayter, Probability and Statistics for Engineers and Scientists. 3rd (International Student) ed. Thomson Brooks/Cole, Belmont, CA. 2006.

chapter 05

효소동역학 모델

이 장에서는 세포내 신호전달과정을 이해하고 복잡한 신호전달네트워크를 모델링하기 위해 필요한 기초적인 효소동역학 모델에 대하여 알아본다.

5.1 효소의 작용

효소(enzyme)는 특정 대상물질(기질, substrate)을 다른 물질(생성물, product)로 변환하게 하는 촉매역할을 하며, 이 변환과정에서 스스로는 변화하지 않는다. 이러한 효소의 촉매작용은 생체분자의 반응과정에서 발생하는 에너지 변환의 관점에서 이해할 수 있는 데, 이를 도시한 것이 반응좌표도(reaction coordinate diagram)이다(그림 5.1, 보다 상세한 내용은 [1]의 8장을 참조). 반응좌표도에서 가로축은 반응좌표를, 세로축은 자유에너지(free energy)를 나타낸다. 예를 들어, 그림 5.1에서 가로축은 기질-생성물 사이의 반응($S \rightleftharpoons P$)을 나타내고, 세로축은 반응 상태에 따른 자유에너지를 나타낸다. 정방향($S \rightarrow P$)과 역방향($P \rightarrow S$) 반응의 시작점을 기저상태(ground state)라고 한다. S와 P의 기저상태에서의 자유에너지 차이는 이들 두 물질 사이의 평형(equilibrium)을 결정한다. 다시 말해, P의 기저상태에너지가 S보다 낮다면, 기질과 생성물 반응에서 생화학적 표준자유에너지변화($\Delta G'^{\circ}$)는 음수값을 가지게 되고, P는 안정적으로 평형상태에 머무를 수 있다. 여기서 주의해야 하는 것은, 생화학반응에서 평형상태의 위치와 방향은 촉매에 의해 영향을 받지 않기 때문에, P가 S에 비해 보다 안정적 평형상태를 가진다는 것이 $S \rightarrow P$로의 변환이 더 빠른 속도로 일어난다는 것을 의미하는 것은 아니다. 반응좌표도에서 기질과 생성물 사이에는 어떤 에너지 장벽이 존재하는데('에너지

그림 5.1
화학반응식에서 반응좌표도

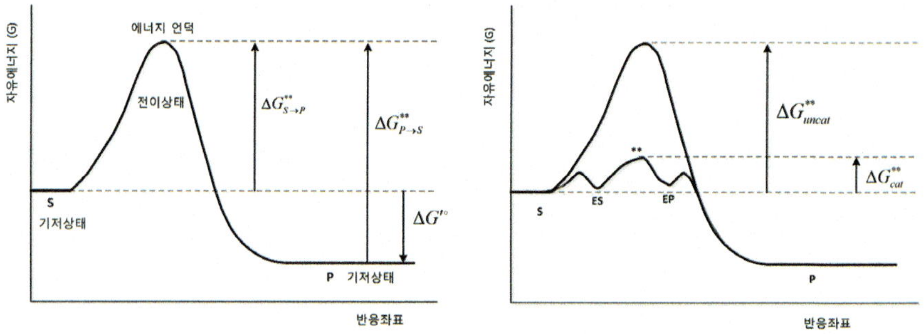

언덕', 그림 5.1), 반응이 일어나기 위해서 분자들은 이 장벽을 넘어서야 하고, 그러기 위해 분자들은 더 높은 에너지 준위로 올려져야 한다. 에너지 언덕의 정상에서 S와 P의 상태 변환은 동일한 확률로 일어나는데, 이를 과도상태(transient state)라고 한다. 과도상태는 어떤 안정성을 가지는 화학물질이 아니므로 생화학 반응 동안에 생성되는 중간매개물질(intermediate)인 ES또는 EP와 혼동해서는 안된다. 기저상태와 과도상태 사이의 에너지 준위차를 활성에너지(activation energy, ΔG^{**})라고 하고, 촉매반응에서 반응속도는 이러한 활성에너지에 의해 결정된다.

분자 반응속도를 높이는 방법으로는, 온도를 높여 각 분자로 하여금 에너지 장벽을 극복할 만큼의 충분한 에너지를 공급해주는 것과, 촉매제를 더하여 활성에너지를 감소시키는 것이 있다. 효소는 생화학 반응의 촉매제로서 활성에너지를 낮추어 결과적으로 반응속도를 증가시킨다. 효소-촉매 반응에서 효소는 분자의 평형상태에 영향을 주지 않고, 반응에서 소모되거나 변형되지 않는다.

화학반응에서 활성에너지는 기질과 생성물 사이의 에너지장벽을 의미하고 분자의 안정성은 활성에너지의 높이에 비례하여 증가하기 때문에, 에너지 장벽은 생체 시스템의 안정성을 유지하는 데에 매우 중요한 역할을 한다. 만약, 이러한 에너지 장벽이 없다면, 복잡하고 거대한 생체분자는 쉽게 보다 단순한 분자형태로 환원될 것이고, 복잡하고 고도로 조직화된 세포구조의 형성이나 대사과정도 일어나지 않을 것이다. 따라서 효소는 세포의 생존을 위해 필요한 반응에서 매우 선택적으로 활성에너지를 낮추게끔 진화되어 왔을 것이다.

다음은 화학반응에서 반응속도는 어떻게 결정되는지에 대하여 알아보자. 기질-

효소반응($S \leftrightarrows P$)에서 평형상태는 평형상수(equilibrium constant, K_{eq}')에 의해 다음과 같이 표현되고,

$$K_{eq}' = \frac{[P]}{[S]} \quad (5.1)$$

평형상수와 표준자유에너지변화와의 관계식은 다음과 같이 표현된다.

$$\Delta G'^{\circ} = -RT\ln K_{eq}' \quad (5.2)$$

여기서 R은 가스 상수를, T는 절대온도를 각각 나타낸다. $\Delta G'^{\circ}$가 큰 음수 값을 가진다는 것은 더 안정된 평형상태를 가진다는 것을 의미하지만, 이것이 더 빠른 속도로 반응이 일어남을 의미하지는 않는다.

반응의 속도는 반응물의 농도와 속도상수(k)에 의해 결정되는데, 단분자 반응에서 반응속도(생성물의 생성속도, V)는 다음과 같이 속도방정식으로 기술된다.

$$\frac{d[P]}{dt} = V = k[S] \quad (5.3)$$

이 반응에서 생성속도는 단지 기질의 농도에만 비례하고, 이를 1차 반응(first-order reaction)이라 한다. 여기서 인자 k는 비례상수로 주어진 생물학적 조건(pH, 온도 등)에서 반응이 일어날 확률을 반영하고, 시간의 역수단위(예, s^{-1})를 가진다. 예를 들어, 만약 1차 반응이 $0.03s^{-1}$의 속도상수 k를 가진다면, 이것은 1초안에 기질의 3%가 생성물로 변환된다는 것으로 해석된다. 만약 반응이 두 가지 다른 화합물 또는 같은 화합물의 두 가지 분자 사이에 일어나면, 2차 반응이라 하고, 반응 상수는 $M^{-1}s^{-1}$의 단위를 가진다. 반응식은 다음과 같다.

$$\frac{d[P]}{dt} = V = k[S_1][S_2] \quad (5.4)$$

전이상태이론(transition-state theory)[2]으로부터 반응상수는 활성에너지의 함수로 다음과 같이 기술될 수 있다.

$$k = \frac{\boldsymbol{k}T}{h} e^{-\Delta G^{**}/RT} \tag{5.5}$$

여기서 $\boldsymbol{k}$는 볼츠만 상수(Boltzman constant)를, h는 프랑크 상수(Plank's constant)를 각각 나타낸다. 여기서 주목해야 할 점은 속도 상수 k와 활성에너지 ΔG^{**}사이의 관계는 서로 역이고 지수적이라는 점이다. 이것은 활성에너지가 낮은 경우에 반응속도가 더 빠르다는 것을 의미한다. 즉, 효소는 활성에너지를 감소시켜, 반응속도를 증가시킨다. 효소에 의한 반응속도 변화는 10^5에서 10^{17}배까지 증가하는 것으로 알려져 있다. 또한 이러한 촉매는 매우 특이적으로 일어나는데, 이는 효소가 매우 유사한 구조를 가진 기질들을 선택적으로 구분할 수 있음을 의미한다.

5.2 질량작용의 법칙

질량작용의 법칙(law of mass action)은 동적평형상태에서 화합물의 거동을 예측하고 설명하기 위한 수학모델로 1864년 Cato Maximilian Guldberg와 Peter Waage에 의해 처음 제안되었다[3]. 이 법칙은 두 가지 이상의 물질들이 결합하여 다른 물질을 합성할 때의 반응속도를 설명한다. 예를 들면 A와 B 두 가지 물질이 결합하여 C를 생성한다고 하자. 화학반응식은 다음과 같이 기술될 수 있고,

$$A + B \xrightarrow{k} C \tag{5.6}$$

C에 대한 반응속도식은 아래와 같은 2차 반응식으로 기술될 수 있다.

$$\frac{d[C]}{dt} = k[A][B] \tag{5.7}$$

여기서 [•]는 물질의 농도값을 표현한다. 화학 반응식 (5.6)을 미분방정식 (5.7)로 나타낼 수 있는 것은 물질의 반응속도가 반응하는 두 물질의 농도 곱에 비례한다는 것, 즉 질량작용의 법칙에 기반한 것이다.

식 (5.6)은 단방향 반응식을 나타내지만, 대부분의 생화학반응은 역반응을 포함한 양방향반응으로, 이러한 반응식은 다음과 같이 표현된다.

$$A + B \underset{k_-}{\overset{k_+}{\rightleftharpoons}} C \tag{5.8}$$

여기서 k_+는 전방향 반응계수를, k_-는 역방향 반응계수를 각각 나타낸다. 양방향 반응에 대한 반응속도식은 다음과 같다.

$$\begin{aligned} \frac{d[A]}{dt} &= \frac{d[B]}{dt} = k_-[C] - k_+[A][B] \\ \frac{d[C]}{dt} &= -k_-[C] + k_+[A][B] \end{aligned} \tag{5.9}$$

A와 C에 대한 부가적인 반응이 없다면, 반응에 참여하는 물질 A와 B의 총량은 보존되고(즉, $[A]+[C]=A_0$는 상수), C가 평형 상태라면(즉, $\frac{d[C]}{dt}=0$), $[C]$는 다음과 같이 표현된다.

$$[C] = A_0 \frac{[B]}{K_{eq} + [B]} \tag{5.10}$$

여기서 $K_{eq} = \frac{k_-}{k_+}$이며, 이를 평형상수(equilibrium constant)라고 부른다.

5.3 효소동역학 모델

5.3.1 효소동역학 모델

효소동역학 모델은 효소 E가 기질 S와 결합하여 복합체 C를 형성하는 과정과, 복합체가 분해되어 생성물 P가 만들어 지고, 효소 E가 분리되는 과정으로 구분할 수 있다(보다 상세한 내용은 [1]의 8장을 참조). 화학 반응식으로 표현하면 다음과 같다.

$$S + E \underset{k_{-1}}{\overset{k_1}{\rightleftharpoons}} C \overset{k_2}{\longrightarrow} P + E \tag{5.11}$$

여기서 k_1은 결합계수를, k_{-1}은 해리계수를, k_2는 생성속도계수를 각각 나타낸다. 일반적으로, 생화학반응에서 생성물 P는 또 다른 작용에 의해 즉시 소진된다고 가정하므로, 생성의 역방향 과정($P+E \rightarrow C$)은 생략한다. 식 (5.11)의 화학반응식을 반응속도식으로 기술하면 다음과 같다.

$$\begin{aligned} \frac{ds}{dt} &= k_{-1}c - k_1 se \\ \frac{de}{dt} &= (k_{-1}+k_2)c - k_1 se \\ \frac{dc}{dt} &= k_1 se - (k_2 + k_{-1})c \\ \frac{dp}{dt} &= k_2 c \end{aligned} \tag{5.12}$$

여기서 $s=[S]$, $c=[C]$, $e=[E]$, $p=[P]$를 각각 나타낸다. 화학반응식에서 효소의 총량 e_0가 보존되는 경우, 다음과 같은 식이 성립된다.

$$e + c = e_0 \tag{5.13}$$

만약, 기질의 양이 효소의 양보다 매우 많다면(예를 들어, 10배 이상), 복합체의 생성속도는 기질과 생성물에 비해 빠른 시간 내에 평형상태에 도달하게 되는데, 이를 준평형상태(quasi-equilibrium)라고 한다.

5.3.2 평형점 근사화

준평형상태에서 $\frac{dc}{dt}=0$이므로, 식 (5.12)로부터 다음과 같은 대수관계식을 유도할 수 있다.

$$\frac{dc}{dt} = 0 = k_1 se - (k_{-1}+k_2)c \longrightarrow k_1 se = (k_{-1}+k_2)c \tag{5.14}$$

식 (5.13)과 (5.14)로부터 준평형상태에서 복합체 c는 다음과 같이 표현된다.

$$c = \frac{e_o s}{K_m + s} \tag{5.15}$$

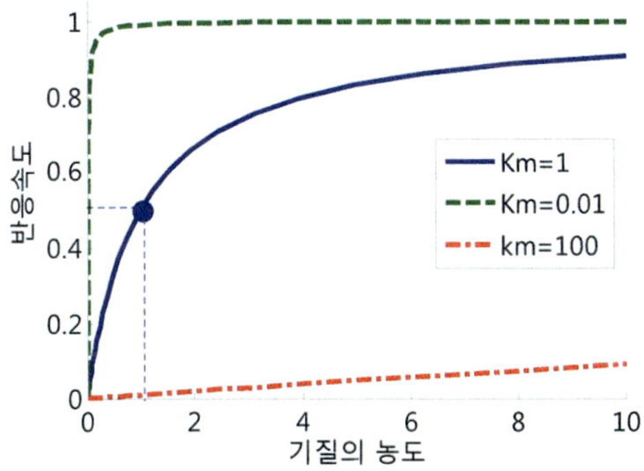

그림 5.2

미카엘리스-멘텐 식. 기질의 농도변화에 따른 생성물의 생성속도 변화의 예

식 (5.15)를 식 (5.12)에 대입하여 생성물 P에 대한 반응속도는 다음과 같이 정리할 수 있고, 이를 미카엘리스-멘텐(Michaelis-Menten) 식이라 한다.

$$\frac{dp}{dt} = \frac{k_2 e_o s}{K_m + s} = \frac{V_{\max} s}{K_m + s} \tag{5.16}$$

여기서 $K_m\left(= \frac{k_{-1} + k_2}{k_1}\right)$을 미카엘리스-멘텐 계수(Michaelis-Menten coefficient)라고 하고, $V_{\max}(= k_2 e_0)$를 최대 반응속도(maximum velocity)라고 한다.

기질의 농도에 대한 생성물의 생성속도 곡선은 크게 3가지 구역으로 나누어 생각해 볼 수 있다(그림 5.2). 첫째, $K_m \gg [S]$일 때 반응속도 식은 다음과 같이 기질에 대한 일차식으로 표현된다.

$$V \simeq \frac{V_{\max}[S]}{K_m} = V_{\max}{}'[S] \tag{5.17}$$

그림 5.2에서 점-파선(dot-dashed line)은 Km=100일 때, 생성속도 곡선을 나타낸다. 기질 농도에 대한 생성속도 곡선은 1차식임을 알 수 있다.

둘째, $K_m = [S]$일 때, $V = \frac{V_{\max}}{2}$, 즉 생성물의 반응속도가 최대반응속도의 절반이 된다.

셋째, $K_m \ll [S]$일 때, 반응속도 식은 기질의 농도에 무관하게 최대생성속도

그림 5.3
경쟁적 억제(A)와 원격조절 억제(B와 C)

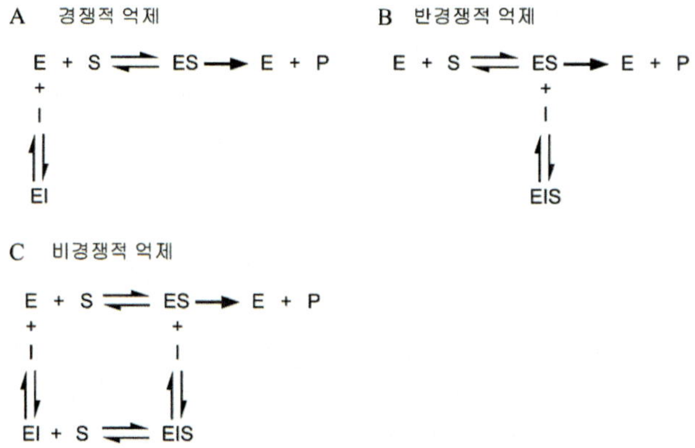

($V = V_{max}$)가 된다. 그림 5.2에서 파선(dashed line)은 Km=0.01일 때, 생성속도 곡선을 나타낸다. 생성속도 곡선은 기질의 농도가 약 0.1이상에서 기질의 농도에 상관없이 일정하다는 것을 알 수 있다.

5.4 효소-기질 반응의 억제

효소 억제자는 효소의 촉매 작용을 방해하는 기질이다. 효소 억제는 효소작용에서 흔히 볼 수 있는 현상이며, 효소의 반응정도를 제어하는데 중요한 역할을 한다. 대부분의 효소 분자는 촉매작용을 당하는 기질보다 부피가 큰 단백질이며, 기질이 결합할 수 있는 활성자리를 갖고 있다. 만약 기질과 비슷한 모양의 분자가 있다면, 그림 5.3A와 같이 활성자리를 차지해, 기질이 효소와 반응하는 것을 방해할 것이다. 이런 현상을 경쟁적 억제(competitive inhibition)라고 한다. 효소는 큰 분자이기 때문에 활성자리(active site) 이외에 효소의 반응정도를 제어하는 자리도 있는데, 이런 자리를 조절자리(allosteric site)라고 하고, 이런 억제를 원격조절 억제(allosteric inhibition)라고 한다. 원격조절 억제에는 그림 5.3B, 5.3C에서 보듯이 반경쟁적 억제(uncompetitive inhibition)와 비경쟁적 억제(noncompetitive inhibition) 등이 있으며, 두 경우 모두 억제자가 효소의 조절자리에 붙어 효소에 의한 생성물 생산을 방해한다. 경쟁적 억제는 다음과 같은 화학 반응식으로 표현될 수 있다.

$$
\begin{aligned}
&S+E \underset{k_{-1}}{\overset{k_1}{\rightleftharpoons}} C_1 \xrightarrow{k_2} E+P \\
&E+I \underset{k_{-3}}{\overset{k_3}{\rightleftharpoons}} C_2
\end{aligned}
\tag{5.18}
$$

질량 작용의 법칙을 적용하여 반응속도식으로 기술하면 다음과 같다.

$$
\begin{aligned}
\frac{ds}{dt} &= -k_1 se + k_{-1}c_1 \\
\frac{di}{dt} &= -k_3 ie + k_{-3}c_2 \\
\frac{de}{dt} &= -k_1 se + (k_{-1}+k_2)c_1 - k_3 ie + k_{-3}c_2 \\
\frac{dc_1}{dt} &= k_1 se - (k_{-1}+k_2)c_1 \\
\frac{dc_2}{dt} &= k_3 ie - k_{-3}c_2 \\
\frac{dp}{dt} &= k_2 c_1
\end{aligned}
\tag{5.19}
$$

여기서 $i=[I]$, $c_1=[C_1]$, $c_2=[C_2]$를 각각 나타낸다. 효소-기질-억제자 반응식 (5.18)에 복합체에 대한 준평형상태($\frac{dc_1}{dt}=\frac{dc_2}{dt}=0$)와 효소의 총량 보존 ($e+c_1+c_2=e_0$)을 가정하면, 식 (5.19)로부터 복합체는 다음과 같이 표현될 수 있다.

$$
c_1 = \frac{e_0\, s}{s+K_m\left(1+\frac{i}{K_i}\right)}
\tag{5.20}
$$

여기서 $K_m=\frac{k_{-1}+k_2}{k_1}$, $K_i=\frac{k_{-3}}{k_3}$이다. 식 (5.20)을 식 (5.19)에 대입하여 정리하면, 생성물의 생성속도식은 다음과 같이 표현된다.

$$
\frac{dp}{dt} = k_2\, c_1 = \frac{V_{\max}\, s}{s+K_m\left(1+\frac{i}{K_i}\right)}
\tag{5.21}
$$

식 (5.21)로부터 경쟁적 억제자는 효소의 미카엘리스-멘텐 계수를 결과적으로

그림 5.4
경쟁적 억제와 비경쟁적 억제의 예시

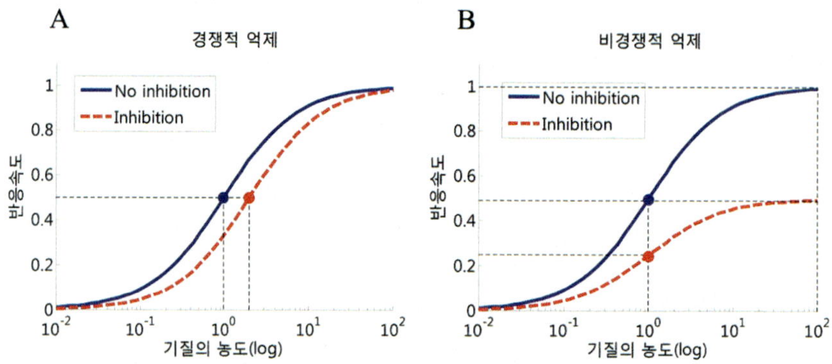

$1+i/K_i$ 배 만큼 증가시키는 역할을 한다는 것을 알 수 있다. 그러나 생성물의 최대생성속도는 변하지 않는다. 그림 5.4A는 경쟁적 억제자가 있을 때의 반응속도 곡선을 보여준다. 이미 식 (5.21)에서 확인한 바와 같이 억제자의 존재와 상관없이 최대생성속도는 변하지 않는다. 하지만, 최대반응속도의 절반이 되는 기질의 농도는 경쟁적 억제자가 있을 때 크게 증가한다는 것을 알 수 있다. 이는 기질과 억제자가 경쟁적 관계에 있기 때문에 억제자가 양적으로 우세할 때에만 생성속도를 저해시킬 수 있기 때문이다. 하지만, 기질의 양이 억제자에 비해 월등히 많아지면, 기질과 효소의 결합 가능성이 크게 증가하는 대신, 억제자와의 결합가능성은 상대적으로 줄어들어 억제자의 영향은 크게 약화된다.

지금부터는 원격조절 억제 중 비경쟁적 억제에 대해서 알아보자. 비경쟁적 억제에 대한 화학반응식은 다음과 같이 표현할 수 있다. 이 반응에서는 기질-효소 복합체 이외 효소-억제자 복합체, 효소-기질-억제자 3중합체를 가지는 것이 특징적이다.

$$\begin{gathered} S+E \underset{k_{-1}}{\overset{k_1}{\rightleftharpoons}} ES \xrightarrow{k_2} E+P \\ E+I \underset{k_{-3}}{\overset{k_3}{\rightleftharpoons}} EI,\ EI+S \underset{k_{-1}}{\overset{k_1}{\rightleftharpoons}} EIS,\ ES+I \underset{k_{-3}}{\overset{k_3}{\rightleftharpoons}} EIS \end{gathered} \tag{5.22}$$

화학반응식 (5.22)에 대한 반응속도식은 다음과 같다.

$$
\begin{aligned}
&\frac{ds}{dt} = -k_1 se + k_{-1}x - k_1 sy + k_{-1}z,\ \frac{dp}{dt} = k_2 x \\
&\frac{de}{dt} = -k_1 se + k_{-1}x - k_3 ie + k_{-3}y + k_2 x \\
&\frac{di}{dt} = -k_3 ie + k_{-3}y - k_3 ix + k_{-3}z \\
&\frac{dx}{dt} = k_1 se - k_{-1}x - k_3 ix + k_{-3}z - k_2 x \\
&\frac{dy}{dt} = k_3 ie - k_{-3}y - k_1 ys + k_{-1}z \\
&\frac{dz}{dt} = k_1 ys - k_{-1}z + k_3 ix - k_{-3}z
\end{aligned}
\tag{5.23}
$$

여기서 $x = [ES]$, $y = [EI]$, $z = [EIS]$를 각각 나타낸다.

반응속도식 (5.23)에 복합체에 대한 준평형상태($\frac{dx}{dt} = \frac{dy}{dt} = \frac{dz}{dt} = 0$)와 효소의 총량 보존($e_0 = e + x + y + z$)을 적용하면, 식 (5.23)으로부터 복합체 x에 대한 관계식은 다음과 같다.

$$
x = \frac{V'_{\max}}{1 + \frac{i}{K_i}} \frac{s}{K_m + s} \tag{5.24}
$$

식 (5.24)를 식 (5.23)에 대입하여 정리하면 생성물의 반응속도는 다음과 같다.

$$
\frac{dp}{dt} = k_2 x = \frac{V_{\max}}{1 + \frac{i}{K_i}} \frac{s}{K_m + s}. \tag{5.25}
$$

식 (5.25)로 부터 비경쟁적 억제는 생성물의 최대 반응속도를 결과적으로 $1 + \frac{i}{K_i}$ 배만큼 감소시키는 역할을 한다는 것을 알 수 있다. 그림 5.4B는 비경쟁적 억제자가 있을 때의 반응속도 곡선을 보여주고 있다. 비경쟁적 억제자에 의해 최대 반응속도는 감소하는 반면, 최대반응속도의 절반에 이르는 기질의 농도는 변하지 않는다는 것을 확인할 수 있다. 이는 경쟁적 억제자와 달리 기질의 농도가 아무리 늘어나도 비경쟁적 억제자의 효소 결합을 방해할 수 없기 때문이다.

5.5 라인위버-버크 식

기질의 농도에 따라 생성물의 생성속도는 증가하지만, 기질의 농도가 한없이 높아지더라도 생성물의 최대 생성속도에는 이르지 못하는 한계가 있다. 따라서 실험데이터로부터 미카엘리스-멘텐 식의 정확한 파라메터를 결정할 수 없다. 이러한 문제를 보완하기 위해 식 (5.16)을 다음과 같이 변형하여 보자.

$$\frac{1}{V}=\frac{K_m+[S]}{V_{\max}[S]} \tag{5.26}$$

식 (5.26)의 우변의 분자를 각각 분리하면,

$$\frac{1}{V}=\frac{K_m}{V_{\max}[S]}+\frac{[S]}{V_{\max}[S]} \tag{5.27}$$

다음과 같은 식을 얻을 수 있고, 이를 라인위버-버크(Lineweaver-Burk) 식이라고 한다[4].

$$\frac{1}{V}=\frac{K_m}{V_{\max}[S]}+\frac{1}{V_{\max}} \tag{5.28}$$

미카엘리스-멘텐 관계식을 따르는 효소 동역학 반응에서 $\frac{1}{[S]}$에 대한 $\frac{1}{V}$의 그래프는 직선으로 표현된다(그림 5.5A). 이를 $[S]$에 대한 V의 이중역수 그래프(double-reciprocal plot)라고도 한다. 라인위버-버크 그래프의 기울기는 $K_m/V_{\max}$이고, 가로축($1/[S]$)과 세로축($1/V$)의 절편 각각은 $-1/K_m$과 $1/V_{\max}$이다. 이러한 이중역수 그래프를 이용하면 실험데이터로부터 보다 정확하게 $V_{\max}$ 값을 결정할 수 있다. 또한 이중역수 그래프를 이용하면 효소 억제 메커니즘을 구분하는 데 매우 유용하다.

식 (5.21)로부터 경쟁적 억제는 다음과 같이 표현될 수 있다.

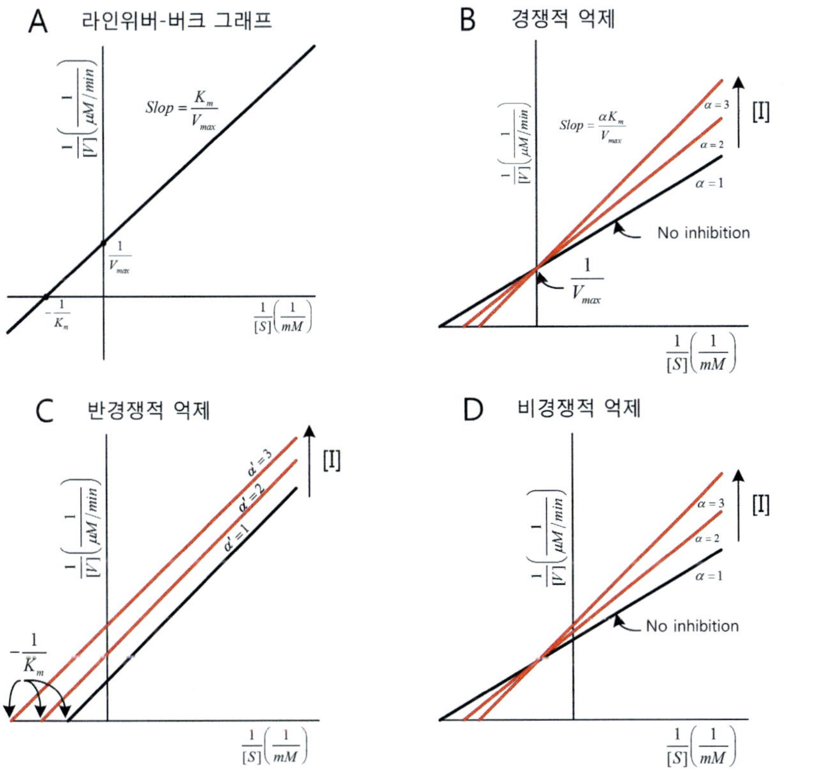

그림 5.5
라인위버-버크 그래프(이중역수 그래프)

$$\frac{dp}{dt} = \frac{V_{\max}[S]}{\alpha K_m + [S]} \tag{5.29}$$

여기서 $\alpha = 1 + \dfrac{[I]}{K_i}$ 이다. 이를 다시 라인위버-버크 식으로 정리하면, 다음과 같다.

$$\frac{1}{V} = \left(\frac{\alpha K_m}{V_{\max}}\right)\frac{1}{[S]} + \frac{1}{V_{\max}} \tag{5.30}$$

식 (5.30)으로부터 경쟁적 억제의 경우 이중역수 그래프의 기울기가 변화하지만, 세로축 절편의 값은 변하지 않는 것을 알 수 있다(그림 5.5B). 만약 실험데이터와 그래프로부터 [I]와 α를 알 수 있다면, α는 [I]에 대한 일차방정식이므로 K_i를 결정할 수 있다. 반경쟁적 억제의 경우 생성물의 반응속도는 $\dfrac{dP}{dt} = \dfrac{V_{\max}s}{K_m + \left(1 + \dfrac{i}{K_i}\right)s}$

로 표현되며, 이로부터 라인위버-버크 식을 유도하면 다음과 같다.

$$\frac{1}{V} = \left(\frac{K_m}{V_{\max}}\right)\frac{1}{[S]} + \frac{\alpha'}{V_{\max}} \tag{5.31}$$

식 (5.31)로부터 반경쟁적 억제의 경우 이중역수 그래프의 기울기는 변화하지 않지만, 억제자의 농도에 따라 세로축 절편값이 달라진다는 것을 알 수 있다(그림 5.5C). 한편 비경쟁 억제의 경우는 식 (5.25)로부터 다음과 같이 표현될 수 있다.

$$\frac{1}{V} = \left(\frac{\alpha K_m}{V_{\max}}\right)\frac{1}{[S]} + \frac{\alpha'}{V_{\max}} \tag{5.32}$$

비경쟁 억제의 경우 이중억제 그래프의 기울기와 세로축 절편값이 모두 변한다는 것을 알 수 있다(그림 5.5D).

5.6 효소-기질의 협력적 반응

효소는 두 가지 이상의 기질과 동시에 결합할 수 있는데, 하나의 기질이 결합함으로써 다른 기질의 결합에 영향을 줄 수 있다. 이것을 효소-기질의 협력적 작용이라 한다. 그림 5.6에서 보듯이 어떤 효소가 두 개의 기질 분자와 결합한다고 가정하자. 그러면 효소는 자유분자 상태 E, 한 기질과 결합한 상태 C_1, 그리고 두 기질과 결합한 상태 C_2의 세 가지 상태를 가질 수 있다. 이러한 효소-기질의 협력 작용을 화학 반응식으로 표현하면 다음과 같다.

$$\begin{aligned} S + E \ &\underset{k_{-1}}{\overset{k_1}{\rightleftharpoons}}\ C_1 \xrightarrow{k_2} E + P, \\ S + C_1 \ &\underset{k_{-3}}{\overset{k_3}{\rightleftharpoons}}\ C_2 \xrightarrow{k_4} C_1 + P. \end{aligned} \tag{5.33}$$

식 (5.33)에 대한 반응속도식을 작성하면 다음과 같다.

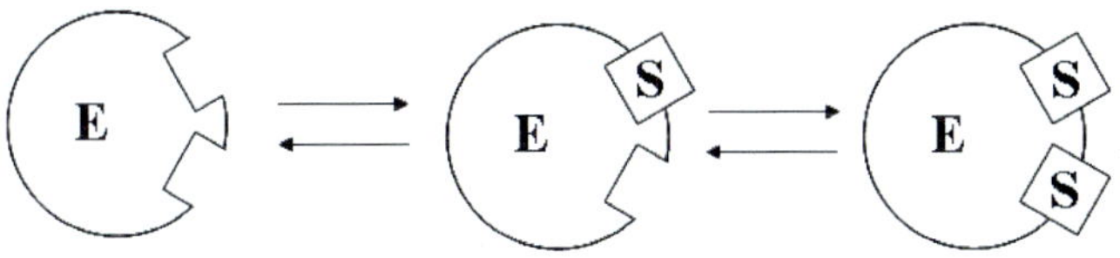

그림 5.6
효소의 협력적 작용

$$\begin{aligned}
\frac{ds}{dt} &= -k_1 se + k_{-1}c_1 - k_3 sc_1 + k_{-3}c_2 \\
\frac{de}{dt} &= -k_1 se + k_{-1}c_1 + k_2 c_1 \\
\frac{dc_1}{dt} &= k_1 se - (k_{-1}+k_2)c_1 - k_3 sc_1 + (k_4 + k_{-3})c2 \qquad (5.34) \\
\frac{dc_2}{dt} &= k_3 sc_1 - (k_4 + k_{-3})c_2 \\
\frac{dp}{dt} &= k_2 c_1 + k_4 c_2
\end{aligned}$$

반응속도식 (5.34)에 복합체에 대한 준평형상태($\frac{dc_1}{dt} = \frac{dc_2}{dt} = 0$)와 효소의 총량보존($e_0 = e + c_1 + c_2$)을 가정하면, 복합체 c_1에 대한 관계식은 다음과 같다.

$$c_1 = \frac{K_{m2} e_0 s}{K_{m1}K_{m2} + K_{m2}s + s^2} \qquad (5.35)$$

여기서 $K_{m1} = \frac{k_{-1}+k_2}{k_1}$, $K_{m2} = \frac{k_{-3}+k_4}{k_3}$ 이다. 식 (5.34)를 식 (5.33)에 대입하여 정리하면 생성물에 대한 반응속도식은 다음과 같다.

$$\frac{dp}{dt} = \frac{(k_2 K_{m2} + k_4 s)e_0 s}{K_{m1}K_{m2} + K_{m2}s + s^2} \qquad (5.36)$$

만약 효소의 활성사리가 서로 독립적이고, 동일한 결합특성을 가진다면, 처음 기질과 반응하는 경우에 비해 두 번째 기질과 반응하는 경우의 확률은 반으로 줄어들 것이고, 기질이 효소와 분리될 때에도 두 기질이 모두 결합되어 있는 상태에서 효소로부터 분해되는 것이 한 기질만 결합되어 있는 경우보다 두 배의 확률로 일어날 것이다. 따라서 이러한 가정으로부터 우리는 다음과 같은 관계를 얻을 수 있다.

$$k_1 = 2k_3 = 2k_+,\ k_{-3} = 2k_{-1} = 2k_-,\ k_4 = 2k_2 \tag{5.37}$$

식 (5.37)을 식 (5.36)에 대입하여 정리하면,

$$\frac{dp}{dt} = 2\frac{k_2 e_0 (K+s)s}{K^2 + 2K + s^2} = 2\frac{k_2 e_0 s}{K+s} = 2\frac{V_{\max} s}{K+s} \tag{5.38}$$

여기서 $K = \dfrac{k_- + k_2}{k_+}$ 이다. 식 (5.38)로부터 효소가 두 개의 독립적이고 동일한 특성을 가지는 활성자리를 가진다면, 생성물의 생성속도는 정확하게 활성자리가 하나인 경우에 비해 2배 증가한다는 것을 알 수 있다.

효소-기질 반응에서 극단적인 경우를 생각해 보자. 첫 번째 기질이 효소의 활성자리에 결합하는 속도가 매우 느리지만, 두 번째 결합은 매우 빠르다고 가정해 보자. 이 경우 $k_3 \to \infty$, $k_1 \to 0$이라고 생각할 수 있다. 이 경우 반응속도식은 아래와 같이 얻어진다.

$$\frac{dp}{dt} = \frac{k_4 e_0 s^2}{K_m^2 + s^2} \tag{5.39}$$

식 (5.39)를 일반화하여, n개의 기질 분자가 효소에 결합할 수 있고, n개의 결합상수가 K_{m1}에서 K_{mn}이라고 하자. 만약 첫 번째 기질이 효소의 활성자리에 결합하는 속도가 매우 느리고, 마지막 자리의 결합은 매우 빠르다고 가정하자. 그러면, $K_{m1} \to 0$이고 $K_{mn} \to \infty$, 한편 $K_{m1}K_{mn}$은 일정한 상수로 가정할 수 있다. 따라서 생성물의 반응속도식은 다음과 같이 표현될 수 있고, 이를 힐 방정식(Hill equation)이라고 한다.

$$\frac{dp}{dt} = \frac{k_4 e_0 s^n}{K_m^n + s^n} \tag{5.40}$$

여기서 n을 힐 계수라고 한다. 일반적으로 모델링 과정에서 힐 방정식은 협력적 반응이 예측되나 생체반응의 중간 단계가 명확하게 알려져 있지 않을 때 개략적

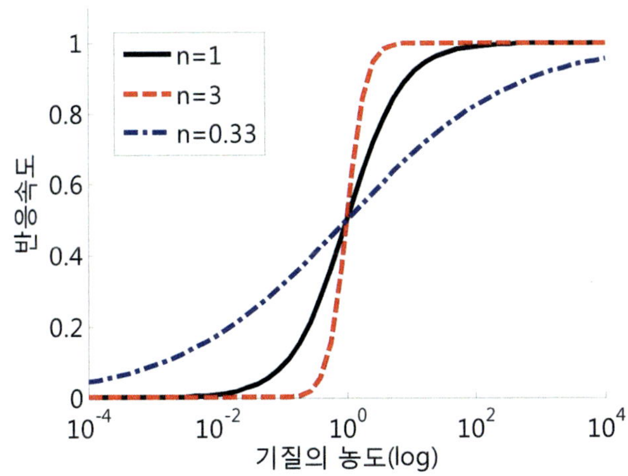

그림 5.7
효소의 협력적 작용

인 모델을 제공하기 위해 사용된다. 그림 5.7은 힐 계수에 따른 반응속도 곡선의 변화를 보여주고 있다. n=3일 때 반응속도 곡선은 분명한 시그모이드(sigmoid) 특성을 보여준다. 반면, n=0.33일 때 반응 속도가 크게 줄어드는 것을 알 수 있다. 힐 계수가 n〈1일 때, 이를 음의 협력이라고 한다.

5.7 신호전달경로 모델링

이절에서는 MAPK(Mitogen-Activated Protein Kinase)와 JAK-STAT 신호전달경로를 대상으로 앞서 소개한 모델링 기법을 적용해본다. 본 절에서 소개하는 신호전달경로 이외의 다양한 생체시스템에 대한 모델링 예제는 다음 논문들에서 더 참조할 수 있다: ERK 신호전달경로[5], [10], [11], Cn-NFAT 신호전달경로[6], Wnt 신호전달경로[7], [12], JAK-STAT 신호전달경로[13] 등. MAPK 신호전달경로는 세포의 성장, 분화, 분열, 사멸등과 같은 다양한 세포생리과정을 조절하는 것으로 알려져 있다[14]. 따라서 MAPK 단백질 변형은 염증, 종양유전자의 형질전환, 암세포의 침윤 등과 같은 병리학적 상황과 밀접하게 관련되어 있다[15]. 현재까지 ERK, JNK, p38을 포함하는 다양한 MAPK 들이 동정되어 있다. 이들 MAPK의 세포 기능은 다양하지만, 이들 신호전달경로는 대부분 그림 5.8과 같이 3단계로 구성된 계단식

그림 5.8
MAPK 신호전달경로

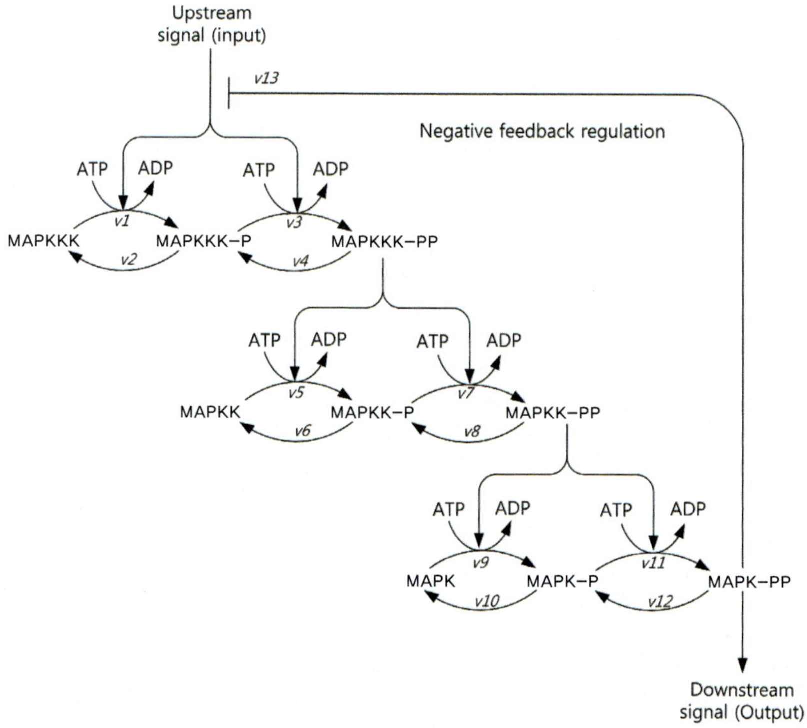

구조로 이루어져 있다. 각 단계에서 활성화된 키나제(kinase)는 ATP를 이용하여 다음 단계의 키나제를 인산화(phosphorylation)시킨다. 이 과정에 관여하는 키나제의 두 개의 특이 사이트가 모두 인산화되면, 키나제는 활성화된다. MAPK는 이 계단식 구조의 마지막 단계에서 활성화되는 키나제이다. 종종 이러한 신호전달경로는 피드백 조절을 받는데, MAPK의 한 종류인 ERK의 경우 SOS를 인산화시켜, 그 기능을 차단하는 음성피드백회로를 가지고 있다(그림 5.8).

MAPK의 계단식 구조에서 첫 번째 단계의 상위신호(시스템의 입력신호)는 기질 $MAPKKK$을 촉매하여 산물인 $MAPKKKp$을 생성하고, 이를 다시 기질로서 촉매하여 $MAPKKKpp$을 만들어낸다. 이렇게 활성화된 $MAPKKKpp$는 다시 다음 단계의 기질인 $MAPKK$와 $MAPKKp$를 촉매한다. 앞서 언급한 바와 같이 대부분의 효소는 다양한 형태의 피드백회로를 통해 조절 받게 되는데, MAPK 신호전달경로는 계단식 구조의 최종단계에서 활성화되는 $MAPKpp$가 상위신호를 저해하여 신호의 흐름을 방해한다. 예를 들어, ERK 신호전달경로의 경우 활성화된

ERK는 MAPKKK의 상위신호인 SOS를 인산화시킴으로써 Ras 활성을 저해하는 것으로 알려져 있다[5]. 이는 효소 동역학 모델에서 원격조절 억제에 해당한다고 할 수 있다. 따라서 MAPK의 계단식 구조의 첫 번째 단계에서 효소-촉매 반응에 대한 반응속도식은 다음과 같다.

$$\begin{aligned}
\frac{dx_{11}}{dt} &= -\frac{k_{a11}x_{11}x_0}{1+(\frac{x_{33}}{k_i})^n} + k_{d11}x_{12} \\
\frac{dx_{12}}{dt} &= \frac{k_{a11}x_{11}x_0}{1+(\frac{x_{33}}{k_i})^n} - k_{d11}x_{12} - k_{a12}x_{12}x_0 + k_{d12}x_{13} \\
\frac{dx_{13}}{dt} &= k_{a12}x_{12}x_0 - k_{d12}x_{13}
\end{aligned} \tag{5.41}$$

1단계에서 활성화된 $MAPKKKpp$는 1단계에서와 같이 2단계의 기질인 $MAPKK$와 $MAPKKp$를 촉매하여 생성물인 이중으로 인산화된 $MAPKKpp$를 만들어 낸다.

$$\begin{aligned}
\frac{dx_{21}}{dt} &= -k_{a21}x_{21}x_{13} + k_{d21}x_{22} \\
\frac{dx_{22}}{dt} &= k_{a21}x_{21}x_{13} - k_{d21}x_{22} - k_{a22}x_{22}x_{13} + k_{d22}x_{23} \\
\frac{dx_{23}}{dt} &= k_{a22}x_{22}x_{13} - k_{d22}x_{23}
\end{aligned} \tag{5.42}$$

2단계에서 활성화된 $MAPKKpp$는 계단식 구조의 말단에서 기질인 $MAPK$와 $MAPKp$를 촉매하여 최종 생성물인 $MAPKpp$를 만들어 낸다. 이렇게 생성된 $MAPKpp$는 세포질과 핵에서 다양한 역할을 하는 것으로 알려져 있다. 특히, 다양한 전사인자(transcription factor)를 촉매하여 세포의 분화, 증식, 생존, 이동 등을 조절하는 것으로 알려져 있다. 한편 세포질에서 $MAPKpp$는 다양한 표적 단백질을 인산화하여 세포신호전달을 조절한다. 이에 대한 수학모델은 다음과 같다.

$$
\begin{aligned}
\frac{dx_{31}}{dt} &= -k_{a31}x_{31}x_{23} + k_{d31}x_{32} \\
\frac{dx_{32}}{dt} &= k_{a32}x_{31}x_{23} - k_{d32}x_{32} - k_{a33}x_{32}x_{23} + k_{d33}x_{33} \\
\frac{dx_{33}}{dt} &= k_{a33}x_{32}x_{23} - k_{d33}x_{33}
\end{aligned} \tag{5.43}
$$

여기서 $x_{11} = [MAPKKK]$, $x_{12} = [MAPKKKp]$, $x_{13} = [MAPKKKpp]$ $x_{21} = [MAPKK]$, $x_{22} = [MAPKKp]$, $x_{23} = [MAPKKpp]$, $x_{31} = [MAPK]$, $x_{32} = [MAPKp]$, $x_{33} = [MAPKpp]$, $x_0 = [input]$을 각각 나타낸다.

우리는 효소 동역학 모델링에서 효소-촉매 반응 동안 기질의 총량은 변하지 않는다고 가정하였다. 따라서 다음의 대수 관계식이 성립한다.

$$
\begin{aligned}
&[MAPKKK]_{total} = [MAPKKK] + [MAPKKKp] + [MAPKKKpp] \\
&[MAPKK]_{total} = [MAPKK] + [MAPKKp] + [MAPKKpp] \\
&[MAPK]_{total} = [MAPK] + [MAPKp] + [MAPKpp]
\end{aligned} \tag{5.44}
$$

이제 위와 같이 만들어진 수학모델에 대해 컴퓨터시뮬레이션을 해보자. 시뮬레이션을 위한 코드는 다양한 프로그래밍 언어를 이용하여 구현할 수 있다. 본 예제에서는 과학/공학에서 가장 보편적으로 이용되고 있는 Matlab을 사용하였다. 시뮬레이션은 자극의 세기를 다르게 하여 수행하였고, 이중으로 인산화된 MAPK의 농도(x_{33})를 출력으로 하였다. 시뮬레이션 분석에서 흥미로운 것은 자극의 세기에 따라 시스템의 동역학 특성이 변화하는 것을 관찰하는 것이다. 예를 들어, 자극의 세기가 약할 때 인산화된 MAPK의 농도는 단조 증가하는 특성을 보이지만(그림 5.9A, $x_0 = 0.05$), 자극의 세기가 증가하게 되면, 출력은 감쇠진동(damped oscillation) 특성을 보이게 된다(그림 5.9B, $x_0 = 0.1$). 자극의 세기를 더욱 증가시키면, 감쇠진동 특성은 사라지게 된다(그림 5.9C, $x_0 = 1$). 자극의 세기에 따른 동역학을 좀 더 세밀하게 분석하기 위해 입력의 세기를 점진적으로 증가시키며 인산화된 MAPK의 농도(x_{33})를 관찰해 보자. 앞서 확인한 바와 같이 자극의 세기가 특정 범위 내에 있을 때에만 MAPK는 감쇠진동특성을 보인다는 것을 확인할 수 있다(그림 5.9D).

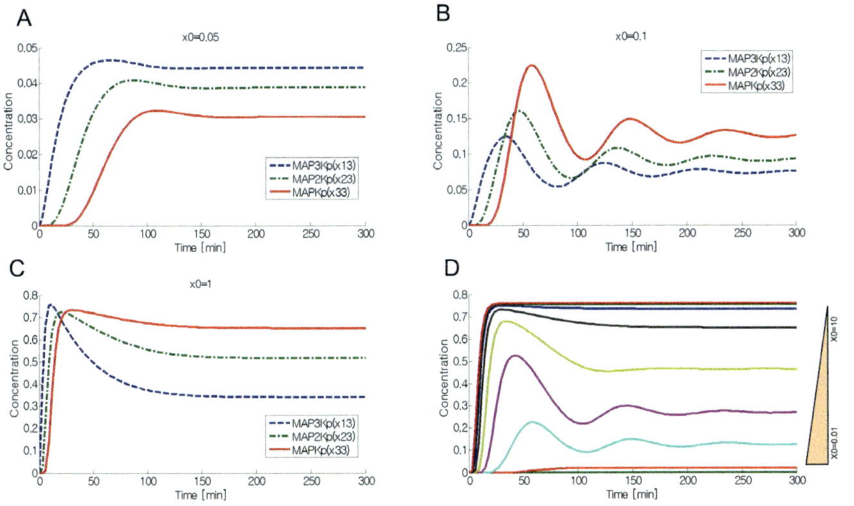

그림 5.9

MAPK 신호전달경로에 대한 시뮬레이션의 예

RKIP(Raf Kinase Inhibitor Protein)은 MAPK의 대표적 예인 ERK 신호전달에서 Raf와 MEK의 물리적 상호작용을 저해하는 경쟁적 억제자로 알려져 있다[8]. 또한 최근 활성화된 ERK가 RKIP의 99번 세린(serine) 사이트를 인산화시키고, 이로 인해 RKIP의 기능이 억제된다는 것이 밝혀졌다[5]. 이러한 최근 실험결과를 종합해 보면, ERK에 의해 RKIP이 인산화되어, RKIP에 의한 MEK의 기능저해가 완화됨으로써, 양성피드백회로가 형성됨을 알 수 있다. 이러한 실험적 사실을 바탕으로 ERK 신호전달네트워크를 재정립하면 그림 5.10과 같다. 앞서 그림 5.8과 달리, 그림 5.10에서는 효소와 기질의 복합체 형성과정을 생략하였다. 이는 기질의 양이 효소에 비해 최소 10배 이상이라는 가정을 내포한 것이다. 위에서 언급한 실험적 사실을 바탕으로 ERK 신호전달경로에 대한 모델을 기술하여 보자. 앞서 기술한 바와 같이 복합체의 준평형상태를 가정하여, 미카엘리스-멘텐 식을 이용하여 반응속도식을 기술하면 식 (5.45)~(5.49)와 같이 5개의 미분방정식으로 표현된다. 미분 방정식의 각 상태변수는 인산화된 키나제의 농도를 나타낸다.

그림 5.10

양성과 음성피드백회로를 가지는 ERK 신호전달경로

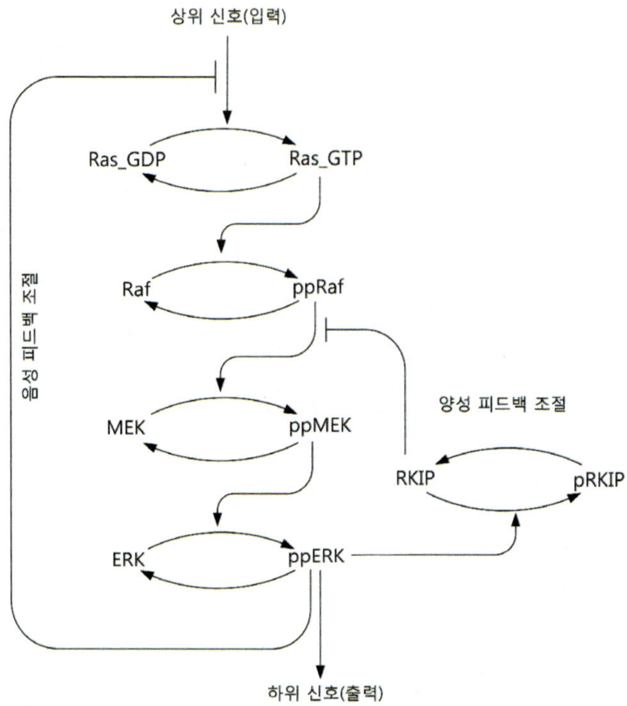

$$\frac{d[Ras\,GTP]}{dt}=\frac{K_{cat1}u(t)([Ras_{tot}]-[Ras\,GTP])}{(K_{mk1}+([Ras_{tot}]-[Ras\,GTP]))\left(1+\frac{[ppERK]}{k_{ierk}}\right)^{h1}}-\frac{V_{\max 1}[Ras\,GTP]}{K_{mp1}+[Ras\,GTP]} \tag{5.45}$$

$$\frac{d[ppRaf]}{dt}=\frac{K_{cat2}([Raf_{tot}]-[ppRaf])[Ras\,GTP]}{K_{mk2}+([Raf_{tot}]-[ppRaf])}-\frac{V_{\max 2}[ppRaf]}{K_{mp2}+[ppRaf]} \tag{5.46}$$

$$\frac{d[ppMEK]}{dt}=\frac{K_{cat3}([MEK_{tot}]-[ppMEK])[ppRaf]}{K_{mk3}\left(1+\left(\frac{[RKIP_{tot}]-[pRKIP]}{K_{irkip}}\right)^{h2}\right)+([MEK_{tot}]-[ppMEK])}-\frac{V_{\max 3}[ppMEK]}{K_{mp3}+[ppMEK]} \tag{5.47}$$

$$\frac{d[ppERK]}{dt}=\frac{K_{cat4}([ERK_{tot}]-[ppERK])[ppMEK]}{K_{mk4}+([ERK_{tot}]-[ppERK])}-\frac{V_{\max 4}[ppERK]}{K_{mp4}+[ppERK]} \tag{5.48}$$

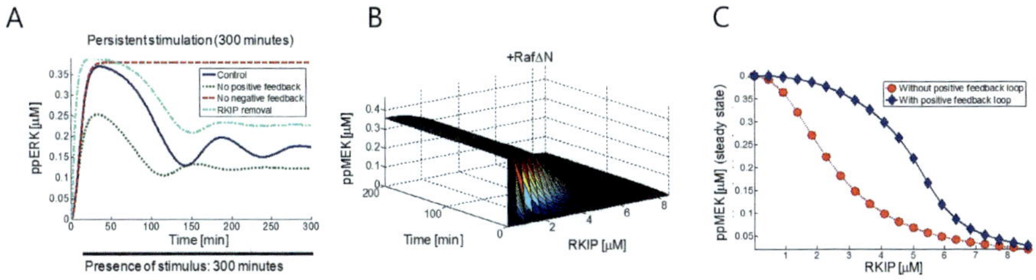

그림 5.11
ERK 신호전달경로에 대한 시뮬레이션 분석

$$\frac{d[pRKIP]}{dt} = \frac{K_{cat5}([RKIP_{tot}]-[pRKIP])[ppERK]}{K_{mk5}+([RKIP_{tot}]-[pRKIP])} - \frac{V_{\max 5}[pRKIP]}{K_{mp5}+[pRKIP]} \quad (5.49)$$

정립된 수학모델에 대한 동역학 분석을 위해 먼저 간단한 시뮬레이션을 수행해 보자. 분석을 위해 먼저 양성피드백회로와 음성피드백회로, 그리고 RKIP의 기능을 각각 일시적으로 차단한 후 시뮬레이션 결과를 비교해 보자. 그림 5.11에서와 같이 양성피드백회로가 차단되면 ERK의 인산화 레벨은 감소하고, ERK의 진동특성이 약해진다는 것을 알 수 있다(그림 5.11A). 한편, 음성피드백회로가 차단되었을 때, ERK의 진동특성은 완전히 사라진다는 것을 알 수 있다. 이는 ERK에 의한 음성피드백회로가 시스템의 진동특성을 유발시킨다는 것을 의미한다. 다음으로, 시스템의 동역학 조절에서 RKIP의 기능을 알아보기 위해 RKIP의 농도를 점진적으로 증가시켜 보자. 이때 RKIP을 포함하는 양성피드백회로의 기능만을 탐구하기 위해서 음성피드백회로를 일시적으로 차단시켜 놓자. 점진적인 RKIP의 농도 증가에 대해 MEK 인산화 레벨은 강한 스위칭 특성을 보이는 것을 알 수 있다(그림 5.11B~C). 하지만, 양성피드백회로가 차단되었을 때, 이러한 스위칭 특성은 사라진다(그림 5.11C). 시뮬레이션 결과는 RKIP의 농도가 낮을 때 ERK신호전달경로는 강한 신호를 전달하지만, 특정값 이상의 RKIP의 농도 영역에서 신호는 스위칭되어 차단된다는 것을 보여준다. 그림 5.12는 시뮬레이션으로 도출된 가설을 실험적으로 검증한 결과이다. 실험검증을 위해 COS 7 세포를 이용하였고, RKIP농도를 0ug에서 5ug까지 점진적으로 증가시켰다. 한편, 시뮬레이션과 동일한 실험조건을 만들기 위해 RKIP에 의한 양성피드백을 차단하였고, 이를 위해 ERK에 의해 인산화되는

그림 5.12

RKIP농도에 따라 ERK신호전달경로는 스위칭 특성을 보임.

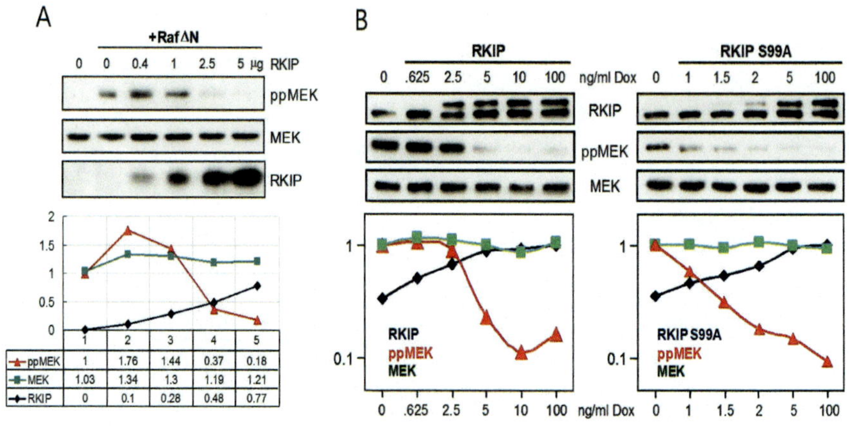

RKIP의 세린99번 사이트를 돌연변이 시켰다. 그림 5.12에서 보이는 바와 같이 양성피드백이 있을 때 RKIP의 스위칭 특성이 발견되었지만, 양성피드백이 제거되었을 때는 이러한 특성이 사라진다는 것을 알 수 있다.

다음으로 JAK-STAT 신호전달경로 모델링에 대하여 알아보자. JAK-STAT 신호전달경로는 면역반응과 세포의 항상성을 조절하는데 매우 중요한 역할을 하는 것으로 알려져 있다[9]. EPoR은 JAK-STAT 신호전달경로를 활성화시키는 대표적 수용체로 잘 알려져 있다. 특이적 리간드인 Epo가 EpoR에 결합하면 세포질 영역에 있는 JAK은 수용체를 인산화시키고, 단위체(monomer) 형태로 존재하는 STAT(x_1)은 인산화된 수용체(x_0)로 이동한다. 수용체에 의해 인산화된 STAT(x_2)은 중합체(x_3)를 형성하여 핵으로 이동(x_4)해서 유전자 발현 과정에 관여하게 된다. 핵으로 이동한 인산화된 STAT 중합체는 탈인산화되고 다시 단위체로 분해(x_5)되어 세포질로 방출된다. 앞서 소개한 효소-동역학 모델을 기반으로 JAK-STAT 신호전달시스템에 대한 반응속도식을 작성하면 다음 식 (5.50)과 같다.

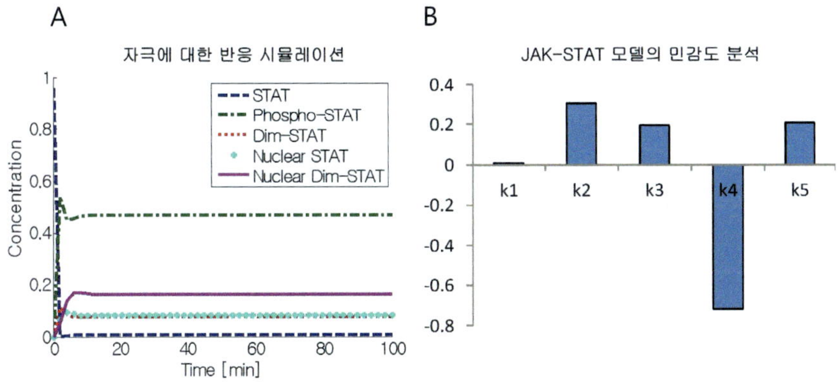

그림 5.13

JAK-STAT 신호전달경로에 대한 동역학 분석과 민감도 분석

$$
\begin{aligned}
\frac{dx_1}{dt} &= -k_1 x_1 x_0 + k_5 x_5 \\
\frac{dx_2}{dt} &= k_1 x_1 x_0 - 2k_2 (x_2)^2 \\
\frac{dx_3}{dt} &= k_2 (x_2)^2 - k_3 x_3 \\
\frac{dx_4}{dt} &= k_3 x_3 - k_4 x_4 \\
\frac{dx_5}{dt} &= 2k_4 x_4 - k_5 x_5
\end{aligned} \tag{5.50}
$$

여기서 $x_1 = [STAT]$,

$x_2 = [Phospho - STAT]$,

$x_3 = [Phospho - STAT Dimer]$,

$x_4 = [Nuclear Phospho - STAT Dimer]$,

$x_5 = [Nuclear STAT Monomer]$,

$x_0 = [EpoRA]$을 각각 나타낸다.

정립된 JAK-STAT 신호전달경로에 대한 동역학 특성은 Matlab을 이용한 시뮬레이션으로 조사해 볼 수 있다. $EpoRA(x_0)$ 자극에 의해 비활성 상태의 STAT 양은 급격하게 감소하고, 대신 인산화된 STAT의 양은 크게 증가하는 것을 확인할 수 있다(그림 5.13A). 또한 STAT 중합체와 전사인자로 기능하는 핵 안의 STAT 양도 증가함을 알 수 있다. 다음으로 시스템의 동역학을 보다 심층적으로 분석해 보자. 파라메터 민감도 분석은 시스템을 구성하는 다양한 인자들의 동역학을 심층적으로 탐구하는데 널리 사용되는 분석방법 가운데 하나이다. 이러한 민감도 분석을 통해 핵안의 STAT 농도에 가장 민감한 영향을 미치는 인자를 동정해 보자. 분석을 위해 먼저 민감도를 나타내는 지표를 정의하여야 한다. 다양한 형태의 지표를 생각할 수 있지만, 편의상 정상상태에서 핵안의 STAT 중합체 농도에 대한 퍼센트 변화를 지표로 사용하자. 시뮬레이션 분석으로부터 k_1은 핵안의 STAT 중합체 농도 변화에 큰 영향을 주지 못하는 반면 k_2, k_3, k_4 및 k_5는 모두 핵안의 STAT 중합체 농도변화에 영향을 준다는 것을 알 수 있다. 특히, k_2, k_3, k_5는 핵안의 STAT 중합체 농도 증가에 기여하나 k4의 경우 감소에 기여한다는 것을 알 수 있다.

연 습 문 제

5.1 효소-기질 반응의 식 (5.12)에서 반응물의 총량이 보존됨을 증명하시오.

5.2 경쟁적 억제와 원격 조절 억제의 차이점을 설명하시오.

5.3 T 세포에서 칼시뉴린(calcineurin)에 의해 탈인산화된 전사인자 NFAT는 핵으로 이동하여 자신의 프로모터(promoter)에 결합함으로써 NFAT의 양을 증가시키는 양성적 자가조절작용(positive autoregulation)을 하는 것으로 알려져 있다. 이렇게 생성된 NFAT는 다시 ERK에 의해 인산화되어 비활성상태가 된다. 이에 대한 수학모델을 정립하시오.

참 고 문 헌

1. Nelson, D.L., Lehninger, A.L. and Cox, M.M. Lehninger Principles of Biochemistry. W.H. Freeman, New York. 2008.
2. Truhlar, D.G., Garrett, B.C. and Klippenstein, S.J. Current status of transition-state theory. Journal of Physical Chemistry, 100(31):12771-12800. 1996.
3. Waage, P. and Gulberg, C.M. Studies concerning affinity. Journal of Chemical Education, 63(12):1044-1047. 1986.
4. Lineweaver, H. Citation Classic - the Determination of Enzyme Dissociation-Constants. Current Contents/Life Sciences, 11):19-19. 1985.
5. Shin, S.-Y., Rath, O., Choo, S.-M., Fee, F., McFerran, B., Kolch, W. and Cho, K.-H. Positive- and negative-feedback regulations coordinate the dynamic behavior of the Ras-Raf-MEK-ERK signal transduction pathway. J Cell Sci, 122(Pt 3):425-35. 2009.
6. Shin, S.-Y., Yang, H.-W., Kim, J.-R., Do Heo, W. and Cho, K.-H. A hidden incoherent switch regulates RCAN1 in the calcineurin-NFAT signaling network. J Cell Sci, 124(Pt 1):82-90. 2011.
7. Shin, S.-Y., Rath, O., Zebisch, A., Choo, S.-M., Kolch, W. and Cho, K.-H. Functional roles of multiple feedback loops in extracellular signal-regulated kinase and Wnt signaling pathways that regulate epithelial-mesenchymal transition. Cancer Res, 70(17):6715-24. 2010.
8. Yeung, K. et al. Suppression of Raf-1 kinase activity and MAP kinase signalling by RKIP. Nature, 401(6749):173-7. 1999.
9. Shuai, K. and Liu, B. Regulation of JAK-STAT signalling in the immune system. Nat Rev Immunol, 3(11):900-11. 2003.
10. Borisov, N. et al. Systems-level interactions between insulin-EGF networks amplify mitogenic signaling. Mol. Syst. Biol., 5(256). 2009.
11. Kholodenko, B.N. Negative feedback and ultrasensitivity can bring about oscillations in the mitogen-activated protein kinase cascades. Eur. J. Biochem., 267(6):1583-8. 2000.
12. Lee, E., Salic, A., Kruger, R., Heinrich, R. and Kirschner, M.W. The roles of APC and Axin derived from experimental and theoretical analysis of the Wnt pathway. PLoS Biol., 1(1):E10. 2003.
13. Raia, V. et al. Dynamic mathematical modeling of IL13-induced signaling in

Hodgkin and primary mediastinal B-cell lymphoma allows prediction of therapeutic targets. Cancer Res., 71(3):693-704. 2011.

14. Kolch, W. Coordinating ERK/MAPK signalling through scaffolds and inhibitors. Nat. Rev. Mol. Cell Biol., 6(11):827-37. 2005.

15. Schilling, M. et al. Theoretical and experimental analysis links isoform-specific ERK signalling to cell fate decisions. Mol. Syst. Biol., 5(334). 2009.

chapter 06

추계적 모델링

시스템
생물학

Systems Biology

과학자들은 시간의 흐름에 따라 시스템에서 발생되는 일련의 상태변화를 설명하기 위한 다양한 동역학 모델링 기법을 개발해 왔다. 특히 생명체내의 미세한 세포 및 분자수준 현상에 대한 모델링에 있어서 이를 기술하는 방법은 대상과 바라보는 관점에 따라 크게 두 가지 접근방식이 존재한다. 앞장에서 지금까지 소개된 결정론적 모델링(deterministic modeling) 기법은 생체시스템의 작동원리가 모델에 완벽히 표현되었다는 가정하에 시스템을 기술하는 모델링 기법이라고 할 수 있다. 과학자들은 이러한 결정론적 모델링 기법을 활용하여 생체시스템 내부의 다양한 동역학 특성을 분석한다. 이러한 접근은 우리가 바라보는 대상이 매우 많은 수의 세포집단 또는 분자집단일 때 집단의 평균적 행동을 기술하는 방식이다. 그러나 최근 단일 세포 수준에서 분자의 상태변화를 관측하는 실험기법이 개발됨에 따라 이를 활용한 생물학 실험을 수행한 결과, 유전적으로 동일한 세포 집단이 동일한 환경에 노출된다 하더라도 개개 세포의 반응 양상은 매우 다양하다는 사실이 발견되었다. 이러한 발견은 개개 생체시스템 내부에는 임의적 특성이 내재되어 있기 때문에, 생체시스템의 작동원리는 모델과 정확히 일치할 수 없으며, 따라서, 결정론적 모델링 기법을 통하여 생체시스템을 완벽하게 모사하는 것에 본질적인 한계가 있을 수 있음을 의미한다.

시스템의 상태변화를 기술하는 또 다른 방식으로서 시스템 내에서 발생하는 일련의 상태변화를 사건들의 확률적인 과정으로 표현하는 추계적 모델링(stochastic modeling) 기법이 있다. 추계적 모델링 기법은 시간의 흐름에 따라 생체 내에서 발생되는 사건을 완벽하게 모사하거나 정확히 예측하기 불가능하고, 다만 확률적으로 설명 가능한 경우 유용한 모델링 기법이다. 추계적 모델링은 모델 내부에 무작위도(randomness)를 고려함으로써 생체시스템의 동역학 변화를 확률적으로 추정 가능하게 한다. 생체시스템을 포함한 많은 동역학 과정에는 본질적으로 신호의 잡음이 유입될 수 있으므로, 추계적 모델은 동역학 과정의 잡음을 포함한 포괄적인 동역학 모델로서 간주될 수 있고, 결정론적 모델은 추계적 모델에서 잡음이 없는 특수한 경우로 해석할 수 있다.

생체시스템의 경우, 유전자 발현에 관한 메커니즘을 추계적 모델링 기법을 활용하여 분석한 논문[1]이 발표된 이래 생체시스템의 다양한 현상을 이해하기 위한 다양한 추계적 모델링 기법들이 소개되고 있다. 최근 들어 실험기법이 더욱 발전함에 따라 이제는 단일 세포 내에 존재하는 분자들의 개수를 세는 것이 가능해졌다. 특히 생체 현상의 유전자 발현과정 중에 무작위도가 크게 발생하는 것으로 알려져 있어서 추계적 모델은 세포 내부의 유전자 발현과정을 포함한 미시적 세계를 모델링하는데 널리 이용되고 있다. 최근에는 추계적 모델을 활용하여 생체시스템의 특성을 분석할 뿐만 아니라, 생체시스템 내부에 존재하는 무작위도의 특성에 관한 연구도 활발히 진행되고 있다[2, 3].

최근의 연구에 따르면 세포는 유전자 전사과정 중에 매우 큰 잡음을 가지고 있을 뿐만 아니라, 번역과정 중에도 매우 큰 잡음을 가지고 있다는 사실이 알려졌다[3]. 세포들은 다양한 네트워크 구조를 통해 이러한 잡음 정보를 억제하여 안정된 정보 전달을 유도하기도 하고, 잡음 정보를 오히려 증폭시켜 동일한 환경, 동일한 세포마다 다른 표현형을 발현하기도 한다[4]. 생체를 관측하는 기술의 발전에 따라 생명체를 점점 더 미세 수준으로 관측하면 할수록 생체가 갖는 비결정적 특성은 명확히 드러날 것이고, 이에 따라 추계적 모델의 필요성은 점점 더 증가할 것이다.

추계적 과정을 구체적으로 이해하기 위해서는 기본적으로 몇 가지 기본 분포 함수와 포아송 과정을 이해할 필요가 있다. 다음 절에서는 각 용어들의 기본적인 설명과 추계적 모델과의 관련성에 대하여 알아본다.

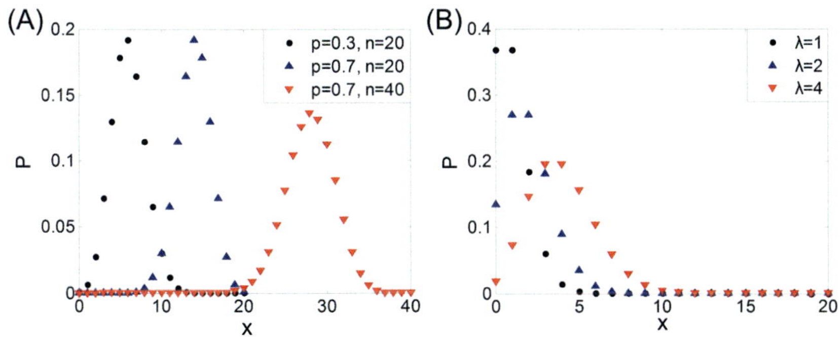

그림 6.1

이항 분포 (A)와 포아송 분포 (B)의 확률 질량 함수

6.1 분포함수

6.1.1 이항 분포(Binomial distribution)

이항 분포는 연속된 n번의 독립 시행에서 각 시행이 확률 p를 가질 때의 이산 확률 분포이다. 이러한 시행은 베르누이 시행이라고 불리기도 한다. 이항 분포의 확률 질량 함수(Probability Mass Function, PMF)는 다음과 같이 기술된다:

$$P(Y_n = y) = \binom{n}{y} p^y q^{n-y}, \quad y = 0, 1, \cdots, n$$

이항 분포의 확률 질량 함수는 그림 6.1A와 같이 표현된다.

6.1.2 포아송 분포(Poisson distribution)

포아송 분포는 다음과 같이 이항 분포에 $p = \frac{\lambda}{n}$, $q = 1 - \frac{\lambda}{n}$ 를 대입한 후, $n \to \infty$ 를 취하여 얻어진다:

$$P[N(t) = y] = \lim_{n \to \infty} \binom{n}{y} \left(\frac{\lambda}{n}\right)^y \left(1 - \frac{\lambda}{n}\right)^{n-y} = \frac{(\lambda)^y e^{-\lambda}}{y!}, \quad y = 0, 1, 2, \cdots$$

즉, 포아송 분포는 이항 분포에서 전체집합의 수가 무한히 크며, 특정 사건이 발생할 확률 $(p = \frac{\lambda}{n})$이 0에 가까운 경우의 이항 분포에 해당한다. 포아송 분포의

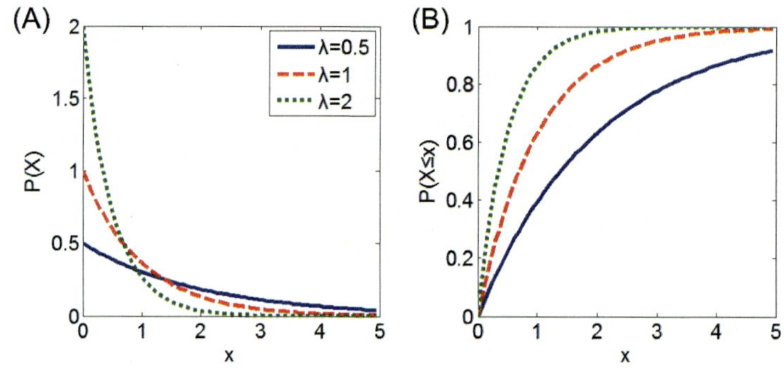

그림 6.2
지수 분포의 확률 밀도 함수(A)와 누적 분포 함수(B)

확률 질량 함수는 그림 6.1B와 같이 표현된다.

6.1.3 지수 분포(Exponential distribution)

연속확률 분포 중 지수 분포는 앞서 언급한 것처럼 추계적 모델과 밀접한 관련을 가진다. 지수분포의 확률 밀도 함수(Probability Distribution Function; PDF)는 다음과 같이 기술 된다:

$$f(x,\lambda)=\lambda x^{-e\lambda}\,(x\geq 0),\ 0\ (x<0).$$

그리고 지수 분포의 누적 분포 함수(Cumulative Distribution Function; CDF)는 다음과 같이 기술된다:

$$F(x,\lambda)=1-e^{-\lambda x}\,(x\geq 0),\ 0\ (x<0)$$

지수 분포의 확률 밀도 함수와 누적 분포 함수는 그림 6.2와 같이 표현된다. 지수 분포가 갖는 가장 중요한 특성 중 하나는 바로 무기억 속성(memoryless property)이다. 무기억 속성은 다음과 같이 기술된다:

$$P(X>t_1+t_2|X>t_1)=P(X>t_2)$$

지수 분포가 무기억 속성을 갖는다는 특성은 다음과 같이 증명할 수 있다:

$$
\begin{aligned}
P(X > t_1 + t_2 | X > t_1) &= \frac{P(X > t_1 + t_2 , X > t_1)}{P(X > t_1)} \\
&= \frac{P(X > t_1 + t_2)}{P(X > t_1)} \\
&= \frac{1 - P(X \leq t_1 + t_2)}{1 - P(X \leq t_1)} \\
&= \frac{e^{-\lambda(t_1 + t_2)}}{c^{-\lambda t_1}} \\
&= e^{-\lambda t_2} = 1 - P(X \leq t_2) = P(X > t_2)
\end{aligned}
$$

이 속성의 의미는 미래에 어떤 사건이 일어날 확률은 과거에 벌어진 여러 사건들과는 전혀 무관하다는 것이다. 다시 말하면 지수분포를 따르는 사건들은 특정 시점에 발생한 사건이 그 이전에 발생한 사건과는 독립이라는 의미이다. 무기억 속성은 다양한 분포 중 오직 지수 분포만이 갖는 고유의 특성이다.

6.2 포아송 과정(Poisson process)

mRNA가 DNA로부터 생성되는 과정을 시간의 흐름에 따라 관측한다고 하자. 이때 mRNA가 무한히 짧은 시간(dt) 동안 생성될 확률이 λdt이고, 생성되지 않을 확률이 $1-\lambda dt$라고 하자. 특정 시점에 mRNA가 생성되는 (또는 생성되지 않는) 사건은 이전의 mRNA가 생성되는 (또는 생성되지 않는) 사건과는 독립이라고 가정하자. 실제 mRNA가 생성되는 사건은 그 사건이 과거나 미래의 mRNA 생성에 영향을 주지 않으므로 이러한 독립 가정은 타당하다. 그림 6.3에 이러한 과정이 도식화되어 있다. 이러한 과정을 포아송 과정($PP(\lambda)$)이라고 부른다. 우리가 이 과정을 포아송 과정이라고 부르는 까닭은 특정 t시간 동안 mRNA가 생성된 사건의 횟수($N(t)$)가 포아송 분포($Poisson(\lambda t)$)를 따르기 때문이다. 앞서 기술된 과정은 동일한 시간간격(dt)에서 mRNA가 생성되는 확률을 λdt, 생성되지 않을 확률을 1-λdt라고 할 때, 일정 시간동안 생성되는 mRNA에 관한 분포를 연산하는 것과 동일한데, 이것은 이항 분포의 정의와 정확히 일치한다. 또한 앞서 기술한 것처럼 dt의 개수는 무한히 많고, mRNA가 생성될 확률은 무한히 작으므로, 이는 이항분

그림 6.3

표본 포아송 과정 (A) 전체 관측 시간을 동일한 아주 짧은 시간 간격으로 나누었을 때, 표본적인 mRNA 생성 과정에 대한 모식도 **(B)** (A)의 과정에 따라 mRNA가 생성되었을 때, 시간에 따라 생성된 mRNA의 동적 변화

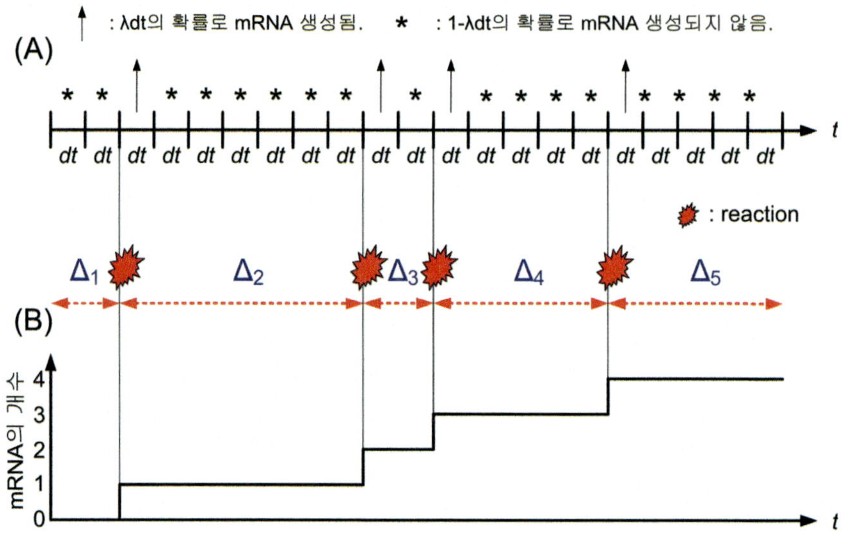

포의 특수한 경우인 포아송 분포에 해당된다. 이러한 이유로 위 과정을 포아송 과정이라고 부른다.

포아송 과정은 몇 가지 특징을 가지는데 그 중 두 가지 주요 특징은 다음과 같다:

1. 각 사건이 벌어지는 것은 서로 독립이므로, n번째 사건의 발생시점을 S_n이라 하고, $X_n = S_n - S_{n-1}$이라 하면, $X_1, X_2, \ldots, X_n$(발생 시점들 사이의 시간 간격)은 지수 분포(Exponential distribution, $E(\lambda)$)를 따른다(그림 6.3의 각 사건 사이의 시간 간격).
2. 겹침(Superposition) 속성: X라는 사건이 포아송 과정 $PP(\lambda_1)$을 따르고 (특정 t 시간 동안 발생한 사건의 횟수는 $N_1(t)$), Y라는 사건이 포아송 과정 $PP(\lambda_2)$를 따르며 (특정 t 시간 동안 발생한 사건의 횟수는 $N_2(t)$) 서로 독립일 때, X 또는 Y가 발생하는 사건은 포아송 과정이며($PP(\lambda)$), 이 때, X 또는 Y가 특정 시간 t 동안 발생한 사건의 횟수 $N(t) = N_1(t) + N_2(t)$를 만족하고, $\lambda = \lambda_1 + \lambda_2$를 만족한다.

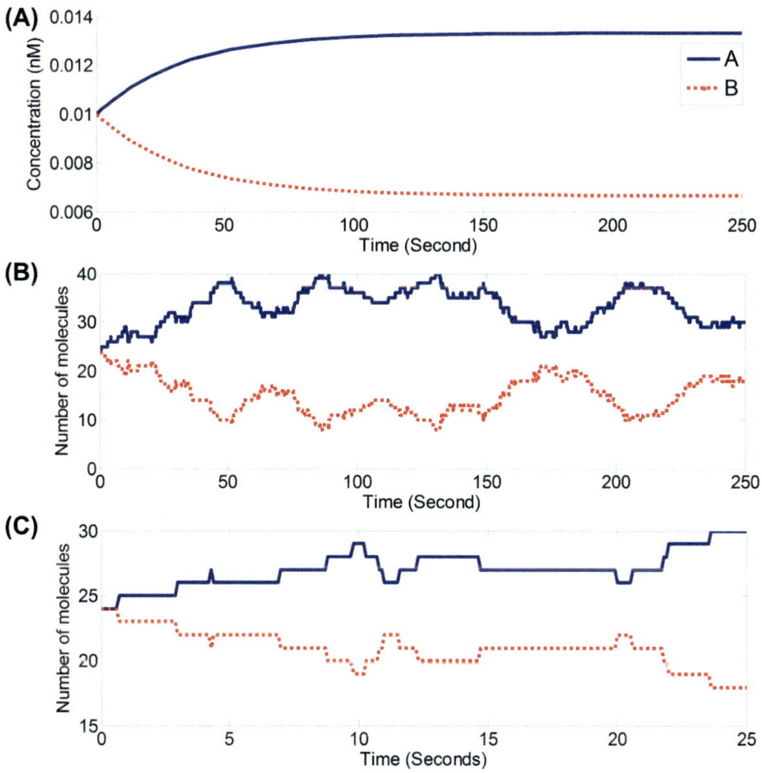

그림 6.4

$A\underset{k_2}{\overset{k_1}{\longleftrightarrow}}B$ 반응 방정식의 시뮬레이션 **(A)** 상미분 방정식 모델을 통한 시뮬레이션, **(B)**, **(C)** 추계적 모델을 통한 시뮬레이션 예 (소프트웨어 Dizzy 사용함), **(C)** (B)결과에서 0–25초 사이의 반응을 확대한 그림.

6.3 결정론적 모델과 추계적 모델의 상호성

어떤 분자 A가 속도 상수 k_1의 속도로 분자 B로, 분자 B가 속도 상수 k_2의 속도로 분자 A로 변환되는 과정이 있다고 하자. 이 경우 반응 관계는 다음과 같이 표현된다:

$$A\underset{k_2}{\overset{k_1}{\longleftrightarrow}}B$$

분자 A와 B가 공간적으로 균등하게 분포하고 있다는 가정하에 결정론적 모델의 대표적인 기술 방법인 상미분 방정식을 활용하면, 위 반응 관계는 다음과 같이 기술된다:

$$\frac{dA}{dt} = -k_1 A + k_2 B$$
$$\frac{dB}{dt} = -k_1 B + k_2 A$$

예를 들어 A와 B의 분자는 각각 최초 0.01nM 존재하며, k_1 = 0.01/second, k_2 = 0.02/second라고 할 때, 적절한 수치해석법을 활용하면(Runge-Kutta 방법 등) 그림 6.4A와 같은 시뮬레이션 결과를 얻을 수 있다(그림 6.4A).

앞 단락에서 상미분 방정식으로 기술된 시스템을 추계적 모델을 활용하면 어떻게 기술할 수 있을까? 상미분 방정식과 추계적 모델의 큰 차이점은 상미분 방정식은 각 상태변수가 분자들의 농도(예, nM)로 기술되는데 반해, 추계적 모델에서 각 상태변수는 분자들의 개수로 기술된다는 점이다. 우리가 세포의 부피를 알고 있다면 분자들의 농도는 세포 안에서 몇 개 존재하는지 알 수 있기 때문에, 상태변수는 그 관계를 활용하여 변환할 수 있다. 진핵세포의 경우 세포의 부피는 보통 4×10^{-12}(liter)로 알려져 있다. 그러므로 A와 B의 분자 농도가 0.01nM이라고 할 때, 분자의 개수는 $6\times10^{23-11}\times4\times10^{-12}$ = 24개 정도가 된다. 이제 각 사건(A가 B로 변화, 또는 B가 A로 변화)이 벌어지는 과정을 생각해보도록 하자. 먼저 분자 A가 B로 변하는 사건을 생각해보면, 이 사건이 벌어지는 경우 이전 사건과는 독립적인 사건이라고 생각할 수 있으므로, 포아송 과정과 동일하게 생각할 수 있다. 그리고 이 때 사건 사이의 시간 간격은 지수함수를 따르므로, λ_1= k_1×분자 A의 개수 = 0.01×24 = 0.24가 된다. 이 원리는 분자 B가 A로 변하는 사건에도 동일하게 적용된다. 그러므로 이 사건 역시 포아송 과정과 동일하고, 이 때, λ_2 = k_2×분자 B의 개수 = 0.02×24 = 0.48이 된다. 이 두 사건 중 아무 사건이나 발생하는 경우도 마찬가지로 포아송 과정이고, 이 때, $\lambda = \lambda_1 + \lambda_2$=0.72가 된다(두 사건이 발생하는 경우의 합, 포아송 과정의 겹침 특성). 만약 어떤 사건이 발생하였을 때, 그 사건이 A가 B로 변하는 사건일 확률은 얼마일까? 이는 두 사건 중 아무 사건이나 발생하였고($\lambda = \lambda_1 + \lambda_2$), 그 때 A가 B로 변하는 경우의 사건($\lambda_1$)의 확률과 같으므로 $\frac{\lambda_1}{\lambda_1 + \lambda_2} = 0.333$이 된다. 동일하게, B에서 A로 변하는 사건이 선택될 확률

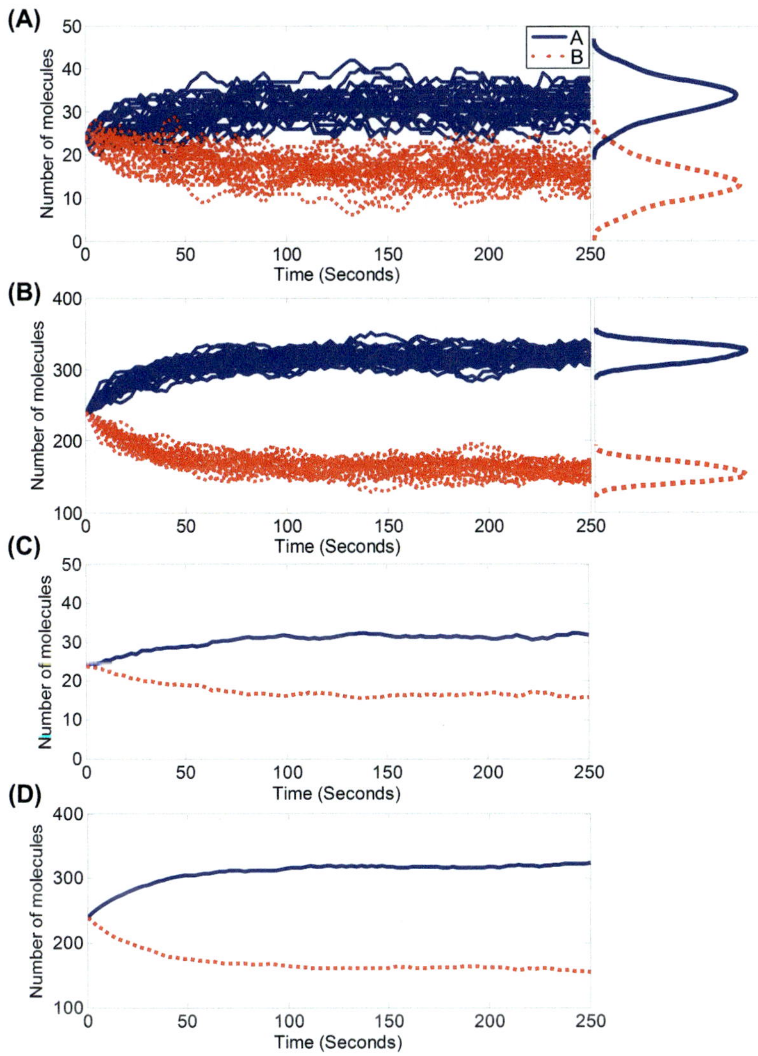

그림 6.5

추계적 모델을 이용한 반복 시뮬레이션 결과. **(A)** 그림 3B의 30번 시뮬레이션 결과, **(B)** 분자 A, B가 초기에 240개(농도로 환산하면 0.1nM)의 30번 시뮬레이션 결과(나머지 모든 파라미터는 그림 6.4A와 동일함), 우측에 존재하는 분포는 시뮬레이션 250초 시점에서의 (또는 평형상태에서의) 분자 A, B의 (가능한) 분포임. **(C)** 그림 (A) 시뮬레이션 결과의 평균값, **(D)** 그림 (B)의 시뮬레이션 결과의 평균값, 시뮬레이션 횟수가 증가할수록 그 평균값은 결정론적 모델의 시뮬레이션 결과인 그림 6.3A에 수렴함.

은 $\frac{\lambda_2}{\lambda_1+\lambda_2}=0.667$이 된다. 그러므로 첫 번째 사건이 앞의 확률규칙에 따라 어떤 특정 시간 후에 발생하였고, 그 사건이 λ_1이라고 하면, 이제 A와 B의 분자 개수는 각각 23, 25개가 된다. 그러면, 그 다음 과정 역시 포아송 과정이고, 이 과정에서 해당하는 각 파라미터는 다음과 같이 계산된다: $\lambda = 0.01*23 + 0.02*25 = 0.73$, $\frac{\lambda_1}{\lambda_1+\lambda_2}=\frac{23}{73}\approx 0.315$, $\frac{\lambda_2}{\lambda_1+\lambda_2}=\frac{50}{73}\approx 0.685$. 이제 이 확률에 따라 다음 사

건이 발생하는 것을 기술하고, 이를 순차적으로 계속 진행하면, 그림 6.4B와 같은 시뮬레이션 결과를 얻을 수 있다. 그러므로, 우리는 이와 같은 방식으로 앞서 기술된 상미분 방정식 모델(그림 6.4A)을 추계적 모델로 변환하고 시뮬레이션할 수 있다.

일반적인 상미분 방정식에서는 기술하고자 하는 시스템 내부의 특정 분자들의 상태의 변화량이 모델에서 핵심이 되고, 모든 시뮬레이션이 이를 기준으로 이루어진다. 그러나 앞서 언급한 추계적 모델의 시뮬레이션 과정을 다시 한번 살펴보면, 추계적 모델을 시뮬레이션하는 과정에서 중요한 것은 우리가 실제 어떠한 반응을 선택하는가이다. 그러므로 앞서 기술된 상미분 방정식을 추계적 모델로 변용하면, 이를 직관적으로 다음과 같이 표현할 수 있다:

$$c_1 : A \rightarrow B,$$
$$c_2 : B \rightarrow A.$$

추계적 모델은 모델 내부에 내재되어 있는 시뮬레이션 과정상의 무작위도로 인하여 시뮬레이션 결과가 매번 다르게 발생된다. 그렇다면, 추계적 모델의 시뮬레이션 결과는 어떻게 분석해야 할까? 결론적으로 말하면, 여러 시뮬레이션 결과의 통계적 특성 분석을 통하여 이루어진다. 다양한 통계량 중 평균이 결정론적 모델의 시뮬레이션 결과와 일치하는 것이다(그림 6.5).

6.4 추계적 모델의 구현을 위한 수치 알고리즘

6.4.1 0차 반응

다음 경우를 생각해 보자:

$$c_i : \varnothing \rightarrow X.$$

아무 것도 존재하지 않는 상태에서 X라는 분자가 생성되는 것은 불가능하지만, 관심 대상이 아닌 요소가 일정한 속도로 X라는 분자로 변환된다고 생각할 수 있다.

이를 테면 일정한 속도로 RNA 조각들이 합쳐져서 X라는 mRNA를 생성하는 과정이 그러한 예이다. 이때 반응정도(위험함수(hazard function)=$h(x,c_i)$)는 순전히 파라미터에 의해 결정되므로 $h(x,c_i)=c_i$이다.

6.4.2 1차 반응

어떤 분자가 시스템 내의 다른 분자들로 변환하는 다음 과정을 생각해 보자:

$$c_i \; : X \rightarrow ?.$$

이때에는 반응 상수와 분자 X가 모두 반응에 참여하므로 이들이 함께 반응정도를 결정할 것이다. 그러므로 $h(x,c_i)=c_iX$이다.

6.4.3 2차 반응

2개의 분자가 참여하여 시스템 내의 다른 분자들로 변환하는 다음 과정을 생각해 보자:

$$c_i \; : X+Y \rightarrow ?.$$

이 과정에서는 분자 X와 Y가 반응에 참여하므로 $h(x,c_i)=c_iXY$이다.
2차 반응에서 만약 2개의 분자가 동일한 분자의 경우를 생각해 보자:

$$c_i \; : X+X \rightarrow ?.$$

이 과정에서는 동일한 두 분자가 반응에 참여하기 때문에, $h(x,c_i)=c_i\frac{X(X-1)}{2}$이 된다. 반응 정도는 분자들이 만들어 낼 수 있는 가능한 조합의 개수와 비례한다.

6.4.4 고차 반응

3개의 분자가 참여하는 과정은 어떻게 반응정도를 연산할 수 있을까? 더 많은 분자들이 참여할수록 가능한 조합의 개수를 연산하는 과정이 복잡할 것이다. 그러나

거의 모든 고차 반응은 2차 반응의 조합으로 해석할 수 있다. 이를테면 다음 3차 반응을 생각해 보자:

$$c_i \ : X + X + X \rightarrow X_3.$$

3개의 분자가 동시에 결합하여 또 다른 상태를 갖는 분자를 만드는 경우는 일반적으로 가능하지 않다. 대신에 다음의 반응형태로 실제 반응이 발생할 것이다:

$$c_j \ : X + X \rightarrow X_2,$$
$$c_k \ : X_2 + X \rightarrow X_3.$$

이러한 원리로 (거의) 모든 고차 반응은 2차 이하의 반응의 조합으로 해석가능하며, 이에 따라 위험 함수도 구할 수 있다.

6.4.5 속도 상수 변환

상미분 방정식에서의 반응 상수 k는 각 반응의 종류에 따라 적절한 단위를 가지고 있다. 추계적 모델을 이용하여 시뮬레이션하기 위해서는 상미분 방정식의 반응 상수를 추계적 모델의 반응 상수 c로 적절히 변형하여야 한다. 상미분 방정식에서 분자들은 M이란 단위로 측정되는 농도로 정의되나, 추계적 모델에서는 농도를 이와 동등한 분자들의 개수로 변환하여야 한다. 이를 변환하기 위해서는 부피에 대한 정보를 알아야 한다.

A라는 분자가 V liter에 [X]M 존재한다고 생각하면, $[X] \times V$ mole 만큼에 해당하는 분자들이 존재한다. 1 mole은 약 6.023×10^{23}의 분자 개수를 의미하므로 A라는 분자는 총 $6.023 \times 10^{23} \times [X] \times V$ 개수만큼 존재한다. 일반적인 세포의 부피를 우리가 알 수 있다면 특정 분자의 농도가 주어졌을 때, 그 분자가 세포 내에 몇 개 정도 존재하는지 변환 할 수 있다. 그럼 이제 상미분 방정식에 존재하는 속도 상수를 추계적 모델의 속도 상수로 변환해 보도록 하자. 추계적 모델의 속도 상수는 동일한 차원(dimension)으로 통일되도록 하고, 보통 단위 시간동안의 변화량으로 구한다.

다음 반응을 생각해 보자:

$$\frac{d[X]}{dt} = k_1 - k_2[X].$$

상미분 방정식에서 좌변과 우변은 동일한 단위를 가져야 하므로, 반응 속도 k_1은 농도/단위 시간으로, k_2는 1/단위 시간으로 정의된다. 이 상미분 방정식을 대응되는 추계적 모델로 변환하면 다음과 같다:

$$\begin{aligned} c_1 &: \varnothing \rightarrow X, \\ c_2 &: X \rightarrow \varnothing. \end{aligned}$$

상미분 방정식의 반응 속도 단위를 개수/단위 시간으로 변환하면 c_1은 $k_1 \times N \times V(N = 6.023 \times 10^{23}, V = \text{세포의 부피})$, c_2는 $k_2 \times$X와 같다. 이제 0차, 1차 반응에서의 속도 상수 변환 외에 2차 반응에서의 속도 상수 변환을 생각해 보자. 다음과 같은 반응식을 생각해 보자:

$$\begin{aligned} \frac{d[X]}{dt} &= k_1[X] - k_2[X][Y], \\ \frac{d[Y]}{dt} &= k_2[X][Y] - k_2[Y]. \end{aligned}$$

이를 대응되는 추계적 모델로 변환하면 다음과 같다:

$$\begin{aligned} c_1 &: X \rightarrow X + X, \\ c_2 &: X + Y \rightarrow Y + Y, \\ c_3 &: Y \rightarrow \varnothing. \end{aligned}$$

이때 k_2는 단위가 1/(단위시간 X 농도) 이므로 0차 반응과는 반대로 c_2는 $k_1/(NV)$이 된다.

6.4.6 길레스피 알고리즘

주어진 결정론적 모델을 대응되는 추계적 모델로 변환하여 시뮬레이션할 수 있는 컴퓨터 알고리즘은 1977년 길레스피(Daniel T. Gillespie)에 의해 최초로 소개되

었다[4]. 알고리즘의 구현 원리는 앞서 소개한 방법을 일반화하면 된다. 구체적인 순서는 다음과 같다:

(1) 초기화: 결정론적 모델링에서 이용된 초기값(분자의 초기농도, 반응속도 파라미터 등)을 추계적 모델의 대응되는 초기값으로 변환한다.

(2) 반응 파라미터와 분자들의 개수를 고려하여 각 반응의 위험 함수($h(x,k_i)$)를 연산한다.

(3) 몬테 카를로 과정: 임의 숫자를 생성하여 그 숫자에 따라 다음 미소 시간에 발생할 반응 사건을 결정한다. 대상 반응 사건이 선택될 확률은 모든 반응이 발생하는데 관여하는 위험 함수의 총합에 대해 대상 반응을 일으키는데 관여하는 위험 함수와 같다(특정 반응이 선택될 확률 = $h(x,c_i)/\sum_{i=1} h(x,c_i)$).

(4) 갱신: 앞서 선택된 반응이 발생된 시간 간격을 결정한다. 시간 간격은 반응 사건의 전체 발생 정도에 비례한다(시간 간격 = $\mathrm{Exp}(\sum_{i=1} h(x,c_i))$의 분포를 따르는 임의의 한 수치). 선택된 반응을 실행하여 반응에 따라 변화된 분자들의 개수를 갱신한다. 결정된 시간 간격에 따라 시간을 갱신한다.

(5) 반복: 사용자가 정의한 시뮬레이션 시간을 초과하지 않는 한 (2)번 과정으로 되돌아가 시뮬레이션 과정을 반복한다.

이 알고리즘은 실제 사건이 일어나는 상황을 충실하게 모사함으로써 결정론적 모델이 갖는 특성과 추계적 모델이 갖는 통계적 특성이 완벽하게 동일하게끔 한다. 그러나 분자의 개수가 매우 많을 경우(약 10,000개 이상의 분자), 지수 분포를 따르는 각 이벤트가 일어나는 시간 간격이 매우 짧아지게 되어 시뮬레이션 과정을 연산하는데 소요되는 시간이 급격하게 증가하는 단점이 있다. 최근에는 이러한 단점을 해결하기 위해, 실제 이벤트가 일어나는 사건을 하나하나 모두 시뮬레이션 하는 대신, 가정을 통해 적당히 근사화하여 시뮬레이션 분석에 소요되는 시간을 줄이는 알고리즘들이 개발되어지고 있다[6,7].

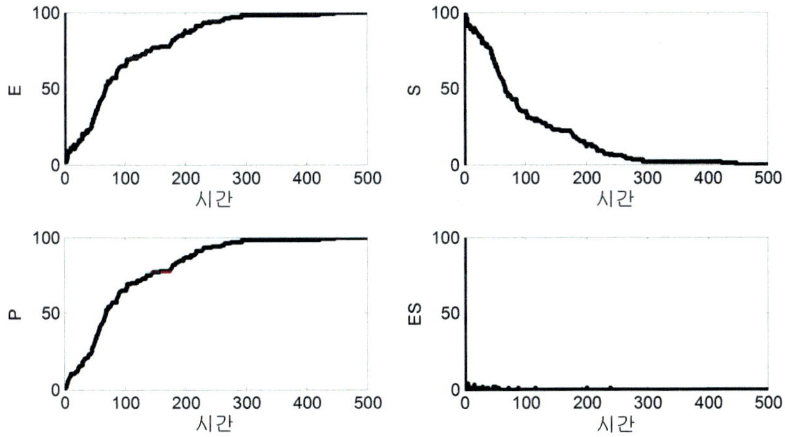

그림 6.6

시간의 흐름에 따른 각 생체 분자 개수의 변화. 효소가 기질을 반응 생성물로 변환시키기 때문에 시간의 흐름에 따라 기질은 감소하고, 그만큼 반응 생성물이 증가하는 것을 관측할 수 있다. 반면에 효소-기질 복합체의 농도는 시간과 무관하게 비교적 일정한 농도로 유지됨을 확인할 수 있다.

6.5 예제 및 분석 소프트웨어 소개

6.5.1 미카엘리스-멘텐 방정식

앞서 효소동역학에 대해 알아보았듯이, 유명한 효소반응 속도 모델로서 1913년 미카엘리스와 멘텐이 발표하였다. 기질이 효소에 의해 생성물로 변환되는 과정에서 효소(E)는 기질(S)과 결합하여 효소-기질복합체(ES)를 생성하고 이것이 반응생성물(P)과 효소로 다시 해리되며, 효소는 또다시 다른 기질과 복합체를 생성하여 같은 반응을 반복하는 과정을 기술한 모델이다. 그 상미분 방정식은 다음과 같다(5장 2절 참조):

$$
\begin{aligned}
\frac{d[S]}{dt} &= k_{-1}[ES] - k_1[E][S] \\
\frac{d[E]}{dt} &= (k_{-1} + k_2)[ES] - k_1[E][S] \\
\frac{d[ES]}{dt} &= k_1[E][S] - (k_2 + k_{-1})[ES] \\
\frac{d[P]}{dt} &= k_2[ES]
\end{aligned}
$$

이 상미분 방정식 모델을 다음과 같이 추계적 모델로 변환할 수 있다:

$$
\begin{aligned}
c_{-1} &: ES \rightarrow E + S, \\
c_1 &: E + S \rightarrow ES, \\
c_2 &: ES \rightarrow E + P.
\end{aligned}
$$

모델의 파라미터는 다음과 같다: $c_{-1} = 0.1$, $c_1 = 1$, $c_2 = 0.01$. 그리고 각 상태의 초기값은 다음과 같다: E = 100, S = 100, ES = 0, P = 0. 이러한 파라미터와 초기값을 활용한 변환된 추계적 모델의 시뮬레이션 결과는 그림 6.6과 같다.

6.5.2 포식자-피식자 모델

생태계 상에 존재하는 포식자와 피식자의 관계에 따른 개체 수 변화에 관한 수학적 모델로 유명한 롯카-볼테라 모델이 있다. 그 모델은 다음과 같이 기술할 수 있다:

$$
\begin{aligned}
\frac{d[X]}{dt} &= c_1[X] - c_2[X][Y], \\
\frac{d[Y]}{dt} &= c_2[X][Y] - c_3[Y].
\end{aligned}
$$

X는 피식자를 표현하고, Y는 포식자를 표현한다. 피식자는 스스로 증식할 수 있으나 포식자에 의해 개체수가 감소한다. 반면, 포식자는 피식자를 포획함으로써 증식하게 되지만 일정한 속도로 개체수가 감소한다. 이 과정을 대응되는 추계적 모델로 변환하면 다음과 같다:

$$
\begin{aligned}
c_1 &: X \rightarrow X + X, \\
c_2 &: X + Y \rightarrow Y + Y, \\
c_3 &: Y \rightarrow \varnothing.
\end{aligned}
$$

롯카-볼테라 모델의 결정론적 시뮬레이션으로부터 피식자와 포식자 두 개체의 수는 안정적으로 반복되는 주기적 특성을 가지는 것을 알 수 있다. 이를 해석해 보면 피식자는 스스로 그 개체를 증가시키나 그 수를 무한히 증가시키지 못하고 다시 감소하게 된다는 것이다. 그 이유는 피식자가 증가할수록 포식자에 의해 감소되는 정도도 그에 비례해서 커지기 때문이다. 동일한 이유로 포식자도 무한히 증가하지 못하게 되고, 결국 두 개체는 일정한 주기로 그 개체수를 안정된 범위에서 유지하게 된다(그림 6.7A, B). 그러나 이를 추계적 모델을 활용하여 시뮬레이션하

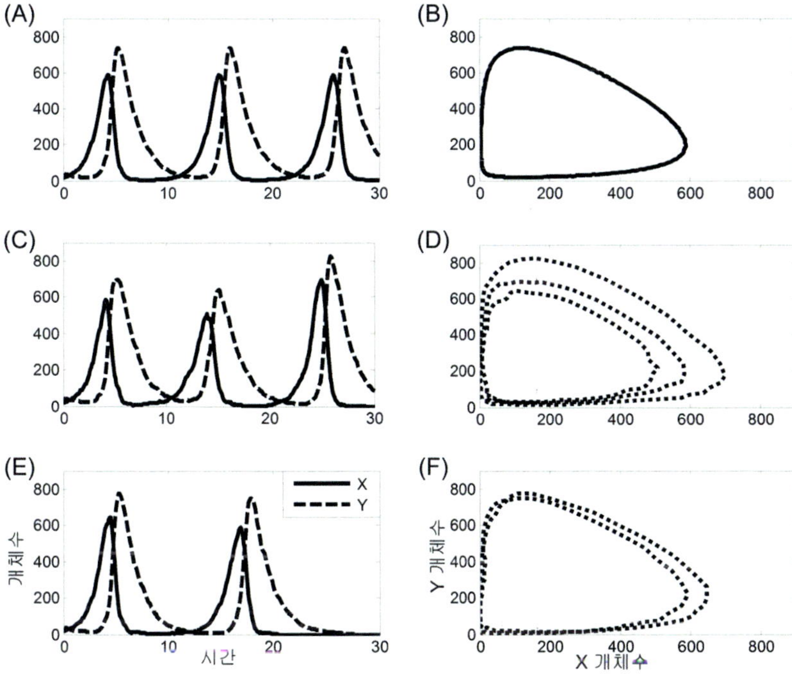

그림 6.7

롯카-볼테라 모델의 결정론적 모델 시뮬레이션과 추계적 모델의 시뮬레이션 결과. 시뮬레이션에 사용된 X, Y의 최초 개체 수는 각각 20, 40이고 파라미터는 $c_1 = 1$, $c_2 = 0.005$, $c_3 = 0.6$이다. (A), (C), (E): 시간의 흐름에 따른 개체 수의 변화, (B), (D), (F): X, Y개체의 상태도 (phase diagram), (A), (B): 결정론적 모델 시뮬레이션 결과, (C), (D) / (E), (F): 추계적 모델의 두 시뮬레이션 결과

게 되면 반드시 안정적인 주기성이 유지되지는 않는다(그림 6.7 C-F). 때로는 특정 개체가 결정론적 모델에 비하여 많이 늘어나기도 하고(그림 6.7 C, D), 특정 개체가 완전히 사라진 뒤 다른 개체도 사라지는 현상이 발생하기도 한다(그림 6.7 E, F). 이와 같이 추계적 모델에서 결정론적 모델과 다른 시뮬레이션 결과가 관측되는 까닭은 각 시뮬레이션 과정에서 다음 개체수가 결정되는 것이 확률에 따른 무작위도에 의존하기 때문이다. 따라서 결정론적 모델에서 시스템의 안정성이 확보된다고 하더라도, 추계적 모델에서 그러한 시스템의 안정성이 반드시 보장되는 것은 아니다.

6.5.3 군집성 아메바의 환상아데노신1인산(cAMP) 회로 모델

군집성 아메바(Dictyostelium discoideum)는 먹이가 풍부할 경우에는 홀로 생활하나 먹이가 부족한 환경에서는 세포들끼리 서로 달라붙어 포자낭(sporocarp)을 형성하는 독특한 생명체이다. 군집성 아메바가 먹이가 부족한 환경을 인식하고,

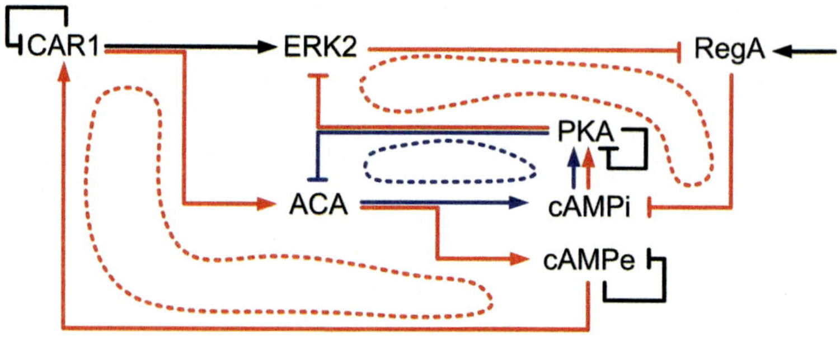

그림 6.8
군집성 아메바의 cAMP 신호전달 네트워크. 붉은 선과 파란 선은 각각 양성피드백회로와 음성피드백회로를 나타낸다.

서로 통신하여 하나의 포자낭을 형성하는 메커니즘에는 환상아데노신1인산(cAMP)의 농도가 핵심적인 역할을 하는 것으로 알려져 있다. 먹이가 부족한 환경에서의 아메바는 환상아데노신1인산의 생성을 시작하게 되고, 세포들은 이를 통해 환경을 인식하기 시작한다. 그 중 일부 세포가 환상아데노신1인산을 주기적으로 분비함으로써 주변의 세포를 끌어당기게 되고, 끌어당겨진 세포는 동일한 주기로 환상아데노신1인산을 분비하여 더 많은 세포를 끌어당기는 역할을 수행한다. 결국 모여진 최대 10만 여개에 이르는 세포들은 하나의 큰 포자낭을 형성하게 된다. 환상아데노신1인산의 주기적인 농도를 형성하는 분자 메커니즘은 그림 6.8에 도식화되어 있다. 이러한 메커니즘에 대해 비선형 상미분 방정식을 이용한 수학모델은 다음과 같이 표현될 수 있다[8]:

$$\frac{d[ACA]}{dt} = k_1*[CAR1] - k_2*[ACA]*[PKA],$$
$$\frac{d[PKA]}{dt} = k_3*[cAMPi] - k_4*[PKA],$$
$$\frac{d[ERK2]}{dt} = k_5*[CAR1] - k_6*[ACA]*[ERK2],$$
$$\frac{d[RegA]}{dt} = k_7 - k_8*[ERK2]*[RegA],$$
$$\frac{d[cAMPi]}{dt} = k_9*[ACA] - k_{10}*[RegA]*[cAMPi],$$
$$\frac{d[cAMPe]}{dt} = k_{11}*[ACA] - k_{12}*[cAMPe],$$
$$\frac{d[CAR1]}{dt} = k_{13}*[cAMPe] - k_{14}*[CAR1].$$

모델에서 활용되는 파라미터는 다음과 같다: $k_1 = 20\,\mathrm{min}^{-1}$, $k_2 = 0.9\,\mu M^{-1}$,

$k_3 = 2.5\,\text{min}^{-1},\ k_4 = 1.5\,\text{min}^{-1},\ k_5 = 0.6\,\text{min}^{-1},\ k_6 = 0.8\,\mu M^{-1},$

$k_7 = 1.0\,\mu M^{-1},\ k_8 = 1.3\,\mu M^{-1},\ k_9 = 0.3\,\text{min}^{-1},\ k_{10} = 0.8\,\text{min}^{-1},$

$k_{11} = 0.7\,\text{min}^{-1},\ k_{12} = 4.9\,\text{min}^{-1},\ k_{13} = 23.0\,\text{min}^{-1},\ k_{14} = 4.5\,\text{min}^{-1}$. 그리고 모델에서 활용되는 각 분자들의 초기 농도는 다음과 같이 가정하였다: ACA, PKA, $ERK2$, $RegA$, $cAMPi$, $cAMPe$, $CAR1 = 0.01\mu M$. 여기서 $ACA, PKA, ERK2, RegA, CAR1$ 는 군집형 아메바 내부에 존재하는 분자들의 고유 이름이고, $cAMPi, cAMPe$ 는 각각 세포 내부 및 외부에 존재하는 환상아데노신1인산을 지칭한다.

위 상미분 방정식을 추계적 모델로 기술하면 다음과 같이 표현할 수 있다:

$$
\begin{aligned}
c_1 &: CAR1 \rightarrow ACA + CAR1, \\
c_2 &: ACA + PKA \rightarrow PKA, \\
c_3 &: cAMPi \rightarrow PKA + cAMPi, \\
c_4 &: PKA \rightarrow \varnothing, \\
c_5 &: CAR1 \rightarrow ERK2 + CAR1, \\
c_6 &: ACA + ERK2 \rightarrow ACA, \\
c_7 &: \varnothing \rightarrow RegA, \\
c_8 &: ERK2 + RegA \rightarrow ERK2, \\
c_9 &: ACA \rightarrow cAMPi + ACA, \\
c_{10} &: RegA + cAMPi \rightarrow RegA, \\
c_{11} &: ACA \rightarrow cAMPi + ACA, \\
c_{12} &: cAMPe \rightarrow \varnothing, \\
c_{13} &: cAMPe \rightarrow CAR1 + cAMPe, \\
c_{14} &: CAR1 \rightarrow \varnothing.
\end{aligned}
$$

원래의 상미분 방정식에서는 각 반응 상수의 단위와 차원이 다르다. 하지만 변환하려는 추계적 모델에서의 각 반응 상수는 모두 동일한 단위를 가져야 하므로, 상미분 방정식에서 사용된 파라미터의 단위도 그에 맞게 바뀌어야 한다.

상미분 방정식 모델 및 추계적 모델의 시뮬레이션 결과는 그림 6.9에 나타나 있다. 추계적 모델의 시뮬레이션 결과, 모델이 갖는 무작위도로 인하여 개별 시뮬레이션의 주기와 진폭은 조금씩 차이가 발생하지만, 각 분자들이 주기적으로 진동한다는 근본적인 특성은 변하지 않음을 확인할 수 있다. 그러나 RegA의 생성속도(k_7)를 $1.0\,\mu M^{-1}$에서 $3.0\,\mu M^{-1}$으로 변화시키면 상미분 방정식 모델의 시뮬레

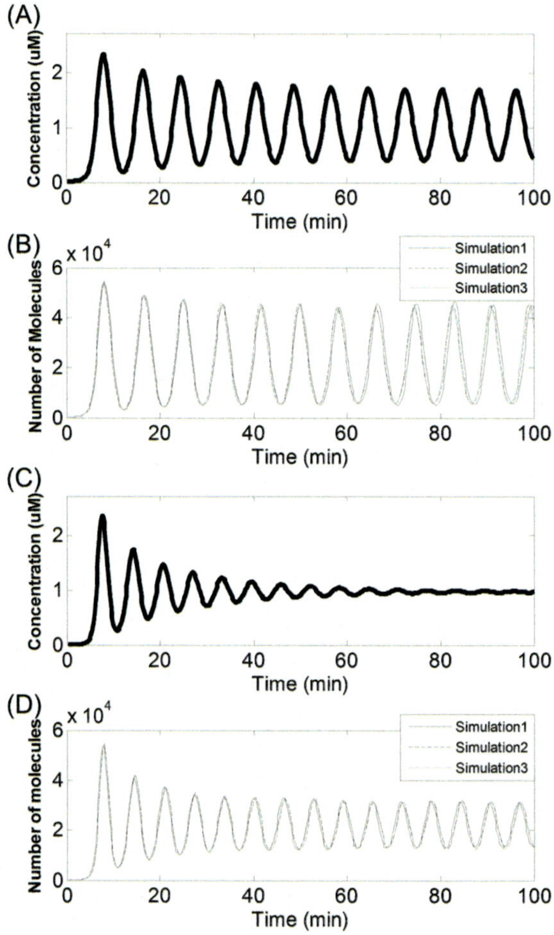

그림 6.9

시간의 흐름에 따른 세포 내부의 환상아데노신1인산의 농도 변화. **(A)** 원래의 상미분 방정식 모델에 대한 시뮬레이션 결과임. **(B)** 대응하는 추계적 모델이 시뮬레이션 결과임. 각 시뮬레이션의 결과가 조금 차이는 있지만 거의 유사하며, (A)와도 유사함을 확인할 수 있다. **(C)** $k_7 = 3.0\,\mu M^{-1}$으로 변화된 상미분 방정식 모델의 시뮬레이션 결과임. 원래 모델이 갖는 주기성을 상실하는 사실을 확인할 수 있음. **(D)** 변화된 상미분 방정식에 대응되는 추계적 모델 시뮬레이션 결과임. 상미분 방정식의 시뮬레이션 결과와 달리 주기성을 가지고 있음을 확인할 수 있음.

이션 결과는 놀랍게도 주기성이 사라짐을 발견할 수 있다(상미분 방정식 모델의 주기성 분석에 관한 내용은 8장 3절의 호프 분기 부분을 참조). 하지만 파라미터가 변한 추계적 모델은 각 분자들의 주기적 특성을 여전히 보존하고 있다는 사실을 시뮬레이션 결과로부터 확인할 수 있다(그림 6.9). 이러한 이유는 상미분 방정식에서 주기성이 사라지고 분자들이 일정한 농도로 수렴되지만, 추계적 모델이 갖는 무작위도는 분자들이 일정한 농도로 수렴되는 것을 끊임없이 방해함으로써 생체 분자들이 일정한 상태로 수렴되지 않고 주기성을 갖는데 유리하도록 작동하기 때문이다. 이로부터 우리는 생체 현상이 갖는 다양한 주기적 현상에 있어서 분자 상호

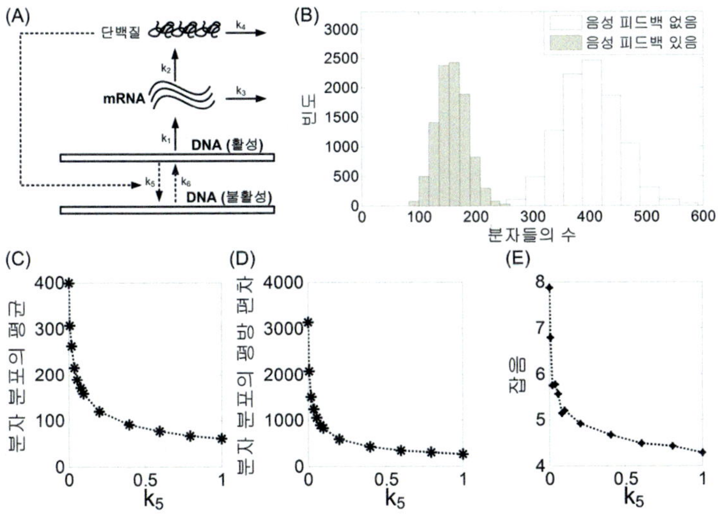

그림 6.10

자기 자신을 억제하는 음성피드백회로의 역할. (A) 자기 자신의 억제 과정을 포함한 음성피드백회로 모델, 음성피드백회로가 없을 때에 k_4, k_5는 시뮬레이션 과정에 포함되지 않는다. (B) 모델 시뮬레이션에서 각 단백질이 안정 상태에 도달한 후 분자들의 수에 관한 분포, 음성피드백이 존재하는 경우 (k5 = 0.1)와 그렇지 않은 경우 (k5 = 0), 각 10,000번 시뮬레이션을 수행함. 음성피드백의 강도를 점점 키웠을 때, 관측되는 (C) 분자 분포의 평균, (D) 분자 분포의 평방 편차, (E) 잡음의 크기.

작용 과정 내부에 존재하는 근원적인 무작위도가 중요한 역할을 수행할 것임을 짐작할 수 있다.

6.5.4 음성피드백회로와 잡음

음성피드백회로의 특징은 무엇일까? 일반적으로 시스템의 주기적인 진동을 발생시키거나 반응 속도를 증가시키는데 기여하는 것으로 잘 알려져 있다. 추계적 모델을 활용하면 음성피드백회로의 또 다른 특징을 정량적으로 이해할 수 있다. DNA로부터 mRNA를 거쳐 대상 단백질이 발현되고, 대상 단백질은 다시 자기 자신의 전사를 억제하는 역할을 수행한다고 하자. 이 과정은 다음의 추계적 모델로 기술할 수 있다:

$$
\begin{aligned}
c_1 &: DNA(\text{활성}) \rightarrow DNA(\text{활성}) + mRNA,\\
c_2 &: mRNA \rightarrow mRNA + \text{단백질},\\
c_3 &: mRNA \rightarrow \varnothing,\\
c_4 &: \text{단백질} \rightarrow \varnothing,\\
c_5 &: DNA(\text{활성}) + \text{단백질} \rightarrow DNA(\text{불활성}) + \text{단백질},\\
c_6 &: DNA(\text{불활성}) \rightarrow DNA(\text{활성}).
\end{aligned}
$$

각 파라미터는 다음과 같이 가정하자: $c_1 = 1$, $c_2 = 1$, $c_3 = 0.05$, $c_4 = 0.1$,

$c_5 = 0.1$, $c_6 = 10$. 각 분자들의 초기값은 DNA의 경우 2개의 분자로 놓고, 나머지 분자들은 모두 0으로 설정하자. mRNA는 오로지 활성화된 DNA에서만 전사가 가능하다. 생성된 단백질은 전사인자로서 활성화된 DNA에 결합하여 이를 불활성 DNA 상태로 변화시킨다(그림 6.10A). 이 과정을 시뮬레이션한 뒤, 안정상태의 단백질을 관측하면 다음과 같다(그림 6.10B). 음성피드백회로가 존재하지 않는 경우, 관측되는 단백질의 개수는 평균적으로 약 400개 내외이지만 상당히 넓게 분포하고 있음을 확인할 수 있다(표준 편차는 약 51.9). 반대로 음성피드백회로가 존재하게 되면, 그 억제 효과로 인하여 관측되는 평균적인 단백질의 개수가 180개 정도로 줄어듦과 동시에 단백질의 분포(표준 편차는 약 26.9) 역시 동시에 감소함을 확인할 수 있다[9].

일반적으로 안정 상태에서도 계속적으로 발생하는 반응들로 인하여 분자 개수가 변동될 수 있다. 분자 개수 변화의 정도를 잡음으로 정의할 수 있고, 다음과 같이 정량화할 수 있다(잡음 = 분자 분포의 평방 편차(variance)/분자 분포의 평균) [8]. 잡음은 분자들의 분포정도를 평균량으로 정규화한 값이다. 음성피드백회로의 강도가 커져가면서 분자 분포의 평균, 분자 분포의 평방 편차, 잡음 모두 감소하는 것을 확인할 수 있다(그림 6.10 C-E). 즉, 자기 조절적 음성피드백회로는 생체 시스템에 내재한 잡음의 크기를 감소시켜 주는 역할을 한다는 것을 알 수 있다.

6.5.5 시뮬레이션 소프트웨어 DIZZY

DIZZY는 추계적 모델을 손쉽게 시뮬레이션할 수 있도록 도와주는 유용한 소프트웨어이다[10]. 추계적 모델은 앞에서 언급한 방식과 비슷한 형태로 기술하면 된다. 다음은 예제에서 활용된 롯카-볼테라 모델을 시뮬레이션할 수 있는 코드이다:

$$
\begin{array}{lll}
X = 20; & & \\
Y = 40; & & \\
c_1, & X \rightarrow X + X, & 1; \\
c_2, & X + X \rightarrow X + Y, & 0.005; \\
c_3, & Y \rightarrow , & 0.6;
\end{array}
$$

여기서 c_i 는 반응 속도 파라미터의 이름이고, 중간 부분은 실제 분자들의 반응 과정, 오른쪽 수치는 반응 속도의 실제 수치이다. 초기값은 반응을 정의하기 전에 미리 정의한다. DIZZY에서는 동일한 추계적 모델로부터 상미분 방정식 모델과 동일한 시뮬레이션을 수행할 수 있다. 그러므로 DIZZY를 이용하면 추계적 모델과 결정론적 모델을 이용한 시뮬레이션 분석을 모두 손쉽게 수행하고 비교할 수 있다.

연 습 문 제

6.1 결정론적 모델에 대비하여 추계적 모델이 필요한 까닭은 무엇인가?

6.2 반응에 참여하는 분자의 개수가 증가하면 증가할수록 결정론적 모델과 추계적 모델의 시뮬레이션 결과가 유사한 까닭은 무엇인가?

6.3 일반적으로 신호의 잡음은 정상적인 동역학 과정을 방해하는 요소로서 시스템에 불필요한 것으로 여겨진다. 그러나 이와 반대로 생체시스템에서 잡음의 존재가 생체에 이득을 줄 수 있는 경우가 존재할까? 이에 대해 논의해보라.

참 고 문 헌

1. Harley H. McAdams and Adam Arkin. Stochastic mechanisms in gene expression. Proceedings of the National Academy of Sciences of the United States of America, 4;94(3):814-819. 1997.
2. Avigdor Eldar and Michael B. Elowitz. Functional roles for noise in genetic circuits. Nature, 467, 167-173. 2010.
3. Dongsan Kim, Walter Kolch and Kwang-Hyun Cho. Multiple roles of the NF-κB signaling pathway regulated by coupled negative feedback circuits. The FASEB Journal, 23(9):2796-2802. 2009.
4. Diane Longo and Jeff Hasty. Dynamics of single-cell gene expression. Molecular Systems Biology, 2:64. 2006.
5. Daniel T. Gillespie. Exact Stochastic Simulation of Coupled Chemical Reactions. The Journal of Physical Chemistry, 81(25):2340-2361. 1977.
6. Michael A. Gibson and Jehoshua Bruck. Efficient Exact Stochastic Simulation of Chemical Systems with Many Species and Many Channels. The Journal of Physical Chemistry A, 104(9):1876-1889. 2000.
7. Daniel T. Gillespie and Linda R. Petzold. Improved leap-size selection for accelerated stochastic simulation. The Journal of Physical Chemistry, 119:8229-8234. 2003.
8. Jongrae Kim, Pat Heslop-Harrison, Ian Postlethwaite and Declan G. Bates. Stochastic Noise and Synchronisation during Dictyostelium Aggregation Make cAMP Oscillations Robust. PloS Computational Biology, 3(11):e218. 2007.
9. Thattai M and van Oudenaarden A. Intrinsic noise in gene regulatory networks. Proceedings of the National Academy of Sciences of the United States of America, 17;98(15):8614-9. 2001.
10. Stephen Ramsey, David Orrell and Hamid Bolouri, Dizzy: stochastic simulation of large-scale genetic regulatory networks. Journal of Bioinformatics and Computational Biology, 3(2):437-454. 2005.

chapter 07

생체네트워크의 로직기반 모델

생체네트워크(biological network)는 네트워크를 구성하는 단백질, 유전자 등의 발현상태를 나타내는 방식과 네트워크의 특성을 분석하고자 하는 목적 등에 따라 다양한 방법으로 수학모델을 정립할 수 있다. 이를테면 가장 구체화된 단계의 분석을 위해서는 미분방정식이나 마르코프(Markov) 모델을 통해 구현할 수 있다. 반면, 그보다 추상화된 단계의 분석을 위해서는 로직기반 네트워크(logic-based network) 모델, 베이지안(Bayesian) 확률 모델 등을 이용할 수 있다. 이 가운데 로직기반 네트워크 모델의 하나인 불리언 네트워크(Boolean network) 모델은 네트워크를 구성하는 노드(node)의 상태를 이산화된 두 상태, 즉 0(꺼짐: OFF) 또는 1(켜짐: ON)의 불리언 값으로 극히 단순화하여 나타내고 각 노드 사이의 영향 관계를 논리적 관계로 표현함으로써 가장 간단하게 네트워크의 동역학을 기술하는 방법이다. 이 장에서는 불리언 네트워크 모델을 이용한 생체네트워크의 동역학 연구방법에 대해 살펴보기로 한다.

7.1 불리언 네트워크 모델

생체네트워크의 동역학을 가장 자세하게 기술하는 방법은 미분방정식을 이용하여 시간의 흐름에 따라 연속적으로 변화하는 상태를 나타내는 것이다. 이에 반해 불리언 네트워크 모델은 매우 직관적인 방식으로 모델을 단순화한 것으로서 실제 생체네트워크의 연속적인 상태를 이산화된 두가지 상태만으로 근사해서 표현하는 것으로 생각할 수 있다. 미분방정식을 이용한 모델이 생체분자의 농도가 연속적으로 어떻게 변화하는지를 살펴보는 것이라면 불리언 네트워크는 논리관계를 통한 조절

그림 7.1

카우프만의 불리언 네트워크의 예. **(A)** 불리언 네트워크의 구조. **(B)** 갱신 함수. 여기서 ∧, ∨, ~는 각각 논리적 AND, OR, NOT 연산을 의미한다. **(C)** 상태전이표

A

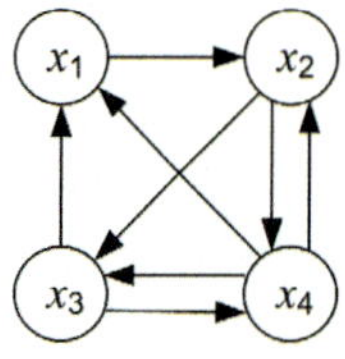

B

$$x_1 = \sim x_3 \wedge x_4$$
$$x_2 = \sim x_1 \wedge x_4$$
$$x_3 = \sim x_2 \vee x_4$$
$$x_4 = x_2 \wedge x_3$$

C

t $x_1\,x_2\,x_3\,x_4$	$t+1$ $x_1\,x_2\,x_3\,x_4$
0 0 0 0	0 0 1 0
0 0 0 1	1 1 1 0
0 0 1 0	0 0 1 0
0 0 1 1	0 1 1 0
0 1 0 0	0 0 0 0
0 1 0 1	1 1 1 0
0 1 1 0	0 0 0 1
0 1 1 1	0 1 1 1

t $x_1\,x_2\,x_3\,x_4$	$t+1$ $x_1\,x_2\,x_3\,x_4$
1 0 0 0	0 0 1 0
1 0 0 1	1 0 1 0
1 0 1 0	0 0 1 0
1 0 1 1	0 0 1 0
1 1 0 0	0 0 0 0
1 1 0 1	1 0 1 0
1 1 1 0	0 0 0 1
1 1 1 1	0 0 1 1

작용의 관점에서 살펴보는 것이라 할 수 있다.

이 장에서는 불리언 네트워크 모델 중 가장 널리 알려진 두가지 모델, 카우프만(Kauffman, S.) 모델[1,2]과 토마스(Thomas, R.) 모델[3]을 중심으로 살펴본다. 두 모델은 불리언 네트워크를 사용한다는 점에서는 공통적이지만, 그 출발점의 아이디어는 상당히 다르다. 카우프만의 불리언 네트워크는 세포내 유전자들의 조절관계를 표현하기 위해 사용되었으며 네트워크를 구성하는 각 노드에 평균적으로 얼마나 많은 링크(link)들이 연결되어 있는지를 나타내는 연결도(connectivity)와 네트워크의 상태전이(state transition)가 어떻게 이루어지는지를 표현하는 갱신 함수(update function)에 따라 네트워크가 갖는 동역학 특성을 탐구하고자 제안되었다. 이는 생체네트워크뿐만 아니라 복잡계를 연구하는 다른 연구 분야에서도 중요한 모델로 이용되고 있다. 특히 상당히 규모가 큰 불리언 네트워크를 임의로 생성하여 그 특성을 알아볼 수 있으므로 무작위(random) 불리언 네트워크라 불리기도 한다. 반면 토마스가 제안한 불리언 네트워크는 실제 생체네트워크가 보이는 동역학 특성을 잘 설명하도록 근사시킨 모델이며 특히 네트워크에 포함된 피드백회로의 기능에 초점을 맞추고 있다. 두 모델은 서로 다른 연구의 목적으로 제안되었지만, 방법론적으로는 많은 유사점을 가지고 있다. 다음의 절에서 차례대로 이 두 모델에 대해 살펴보도록 하자.

7.1.1 카우프만의 불리언 네트워크 모델

(1) 카우프만의 불리언 네트워크의 정의

1969년 카우프만은 소위 NK모델(여기서 N은 노드의 개수, K는 연결도)이라 불리는 불리언 네트워크 모델을 처음 제안하였다[1,2]. 그 이후 세포의 분화, 면역반응, 진화, 전사 조절 네트워크, 신경 네트워크 등의 여러 생물학 분야 연구에서 불리언 네트워크가 활용되었다. 특히 카우프만의 불리언 네트워크는 컴퓨터 공학에서의 임의 매핑 모델(random mapping model)이나 물리학에서의 카오스 이론 등 다양한 분야에서 응용되고 있다. 본 절에서는 카우프만이 처음 제안하였던 NK 모델을 이용한 생물학 분야에서의 연구내용을 중심으로 살펴보기로 한다.

카우프만의 불리언 네트워크는 유전자의 활성화(ON)/비활성화(OFF)를 표현하는 이산화된 불리언 변수들과 그 변수들 사이의 조절 관계식들로 구성된다. 이 네트워크는 미분방정식과 같은 연속변수 모델에 비해 단순한 구조임에도 불구하고, 비교적 복잡한 동역학 특성들을 잘 표현할 수 있으며, 연속변수 모델의 여러 특징들을 유사하게 구현할 수 있는 장점이 있다. N개의 불리언 변수들, x_1, $x_2, \cdots$, x_N으로 구성된 카우프만 네트워크에서 갱신될 불리언 변수 x_i의 시간 $t+1$에서의 값은 K개의 다른 불리언 변수들 $x_{i_1}, x_{i_2}, \cdots$, x_{i_K}의 시간 t에서의 값들로부터 계산되는 갱신 함수 $f_i : \{0,1\}^K \rightarrow \{0,1\}$에 의해 결정된다. 즉, 갱신 함수는 $x_i(t+1) = f_i(x_{i_1}(t), x_{i_2}(t), \cdots, x_{i_K}(t))$와 같이 표현될 수 있다. 그림 7.1은 카우프만의 불리언 네트워크의 한 예($N=4, K=2$)를 보여준다. 이 예에서 사용된 갱신 함수들은 불리언 논리 함수를 통해 표현되었다. 이와 같이 네트워크의 구조(그림 7.1A)와 갱신 함수(그림 7.1B)가 정의되면 각 불리언 변수들에 대해 시간 t에서 시간 $t+1$로 경과함에 따른 변수 값의 변화를 그림 7.1C의 표와 같이 나타낼 수 있다. 이 때 시간 t에서 모든 불리언 변수 값들을 모아 벡터로 나타낸 것을 시간 t에서의 네트워크 상태(state)라고 하며, 그림 7.1C의 표는 이러한 상태의 변화를 나타낸 상태전이표(state transition table)라고 할 수 있다. 이러한 표를 바탕으로 네트워크 상태들 사이의 전이 관계를 방향그래프(directed graph)로 그

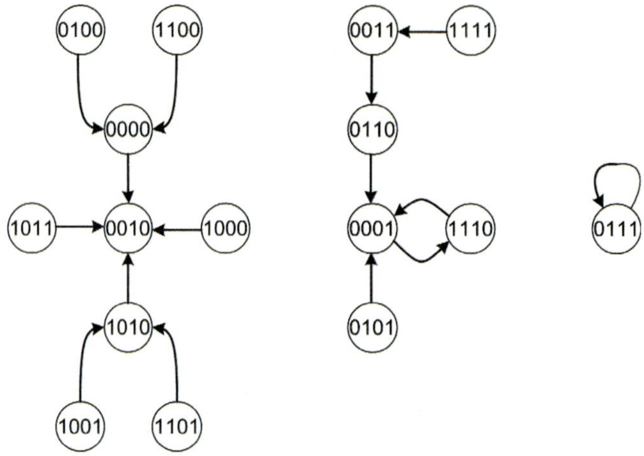

그림 7.2

그림 7.1의 불리언 네트워크에 대한 상태전이 네트워크(원 안의 4자리 값은 가장 왼쪽부터 차례로 x_1, x_2, x_3, x_4의 값을 의미한다.)

릴 수 있는데, 이를 상태전이 네트워크(state transition network)라고 한다. 그림 7.1의 예에 대한 상태전이 네트워크는 그림 7.2에 나타나 있다. 상태전이 네트워크에는 상태가 전이를 거듭하여 궁극에 도달하게 되는 두 가지 형태의 끌개상태(attractor state)가 존재한다. 하나는 점끌개(point attractor)로서 하나의 고정된 상태를 나타내며, 다른 하나는 순환끌개(cyclic attractor)로서 어떤 상태가 다른 상태를 거쳐서 자기 자신으로 다시 전이되는 순환적인 상태를 지칭한다. 그림 7.2의 예에서 보면 "0010"과 "0111" 두 개의 점끌개와 "0001", "1110" 로 이루어진 순환끌개가 존재하는 것을 알 수 있다.

앞서 살펴본 카우프만의 불리언 네트워크에서는 모든 불리언 변수들이 하나의 내재된 클락(clock)을 따라 항상 동시에 상태를 갱신한다는 것을 알 수 있다. 이러한 종류의 네트워크를 동기식(synchronous) 불리언 네트워크라고 한다. 반면, 클락 사이클을 따라 매 시각 오직 한 개의 변수만이 갱신되면 비동기식(asynchronous), 2개 이상의 일부 변수를 갱신하면 반동기식(semi-synchronous) 불리언 네트워크라고 한다. 또한 비동기식과 반동기식에서는 매 시간 갱신할 변수들을 정해진 순서에 따라 선택하는 결정적(deterministic) 방식과 임의로 선택하는 비결정적(non-deterministic) 방식으로 다시 나뉜다. 동기식에 비해 비동기식이나 반동기식은 그 분석이 쉽지 않아서 연구결과가 동기식 네트워크에 비해 적은 편이다. 그러나 실제 생체네트워크는 동기식보다는 비동기식이나 반동기식의 형태에

정돈된 체계 혼돈 체계 경계선 체계

그림 7.3
불리언 네트워크 동역학의 3가지 체계

가까우므로 향후 연구에서 잠재성이 큰 분석 방법이라 할 수 있다.

(2) 동기식 카우프만 불리언 네트워크의 동역학 특성

동기식 카우프만 네트워크는 가장 많이 연구되어져 온 형태의 네트워크이다. 많은 연구결과를 통해 이 네트워크는 한 노드변수에 영향을 미치는 다른 노드변수들의 평균적인 개수로 정의되는 연결도와 갱신 함수가 0과 1을 출력하는 비율 중 큰 값으로 정의되는 편중도(bias)에 따라 네트워크의 작동방식이 결정된다는 것이 알려져 있다. 네트워크의 행동양상을 크게 3가지 형태로 나눌 수 있는데, 대부분의 생체시스템에 해당될 것으로 생각되는 질서 영역(ordered regime), 생물학적으로는 거의 가능하지 않을 것으로 보이는 혼돈 영역(chaotic regime), 그리고 질서 영역과 혼돈 영역 사이에 존재하는 임계 영역(critical regime)으로 나눌 수 있다. 그림 7.3은 이러한 세 가지 체계의 예를 보여 준다. 세로 열은 시간 방향을, 가로 행은 어떤 시각에서의 네트워크의 상태라고 할 수 있다. 질서 영역에서는 시간이 흐름에 따라 네트워크의 상태가 어떤 일정한 상태로 잘 수렴하는 것을 알 수 있다. 반면 혼돈 영역에서는 그 행동양상을 잘 예측할 수 없으며, 임계 영역에서는 질서 영역과 혼돈 영역의 경계에 있는 체계를 보인다. 데리다(Derrida, B.)와 포무(Pomeau, Y.)는 연결도가 K, 편중도가 p인 카우프만의 모델에서 $S=2Kp(1-p)$가 그러한 체계를 구분짓는 기준이 될 수 있음을 밝혔다[4]. 즉, S가 1보다 작을 때는 질서 영역, 1보다 클 때는 혼돈 영역, 1일 때는 임계 영역에 속하게 됨을 보였다. 그림 7.4는 K와 p에 따라 질서 영역, 혼돈 영역, 임계 영역이 차지하는 영역이 어떠한지를 나타낸다. 연결도가 작을 때 질서 영역에 속할 확률이 높은 것을 알 수 있으며,

그림 7.4
연결도 K와 편중도 p에 따라 질서 영역, 혼돈 영역, 그리고 임계 영역이 존재하게 됨

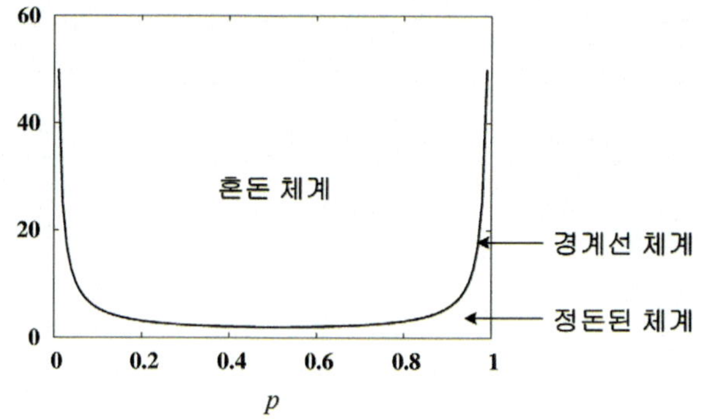

그림 7.5
연결도 K에 따른 데리다 그래프의 예시

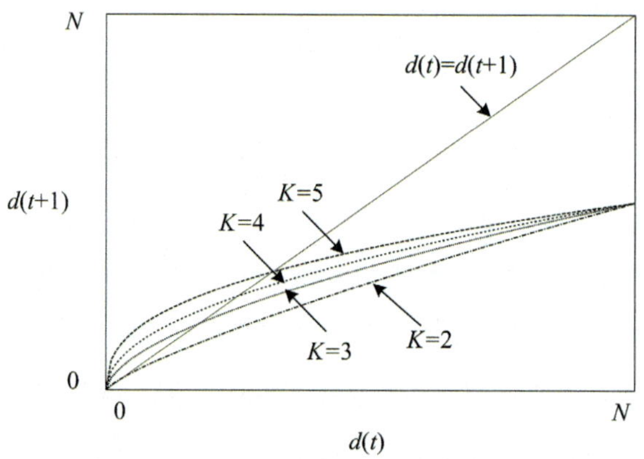

특히 $K=2$일 때, $p \neq 0.5$이면 항상 질서 영역에 속한다. 이러한 특성은 실제 많은 생체네트워크에서 연결도가 그렇게 높지 않으며 질서 영역의 모습을 보인다는 사실과 잘 일치한다.

불리언 네트워크의 동역학 체계를 살펴볼 수 있는 또 다른 방법으로 데리다 그래프(Derrida plot)가 있다[4]. 이는 두 상태 사이의 거리가 다음 시간에 증가하는지 혹은 감소하는지를 나타낸 그래프이다. 예를 들어 $N=4$인 네트워크에서 두 상태 "0000"과 "0001"을 고려해 보자. 두 상태의 해밍 거리(서로 다른 비트의 개수)는 1이다. 만약 상태전이 네트워크에서 그 두 상태가 "1000"과 "0010"으로 각각 전이된다면 전이된 후 두 상태의 해밍 거리는 2가 된다. 전이 이전의 두 상태의 해밍 거리를 $d(t)$, 전이 이후의 두 상태의 해밍 거리를 $d(t+1)$라고 할 때, $d(t)$를

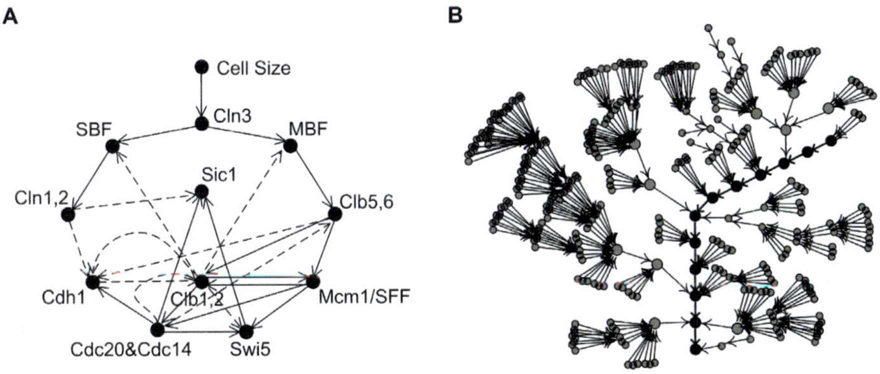

그림 7.6
발아효모의 세포주기를 조절하는 유전자 상호작용 네트워크(A)와 불리언 네트워크 모델의 상태전이 네트워크(B) ([5]에서 인용). A에서 실선은 정(+)의 관계를, 점선은 부(−)의 관계를 표현한다.

x축에 $d(t+1)$를 y축에 그린 그래프를 데리다 그래프라고 한다. 그림 7.5는 NK 모델의 네트워크에 대해 데리다 그래프를 그린 예이다. $K=2$인 경우는 항상 직선 $d(t)=d(t+1)$ 보다 아래에 있다. 이는 상태전이가 진행될수록 수렴해감으로써 질서 영역에 속함을 의미한다. 반면 K가 커질수록 $d(t)$가 작은 영역에서 직선 $d(t)=d(t+1)$보다 위에 있다. 이는 상태전이가 진행되어 어느 정도 수렴해가더라도 시간이 더 흐르면 발산하게 된다는 것을 의미한다. 이러한 분석은 복잡한 불리언 네트워크에 대해서 시뮬레이션 분석을 통해 네트워크의 동역학 특성을 파악하고자 할 때 유용하다고 할 수 있다.

(3) 카우프만 불리언 네트워크의 응용 예

세포는 성장과 분화를 주기적으로 반복하는 과정을 거치는데 이러한 세포주기를 조절하는 네트워크에 대한 연구가 특히 발아효모에 대해서 많이 진행되었다. 세포의 분화는

$$G_1 \rightarrow S \rightarrow G_2 \rightarrow M \rightarrow G_1$$

와 같은 상태전이를 거쳐 진행되는데, 어떤 상태인지를 결정하는 것은 특정 유전자나 단백질의 활성화에 의해서이다. 발아효모의 세포주기에 관련된 약 800개의 유전자 가운데 세포주기를 결정하는 핵심 유전자의 개수는 11개인 것으로 밝혀져 있다[5]. 그림 7.6A에 이들 유전자의 대략적인 상호작용 네트워크 구조가 나타나

있다. 그러나 아직 각 유전자들 사이의 구체적인 상호작용에 대해서는 정확히 알려져 있지 않다. [5]에서는 불리언 네트워크 모델을 이용하여 그림 7.6A의 네트워크 동역학 특성을 분석하였는데, 개별 유전자의 발현 여부를 0과 1의 불리언 값으로 나타내고, 갱신 규칙으로는 다음과 같은 식을 이용하였다.

$$x_i(t+1) = \begin{cases} 1 & \sum w_{ij} x_j(t) > 0 \text{ 일 때}, \\ 0 & \sum w_{ij} x_j(t) \leq 0 \text{ 일 때}. \end{cases}$$

이 때, w_{ij}는 유전자 j로부터 유전자 i로의 관계가 정(+)의 관계(positive relationship)일 때는 1, 부(-)의 관계(negative relationship)일 때는 -1의 값을 갖는다. 결국, 갱신 규칙의 의미는 유전자 i의 시간 $t+1$에서의 값 $x_i(t+1)$은 유전자 i에 영향을 미치는 모든 유전자들에 대해서 정의 관계를 가지며 활성화된 유전자들의 개수와, 부의 관계를 가지며 활성화된 유전자들의 개수를 비교하여 결정하는 것이다. 세포주기가 G_1 상태에서 벗어나 분화를 시작하는 상태로의 전이는 Cln3의 활성화로 시작된다. 그림 7.6A의 네트워크에 해당하는 불리언 네트워크 모델의 상태전이 네트워크를 그려 보면 그림 7.6B와 같다. 흥미롭게도 이 상태전이 네트워크의 중간 상태들은 실제 실험적으로 관찰되는 유전자들의 상태를 포함하고 있으며 12단계의 상태전이를 거쳐 다시 G_1 상태로 돌아온다. 이는 세포주기를 유도하는 실제 네트워크의 동역학 과정을 잘 보여준다. 이와 같은 예에서 보듯이, 불리언 네트워크는 실험적으로 또는 연속변수 모델로 분석하기 어려운 복잡한 동역학을 간단하게 살펴볼 수 있는 유용한 도구이다.

7.1.2 토마스의 불리언 네트워크 모델

토마스는 1973년 유전자 조절 네트워크의 복잡한 동역학을 피드백회로의 관점에서 분석하기 위해 논리 회로 기반의 방법을 제안하였다[6, 7]. 그가 제안한 네트워크는 불리언 변수에 제한되지 않고 모든 이산(discrete) 변수를 사용할 수 있으므로 엄밀하게는 불리언 네트워크 모델의 일종이라 할 수 없지만, 많은 경우 불리언 변수를 이용하여 분석하므로 통상적으로 그렇게 불린다. 토마스의 네트워크 모델은 기본적

A

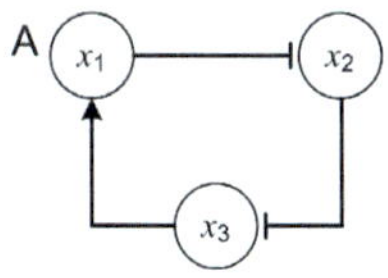

$x_1 = x_3$

$x_2 = \sim x_1$

$x_3 = \sim x_2$

t $x_1\,x_2\,x_3$	$t+1$ $x_1\,x_2\,x_3$
0 0 0	0 1 1
0 0 1	1 1 1
0 1 0	0 1 0
0 1 1	1 1 0
1 0 0	0 0 1
1 0 1	1 0 1
1 1 0	0 0 0
1 1 1	1 0 0

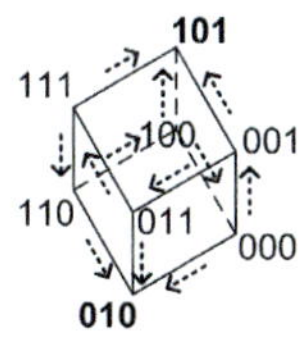

양성 피드백 회로

B

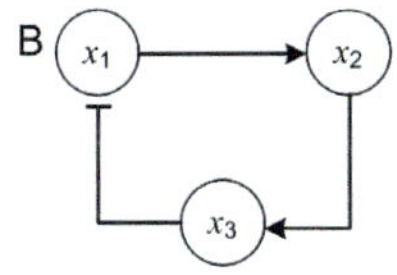

$x_1 = \sim x_3$

$x_2 = x_1$

$x_3 = x_2$

t $x_1\,x_2\,x_3$	$t+1$ $x_1\,x_2\,x_3$
0 0 0	1 0 0
0 0 1	0 0 0
0 1 0	1 0 1
0 1 1	0 0 1
1 0 0	1 1 0
1 0 1	0 1 0
1 1 0	1 1 1
1 1 1	0 1 1

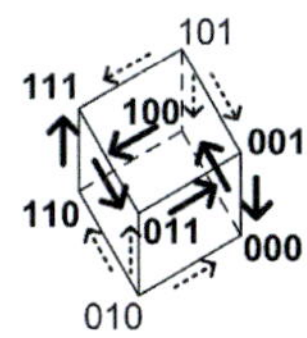

음성 피드백 회로

그림 7.7

양성피드백회로(A)와 음성피드백회로(B)의 예. 각 예에서 왼쪽 상단은 불리언 네트워크의 구조를, 오른쪽 상단은 상태전이표를, 그리고 하단은 토마스 모델에서의 상태전이 네트워크를 나타낸다. 상태전이 네트워크에서 끌개에 해당되는 상태들은 굵게 나타나 있다.

으로 비동기식 모델을 가정한다. 따라서 한 상태에서 다른 상태로의 전이는 반드시 하나의 변수 변화에 의해서만 발생한다. 그림 7.7은 불리언 네트워크의 두 가지 예와 그에 따른 상태전이 네트워크를 나타낸다. 그림에 포함된 예는 모두 피드백회로로서 하나는 양성피드백회로이고 다른 하나는 음성피드백회로이다. 토마스 모델은 이처럼 피드백회로가 포함된 네트워크에서 피드백의 역할을 살펴보기 위해 많이 사용되었다. 피드백회로가 주어졌을 때, 상태전이표는 앞 절에서 설명한 카우프만 모델의 분석과 동일하다. 그러나 상태전이 네트워크에서의 분석은 비동기식 모델을 가정한다는 차이점이 있다. 즉, 그림 7.7에서처럼 상태전이 네트워크는 육면체 형태(3개의 변수가 사용되었으므로 2^3개의 상태가 존재한다)로 표현되고 상태전이는 선분을 따라서만 이뤄질 수 있다(선분을 따라 전이되면 한 번에 한 개의 변수값만 바뀔 수 있다). 양성피드백회로를 분석한 결과, “101”과 “010”이라는 두 개의 점끌개가 나타나는데 토마스는 이것이 양성피드백회로를 가지고 있는 생체네트워크의 특징인 다중안정성(multi-stability)을 나타낸다고 보았다. 반면 음성피드백회로에서는 “000”, “100”, “110”, “111”, “011”, “001”, “000”으로 차례대로 전이되는 순환끌개가 나타나며 이는 음성피드백회로의 중요한 특징이라고 설명하였다. 이처럼 토마스의 네트워크 모델은 양성피드백회로와 음성피드백회로가 각각 점끌개와 순환끌개로 수렴되는 것과 같이 어떤 동역학 특성을 나타내기 위해 필요한 조건이 무엇인지를 살펴보기 위해 제안된 모델이다.

그림 7.8
이산 변수와 논리 파라미터를 포함한 네트워크의 예. (A) 네트워크 구조. (B) 갱신 함수. (C) 상태전이표

A

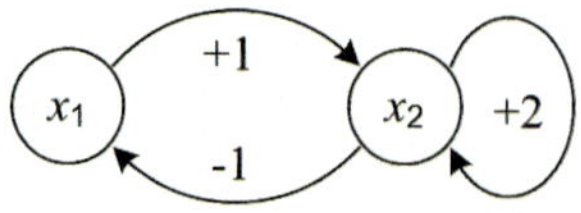

B

$$x_1 = \begin{cases} 0 & x_2 \geq 1 \text{ 일 때} \\ K_1 & \text{그 이외의 경우} \end{cases}$$

$$x_2 = \begin{cases} K_2 & x_1 = 1 \; \& \; x_2 \leq 1 \text{ 일 때} \\ K_3 & x_1 = 0 \; \& \; x_2 = 2 \text{ 일 때} \\ K_{23} & x_1 = 1 \; \& \; x_2 = 2 \text{ 일 때} \\ 0 & \text{그 이외의 경우} \end{cases}$$

(단, $K_{23} \geq K_2$ 이고 $K_{23} \geq K_3$)

C

t	$t+1$
x_1 x_2	x_1 x_2
0 0	K_1 0
0 1	0 0
0 2	0 K_3
1 0	K_1 K_2
1 1	0 K_2
1 2	0 K_{23}

(4) 토마스 네트워크에서의 피드백회로

앞서 설명한 바와 같이 토마스의 네트워크에서는 비동기식 갱신 규칙을 바탕으로 분석한다. 이에 더하여 좀 더 현실적인 생체네트워크를 설명할 수 있도록 두 가지 요소를 추가하였는데, 바로 이산 변수와 논리 파라미터이다. 그림 7.8의 예를 통해 그 개념을 살펴보자. 그림 7.8A에서 예로 제시된 네트워크는 두 개의 변수 x_1과 x_2가 사용되었다. 여기서 x_1은 불리언 변수이지만 x_2는 0, 1, 2 세 개의 값을 가질 수 있는 이산 변수이다. 네트워크에 사용된 갱신 규칙(그림 7.8B)을 살펴보자. 불리언 변수 x_1은 x_2로부터 "-1"이라는 값이 표시된 링크가 연결되어 있다. 이것은 x_2로부터 부의 관계를 가지며, 그 기준이 되는 값은 1임을 뜻한다. 따라서 x_1은 x_2가 1보다 작을 때(즉, 0일 때), 어떤 값(예제에서는 K_1으로 표기)을 가질 수 있고 x_2가 1보다 크거나 같을 때(즉, 1 또는 2일 때) 항상 0의 값을 갖는다. 여기서 주의할 점은 x_1이 x_2에 의해 "ON" 되더라도 항상 1의 값을 갖도록 갱신 규칙이 고정되는 것이 아니라 K_1이라는 파라미터 값으로 표현된다는 점이다. 여기서 K_1은 x_1이 표현될 수 있는 값의 범위로 제한되므로 0 또는 1의 값이 가능하다. 다음으로 이산 변수 x_2를 살펴보면, x_1으로부터 "+1" 값을 갖는 링크와 자신으로부터 "+2" 값을 갖는 링크가 연결되어 있다. 이 예에서는 논리적 OR 연산자가 작동한다고 가정하였다. 따라서 x_1이 1이거나 x_2가 2일 경우, x_2는 논리규칙에

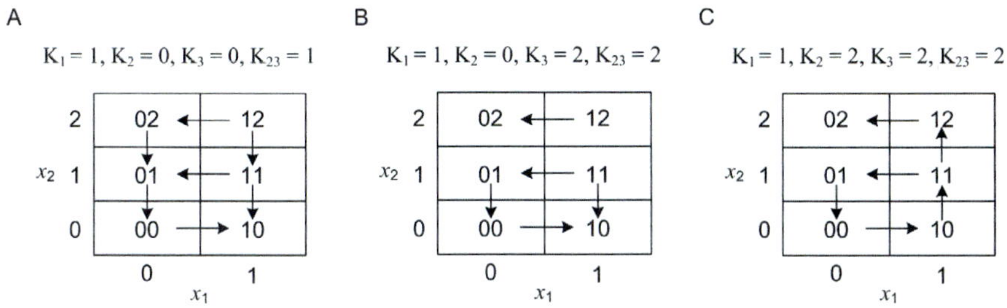

그림 7.9
그림 7.8의 예에서 논리 파라미터 값에 따라 생성되는 상태전이 네트워크들

따라 어떤 값으로 전이되게 된다. 이 경우를 상세히 보면, x_1이 1이지만 x_2가 2보다 작을 경우, x_1이 1보다 작지만 x_2가 2일 경우, x_1도 1이고 x_2도 2일 경우 등 세 가지 경우로 나뉠 수 있는데, x_2가 갖게 될 값을 파라미터 값 K_2, K_3, K_{23}로 각각 표현할 수 있다. 이 때 필요한 제약 조건은 K_2, K_3, K_{23}은 0, 1, 2 중 하나의 값을 갖고 $K_{23} \geq K_2$ 과 $K_{23} \geq K_3$을 만족해야 한다. 이러한 과정을 통해 그림 7.8C의 상태전이표를 완성할 수 있다. 논리 파라미터 값이 어떻게 주어지느냐에 따라서 상태전이 네트워크는 달라진다. 이 예에서는 모두 28가지 경우가 가능한데, 그림 7.9는 그 중 3가지 경우의 예를 나타낸 것이다. 그림 7.9A에서는 점끌개가 하나 존재하고, 그림 7.9B에서는 점끌개 두 개가 존재하며, 그림 7.9C에서는 점끌개 하나와 순환끌개 하나가 존재함을 알 수 있다. 토마스는 이처럼 점끌개와 순환끌개가 존재하는 이유로 피드백회로를 지적하였다. 양성피드백회로에서는 다중안정성을 유도하므로 점끌개가 나타나는 반면 음성피드백회로에서는 순환성을 유도하므로 순환끌개가 나타난다. 그림 7.8의 네트워크를 살펴보면, 실제로 양성피드백회로와 음성피드백회로를 가지고 있음을 확인할 수 있다. 이 때, 피드백회로가 점끌개나 순환끌개를 유도할 경우, 피드백회로가 "기능을 한다"라고 할 수 있다. 토마스의 네트워크 모델에서 가장 중요한 분석 목적은 과연 주어진 네트워크 내의 피드백회로가 "기능을 할 수 있도록 하는" 논리적 파라미터의 값이 존재하는가에 답하는 것이다. 이러한 목적에서 많은 실험적, 이론적 연구가 진행되어 왔다 [8, 9]. 이 절에서는 앞의 예를 통해 간단하게 그 방법을 살펴보기로 한다

(5) 토마스 네트워크에서 기능을 하는 피드백회로

그림 7.8의 예에서 모든 논리 파라미터들의 가능한 조합은 28가지로 아주 많아서 모든 경우를 조사해 보는 것은 많은 노력이 필요하다. 토마스와 스누시(Snoussi, E.H.) 등은 간단하게 이를 확인할 수 있는 방법을 제안하였다[9]. 이를 위해 먼저, "특성 상태"를 다음과 같이 정의한다. 그림 7.8에서 x_1은 0과 1, x_2는 0, 1, 2의 값을 갖듯이 모든 변수들은 유한개의 정수값을 갖는다(변수들이 이러한 값들을 가질 때 정규(regular) 상태라고 한다). 또한, 변수들이 그러한 정수들 사이의 값을 가지는 경우를 고려할 수 있다(이러한 경우를 비정규(singular) 상태라고 한다). 만약 $s^{(k)}$를 정수 $k-1$과 k사이의 어떤 값이라 정의하면, x_1은 $s^{(1)}$, x_2는 $s^{(1)}$, $s^{(2)}$를 가질 수 있다. 특성 상태는 비정규 상태에 속하는 값들 중, 피드백회로내의 갱신함수에 영향을 미치는 상태를 말한다. 그림 7.8에서 x_1과 x_2로 구성된 음성피드백회로의 경우 특성 상태는 $(x_1, x_2) = (s^{(1)}, s^{(1)})$이다. 왜냐하면 음성피드백회로를 구성하는 링크들의 값이 -1과 +1이기 때문이다. 반면 x_2 하나로 구성된 양성피드백회로의 특성 상태는 $(x_1, x_2) = (-, s^{(2)})$(하이폰은 x_1은 모든 가능한 정규 상태 중 하나임을 뜻함)이다. 각 피드백회로가 기능을 하는지의 여부는 바로 특성 상태가 전이될 때 안정적인지를 체크함으로써 가능하다. 그리고 특성 상태가 정상 상태로 전이된다는 것은 그 특성 상태와 인접한 정규 상태들이 전이된 공간 속에 특성 상태가 포함될 수 있는지에 의해 판단된다. 다시 그림 7.8의 예를 보자. 두 변수 x_1과 x_2로 구성된 음성피드백회로에서 특성 상태는 앞서 설명한 대로 $(s^{(1)}, s^{(1)})$이므로 인접한 정상 상태들은 $(0,0)$, $(0,1)$, $(1,0)$, $(1,1)$ 등 4개이다. 이들 정상 상태는 $(K_1, 0)$, $(0,0)$, (K_1, K_2), $(0, K_2)$로 각각 전이되며, $(s^{(1)}, s^{(1)})$이 그 영역 안에 포함되기 위해서는 $K_1 = 1$, $K_2 = 1$ 또는 2를 만족하면 된다. 그림 7.9C가 이러한 조건을 만족하며 실제로 순환끌개가 존재함을 확인할 수 있다. 이제 x_2 하나로 구성된 양성피드백회로를 살펴보자. 이 회로에서 특성 상태는 $(-, s^{(2)})$이므로, $(0, s^{(2)})$과 $(1, s^{(2)})$가 정상 상태로 전이하기 위한 조건을 찾아야 한다. 먼저, $(0, s^{(2)})$의 경우, 두 인접 정상 상태 $(0,1)$과 $(0,2)$가 $(0,0)$과 $(0, K_3)$으로 각각 전이되므로 $K_3 = 2$를 만족해야 $(0, s^{(2)})$가 정상 상태로 전이될 수 있

다. 다음으로, $(1, s^{(2)})$의 경우, 두 인접 정상 상태 $(1,1)$과 $(1,2)$이 $(0, K_2)$과 $(0, K_{23})$으로 각각 전이되므로 정상 상태가 가능하지 않다. 그림 7.9B와 그림 7.9C의 예에서, $K_3 = 2$에 의해 $(0,2)$라는 점끌개가 형성됨을 알 수 있다. 이처럼, 특성 상태가 정상 상태로 전이되는지를 확인함으로써 피드백회로가 기능을 하는지의 여부를 확인할 수 있다.

이 절에서는 불리언 네트워크 모델의 대표적인 두 가지 방법인 카우프만 모델과 토마스 모델에 대해서 살펴보았다. 불리언 네트워크 모델은 두 모델이 분석의 관점에서는 차이가 있지만 그 바탕을 이루는 모델의 표현 방식은 크게 다르지 않다는 것을 알 수 있었다. 불리언 네트워크 모델의 장점은 비교적 큰 네트워크에 대해서 그 동역학 특성을 자세하게 살펴볼 수 있다는 것이다. 불리언 네트워크 모델은 연속변수 모델에 비해 실제 생체네트워크를 묘사할 수 있는 정확도가 떨어지지만, 그러한 단점 역시 불리언 변수 대신 이산 변수를 사용할 경우 어느 정도 극복될 수 있다.

7.2 확률적 불리언 네트워크 모델

앞의 7.1절에서 우리는 불리언 네트워크 모델에 대해서 살펴보았다. 불리언 네트워크 모델은 유전자조절네트워크를 표현하기 위한 방법으로서 카우프만에 의해 1969년 처음 소개가 되었으며, 유전자발현이 켜짐(1)/꺼짐(0)의 불리언 변수로 표현됨을 살펴보았다. 이러한 불리언 네트워크 모델은 비교적 큰 네트워크에 대해서 그 동역학 특성을 자세하게 살펴볼 수 있다는 장점이 있지만, 연속변수 모델에 비해 실제 생체네트워크를 묘사할 수 있는 정확도가 떨어진다는 단점이 있다. 하지만 이는 불리언 변수 대신에 이산 변수를 도입함으로써 어느 정도 해결할 수 있는 문제이다. 불리언 네트워크 모델의 가장 큰 한계점은 무엇보다도 불리언 네트워크 자체가 가지고 있는 고유의 결정적(deterministic) 특성이다. 불리언 로직 자체가 주어진 입력조합에 대해서 결정적이며, 따라서 각 노드의 불리언 로직에 의해서 결정되는 불리언 네트워크의 동역학 또한 주어진 초기치(initial condition)에 따라

정해지는 결정적 특성을 지닌다. 물론 이는 결정적 연속변수 모델에서도 마찬가지이며, 이를 보완하기 위한 확률적 연속변수 모델(stochastic model)이 존재한다. 이 절에서는 불리언 네트워크 모델의 결정적 특성을 보완하기 위해 제안된 확률적 불리언 네트워크 모델에 대해 살펴보기로 한다.

7.2.1 유전자 조절 네트워크 추론과정에서 확률 설정

유전자 조절 네트워크를 불리언 모델을 이용해 추론한다고 했을 때, 통상 하나의 노드에는 가장 높은 적합도를 가지는 하나의 결정적 법칙(또는 논리표(logic table))만이 주어진다. 하지만 실제 생물학 실험 관점에서 본다면, 유전자 발현정도를 측정한 데이터(예를 들어 마이크로어레이)에는 통상 잡음(noise)이 많이 섞여 있다. 또한, 이러한 데이터를 활용하여 유전자 조절 네트워크를 추론하고자 할 때, 추론하고자 하는 네트워크의 크기에 비해 보통 상대적으로 적은 표본(sample)만의 측정치가 주어지게 된다. 따라서 각 노드의 모든 가능한 입력조합에 대한 로직을 결정하기에는 실험데이터가 충분하지 않고, 하나의 유전자당 하나의 법칙(논리적 관계, 갱신 함수)을 가진다는 가정 자체가 실제로는 적용되기 어려울 수 있다. 이러한 경우 주어진 각 유전자에 대한 실험데이터를 설명할 수 있는 여러 개의 규칙이 존재할 수 있다. 더욱이, 유전자의 전사조절과정에서 전사조절인자(transcription factor)가 DNA에 결합하는 과정 자체도 어느 정도의 확률적 특성을 지니기 때문에, 유전자 조절 네트워크 모델에도 이러한 확률적 특성을 반영하는 것이 생명 현상을 좀 더 잘 표현하는 방법일 것이다. 이처럼 불리언 모델의 결정적 특성이 가지는 한계점을 극복하고자 제안된 모델이 확률적 불리언 네트워크 모델이다.

쉬뮬레뷔치(Shmulevich, I.)에 의해 처음 도입된 확률적 불리언 네트워크 모델[10-13]은 기존 불리언 네트워크의 특성을 공유함은 물론, 실험데이터와 모델선택의 불확실성(uncertainty)을 모두 해결하고자 하였다. 불리언 모델에서 하나의 유전자는 하나의 규칙만을 가질 수 있는데 반해, 확률적 불리언 모델에서는 하나의 유전자가 하나 이상의 함수를 통해 그 규칙이 표현된다(그림 7.10). 따라서 모든 노드 x_i는 식 (7.1)처럼 가능한 $l(i)$개의 함수 $f_j^{(i)}$들의 집합을 가진다고 표현할

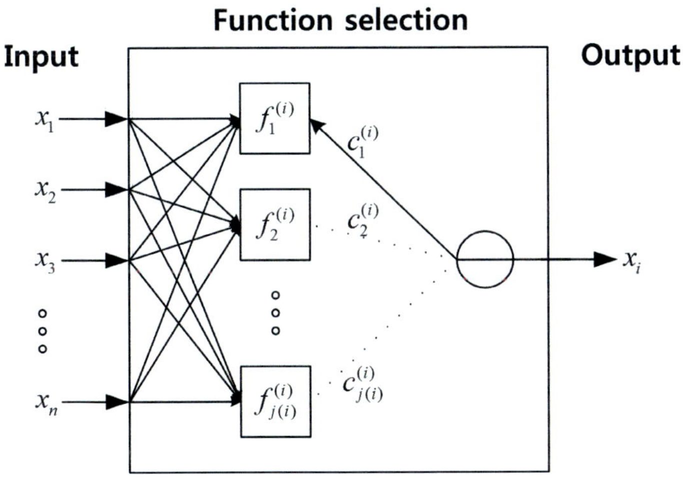

그림 7.10

확률적 불리언 네트워크 모델의 개념. 여기서 확률적 불리언 네트워크 모델의 노드 x_i는 $j(i)$개의 불리언 함수를 가지며, 각 불리언 함수 $f_{j(i)}^{(i)}$는 $c_{j(i)}^{(i)}$의 확률로 선택된다.

수 있다.

$$F_i = \left\{ f_j^{(i)} \right\}_{j=1,\cdots,l(i)} \tag{7.1}$$

확률적 불리언 네트워크 모델의 특정 시간에서의 표현형은 각 노드가 선택할 수 있는 불리언 함수들의 조합으로 이뤄진 벡터함수 $\overrightarrow{f_k}$에 의해서 결정된다. 예를 들어, n개의 노드로 구성된 확률적 불리언 네트워크가 N개의 가능한 실현형태(realization)를 가진다고 한다면, N개의 벡터 함수($\overrightarrow{f_1}$, $\overrightarrow{f_2}$, $\cdots$, $\overrightarrow{f_N}$)가 존재하게 된다(여기서 $\overrightarrow{f_k} = \left(f_{k_1}^{(1)}, f_{k_2}^{(2)}, \cdots, f_{k_n}^{(n)} \right)$, $k = 1, 2, \cdots, N$; $1 \le k_i \le l(i)$; $f_{k_i}^{(i)} \in F_i$, $i = 1, \cdots, n$). 즉, 하나의 벡터함수 $\overrightarrow{f_k}$: $\{0,1\}^n \rightarrow \{0,1\}^n$는 확률적 불리언 네트워크의 가능한 모든 실현형태중 하나를 나타내는 전이함수(transition function)이다. 따라서 모든 노드의 현재 상태 값이 $(x_1, \cdots, x_n)$로 주어졌을 때, 다음 상태 값은 확률적 불리언 네트워크 모델이 실현형태 $\overrightarrow{f_k}$를 따른다면 $\overrightarrow{f_k}(x_1, \cdots, x_n) = (x_1', \cdots, x_n')$로 주어진다.

이제 $\vec{f} = \left(f^{(1)}, \cdots, f^{(n)} \right)$가 임의의 벡터함수라고 하자. 즉, $\vec{f}$는 확률적 불리언 네트워크 모델의 모든 실현형태를 가질 수 있다. 이 때 노드 i가 불리언 함수 $f_j^{(i)}$ $(1 \le j \le l(i))$를 선택할 확률 $c_j^{(i)}$는 식 (7.2)와 같이 주어진다.

$$c_j^{(i)} = \Pr\{f^{(i)} = f_j^{(i)}\} = \sum_{k:\, f_{k_i}^{(i)} = f_j^{(i)}} \Pr\{\vec{f} = \vec{f_k}\} \tag{7.2}$$

그리고 $c_j^{(i)}$는 확률 값이기 때문에 식 (7.3)과 같이 전체 합이 1이다.

$$\sum_{j=1}^{l(i)} c_j^{(i)} = 1 \tag{7.3}$$

예를 들어, 세 개의 노드 x_1, x_2, 그리고 x_3로 이뤄진 확률적 불리언 네트워크 모델의 경우를 살펴보자. 그림 7.11의 확률적 불리언 함수 설정 표를 살펴보면, 노드 x_1는 두 개의 불리언 함수 $f_1^{(1)}$과 $f_2^{(1)}$를 가지며, 이들은 각각 0.6과 0.4의 확률로 선택된다. 반면 노드 x_2는 하나의 불리언 함수 $f_1^{(2)}$만을 가지며, 따라서 그 확률 값은 1이다. 노드 x_3는 x_1과 마찬가지로 두 개의 불리언 함수 $f_1^{(3)}$과 $f_2^{(3)}$를 가지지만, 이들의 선택확률은 각각 0.5로 동일하다.

확률변수(random variable) $f^{(1)}, f^{(2)} \cdots, f^{(n)}$가 독립적(independent)이면 주어진 네트워크를 구성하는 불리언 함수는 서로 독립적으로 선택되어질 수 있다. 이 때 우리는 주어진 확률적 불리언 네트워크가 독립적이라고 하며, 그렇지 않은 경우에는 의존적(dependent)이라고 한다. 즉, 주어진 확률적 불리언 네트워크가 독립적인 경우에는 식 (7.4)와 같이 표현할 수 있으며, 모든 가능한 실현형태는 $N = \prod_{i=1}^{n} l(i)$이다. 여기서 모든 노드 $x_i (i = 1, \cdots, n)$에 대해서 불리언 함수의 개수가 $l(i) = 1$이면, 가능한 실현형태는 하나밖에 없게 되고($N = 1$), 따라서 이 경우에는 결정적 불리언 네트워크 모델이 된다. 즉, 결정적 불리언 네트워크는 확률적 불리언 네트워크의 특수한 경우로 볼 수 있다.

$$\Pr\{f^{(i)} = f_j^{(i)}, f^{(l)} = f_k^{(l)}\} = \Pr\{f^{(i)} = f_j^{(i)}\} \cdot \Pr\{f^{(l)} = f_k^{(l)}\} \tag{7.4}$$

$x_1x_2x_3$	$f_1^{(1)}$	$f_2^{(1)}$	$f_1^{(2)}$	$f_1^{(3)}$	$f_2^{(3)}$
000	0	0	0	0	0
001	1	1	1	0	0
010	1	1	1	0	0
011	1	0	0	1	0
100	0	0	1	0	0
101	1	1	1	1	0
110	1	1	0	1	0
111	1	1	1	1	1
$c_j^{(i)}$	0.6	0.4	1	0.5	0.5

그림 7.11

확률적 불리언 함수 설정의 예

7.2.2 확률적 불리언 네트워크 모델 소개

확률적 불리언 네트워크 모델의 동역학은 매 시간 각 노드의 값이 하나의 정해진 로직을 따르지 않고, N개의 실현형태중 하나를 정해진 확률에 따라 선택한다는 점을 제외하고는 결정적 불리언 모델과 유사하다. 확률적 불리언 모델의 동역학을 수학적으로 표현하기 위해 N개의 실현형태를 이루는 불리언 함수들의 조합들을 사전정렬식(lexicographically ordered) 행으로 나타낸 $N\times n$ 행렬 K를 식 (7.5)와 같이 정의해보자. 즉, 여기서 m번째 행은 실현형태 m을 나타내고, i번째 열의 값 j는 노드 x_i의 불리언 함수로 $f_j^{(i)}$가 선택되었음을 나타낸다. 한편, 행렬 K의 (i,j)번째 요소를 K_{ij}라고 한다면, 실현형태 i가 선택될 확률은 식 (7.6)과 같이 표현된다. 물론, 식 (7.7)에 의해 $\sum_{i=1}^{N} P_i = 1$임을 쉽게 확인할 수 있다.

$$K=\begin{bmatrix} 1 & 1 & \cdots & 1 & 1 \\ 1 & 1 & \cdots & 1 & 2 \\ \vdots & \vdots & \ddots & \vdots & \vdots \\ 1 & 1 & \cdots & 1 & l(n) \\ 1 & 1 & \cdots & 2 & 1 \\ 1 & 1 & \cdots & 2 & 2 \\ \vdots & \vdots & \ddots & \vdots & \vdots \\ 1 & 1 & \cdots & 2 & l(n) \\ \vdots & \vdots & \cdots & \vdots & \vdots \\ l(1) & l(2) & \cdots & l(n-1) & l(n) \end{bmatrix} \tag{7.5}$$

$$P_i = \Pr\{Network\ i\ is\ selected\} = \prod_{j=1}^{n} c_{K_{ij}}^{(j)} \quad (7.6)$$

$$\sum_{i=1}^{N} P_i = \sum_{i=1}^{N}\prod_{j=1}^{n} c_{K_{ij}}^{(j)} = \prod_{j=1}^{n}\sum_{i=1}^{l(j)} c_i^{(j)} = \prod_{j=1}^{n} 1 = 1 \quad (7.7)$$

이제 확률적 불리언 모델의 상태 공간을 살펴보자. 확률적 불리언 모델의 노드가 총 n개라고 한다면, 각 노드는 0 또는 1의 두 가지 값을 가질 수 있으므로, 가능한 모든 상태는 2^n개가 된다. 확률적 불리언 모델에서는 한 상태 $(x_1,\cdots,x_n)$에서 다른 상태 $(x_1^{'},\cdots,x_n^{'})$로의 전이가 무작위 과정(random process)이기 때문에, 식 (7.8)처럼 확률 값으로 표현될 수 있다.

$$\begin{aligned}&\Pr\{(x_1,\cdots,x_n)\to(x_1^{'},\cdots,x_n^{'})\}\\&=\sum_{i:f_{K_{i1}}^{(1)}(x_1,\cdots,x_n)=x_1^{'},f_{K_{i2}}^{(2)}(x_1,\cdots,x_n)=x_2^{'},\cdots,f_{K_{in}}^{(n)}(x_1,\cdots,x_n)=x_n^{'}} P_i\\&=\sum_{i=1}^{N} P_i \underbrace{\left[\prod_{j=1}^{n}\left(1-\left|f_{K_{ij}}^{(j)}(x_1,\cdots,x_n)-x_j^{'}\right|\right)\right]}_{\in\{0,1\}}\end{aligned} \quad (7.8)$$

여기서 마지막 행의 대괄호 항은 0 또는 1의 이진 값을 가진다. 또한, $P_i = \Pr\{Network\ i\ is\ selected\}$이므로 식 (7.8)은 식 (7.9)처럼 해석될 수 있으며, 불리언 모델과 마찬가지로 $\Pr\{(x_1,\cdots,x_n)\to(x_1^{'},\cdots,x_n^{'})|Network\ i\ is\ selected\}\in\{0,1\}$ 이다.

$$\begin{aligned}&\Pr\{(x_1,\cdots,x_n)\to(x_1^{'},\cdots,x_n^{'})\}\\&=\sum_{i=1}^{N}\Pr\{(x_1,\cdots,x_n)\to(x_1^{'},\cdots,x_n^{'})\,|\,Network\ i\ is\ selected\}\cdot P_i\end{aligned} \quad (7.9)$$

식 (7.7)과 (7.8), 그리고 어떤 임의의 상태 $(x_1,\cdots,x_n)$에 대해서 $\prod_{j=1}^{n}\left(1-\left|f_{K_{ij}}^{(j)}(x_1,\cdots,x_n)-x_j^{'}\right|\right)=1$을 만족시키는 다음 상태 $(x_1^{'},\cdots,x_n^{'})$과 실현형태 i가 항상 존재한다는 사실로부터, 상태전이행렬(state transition matrix) A는 어떤 $i=1,\cdots,2^n$에 대해서도 식 (7.10)을 만족시킴을 알 수 있다.

$$\sum_{j=1}^{2^n} A_{ij} = 1 \tag{7.10}$$

따라서 확률적 불리언 네트워크의 상태전이행렬 A는 미래의 상태가 현재의 상태에 의해서만 결정되는 마르코프 행렬(Markov matrix)이며, 확률적 불리언 네트워크는 상태전이확률이 시간에 따라 변하지 않는 동차(homogeneous) 마르코프 과정(Markov process)이다. 또한, A는 최고 $N \cdot 2^n$개의 0이 아닌 항을 가질 수 있으며, 실현형태 $N=1$일 경우에는 결정적 불리언 네트워크와 마찬가지로 이진 상태전이행렬이 된다.

이제 세 개의 유전자 $V=(x_1,x_2,x_3)$로 구성된 확률적 불리언 네트워크 모델의 예를 살펴보도록 하자. 각 유전자의 상태를 결정하는 갱신함수는 $F=(F_1,F_2,F_3)$로 주어지고, 여기서 $F_1=\{f_1^{(1)},f_2^{(1)}\}$, $F_2=\{f_1^{(2)}\}$, $F_3=\{f_1^{(3)},f_2^{(3)}\}$ 이며, 각 갱신함수는 그림 7.11처럼 주어진다. 그렇다면, x_1은 두 개의 불리언 함수 $f_1^{(1)}$과 $f_2^{(1)}$를 가지고, 유전자 x_2는 하나의 불리언 함수 $f_1^{(2)}$만을 가지며, 유전자 x_3는 두 개의 불리언 함수 $f_1^{(3)}$과 $f_2^{(3)}$를 가지므로, 가능한 실현형태는 모두 $N=2\times1\times2=4$이다. 이 때 모든 실현형태를 나타내는 $N\times n$ 행렬 K와 각 실현형태의 확률 $P_i(i=1,\cdots,4)$는 다음과 같다.

$$K=\begin{bmatrix}1&1&1\\1&1&2\\2&1&1\\2&1&2\end{bmatrix} \tag{7.11}$$

$$\begin{aligned}
P_1 &= \prod_{j=1}^{3} c_{K_{1j}}^{(j)} = c_{K_{11}}^{(1)} \cdot c_{K_{12}}^{(2)} \cdot c_{K_{13}}^{(3)} = 0.6\times1\times0.5 = 0.3\\
P_2 &= \prod_{j=1}^{3} c_{K_{2j}}^{(j)} = c_{K_{21}}^{(1)} \cdot c_{K_{22}}^{(2)} \cdot c_{K_{23}}^{(3)} = 0.6\times1\times0.5 = 0.3\\
P_3 &= \prod_{j=1}^{3} c_{K_{3j}}^{(j)} = c_{K_{31}}^{(1)} \cdot c_{K_{32}}^{(2)} \cdot c_{K_{33}}^{(3)} = 0.4\times1\times0.5 = 0.2\\
P_4 &= \prod_{j=1}^{3} c_{K_{4j}}^{(j)} = c_{K_{41}}^{(1)} \cdot c_{K_{42}}^{(2)} \cdot c_{K_{43}}^{(3)} = 0.4\times1\times0.5 = 0.2
\end{aligned} \tag{7.12}$$

예를 들어, K의 2번째 행 (1,1,2)는 실현형태로 $\left(f_1^{(1)}, f_1^{(2)}, f_2^{(3)}\right)$가 선택되었음을 의미하고 그 확률은 $P_2 = 0.3$이다. 마지막으로, 식 (7.8)과 (7.9)에 의해 상태전이행렬 A는 다음과 같이 표현된다.

$$A = \begin{bmatrix} 1 & 0 & 0 & 0 & 0 & 0 & 0 & 0 \\ 0 & 0 & 0 & 0 & 0 & 0 & 1 & 0 \\ 0 & 0 & 0 & 0 & 0 & 0 & 1 & 0 \\ P_4 & P_3 & 0 & 0 & P_2 & P_1 & 0 & 0 \\ 0 & 0 & 1 & 0 & 0 & 0 & 0 & 0 \\ 0 & 0 & 0 & 0 & 0 & 0 & P_2+P_4 & P_1+P_3 \\ 0 & 0 & 0 & 0 & P_2+P_4 & P_1+P_3 & 0 & 0 \\ 0 & 0 & 0 & 0 & 0 & 0 & 0 & 1 \end{bmatrix} \quad (7.13)$$

위의 상태전이행렬 A의 생성과정을 이해하기 위해 상태 (1,1,0)에서 상태 (1,0,0)으로 전이할 확률을 살펴보자. 여기서 (1,1,0)은 $(2^2 \times 1) + (2^1 \times 1) + (2^0 \times 0) + 1 = 7$번째 상태를, (1,0,0)은 $(2^2 \times 1) + (2^1 \times 0) + (2^0 \times 0) + 1 = 5$번째 상태를 나타내므로 이는 $A_{7,5}$ 항을 나타낸다. $A_{7,5}$ 항의 확률 값을 구하려면 그림 7.11의 진리표에서 $(x_1, x_2, x_3) = (1,1,0)$에 해당되는 행을 살펴보면 된다. 이 행에서 다음 상태가 (1,0,0)이 되려면 갱신함수로 $\left(f_1^{(1)}, f_1^{(2)}, f_2^{(3)}\right)$ 또는 $\left(f_2^{(1)}, f_1^{(2)}, f_2^{(3)}\right)$ 조합이 선택되어야만 한다. 이는 실현형태 행렬 K에서 각각 두 번째(P_2)와 네 번째(P_4) 행에 해당되며, 따라서 그 확률 값은 $A_{7,5} = P_2 + P_4 = 0.3 + 0.2 = 0.5$이다. 즉, $\Pr\{(1,1,0) \to (1,0,0)\} = 0.5$이다. 이처럼 생성된 상태전이행렬 A는 그림 7.12와 같이 보다 직관적인 상태전이도표로 표현될 수 있다. 일례로 상태 (1,1,0)에 해당하는 상태전이행렬 A의 일곱 번째 행을 살펴보면 0이 아닌 확률 값을 가지는 5번째 상태 (1,0,0) 또는 6번째 상태 (1,0,1)으로만 상태전이가 가능하다는 것을 알 수 있는데, 이는 그림 7.12의 상태전이도표에서 상태 '110'에서 나가는 화살표가 상태 '100'과 상태 '101'로만 연결되어 있는 것으로부터 쉽게 확인할 수 있다. 여기서 각 화살표 위의 값은 상태전이행렬 A에서 해당 상태전이가 일어날 확률 값인 $A_{7,5}$와 $A_{7,6}$을 나타낸다.

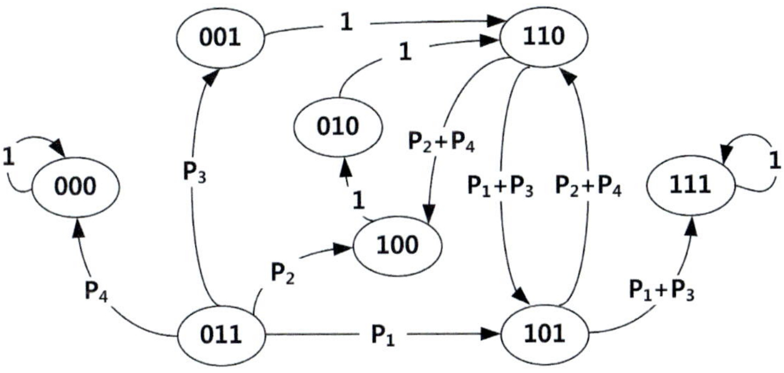

그림 7.12
확률적 불리언 네트워크 모델의 상태전이도표(state transition diagram)

7.2.3 확률적 불리언 네트워크의 동역학

앞서 7.2.2절에서 우리는 확률적 불리언 네트워크의 동역학이 식 (7.13)의 상태전이행렬 A와 같이 마르코프 체인(Markov chain) 형태로 표현될 수 있음을 살펴보았다. 따라서 확률적 불리언 네트워크의 동역학을 이해하는데 있어서 마르코프 체인의 극한양상이론(the theory of the limiting behavior)을 바로 적용할 수 있다. 7.2.2절의 예에서 모든 상태들의 초기 결합분포(joint distribution)가 균등하다고 가정했을 때(즉, $D_0 = \left[\frac{1}{8}, \cdots, \frac{1}{8}\right]$), 극한확률(limiting probability)은 식 (7.14)처럼 구할 수 있다.

$$
\begin{aligned}
D^{t+1} &= D^t \cdot A = D^0 \cdot A^{t+1} \\
\pi &= \lim_{t\to\infty} D^{t+1} = D^0 \cdot \lim_{t\to\infty} A^{t+1} = [0.15, 0, 0, 0, 0, 0, 0, 0.85]
\end{aligned}
\tag{7.14}
$$

이는 최종적 정상 상태(steady state)에서 유전자 x_1, x_2, x_3 모두 0.15의 확률로 꺼져 있거나(OFF: '000'), 0.85의 확률로 켜져 있다(ON: '111')는 것을 의미한다. 그리고 이러한 최종적 정상 상태 '000'과 '111'을 흡수상태(absorbing state)라고 부른다. 이는 상태전이행렬 A에 해당하는 그림 7.12의 상태전이도표에서 '000'과 '111' 상태에 한번 도달하게 되면 해당 상태에서 벗어나지 못하고 계속 머무르게 되는 점으로부터 쉽게 확인할 수 있다. 이처럼 확률적 불리언 네트워크의 흡수상태는 불리언 네트워크의 끌개에 해당하는 개념이라고 볼 수 있다. 이와 마찬가지로, 불리언 네트워크의 한계 순환 끌개(limit cycle attractor)에 해당하는 개념으로는 마르코프 체인의 극소상태집합(irreducible sets of states)이 있는데, 이 집합에 속하는 어느 한 상태에 도달하게 되면, 이 집합에 속하지 않는 다른 상태로는 전이할 수 없다. 즉, 불리언 네트워크의 모든 상태는 결국 어떤 끌개로 수렴되는 것처럼, 확률적 불리언 네트워크(마르코프 체인)에서의 모든 상태는 결국 흡수상태나 극소상태집합으로 수렴하게 되며, 이러한 과도상태(transient state)들의 집합은 불리언 네트워크에서의 흡인 유역(basin of attraction)에 해당된다. 따라서 확률적 불리언 네트워크의 동역학적 특성들은 불리언 네트워크와 정성적으로 동일하다고 볼 수 있다. 다만 그 특성들이 모델의 불확실성을 보완하기 위한 확률적 성질을 가진다는 점만 다를 뿐이다.

불리언 네트워크와 다르게 확률적 불리언 네트워크에서의 주요 고려사항 중 하나는 안정상태분포(steady-state distribution)의 존재유무이다. 예를 들어, 그림 7.12의 상태전이도표에서 초기 결합분포 D^0가 달라진다면 흡수상태인 '000'과 '111'에 머물게 될 확률도 식 (7.14)와는 다르게 될 것이다. 예를 들어, $D^0 = [1,0,0,0,0,0,0,0]$ 이라면(즉, 초기 상태가 무조건 '000' 이라면), 극한확률 또한 역시 $\pi = D^0$가 될 것이다. 즉, 불리언 네트워크에서 초기 상태에 따라 도달하게 되는 끌개가 달라질 수 있듯이, 확률적 불리언 네트워크에서는 초기 결합분포를 알아야만 종국에 어떠한 상태에 도달하게 될 것인지를 알 수 있다.

마르코프 체인의 장기적 양상(long-run behavior)을 살펴볼 때는 서로 상호전이할 수 있는 상태들의 집합인 상태집합 내 등가부류(equivalent class)를 고려하면 된다. 이는 상태 공간이 마치 매우 광활한 생체시스템을 특정기능을 담당하는 하부 조직(subsystem)들로 분할하는 것과 유사하다. 만약 어떤 등가부류가 닫혀있다면, 이는 등가부류 내 어떤 상태에서 등가부류 외의 어떤 상태로 전이가 불가능하다는 것을 의미하고, 결국 장기적 시각에서 보았을 때 이 등가부류는 그 자체로서 극소(irreducible) 마르코프 체인을 이룬다고 볼 수 있다. 즉, 이 등가부류 내 어떤 상태로 한번 빠지게 되면, 그 밖으로 나갈 수 없음을 의미한다. 이제 이러한 단일 극소 유한 마르코프 체인(single irreducible finite Markov chain)을 바탕으로 마르코프 체인의 장기적 관점에서의 동역학을 살펴보자.

장기적 양상을 특정 짓는데 중요한 특성 중 하나는 주기성(periodicity)이다. 주기성은 부류특성(class property)이므로 우리는 극소 마르코프 체인의 주기성 여부를 고려해볼 수 있다. 유한한 상태 공간 $S=\{1,2,\cdots,M\}$을 가지는 동차 마르코프 체인(상태전이확률이 시간에 따라 불변)이 어떤 $j\in S$와 어떤 단위 시간(time step) r에 대해서 수식 (7.15)(P_{ij}^{r}은 단위 시간 r에서의 상태전이확률)를 만족시키는 확률분포 $\pi=(\pi_1,\pi_2,\cdots,\pi_M)$를 소유하면, 우리는 이 마르코프 체인이 정지분포(stationary distribution) 또는 불변분포(invariant distribution)를 가진다고 말한다.

$$\pi_j=\sum_{i=1}^{M}\pi_i P_{ij}^{r} \tag{7.15}$$

이 때, 만약 초기 상태분포가 $\pi=(\pi_1,\pi_2,\cdots,\pi_M)$으로 주어졌다면, 모든 r에 대해서 시간 r에서 상태 i에 머물 확률은 π_i가 되고, 마르코프 체인은 엄격한 정지 임의과정(strictly stationary random process)이 된다. 여기서 만약 모든 상태 $i,j\in S$에 대해서 식 (7.16)를 만족시키는 확률분포 $\pi=(\pi_1,\pi_2,\cdots,\pi_M)$가 존재한다면, 이 마르코프 체인은 안정상태분포를 가진다고 말한다.

$$\lim_{r\to\infty}P_{ij}^{r}=\pi_j \tag{7.16}$$

그렇다면, 장기적 관점에서 마르코프 체인이 상태 i에 도달할 확률은 무엇일까? 만약 '안정상태분포가 존재한다면', 장기적 관점에서 마르코프 체인이 상태 i에 머물 확률은 초기 상태에 상관없이 π_i이다. 즉, 어떤 초기 분포 $D^0=(D_1^0,D_2^0,\cdots,D_M^0)$에 상관없이 상태 확률 D_i^k는 $k\to\infty$에 따라 π_i로 수렴한다. 모든 극소, 유한상태(finite-state), 동차 마르코프 체인은 유일한 확률벡터 $\pi(0<\pi_i<1)$와 그에 따른 정지분포를 가진다. 여기에 추가로 이 마르코프 체인이 비주기성을 지니면, π는 안정상태분포를 제공한다. 만약 마르코프 체인이 극소하지만 비주기적이지 않다면, 안정상태분포를 갖지 않을 수도 있으며, 따라서 장기적 관점에서 마르코프 체인이 상태 i에 도달할 확률은 초기 상태의 영향을 받을 수 있다.

그림 7.13

세 변수로 이뤄진 독립적, 확률적 불리언 네트워크에 대한 간략화 된 상태전이표

$x_1x_2x_3$	$f^{(1)}$	$f^{(2)}$	$f^{(3)}$
000	*	1	1
001	0	1	*
010	0	0	*
011	0	0	*
100	1	1	*
101	1	1	*
110	1	0	*
111	*	0	0

안정상태분포가 존재하지 않는 상황을 살펴보기 위해 세 변수로 이뤄진 독립적, 확률적 불리언 네트워크를 생각해보자. 이 네트워크에서 가능한 여덟 개 상태에 해당하는 여덟 개의 행과 세 변수 각각의 가능한 불리언 함수를 하나의 열로 간략화하여 표현한 간략화된 상태전이표가 그림 7.13에 나와 있다. 여기서 '*'는 해당 행의 상태에 대한 불리언 함수의 값이 0 또는 1 둘 다 가능하다는 것을 의미한다. 즉, 첫 번째 노드의 경우에는 '*'가 2개 있으므로 $2^2 = 4$개의 불리언 함수가 존재하며, 세 번째 노드의 경우에는 '*'가 6개 있으므로 $2^6 = 64$개의 불리언 함수가 존재한다. 따라서 주어진 확률적, 불리언 네트워크는 총 $4 \times 1 \times 64 = 256$개의 실현형태($\vec{f} = (f^{(1)}, f^{(2)}, f^{(3)})$)가 가능하게 된다. 그림 7.14의 마르코프 도표를 살펴보면, 모든 상태는 주기 2를 가지므로 이 확률적, 불리언 네트워크는 비주기적이지 않으며, 따라서 안정상태분포가 존재하지 않는다. 즉, 그림 7.13처럼 구성된 불리언 함수로는 안정상태분포가 존재할 수 없으며, 따라서 장기적 관점에서 초기 상태에 관계없이 특정 상태에 도달할 확률을 구할 수 없다.

안정상태분포를 가지기 위한 조건은 의존적, 확률적 불리언 네트워크의 경우에는 더 제약적일 수 있다. 한 예로, $\vec{f_1}(x_1, x_2) = (f_1^{(1)}, f_1^{(2)}) = (\overline{x_1}, x_2)$과 $\vec{f_2}(x_1, x_2) = (f_2^{(1)}, f_2^{(2)}) = (x_1, \overline{x_2})$, 단 두 가지의 실현형태를 가지는 확률적 불리언 네트워크를 생각해보자. 즉, 이는 의존적, 확률적 불리언 네트워크이므로, 첫 번째 노드를 결정하는 불리언 함수로 $f_1^{(1)} = \overline{x_1}$이 선택되면 두 번째 노드를 결정하는

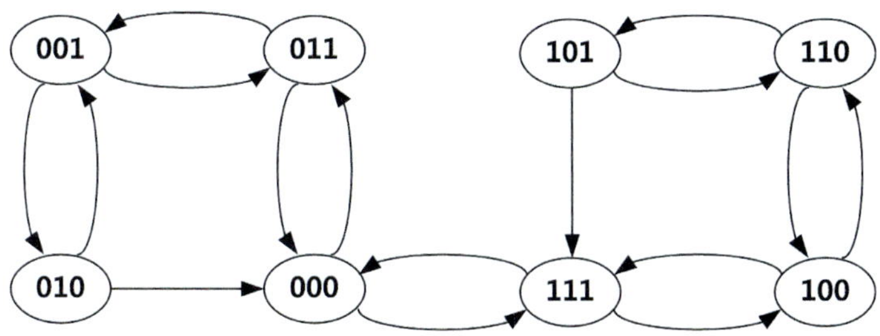

그림 7.14 안정상태분포를 가지지 않는 독립적, 확률적 불리언 네트워크 모델의 상태전이도표

불리언 함수로는 무조건 $f_1^{(2)} = x_2$가 선택되어야 하며, 첫 번째 노드의 불리언 함수로 $f_2^{(1)} = x_1$이 선택되면 두 번째 노드를 결정하는 불리언 함수는 무조건 $f_2^{(2)} = \overline{x_2}$가 선택되어져야 한다. 이렇게 정의된 확률적, 불리언 네트워크의 마르코프 도표(그림 7.15)는 비주기적이지 않으며, 따라서 안정상태분포가 존재하지 않는다. 한 가지 주목할 점은, 여기에 $\overrightarrow{f_3}(x_1,x_2)= \left(f_1^{(1)},f_2^{(2)}\right)= \left(\overline{x_1},\overline{x_2}\right)$를 세 번째 실현형태로 추가하게 되면 이 의존적, 확률적 불리언 네트워크는 비주기성을 지니게 된다.

7장에서 우리는 생체네트워크를 분석하기 위한 모델의 여러 단계 중 가장 추상화된 단계의 분석 방법인 불리언 네트워크 모델에 대해 살펴보았다. 7.1절에서는 생체네트워크를 구성하는 각 노드가 가질 수 있는 상태가 0 또는 1의 불리언 값으로 표현되는 불리언 네트워크에 대해 살펴보았다. 이어서 7.2절에서는 고유의 결정적 특성을 가지는 불리언 네트워크 모델에 생체네트워크가 가지는 확률적 특성을 반영한 확률적 불리언 네트워크 모델에 대해 살펴보았다. 확률적 불리언 네트워크 모델의 동역학은 매 시각 각 노드의 값이 하나의 결정된 로직을 따르지 않고, 여러

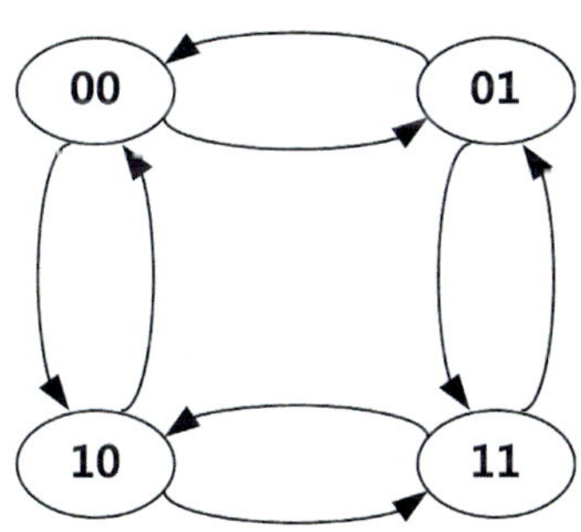

그림 7.15 안정상태분포를 가지지 않는 의존적, 확률적 불리언 네트워크 모델의 상태전이도표

실현형태중 하나를 정해진 확률에 따라 선택한다는 점을 제외하고는 불리언 모델과 유사함을 알게되었다. 즉, 모든 노드의 불리언 함수가 1개로만 주어진다면 일반적인 불리언 네트워크모델이 되므로, 불리언 네트워크는 확률적 불리언 네트워크의 특수한 경우로 볼 수 있다.

불리언 네트워크 모델의 장점은 무엇보다도 노드의 개수가 상대적으로 많은 대규모 생체네트워크에 대해서 그 동역학 특성을 추상화된 레벨에서 살펴볼 수 있다는 점이다. 비록 연속변수 모델에 비해 실제 생체네트워크의 분자 하나하나의 연속적인 거동을 묘사할 수 있는 정확도는 떨어지지만, 대규모 생체네트워크 자체가 가지는 '시스템' 차원의 거시적 특성을 관찰하는 데에는 매우 유용한 분석기법이다. 물론, 생체네트워크의 각 노드상태에 대한 묘사의 정확도 역시 불리언 변수 대신 다중 이산 변수를 사용할 경우 어느 정도 극복할 수 있으며, 생체네트워크 자체가 지니는 확률적 특성 또한 확률적 불리언네트워크를 통해 어느 정도 표현할 수 있다.

연 습 문 제

7.1 그림 7.1A의 불리언네트워크에서 각 노드의 함수가 모두 AND로 이뤄진 경우와 OR로 이뤄진 경우에 대해 각각 상태전이표와 상태전이도표를 그려보고 끌개상태를 서로 비교해보시오. 여기서 AND 로직은 입력변수들의 상태가 모두 '1'일 때만 출력이 '1'인 불리언함수를, OR 로직은 입력변수들의 상태가 어느 하나라도 '1'이면 출력이 '1'이 되는 불리언함수를 말한다.

7.2 세 개의 노드 $V=(x_1,x_2,x_3)$로 이뤄진 확률적 불리언 네트워크 모델에서 각 노드의 확률적 불리언 함수가 $F_1=\{f_1^{(1)},f_2^{(1)}\}$, $F_1=\{f_1^{(2)}\}$, $F_3=\{f_1^{(3)},f_2^{(3)}\}$로 이루어져 있으며, 해당 함수들은 그림 7.16과 같이 정의되어 있다. 이 확률적 불리언 네트워크에 대한 상태전이 네트워크도표를 그려보자.

$x_1x_2x_3$	$f_1^{(1)}$	$f_2^{(1)}$	$f_1^{(2)}$	$f_1^{(3)}$	$f_2^{(3)}$
000	0	0	0	0	0
001	0	1	1	0	0
010	1	1	1	0	0
011	1	0	0	1	0
100	0	0	1	0	0
101	1	1	1	1	0
110	1	1	0	1	0
111	1	1	1	1	1
$c_j^{(i)}$	0.6	0.4	1	0.5	0.5

그림 7.16 연습문제 7.2의 확률적 불리언함수

7.3 불리언 네트워크 모델이 연속변수 모델에 비해 가지는 장점과 단점을 기술하라. 또한 확률적 불리언 네트워크의 필요성에 대해서도 논하라.

참 고 문 헌

1. S. A. Kauffman. Metabolic stability and epigenesis in randomly constructed genetic nets. *Journal of theoretical biology*, 22(3):437-467. 1969.
2. S. A. Kauffman. *The Origins of Order: Self-Organization and Selection in Evolution.* Oxford Univ. Press, New York. 1993.
3. R. Thomas and K. D'Ari. *Biological Feedback.* CRC Press, 1990.
4. B. Derrida and Y. Pomeau. Random networks of automata: A simple annealed approximation. *Europhysics Letters*, 1(2):45-49. 1986.
5. F. Li, T. Long, Y. Lu, Q. Ouyang, and C. Tang. The yeast cell-cyle network is robustly designed. *Proceedings of the National Academy of Sciences,* 101(14):4781-4786. 2004.
6. R. Thomas. Boolean formalization of genetic control circuits. *Journal of Theoretical Biology,* 42(3):563-585. 1973.
7. R. Thomas and M. Kaufman. Multistationarity, the basis of cell differentiation and memory. *Chaos,* 11(1):180-195. 2001.
8. R. Thomas. Regulatory networks seen as asynchronous automata : a logical description. *J. Theor. Biol.,* 153:1-23. 1991.
9. E. H. Snoussi and R. Thomas. Logical identification of all steady states : the concept of feedback loop-characteristic states. *Bull. Math. Biol.,* 55:973-991. 1993.
10. I. Shmulevich, E. R. Dougherty, S. Kim, and W. Zhang. Probabilistic Boolean networks: a rule-based uncertainty model for gene regulatory networks. *Bioinformatics*, 18(2):261-274. 2002.
11. I. Shmulevich, E. R. Dougherty, and W. Zhang. Gene perturbation and intervention in probabilistic Boolean networks. *Bioinformatics*, 18(10):1319-1331. 2002.
12. R. Pal, A. Datta, M. L. Bittner, and E. R. Dougherty. Intervention in context-sensitive probabilistic Boolean networks. *Bioinformatics*, 21(7):1211-1218. 2005.
13. W.-K. Ching, S. Zhang, M. K. Ng, and T. Akutsu. An approximation method for solving the steady-state probability distribution of probabilistic Boolean networks. *Bioinformatics*, 23(12):1511-1518. 2007.

chapter 08

동역학 분석

8장에서는 생체시스템의 동역학 특성을 과도상태(transient state)와 정상상태(steady state)에서 분석하는 방법론에 대해 알아본다. 먼저 전반부(1,2절)에서는 무차원화(non-dimensionalization)와 점근 분석(asymptotic analysis)을 통해 주로 과도상태의 해를 대상으로 분석하고 구하는 방법에 대해 살펴본다. 시스템을 구성하는 변수들의 과도상태 특성은 매우 다양하다. 예를 들어 어떤 변수들은 빠르게 정상상태로 수렴하는 반면 다른 변수들은 느리게 수렴할 수 있다. 이러한 수렴속도의 차이를 잘 이용하면 해의 시간범주를 고려한 분석 및 시스템 방정식의 축약이 가능해 진다. 후반부(3~5절)에서는 등복각선(isocline) 분석, 분기점(bifurcation) 분석, 그리고 이력현상(hysteresis) 분석에 대해 알아본다. 이러한 이론들은 정상상태의 해를 전역 영역에서 조사하는 방법에 관한 것이다. 예를 들어, 시스템이 하나 이상의 정상상태를 가지는 경우 이 시스템은 초기상태에 종속적으로 서로 다른 정상상태에 수렴하게 된다. 이러한 시스템에서 어떤 초기상태가 특정 정상상태로의 수렴을 결정하는지 찾아내려면 시스템의 모든 초기상태를 조사해야만 할까? 3절 등복각선 분석에서는 도식적인 방법을 통하여 시스템의 해를 직접 구하지 않고서도 해가 가지는 정상상태의 양상을 추론하는 방법에 대해 알아본다. 4절 분기점 분석에서는 시스템 매개변수의 변화가 정상상태 해의 특성(이를테면, 해의 종류와 개수)을 어떻게 결정짓는가를 살펴본다. 그리고 5절에서는 시스템이 두 개의 정상상태를 가지는 경우 나타낼 수 있는 이력현상이라 불리는 특수한 메모리 효과가 만들어지는 원리와 그것의 존재를 도식적으로 식별하는 방법에 대해서 알아본다.

8.1 무차원화

미분 방정식과 초기 조건으로 표현되는 생체시스템의 동역학 모델에서 방정식을 구성하는 상태변수와 파라미터는 대부분 물리적 단위를 가진다. 그런데 많은 경우 이러한 동역학 모델의 복잡도가 매우 높기 때문에 수학적으로 엄밀하게 분석하는 것이 난해하다. 만일 시스템을 구성하는 항들을 서로 비교하여 상대적으로 효과가 작은 항들을 생략할 수 있다면, 그러한 복잡도를 크게 줄일 수 있을 것이다. 문제는 변수들의 물리적 단위가 서로 다르므로 어떻게 이들을 비교할 것인가에 있다. 이에 대한 해결책으로서 무차원화 분석이 있다[1].

어떤 시스템의 변수 u를 생각해보자. 우리는 u를 적절한 스케일(scale) 인자와 무차원 변수의 곱으로 표현함으로써 물리적 단위에 무관하게끔 나타낼 수 있다.

$$u = [u]u^* \tag{8.1}$$

여기에서 $[u]$는 스케일 인자, u^*는 무차원 변수를 나타낸다. 이 때 단위는 스케일 인자에 포함되어 버린다. 이와 비슷한 방법으로, $t = [t]t^*$으로 표현함으로써 시간 변수의 차원도 분리해 낼 수 있다. 구체적인 예를 통해 무차원화 과정을 살펴보도록 하자. 어떤 방사능 물질의 원자 개수(N)가 시간에 따라서 감쇄한다고 할 때, 그 정량적 모형은 다음과 같은 미분 방정식으로 표현될 수 있다.

$$\frac{dN}{dt} = -\lambda N \ , \ N(0) = N_0 \tag{8.2}$$

여기서 λ는 감쇄상수(decay constant)로서 $[time]^{-1}$의 물리적 단위를 가진다. 여기서 N은 종속변수, t는 독립변수이며, 이들을 다음과 같이 스케일 인자와 무차원 변수의 곱 형태로 나타낼 수 있다.

$$N = [N]N^*, \ t = [t]t^* \tag{8.3}$$

이를 식 (8.2)에 대입하여 정리하면 다음과 같다.

$$\frac{dN^*}{dt^*} = -\{\lambda[t]\}N^* \quad , \quad N^*(0) = \left\{\frac{N_0}{[N]}\right\} \tag{8.4}$$

여기서 별표(*) 및 중괄호 { · }는 무차원화된 것을 나타낸다. 다음 단계는 스케일링(scaling)으로서 이는 스케일 인자라 불리는 $[N]$과 $[t]$를 결정하는 과정이다.

8.1.1 스케일링

무차원화는 스케일 인자의 선택에 종속적인 과정이다. 스케일 인자를 결정하는 기본 원리는 주어진 식의 항들을 서로 상쇄시킴으로써 식의 복잡도를 감소시키는 것이다. 즉, 가능한 많은 무차원 매개변수의 차수를 $O(x), x \le 1$로 만들 수 있는 스케일 인자를 선택하여야 한다. 식 (8.4)의 경우 스케일 인자를 다음과 같이 선택하면

$$[N] = N_0, \ [t] = \frac{1}{\lambda}, \tag{8.5}$$

다음의 무차원화된 식을 얻게 된다:

$$\frac{dN^*}{dt^*} = -N^*, \ N^*(0) = 1. \tag{8.6}$$

이 식의 해석적(analytic) 해는 $N^* = e^{-t^*}$이므로, N^*가 무차원 시간변수 t^*에 대하여 $O(1)$의 크기로 변한다는 것을 알 수 있다. 따라서 스케일 인자가 적절히 선택되었다고 볼 수 있다. 이와 같은 시스템 방정식의 무차원화 단계를 정리하면 다음과 같다:

(단계 1) 모든 변수(종속, 독립)와 파라미터, 그리고 그들의 물리적 차원을 나열한다.

(단계 2) 각각의 변수를 스케일 인자와 무차원 변수의 곱 형태로 재정리한다(스케일 인자는 단계 4에서 결정한다).

(단계 3) 미분방정식의 최고차 항의 계수로 나누어준다

(단계 4) 무차원 상태변수와 그 미분의 차수가 $O(1)$이 되고, 가능한 많은 무차

원 파라미터의 차수가 $O(1)$이 되도록 스케일 인자를 결정한다.

(단계 5) 시스템 방정식을 새로운 무차원 변수로 다시 표현한다.

8.1.2 무차원화의 예 1: 진자(pendulum) 시스템

진자의 운동은 다음과 같은 미분방정식으로 기술할 수 있다.

$$\begin{aligned} &l\theta'' + k\theta' + g\sin\theta = 0 \\ &\theta(0) = \theta_0,\ \theta'(0) = \omega_0 \end{aligned} \tag{8.7}$$

여기서 θ는 진자의 수직 평형상태로부터의 편향각을, (′)은 시간에 대한 미분을, k는 마찰계수를, l은 진자의 길이를, 그리고 g는 중력가속도를 각각 나타낸다. 무차원화를 위해 우선 상태변수와 독립변수를 스케일 인자와 무차원 변수의 곱으로 표현한다.

$$\theta = [\theta]\theta^*,\ t = [t]t^* \tag{8.8}$$

식 (8.8)을 식 (8.7)에 대입하면 다음과 같은 식을 얻는다:

$$\left(\frac{l[\theta]}{[t]^2}\right)\theta''^* + \left(\frac{k[\theta]}{[t]}\right)\theta'^* + g\sin\{[\theta]\theta^*\} = 0, \tag{8.9}$$

$$\theta^*(0) = \frac{\theta_0}{[\theta]},\ \theta'^*(0) = \frac{\omega_0[t]}{[\theta]} \tag{8.10}$$

여기서 식 (8.9)의 각 항을 최고차 미분항의 매개변수로 나누어 주면 다음과 같다:

$$\theta'' + \left\{\frac{k[t]}{l}\right\}\theta' + \left\{\frac{g[t]^2}{l[\theta]}\right\}\sin\{[\theta]\theta\} = 0. \tag{8.11}$$

여기서 무차원 상태변수를 나타내는 별표(*)는 생략하였다. 무차원화된 상태변수의 미분함수의 차수가 $O(1)$이 되도록 하려면, 스케일 인자를 다음과 같이 다시 결정함으로써 초기 조건을 1로 만들어 줄 수 있다:

$$[\theta]=\theta_0,\ [t]=\frac{\theta_0}{\omega_0}. \tag{8.12}$$

식 (8.12)로 주어진 스케일 인자를 식 (8.10)에 적용하면 다음과 같은 식을 얻을 수 있다:

$$\theta(0)=\theta'(0)=1. \tag{8.13}$$

그러면 결과적으로 다음과 같은 무차원화 된 방정식을 얻을 수 있다:

$$\begin{aligned}\theta''+\alpha\theta'+\beta\sin(\gamma\theta)=0,\\ \theta(0)=\theta'(0)=1,\end{aligned} \tag{8.14}$$

여기서 $\alpha=\frac{k\theta_0}{\omega_0 l}$, $\beta=\frac{g\theta_0}{\omega_0^2 l}$, $\gamma=\theta_0$ 이다.

만약, α, β 그리고 γ가 $O(1)$이거나 이보다 작으면, 스케일 인자가 적절히 잘 결정되었다고 볼 수 있다. 그러나 만약 이 가운데 어느 하나라도 $O(1)$보다 크면 스케일 인자를 다시 결정해야 한다.

한 가지 특별한 예로서 $\alpha\gg1$, $\beta\sim1$, 그리고 $\gamma\sim1$인 경우를 생각해보자. 이 경우 시스템이 어떤 동역학 성질을 가지는지 조사하기 위하여 α로 식 (8.14 첫 번째 식)의 양변을 나누고 다음과 같이 정렬해보자:

$$\theta'=-\frac{1}{\alpha}(\theta''+\beta\sin(\gamma\theta))\approx0 \tag{8.15}$$

여기서 식 (8.15)가 식 (8.13)의 무차원화된 초기조건과 부합하지 않는다는 것을 알 수 있다. 이 경우 α의 차수가 $O(1)$ 또는 이보다 작도록 크기를 재조정해 주어야 한다. 이를 위해 식 (8.14)의 무차원 시간변수 t^*를 다음과 같이 재조정해 주자.

$$t^*=\frac{1}{\alpha}t^{**} \tag{8.16}$$

여기서 **는 무차원화를 두 번 거친 변수임을 구분하기 위한 것이다. 위의 식을 식 (8.14)에 대입하여 다시 정리하면 $\alpha^2\frac{d^2}{dt^{**2}}\theta+\alpha^2\frac{d}{dt^{**}}\theta+\beta\sin(\gamma\theta)=0$를

얻을 수 있다. 이식의 양변을 α^2으로 나누면 다음과 같이 최종적으로 무차원화된 식을 얻을 수 있게 된다(여기서도 무차원 상태변수를 나타내는 별표(**)는 생략하였다):

$$\theta'' + \theta' + \left(\frac{\beta}{\alpha^2}\right)\sin(\gamma\theta) = 0, \tag{8.17}$$

초기조건은 $\theta(0) = 1,\ \theta'(0) = \alpha$가 된다.

식 (8.17)의 무차원 매개변수의 차수가 $O(1)$과 같거나 작고, 1차 및 2차 미분항의 매개변수가 1이므로 미분방정식의 스케일인자는 적절히 결정되었다고 볼 수 있다.

8.1.3 무차원화의 예 2: 효소동역학

앞 장에서 질량 반응의 법칙에 관해 알아보았다. 질량 반응의 법칙으로 기술한 효소동역학 모형에서 기질의 총량 보존($s_0 = s + c + p$) 및 효소의 총량 보존($e_0 = e + c$)을 가정한다면 효소 동역학 모델은 다음 2개의 미분 방정식만으로 간략히 표현될 수 있다:

$$\begin{aligned} \frac{ds}{dt} &= -k_a s(e_0 - c) + k_d c, \\ \frac{dc}{dt} &= k_a s(e_0 - c) - (k_d + k_p)c. \end{aligned} \tag{8.18}$$

여기서 $s(0) = s_t,\ c(0) = 0$ 이다. 식 (8.18)에서 상태변수와 매개변수, 그리고 물리적 단위를 나열하면 다음과 같다.

상태변수	단위	파라미터	단위
s	μM	k_a	$\mu M^{-1}\sec^{-1}$
e	μM	k_d	$\sec^{-1}$
c	μM	k_p	$\sec^{-1}$
p	μM		

이 모델 방정식을 무차원화하기 위해 먼저 상태변수와 독립변수를 다음과 같이 스케일 인자와 무차원 변수의 곱으로서 표현한다:

$$s=[s]s^*,\ c=[c]c^*,\ t=[t]t^* \tag{8.19}$$

이제 식 (8.19)를 식 (8.18)에 대입하여 정리하면 다음과 같다:

$$\begin{aligned}\frac{ds^*}{dt^*}&=-k_a[t]s^*(e_t-[c]c^*)+\frac{k_d[c][t]c^*}{[s]},\\ \frac{dc^*}{dt^*}&=\frac{k_a[s][t]s^*}{[c]}(e_t-[c]c^*)-(k_d+k_p)[t]c^*.\end{aligned} \tag{8.20}$$

그리고 무차원화 상태변수의 차수가 $O(1)$이하가 되도록 하기 위하여 다음과 같이 스케일 변수를 결정한다:

$$\begin{aligned}&[s]=s_t,\quad [c]=e_t,\ [t]=\frac{1}{k_ae_t},\\ &\epsilon=\frac{e_t}{s_t},\ K=\frac{k_d+k_p}{k_as_t}=\frac{K_m}{s_t},\ \lambda=\frac{k_p}{k_as_t}.\end{aligned} \tag{8.21}$$

식 (8.21)을 이용하여 식 (8.20)을 정리하면 다음과 같다:

$$\begin{aligned}&\frac{ds}{dt}=-s+(s+K-\lambda)c,\ \epsilon\frac{dc}{dt}=s-(s+K)c,\\ &s(0)=1,\ c(0)=0.\end{aligned} \tag{8.22}$$

여기서 식 (8.21)로부터 $K-\lambda>0$임을 알 수 있다. 그리고 기질 및 효소의 총량이 보존되는 성질을 이용하면 p와 e를 바로 구할 수 있다. 효소와 기질의 농도차이가 크면 ϵ을 0으로 가정할 수 있다. 그러면 식 (8.22)이 두 번째 식은 $0=s-(s+K)c$ 가 되어서 c(t)는 s(t)로부터 종속적으로 결정된다. 즉, $c(t)=s(t)/[s(t)+K]$이 된다.

그리고 식 (8.22)의 첫 번째 식은 $\frac{ds}{dt}=-\lambda\frac{s}{s+K}$ 으로 간략화된다.

8.2 점근 분석

점근 분석은 다양한 수학적 대상에 대한 극한 양상(limiting behavior)을 파악하기 위해 개발된 분석방법이다. 이 절에서는 점근 분석을 이용하여 미분방정식을 분석하는 방법을 알아본다. 생체시스템의 미분방정식 모델은 그 비선형성 때문에 해석적 해를 정확히 구하는 것이 대부분 어렵다. 또한 어떤 매개변수에 대한 해의 의존성을 탐구하는 것이 목적인 경우 비록 정확한 해석적 해를 얻더라도 계산적으로나 분석적 관점에서 별로 유용하지 않을 수 있다. 반면, 어떤 변수나 파라미터가 상대적으로 아주 크거나 작은 값으로 수렴할 때 방정식의 해가 과연 어떻게 변할 것인가를 조사하는 점근적 분석은 경우에 따라 매우 유용하게 사용될 수 있다[1]. 역사적으로 이러한 근사론(asymptotics)에 대한 기본 개념은 18세기에도 이미 존재하였지만, 프앵카레(Poincaré)가 점근적 전개(asymptotic expansion)의 개념을 1886년에 정립함으로써 비로소 현대적 점근적 분석의 기반을 마련하게 되었다고 볼 수 있다.

8.2.1 차수 표기법

어떤 변수의 전형적인 변동 폭(typical size)은 차수 표기법(order notation)을 이용하여 명확히 표현할 수 있다. 예를 들어, $x \sim 10$은 변수 x가 10과 같은 크기의 차수를 가진다는 것을 의미한다. 주의해야 할 점은 $x \sim 10$이 근사적으로 10과 같다($x \simeq 10$)라는 것을 의미하지는 않는다는 것이다. 이는 x가 10 근방, 즉, $5 < x < 15$에 있다는 것을 의미할 수 있다. 수학적으로 좀 더 엄밀하게 표현해 보자. 예를 들어 어떤 파라미터 z가 z_0로 근접할 때 $x(z)/y(z)$가 0이 아닌 어떤 극한값(K)으로 수렴하는 상황을 우리는 다음과 같이 표현할 수 있다.

$$\lim_{z \to z_0} \frac{x(z)}{y(z)} = K \tag{8.23}$$

이 때 변수 $x(z)$는 $y(z)$에 의해 점근적으로 유계되어 있다(asymptotically

bounded)라고 하고, 이를 다음과 같이 표현한다:

$$x(z) \sim y(z) \text{ 또는 } x(z) = O(y(z)) \text{ as } z \to z_0. \tag{8.24}$$

여기서 $y(z)$를 게이지 함수(gauge function)라고 하고, 기호 O를 '빅-오'라고 읽는다. 식 (8.23)에서 극한값 K가 1로 수렴한다면, 변수 $x(z)$는 $y(z)$와 점근적으로 동치(asymptotically equal)라고 한다. 점근적 동치인 예는 다음과 같은 것들이 있다:

$$\begin{aligned} \sin x &\sim x \text{ as } x \to 0, \\ e^{-x} &\sim 1 \text{ as } x \to 0, \\ \frac{x}{1+x^2} &\sim \frac{1}{x} \text{ as } x \to \infty. \end{aligned} \tag{8.25}$$

식 (8.23)에서 극한값(K)이 0으로 수렴하는 경우, 변수 $x(z)$는 $y(z)$보다 점근적으로 작다(asymptotically smaller)라고 하고, 다음과 같이 표현한다.

$$x(z) = o(y(z)) \text{ as } z \to z_0. \tag{8.26}$$

여기서 기호 o를 '리틀-오'라고 읽는다. 어떤 함수가 게이지 함수보다 작은 경우의 예는 다음과 같은 것들이 있다:

$$\begin{aligned} x^2 &= o(x) \text{ as } x \to 0, \\ e^{\frac{-1}{x}} &= o(1) \text{ as } x \to 0, \\ 5x^2 + x + 3 &= o(x^3) \text{ as } x \to \infty. \end{aligned} \tag{8.27}$$

8.2.2 정규섭동(Regular perturbation)

생체현상을 기술하는 대부분의 시스템 방정식은 비선형이어서 해석적 해를 구할 수 없는 경우가 많다. 그러나 만약 오차의 크기를 알고 그것이 허용범위 내에 있다면, 근사적 해를 구하는 것만으로도 충분할 수 있다. 시스템 방정식이 미소 파라미터 ϵ을 포함하고 있고, $\epsilon = 0$일 때 방정식의 분석적 해를 구할 수 있는 경우에는 방정식의 해를 급수 형태로 표현할 수 있다. 이를 점근적 전개(asymptotic expansion) 또는 섭동법(perturbation method)이라고 한다[1]. 특히, 급수의 처음 몇 항들이 해의 중요한 동태를 나타내고 나머지 항들은 단지 작은 보정 역할만 하는 경우 섭동법은 방정식의 근사적 해를 구하는데 매우 유용하다. x_i가 미소 파라미터 ϵ의 함수이고, x_i항들로 구성된 급수가 다음 조건을 만족시킬 때 점근적 수열(asymptotic sequence)을 형성한다고 한다.

$$\text{모든 } n\text{에 대해 } x_{n+1}(\epsilon) = o(x_n(\epsilon)) \text{ as } \epsilon \to \epsilon_0. \tag{8.28}$$

점근적 수열의 예는 다음과 같은 것들이 있다.

$$\begin{aligned} &\text{모든 } n\text{에 대해 } \{\epsilon^n\} \text{ as } \epsilon \to 0, \\ &\text{모든 } n\text{에 대해 } \{\epsilon/[\log(1/\epsilon)]^n\} \text{ as } \epsilon \to 0. \end{aligned} \tag{8.29}$$

점근적 전개는 점근적 수열 $\{x_n(\epsilon)\}$에 의해 생성된다. 그리고 다음과 같은 다양한 형태의 멱급수(power series)는 점근적 전개의 한 가지 예에 해당된다.

$$\begin{aligned} \sin\epsilon &\sim \epsilon - \frac{\epsilon^3}{3!} + \frac{\epsilon^5}{5!} + \cdots, \\ \tan\epsilon &\sim \epsilon + \frac{\epsilon^3}{3!} + \frac{2\epsilon^5}{15} + \cdots; \\ (1-\epsilon x)^{-1} &\sim 1 + \epsilon + \epsilon^2 x^2 + \cdots. \end{aligned} \tag{8.30}$$

함수 $y(x,\epsilon)$에 대한 점근적 전개는 일반적으로 다음과 같은 급수 형태를 가진다.

$$y(x,\epsilon) \sim \sum_{n=0}^{N} f_n(\epsilon) y_n(x) \tag{8.31}$$

점근적 전개에서는 유한개의 항으로 함수를 근사화하기 때문에 급수의 수렴성(convergence)은 문제되지 않는다. 이러한 점근적 전개는 점근적 수열에 의해 생성되기 때문에 함수 $f_n(\epsilon)$은 다음을 만족시킨다:

$$\lim_{\epsilon \to 0} \frac{f_{n+1}(\epsilon)}{f_n(\epsilon)} = 0,\ n = 0,1,2.\cdots. \tag{8.32}$$

식 (8.31)에서 함수 $y_n(x)$는 앞서 언급한 점근적 수열의 특성으로부터 유일하게 결정될 수 있다. 먼저, 선도차수의 매개변수 $y_0(x)$는 식 (8.31)의 양변을 $f_0(\epsilon)$으로 나누고, $\epsilon \to 0$의 극한을 취하여 다음 식으로부터 얻을 수 있다.

$$y_0(x) = \lim_{\epsilon \to 0} \frac{y(x,\epsilon)}{f_0(\epsilon)} \tag{8.33}$$

$y_1(x)$은 식 (8.31)의 양변에 $f_0(\epsilon)y_0(x)$를 빼고 $f_1(\epsilon)$을 나눈 후 다시 $\epsilon \to 0$의 극한을 취하면 다음과 같이 구할 수 있다.

$$y_1(x) = \lim_{\epsilon \to 0} \frac{y(x,\epsilon) - f_0(\epsilon)y_0(x)}{f_1(\epsilon)}. \tag{8.34}$$

이러한 과정을 일반화시키면, 매개변수 $y_j(x)$는 다음과 같이 구할 수 있다.

$$y_j(x) = \lim_{\epsilon \to 0} \frac{y(x,\epsilon) - \sum_{n=0}^{j-1} f_n(\epsilon) y_n(x)}{f_j(\epsilon)}, \ j = 1,2,3,\cdots \tag{8.35}$$

주어진 함수의 점근적 전개에서 매개변수는 수열의 선택에 달려있다. 점근적 전개를 구성하는 수열이 정의되면 매개변수는 식 (8.33)과 식 (8.35)에 의해 유일하게 결정된다.

8.2.3 점근적 전개의 예

다음과 같이 초기조건이 주어진 상미분 방정식을 생각해 보자.

$$y' + \epsilon y - 0, \ y(0) - 1 \tag{8.36}$$

식 (8.36)의 해 $y(t,\epsilon)$를 다음과 같이 점근적 전개를 이용하여 표현해 보자.

$$y(t,\epsilon) = \sum_{k-0}^{\infty} \epsilon^k y_k(t). \tag{8.37}$$

식 (8.37)을 식 (8.36)에 대입하여 정리하면,

$$\sum_{k=0}^{\infty} \epsilon^k (y_k' + y_{k-1}) = 0. \quad (8.38)$$

여기서 통상적으로 $y_{-1} = 0$이다. 그러면 ϵ^k의 매개변수들인 $(y'_k + y_{k-1})$가 모두 0이 되어야 한다. 즉,

$$\begin{aligned} &y'_0 = 0, \\ &y_1' + y_0 = 0, \\ &\quad \cdots \\ &y_k' + y_{k-1} = 0, \; k = 0,1,2,\cdots. \end{aligned} \quad (8.39)$$

초기조건을 점근적 전개식 식 (8.37)에 대입하면 다음과 같다:

$$\sum_{k=0}^{\infty} \epsilon^k y_k(0) = 1. \quad (8.40)$$

식 (8.40)을 만족하기 위해서는 $y_0(0) = 1$이고, 그 이외의 항 $y_k(0)$들은 모두 0이 되어야 한다($k > 1$에 대해서만). 우리는 식 (8.39)에서 $y_0' = 0$과 식 (8.40)의 $y_0(0) = 1$로부터 $y_0(t) = 1$을 도출해 낼 수 있다. 이 식을 이용하여 $y_1' = -y_0 = -1$과 $y_1(0) = 0$으로부터 $y_1(t) = -t$를 구할 수 있다. 이 과정을 반복적으로 적용함으로써 $y_2(t) = t^2/2!$, $y_3(t) = -t^3/3!$등을 순차적으로 구할 수 있다. 이러한 수열의 항들을 정리하면 다음과 같다.

$$y(t,\epsilon) = \sum_{k=0}^{\infty} (-1)^k \frac{(\epsilon t)^k}{k!}. \quad (8.41)$$

이는 식 (8.36)의 해인 $y = e^{-\epsilon t}$에 대한 테일러(Taylor) 급수전개 표현에 해당된다.

8.2.4 특이섭동(Singular perturbation)

정규섭동에서 방정식의 해는 점근적 전개에 의해 근사될 수 있고, 대부분의 경우 미소 파라미터 ϵ의 값을 0으로 놓음으로써 근사 해를 구할 수 있다. 이러한 방식은

점근적 전개(급수)의 첫 번째 항만을 근사해로 취하는 것을 의미한다. 따라서 고려하는 항의 개수가 많아질수록 근사 해는 더 정확한 해에 수렴할 수 있다. 그러나 특이섭동의 경우 해는 이러한 방법으로 잘 근사되기 어렵다. 특이섭동이란 일반적으로 방정식의 최고차항에 미소 파라미터 ϵ이 곱해져 있는 경우이다[1]. 이 경우 ϵ을 0으로 놓으면 문제에 봉착하게 된다. 즉, 미분방정식이 경계조건을 만족시키지 못하게 되는 것이다. 더욱이 이러한 특이섭동의 경우 해의 동역학 특성은 시간 또는 공간적으로 매우 다르게 나타날 수 있다. 다음 예를 살펴보자.

$$\begin{aligned} &\epsilon u''(t) + u'(t) = -e^{-t},\ 0 < t < 1, \\ &u(0) = 0,\ u(1) = 1. \end{aligned} \tag{8.42}$$

식 (8.42)로 주어진 미분방정식의 근사 해를 구하기 위해 $u(t,\epsilon)$는 다음과 같은 형태로 표현된다고 가정해 보자.

$$u(t,\epsilon) = u_0 + \epsilon u_1 + \epsilon^2 u_2 + \cdots. \tag{8.43}$$

식 (8.43)을 식 (8.42)에 대입하면,

$$\begin{aligned} &\epsilon(u_0 + \epsilon u_1 + \epsilon^2 u_2 + \cdots)'' + (u_0 + \epsilon u_1 + \epsilon^2 u_2 + \cdots)' = -e^{-t},\ 0 < t < 1, \\ &u_0(0) + \epsilon u_1(0) + \epsilon^2 u_2(0) + \cdots = 0, \\ &u_0(1) + \epsilon u_1(1) + \epsilon^2 u_2(1) + \cdots = 1. \end{aligned} \tag{8.44}$$

식 (8.44)를 ϵ에 대해 정리하면 다음과 같다:

$$(u_0{}' + e^{-t}) + \epsilon(u_0{}'' + u_1{}') + \epsilon^2(u_1{}'' + u_2{}') + O(\epsilon^3) = 0. \tag{8.45}$$

$\epsilon^n, n = 0,1$에 대해서 식 (8.45)가 항상 성립하기 위해서는 다음 등식이 성립되어야 한다.

$$\begin{aligned} u_0{}' &= -e^{-t}, \\ u_1{}' &= -u_0{}'', \\ u_2{}' &= -u_1{}''. \end{aligned} \tag{8.46}$$

식 (8.46)을 풀면 다음과 같다:

그림 8.1

식 (8.42)에 대한 정확한 해(실선)와 근사적으로 구한 해(점선)의 비교

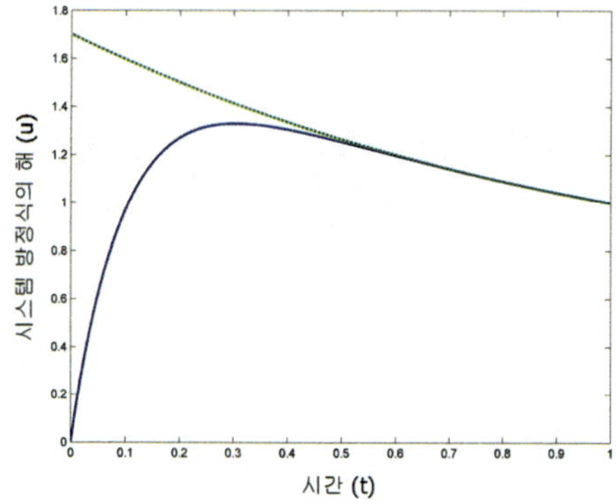

$$
\begin{aligned}
u_0 &= e^{-t} + C_0, \\
u_1 &= e^{-t} + C_1, \\
u_2 &= e^{-t} + C_2.
\end{aligned} \tag{8.47}
$$

여기서 C_k는 적분상수이다. 따라서 식 (8.42)에 대한 근사 해는 다음과 같다.

$$u(t,\epsilon) = C + e^{-t} + \epsilon e^{-t} + \epsilon^2 e^{-t} + O(\epsilon^3). \tag{8.48}$$

여기서 C는 C_k들을 합한 것이며, 주어진 경계조건 $u(1)=1$을 이용하여 결정할 수 있다. 예를 들어, $\epsilon = 0$인 경우에는 $C = 0.6321$가 된다. 여기서 주목할 것은 위의 근사 해(식 (8.48))가 주어진 경계조건을 만족하지 않는다는 사실이다. 그림 8.1을 보면 근사 해는 $t = 0$에서의 경계조건을 만족하지 않음을 알 수 있다. 다음 그림(8.1)은 $\epsilon = 0.1$일 때, 이 방정식의 정확한 해(실선)와 $\epsilon = 0$일 때의 근사 해(점선)를 도식화하여 비교한 것이다.

이 문제의 경우 해의 거동을 두 개의 시간 구간, 즉 초기 시간에서 매우 빠르게 증가하는 구간($t = O(\epsilon)$)과 정상상태 근방에서 매우 느린 행동을 보이는 구간으로 구분해서 생각해 볼 수 있다. 빠른 구간의 양상을 보다 잘 표현하는 해를 과도기(transient) 해 또는 내부(inner) 해라고 한다. 반면, 정상상태 근방의 느리게 행동하는 구간을 잘 표현하는 해를 외부(outer) 해라고 한다. 이러한 관점에서 보면 앞서 점근적 전개를 통하여 우리가 얻은 근사 해는 외부 해에 해당되는 것을 알 수 있다. 내부 해는 시스템의 강제 입력 항이 0일 때의 해이다. 그러므로 다음과 같이 우변에 ϵ이 적용되는 경우에 해당된다.

$$u''(t) + u'(t) = -\epsilon e^{-t}. \tag{8.49}$$

식 (8.49)을 점근적 전개를 하면 다음과 같다:

$$(u_0 + \epsilon u_1 + \epsilon u_2 + \cdots)'' + (u_0 + \epsilon u_1 + \epsilon^2 u_2 + \cdots)' = -\epsilon e^{-t}. \tag{8.50}$$

그리고 이 식을 전개하면 다음과 같다.

$$(u_0' + u_0'') + \epsilon(u_1' + u_1'' + e^{-t}) + \epsilon^2(u_2' + u_2'') + O(\epsilon^3) = 0. \tag{8.51}$$

그러면 ϵ^n의 매개변수들은 모두 0이 된다는 성질을 이용하여 u_k에 대한 1차 비제차 상미분 방정식을 풀면 다음과 같이 구할 수 있다:

$$\begin{aligned} u_0 &= c(1 - e^{-t}), \\ u_1 &= c(1 - e^{-t}) + te^{-t}, \\ u_2 &= c(1 - e^{-t}). \end{aligned} \tag{8.52}$$

8.2.5 효소동역학 모델

앞 절에서 효소 동역학 시스템(식 (8.18))의 무차원화에 대해 알아보았다. 무차원화를 통해 이 시스템을 식 (8.53)으로 표현할 수 있다. 일반적으로 효소의 농도(e_t)는 기질의 농도(s_t)보다 훨씬 작고, 두 분자의 비율 ϵ은 보통 10^{-2}에서 10^{-7}범위라고 알려져 있다. 이러한 농도의 차이는 시스템 변수의 변화속도에 큰 차이를 가져온다. 어떤 반응이 정상상태에 도달하는데 필요한 시간은 분자의 농도에 종속적인데, 상대적으로 작은 농도의 분자 종은 짧은 시간 내에 포화되어 정상상태에 도달한다. 그 결과 시스템의 전반적인 동역학은 느린 속도를 가진 분자만으로 근사할 수 있게 된다. 이러한 근사는 $\epsilon = 0$으로 설정함으로써 분석할 수 있다. 이 경우 시스템의 차수는 하나 감소하게 되고, 따라서 시스템 변수(c)는 초기값을 만족시키지 못하게 된다. 즉, 특이섭동 문제가 되는 것이다. 이 경우 시스템 해의 동역학은 두 가지 다른 시간 스케일에서 설명할 수 있다. 첫 번째 시간 스케일은 기질/효소가 복합체를 형성하는 빠른 반응에 의해서 준 안정화 상태에 도달하는 차수 ϵ의 시간 스케일이다. 두 번째 시간 스케일은 기질에서 생산물로 변환되는 비교적 느린 변환 구간에 대한 시간 스케일의 차수이다. 여기서 통상 빠른 반응을 내부 해, 느린 반응을 외부 해라고 한다.

$$\begin{aligned} \frac{ds}{dt} &= -s + (s + k - \lambda)c, \\ \epsilon \frac{dc}{dt} &= s - (s + k)c. \end{aligned} \tag{8.53}$$

위 식의 초기조건은 $s(0) = 1$, $c(0) = 0$ 이다. 외부 해를 구하기 위해, 이 방정식의 해 s와 c가 다음과 같은 급수전개로 표현된다고 가정해 보자.

$$\begin{aligned} s(\tau, \epsilon) &= s_0(\tau) + \epsilon s_1(\tau) + O(\epsilon^2), \\ c(\tau, \epsilon) &= c_0(\tau) + \epsilon c_1(\tau) + O(\epsilon^2). \end{aligned} \tag{8.54}$$

식 (8.54)를 식 (8.53)에 대입한 후, ϵ이 0으로 수렴하는 경우를 생각해 보자. 그러면 식 (8.53)은 다음과 같이 차수가 0인 선두 항들로 정리된다.

$$\begin{aligned} \frac{ds_0}{d\tau} &= -s_0 + (s_0 + k + \lambda)c_0, \\ 0 &= s_0 - (s_0 + k)c_0. \end{aligned} \tag{8.55}$$

식 (8.55)의 두 번째 식으로부터 다음 식을 도출할 수 있다:

$$c_0 = \frac{s_0}{s_0 + k}. \tag{8.56}$$

이 경우 외부 해에 대한 두 가지 초기조건이 만족되지 않음을 알 수 있다. 예를 들어 $s_0 = 1$인 경우, $1/(1+k) \neq 0$이므로 초기조건을 만족시킬 수 없게 된다. 위 식이 의미하는 바는 다음과 같다. 효소-기질 복합체의 평형상태 농도는 효소-기질의 복합체 생성 및 분리반응의 균형에 의해서 결정되는데, 복합체의 준평형상태

농도는 기질 농도(s_0)에 의하여 근사적으로 표현될 수 있다는 것이다. 식 (8.56)을 식 (8.55)에 대입하면 다음과 같이 $s_0(\tau)$에 대한 1차 미분 방정식을 얻을 수 있다:

$$\frac{ds_0}{d\tau} = -\frac{\lambda s_0}{s_0 + k}. \tag{8.57}$$

그러면 변수분리를 통해 식의 해를 다음과 같이 구할 수 있다:

$$s_0(\tau) + k\log s_0(\tau) = a - \lambda\tau. \tag{8.58}$$

여기서 a는 적분상수인데, $\tau = 0$ 근방에서는 s_0와 c_0의 초기조건을 만족시키는 a를 결정할 수 없다. 왜냐하면 위의 해는 $\tau \gg 0$ 범주에서의 동역학에 부합하는 외부 해이므로, 원래의 해가 $\tau = 0$ 근방에서 보이는 동역학을 따르지 않을 수 있기 때문이다.

효소동역학 모델의 내부 해를 구해 보자. 내부 해를 구하기 위하여 다음과 같이 새로운 변수(T)를 도입해서 시간변수를 다시 스케일링한다.

$$T = \frac{\tau}{\epsilon}, \ S(T,\epsilon) = s(\tau,\epsilon), \ C(T,\epsilon) = c(\tau,\epsilon). \tag{8.59}$$

식 (8.59)를 식 (8.53)에 대입하면 다음 식을 얻을 수 있다.

$$\begin{aligned} &\frac{dS}{dT} = \epsilon\{-S + (S + k - \lambda)C\}, \\ &\frac{dC}{dT} = S - (S + k)C, \\ &S(0,\epsilon) = 1, \ C(0,\epsilon) = 0 \end{aligned} \tag{8.60}$$

위 식과 식 (8.53)에서 ϵ의 위치를 비교해 보자. ϵ이 0으로 수렴하는 경우 기질(S)에 관한 방정식의 우변은 0으로 수렴하게 되므로 기질(S)의 변화는 0이 된다. 따라서 이 경우, 느린 동역학은 내부 해 영역에서 상수가 된다는 것을 알 수 있다. 이를 더 자세히 분석하기 위해 내부 해를 다음과 같은 급수형태로 전개해 보자.

$$S(T,\epsilon) = S_0(T) + \epsilon S_1(T) + O(\epsilon^2),$$
$$C(T,\epsilon) = C_0(T) + \epsilon C_1(T) + O(\epsilon^2). \quad (8.61)$$

위 식에서 선두항을 정리하면 다음과 같이 내부 해에 관한 미분방정식을 얻을 수 있다.

$$\frac{dS_0}{dT} = 0,\ \ \frac{dC_0}{dT} = S_0 - (S_0 + k)C_0,$$
$$S_0(0,\epsilon) = 1,\ \ C_0(0,\epsilon) = 0. \quad (8.62)$$

이 식은 내부 해이기 때문에 주어진 초기조건을 만족시키는 해를 얻을 수 있다. 식 (8.62)으로 주어진 식의 해를 구하면 다음과 같다.

$$S_0(T) = 1,$$
$$C_0(T) = \frac{1}{1+k}[1 - e^{-(1+k)T}]. \quad (8.63)$$

지금까지 효소 동역학 모델 시스템에 대하여 식 (8.58) 및 식 (8.63)과 같이 상이한 수학적 구조를 가지는 내부 및 외부 해를 구하였다. 하지만 식 (8.58)로 주어진 외부 해의 적분상수는 아직 구하지 못하였다. 외부 해의 적분상수(또는 초기조건)를 어떻게 구해야할까? 만일 내부 및 외부 해가 모두 중간 시간 구간인 $\epsilon \ll \tau \ll 1$에서 유효하다고 가정한다면, ϵ이 0에 근접함에 따라 구간 $t \to \infty$에서의 내부 해 및 구간 $\tau \to 0$에서의 외부 해는 근사적으로 일치할 것이다. 이를 다음과 같이 표현할 수 있다.

$$\lim_{T\to\infty} S_0(T) = \lim_{\tau\to 0+} s_0(\tau),$$
$$\lim_{T\to\infty} C_0(T) = \lim_{\tau\to 0+} c_0(\tau). \quad (8.64)$$

이 조건을 식 (8.56), 식 (8.58) 및 식 (8.63)에 적용하여 외부 해의 초기조건 $s_0(0)$와 $c_0(0)$를 다음과 같이 결정할 수 있다.

$$s_0(0) = 1,$$
$$c_0(0) = \frac{1}{1+k}. \tag{8.65}$$

우리는 식 (8.65)의 첫 번째 식으로부터, 식 (8.58)에서 $a = 1$일 때 위의 조건(식 (8.64))이 만족된다는 것을 알 수 있다. 식 (8.58)은 다음과 같이 다시 표현할 수 있다.

$$s_0(\tau) + k \log s_0(\tau) = 1 - \lambda\tau. \tag{8.66}$$

식 (8.63)의 두 번째 식의 지수함수 부분은 시간에 따라서 빠르게 식 (8.65)의 두 번째 식으로 접근한다는 것을 알 수 있다. 이것은 내부 해가 외부 해로 빠르게 접근한다는 것을 의미한다. 내부 해는 적은 양의 효소가 기질에 빠르게 흡착되는 동역학을, 외부 해는 기질을 산물로 변화시키는데 효소가 최대의 효율로 기여하는 동역학을 각각 나타내는 것이다.

8.3 등복각선 분석법

생체시스템을 포함하여 자연계에 존재하는 대부분의 시스템은 비선형시스템이다. 비선형시스템에서는 선형시스템과 달리 시스템의 모든 상태를 해석학적으로 구하기 어려운 경우가 많다. 이런 경우 수치해석법을 이용하여 근사적으로 상태 해를 구하는 것도 중요하지만, 정성적인 접근방법을 통하여 직접 해를 구하지 않고서도 시스템의 특성에 대한 결론을 도출해 낼 수 있는 등복각선 분석법(isocline analysis)에 대해 알아보자 [2].

$$\begin{aligned} \dot{x}_1 &= f_1(x_1, \ldots, x_n) \\ &\vdots \\ \dot{x}_n &= f_n(x_1, \ldots, x_n) \end{aligned} \tag{8.67}$$

위와 같은 상미분방정식으로 모델링된 시스템을 생각해 보자. 여기서, x_j 등복각선은 $f_j(x_1, \ldots, x_n) = C$를 만족하는 점들의 집합이다. 특히 C가 0인 경우에는 이를 만족하는 곡선을 경계로 $\dot{x}_j$의 부호가 바뀌므로 시스템의 정성적 해석을 하는데 유용하다. 이 경우의 등복각선을 영등복각선(nullcline)이라고 부르기도 한다. 모든 등복각선들의 교점은 다음 식을 만족하는 시스템의 해로써 표현할 수 있다.

$$\begin{aligned} 0 &= f_1(x_1, \ldots, x_n) \\ &\vdots \\ 0 &= f_n(x_1, \ldots, x_n) \end{aligned} \tag{8.68}$$

여기서 $\dot{x}_j$ 값이 0이기 때문에, 등복각선들의 교점은 시스템이 변화하지 않는 상태, 즉, 평형상태의 고정점을 의미한다. 등복각선은 2차원 시스템의 정성적 특성을 기술하기 위한 위상평면 분석에 특히 유용하다. 예를 들어 다음 2차원 시스템을 살펴보자.

$$\begin{aligned} \dot{x}_1 &= f_1(x_1, x_2) \\ \dot{x}_2 &= f_2(x_1, x_2) \end{aligned} \tag{8.69}$$

식 (8.69)에서 f_1과 f_2는 주어진 함수이다. 이 시스템은 벡터 표기법을 사용하면 다음과 같이 더욱 간략하게 표현할 수 있다.

$$\dot{\mathbf{x}} = \mathbf{f}(\mathbf{x}) \tag{8.70}$$

식 (8.70)에서 $\dot{\mathbf{x}} = (x_1, x_2)$이고 $\mathbf{f}(\mathbf{x}) = (f_1(\mathbf{x}), f_2(\mathbf{x}))$을 의미한다. $\mathbf{x}$는 상평면 위에 놓여 있는 한 점을 나타내고, $\dot{\mathbf{x}}$는 그 점에서의 속도장을 나타낸다. 속도장의 흐름에 놓여 있는 위상점은 시간에 대해서 천이해 나가는데, 그 궤적은 시스템의 해인 x(t)와 동일하다. 위상평면 위의 각 점은 초기조건으로서의 역할을 할 수 있으므로 위상평면은 궤적으로 완전히 채워질 수 있다.

대부분의 비선형시스템은 시스템의 해를 해석적인 방식으로 얻을 수 없다. 명시적인 해를 얻은 경우라 하더라도 너무나 복잡한 형태를 가지는 경우가 대부분이며, 그러한 경우 시스템에 대한 어떠한 통찰도 얻을 수 없게 된다. 이 절에서는 이러한 문제를 해결하기 위해, 해의 정성적인 행동을 조사하는 방법을 살펴본다. 식 (8.70)과 같이 표현된 미분방정식 시스템에서 $\mathbf{f}(\mathbf{x})$로 기술된 우변 함수의 특성

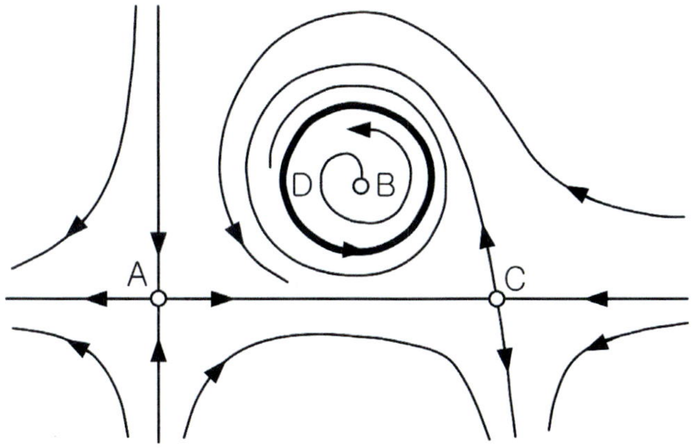

그림 8.2
위상묘사도의 예

으로부터 위상묘사도(phase portrait)를 직접 구하는 방법을 알아보자[3].

예를 들기 위해 도시된 그림 8.2의 위상묘사도로부터 몇 가지 특성들을 살펴보자. 그림 8.2에서 1) A, B, C와 같은 점들을 고정점들(fixed points)이라고 한다. 이 점들은 시스템의 정상상태와 같다. 만일 고정점이 안정하다면, 고정점 근방에서는 시스템의 상태가 고정점을 향해 흘러들어갈 것이다. 불안정한 고정점 근방에서는 시스템의 상태가 고정점에서 점차 멀어지게 된다. 2) D와 같이 닫힌 궤도로 표현되는 궤적은 주기적인 해에 부합한다. 이 경우 어떤 T에 대해서, 시간 t의 함수 $x(t)$가 $x(t+T)=x(t)$를 만족하게 된다. 고정점과 닫힌 궤도의 궤적을 비교해 보면, A와 C는 흐름의 패턴이 유사하지만 B는 상이하다. A와 C의 근방에서는 상태점이 안정하게 머물지 못하고 단순한 패턴으로 멀어지게 된다. B의 근방에서도 안정하게 머물지 못하긴 하지만 A/C와는 달리 주변을 회전하면서 멀어지다가 D(원형궤도)의 궤도를 따라 수렴하며 회전하게 된다. 이것은 고정점 및 닫힌 궤도의 안정성 및 불안정성에 기인한 특성이다. 여기서 고정점 A, B, C는 불안정한 반면 닫힌 궤도 D는 안정적이라고 말할 수 있다.

x와 y 두 개 상태변수로 표현되는 다음 2차원 시스템을 생각해 보자.

$$\begin{aligned} \dot{x} &= x + e^{-y} \\ \dot{y} &= -y \end{aligned} \tag{8.71}$$

먼저 고정점들을 구하기 위해서 $\dot{x}=0$, $\dot{y}=0$으로 표현되어지는 비선형 연립대

그림 8.3
식 (8.71)로 표현된 시스템의 등복각선 및 이로부터 그려진 위상묘사도

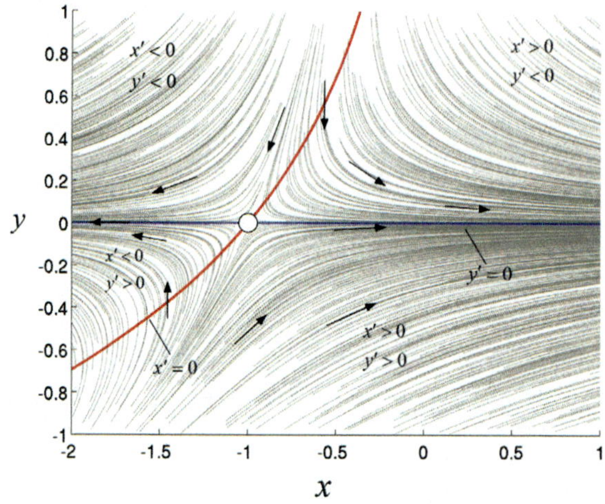

수 방정식을 풀어야 한다. 유일한 해는 $(x^*, y^*) = (-1, 0)$ 이다. $\dot{y} = -y$의 일반적인 해가 $y(t) = y_0 e^{-t}$ 이기 때문에, 안정성을 얻기 위해서는 $t \to \infty$로 접근함에 따라서 $y(t) \to 0$로 수렴하는지를 확인해야 한다. 무한히 오랜 시간이 흐르면 $e^{-y} \to 1$이기 때문에, x에 관한 식은 $\dot{x} \approx x + 1$가 된다. 이것은 지수함수적으로 증가하는 해이기 때문에 그 고정점은 안정하지 않음을 의미한다. 만일 x축에 대해서 초기조건을 구속한다면 $y_0 = 0$이고 모든 시간에 대해서 $y(t) = 0$이다. x축에서의 흐름은 $\dot{x} = x + 1$으로 제한되기 때문에 시스템의 고정점은 불안정하다. 이와 같이 식 (8.71)로 주어진 시스템의 고정점과 그 점에서의 안정성을 가늠해 볼 수 있다. 하지만 시스템의 모든 초기상태에 대해서 시스템이 어떻게 행동할지에 대한 정보는 여전히 알 수 없다.

시스템의 전역적인 행동양상에 대한 정보를 얻기 위해서는 위상묘사도(그림 8.3)를 그려야 한다. 위상묘사도를 얻기 위해서는, 먼저 $\dot{x} = 0$와 $\dot{y} = 0$로 정의되는 등복각선에서의 적색 및 청색으로 표현된 곡선 및 직선을 그려야 한다. 분기선으로부터 얻을 수 있는 정성적인 정보는 상태변화의 흐름이 2차원 시스템의 경우에 완전히 수직이거나 수평이라는 것이다(그림 8.3). 예를 들면, $\dot{y} = 0$인 경우에 흐름은 순전히 수평인데 그 이유는 y방향으로의 변화가 없기 때문이다. 식 (8.71)에서

$\dot{y} = -y$이기 때문에 순 수평 흐름은 $y=0$위에서 일어난다. 그 직선을 따라서 흐름의 방향은 $\dot{x} = x+1 > 0$인 곳에서는 오른쪽이고 $\dot{x} = x+1 < 0$인 곳에서는 왼쪽이다.

유사하게, 상태변화의 흐름은 $\dot{x} = x + e^{-y} = 0$인 곡선의 위에서는 수직으로 일어난다. 흐름의 방향, 예를 들어 등복각선 $\dot{x} = 0$ 위에서의 방향은 $\dot{y}$의 부호로부터 결정되어질 수 있다. 따라서 곡선 위의 $y > 0$인 지점에서는 흐름은 $\dot{y} < 0$이기 때문에 아랫방향이다.

등복각선은 또한 평면을 $\dot{x}$와 $\dot{y}$의 부호가 바뀌는 영역들로 나눈다(그림 8.3). 몇 가지 전형적인 벡터들이 그림 8.3 위에 묘사되어 있다. 어떤 한 점이 평면위에 주어졌을 때 그 점은 평면위의 흐름을 따라서 궤적을 그리며 흘러갈 것이다. 이러한 궤적은 주어진 한 점을 초기 값으로 하는 시스템의 해가 된다. 그러므로 우리는 위상묘사도로부터 시스템의 전반적인 동역학 양상을 정성적으로 추론할 수 있다.

8.3.1 생태계에서 발견되는 롯카-볼테라 경쟁시스템의 예

생태학 분야에서 널리 알려져 있는 생태계의 롯카-볼테라(Lotka-Volterra) 경쟁 시스템을 등복각선 분석법을 이용하여 분석해 보자. 롯카-볼테라 경쟁시스템은 생존에 필요한 유한자원을 놓고 서로 경쟁 관계에 있는 종들의 동태를 나타낸 것이다. 만일 2개의 종이 존재할 때에는 다음과 같은 식으로 표현될 수 있다[2].

$$\begin{aligned} (a) &: \frac{dx}{dt} = r_1 x\left(1 - \frac{x+ay}{K_1}\right) \\ (b) &: \frac{dy}{dt} = r_2 y\left(1 - \frac{bx+y}{K_2}\right) \end{aligned} \tag{8.72}$$

Y종이 없는 상황을 고려한다면, 즉 $y=0$인 경우에는 X종의 시간변화 식 (8.72(a))는 r_1 및 K_1을 매개변수로 하는 로지스틱 방정식으로 환원됨에 주목하자 (식 (8.73)). 여기서 r_1과 K_1은 상수라고 가정한다.

$$\frac{dx}{dt} = r_1 x\left(1 - \frac{x}{K_1}\right) \tag{8.73}$$

8.3.2 로지스틱 방정식이란?

여기서 x는 개체수를 의미하는데 환경수용력 K_1을 초과하기 전까지는 $(1-x/K_1)$이 양수이므로 $\dot{x}$는 증가하는 방향으로 $r_1(1-x/K_1)$의 변화율로 시스템이 변화한다. 그러나 개체수가 환경수용력보다 많아지면 $(1-x/K_1)$는 음수로 전환되기 때문에 개체수 x는 감소한다. 따라서 로지스틱 방정식은 개체수가 환경수용력만큼 완만히 증가하는 시스템이다. 예를 들어, 빈 연못에서 물고기를 키울 때 처음에는 빠른 속도로 증가하지만, 개체수가 많아짐에 따라서 배설물 등의 오염물질의 증가나 먹이의 감소로 인해서 점차로 번식하기 어려운 환경이 될 것이다. 이후 더 이상 증가나 감소가 없는 평형상태에 도달한다. 로지스틱 방정식은 이러한 동역학적 특성을 모사한 것이다.

환경 수용력은 공간이나 먹이 등의 개체수를 허용하는 환경의 의미를 가지며, 특히 제한적인 자원들이 추상화된 것이다. 무제한적으로 주어지는 자원의 경우에는 개체수에 상관없이 각 개체간에 주어지는 혜택이 균일하기 때문에 고려할 필요가 없다. 로지스틱 방정식은 사실상 동종내 개체들 간의 경쟁을 암시한다. 만약 이종간 경쟁이 존재한다면, 각 종이 어떻게 환경에서 주어지는 자원을 나누어 쓰는지 살펴봐야 한다. 롯카-볼테라 경쟁계에서 X종의 증식률은 Y종의 밀도에 의해 감소하는데, 이때 Y종의 한 개체에 의한 영향을 X종의 한 개체분으로 환산하는 계수가 a이다. 만약 Y종이 필요로 하는 자원의 크기가 X종보다 작다면 $a<1$이 될 것이다. 그러나 Y종이 X종보다도 더 많은 자원을 소비한다면 반대로 $a>1$이 되어야 한다. 마찬가지로 b는 Y종의 증식률에 대해서 X종의 한 개체가 미치는 영향을 Y종의 한 개체 분으로 환산하는 계수이다.

2개의 종이 존재하는 상황을 생각해 보자. 그러면 변수의 수가 2개이므로 각 상태변수 x와 y가 나타내는 평면을 생각할 수 있다. 두 종의 개체수 증감에 따라서 시스템의 상태를 나타내는 점 (x,y)는 이 평면 위를 동적으로 움직이게 된다. 우선 x의 증가속도 dx/dt의 부호를 그림에 기입한다. 식 (8.72(a))의 양 및 음인 영역에 각각 좌향 및 우향의 화살표를 붙인다. 그러면 두 영역을 나누는 직선은

$$K_1 = x + ay \tag{8.74a}$$

가 된다. 이 직선상에서는 $dx/dt = 0$이고, x의 변화속도가 0이므로, 상태점 (x, y)가 수직(즉, y축에 평행)으로 이동한다. 그 때문에 식 (8.74a)는 기울기가 무한대인 등복각선이라고 한다. y축 위($x = 0$)에서도 $dx/dt = 0$이 성립한다는 것에 주의하자. 동일한 방법으로 $dy/dt = 0$(기울기 0)의 등복각선

$$K_2 = bx + y \tag{8.74b}$$

를 그리고, 나누어진 두 영역에 y의 변화속도의 양과 음($+, -$)에 대응해서 상향 및 하향의 화살표를 기입한다. 상태점은 이 등복각선(식 (8.74b))을 수평으로 횡단하여 움직이게 된다.

두 종류의 등복각선의 교점에서는 양쪽의 변수가 모두 변화하지 않으므로 ($dx/dt = 0$, $dy/dt = 0$)를 만족하는 점이 평형점이 된다. 식 (8.72)의 예에서는 X종만 있는 $(K_1, 0)$, Y종만 있는 $(0, K_2)$, 모두 존재하지 않는 $(0, 0)$의 3개가 있다. 만일 두 종의 개체수가 정확히 평형점에 있다고 하면 이들은 그대로 머무는 상태를 유지한다.

만일 평형점에서 약간 벗어났을 때, 예를 들면 X종만의 집단에 Y종이 약간 침입하는 경우를 생각해 보자. 침입한 종은 과연 증식할 수 있을까? 아니면 Y종이 소멸해버려 시스템은 원래의 평형 상태로 돌아올 것인가? 이것은 평형점 $(K_1, 0)$의 안정성에 대한 문제가 된다.

그림 8.4에 표시한 두 변수의 증감과 등복각선에서 궤도의 기울기에 주의하면서 상태점의 움직임을 따라가면 궤도의 위상묘사도를 그릴 수 있다. 그것에 의하면 X만이 있는 $(K_1, 0)$으로는 상태점이 수렴해가기 때문에 안정, Y종만의 $(0, K_2)$의 근처에서는 점이 멀어져 감으로 불안정, 그리고 두 종이 모두 없는 $(0, 0)$에서도 불안정하다. 그림을 보면 제 1사분면의 어느 점에서 출발해도 상태점은 반드시 $(K_1, 0)$에 수렴하므로 $K_1 > aK_2$이고, $bK_1 > K_2$인 경우에는 X종이 Y종을 배제하여 이겨서 남는다는 결론을 얻을 수 있다.

$K_1 < aK_2$이고, $bK_1 < K_2$인 경우에는 같은 해석에 의해 역으로 Y종이 이겨

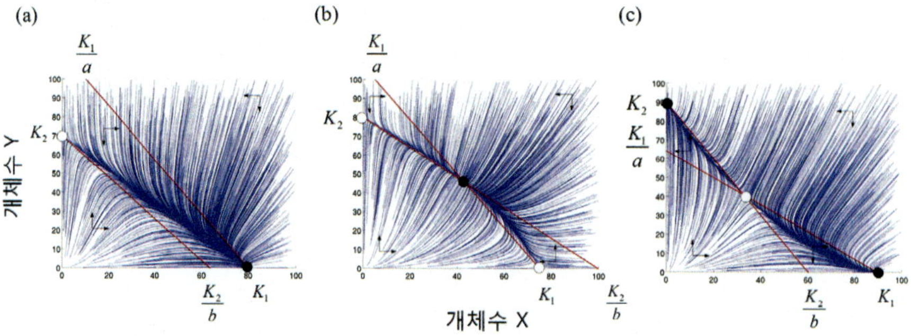

그림 8.4

경쟁계의 궤적. 두 개의 직선 및 양 축이 분기선을 표시한다. 여기서 두 분기선의 교점이 평형점이다. **(a)** X종이 반드시 이겨서 살아남는다 ($r_1 = 1$, $r_2 = 2$, $K_1 = 80$, $K_2 = 70$, $a = 0.7$, $b = 1.1$). **(b)** 두 종이 공존한다 ($K_1 = 75$, $K_2 = 80$, $b = 0.8$ 그 외의 매개변수에 대해서는 (a)경우와 동일함). **(c)** 시스템의 초기상태에 따라서 어느 한쪽이 이겨서 다른 쪽을 배제하게 된다 ($K_1 = 90$, $K_2 = 90$, $a = 1.4$, $b = 1.5$. 그 외 매개변수는 (a)경우와 동일함).

서 X종을 배제하는 것을 알 수 있다. 그렇다면 $K_1 > aK_2$이고, $bK_1 < K_2$인 경우는 어떻게 될까? 그림 8.4b과 같이 제 1사분면의 한가운데에 두 개의 등복각선의 교점이 있고 두 종이 공존하는 평형상태를 나타낸다. 좌표는 식 (8.72a)와 식 (8.72b)로부터 $((K_1 - aK_2)/(1-ab), (K_2 - bK_1)/(1-ab))$임을 알 수 있다. 등복각선을 이용하여 조사하면 제 1사분면의 어떤 점에서 출발한 궤도도 반드시 공존 평형점에 수렴함을 알 수 있다. 다른 3개의 평형점은 모두 불안정하다. 즉, 이와 같은 매개변수의 경우에는 두 종이 안정적으로 공존할 수 있다.

마지막으로 $K_1 < aK_2$이고, $bK_1 > K_2$인 경우를 생각하면 매우 흥미있는 결과를 확인할 수 있다. 그림 8.4c를 보면, 공존 평형점은 불안정하고, 한 종만 있는 상태를 나타내는 $(K_1, 0)$과 $(0, K_2)$인 두 평형점은 모두 안정하므로 시스템은 쌍안정이다. 이 경우 초기상태에서 개체수가 많은 종이 적은 종을 결국 배제하고 살아남게 된다고 할 수 있다. 즉, 상태점이 최종적으로 어느 평형점에 수렴하는가는 출발점의 위치에 따라 다르다. 제 1사분면을 궤적에 따라 나누면 각각의 영역은 점$(K_1, 0)$ 및 점$(0, K_2)$의 흡인영역(domain of attraction)이라고 하며, 이들의 경계를 분리선(separatrix)이라고 한다. 그림 8.4c의 평형점 $(K_1, 0)$ 및 $(0, K_2)$는 상태점이 여기에서 조금 벗어나도 역학계에 따라 결국 원상태로 되돌아오게끔 움직이므로 국소안정이다. 그런데 벗어나는 정도가 너무 커서 다른 쪽의 흡인 영역에 들어가 버리면 다시는 돌아오지 못하게 된다. 그러므로 이들 평형점은 전역안정이지는 않다. 이에 비해 그림 8.4a의 $(K_1, 0)$과 그림 8.4b의 두 종 공존점은 전역안정인 평형점의 예이다.

이상의 결과에서 흥미있는 점은 우선 두 종 경쟁계의 최종상태가 내적 자연증가율(r_1과 r_2)에는 의존하지 않는다는 것이다. 또 하나는 두 종이 공존하는 평형점이 존재하면 이들은 $ab < 1$이면 안정, $ab > 1$이면 불안정하다는 것이다. a와 b는 종간 경쟁의 세기를 종내(intraspecies)의 것과 비교하여 표시하고 있으므로 결과적으로 종내 경쟁이 종간 경쟁보다 급격할 때는 두 종이 공존하기 쉽다고 해석할 수 있다.

8.4 분기점 분석

미분방정식으로 표현되는 시스템에서 분기점 이론(bifurcation theory)은 시스템 응답(solution)의 정성적 또는 위상적 구조가 변화하는 양상을 수학적으로 조사하는 연구 분야이다[3]. 시스템의 분기점은 매개변수의 작은 변화가 갑작스럽게 응답의 정성적 또는 위상적 변화를 일으키는 지점을 일컫는다. 전형적인 분기점의 예는 다음과 같다:

- 안장점 분기(saddle-node bifurcation)
- 임계점교환 분기(transcritical bifurcation)
- 피치포크 분기(pitchfork bifurcation)
- 호프 분기(hopf bifurcation)

8.4.1 안장점 분기(saddle-node bifurcation)

"안장점 분기"는 동역학시스템에서 두 개의 고정점(또는 평형점)이 만나서 서로를 소멸시키는 분기점을 의미한다. 안장점 분기를 살펴보기 위해, 다음과 같이 주어진 표준형 시스템을 살펴보자 [3].

$$\frac{dx}{dt} = r + x^2 \tag{8.75}$$

여기서 x는 상태변수이고, r은 분기점 분석을 위한 매개변수(분기계수)이다. 분기계수 r에 따라서 시스템의 고정점은 정성적 변화를 겪는다.

그림 8.5

식 (8.75)에 대한 분기점 분석. 분기계수 r의 변화에 대한 평형점의 변화를 관찰한 것이다. **(a)** 분기계수 r에 대한 분기분석도. **(b)** 몇 개 분기계수(r = −1, −0.5, 0, 0.5, 1)에 대한 시스템 상태의 시간에 따른 변화

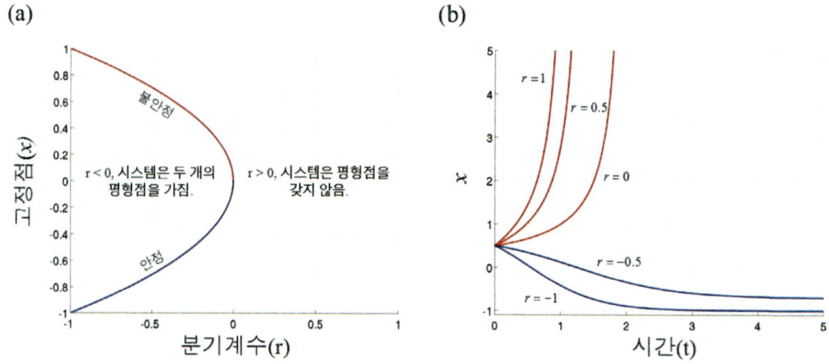

A. 만약 $r < 0$인 경우, 시스템은 두 개의 고정점을 갖는다. 두 개의 고정점은 안정한 고정점 $-\sqrt{-r}$과 불안정한 고정점 $+\sqrt{-r}$로 구성된다.

B. 만약 $r = 0$인 경우, 시스템은 정확히 한 개의 고정점을 갖는다. 이 경우에 고정점은 안장점이 된다. 시스템의 고정점을 하나로 만드는 (즉, 고정점의 개수에 변화를 만드는) 분기계수 r의 값을 분기점(bifurcation point)이라고 한다.

C. 만약 $r > 0$인 경우, 시스템은 고정점을 갖지 않는다.

분기계수 r이 음수일 때에는, 시스템은 두 개의 고정점을 갖는다. 두 고정점 중 오직 하나가 안정한 고정점이다(그림(8.5a)). 분기계수 r이 증가함에 따라서 두 개의 고정점은 그 거리를 점차 좁혀가다가 $r = 0$에서 한 점으로 합쳐진다. $r > 0$인 경우에는 합쳐졌던 하나의 고정점은 사라지고 시스템은 어떠한 고정점도 갖지 않게 된다. 이러한 동역학 특성을 시간변화에 따라서 살펴보면(그림(8.5b)), $r < 0$인 경우에는 안정적인 평형상태에 도달하지만 $r \geqq 0$의 경우에는 시스템의 상태가 수렴하지 않게 됨을 알 수 있다. $r = 0$의 경우에는 초기상태가 평형점에 놓여 있을 때에만 평형상태를 유지할 수 있다.

8.4.2 임계점교환분기(Transcritical bifurcation)

임계점교환분기는 고유값의 실수부가 영점을 지나가는 평형점과 관련이 있다. 임계

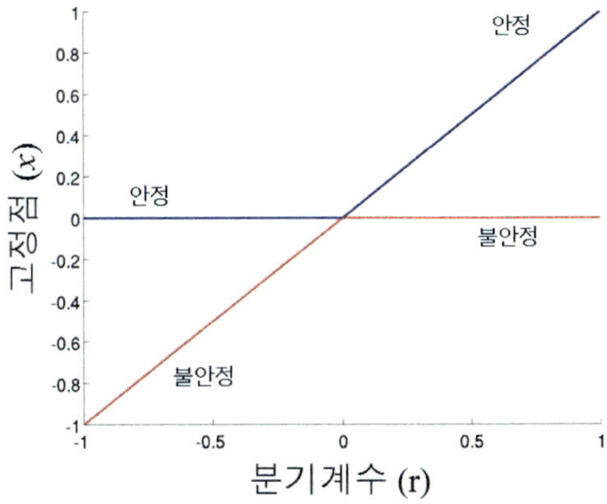

그림 8.6

식 (8.76)에 대한 분기점 분석도. 분기계수 r에 대한 시스템의 고정점의 안정도는 $r=0$을 중심으로 교환된다.

점교환분기는 모든 분기계수에 대해서 고정점이 존재하고 소멸되지 않는 특징을 가진다. 하지만, 분기계수가 변화되어감에 따라서 고정점들의 안정성은 교환된다. 분기점 이전과 이후에 불안정 고정점과 안정 고정점을 가지게 되는데, 분기점 이전에 안정했던 고정점은 분기점 이후에 불안정한 고정점으로, 불안정했던 고정점은 안정한 고정점으로 교환된다. 임계점교환분기의 표준형은 다음과 같이 분기계수를 r로 하는 식으로 주어진다[3]:

$$\frac{dx}{dt} = rx - x^2 \tag{8.76}$$

이 식은 생태계를 표현하는 로지스틱 방정식과 비슷하지만, 여기서는 x 또는 r에 대해 0보다 작은 경우를 허용한다는 점에서 차이가 있다. 이 시스템에서 고정점은 $x=0$ 및 $x=r$로 주어진다. 분기계수 r이 음수일 때, $x=0$에서의 고정점은 안정하고 $x=r$에서의 고정점은 불안정하다. 하지만, r이 양수일 때는 $x=0$에서의 고정점은 불안정하고 $x=r$에서의 고정점은 안정하게 된다.

식 (8.76)으로 표현되는 시스템의 분기점 분석도는 그림 8.6에 나타나 있다. 분기계수가 음수인 경우에는 시스템의 안정적인 고정점은 $x=0$에 존재한다. 분기계수가 양수로 전환되는 순간에 기존의 안정적인 고정점은 불안정해지게 된다. 이러한 정성적 특성의 변화는 위상평면도를 통하여 좀 더 자세히 살펴볼 수 있다(그림 8.7).

그림 8.7

식(8.76)에 대한 위상평면도 분석. 분기계수 r 이 음수인 경우 (a), $r=0$ 인 경우 (b), r 이 양수인 경우 (c). 여기서 채워진 고정점은 안정하며, 비워진 고정점은 불안정함을 의미한다.

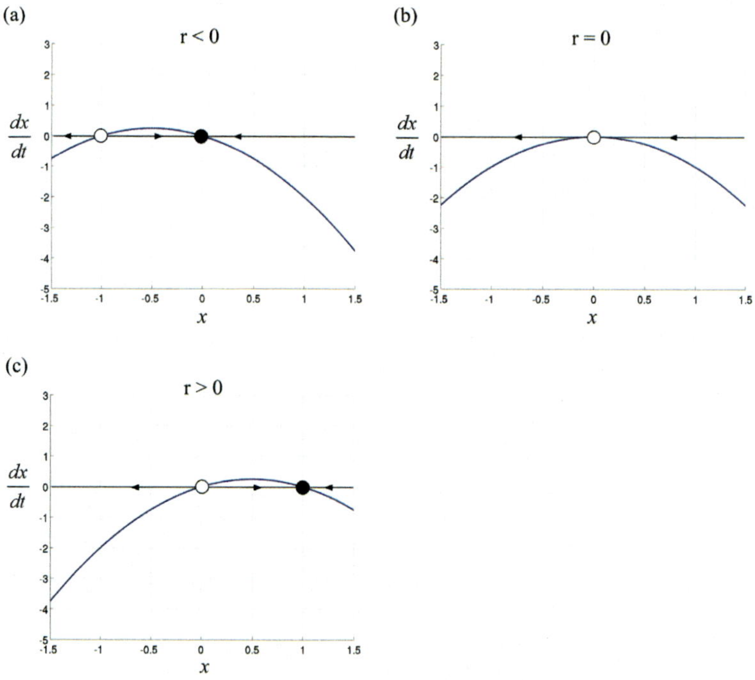

식 (8.76)에 대한 1차원 위상평면도(그림 8.7)위의 수평선 $y=0$에 덧그려진 화살표는 각 영역에서의 상태가 변화하는 방향을 의미한다. 화살표가 왼쪽과 오른쪽에서 한 고정점으로 수렴한다면 그 고정점은 안정하며, 발산한다면 불안정하다. 분기계수의 점진적인 변화($a \to b \to c$)에 따라서 두 개의 고정점의 안정도가 뒤바뀌어짐을 주목하라.

8.4.3 피치포크분기(Pitchfork bifurcation)

피치포크분기의 경우에는 초월임계형(supercritical)과 미임계형(subcritical)의 두 가지 경우로 분류된다. 초월임계형의 경우 다음과 같은 표준형 시스템을 생각해 보자[3].

$$\frac{dx}{dt} = rx - x^3 \tag{8.77}$$

여기서 분기계수 r이 음수인 경우에는 단 하나의 안정한 고정점 $x=0$이 존재

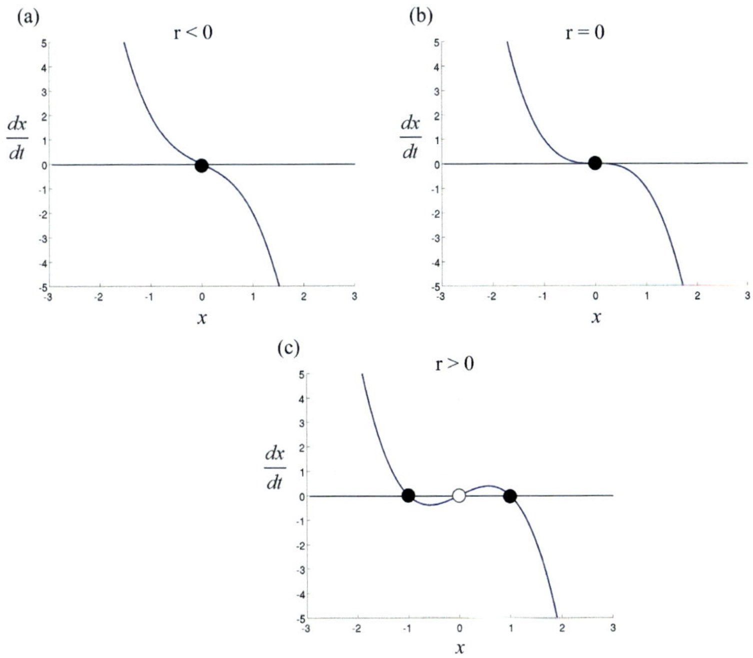

그림 8.8

식 (8.77)에 대한 1차원 위상평면도. 분기계수 r이 음수인 경우 (a), 0인 경우 (b), 양수인 경우 (c)를 도시하였다.

한다. r이 양수인 경우에는 하나의 불안정한 고정점과 두 개의 안정한 고정점 $x = \pm\sqrt{r}$이 존재한다.

식 (8.77)으로 주어지는 시스템에 대해서, 위상평면도를 분석해 보자(그림 8.8). r이 음수인 경우에는 시스템의 안정한 고정점은 오직 하나이며 영점에 위치한다. r이 양수가 되는 순간, 하나뿐이던 고정점은 세 개로 분리되는데, 이때 기존의 영점에 위치하던 고정점은 불안정해진다. 추가적으로 발생한 두 개의 고정점은 안정하다. 이와 같이 시스템이 두 개의 안정한 고정점을 갖는 경우에는 쌍안정(bistable)하다고 한다. 분기계수 r의 변화에 대한 시스템의 고정점 변화는 그림 8.9a에서 살펴볼 수 있다.

여기서 파란 실선으로 표시된 곡선은 안정한 고정점이고, 붉은 실선으로 표시된 곡선은 불안정한 고정점이다. 하나의 고정점이 분기점 $r = 0$을 기점으로 해서 세 개로 분리되어진다. 피치포크분기는 이러한 분기점의 변화 경향을 따서 지어진 이름이다.

다음은 미임계형(subcritical)의 경우이다. 초월임계형과는 달리 x^3항의 부호가

그림 8.9
식 (8.77)과 식 (8.78)의 분기점 분석도. (a)초월임계형 분기, (b)미임계형 분기

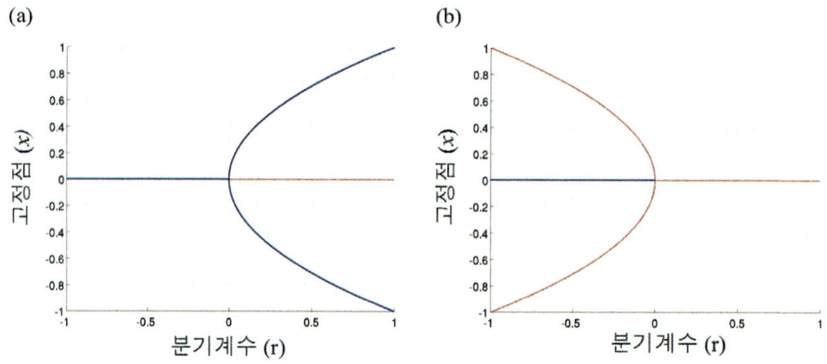

양수이다.

$$\frac{dx}{dt} = rx + x^3 \tag{8.78}$$

분기계수가 $r < 0$인 경우에는, $x = 0$에서의 평형점은 안정한 반면 $x = \pm\sqrt{-r}$에서의 평형점은 불안정하다. $r > 0$인 경우는, $x = 0$에서의 평형점은 불안정하다(그림 8.9b). 그림 8.9a 및 그림 8.9b를 비교하면, 미임계형 분기와 초월임계형 분기는 상호 대칭적 성향을 띠고 있음을 알 수 있다.

8.4.4 호프분기(Hopf bifurcation)

Poincaré-Andronov-Hopf 분기는 Henri Poincaré, Eberhard Hopf 및 Aleksandr Andronov의 이름을 따서 명명되었고, 줄여서 호프분기라고 부른다. 독립변수가 2개인 2차원 시스템이 안정적인 고정점을 갖는다고 해보자. 분기계수 r의 변화에 대해서 그 고정점이 안정성을 상실하는 방법은 자코비안(Jacobian)의 고유값을 살펴봄으로써 알 수 있다[3]. 만약 고정점이 안정하다면, 고유값 λ_1과 λ_2는 좌반평면에 있어야 한다($Re(\lambda) < 0$). λ가 실계수 2차방정식을 만족하기 때문에, 가질 수 있는 고유값은 다음과 같은 두 개의 가능성이 있다. 첫째, 두 개의 고유값이 모두 음의 실수이거나(그림 8.10a), 둘째, 음의 실수부를 갖는 공액 복소수인 경우이다(그림 8.10b). 고유값이 실수를 갖는 경우, 안정적인 평형점이 어떻게 불안정해지는가에 대한 문제는 이전에 안장점 분기, 임계점교환 분기 및 피치포

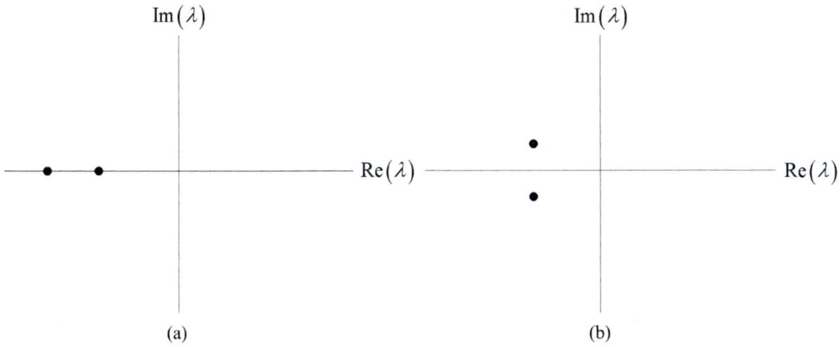

그림 8.10
2차원시스템이 안정적인 고정점을 갖는 경우의 가능한 두 가지 시나리오. **(a)** 두 개의 서로 다른 실수를 갖는 경우, **(b)** 공액복소수를 갖는 경우.

크 분기를 통하여 살펴본 바 있다.

여기서는 두 개의 공액복소수를 가지는 안정적인 고정점이 좌반평면에서 우반평면으로 넘어감으로써 불안정하게 되는 시나리오를 살펴보자. 이러한 방식의 분기를 호프분기라고 부른다. 호프분기는 피치포크분기와 유사하게, 초월임계(Supercritical) 및 미임계(Subcritical) 호프분기의 두 종류로 분류된다

초월임계분기는 분기계수의 변화에 따라 감쇄진동이 한계궤도진동(limit cycle oscillation)으로 변하는 경우이다. 정성적으로 설명하면, 감쇄진동이란 강체에 가벼운 충격을 가했을 때 발생하는 음향의 파형과 유사하다. 진동은 유한한 횟수만큼 일어나다가 점점 그 진폭을 줄이면서 나중에는 완전히 사라져버린다. 그러한 진동의 감쇠가 일어나는 근본적인 이유는, 진동을 하는 동안 물체가 최초로 얻은 에너지가 (열과 같은) 손실을 통해서 점차 감소하기 때문이다. 손실되는 정도가 r이고 이를 인위적으로 조절할 수 있다고 생각해 보자. 만약 손실되는 정도가 극단적으로 0이 되는 순간, 감쇄진동은 한계궤도진동으로 천이된다. 호프분기가 발생하는 극좌표계로 표현되어진 다음의 예제모델을 살펴보자.

$$\begin{aligned} \dot{r} &= \mu r - r^3 \\ \dot{\theta} &= \omega + br^2 \end{aligned} \tag{8.79}$$

이 식에는 3개의 매개변수가 있다. μ는 원점에 위치한 고정점의 안정도를 조절하고, ω는 진동주기를 결정하고, b는 진동주기의 진폭의존성을 나타내는 매개변수이다.

그림 8.11

식 (8.79)에 대한 위상평면 분석도. (a) $\mu < 0$인 경우, (b) $\mu > 0$인 경우.

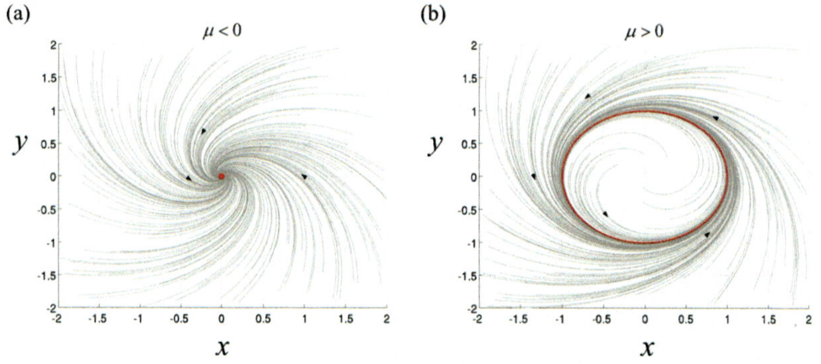

시스템의 분기계수 μ를 조절하였을 때 시스템의 위상묘사도가 변화되는 양상은 그림 8.11에 나타나 있다. $\mu < 0$인 경우, 원점 $r = 0$에서의 고정점은 안정하기 때문에 위상묘사도는 원점으로 흡인되는 나선형의 곡선을 보인다.

여기서 회전의 방향은 주파수 ω의 부호로 결정된다. μ가 아무리 변해도 그것이 음수라면 그림 8.11a의 양상이 변하지 않는다. 단, 시간축에 대해서 조사하면 감쇄시간의 지연정도에는 변화가 있을 것이다. 하지만 μ가 양수라면 원점의 고정점은 불안정해지고 안정한 한계궤도를 갖게 된다(그림(8.11b)). 즉, μ의 점진적인 변화에 대해서 위상묘사도위의 끌개는 한점에서 $r = \sqrt{\mu}$을 궤도의 반경으로 하는 한계궤도(limit cycle)로 변경된다.

진동하는 시스템은 평형점이 고정되어 있지 않기 때문에, 이것의 분기점 분석도를 도식화하는 것은 쉽지 않다. 이 경우 시스템의 해가 가지는 안정도를 직접 구하여 정성적 특성의 변화를 추론해 볼 수 있다. 해의 안정도는 자코비안 행렬의 고유값을 계산함으로써 확인할 수 있다. 이 경우, 극좌표계로 주어진 시스템(식 (8.79))을 직교좌표계로 전환할 필요가 있다. 이는 직교좌표계로 기술된 시스템이 자코비안을 계산할 때 더 용이하기 때문이다. $x = rcos\theta$, $y = rsin\theta$를 이용하여 다음과 같은 직교좌표계 시스템으로 변환할 수 있다.

$$\begin{aligned}\dot{x} &= \dot{r}cos\theta - r\dot{\theta}sin\theta \\ &= (\mu r - r^3)\cos\theta - r(\omega + br^2)\sin\theta \\ &= (\mu - [x^2+y^2])x - (\omega + b[x^2+y^2])y \\ &= \mu x - \omega y + cubic\ \ terms \\ \dot{y} &= \dot{r}sin\theta + r\dot{\theta}cos\theta \\ &= (\mu r - r^3)\sin\theta + r(\omega + br^2)\cos\theta \\ &= (\mu - [x^2+y^2])y + (\omega + b[x^2+y^2])x \\ &= \omega x + \mu y + cubic\ \ terms\end{aligned} \tag{8.80}$$

식 (8.80)을 이용하면, 원점에서의 자코비안은 다음과 같이 계산되어진다.

$$A = \begin{pmatrix} \mu & -\omega \\ \omega & \mu \end{pmatrix} \tag{8.81}$$

자코비안 식 (8.81)의 고유값들은 $\lambda = \mu \pm i\omega$로 쉽게 구해진다. 따라서 μ가 음수에서 양수로 이동해 감에 따라서 고유값들은 복소평면의 좌반평면에서 우반평면으로 이동함을 알 수 있다.

다음으로 미임계 분기를 조사해 보자. 미임계 분기의 예는 다음 식 (8.82)로써 주어진다. 이 경우 초월임계분기에 비해서 중요한 차이점은 r^3의 부호가 음에서 양으로 바뀜으로써 불안정한 요인이 되었다는 점이다.

$$\begin{aligned}\dot{r} &= \mu r + r^3 - r^5 \\ \dot{\theta} &= \omega + br^2\end{aligned} \tag{8.82}$$

$\mu < 0$에서는 안정적인 점끌개와 순환끌개(붉은 실선)가 존재한다(그림 8.12c, d). 불안정한 궤도는 시스템의 상태가 점끌개로 갈지 순환끌개로 갈지를 나누는 경계이다. 여기서 μ가 증가함에 따라서 경계원의 크기가 점차 줄어든다. $\mu = 0$이 되는 순간에 초월임계분기가 발생하며, 그 때 불안정한 궤도와 안정한 점끌개가 만나서 사라진다. 분기가 발생한 이후 시스템의 유일한 끌개는 하나의 안정한 순환궤도가 되며 μ가 증가함에 따라서 그 크기는 증가한다.

여기서 주목해야 할 점은 시스템의 진동응답이 이력현상(다음 절을 참고)을 보인다는 점이다. 원점에 위치하던 시스템의 상태는 $\mu \geq 0$인 순간부터 진동을 시작하지만, $\mu < 0$로 되돌리더라도 시스템의 진동이 멈추지 않는다. 진동은

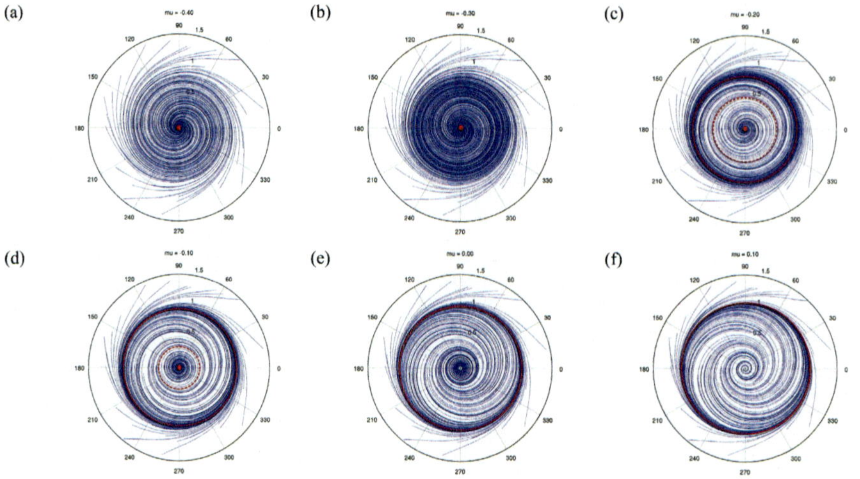

그림 8.12
여러 초기조건에서 출발한 **시스템의 궤적**을 극좌표 상에서 나타냈다. (a)–(f)는 각각 μ가 {−0.4, −0.3, −0.2, −0.1, 0.0, 0.1}일 때의 위상평면을 도시한 것이다. 여기서 붉은 점 및 실선은 각각 점끌개 및 순환끌개를 의미한다. 붉은 점선은 불안정한 궤도를 나타낸다.

$\mu=-1/4$가 될 때까지 유지되다가 그 이후에 소멸된다. 이력현상은 바로 이러한 경로 종속적 응답성향을 지칭한다. 이력현상을 가지는 시스템은 외부에서 주어지는 입력뿐만 아니라 내부 상태변수 값에도 의존한다. 이러한 미임계 호프분기는 주기적인 전기 스파이크신호를 내보내는 신경세포의 동역학에서도 보고된 바 있다.

8.5 이력현상 분석

이력현상을 보이는 시스템은 현재의 상태뿐만 아니라 과거의 상태에 대해 종속적이다. 이러한 종속성은 시스템이 적어도 1개 이상의 내부 상태를 가지고 있기 때문이다. 시스템의 상태가 어떻게 변화할지를 예측하기 위해서는 내부 상태와 그것의 과거이력을 모두 알아야만 한다. 전형적인 이력현상의 예는 강자성체에 가해진 전기장(electric field)에 대한 전기 변위장(electric displacement field)의 변화이다. 시스템에 입력(전기장)을 증가시켰다 감소시키면 출력(전기 변위장)은 그림 8.13와 같은 루프모양의 궤적을 그리게 된다. 반면, 루프는 입력-출력사이에 발생하는 동적지연 때문에 발생하기도 한다. 이것은 속도 종속적 이력현상이라고도 불리는데, 입력의 변화속도가 감소하면 사라진다. 여기서 이러한 속도 종속적 이력현상은 고려하지 않기로 한다. 이력현상은 생명현상 중에서도 빈번히 발견되는 동역학적

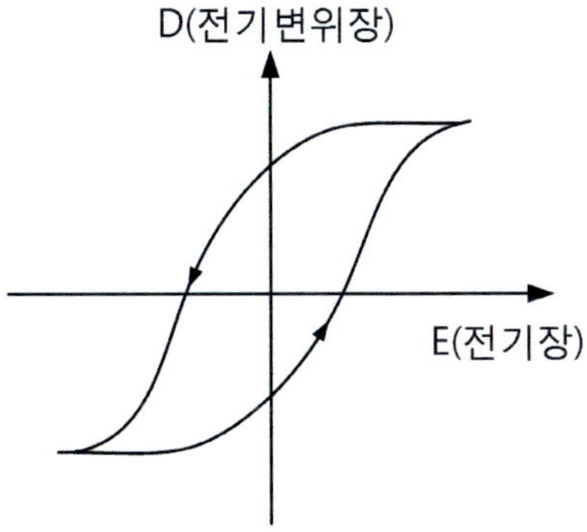

그림 8.13

이력현상의 대표적 예로서 전기장에 대한 이력현상을 도시한다.

특성인데, 예를 들면, 세포내 신호전달 시스템 및 생태계에서 이를 발견할 수 있다 [2,4]. 여기서는 생태계에서 발견되는 이력현상을 좀 더 자세히 살펴보기로 한다.

8.5.1 생태계에서 발견되는 이력현상 및 그 분석의 예

$$\frac{dx}{dt} = rx\left(\frac{1-x}{K}\right) - \frac{Px^2}{1+x^2} \tag{8.83}$$

먼저, 캐나다의 산림지역에서 크게 발생하였던 해충의 일종인 가문비나무 잎말이나방의 예를 통해 이력현상을 살펴보자. 해충의 개체수 밀도는 일단 높은 수준에 달하면 살충제의 살포에도 불구하고 수년간 고밀도에 머물고, 그 후 한번 낮아지면 수년간 저밀도로 머무는 재미있는 천이를 나타낸다. 이것은 포식자에 의해서 밀도가 제어되기 때문이라고 생각되며, 해충의 수를 x로 하는 식 (8.83)으로 표현되는 시스템 모델을 생각해 볼 수 있다[2].

식 (8.83)에서 첫째 항은 해충의 수가 로지스틱 방정식에 따라 증식하는 속도를, 둘째 항은 포식자에 의해서 해충이 잡아먹히는 속도를 나타낸다. 그림(8.14)는 이들 항의 크기가 해충(먹이생물)의 수 x와 더불어 어떻게 변화하는가를 나타낸다. 두 번째 항의 포식속도는 먹이밀도 x에 따라 S자형의 곡선을 그리며 증가한다. 이것은 먹이의 밀도가 낮을 때는 그 먹이를 이용하지 못하다가 어느 정도 이상의 밀도가 된 후부터는 효율적으로 먹을 수 있음을 나타낸다. 하지만, 먹이의 밀도가 매우 높아지면, 먹이를 모두 먹지 못하는 상황을 정성적으로 모사한다. 포식자는

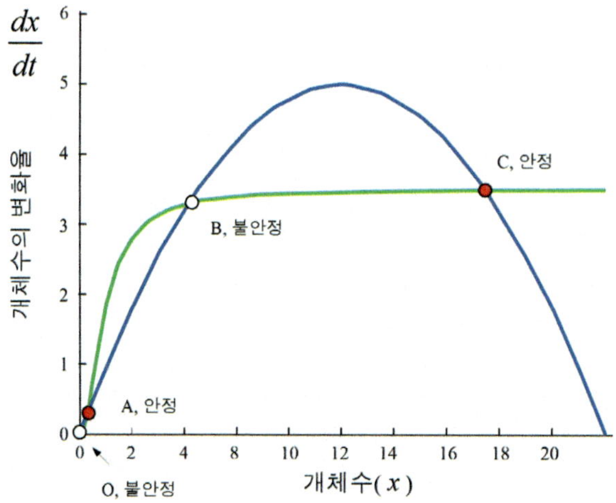

그림 8.14

포식자에 의해서 제어되는 먹이 생물의 개체수 증감 그래프. 여기서 녹색 곡선은 식 (8.83)의 첫째 항을 나타내며, 파란색 곡선은 둘째 항을 나타낸다.

종종 먹이의 밀도에 따른 적응적 포식행위를 하게 되는데, 사냥의 성공률을 높이기 위해서 밀도가 높은 먹이를 포식하려는 전략을 취한다.

고정점은 x가 변하지 않는다는 조건 $dx/dt = 0$에서 그림 8.14의 두 곡선의 교점의 x좌표로 얻어진다. 그림에 표시된 예에서는 생물이 없는 상태인 $x = 0$을 포함하여 4개의 고정점이 존재한다(O, A, B, C). 증식속도와 포식속도의 차이가 x의 증가율이므로 x의 증가와 감소를 생각하면 고정점 A와 C는 근처의 x에서 출발하면 그곳으로 모여드는 안정한 점이고 다른 두 점(O와 B)은 매우 가까운 곳에서 출발해도 멀어져 가는 불안정한 점이다.

두 개의 안정 고정점 가운데 낮은 밀도에 대응하는 것은 포식속도의 S자 곡선의 바닥에 있다. 여기서는 포식속도가 먹이인 해충의 밀도와 더불어 급격히 상승하므로 해충이 약간 증가해도 원래의 수준으로 되돌릴 수 있어서 먹이밀도가 안정하게 유지된다. 그러나 해충의 밀도가 증가하여 어느 한도를 넘어서면 포식자는 먹이생물을 다 먹을 수 없게 된다. 이렇게 되면, 포식자가 먹이밀도를 떨어뜨릴 수 없게 되므로 해충은 증가하여 높은 밀도가 된 이후에 이용자원의 부족 등에 의한 생존환경 악화로 인해 증식을 멈추고 평형상태에 도달하게 된다. 이것은 높은 밀도 쪽의 고정점이다.

여기서 매개변수를 연속적으로 변화시키면 그림 8.14에 있는 두 개의 곡선의

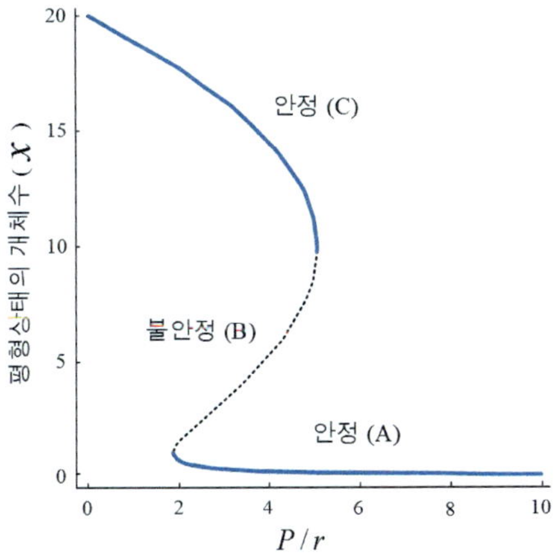

그림 8.15
평형상태에서의 개체수를 P/r에 대해서 계산한 것.

위치관계가 변하여 평형점의 수가 적어지는 상황이 발생한다. 매개변수 P/r에 대해 평형점의 좌표가 어떻게 변화하는지는 그림 8.15에 나타나 있다. P/r이 작을 때에는 고밀도의 고정점만이 안정하다. P/r을 증가시켜감에 따라서 $P/r = 1.9$에서 저밀도의 안정한 고정점과 불안정 평형점이 짝으로 생성되어 당분간은 두 개의 안정한 고정점이 존재하는, 즉 쌍안정한(bistable) 상태가 계속된다. $P/r = 5.0$까지 증가하면 불안정한 고정점은 고밀도의 고정점과 융합하여 소멸하고 그 이상의 P/r에 대해서는 저밀도의 안정한 고정점만이 남게 된다.

이 평형점의 값과 매개변수의 값을 한 평면에 그리면 그림 8.15처럼 둥글게 접힌 모양이 된다. 이와 같은 양상으로 고정점이 생성 및 소멸하는 것은 앞서 설명한 피치포크분기로써 설명가능하다. 식 (8.83)으로 표현되어지는 예제 시스템에서의 평형점의 개수가 낮은 P/r에서 1개였다가, P/r이 증가함에 따라서 2개로 증가했다가, P/r이 더욱 증가하면 다시 1개로 감소함을 생각해 보자. 이와 같이 매개변수의 변화가 안정한 고정점을 생성시키고 소멸시키는 동역학적 양상은, 입력에 대한 경로종속적인 반응양상, 즉, 이력현상을 만드는 근본원리이다.

8.2.2 생체회로를 대상으로 한 이력현상과 분석의 예

앞 절에서는 생태계에서 관측된 예를 살펴보았다. 이 번에는 세포내 분자들의 상호작용으로 정의되는 생체회로 시스템에서 이력현상의 예를 살펴보자. 쌍안정성은 생체회로에서 빈번히 발견되는 공통적인 동역학 특성의 하나이다. 쌍안정성은 이산적인 상태의 천이, 진동응답 또는 일시적 자극(transitory stimuli)의 기억과 밀접한 관련이 있다. 특히 일시적 자극에 대한 기억은 이력현상을 만들어내는 근본원리이다. 여기서는 특히 되먹임 계(feedback system)를 대상으로, 되먹임 회로가 차단되었을 때 시스템이 어떻게 행동하는지를 조사함으로써 시스템의 안정성을 수학적으로 추론하는 방법을 살펴보자 [5]. 특히, 이 방법으로부터 어떻게 시스템의 다중안정성, 분기성 및 이력특성을 검출할 수 있는지를 알아보자.

(1) 2변수 시스템의 예시: Cdc2-Cyclin B/Wee1 시스템

첫 번째 예로서 2변수 상호억제 궤환계에 대한 안정성 및 분기성을 어떻게 결정하는지 알아보자(그림 8.16a). 시스템이 실제로는 훨씬 더 많은 수의 변수를 갖고 있긴 하지만, 여기서는 효소 Cdc2와 효소 Wee1로 구성된 2변수 시스템을 생각해보자. x_1과 y_1은 각각 활성화된 Cdc2와 Wee1을 나타낸다.

$$
\begin{aligned}
e_1: \quad \dot{x}_1 &= \alpha_1 x_2 - \frac{\beta_1 x_1 (\nu y_1)^{\gamma_1}}{K_1 + (\nu y_1)^{\gamma_1}} \\
e_2: \quad \dot{x}_2 &= -\alpha_1 x_2 + \frac{\beta_1 x_1 (\nu y_1)^{\gamma_1}}{K_1 + (\nu y_1)^{\gamma_1}} \\
e_3: \quad \dot{y}_1 &= \alpha_2 y_2 - \frac{\beta_2 y_1 x_1^{\gamma_2}}{K_2 + x_1^{\gamma_2}} \\
e_4: \quad \dot{y}_2 &= -\alpha_2 y_2 + \frac{\beta_2 y_1 x_1^{\gamma_2}}{K_2 + x_1^{\gamma_2}}
\end{aligned}
\tag{8.84}
$$

x_2와 y_2는 각 요소의 비활성화된 상태를 나타낸다. 각 단백질들은 탈인산화 효소에 의해서 끊임없이 탈인산화된다고 가정한다. 또한 각 효소가 다른 것을 억제하는 양식은 힐(Hill) 형태의 식으로 근사되어진다고 가정한다. 이러한 모형시스템은 식 (8.84)로 나타내어진다.

여기서 α와 β는 속도상수, K는 미카엘리스 상수, γ는 힐계수, 그리고 ν는 Cdc2에 대한 Wee1의 영향의 강도를 반영하는 계수인데 제어공학적 용어를 사용

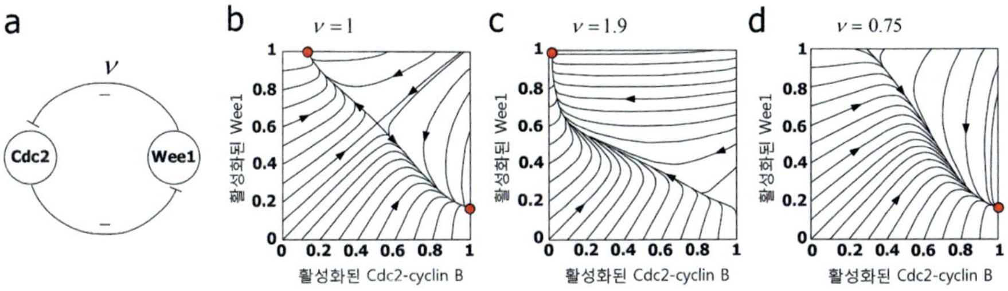

그림 8.16

수치해석적 방법에 의한 Cdc2–Wee1 시스템의 분석. **(a)** 시스템 다이어그램, (b–d) 시스템의 위상평면도. 여기서 사용된 상수들은 각각 $\alpha_1 = \alpha_2 = 1$, $\beta_1 = 200$, $\gamma_1 = \gamma_2 = 4$, $K_1 = 30$, $K_2 = 1$이다. 세 개의 다른 되먹임 이득에 대해서 조사하였다: $\nu = 1$(b), $\nu = 1.9$(c), $\nu = 0.75$(d).

하자면 시스템의 이득(gain)을 나타낸다. 되먹임 회로의 이득을 $\partial x_1 / \partial y_1$으로써, 또는 대신에 $\partial \ln x_1 / \partial \ln y_1$으로써 정의할 수도 있다. 이 모든 척도는 Wee1에 대한 Cdc2의 억제강도를 의미한다. 만약 우리가 $x_2 = 1 - x_1$과 $y_2 = 1 - y_1$을 취한다면(이것은 곧 Wee1과 Cdc2의 농도의 총량은 보존되며, 정규화된 값 (x/x_{total})으로써 농도를 측정한다는 가정을 의미한다), 우리는 식 (8.84)로부터 두 변수를 제거하고 그들을 다음 식과 같이 단순화할 수 있다.

$$\dot{x}_1 = \alpha_1(1 - x_1) - \frac{\beta_1 x_1 (\nu y_1)^{\gamma_1}}{K_1 + (\nu y_1)^{\gamma_1}}, \quad \dot{y}_1 = \alpha_2(1 - y_1) - \frac{\beta_2 y_1 x_1^{\gamma_2}}{K_2 + x_1^{\gamma_2}} \quad (8.85)$$

(2) 수치해석적 방법으로 추론한 Cdc2/Wee1 시스템의 위상평면도

우리는 여러 값의 상수 α, β, K, γ, ν를 선택하여, 식의 x_1과 y_1의 시간에 대한 변화 값들을 수치적으로 계산할 수 있다. 이 시스템은 그림 8.16b에 나타난 바와 같이 $\nu = 1$일 때에는 두 개의 안정적인 정상상태, 즉 쌍안정성을 보인다. 두 개의 상태는 각각 높은 Cdc2 활성상태와 높은 Wee1 활성상태인데, 두 상태는 본질적으로 상대가 전이되는 궤적을 두고 경쟁한다. 여기서는 초기상태에 종속적으로 시스템의 정상상태가 결정된다. $\nu > \approx 1.8$의 값에 대해서는 낮은 Cdc2와 높은 Wee1 상태만이 존속되며 시스템은 쌍안정성에서 단안정성으로 변화한다(그림 8.16c). 이와 유사하게 $\nu < \sim 0.83$에 대해서는 높은 Cdc2농도와 낮은 Wee1상태가 존재한다(그림 8.16d).

(3) Cdc2/Wee1시스템의 전역안정성 해석: 개회로(open-loop) 접근법

이 접근방법의 핵심은 식 (8.85)로 나타내어진 시스템을 개회로 시스템에 되먹임으로 연결한 것으로 생각하고, 그러한 개회로 시스템에서의 변수 ω를 입력이나 자극변수로, $\eta = y_1$을 출력이나 응답변수로 고려하는 것이다. 이것을 수학적으로 표현해 보면 식 (8.86)과 같다.

$$\dot{x}_1 = \alpha_1(1-x_1) - \frac{\beta_1 x_1 \omega^{\gamma_1}}{K_1 + \omega^{\gamma_1}}, \quad \dot{y}_1 = \alpha_2(1-y_1) - \frac{\beta_2 y_1 x_1^{\gamma_2}}{K_2 + x_1^{\gamma_2}} \qquad (8.86)$$

다시 말해서, Wee1에 의한 Cdc2의 억제단계를 일으키는 되먹임을 끊고 나서 시스템을 분석해보려는 것이다. 여기서 Wee1의 Cdc2에 대한 효과를 실험적으로 조작되는 입력신호 ω로 본다. 그리고 나중에 출력 η를 입력 ω의 함수로써 분석하고 $\omega = \eta$로 놓음으로써 루프를 다시 닫는다. 그러면 원래의 온전한 시스템으로 복귀한다.

이런 방법론이 적용되기 위해서는 시스템은 두 개의 중요한 속성을 보유해야 하며 다음과 같이 요약될 수 있다. (A) 개루프 시스템은 상수입력에 대해서 단안정성의 정상상태 응답을 보인다(그러면 우리는 시스템이 잘 정의된 입력/출력의 정상상태 속성을 가진다고 말한다). (B) 시스템이 양의 되먹임으로 닫혀 있는 구조라 하더라도 음성 되먹임루프가 없다 (이러한 시스템은 입력/출력에 대해 강하게 단조적이라고 말한다). 속성 A는 각 상수 입력신호 $\omega(t) = a, \quad t > 0$에 대해, 그리고 초기조건 $x(0)$, $y(0)$에 대해서도 식 (8.86)으로 나타내어진 시스템의 해가 계단의 크기 a에는 종속하지만 초기 조건과는 독립적인 유일한 정상상태로 수렴함을 나타낸다. 이러한 속성이 유지될 때, 우리는 신호 $\omega(t) = a$에 부합하는 정상상태벡터 $\lim t \to \infty [x_1(t), y_1(t)]$를 지칭하기 위해 $k_{x,y}(a)$를, 출력신호에 대해서는 그에 상응하는 점근 값인 $k_\eta(a)$를 지칭하기 위해 $\eta(+\infty)$를 쓰도록 하자.

특정 시스템에 대해서 우리의 접근방법을 적용하는 것이 가능한지를 확인하는 중요한 단계는 이러한 속성이 만족되는지를 점검하는 것이다. 생화학자에게는 속성 (A)가 자명하게 보일지도 모르겠다. 그러나 간단한 신호전달네트워크를 표현하는 단순한 형태의 미분방정식으로 구성된 시스템이라도, 그것을 엄밀하게 증명하는 것은 쉬운 문제가 아니다.

다행히도 식 (8.86)으로 나타내어진 시스템에 대해서는 그러한 조건을 확인하는 것이 어렵지 않다. 모든 상수 입력 ω에 대해서, $k_\eta(\omega) = \eta(+\infty) = y_1(+\infty)$는 다음 공식에 의해서 주어진다:

$$\frac{\alpha_2(K_2 + (\alpha_1(K_1 + \omega^{\gamma_1}))/\alpha_1 K_1 + \alpha_1\omega^{\gamma_1} + \beta_1\omega^{\gamma_1}))^{\gamma_2}}{\alpha_2 K_2 + (\alpha_2 + \beta_2)(\alpha_1(K_1 + \omega^{\gamma_1})/(\alpha_1 K_1 + \alpha_1\omega^{\gamma_1} + \beta_1\omega^{\gamma_1}))^{\gamma_2}} \quad (8.87)$$

이 함수는 모든 ω값에 대해서 단일 값을 가진다. k_η의 그래프가 그림 8.17c에 나타나 있다(붉은 곡선 참조). 이 곡선의 S자 곡선형 특성을 주목해야 하는데, 그것은 $\gamma_1, \gamma_2 > 1$이라는 가정으로부터 기인한 것이다. 이러한 가정은 쌍안정성에 결정적인 역할을 하게 된다.

우리의 이론적 결과를 적용하기 전에 점검해야 할 두 번째 속성, 즉 속성 (B)(단조성)는 동역학 변수들간 상호연결의 도식적 구조와 관련이 있다. 그것을 정교하게 다루기 위해서 시스템의 영향도식(incidence graph)을 도입한다. n개의 변수 p_i를 가진 시스템에 대해, 영향도식은 $n+2$개의 접속점을 가진다 (식 (8.86)에서는 $n=2$이기 때문에 4개의 노드가 존재한다). 노드들은 라벨이 붙은 ω, η, p_i이며 $i = 1, \ldots, n$ 이다. 변수 p_i(입력 ω)가 p_j(출력 값)의 변화율에 직접적으로 영향을 줄때 라벨이 달린 선분이 그려지고, 각 라벨에는 부호가 덧붙여진다. 영향이 양성이면 +부호가, 음성이면 −부호이다. 만약 부호가 영향 값이나 상태변수 값에 종속적이기 때문에, 영향이 어떻게 주어지는지 모호한 경우에 대해서는 이러한 방법론을 적용할 수 없다.

식 (8.86)으로 나타낸 시스템의 예에 대한 분석결과가 그림 8.17b에 나타나 있다 ω 옆 화살표의 음수는 식 (8.86)의 첫 번째 항에서 x_1의 변화율을 결정하는 함수 $\alpha_1(1-x_1) - \beta_1 x_1 \omega\gamma_1/(K_1 + \omega^{\gamma_1})$가 ω에 대해 감소하는 함수(예를 들면 ω가 x_1을 저해하는 함수)라는 사실을 나타낸다. 마찬가지로 y_1에 대한 x_1의 영향도 동일하게 생각할 수 있다. 한편, 출력에 대한 선택 $\eta = y_1$은 양성 화살표에 의해서

그림 8.17
되먹임 회로를 절단 후 수행한 Cdc2- cyclinB/Wee1 시스템의 수학적 분석

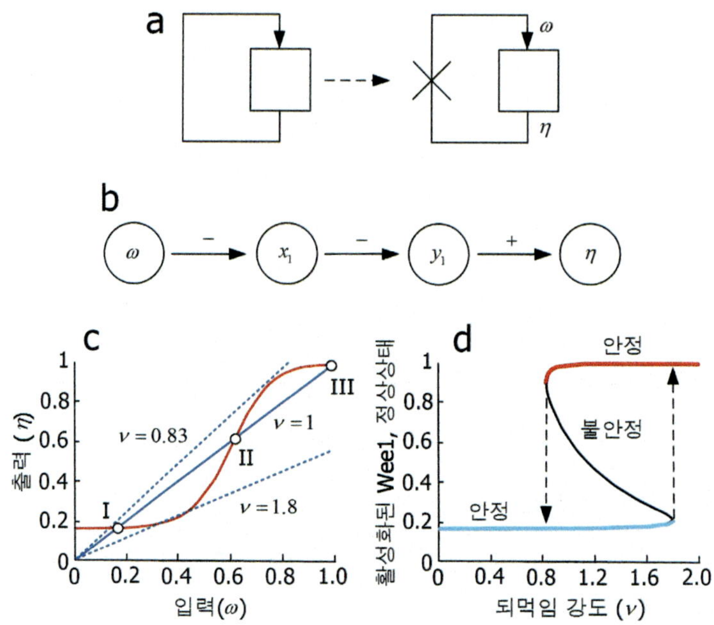

표현되어진다. 여기서 자가촉매(autocatalytic)나 분해(degradation)와 같이 스스로에게 영향을 주는 회로는 그래프에 반영되지 않았다. 영향선도의 주어진 모든 경로에 대해서 우리는 그것의 부호를 경로를 따른 부호들의 곱으로 나타낸다(예제에서 경로 ω, x_1, y_1는 두 개의 음성요소가 있으므로 그 곱은 양성이다).

단조성은 다음의 요구사항을 조사함으로써 알 수 있다: (i)방향성의 유무에 상관없이 그래프의 모든 루프는 양성이다. (ii)입력노드에서 출력노드로의 모든 경로는 양성이다. (iii)입력노드에서 각 노드 p_i에는 지향성 경로가 있고, $(iv)p_i$로부터 출력노드로 지향성 경로가 있다. 예제에서는, 루프가 없기 때문에 (i)은 자동적으로 확인된다. 그리고 $(ii-iv)$는 그림 8.17b에서 명백히 확인된다. 그러므로 식(8.86)의 예제 시스템에서는 선행조건인 A와 B가 만족되며, 따라서 이 접근방법을 적용할 수 있다.

다음 단계는 정상상태 출력 η를 상수입력 ω의 함수로서 표현하는 특유의 k_η를 대각선으로 표현되는 $\eta=\omega$(그림 8.17c, 파란색 직선)와 함께 도식화하는 것으로 구성된다. 이는 대수적인 관점에서 사상(mapping) k_η의 고정점들을 찾는 것에

상응한다. 우리는 이들 그래프 사이에 세 개의 교점이 있음을 알 수 있는데, 이것을 각각 점 I, II, III으로 나타내자. 각 점에서, 우리는 k의 기울기를 살펴보고, 그 기울기가 1보다 작은지 큰지를 조사하도록 하자. 그림으로부터 I과 III에서는 기울기가 1보다 작으며, II에서는 기울기가 1보다 큼을 알 수 있다.

주어진 예제 시스템으로부터, 우리는 다음과 같은 결론을 내릴 수 있다. 첫째, 식 (8.85)의 되먹임계의 상태공간은 식 (8.86)에서 $\omega = \eta = y_1$으로 놓는 것에 의해서 얻어지는데, 여기에는 세 개의 고정점이 존재한다. 이들을 편의상 각각 x_I, x_{II}, x_{III}라고 지칭하자 (이들은 그림 8.17c의 고정점 I, II, III으로 나타내어진 입력/출력의 순서쌍에 상응한다). 둘째, 상태 x_I, x_{III}는 직선의 기울기가 1보다 작은 경우에 해당되는데, 이는 안정적인 고정점에 부합되는 반면, x_{II}는 불안정한 고정점에 부합된다. 최종적으로, 우리는 모든 궤적이 x_I 또는 x_{III}으로 수렴한다는 결론을 얻을 수 있다. 이는 두 개의 안정적인 고정점을 가지는 그림 8.16b와 일치한다. 이러한 결론은 두 개요소를 가진 예제 시스템뿐만 아니라 일반적으로 n개의 요소를 가진 시스템에 대해서도 성립된다.

만약 특성함수 k_η가 S자형 함수가 아니라면 세 개의 교점이 만들어질 수 없을 것이고, 따라서 어떠한 되먹임강도에 대해서도 쌍안정성을 가질 수 없을 것이다. 이로부터, 양성 되먹임 시스템에서의 쌍안정성 검출을 하는 실험적인 방법을 생각할 수 있다. 즉, 되먹임 회로가 차단되었을 때, 시스템의 입력/출력함수가 단조성을 가지며 S모양을 가진다면, 되먹임 회로를 갖춘 온전한 시스템은 어떤 범위의 되먹임 이득 값에 대해서도 쌍안정성이 보장된다. 바꿔 말하면, 만약 되먹임을 차단한 어떤 시스템이 선형응답 함수를 가진다면, 그 시스템은 되먹임을 회복하였을 때에도 단안정성만을 가질 것이다. 따라서, 어느 정도의 협력성(cooperativity)이나 초민감성(ultrasensitivity)은 쌍안정성에 필수적인 요소이다.

그림 8.16 c, d에 도식화된 분기성 분석을 보면, $\nu = 1.9$나 $\nu = 0.75$인 경우에는 명백히 오직 하나의 안정적인 고정점만이 존재한다는 것을 알 수 있다. 그리고 중간 값의 ν에 대해서는 세 개의 교점이 존재하며, 이 때 하나는 불안정한 고정점이다. 이러한 범위내의 ν에 대해서는 쌍안정성을 가진다.

요약하면, 그림 8.17d로부터 ν를 낮은 값에서 높은 값으로 변화시킬 때, 그리고 높은 값에서 낮은 값으로 변화시킬 때, 각각 시스템의 행동양상은 낮은 값 및 높은 값에 머물러 있으려는 성향(즉, 시스템 상태의 경로종속적 성향), 이력현상을 가진다는 것을 추론할 수 있다.

연 습 문 제

8.1 시스템 방정식 $a\frac{dx}{dt}+bx=Af(x)$를 무차원화 해보라.

8.2 시스템 방정식 $L\frac{d^2Q}{dt^2}+R\frac{dQ}{dt}+\frac{1}{C}Q=V_0\cos(\omega t)$를 무차원화 해보라. 이 때, 좌변의 세 번째 항에서 Q의 계수를 1로 만들 수 있도록 스케일 인자를 선택하라.

보존계(conservative systems) (문 8.3–5)

뉴턴의 법칙 $F=ma$는 여러 중요한 2계 시스템을 지배한다. 2계 시스템은 에너지를 축적 및 방출할 수 있기 때문에 진동을 만들어낼 수 있다. 예를 들면 x축을 따라서 이동하는 질량 m의 물체를 고려해 보자. 물체에 비선형적인 힘이 가해지는 경우, 물체의 운동방정식은 다음과 같이 기술될 수 있다:

$$mx''=F(x)$$

여기서 외력 F는 x' 및 시간 t에는 독립적이라는 가정이 암시된다. 그러므로 이 시스템에는 어떤 종류의 제동이나 마찰도 존재하지 않는다. 따라서 어떤 종류의 시간 종속적 힘도 존재하지 않는다. 이러한 조건하에서는 시스템의 에너지가 소실되지 않기 때문에 시스템이 가지는 총 에너지는 보존된다. $V(x)$는 위치에너지이고 $F(x)=-dV/dx$로 정의된다. 그러면,

$$mx''+\frac{dV}{dx}=0$$

여기서 양변에 x'를 곱한 후 사슬규칙을 적용하면 시스템은 다음과 같이 완전히 시간미분방정식의 형태로 전환된다.

$$mx'x''+\frac{dV}{dx}x'=0 \quad\rightarrow\quad \frac{d}{dt}\left[\frac{1}{2}mx'^2+V(x)\right]=0$$

그러므로 이 방정식의 해 $x(t)$에 대해, 총 에너지 E는 다음과 같이 주어진다:

$$E=\frac{1}{2}mv'^2+V(x)$$

일반적으로 보존되는 상수가 존재하는 시스템을 보존계(conservative systems)라고 부른다.

8.3 (보존계) 보존계는 흡인되는 고정점(attracting fixed points - 안정적 고정점)을 가질 수 있는지 여부를 정성적으로 논하시오.

8.4 (보존계) 질량 m이 이중 골짜기에 갇혀 있는 경우에 대해서, 즉 $V(x)=-\frac{1}{2}x^2+\frac{1}{4}x^4$로 주어질 때, (a)운동방정식을 세우고, (b)시스템의 고정점을 모두 구하고, (c)그것을 분류하시오.

8.5 (보존계) 이 시스템에서, X축은 질량 m의 변위 x로 Y축은 질량 m의 속도 x'로 하는 위상묘사도를 그리고, 그것의 동역학적 특성을 위상묘사도를 이용하여 설명하시오. 특히, 한 골짜기에서 다른 골짜기로 이동하는 경우를 위상묘사도상의 궤적을 그리면서 자세히 설명하시오.

참 고 문 헌

1. Murray, J.D. (2002). Mathematical Biology (Springer).
2. 이와사 요. 2011. [개정판] 수리 생물학 입문. 부산대학교출판부.
3. Strogatz, S.H. Nonlinear Dynamics And Chaos: With Applications To Physics, Biology, Chemistry, And Engineering. (Westview Press: 2001).
4. J.-R. Kim and K.-H. Cho, "The Regulatory Circuits for Hysteretic Switching in cellular Signal Transduction Pathways", FEBS Journal, 2012
5. Angeli, D., Ferrell Jr., J.E. & Sontag, E.D. Detection of multistability, bifurcations, and hysteresis in a large class of biological positive-feedback systems. Proceedings of the National Academy of Sciences of the United States of America 101, 1822-1827 (2004).

chapter 09

생체네트워크의 구조와 특성

시스템생물학은 생명체를 구성하는 여러 요소들의 유기적인 상호작용을 시스템의 관점에서 집합적으로 바라본다. 이 때 여러 요소들의 상호작용을 네트워크로 나타낼 수 있으며, 복잡한 생명현상의 근원을 이러한 네트워크의 구조적 성질과 결부하여 분석할 수 있다. 이 장에서는 네트워크에 관한 기초개념을 소개하고 생체네트워크의 구조와 특성에 관해 알아본다.

9.1 네트워크의 기초개념

9.1.1 네트워크란?

네트워크(network)는 점과 이러한 점들을 연결하는 선의 집합으로서 구성된다. 수학에서는 이를 그래프(graph)라고도 하는데, 생물학을 포함한 전산학, 사회학 등 다른 분야에서는 주로 네트워크라고 부른다. 네트워크를 구성하는 선은 점과 점을 연결하며 두 점 사이의 관계를 나타낸다. 이 때 선은 도시를 연결하는 고속도로나 전자회로의 소자를 연결하는 전선과 같이 눈에 직접 보이는 관계를 나타내는 경우도 있지만 인간관계나 세포 내 분자들 간의 소셜관계와 같이 눈에 보이지 않는 것을 나타내는 경우도 있다. 수학에서는 점을 버텍스(vertex), 선을 에지(edge)라고 지칭하며, 여타 분야에서는 주로 점을 노드(node), 선을 링크(link)라고 일컫는다. 네트워크 또는 그래프를 수학적으로 표현하면 버텍스의 집합을 V, 에지의 집합을 E라고 할 때, 그래프 $G(V,E)$로 표현할 수 있다. 여기서 V를 구성하는 각 버텍스는 v_i, E를 구성하는 각 에지는 e_{ij}로 표현한다. 이 때 e_{ij}는 v_i와 v_j를 연결하는 에지를 의미하며 (v_i, v_j)로 나타내기도 한다. 네트워크에서 인접한 노드나 링크의 연속된 나열(sequence)들 가운데 중복을 허용하지 않는 나열을 경로(path)라고 하며, 경로 중에서 특히 시작과 끝이 동일한 닫힌 경로를 루프(loop)라고 한다. 루프의 길이는 루프에 포함된 중복되지 않는 노드의 개수로서 정의된다. 본 장에서는 생체네트워크를 다룰 때 그래프, 버텍스, 에지 대신 네트워크, 노드, 그리고 링크라는 용어를 주로 사용하기로 한다.

9.1.2 네트워크의 종류

네트워크는 크게 방향성이 없는 링크들로 구성된 무방향성 네트워크(undirected network)와 방향성이 있는 링크로 이루어진 방향성 네트워크(directed network)로 나뉜다.

그리고 무방향성 네트워크는 다시 특정 두 노드 사이에 하나의 링크만 허용하는 단순 무방향성 네트워크(simple undirected network)와 복수의 링크가 허용되는 다중 무방향성 네트워크(multiple undirected network)로 나뉜다. 그림 9.1A는 단순 무방향성 네트워크, 그림 9.1B는 다중 무방향성 네트워크, 그리고 그림 9.1C는 방향성 네트워크를 각각 나타낸다. 단순 무방향성 네트워크의 경우 길이가 1인 루프와 3 이상인 루프는 존재하지만 길이가 2인 루프는 존재하지 않는다. 또한 방향성 네트워크의 경우 하나의 방향으로 이루어진 루프를 피드백 루프(feedback loop)라고 하고, 두 개의 방향으로 이루어진 루프를 피드포워드 루프(feedforward loop)라고 한다. 피드백 루프의 경우 모든 길이의 루프가 존재할 수 있지만 피드포워드 루프의 경우 길이가 3 이상인 루프만 존재할 수 있다는 특징이 있다. 왜냐하면 길이가 3인 경우 $A \rightarrow B \rightarrow C \leftarrow A$ 이렇게 구성하면 피드포워드 루프가 되지만 여기서 C를 없애고 길이가 2인 루프를 $A \rightarrow B \leftarrow A$ 이렇게 구성하면 두 링크가 하나로 겹치기 때문이다. 그 밖에도 단순 무방향성 네트워크의 특수한 형태인 이분 그래프(bipartite graph)와 루프를 포함하지 않는 네트워크인 트리(tree), 그리고 링크의 의미를 일반화시킨 하이퍼그래프(hypergraph)가 있다. 이분 그래프는 노드를 두 그룹으로 나누었을 때 동일한 그룹에 속한 노드 간에는 링크가 없고 서로 다른

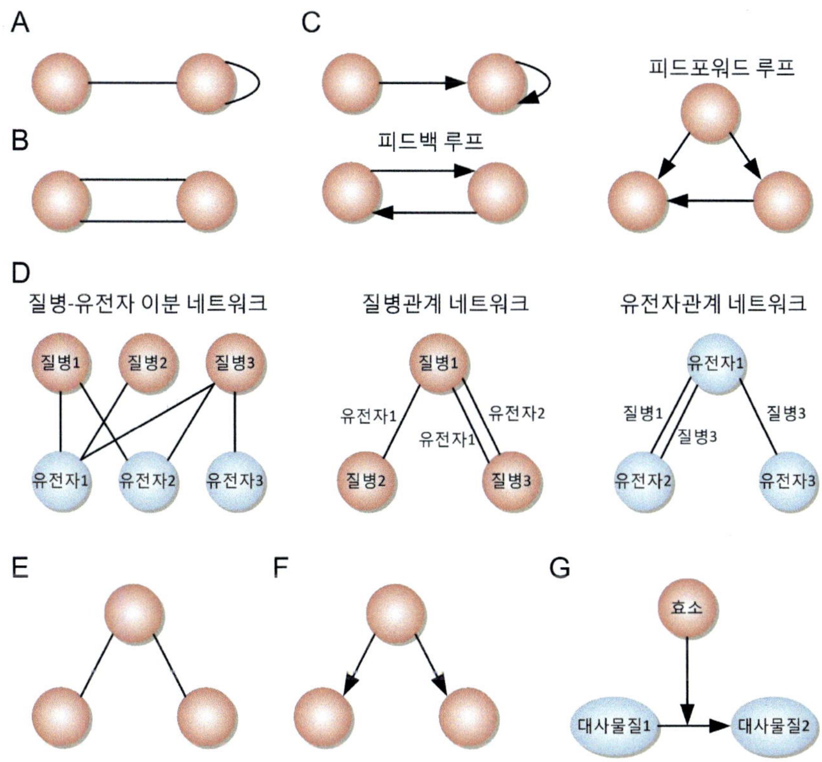

그림 9.1

네트워크의 종류. (A) 단순 무방향성 네트워크. (B) 다중 무방향성 네트워크. (C) 방향성 네트워크. (D) 이분 그래프의 예시. (E) 무방향성 트리. (F) 방향성 트리. (G) 하이퍼그래프의 예시.

그룹에 속한 노드 간에만 링크가 존재하는 네트워크를 의미하는데, 예로서 질병-유전자 이분 네트워크가 있다[1]. 질병-유전자 이분 네트워크는 그림 9.1D의 왼쪽 그림과 같이 질병과 유전자 각각이 노드가 되고 해당질병과 그 질병에 관련이 있는 유전자 간의 관계를 링크로 나타낸 네트워크이다. 이분 네트워크는 두 노드그룹 중 하나의 그룹에 속한 노드들 간의 관계를 표현한 다중 무방향성 네트워크로 변환할 수 있는데 질병-유전자 이분 네트워크의 경우 그림 9.1D의 가운데 그림과 오른쪽 그림처럼 질병관계 네트워크와 유전자관계 네트워크로 변환될 수 있다. 질병관계 네트워크에서 링크는 두 질병이 공통의 유전자와 관계가 있다는 것을 의미하고 유전자관계 네트워크에서 링크는 두 유전자가 공통적인 질병에 관계가 있다는 것을 의미한다. 트리는 루프를 포함하지 않는 네트워크를 지칭하는데 링크의 방향성에 따라 무방향성 트리(그림 9.1E)와 방향성 트리(그림 9.1F)가 있다. N개의 노드와 L개의 링크를 포함한 트리는 $L = N - 1$을 만족하는 특징이 있다. 하이퍼그래프는 링크가 두 노드 간의 관계가 아니라 세 개 이상의 노드 간의 관계를 표현하는 네트워크를 의미하며, 이 때 링크를 하이퍼에지(hyperedge)라고 부른다. 다음 절에서 소개할 대사네트워크를 하이퍼그래프로 표현할 수 있는데, 예를 들면 그림 1G와 같이 효소에 의해 대사물질 1이 대사물질 2로 변환되는 세 물질 간의 관계를 하나의 하이퍼에지로 표현한 것이 하이퍼그래프이다. 이와 같이 네트워크는 링크의 형태를 기준으로 나뉠 수 있다.

9.1.3 네트워크의 표현방법

앞서 네트워크를 $G(V,E)$로 표현하였는데 이 방법 이외에 인접행렬(adjacency matrix)로 표현하는 방법이 있다. N개의 노드로 이루어진 네트워크는 $N \times N$ 인접행렬로 표현할 수 있다. 무방향성 네트워크의 경우 인접행렬의 한 요소인 a_{ij}는 노드 i와 노드 j 사이에 존재하는 링크의 개수를 의미하고, 방향성 네트워크의 경우 노드 i에서 노드 j로 가는 링크가 있을 때 $a_{ij}=1$이고, 없을 때는 $a_{ij}=0$으로 표현한다. 따라서 단순 무방향성 네트워크와 방향성 네트워크의 경우 대각선 이외의 a_{ij}는 0 또는 1의 값을 가지며 무방향성 네트워크의 인접행렬은 대칭을 이룬다는 특징이 있다(즉,$a_{ij}=a_{ji}$). 대각선에 해당하는 a_{ii}의 경우 노드 i에 길이가 1인 루프의 개수를 그대로 사용하는 경우도 있고 두 배의 값을 사용하는 경우도 있는데 보통 무방향성 네트워크에서는 두 배의 값을 사용하고 방향성 네트워크에서는 그대로 사용한다. 두 배를 사용하는 이유는 길이가 1인 루프가 노드 i에서 나가는 동시에 들어오기 때문이다. 네트워크를 인접행렬로 표현하는 이유는 인접행렬로 나타냄으로써 선형대수적 계산을 통해 네트워크의 여러가지 특성들을 쉽게 파악할 수 있기 때문이다. 예를 들어 무방향성 네트워크의 경우 노드 i의 링크수(degree)는 $\sum_{j=1}^{N} a_{ij}$로 계산할 수 있다.

9.2 생체네트워크의 종류

9.2.1 신호전달네트워크

신호전달(signal transduction)이란, 세포에 주어진 물리적/화학적 자극이 세포의 반응으로 전환되는 과정을 의미한다. 세포에 주어지는 자극의 종류에는 호르몬, 페로몬, 열, 삼투압, 그리고 칼륨이나 칼슘과 같은 이온의 농도변화 등이 있는데, 이러한 자극은 주로 수용기(receptor) 단백질의 구조를 변화시킨 뒤 순차적으로 세포내 단백질들의 구조를 변화시킴으로써 신호를 전달한다. 세포내로 전달된 신호는 궁극적으로 그 자극에 대응하는 유전자를 발현시키거나 대사물질을 생성하는 등의 세포반응을 유도하게 된다. 신호전달경로(signal transduction pathway)란 특정 자극에 대응하여 순차적으로 활성화되는 일련의 신호전달 단백질들의 나열을 일컫는다. 여러 자극에 대응되는 신호전달경로들은 대부분 독립적이지 않으며, 상호작용(cross-talk)을 통하여 서로 복잡하게 연결되어 있다. 이렇게 서로 연결된 신호전달경로들을 통틀어 신호전달네트워크(signal transduction network)라고 부른다. 신호전달네트워크에서 노드는 단백질이나 이온과 같은 신호전달물질이며, 링크는 두 신호전달물질간의 신호전달과정이다. 신호전달과정에서는 신호의 흐름이 존재하므로 신호전달네트워크는 방향성 네트워크이다.

신호전달네트워크는 종에 따라 큰 차이가 있다. 대표적 단세포 생물인 대장균의 경우 신호전달경로는 보통 두 가지 물질, 즉 히스티딘 인산화효소(histidine kinase)와 반응조절자(response regulator)로 비교적 단순히 구성되어 있다. 히스티딘 인산화효소는 세포막에서 자극을 감지하여 인산화되고, 인산을 반응조절자에게 전달한다. 인산화된 반응조절자는 주어진 자극에 대처하는 유전자를 발현시키거나 세포의 운동성을 조절한다.

그림 9.2의 왼쪽 그림은 KEGG 데이터베이스[2]로부터 발췌한 대장균의 신호전달네트워크를 나타내는데, 대부분의 신호전달경로가 짧고 신호전달경로간의 연결이 많지 않음을 알 수 있다. 그림 9.2의 오른쪽 그림은 KEGG 데이터베이스[2]로 추출한 인체의 신호전달네트워크인데, 약 85%의 노드들이 하나의 큰 부분네트워크

그림 9.2

대장균(좌)과 인간(우)의 신호전달네트워크[2]. 붉은색 화살표는 활성화를 의미하고 푸른색 막대 화살표는 비활성화를 의미한다.

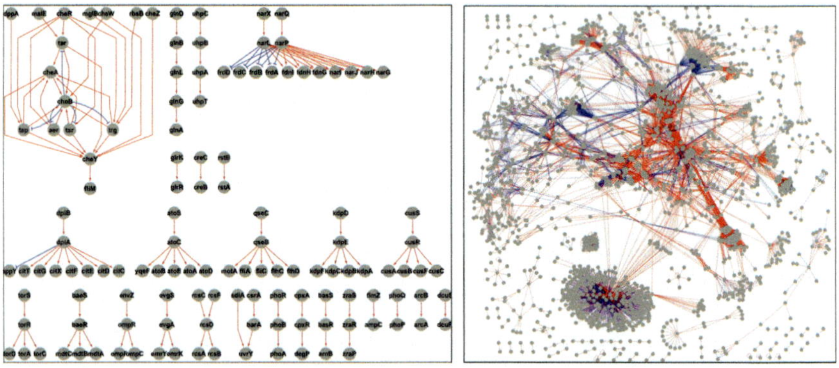

를 이루고 있다. 대장균과 달리 인체의 신호전달경로는 여러 단계의 신호전달물질들로 구성되어 있으며, 많은 신호전달경로들이 서로 복잡하게 연결되어 있다. 인체의 경우 대장균에 비해 많은 종류의 수용기가 존재하며 각 수용기로부터 전달되는 신호들이 상호작용을 통해 서로 융합되어 종합적으로 처리된다는 것을 짐작할 수 있다.

9.2.2 대사네트워크

대사경로(metabolic pathway)란, 세포내 존재하는 효소가 관여하는 일련의 화학반응을 의미한다. 대사경로를 따라서 신진대사에 필요한 물질, 즉 대사물질(metabolite)이 다른 대사물질로 변화하게 되는데 이러한 흐름을 대사흐름(metabolic flux)이라고 한다. 대사경로 내에서 특정 화학반응의 생성물(product)인 대사물질은 그 다음 화학반응의 기질(substrate)이 된다. 세포내의 이러한 화학반응을 촉진하기 위해 주로 단백질이 촉매로서 역할을 하는데 이 단백질을 효소(enzyme)라고 한다. 세포내의 대사흐름은 주로 이러한 효소의 양에 의해서 조절되며 효소의 양은 신호전달경로를 통해 조절되기도 하고 대사경로의 최종생성물로부터 피드백에 의해 조절되기도 한다. 대사네트워크(metabolic network)는 모든 대사경로를 통합한 네트워크를 지칭하는데, 여러 가지 표현방식이 있다. 앞 절에서 설명했듯이 하이퍼그래프로 표현할 수도 있고, 대사물질을 노드로 나타내고 화학반

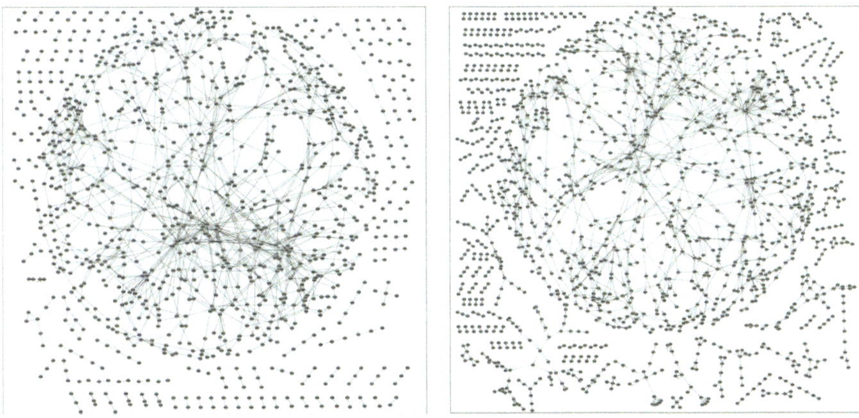

그림 9.3
대장균(좌)과 인간(우)의 대사 네트워크[2].

응을 촉진하는 효소를 링크로 나타낸 네트워크로 표현할 수도 있다. 이렇게 표현된 대사네트워크는 대사물질의 흐름을 담고 있으므로 방향성 네트워크가 된다. 그림 9.3은 KEGG 데이터베이스[2]에서 추출한 대장균과 인간의 대사네트워크를 나타내는데, 그림 9.3을 그림 9.2와 비교해보면 알 수 있듯이 대사네트워크는 신호전달네트워크에 비하여 구조나 크기 측면에서 종간의 차이가 적다.

9.2.3 단백질 상호작용네트워크

세포내 단백질들은 서로 결합을 통해 신호를 전달하거나 전달받는 등의 여러 기능을 수행한다. 단백질 상호작용네트워크(protein-protein interaction network)는 단백질들 간의 결합관계를 나타낸 네트워크로서 노드는 단백질을, 링크는 단백질간의 결합을 나타낸다. 신호전달과정도 단백질 간의 결합을 통해 이루어지므로 신호전달네트워크의 각 링크는 단백질 상호작용네트워크의 정보를 담고 있다고 할 수 있다. 단, 단백질의 결합관계는 방향성이 없으므로 단백질 상호작용네트워크는 신호전달네트워크와 달리 단순 무방향성 네트워크이다. 그림 9.4는 BIND 데이터베이스[3]로부터 추출한 효모와 인간의 단백질 상호작용네트워크를 나타낸다.

그림 9.4
효모(좌)와 인간(우)의 단백질 상호작용네트워크[3].

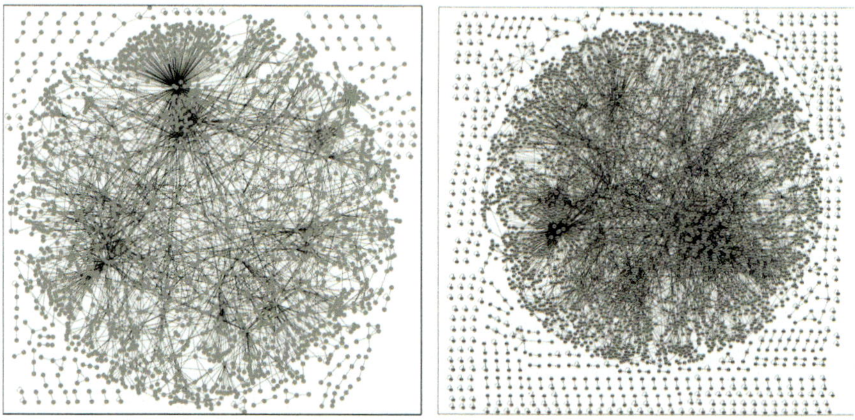

9.2.4 유전자조절네트워크

유전자의 발현은 여러 요소에 의해 조절되는데, 특히 전사조절인자(transcription factor)의 양과 활성화정도가 가장 큰 영향을 미친다. 전사조절인자 단백질은 특정 유전자의 조절부위에 결합하여 그 유전자의 mRNA 합성을 조절한다. 이와 같이 합성된 mRNA의 양이 변하면 결과적으로 해당 단백질의 양도 따라서 변하게 된다. 만일 이렇게 조절된 단백질이 또 다른 전사조절인자로서 역할을 할 경우, 그림 9.5의 왼쪽 그림과 같이 또 다른 유전자의 발현을 조절하게 된다. 이러한 복잡한 유전자들 간의 조절관계를 단순화시켜서 표현한 것이 유전자조절네트워크(gene regulatory network)라고 할 수 있다. 여기서 노드는 유전자를 나타내고, 링크는 두 노드 사이의 전사조절관계를 나타낸다. 그림 9.5의 오른쪽 그림은 TRANSFAC 데이터베이스[4]와 KEGG 데이터베이스[2]로부터 추출한 인간의 유전자조절네트워크를 나타낸다.

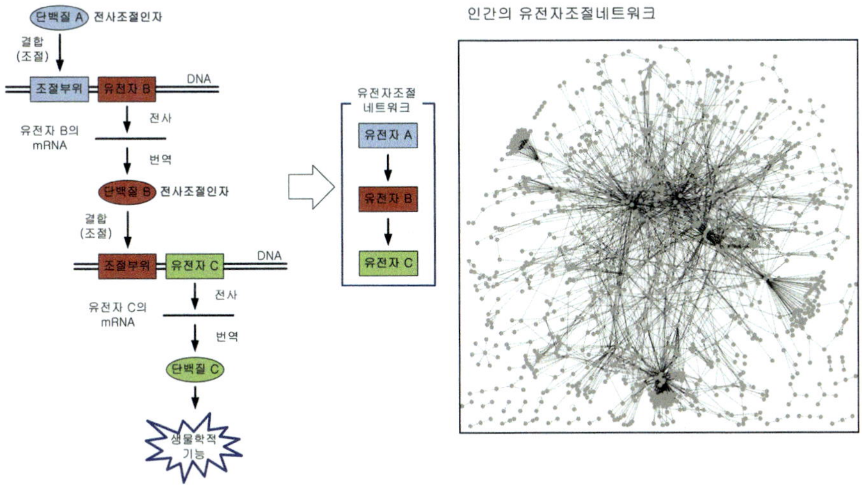

그림 9.5
유전자조절네트워크에 대한 개념도(좌)와 인간의 유전자조절네트워크(우).

9.3 네트워크의 구조적 특성

9.3.1 링크수 분포

링크수 분포(degree distribution)는 네트워크 구조에 관한 가장 기초적인 전역적(global) 특징이라고 할 수 있다. 이는 네트워크 G에서 임의의 노드를 선택했을 때, 연결된 링크수가 k가 될 확률 $P_G(k)$에 대한 확률분포로서 정의되며, 다음과 같이 구해진다:

$$P_G(k) = N_G(k)/N. \tag{9.1}$$

여기서 $N_G(k)$는 네트워크 G에서 링크수가 k인 노드의 개수를 나타내고, N은 네트워크 G의 전체노드수를 의미한다. 위에서 정의한 확률분포로부터 네트워크의 평균링크수(mean degree of network)는 다음과 같이 계산할 수 있다.

$$\bar{k} = \sum_k kP_G(k) = \frac{1}{N}\sum_k kN_G(k) = \frac{2L}{N}. \tag{9.2}$$

여기서 L은 네트워크 G의 전체링크수를 나타낸다. 대표적인 링크수 분포로는

그림 9.6

대표적인 링크수 분포들. 포아송분포(좌), 지수분포(중), 그리고 멱함수 분포(우).

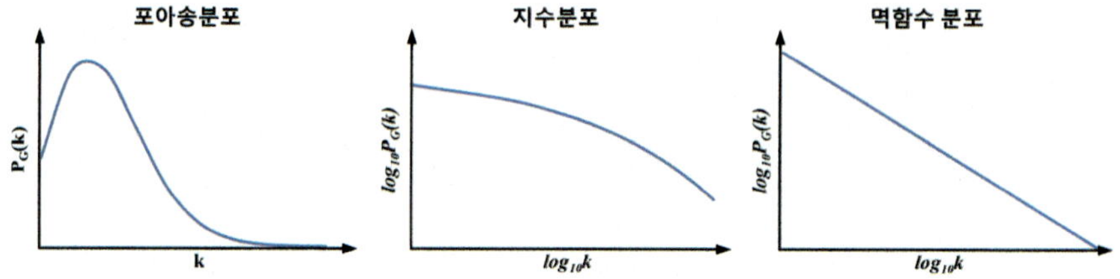

다음과 같은 세 가지가 있다.

(1) 포아송분포(Poisson distribution): 포아송분포(그림 9.6A)는 특정범주 안에서 어떤 사건이 벌어질 횟수에 대한 이산확률분포이다. 무작위로 링크를 생성하는 방식으로 만들어지는 무작위 네트워크의 링크수는 포아송분포를 따르는데, 이는 하나의 노드 관점에서 보았을 때 무작위적으로 링크가 연결될 횟수에 대한 확률은 특정범주 안에서 어떤 사건이 벌어질 횟수와 같은 개념이기 때문이다. 포아송분포의 확률질량함수(probability mass function)는 다음과 같다.

$$P_G(k)= \frac{e^{-\bar{k}}\bar{k}^k}{k!}. \tag{9.3}$$

(2) 지수분포(exponential distribution): 지수분포(그림 9.6B)는 무작위적인 사건이 일어나는 시간간격에 대한 연속확률분포이다. 지수분포의 확률밀도함수(probability density function)는 $P_G(k)= \lambda e^{-\lambda k}$이지만 링크수 분포는 이산확률분포이기 때문에 $P_G(k) \propto e^{-\frac{k}{\bar{k}}}$를 근사적으로 따르는 분포를 지수분포라고 한다. 적은 수의 노드로부터 시작하여 무작위로 노드를 늘려가면서 성장하는 네트워크는 지수분포를 따른다.

(3) 멱함수분포(power-law distribution): 멱함수분포(그림 9.6C)는 $P_G(k) \propto k^{-\gamma}$를 따르는 분포를 지칭하며 $k \neq 0$ 조건에서만 성립된다. 이 때 γ를 연결선 지수(degree exponent)라고 하고, γ값이 클수록 더 가파른 형태의 분포가 된다. 멱함수분포는 포아송분포나 지수분포에 비하여 더 긴 꼬리를 갖는 분포이며 γ값이 작을수록 꼬리는 더 길어진다. 분포의 꼬리가 길다는 것은 네트워

크에 많은 링크수를 갖는 노드인 허브(hub)가 많다는 의미이다. 이와 같이 링크수 분포가 멱함수분포를 따르는 네트워크를 무척도 네트워크(scale-free network)라고 부른다(이 때 무척도의 의미는 특정한 척도로 네트워크를 특징지을 수 없음을 의미한다).

9.3.2 네트워크 불균질성

네트워크 불균질성(network heterogeneity)은 노드의 링크수 분포가 퍼져 있는 정도를 의미하며, 다음과 같이 정의된다.

$$H = \frac{\sqrt{variance(k)}}{mean(k)} = \frac{\sqrt{\sum_{i=1}^{N} k_i^2/N - \left(\sum_{i=1}^{N} k_i/N\right)^2}}{\sum_{i=1}^{N} k_i/N}. \tag{9.4}$$

여기서 k_i는 노드 i의 링크수를, N은 전체 노드수를 의미한다. 네트워크 불균질성은 허브를 많이 포함하고 있을수록 큰 값을 갖기 때문에, 포아송분포보다는 지수분포가, 지수분포보다는 멱함수분포가 더 큰 네트워크 불균질성을 보이게 된다.

9.3.3 노드 간의 접근도

노드 간의 접근도는 작은 세상 특성(small-world property)이라고도 하는데, 정보, 물질, 또는 에너지의 흐름이 있는 네트워크에서 그러한 흐름의 효율성 측면에서 중요한 기준이 되는 특성이다. 예를 들어 대사네트워크에서 임의의 대사물질 1로부터 또 다른 임의의 대사물질 2를 생성해야 할 필요가 있을 때 두 대사물질 사이의 접근도가 좋을수록 더 적은 종류의 효소를 필요로 하기 때문에 그만큼 더 효율적으로 대사물질2를 생성할 수 있게 된다. 노드 간의 접근도를 나타내는 척도로는 다음과 같은 네 가지가 있다.

(1) 특성경로길이(characteristic path length): 특성경로길이는 두 노드 사이의 최단경로길이의 평균을 의미하는 네트워크의 특성이며, 다음과 같이 정의된다.

$$\bar{l} = \frac{2}{N(N-1)} \sum_{i \neq j} l(i,j). \tag{9.5}$$

식 (9.5)에서 $l(i,j)$는 노드 i와 j 사이의 최단경로길이를 나타내고, 특정 노드 i의 특성경로길이는 $l(i) = \frac{1}{N-1} \sum_{j} l(i,j)$가 된다.

(2) 접근중심성(closeness centrality): 접근중심성은 임의의 노드로부터 접근도를 나타내는 노드의 특성으로서, 노드 i의 접근중심성은 다음과 같이 노드 i의 특성경로길이의 역수로 정의된다.

$$C_c(i) = \frac{1}{l(i)}. \tag{9.6}$$

(3) 매개중심성(betweeness centrality): 매개중심성은 임의의 두 노드 간의 최단경로를 매개하는 정도를 나타내는 노드나 링크의 특성이며, 어떤 노드 혹은 링크 m의 매개중심성은 다음과 같이 정의된다.

$$B(m) = \sum_{i \neq j} \frac{B(i,m,j)}{B(i,j)}. \tag{9.7}$$

여기서 $B(i,j)$는 노드 i와 j 사이에 존재하는 최단경로의 개수이며, $B(i,m,j)$는 노드 i와 j 사이에 존재하는 최단경로 가운데 m을 통과하는 최단경로의 개수를 나타낸다.

(4) 네트워크 지름(network diameter): 네트워크 지름은 임의의 두 노드 간의 최단경로길이의 최댓값을 나타내는 네트워크 특성으로서 다음과 같이 정의된다.

$$D = \max(l). \tag{9.8}$$

9.3.4 군집계수

군집계수(clustering coefficient)는 특정 노드와 연결된 이웃노드들 간에 서로 연결되어 있는 정도를 나타내는 노드의 특성으로서 노드 i의 군집계수는 다음과 같이 정의된다.

$$C_i = \frac{2t_i}{k_i(k_i - 1)}. \tag{9.9}$$

여기서 k_i는 노드 i의 링크수를 나타내며, t_i는 노드 i의 이웃노드 사이에 존재하는 링크의 개수를 나타낸다. 이 식의 의미는 이웃노드 사이에 존재하는 링크의 개수를 이웃노드 사이에 존재 가능한 링크의 개수의 최댓값으로 나누어준 것이다. 달리 해석하면, 노드 주변에 존재하는 길이가 3인 루프의 개수를 존재 가능한 길이가 3인 루프의 최대 개수로 나누어준 값이 바로 군집계수라고 할 수 있다. 네트워크의 군집계수 $\overline{C}$는 모든 노드의 군집계수의 평균으로서 정의되며 다음과 같다.

$$\overline{C} = \sum_i \frac{C_i}{N}. \tag{9.10}$$

식 (9.10)에서 N은 네트워크의 전체 노드수를 의미한다.

9.3.5 방향성

앞서 소개한 네트워크 구조의 전역적 특성들 가운데 링크수 분포는 방향성(directionality)을 고려할 경우 입력 링크수 분포(in-degree distribution)와 출력 링크수 분포(out-degree distribution)로 나누어 생각할 수 있다. 따라서 특정 네트워크의 입력 링크수 분포와 출력 링크수 분포가 각각 멱함수 분포를 따른다면 그 네트워크의 입력 연결선 지수(in-degree exponent)인 γ_i와 출력 연결선 지수(out-degree exponent)인 γ_o도 정의할 수 있다. 또한, 노드 간의 접근도를 나타내는 네가지 종류의 특성인 특성경로길이, 접근중심성, 매개중심성, 네트워크 지름도 마찬가지로 방향성을 고려하지 않은 특성과 방향성을 고려한 특성으로 나누어 생각할 수 있다.

그림 9.7
정규그래프와 무작위 네트워크의 링크수 분포

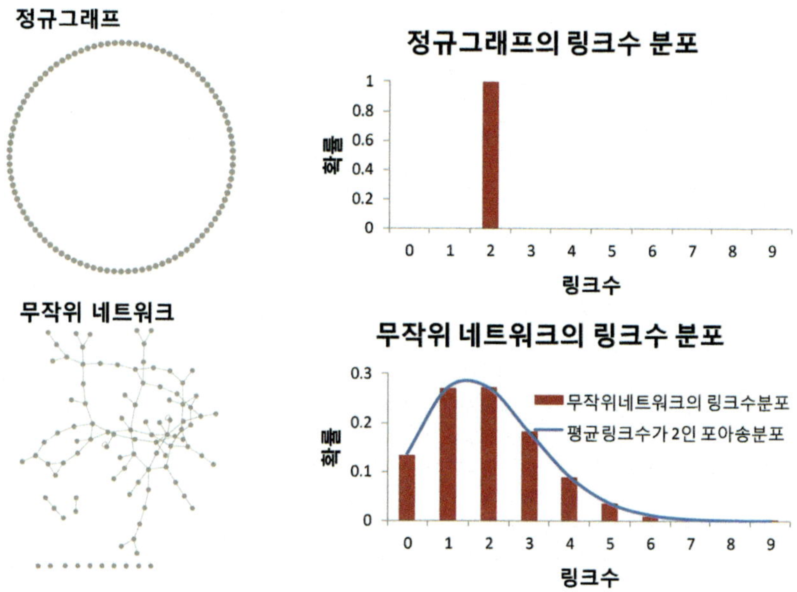

9.4 무작위 네트워크와 작은 세상 특성

9.4.1 정규그래프와 무작위 네트워크

초기의 네트워크 연구는 격자(lattice)로 대표되는 정규그래프(regular graph)에 대해 주로 이루어졌다. 정규그래프는 그림 9.7의 왼쪽 상단그림처럼 위치상 바로 이웃하는 노드끼리만 서로 연결함으로써 모든 노드의 링크수가 동일하거나(그림 9.7의 오른쪽 상단그림) 대체로 비슷한 네트워크를 일컫는다. 이를테면 소금결정에서 나트륨과 염소가 이루는 네트워크나 도심의 도로망이 이루는 교차로 사이의 네트워크 등이 그 예이다. 하지만 실제 자연계에 존재하는 네트워크는 정규그래프보다는 그림 9.7의 왼쪽 하단의 그림과 같이 노드들 간에 서로 무작위로 연결된 무작위 네트워크(random network)에 가까운 네트워크가 더 많다는 것이 밝혀지면서 무작위 네트워크에 대한 연구가 활발히 이루어지기 시작했다.

무작위 네트워크에 최초로 관심을 가진 사람은 폴 에도스(Paul Erdös)와 알프레드 레니(Alfréd Rényi)인데, 이 두 사람은 그들의 논문에서 무작위 네트워크를

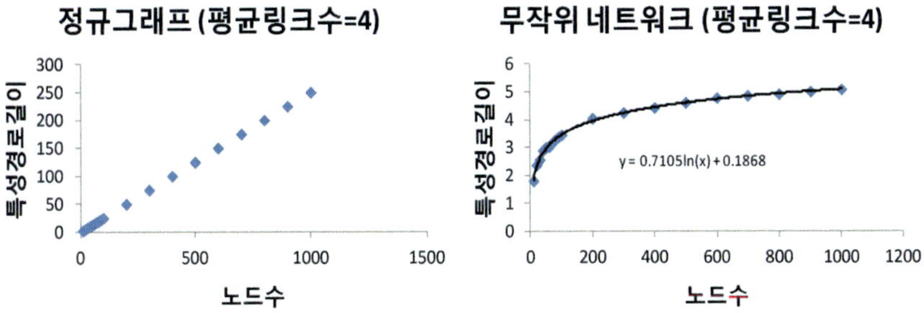

그림 9.8

정규그래프(좌)와 무작위 네트워크(우)의 노드수 증가에 따른 특성경로길이의 변화양상. 오른쪽 그래프내의 수식은 각 점을 밑이 10인 로그함수에 회귀한 결과식이고, 검은 실선은 이 수식을 표현한 그래프이다.

수학적으로 정의하고 그 특징을 제시하였다[5-6]. 무작위 네트워크는 $G(N,p)$로 표현하며, N개의 노드로 구성된 네트워크에서 각 노드가 p의 확률로 서로 연결되어 있음을 나타낸다. 이 네트워크의 각 노드는 평균적으로 $pN(N-1)/2$개의 링크수를 가지며, 각 노드의 링크수 분포는 포아송분포를 따르게 된다. 그림 9.7의 오른쪽 하단 그림에서 붉은색 막대그래프는 노드수가 100개이고 평균링크수가 2인 무작위 네트워크를 무작위로 100번 생성했을 때의 평균 링크수 분포를 나타낸 것이고, 푸른색 그래프는 평균링크수가 2인 포아송분포를 나타낸 것인데 두 그래프가 거의 일치하는 것을 알 수 있다.

무작위 네트워크는 앞서 소개한 작은 세상 특성(small-world property)을 가진다. 그림 9.7 왼쪽 상단의 정규그래프와 왼쪽 하단의 무작위 네트워크는 노드수와 링크수가 동일하지만 앞 절에서 정의한 특성경로길이는 각각 25.253과 6.367이고, 네트워크지름은 각각 50과 16으로 큰 차이가 있다. 네트워크 모델의 작은 세상 특성을 평가하는 일반적인 방법은 네트워크의 평균링크수를 고정시키고 노드수를 증가시키면서 특성경로길이가 증가하는 양상을 파악하는 것이다. 정규그래프의 경우 노드수 N에 대해서 특성경로길이의 증가양상은 $\bar{l} \sim N$을 따르지만 무작위 네트워크의 경우 $\bar{l} \sim \ln N$을 따른다는 것이 알려져 있다[5]. 그림 9.8은 노드수를 10에서 100까지 10개씩 증가시키고 또 100에서 1000까지 100개씩 증가시키면서 평균링크수를 4로 하여 생성시킨 정규그래프와 무작위 네트워크 각각의 특성경로길이를 나타낸다. 정규그래프의 경우 노드수가 증가함에 따라 특성경로길이가 선형적으로 증가하지만 무작위 네트워크의 경우에는 로그함수 형태로 증가하는 것을

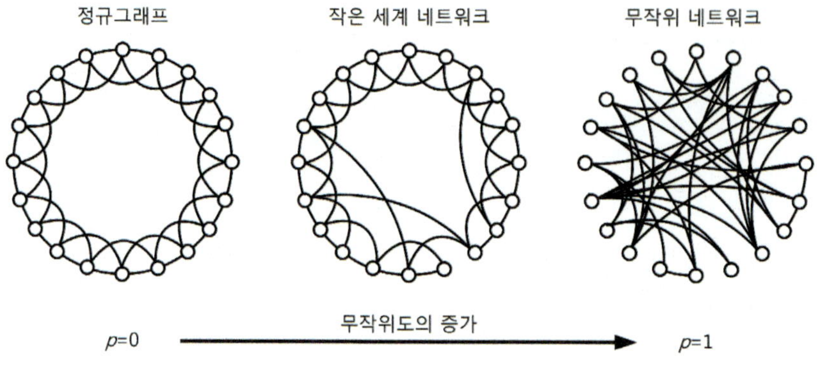

그림 9.9
재배열 확률(*p*)에 따른 정규그래프로부터 무작위 네트워크까지의 변화

알 수 있다. 그림 9.8의 오른쪽 그래프의 검은 실선은 노드수에 따른 특성경로길이 값을 밑이 10인 로그함수에 회귀(regression)한 결과식을 그린 것이다. 그림 9.8의 왼쪽 그래프와 오른쪽 그래프를 비교해보면 노드수가 아주 적을 때는 정규그래프와 무작위 네트워크의 특성경로길이가 큰 차이를 보이지 않지만, 노드수가 많아질수록 그 차이는 아주 커진다는 것을 알 수 있다. 생체네트워크의 경우 적게는 100여개에서 많게는 10,000개 이상의 노드수를 가지는데 이런 네트워크가 정규그래프가 아닌 무작위 네트워크일 것이라는 점을 쉽게 짐작할 수 있다.

9.4.2 작은 세상 네트워크

던컨 와츠(Duncan Watts)와 스티븐 스트로가츠(Steven Strogatz)는 무작위 네트워크가 전역적인 관점에서 작은 세상 특성을 잘 나타내지만, 지엽적인 관점의 작은 세상 특성은 잘 반영하지 못할 것이라고 생각했다. 예를 들어 인간관계 네트워크의 경우 멀리 사는 사람들 간에 서로 연결될 확률에 비하여 이웃들 간에 서로 잘 연결될 확률이 훨씬 높지만 무작위 네트워크는 이러한 특성을 잘 반영하지 못한다는 것이다. 이와 같은 실제 네트워크의 특성을 설명하기 위해 와츠와 스트로가츠는 새로운 모델을 제시했다[6-7].

그림 9.9와 같이 원위에 점을 늘어놓고 바로 이웃한 노드들까지 서로 연결하여 정규그래프를 만든다. 이 정규그래프에 링크를 재배열 확률(p)에 따라서 무작위로 재배열하면 재배열 확률이 높아질수록 점점 무작위도가 증가하여 결국 무작위 네트

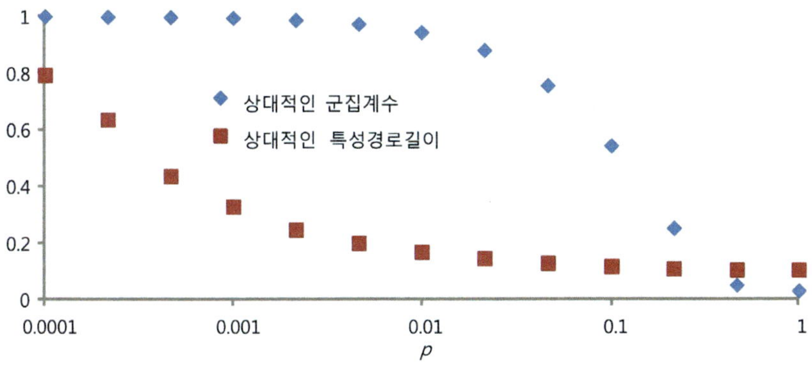

그림 9.10
재배열 확률(p)에 따른 정규그래프로부터 무작위 네트워크까지의 상대적인 특성경로길이와 군집계수의 변화

워크에 가까워지게 된다. 이렇게 재배열 확률을 변화시켜감에 따라서 생성되는 네트워크들의 작은 세상 특성을 파악하기 위하여 먼저 재배열 확률에 따른 상대적인 특성경로길이의 변화양상을 관찰해 보자. 그러면 재배열 확률이 아주 약간만 증가해도 상대적인 특성경로길이는 급격하게 줄어드는 것을 알 수 있다(그림 9.10). 하지만 이웃 간의 연결정도를 나타내는 상대적인 군집계수의 변화양상을 관찰해보면 상대적인 특성경로길이와는 달리 무작위도가 많이 증가했을 때에 비로소 줄어들기 시작한다는 것을 알 수 있다. 이 때 상대적인 특성경로길이와 상대적인 군집계수는 각각 $p=0$인 정규그래프의 특성경로길이와 군집계수로 나누어준 값이다. 이러한 결과는 정규그래프와 무작위 네트워크 사이에 넓은 무작위도 범위에서 특성경로길이는 작으면서 이웃 간에도 긴밀하게 연결된 네트워크가 존재한다는 것을 의미한다. 와츠와 스트로가츠는 그들의 연구에서 이러한 네트워크를 작은 세상 네트워크(small-world network)라고 정의하였고, 이 모델은 무작위 네트워크에 비하여 실제 네트워크를 더 잘 반영하는 모델로 여겨지고 있다.

9.5 무척도 네트워크

앞 절에서는 자연계에 존재하는 네트워크가 무작위 네트워크의 형태를 가짐으로써 작은 세상 특성을 갖는다는 것을 설명하였다. 그런데 앞서 무작위 네트워크는 링크 수의 분포가 포아송분포를 따른다고 하였으나, 실제로 많은 네트워크를 조사해보면 그렇지 않음을 알 수 있다. 네트워크의 링크수의 분포가 포아송분포를 따른다면 평균적인 링크수를 갖는 노드가 가장 많고 적은 링크수와 많은 링크수를 갖는 노드는 상대적으로 적어야 한다. 그러나 세포내의 분자네트워크와 같은 수많은 실제 자연계 네트워크의 링크수의 분포를 조사해보면 포아송분포와 달리 평균적인 링크수를 갖는 노드는 오히려 적고, 반면 적은 링크수를 갖는 노드들이 대부분이며, 아주 많은 링크수를 갖는 노드들의 빈도도 포아송분포보다는 높은 멱함수 분포(power-law distribution)를 따른다는 것을 알 수 있다[6, 8-9]. 포아송분포와 멱함수 분포를 세 개의 영역으로 나누어서 비교해보면 포아송분포의 경우 적은 링크수의 영역에서는 증가하는 그래프이고 중간 영역에서는 증가했다가 감소하며 링크수가 큰 영역에서는 빠르게 감소하는 그래프인 반면에, 멱함수 그래프의 경우 모든 스케일에서 감소하는 그래프의 형태이다(그림 9.6). 알버트-라슬로 바라바시(Albert-Lásló Barabási)와 레카 알버트(Réka Albert)는 이러한 특징을 갖는 네트워크를 무척도 네트워크(scale-free network)라고 정의하였다.

무척도 네트워크의 가장 큰 특징은 무작위 네트워크와 마찬가지로 작은 세상이라는데 있다. 앞서 무작위 네트워크의 경우 노드수 N에 대해서 특성경로길이는 $\bar{l} \sim \ln N$를 따른다는 것을 설명하였는데 무척도 네트워크의 경우 특성경로길이의 증가양상이 이중로그함수인 $\bar{l} \sim \ln\ln N$를 따르는 것으로 알려져 있다[10]. 즉, 무척도 네트워크가 무작위 네트워크보다 작은 세상 특성이 더 강함을 의미한다. 바라바시는 이러한 무척도 네트워크의 특징을 극히 작은 세상(ultra small world)이라고 표현하였다. 무척도 네트워크가 이러한 특성을 갖는 이유는 네트워크에 아주 많은 링크들과 연결된 소수의 노드들이 존재하고 대부분의 노드들은 적은 수의 링크수를 갖는 데서 기인한다. 매우 큰 링크수를 갖는 노드를 허브(hub)라고 부르는데 임의의 두 노드를 선택했을 때 이 두 노드가 모두 허브와 연결되어 있을 확률이 아주 높기 때문에 결국 허브를 통하여 서로 가깝게 연결될 수 있고, 이로 인해 네트워크는 극히 작은 세상이 되는 것이다. 항공망의 경우에도 공항들 사이의 접근도와 효율성을 높이기 위해서 수많은 공항과 연결된 몇 개의 허브공항이 존재하도록 발전되어져 왔고 다른 대부분의 공항들은 이런 허브공항과 연결됨으로써 적은 링크수를 가지는 무척도 네트워크를 이루고 있다.

바라바시의 연구팀은 이러한 네트워크의 특성이 세포내에 존재하는 분자간 네트워크에서도 발견된다고 보고하였다[9, 11]. 인간 세포에는 약 10만 종의 단백질들이 존재하는 것으로 알려져 있는데 이렇게 수많은 단백질들 사이에 존재하는 상호작용 네트워크는 복잡한 기능을 수행하기 위해서 아주 효율적으로 구성되어져 있을 것으로 생각된다. 따라서 단백질 상호작용 네트워크는 효율성을 위하여 서로 짧은 거리로 연결되어야만 하고, 이를 달성하기 위해서 항공망과 같은 무척도 네트워크를 이루도록 진화되었을 것으로 추측해 볼 수 있다. 실제로 효모의 단백질 상호작용 네트워크는 무척도 네트워크이며 p53과 같은 허브노드가 존재한다는 것이 밝혀졌다[11]. 단백질 상호작용 네트워크보다 잘 알려진 대사체(metabolome) 네트워크의 경우 이러한 효율성에 대해서 더 직관적으로 생각해 볼 수 있다. 대사체 네트워크는 대사물질 간의 흐름을 나타내는데 세포가 필요한 물질을 만들어내기 위해서 많은 경로를 거쳐야 한다면 그만큼 많은 효소단백질을 만들어 내야 하고 결과적으로 효율성이 떨어질 수밖에 없다. 효율성이 떨어지는 생명체는 결국 도태되는 것이 진화의 원리이기 때문에 대사체 네트워크도 작은 세상 특성을 갖도록 진화되었을 것이다. 실제로 대사체 네트워크도 무척도 네트워크이며 ATP와 같은 허브노드가 존재한다는 것이 밝혀졌다[9].

9.5.1 무척도 네트워크의 발생

무척도 네트워크는 어떻게 발생하였을까? 먼저 하나의 노드로부터 출발해 이와 연결된 노드수를 점차 늘려가면서 무작위로 성장하는 네트워크를 생각해 보자. 이 경우 성장을 통해 얻어진 최종 네트워크와 동일한 크기의 무작위 네트워크를 생성하는 것과는 달리, 만일 먼저 존재한 노드에 새로운 링크가 연결될 확률을 더 크도록 하면 포아송분포에 비해서 멱함수분포에 가까운 링크수 분포를 갖는 네트워크가 생성될 것이다. 그림 9.11의 왼쪽 상단의 그림은 하나의 노드에서 시작하여 노드를 하나 추가할 때 기존에 존재하는 노드들 가운데 무작위로 선택된 노드와 링크를 연결하는 방식으로 생성된 노드수가 100인 네트워크이다. 노드를 하나 증가시킬

그림 9.11
무작위적으로 성장시킨 네트워크와 차별적 링크첨가로 성장시킨 네트워크의 링크수 분포

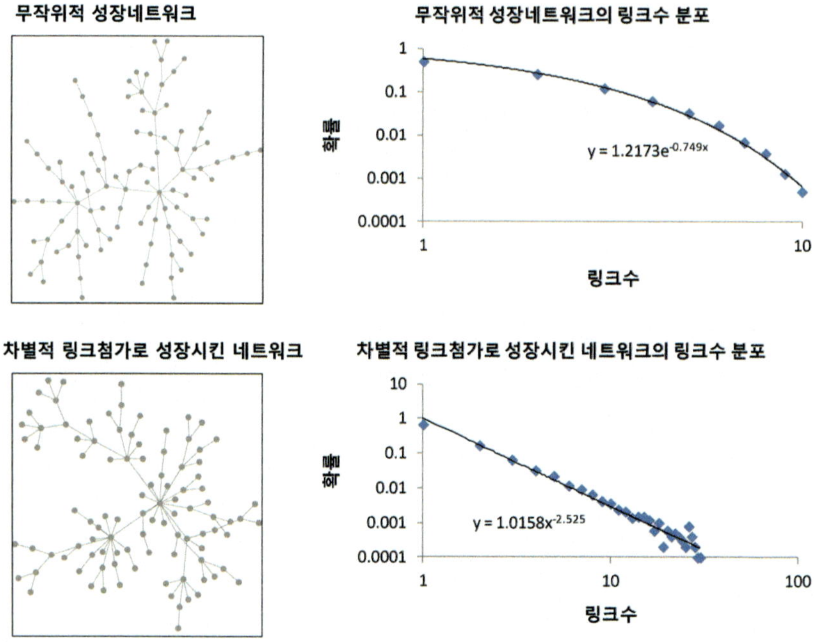

때마다 새로운 링크 하나가 생성되므로 총 링크수는 99이다. 이 네트워크의 링크수 분포를 그려보면 멱함수분포를 따르는 것이 아니라 그림 9.11의 오른쪽 상단의 그림과 같이 지수분포를 따른다는 것을 알 수 있는데, 이는 멱함수분포를 갖는 생체네트워크가 단순히 무작위로 성장해서 만들어진 네트워크가 아니라는 것을 보여준다.

이번에는 네트워크를 단순히 무작위로 성장시키는 것이 아니라 새로 생성된 노드가 기존에 존재하는 노드들 가운데 연결될 노드를 선택할 때 기존 노드에 이미 연결된 링크수에 비례하는 확률로 노드를 선택하도록 하는 경우를 생각해보자. 이러한 과정을 차별적 링크첨가(preferential attachment)라고 하는데 차별적 링크첨가를 통해서 링크수가 이미 큰 노드일수록 네트워크 성장과정에서 점점 더 링크수가 커지는, 소위 '빈익빈 부익부(rich get richer)' 현상이 벌어지게 된다. 이런 과정을 통하여 노드수가 100이고 링크수가 99인 네트워크를 생성시켰을 때 그림 9.11의 왼쪽 하단의 그림과 같은 네트워크가 생성될 수 있으며, 이 네트워크의 링크수의 분포는 그림 9.11의 오른쪽 하단의 그림과 같이 멱함수분포를 따른다는 것을 알 수 있다. 이 때 연결선 지수 γ는 2.525인데 많은 생물학적 네트워크의

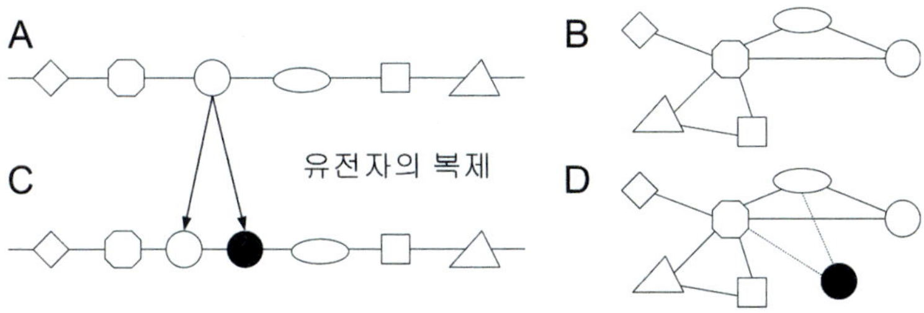

그림 9.12

차별적 링크첨가에 따른 무척도 네트워크의 생성과정

γ값이 2와 3 사이에 있다는 보고에 비추어봤을 때 생체네트워크가 차별적 링크첨가 과정에 의해서 성장했을 것으로 미루어 짐작할 수 있다. 차별적 링크첨가시 노드를 선택하는 확률 p를 링크수 k에 비례하도록 했을 때 위와 같은 결과가 나오는 것을 알았는데, 만일 $k+A$에 비례하도록 하면 (단, A는 양수) A값이 클수록 γ 값이 큰 네트워크가 생성된다.

차별적 링크첨가에 의해 링크수 분포가 멱함수를 따르는 무척도 네트워크가 생성된다는 것을 알았는데 과연 생체네트워크도 이러한 차별적 링크첨가를 통해 성장했을까? 이에 대한 실마리를 다음 예에서 살펴볼 수 있다[12]. 그림 9.12A와 같은 유전체로부터 그림 9.12B와 같은 유전자조절네트워크가 형성되었다고 하자. 만일 그림 9.12C와 같이 유전자의 복제(duplication)가 발생하면 그림 9.12B의 유전자조절네트워크는 그림 9.12D의 유전자조절네트워크로 변형(성장)될 것이다. 이 때 그림 9.12B의 노드들 가운데 팔각형의 노드와 타원형의 노드에 새로운 링크가 추가된 것을 알 수 있는데, 이는 이 두 노드들이 이미 동그라미 노드에 연결되어 있었기 때문이다. 이러한 과정이 무작위로 일어난다고 할 때 기존에 더 많은 링크를 보유하고 있는 노드일수록 새로운 링크를 얻게 될 확률이 높고, 결과적으로 차별적 링크첨가가 일어난다고 볼 수 있다.

9.5.2 무척도 네트워크의 강건성과 취약성

앞서 무척도 네트워크가 무작위 네트워크보다 더 작은 세상이라는 것을 언급하였다. 이 밖에도 무척도 네트워크가 무작위 네트워크와 다른 근본적인 특성을 네트워크의 강건성(robustness)과 취약성(fragility)에서 살펴볼 수 있다. 일반적으로 무척도 네트워크는 무작위 네트워크에 비해 무작위적인 오류(random error)에는 더 강건하지만 표적공격(targeted attack)에는 더 취약하다고 알려져 있다[13]. 그 이유는 링크수의 분포를 비교해보면 알 수 있다. 무작위 네트워크의 링크수의 분포는 중간 링크수를 갖는 노드가 가장 많고 적은 링크수와 많은 링크수를 갖는 노드가 상대적으로 적은 반면에 무척도 네트워크의 링크수의 분포는 적은 링크수를 갖는 노드가 가장 많고 링크수가 많아질수록 그 수가 적어지는 특징이 있다. 따라서 무작위로 노드가 삭제될 때 무작위 네트워크는 중간 링크수를 갖는 노드가 삭제될 확률이 높은 반면 무척도 네트워크는 적은 링크수를 갖는 노드가 삭제될 확률이 높을 수밖에 없다. 적은 링크수를 갖는 노드가 삭제되었을 때의 파급효과는 중간 링크수를 갖는 노드가 삭제되었을 때의 파급효과보다 (물론 예외적인 경우가 있으나 일반적으로) 작으므로 무작위 네트워크에 비해 무척도 네트워크가 무작위적인 노드 삭제에 더 강건한 특성을 보이는 것이다. 표적공격의 경우 중요한 허브 노드가 먼저 삭제되는 상황을 생각하여 비교하면 된다. 이 경우 무척도 네트워크가 무작위 네트워크에 비해 더 큰 허브를 갖고 있기 때문에 동일한 허브가 공격받았을 때 파급효과가 더 크다고 할 수 있다.

무척도 네트워크의 강건성과 취약성을 실험하기 위해서 먼저 총 노드수 10,000개와 총 링크수 20,000개를 갖는 무작위 네트워크와 총 노드수 10,000개와 총 링크수 19,997개를 갖는 무척도 네트워크를 생성해 보자. 무척도 네트워크는 앞서 설명한 차별적 링크첨가로 성장시킨 네트워크이며, 이 네트워크는 세 개의 노드가 서로 모두 연결된 네트워크에서부터 시작하여 노드를 하나씩 첨가할 때마다 링크를 두 개씩 첨가하는 방식으로 생성되기 때문에 19,997개의 링크를 갖게 된다. 이렇게 두 종류의 네트워크를 생성한 후에 무작위적인 오류와 표적공격 상황을 각 네트워크에 대해서 재현해본다. 무작위적인 오류는 무작위로 노드를 삭제하는 식으로 모사하고 표적공격은 링크수가 가장 큰 노드를 순차적으로 삭제하는 식으로 모사해본다. 즉, 네트워크에서 링크수가 가장 큰 노드를 삭제하고 난 뒤 남은 네트워크에서 또 다시 링크수가 가장 큰 노드를 삭제하는 공격을 반복하는 것이다. 그 결과를 살펴보면, 무척도 네트워크는 무작위 네트워크에 비해 무작위적인 오류가 상당히

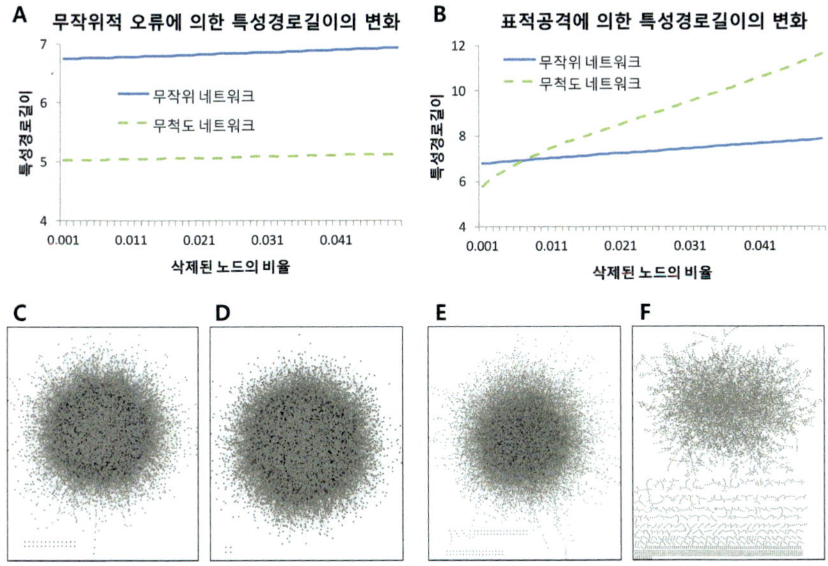

그림 9.13

무작위 네트워크와 무척도 네트워크의 강건성과 취약성.

축적되어도 특성경로길이가 유지되는 반면(그림 9.13A) 표적공격이 진행되었을 때에는 특성경로길이가 무작위 네트워크에 비해서 더 빨리 증가한다는 것을 알 수 있다(그림 9.13B). 그림 9.13C와 D는 각각 무작위적으로 10%의 노드를 삭제한 무작위 네트워크와 무척도 네트워크의 예시인데 무작위 네트워크의 경우 무척도 네트워크에 비해 독립된 작은 부분 네트워크가 많아진다는 것을 알 수 있다. 그림 9.13E와 F는 각각 표적공격으로 10%의 노드를 삭제한 무작위 네트워크와 무척도 네트워크의 예시인데 이번에는 반대로 무척도 네트워크가 무작위 네트워크에 비해 독립된 작은 부분 네트워크가 많아진다는 것을 알 수 있다. 요약하면, 무척도 네트워크는 무작위 네트워크에 비해 무작위적인 오류에 대해 더 강건한 반면 표적공격에 대해서는 더 취약하다.

9.6 생체네트워크의 전역적 특징

생체네트워크 가운데 무방향성 네트워크인 단백질 상호작용네트워크의 전역적 특징은 표 9.1에 정리되어 있고, 방향성 네트워크인 신호전달네트워크, 대사네트워크, 유전자조절네트워크의 특징들은 표 9.2에 정리되어 있다. 각 표에서 N은 노드

수, L은 링크수, γ는 연결선 지수, γ_i는 입력 연결선 지수, γ_o는 출력 연결선 지수, H는 네트워크 불균질성, $\overline{l_u}$는 무방향성 특성경로길이, $\overline{l_d}$는 방향성 특성경로길이, D_u는 무방향성 네트워크 지름, D_d는 방향성 네트워크 지름, $\overline{C}$는 평균 군집계수를 나타낸다.

표 9.1
무방향성 네트워크의 전역적 특성

	N	L	γ	H	$\overline{l_u}$	D_u	$\overline{C}$
출아효모의 단백질 상호작용네트워크[3]	2156	3954	1.678	2.423	5.017	15	0.161
인간의 단백질 상호작용네트워크[3]	3549	6806	1.819	1.969	5.324	16	0.090

표 9.2
방향성 네트워크의 전역적 특성

	N	L	γ	γ_i	γ_o	H	$\overline{l_u}$	$\overline{l_d}$	D_u	D_d	$\overline{C}$
대장균의 신호전달네트워크[2]	129	133	1.382	2.191	1.315	1.039	1.824	1.634	4	4	0.016
출아효모의 신호전달네트워크[2]	129	177	1.529	2.176	1.297	0.878	3.575	2.541	9	8	0.016
인간의 신호전달네트워크[2]	1992	8703	1.368	1.351	1.292	2.004	5.431	6.411	15	19	0.039
대장균의 대사네트워크[2]	1103	1409	2.249	2.472	2.472	0.834	8.565	12.314	30	47	0.047
출아효모의 대사네트워크[2]	983	1137	2.280	2.512	2.292	0.773	9.855	11.028	31	42	0.04
인간의 대사네트워크[2]	1550	1869	2.372	2.932	2.501	0.768	10.776	11.879	37	42	0.050
대장균의 유전자조절네트워크[14]	1564	3752	1.115	2.235	0.597	3.917	3.578	2.369	9	6	0.212
출아효모의 유전자조절네트워크[15]	4168	12756	1.121	2.637	0.243	3.822	3.404	4.081	6	12	0.108
인간의 유전자조절네트워크[2,4]	1100	2545	1.457	1.884	1.133	1.931	4.154	3.335	12	10	0.092

표 9.1과 9.2에 정리된 각 생체네트워크의 전체적인 특성을 살펴보면 다음과 같이 요약할 수 있다.

(1) 대사네트워크를 제외한 나머지 네트워크들은 모두 연결선 지수가 2보다 작다. 연결선 지수가 작다는 것은 멱함수 분포의 기울기가 완만하다는 것을 의미하고 이는 연결선 지수가 큰 네트워크에 비해 더 큰 허브가 존재한다는 것을 의미한다.

(2) 단백질 상호작용네트워크와 유전자조절네트워크는 신호전달네트워크나 대사네트워크에 비해 대체로 평균 군집계수가 더 크다. 군집계수가 더 크다는 것은 지엽적으로 긴밀하게 연결되어 있는 부분이 많이 존재한다는 것을 의미하는데 단백질 상호작용네트워크의 경우 세 개 이상의 단백질이 복합체(complex)를 이루는 경우가 많기 때문으로 생각되고, 유전자조절네트워크의 경우 피드포워드 루프가 많이 존재하기 때문이라고 설명할 수 있다[16].

(3) 방향성 네트워크의 경우 대장균의 대사네트워크를 제외하고는 입력 연결선 지수가 출력 연결선 지수에 비해 크다. 이는 입력링크수가 큰 허브의 입력 링크수에 비해 출력 링크수가 큰 허브의 출력 링크수가 더 크다는 것을 의미한다. 특히 대장균과 출아효모의 유전자조절네트워크의 경우 입력 연결선 지수와 출력 연결선 지수의 차이가 상당히 큰데 이것은 대장균과 출아효모의 유전자조절네트워크의 입력 링크수가 출력 링크수에 비해서 물리적으로 제한을 받기 때문으로 생각된다. 즉, 전사인자가 전사조절부위에 결합함으로써 유전자 발현이 조절되기 때문에 전사조절부위에 결합 가능한 전사인자의 종류가 제한되는 것이다.

연 습 문 제

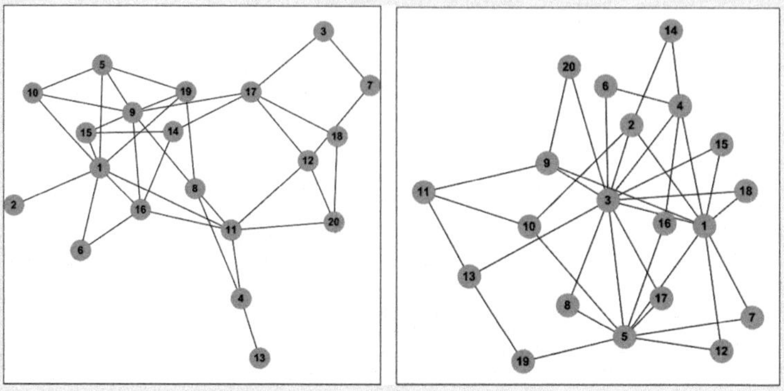

그림 9.14 **예제 네트워크**

9.1 그림 9.14의 두 예제 네트워크에 대해 링크수분포를 그려보고 각 네트워크가 어떤 종류의 네트워크에 속하는지 분류해 보자.

9.2 그림 9.14의 두 예제 네트워크에 대해 각 노드의 특성경로길이, 접근중심성, 매개중심성, 군집계수를 계산해 보자.

9.3 무작위 네트워크, 무작위적 링크 첨가로 성장시킨 네트워크, 차별적 링크첨가로 성장시킨 네트워크, 각각을 생성하는 수도코드(pseudo-code)를 작성해 보자.

참 고 문 헌

1. K.I. Goh, et al. The human disease network. Proc Natl Acad Sci U S A. 104(21):8685-90. 2007.
2. M. Kanehisa, et al. The KEGG databases at GenomeNet. Nucleic Acids Res. 30(1):42-6. 2002.
3. G.D. Bader, D. Betel, and C.W. Hogue. BIND: the Biomolecular Interaction Network Database. Nucleic Acids Res. 31(1):248-50. 2003.
4. V. Matys, et al. TRANSFAC: transcriptional regulation, from patterns to profiles. Nucleic Acids Res. 31(1):374-8. 2003.
5. P. Erdös and A. Rényi. On the evolution of random graphs. Publication of the Mathematical Institute of the Hungarian Academy of Sciences. 5:17-61. 1960.
6. A.L. Barabasi and Z.N. Oltvai. Network biology: understanding the cell's functional organization. Nat Rev Genet. 5(2):101-13. 2004.
7. D.J. Watts and S.H. Strogatz. Collective dynamics of 'small-world' networks. Nature. 393(6684):440-2. 1998.
8. H. Jeong, et al. Lethality and centrality in protein networks. Nature. 411(6833):41-2. 2001.
9. H. Jeong, et al. The large-scale organization of metabolic networks. Nature. 407(6804):651-4. 2000.
10. F. Chung and L. Lu. The average distances in random graphs with given expected degrees. Proc Natl Acad Sci U S A. 99(25):15879-82. 2002.
11. P. Uetz, et al. A comprehensive analysis of protein-protein interactions in Saccharomyces cerevisiae. Nature. 403(6770):623-7. 2000.
12. A.L. Barabasi and R. Albert. Emergence of scaling in random networks. Science. 286(5439):509-12. 1999.
13. R. Albert, H. Jeong, and A.L. Barabasi. Error and attack tolerance of complex networks. Nature. 406(6794):378-82. 2000.
14. S. Gama-Castro, et al. RegulonDB version 7.0: transcriptional regulation of Escherichia coli K-12 integrated within genetic sensory response units (Gensor Units). Nucleic Acids Res. 39(Database issue):D98-105. 2011.
15. R. Jothi, et al. Genomic analysis reveals a tight link between transcription factor dynamics and regulatory network architecture. Mol Syst Biol. 5:294. 2009.

16. R. Milo, et al. Network motifs: simple building blocks of complex networks. Science. 298(5594):824-7. 2002.

chapter 10

네트워크 모티프와 동역학

앞 장에서는 네트워크의 특징을 주로 구조적인 측면에서 살펴보았다. 이런 방법을 통해 정적(static)이고 전역적(global)인 특징들을 파악할 수 있었다. 이 장에서는 단지 통계적 분석이 아닌, 네트워크의 동역학적(dynamic) 특징을 분석하는 방법을 살펴본다. 우선은 네트워크를 이루는 기본 구조인 모티프(motif)의 개념이 무엇인지 살펴보고, 각 모티프 구조의 고유한 기능을 알아본다. 이를 위해 모티프 구조를 크게 피드포워드회로(feedforward loop)와 피드백회로(feedback loop)로 나누어 분석하고, 최종적으로 이런 구조들이 서로 상호작용하여 만들어내는 복잡한 동역학 양상을 분석해본다.

10.1 모티프

10.1.1 네트워크의 기본 단위, 모티프

앞 장에서 살펴본 것처럼 생체 분자들이 구성하는 네트워크의 규모는 매우 방대하다. 따라서 이러한 네트워크의 기능을 한눈에 파악하기란 쉽지 않다. 대규모 네트워크의 동역학 특성을 파악할 수 있는 간단한 방법은 무엇일까? 복잡한 네트워크를 유심히 관찰해보면, 우리는 그 안에 무언가 반복되는 패턴을 찾을 수 있을지 모른다. 예를 들면 방향성이 존재하는 세포 신호전달네트워크(signal transduction network)나 유전자전사조절네트워크(gene transcription network)에서 그림 10.1과 같은 연결 구조가 많이 발견될 수 있다. 이렇게 공통적으로 발견되는 패턴의 구조는 어떤 고유의 기능과 관련되어 있을 가능성이 있다.

그림 10.1
네트워크 모티프의 예들

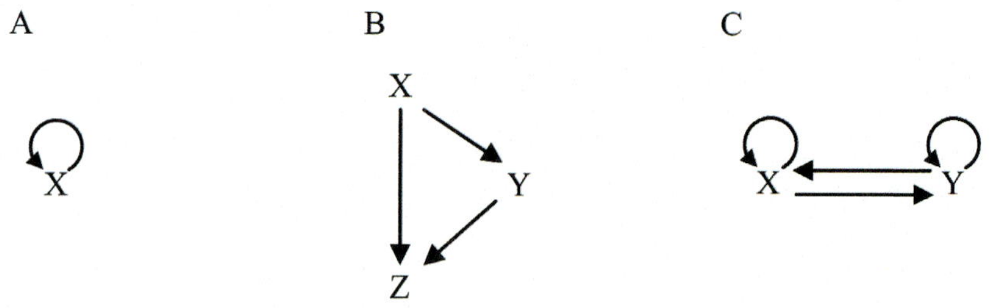

네트워크 모티프(network motif)는 이러한 네트워크의 위상적 구조에서 자주 발견되는 부분네트워크(subgraph)를 의미한다[1]. 좀 더 구체적으로 살펴보자. 어떤 네트워크 N에서 발견된 부분네트워크 구조 S가 있다고 하자. 그렇다면 S와 같은 구조가 N에 얼마나 많이 존재해야만 '자주' 발견된다고 할 수 있을까? 통계적으로 유의미한 모티프를 찾기 위해서는 무작위 네트워크(random network)와 비교해야 한다. 무작위 네트워크는 주어진 네트워크와 노드, 링크의 수는 동일하지만, 링크를 무작위하게 재배치시킨 네트워크를 뜻한다. 네트워크 N과 노드, 링크 수가 동일한 무작위 네트워크 R을 생각해보자. 만약 무작위하게 만든 네트워크 R에서도 어떤 구조 S가 더 많이 발견될 수 있다면, N에서 S가 '유의미'하게 많이 존재한다고 할 수 없을 것이다. 네트워크 N에 존재하는 구조 S의 개수가 무작위 네트워크 R에서 보다 일정한 기준 이상 많이 존재할 경우, 우리는 S를 N의 네트워크 모티프라고 부른다. 일반적으로 여러 무작위 네트워크를 생성하여 평균적인 개수와 표준편차를 고려해서 네트워크 모티프의 유의성(significance)을 판단한다. 따라서 식 (10.1)의 Z-점수가 높은 구조 S가 네트워크 N의 모티프가 된다.

$$Z = \frac{\langle S \rangle_N - \langle S \rangle_R}{\sigma_R} \tag{10.1}$$

이 식에서 $\langle \cdot \rangle$는 평균을, σ는 표준편차를 의미한다. 서로 다른 기능을 수행하는 네트워크들은 내포하고 있는 모티프의 종류 또한 다르다. 왜 네트워크의 종류에 따라 특정 형태의 부분네트워크 구조가 더 많이 존재하는 것일까? 이는 각 모티프가 수행할 수 있는 고유의 기능이 다르기 때문이다. 이렇듯 모티프는 네트워크를 구성하고 그 특성을 결정짓는 근본적인 단위(building block)가 되므로 네트워크

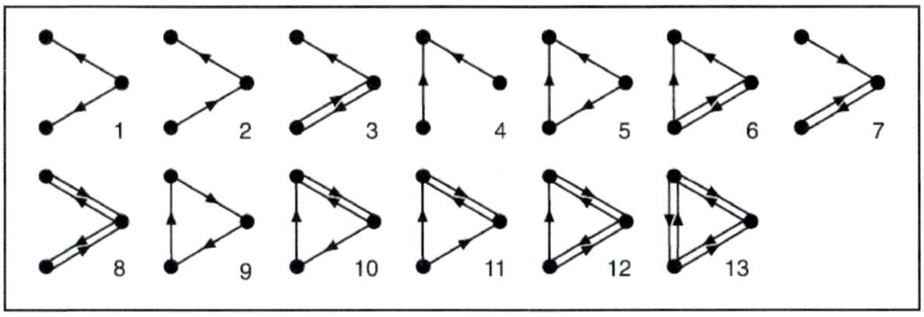

그림 10.2
노드가 3개인 모든 네트워크 모티프 구조 [2]

의 기본적 특성을 연구하는데 있어서 주요 개념으로 활용되고 있다.

10.1.2 모티프의 구조

모티프의 구조를 크게 피드백(feedback)의 존재 유무에 따라 나누어 보자. 피드백은 한 노드의 출력이 다시 그 노드의 입력으로 되돌아오는 구조로서, 이러한 되먹임 경로를 구성할 경우 피드백회로(feedback loop)라고 부른다. 되먹임 경로와 달리 입력신호가 순차적으로 노드를 거쳐 출력에 도달하는 구조를 피드포워드회로(feedfoward loop)라고 한다. 그림 10.1A는 한 개의 노드와 한 개의 링크로 구성되어 자신을 스스로 조절하는 피드백회로, 그림 10.1B는 3개의 노드와 3개의 링크로 구성된 피드포워드회로, 그림 10.1C는 두 개의 노드가 각각 자신을 조절할 뿐만 아니라 상대방을 조절하는 피드백회로이다.

지금까지 생체네트워크에 존재하는 다양한 형태의 모티프 구조들이 연구되어져 왔다. 노드를 세개 가지는 네트워크 모티프에서 나타날 수 있는 모든 연결 구조는 그림 10.2와 같다. 이러한 모티프들이 존재하는 빈도를 네트워크별로 그려보면, 네트워크의 종류에 따라 특정 패턴이 나타나게 된다[2]. 그림 10.3의 A는 대장균, 효모, 고초균의 유전자조절네트워크, B는 신호전달네트워크와 신경계네트워크, 그리고 초파리와 성게의 유전자조절네트워크, C는 인터넷과 사회관계망, D는 영어, 불어, 스페인어, 일본어의 단어 연결 네트워크에 대한 평균 모티프 빈도 분포도를 보여준다. 이처럼 각 네트워크가 수행하는 기능에 따라 내부에 존재하는 모티프 구조의 개수도 달라진다.

같은 종류의 네트워크라도 종에 따라서 모티프 특성이 다르다. 균계 효모

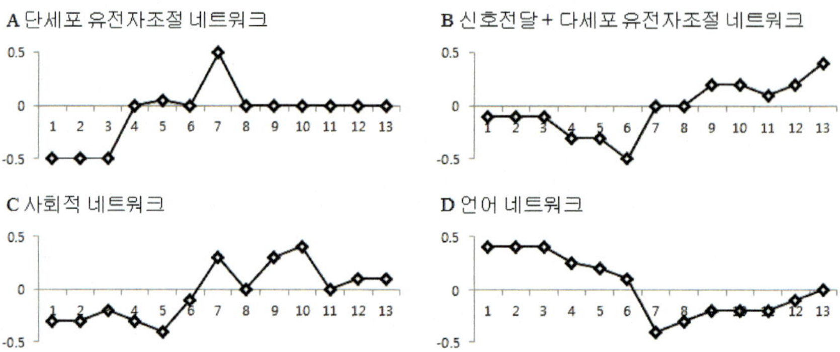

그림 10.3
각 네트워크 별 노드 3개로 구성된 모티프의 표준 발생빈도 [2]

(*Saccharomyces cerevisiae*), 식물계 애기장대(*Arabidopsis thaliana*), 동물계 인간(*Homo sapiens*)의 단백질 상호작용 네트워크(protein-protein ineraction network)를 분석한 한 연구에서 계(kingdom) 고유의 모티프 빈도 분포도가 존재할 수 있음이 밝혀진 바 있다[3]. 위와 같은 결과들로 볼 때, 모티프 구조는 네트워크의 특성을 파악할 수 있는 중요한 특징임을 알 수 있다. 앞으로 이러한 모티프 구조들이 보이는 동역학적 특성을 분석하고, 그 고유의 기능을 유추해본다.

10.2 피드포워드회로

10.2.1 피드포워드회로의 구조

노드가 3개인 부분네트워크에서 피드포워드회로는 그림 10.1B에서와 같이 두 개의 노드 X와 Y가 Z를 조절할 뿐만 아니라 X가 Y 또한 조절하고 있는 회로이다. 다시 말해서 Z를 조절하는 방법이 두 가지 즉, X가 Z를 직접 조절하는 방법과 Y를 거쳐서 조절하는 방법이 존재하는 회로이다. 이러한 회로의 구조와 특성은 여러 연구들을 통해 알려졌다[4-5].

회로에 존재하는 링크(link)의 조절역할은 활성(activation) 또는 억제(inhibition) 두 가지가 가능하다. 그림 10.1B와 같은 피드포워드회로에는 총 3개의 링크가 존재하므로, 각 링크별 두 가지 종류를 고려하면 피드포워드회로는 구조적으로 $2^3 = 8$ 종류가 존재할 수 있다. 이 중에서 X가 Z를 조절하는 두 가지 경로

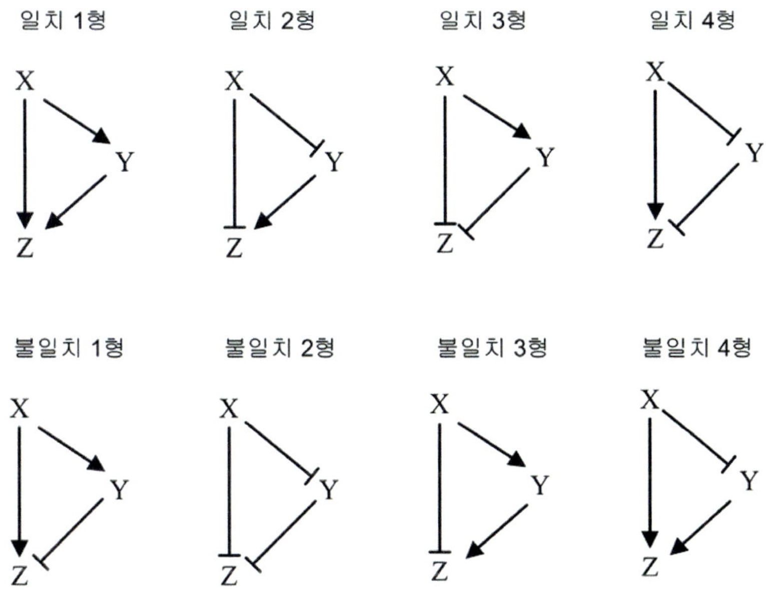

그림 10.4
일치와 불일치 피드포워드회로

가 기능적으로 일치하는 경우 즉, 두 경로가 모두 활성 기능을 하거나 둘 다 억제 기능을 하는 경우에는 그림 10.4의 첫째 행과 같이 네 가지가 존재할 수 있다. 이들을 일치 피드포워드회로(coherent feedforward loop)라고 부른다. 일치 1형과 4형 피드포워드회로는 X가 Z를 조절하는 두 가지 조절방법이 모두 활성인 경우이고, 일치 2형과 3형 피드포워드회로는 X가 Z를 조절하는 두 가지 조절방법이 모두 억제인 경우이다. X가 Z를 조절하는 방법이 서로 일치하지 않는 경우도 그림 4의 둘째 행과 같이 모두 네 가지가 존재할 수 있으며, 이들은 불일치 피드포워드회로(incoherent feedforward loop)라고 부른다.

피드포워드회로는 X와 Y가 동시에 Z를 조절하기 때문에 두 개의 노드가 함께 작용하는 방식도 회로 동작에 중요한 영향을 미친다. Z를 조절하기 위해서 X와 Y가 동시에 필요한 경우에는 AND(논리곱) 피드포워드회로, X나 Y 둘 중의 하나만 있어도 Z가 조절되는 경우는 OR(논리합) 피드포워드회로라고 부른다. AND와 OR는 7장에서 다룬 불리안 함수(Boolean function)이다.

피드포워드회로는 유전자전사조절네트워크(gene transcription network)에서 빈번히 발견된다. 유전자전사조절네트워크에서 그림 10.5A와 같은 피드포워드회

그림 10.5
두 개의 자극이 주어진 피드포워드회로(A)와 단순조절회로(B)

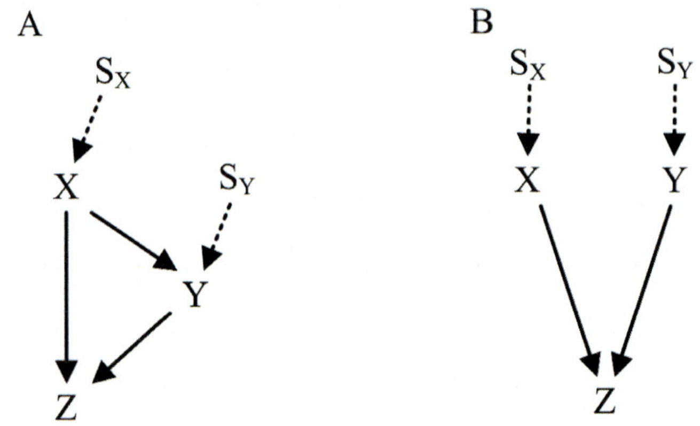

로는 두 개의 전사조절인자(transcription factor) X와 Y가 Z의 발현을 조절하며, X는 Y의 발현도 함께 조절하는 회로이다. 대부분의 전사조절인자는 자극에 의해 활성화된 다음 대상 유전자를 발현시킨다. 여기서는 X를 활성화시키는 자극(S_X)과 Y를 활성화시키는 자극(S_Y)을 고려하여, 이 두 자극의 조합($S_X = 0$ 또는 1, $S_Y = 0$ 또는 1)에 의한 Z의 발현양 변화로부터 피드포워드회로의 동역학 특성을 설명하고자 한다. 이때 그림 10.5B와 같이 두 자극에 의해 두 개의 전사조절인자 X와 Y가 단순하게 Z를 조절하는 단순조절회로와 피드포워드회로의 동역학 특성을 각 피드포워드회로별로 비교하여 알아보자.

10.2.2 일치 피드포워드회로의 특징

일치 1형 AND 피드포워드회로에서 Z의 정상상태(steady state)를 바꾸기 위해서는 두 개의 자극 S_X와 S_Y가 동시에 필요하다. $S_X = 1$일 때 X가 활성화되고, 활성화된 X 즉, X*가 Y의 발현량을 증가시킨다. 이 때 $S_Y = 1$이 되면 Y가 활성화되어 Y*가 되고 X*와 Y*가 동시에 즉, AND 논리로 Z의 발현을 유도한다. 그러므로 Z를 S_X와 S_Y의 이진논리함수로 표현하면 $Z = S_X \wedge S_Y$가 된다.

$S_X = 1$인 상태 즉, X가 충분히 활성화되고 일정시간이 지난 후에 $S_Y = 1$이 주어지면 Z의 발현양이 바로 증가하기 시작한다. 이것은 자극 S_X에 의해서 활성화된 X가 Y의 발현량을 증가시킨 상태에서 자극 S_Y가 주어졌기 때문에 발현된 Y가

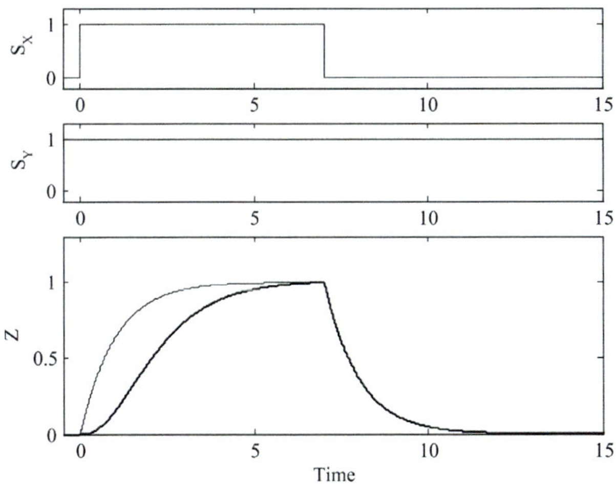

그림 10.6
단순조절회로의 반응곡선(가는 실선)과, 일치 1형 AND 피드포워드회로의 반응곡선(굵은 실선)

모두 Y*로 바뀌게 되고, 이 활성화된 Y*가 X*와 함께 동시에 Z의 발현량을 증가시키기 때문이다. 결국 이 경우에는 일치 1형 AND 피드포워드의 동적 특성이 그림 5B의 단순조절회로와 같다. 그러나 $S_Y = 1$인 상태에서 $S_X = 1$이 수어지면 Z의 발현양이 바로 증가하지 않고 약간의 시간지연(time delay) 후에 Z의 발현양이 증가하기 시작한다(그림 10.6). 이것은 단백질 Y가 Y*가 되어 X*와 함께 Z의 발현을 유도하는데 시간이 소요되기 때문이다.

일치 1형 AND 피드포워드회로는 $S_Y = 1$인 상태에서 X에 자극이 주어지면 시간지연 현상이 나타나지만 자극이 사라질 때는 시간지연 현상이 나타나지 않는다. 이것은 X에 주어진 자극이 사라지면 활성화된 X*가 즉시 비활성화된 X로 바뀌어 Z의 발현량을 증가시키는데 관여하지 않으므로 Z는 자극 S_X가 사라지면 자체 소멸에 의해 서서히 줄어들기 때문이다.

일치 1형 OR 피드포워드회로에서는 Z의 정상상태(steady state)를 바꾸기 위해서 자극 S_X만 주어지면 충분하다. $S_X = 1$일 때 X가 활성화되고, 활성화된 X*가 Y의 발현량을 증가시킨다. 또한 X*와 Y*가 OR 논리관계로 Z의 발현을 조절하므로 자극 S_Y에 관계없이 X*가 Z의 발현량을 증가시킬 수 있다. 그러나 $S_Y = 1$만 주어진 경우에는 Y가 존재하지 않으므로 Y*가 생길 수 없어서(물론 X*도 존재하지 않는다) Z의 발현량이 증가하지 않는다. 그러므로 Z를 S_X와 S_Y의 이진함수로

그림 10.7
단순조절회로의 반응곡선(가는 실선)과 일치 1형 OR 피드포워드회로의 반응곡선(굵은 실선)

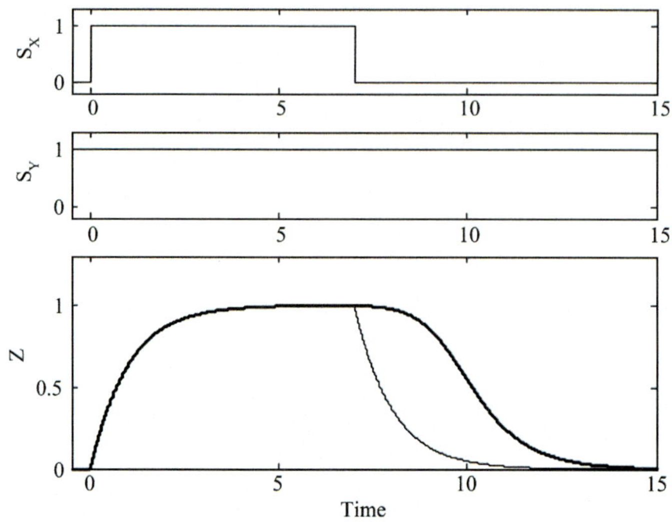

표현하면 $Z = S_X$가 된다.

일치 1형 AND 피드포워드회로는 자극이 주어질 때 시간시연이 일어나는데 반해서 일치 1형 OR 피드포워드회로는 자극이 사라질 때 시간지연이 일어난다. 그림 10.7에서 보는 바와 같이 $S_Y = 1$인 상태에서 $S_X = 1$이 주어지면 Z의 발현양이 바로 증가하기 시작한다. 그러나 $S_X = 1$이고 $S_Y = 1$인 상태에서 X에 주어진 자극을 없애면 즉, $S_X = 0$으로 하면 Z의 발현양이 바로 감소하지 않고 약간의 시간이 흐른 후에 감소하기 시작한다. 즉, 일치 1형 OR 피드포워드회로는 자극이 주어질 때는 시간지연 현상을 보이지 않지만 자극이 사라질 때 시간지연 현상을 보인다.

10.2.3 불일치 피드포워드회로의 특징

불일치 1형 AND 피드포워드회로는 불일치 피드포워드회로 가운데 가장 많이 발견되는 네트워크 모티프이다. 우선, 불일치 1형 AND 피드포워드회로에서 Z의 정상상태를 결정하기 위한 자극에 대해서 알아보자. $S_X = 1$이면 X가 활성화되고, 활성화된 X 즉, X*가 Y의 발현량을 증가시킨다. 이 때 $S_Y = 1$이면 Y가 활성화되어 Y*가 되는데 X*는 Z의 발현을 증가시키고 Y*는 Z의 발현을 억제하는 역할을 하므로 Z의 발현량을 증가시키기 위해서는 Y가 활성화되어서는 안 된다. 즉, X는 활성

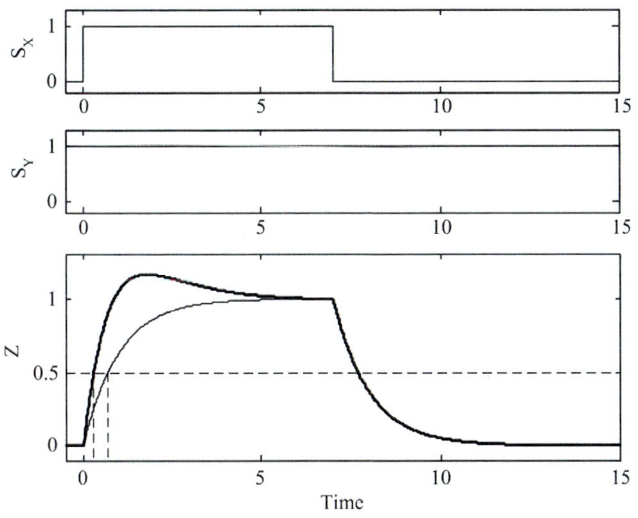

그림 10.8
단순조절회로의 반응곡선(가는 실선)과 불일치 1형 AND 피드포워드회로의 반응곡선(굵은 실선)

화되고 Y가 활성화되지 않으면 Z의 양이 증가한다.

일치 피드포워드회로가 시간지연 현상을 보이는데 반해서 불일치 피드포워드회로는 반응속도 가속현상을 보인다. 그림 10.8은 $S_X = 1$, $S_Y = 1$일 때 같은 수준의 정상상태를 갖는 불일치 1형 AND 피드포워드회로와 단순조절회로의 반응곡선을 보인다. 이 그림에서 반응시간을 정상상태의 1/2에 도달하는 데까지 걸린 시간이라고 하면 불일치 1형 AND 피드포워드회로가 단순조절회로보다 반응시간이 절반도 안 되는 것을 알 수 있다. 이와 같이 불일치 피드포워드회로에서 반응속도 가속현상이 일어나는 것은 Y*는 Y의 생성을 거쳐야 하므로 Y*가 억제활동을 하기 이전에 X*가 Z의 생성을 유도하기 때문이다.

불일치 피드포워드 회로가 최종 반응 노드에 대해 활성과 억제의 서로 다른 제어를 함으로써 유발되는 또 다른 특징은 양상성 반응(biphasic response)이다. 양상성 반응은 동일한 외부 자극에 대하여 두 가지 상태의 반응을 일으키는 것을 의미한다. 입력의 증가나, 시간의 변화에 따라 출력이 증가하다가 다시 감소하는 현상을 양상성 반응이라 한다. 이러한 양상성 반응은 시간 의존적 양상성 반응(time-dependent biphasic response)과 자극 의존적 양상성 반응(dose-depedent biphasic response)으로 분류할 수 있다(그림 9). 자극 의존적 양상성

그림 10.9
불일치 피드포워드의 시간 의존적인 양상성 반응 형태(A)와 자극 의존적인 양상성 반응 형태(B).

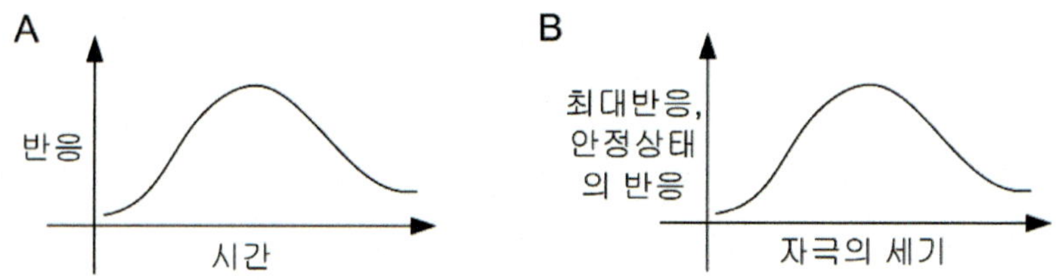

반응은 다시 최대 반응(maximal response)을 보이는 시점과, 정상상태(steady state)의 시점에 따라 분류할 수 있다.

그렇다면 이러한 메커니즘의 역할은 무엇일까. 첫째, 시스템은 시간 의존적 양상성 반응을 유발하는 불일치 피드포워드 회로를 통해 펄스 생성기(pulse-generator)로서의 역할을 수행할 수 있다(그림 10.9A). 특히 피드포워드 회로가 중첩될 경우 펄스를 다중 형태로 생성할 수도 있다. 또한 인공적으로 합성된 유전자 조절네트워크의 불일치 피드포워드 회로를 통해 자극이 주어지면 시간에 따라 반응이 증가하다가 감소하는 패턴이 발생하게끔 하는 것이 가능하다[6]. 이는 시스템이 외부 자극이 지나치게 오랫동안 주어지더라도 일정한 시간동안만 반응할 수 있게 함으로써 또다른 외부자극에 대해 대처할 수 있도록 하는 이점을 갖게 만든다.

둘째, 시스템은 자극 의존적인 불일치 피드포워드 회로를 통해 그림 10.9B와 같이 외부 자극의 농도가 특정 범위에 존재할 경우에만 반응이 일어나는 종형 반응(bell-shaped response) 시스템 또는 대역통과 여과기(band pass filter)의 역할을 수행할 수 있다. 이러한 시스템의 특징은 반응을 최대화시키는 최적화된 입력 신호의 크기가 존재한다는 점이며, 동시에 세기가 지나치게 작은 자극과 지나치게 큰 자극 모두를 일종의 잡음으로 인식하여 반응하지 않을 수 있다는 점이다[7].

셋째, 시스템은 자극 의존적인 불일치 피드포워드 회로를 통해 자극의 공간 분포에 대한 농도 인식기(concentration detector)의 역할을 수행할 수 있다. 불일치 피드포워드 회로가 중첩되면 자극 의존적인 다중 양상성 반응이 발생할 수 있다. 실제로 초파리의 경우, 발생과정 중에 자극물질인 형태형성자(morphogen)는 중앙에서 생성되어 양끝으로 농도 구배를 통해 분포하게 되고 이를 이용하여 서로 다른 두 패턴이 반복적으로 나타나는 경우가 존재하는데, 어쩌면 중첩된 불일치 피드포워드의 존재가 이러한 현상을 가능하게 했을 수 있다[8].

신호전달경로 및 유전자조절네트워크에서 불일치 피드포워드 모티프가 많이 존재함이 관찰되고 있다. 동일한 자극에 대하여 상반된 역할을 수행하는 불일치 피드포워드의 존재는 직관적으로 이해하기 어려운 부분이다. 본 절에서는 불일치 피드포워드에 관여하는 낮은 역치를 갖는 활성 반응과 높은 역치를 갖는 억제 반응으로 인한 양상성 반응에 대해 소개하였다. 이러한 시스템의 시간 의존적인 양상성 반응과 자극 의존적인 양상성 반응을 일으키는데 역할을 수행하는 파라미터의 분포는 다르다는 것이 밝혀진 바 있다[9]. 이는 시스템이 동일한 구조를 가지더라도 설계된 목적에 따라 다른 파라미터를 가지도록 진화되어졌음을 암시한다.

10.2.4 피드포워드회로에 대한 실험 연구

우리는 앞에서 피드포워드회로의 동역학 특성들을 살펴보았다. 간단히 요약하자면 일치 피드포워드회로는 시간지연 효과를 보일 수 있고, 불일치 피드포워드회로는 반응속도 가속이나 양상성 반응을 보일 수 있다. 이러한 현상들은 시뮬레이션에서만 관측되는 것이 아니라 실험으로도 확인된 바 있다. 여기서는 실험으로 검증된 몇 가지 예를 소개한다[4, 10].

우선 일치 피드포워드회로의 시간지연 효과를 보이는 피드포워드회로의 예는 대장균 편모의 모터 생성에 관여하는 회로가 있다. 그림 10.10A는 대장균의 편모 생성에 관여하는 오페론을 생성하는 일치 1형 OR 피드포워드회로를 나타낸다. fliA가 스스로 자신을 활성화시킨다는 것이 일치 1형 피드포워드회로와 다른 점이다. FlhDC에 자극을 주었다가 없애면 그림 10.10B에서와 같이 시간지연 현상이 나타난다. 이런 현상은 피드포워드 구조를 망가트릴 경우, 즉 fliA 유전자의 기능을 없애면 상대적으로 빠르게 반응하는 현상으로부터 대조적으로 확인되어진다.

불일치 피드포워드회로의 대표적인 동역학 특성인 반응속도 가속에 대해서 실험적으로 확인한 결과도 있다. 그림 10.10C는 대장균에 존재하는 갈락토오스 분해 관련 피드포워드회로이다. 이 구조는 불일치 1형인데 galS는 스스로를 억제하는 음성피드백을 가지고 있다. 그림 10.10D에 있는 실험 결과를 보면 이런 불일치

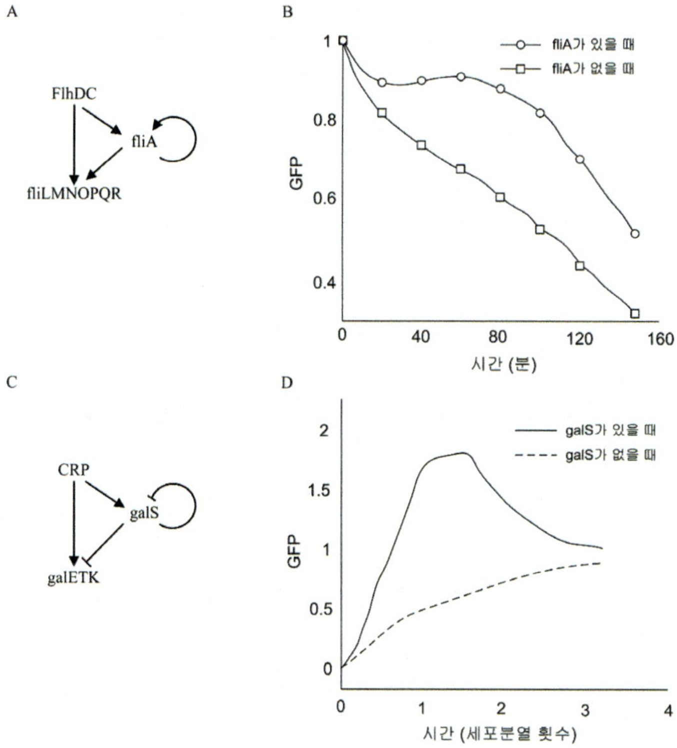

그림 10.10
(A) 편모 모터 생성에 관여하는 피드포워드회로. (B) (A)에서 fliA가 있을 때와 없을 때의 반응곡선. (C) 갈락토오스 자극에 반응하는 피드포워드회로. (D) (C)에서 galS가 있을 때와 없을 때의 반응곡선[4, 10]

피드포워드회로를 지니고 있는 대장균들은 자극이 주어졌을 때 단순조절회로에 비해서 반응속도가 가속화됨을 알 수 있다.

우리는 피드포워드회로의 동역학 특성을 시뮬레이션 결과를 통해서 살펴보았고 이러한 특성이 이론적으로만 가능한 것이 아니라 실제 세포내에서 존재한다는 실험결과들을 살펴보았다. 피드포워드회로의 대표적인 특성인 시간지연이나 반응속도 가속, 양상성 반응 등이 생물학적으로 어떤 의미가 있는지는 아직 많이 알려지지 않았고 계속 연구되어져야 할 분야이다.

10.3 피드백회로

피드백(feedback)은 공학에서 시스템의 출력이 다시 입력으로 되돌아와 시스템에 영향을 주는 되먹임 메커니즘을 일컫는다. 즉, 원인에 의해 발생된 결과가 다시 그 원인에 영향을 미치는 형태이다. 이러한 피드백은 시스템 공학에서 제어의 핵심 요소이며, 생체내에서도 빈번히 발견되는 메커니즘이다. 출력 신호가 시스템을 변화시키는 방향에 따라, 피드백 구조는 음성피드백(negative feedback)(그림 10.11)과 양성피드백(positive feedback)(그림 10.15)으로 구분할 수 있다. 음성피드백은 기본적으로 시스템이 적절한 상태를 유지하도록 해주며 , 양성피드백은 시스템의 상태를 증폭시키는 역할을 한다.

10.3.1 개루프 시스템과 폐루프 시스템

일반적으로 시스템에는 입력과 출력이 정의되며, 내부 상태와 주어진 외부 입력에 따라 출력이 결정된다. 그리고 제어장치를 통해 적절히 입력을 조절함으로써 원하는 출력을 얻는다. 이 때 입력을 잘 조절하기 위해서는 시스템의 출력신호를 측정하는 감지기가 필요하다. 원하는 출력신호를 기준신호라고 하며, 시스템이 감지기에 의한 출력신호와 기준신호 사이의 오차를 줄이면서 동작되도록 제어해나간다.

그림 10.12A에서 보는 바와 같이 시스템에서는 출력신호가 감지기를 거쳐 입력단에 사용되는데, 이와 같이 시스템과 피드백 신호 및 감지기로 이루어지는 전체를 폐루프(closed-loop) 시스템이라고 부르며, 시스템의 출력을 입력단에 피드백해서 활용하기 때문에 피드백 시스템이라고도 한다.

출력신호를 활용하지 않는 제어시스템을 개루프(open-loop) 시스템이라고 부른다(그림 10.12B). 그런데 개루프 시스템은 대상이 되는 시스템이 어떻게 동작하는지 미리 잘 알고 있는 경우에만 사용 가능하기 때문에, 많은 경우 개루프 시스템 방식의 제어는 잘 사용되지 않으며 폐루프 시스템이 주로 널리 사용되고 있다.

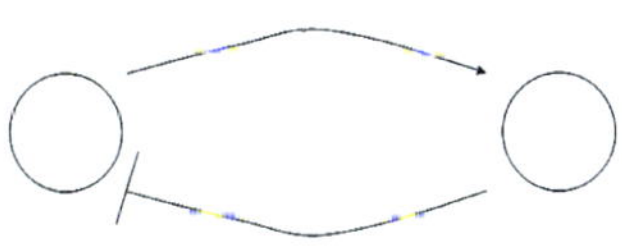

그림 10.11
음성피드백

그림 10.12
페루프 시스템(A)과 개루프 시스템(B)

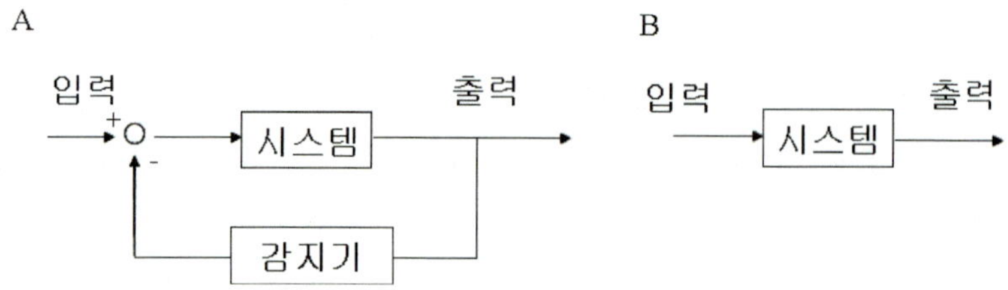

10.3.2 음성피드백

입력 신호를 약화시키는 것을 음성피드백이라 하며, 주로 안정된 시스템을 만들 때 쓰인다. 그림 10.11에서 보듯이 두 물질사이에 상호 활성화와 억제의 관계로 짝을 이루어 형성된다.

제어 분야에서는 시스템을 안정화시키는 것을 목적으로 주로 음성피드백을 사용하는데, 이론적으로 많은 결과들이 정립되어 있다. 이론에 앞서 실용적으로도 음성피드백은 이미 증기기관이 실용화된 18세기 후반부터 속도 조절에 활용되었다. 증기기관에서 나온 회전력이 너무 빠르면 증기 밸브를 열어서 증기 압력을 떨어뜨려 속도를 줄였고, 반대로 속도가 줄면 증기 밸브를 닫아서 속도를 증가시켰다. 이런 식으로 음성피드백을 통해 속도를 어느 정도 일정하게 유지시킬 수 있었다. 그림 10.13A는 증기기관차의 속도 조절 장치에 대한 간략한 모델을 보여준다. 속도가 증가하면서 원심력에 의해 추가 위로 움직이고 그 힘은 유입되는 증기의 양을 감소시킨다. 그림 10.13A의 속도 조절 장치를 폐루프 시스템 관점에서 그리면 그림 10.13B와 같다. 원하는 속도보다 실제 속도가 클 경우는 음의 값이 적분되기 때문에 증기기관으로 유입되는 증기량이 점점 줄어들게 되어 속도도 줄어들게 된다. 생명체내에서도 음성피드백 메커니즘이 주로 항상성을 유지하는 역할을 한다.

10.3.3 양성피드백

입력신호에 출력신호가 더해질 때 이것을 양성피드백이라고 하며, 출력 신호를 증가시키는 역할을 한다. 주변에서 흔히 볼 수 있는 확성기는 마이크에 입력되는 음성 신호를 증폭기에서 크게 증폭하여 스피커로 내보내는데, 스피커에서 나온 소

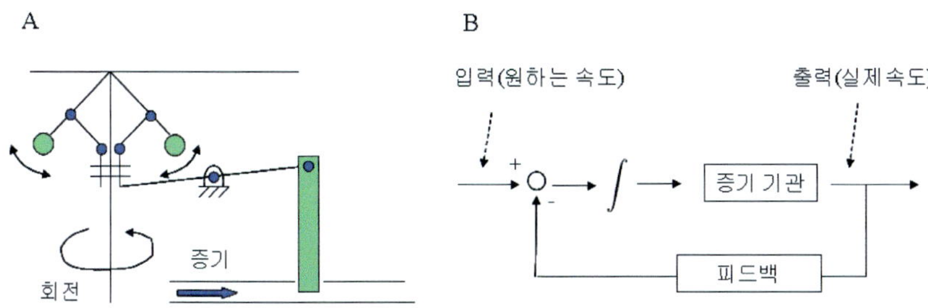

그림 10.13
증기기관차의 속도조절장치(A)와 음성피드백 메커니즘(B).

리가 다시 마이크로 들어가서 증폭기를 통해 더욱 크게 증폭되어 스피커로 출력되면서 "삐이익" 하는 소리가 나는 경우가 있다. 이것은 전형적인 양성피드백이 형성된 예이다. 양성피드백이 유용하게 사용되는 예로 전기회로에서 널리 사용되고 있는 발진기(oscillator)가 있다. 그림 10.14에서 공진기(resonator)는 특정 주파수의 신호만 피드백 루프를 돌며 증폭되도록 하기 위한 것이며, 전체적으로 양성피드백이 형성되어 있다.

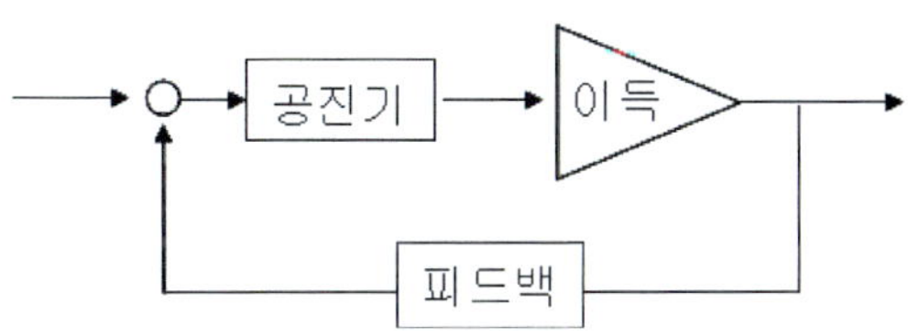

그림 10.14
발진기의 원리

생명체내에서도 여러 신호조절작용을 위해 다양한 양성피드백이 구성되어 있다. 그림 10.15는 두 물질사이에 상호 활성화 또는 억제 관계로 이루어진 양성피드백을 나타낸다. 양성피드백은 여러 가지 스위칭 동작, 이력현상, 양안정성 등과 같은 유용한 동역학 성질을 구현하기도 하지만, 쇼크 현상같이 시스템에 안 좋은 영향을 끼칠 수도 있다.

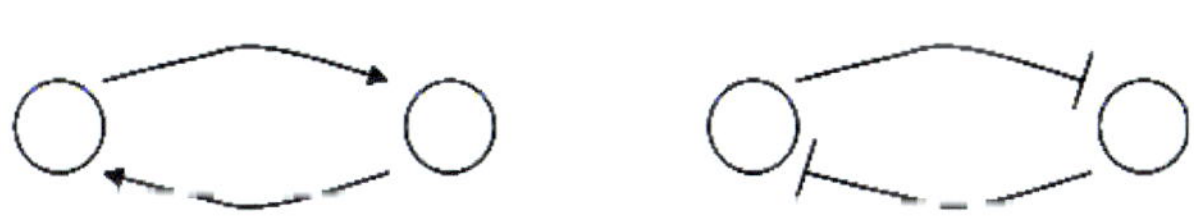

그림 10.15
양성피드백

그림 10.16
이력현상이 존재하는 생체시스템 회로들 [11]

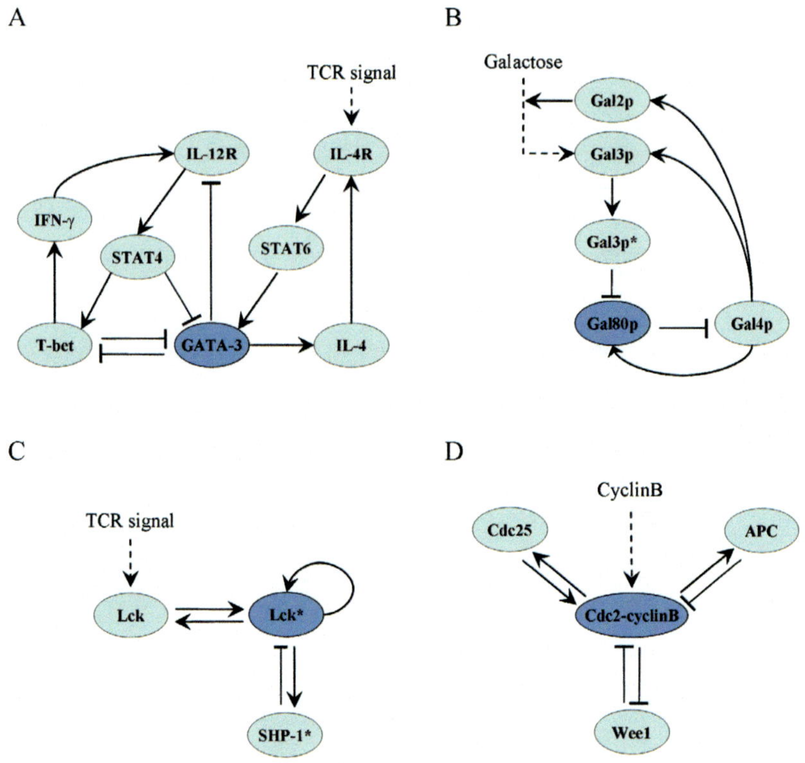

10.3.4 이력현상

어떤 물리적 시스템에서는 자극을 증가시킬 때 반응의 변화곡선과 자극을 감소시킬 때 반응의 변화곡선이 서로 다른 현상이 나타나기도 한다[11]. 이와 같은 현상을 이력현상(hysteresis)이라고 하고, 그 두 개의 반응곡선을 이력현상 루프라고 한다(8장 참조). 이 경우 시스템의 반응은 현재의 자극뿐만 아니라 과거에 주어진 자극의 상태에 따라서 복합적으로 결정된다. 즉, 과거 정보를 기억하는 회로로 동작하게 되는 것이다.

이력현상을 보이는 어떤 시스템이 있을 때 특정 반응을 유도하기 위해서는 현재와 과거 모두의 자극 상태를 고려해야 하므로 원하는 특정 반응을 빨리 유도해 내기가 쉽지 않다. 그래서 과거에는 이러한 이력현상이 공학시스템을 설계할 때 극복해야할 할 문제로만 인식되었었다. 그러나 최근에는 이러한 이력현상 자체를 잘 이용함으로써 여러 곳에서 활용되어지고 있다[11]. 그 대표적인 예가 자기 시스템(magnetic system)이다. 강자성의 물질에 자기장 자극을 가한 후에 자극을 제거하면 그 물질의 자성은 자극을 가하기 전의 상태로 되돌아오지 않는다. 이러한 성질은 컴퓨터의 하드디스크, 카세트 테잎 등에 정보를 기록하는 방식으로 이용되고 있다. 또 다른 예로는 전기회로에서 외부 노이즈를 제거하거나 양안정성 스위치 등을 구현하는데 널리 사용되는 슈미트 트리거 (Schmit trigger) 회로가 있다.

이력현상은 물리적 시스템뿐만 아니라 생체시스템에도 존재한다. 그림 10.16에 이력현상을 유발하는 몇 개 생체회로의 예가 있다. 그림 10.16A는 면역시스템에서 T-세포의 분화와 관련된 회로이다[3]. T-세포는 인터페론 감마와 IL4의 농도에 따라서 Th1 세포와 Th2 세포로 분화된다. IL4의 농도가 일정수준 이전까지 증가할 때는 GATA-3 단백질의 농도가 서서히 증가하다가 일정수준을 넘어서면 급격히 증가하게 되고 높은 상태의 농도를 계속 유지하게 된다. 이 때 T-세포는 Th2 세포로 분화된다. 그러나 IL4의 농도가 다시 그 일정수준 이하로 떨어지면 GATA-3의 농도가 낮은 상태로 돌아가지 않는다. GATA-3의 농도를 낮은 상태로 되돌리려면 그 일정수준보다 훨씬 낮은 상태의 IL4의 농도가 필요하다. 그러므로 그림 10.16A의 회로는 이력현상을 보이게 된다. 그림 10.16B는 갈락토즈(galactose) 신호전달경로이다[4]. 갈락토즈가 자극으로 주어지면 세포는 Gal80 단백질을 활성화하여 갈락토즈를 분해하는데 필요한 유전자 발현을 촉진하게 된다. 이 갈락토즈 신호전달경로에도 이력현상이 존재하여 세포외부의 갈락토즈의 농도 변화에 따라서 세포내의 갈락토즈 분해 관련 효소의 발현량이 급격하게 변하는 것을 막아준다. 그림 10.16C는 T-세포 TCR 신호경로이다[5,6]. T-세포의 수용체(TCR)가 APC에 있는 MHC와 결합하면 TCR 주위에 Lck 단백질이 모이게 되고, Lck의 농도가 증가해도 활성화된 Lck 즉, Lck*의 농도는 낮은 상태를 유지하다가 Lck의 농도가 어느 일정수준을 넘어서면 Lck*의 농도가 비로소 급격히 증가한다. 이 때 Lck의 농도를 감소시키면 Lck*의 농도는 서서히 떨어지게 되고 처음의 낮은 상태로 되돌아가기 위해서는 앞의 일정수준보다 더 낮은 수준으로 Lck의 농도가 떨어져야 한다. 앞서 설명한 3가지의 예는 가역적(reversible) 스위칭 시스템인데, 비가역적(irreversible) 스위칭 시스템의 예도 존재한다. 그림 10.16D는 세포주기(cell cycle)의 주기적 진동

(oscillation)에 관한 회로인데 비가역적 시스템이다[7,9]. 즉, 이 시스템에서 세포주기는 일단 그 주기를 따라 프로세스가 진행되면 다시 이전의 상태로 되돌아가는 것을 허용하지 않는다.

10.4 결합피드백회로

생체 내에는 피드백회로를 포함한 다양한 형태의 회로들이 존재한다. 그런데 흥미롭게도 피드백회로를 포함하는 네트워크를 살펴보면 피드백회로들이 단독으로 존재하기보다 많은 경우 중첩(coupled)되어서 존재한다. 중첩되어 있는 피드백회로들은 보통 많은 노드를 포함하고 있고, 중첩되는 구조도 다양하다. 이를 단순화하기 위하여, 여러 노드를 가지고 있는 피드백회로들을 두 개의 노드를 갖는 피드백회로로 단순화하고, 피드백회로가 하나의 노드를 공유하는 형태로 중첩되어 있다고 가정해보자. 중첩된 피드백 구조는 중첩되는 피드백회로의 종류에 따라 PP, PN, NN으로 구분할 수 있다. 여기서 PP는 두 개의 양성피드백회로가 중첩된 구조, PN은 한 개의 양성피드백회로와 한 개의 음성피드백회로가 중첩된 구조, NN은 두 개의 음성피드백회로가 중첩된 구조를 나타낸다.

10.4.1 결합피드백회로의 수학모델

여기서 수학모델은 생명현상을 모델링할 때 널리 사용되고 있는 힐 함수(Hill function)을 이용해보자. 힐 함수는

$$f(x) = \frac{Vx^H}{K^H + x^H} = \frac{V(\frac{x}{K})^H}{1 + (\frac{x}{K})^H} \tag{10.2}$$

또는

$$g(x) = \frac{V}{1 + (\frac{x}{K})^H} \tag{10.3}$$

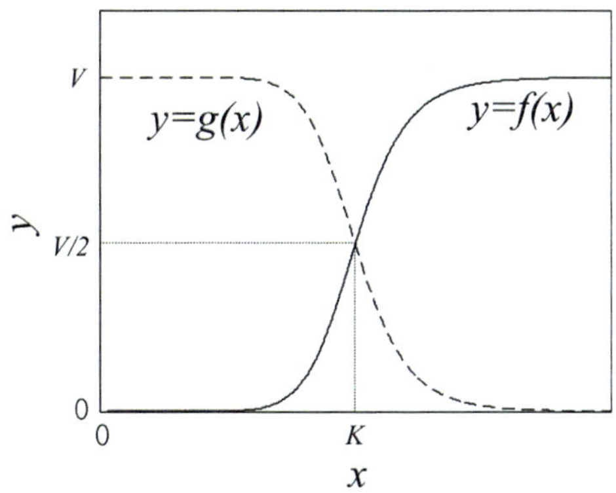

그림 10.17
두 가지 힐 함수(식 (10.2)와 (10.3))의 그래프

와 같이 정의된다. 여기서 V는 함수의 상한값을 나타내는 파마미터이고, K는 함수값이 $V/2$가 되는 x의 값을 나타내는 파라미터이다(그림 10.17). 또한 H는 힐 계수(Hill coefficient)라고 불리는데, H가 크면 클수록 K 근방에서의 그래프 기울기가 크게 된다. 식 (10.2)와 같은 형태의 힐 함수는 정의구역 전 구간에서 단조증가하므로 하나의 노드가 다른 노드를 활성화시키는 경우에 적용되고, 식 (10.3)의 경우는 정의구역 전 구간에서 단조감소하므로 하나의 노드가 다른 노드를 억제할 경우에 적용된다. 유전자 네트워크와 같은 많은 생물학 시스템들은 자극에 대한 반응이 힐 함수와 같은 형태로 나타내어진다. 우리는 피드백회로에서 활성화는 식 (10.2)를 사용하고, 억제는 식 (10.3)을 사용해서 모델링한다. 구체적인 수학 모델들은 다음과 같다.

양성피드백회로 P:

$$\frac{dX}{dt}=\frac{V_1(Y/K)^H}{1+(Y/K)^H}-K_dX,$$
$$\frac{dY}{dt}=\frac{V_2(X/K)^H}{1+(X/K)^H}-K_dY.$$

음성피드백회로 N:

$$\frac{dX}{dt}=\frac{V_1}{1+(Y/K)^H}-K_dX,$$

$$\frac{dY}{dt} = \frac{V_2 (X/K)^H}{1+(X/K)^H} - K_d Y.$$

중첩된 피드백회로 PP:

$$\frac{dX}{dt} = \frac{V_1 (Y/K)^H}{1+(Y/K)^H} - K_d X,$$

$$\frac{dY}{dt} = \frac{V_2 ((X/K)^H + (Z/K)^H)}{1+(X/K)^H + (Z/K)^H} - K_d Y,$$

$$\frac{dZ}{dt} = \frac{V_3 (Y/K)^H}{1+(Y/K)^H} - K_d Z.$$

중첩된 피드백회로 PN:

$$\frac{dX}{dt} = \frac{V_1 (Y/K)^H}{1+(Y/K)^H} - K_d X,$$

$$\frac{dY}{dt} = \frac{V_2 (X/K)^H}{1+(X/K)^H + (Z/K)^H} - K_d Y,$$

$$\frac{dZ}{dt} = \frac{V_3 (Y/K)^H}{1+(Y/K)^H} - K_d Z.$$

중첩된 피드백회로 NN:

$$\frac{dX}{dt} = \frac{V_1 (Y/K)^H}{1+(Y/K)^H} - K_d X,$$

$$\frac{dY}{dt} = \frac{V_2}{1+(X/K)^H + (Z/K)^H} - K_d Y,$$

$$\frac{dZ}{dt} = \frac{V_3 (Y/K)^H}{1+(Y/K)^H} - K_d Z.$$

10.4.2 중첩된 피드백회로 PP의 동역학 특성

두 개의 양성피드백회로가 중첩되면 일반적으로 양성피드백회로의 특성들이 강화된다. 중첩된 피드백회로는 단일 피드백회로에 비해 자극에 대한 반응시간을 더

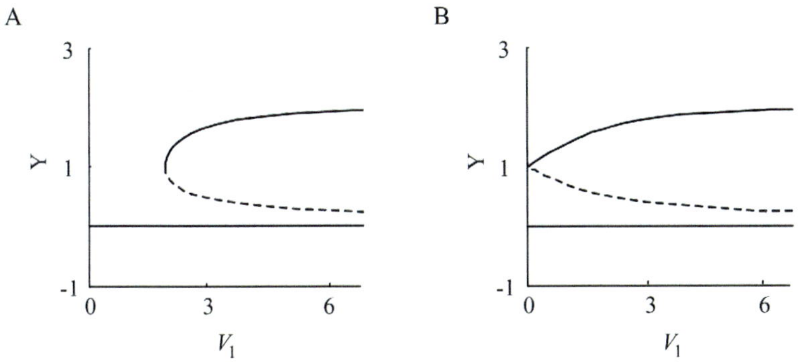

그림 10.18

(A) 단일 양성피드백회로 모델의 분기도. (B) 중첩된 피드백회로 PP 모델의 분기도

느리게 하고, 신호를 더 많이 증폭시킨다. 또한 그림 10.18에서 보는 바와 같이 양안정성이 발생할 수 있는 파라미터의 범위가 넓어진다. 그림 10.18은 두 개의 수학모델(P와 PP)에서 속도상수 V_1을 변화시킬 때, Y의 상태를 나타낸 분기도(bifurcation diagram)이다. 그림에서 실선은 안정한 상태(stable state)를 나타내고, 점선은 불안정한 상태(unstable state)를 나타낸다. 그림 10.18A는 단일 양성피드백회로 모델의 분기도인데, V_1이 1.9보다 작을 때는 1개의 안정된 상태를 갖고, V_1이 1.9보다 크면 두 개의 안정된 상태 즉, 양안정성을 갖는다. 이에 비해서 중첩된 양성피드백회로 PP의 분기도인 그림 10.18B를 보면, 모든 양수 V_1에 대하여 안정된 상태를 2개 갖는다. 이와 같이 양성피드백회로가 중첩되면 양안정성이 보다 더 잘 일어나게 된다.

양성피드백회로를 중첩시키면 양안정성이 잘 일어날 뿐만 아니라 이력현상도 잘 일어난다. 그림 10.19A는 단일 양성피드백회로 모델에서 $V_1 = V_2 = 1.5$, $H = 2$이고 다른 상수들은 1일 때, 자극-반응곡선이다. 자극이 증가할 경우의 반응곡선과 자극이 감소할 경우의 반응곡선이 약간 차이가 난다. 여기에 동일한 파라미터 값을 갖는 동일한 구조의 양성피드백회로를 중첩시키면 그림 10.19B와 같이 자극이 감소할 경우의 반응곡선이 그림 10.19A에 비해서 전체적으로 왼쪽으로 옮겨진다. 따라서 양성피드백을 중첩시키면 이력현상이 강화된다고 할 수 있다.

중첩된 양성피드백회로는 단일 양성피드백회로의 특성을 강화시킬 뿐만 아니라 중첩된 각각의 피드백회로의 속도에 의한 효과도 지니게 된다. 두 개의 느린 피드

그림 10.19

(A) 단일 양성피드백회로의 자극-반응곡선. (B) 중첩된 피드백회로 PP의 자극-반응곡선. (C) 중첩된 피드백회로 PN의 자극-반응곡선.

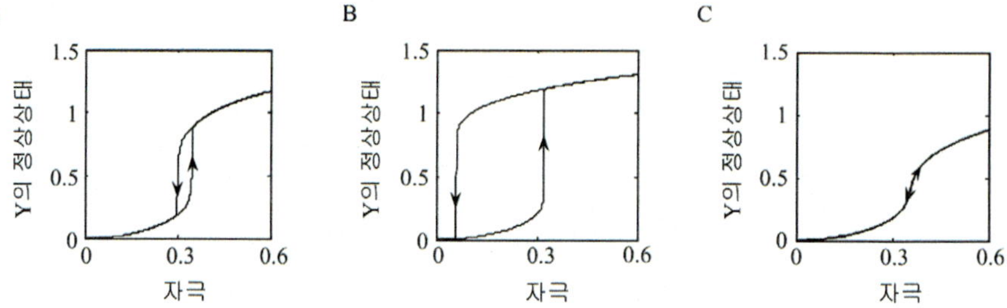

백회로가 중첩되면 전반적으로 자극에 반응하는 속도가 늦고 자극이 사라진 후에도 반응이 지속 된다. 반면에, 빠른 양성피드백회로가 중첩되면 앞의 경우와 반대로, 자극에 반응하는 속도도 빠르고, 자극이 사라지면 해당하는 반응도 곧 없어진다. 하나의 빠른 양성피드백회로와 느린 양성피드백회로가 중첩되면 자극에 대한 반응은 빠르고, 자극이 사라진 후의 반응 지속시간은 길어지게 된다. 뿐만 아니라, 이 경우에는 노이즈가 있는 자극에 대해서 노이즈에 의한 영향이 줄어드는 효과도 가지고 있다. 이와 같이 중첩된 양성피드백회로는 각각의 양성피드백회로의 속도에 따라서 다양한 반응을 유도한다.

10.4.3 중첩된 피드백회로 NN의 동역학 특성

음성피드백회로가 중첩되면 일반적으로 음성피드백의 효과가 강화된다. 중첩된 음성피드백회로 NN은 단일 음성피드백에 비해서 강한 자극에 대한 반응의 진폭(amplitude)을 더 낮추고 반응속도를 더욱 빠르게 한다. 이는 결과적으로 신호에 섞여있는 노이즈에 대해서 시스템이 더 둔감하게 반응하도록 하는 효과를 나타낸다. 그렇지만 일반적으로 NN의 진폭이 N에 비해서 작은 것은 아니다. 그림 10.20A에서 보는 바와 같이 자극이 주어진 직후에는 NN이 N에 비해서 더 빨리, 그리고 더 크게 반응이 떨어진다. 그러나 NN은 N보다 더 높은 수준까지 다시 올라간다. 그러므로 그림 10.20A와 같이 자극 후에 더 오랫동안 진동할 수 있다. 그러므로 음성피드백이 중첩되면 진동현상을 더 강화하게 된다. 그림 10.20B와 같이 지속적인 진동현상도 NN에서 더 잘 일어날수 있다(그림 10.20B에서 N과 NN은 동일한 파라미터 값을 이용해서 구현되었다). 실제로 그림 10.20C와 같이

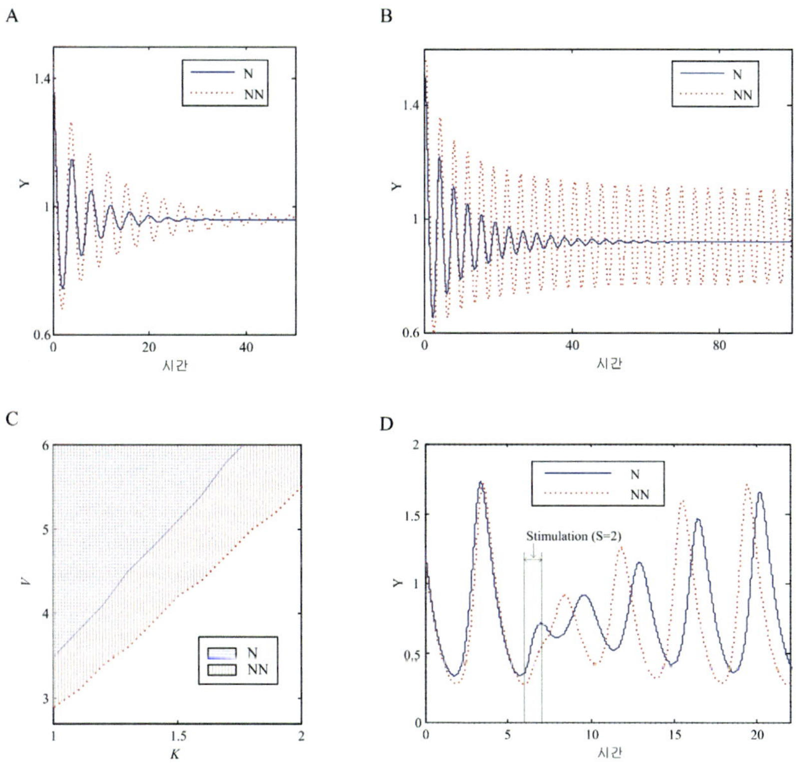

그림 10.20

A) $K=2$, $V=5$일 때는 N과 NN 모두 감쇠진동한다. B) $K=2$, $V=6$일 때는 N은 감쇠진동하고 NN은 지속적으로 진동한다. C) N과 NN이 지속적으로 진동하도록 하는 파라미터 값의 범위. D) 시간 6~7에서 섭동이 주어졌을 때 N과 NN의 반응곡선.

N과 NN이 지속적으로 진동하는 파라미터 값들의 범위를 살펴보면 NN의 범위가 더 넓은 것을 알 수 있다(여기서는 다른 파라미터 값은 고정시켜놓고 K와 V의 값을 변화시켰다).

NN이 진동현상을 강화시킴으로써 유발하게 되는 또 다른 성질은 진동의 진폭이나 주기가 자극의 갑작스런 변화에 덜 민감하게 변하는 것이다. 그림 10.20D는 N과 NN이 지속적으로 진동하고 있을 때 '시간 6'에서 짧은 시간동안 자극이 주어졌을 경우 반응곡선들을 나타낸다. NN이 N에 비해서 전반적으로 진폭과 주기가 덜 변하하는 것을 알 수 있다.

10.4.4 중첩된 피드백회로 PN의 동역학 특성

양성피드백회로와 음성피드백회로가 중첩되면 양성피드백회로와 음성피드백회로의 특성을 둘 다 갖게 된다. 물론 두 가지 특성을 갖게 됨으로 인해 약화되는 것도

그림 10.21
자극이 (A)와 같이 주어졌을 때 P, N, PN의 반응곡선들(B)

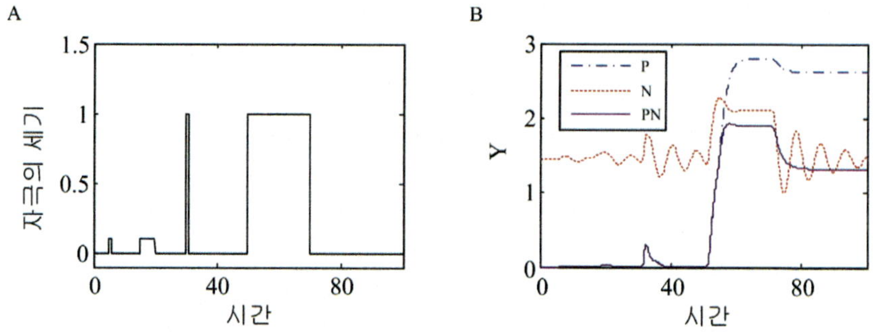

있다. 그림 10.21에서 보면 알 수 있듯이 PN은 작은 자극에 대해서는 양성피드백 회로의 반응과 비슷하게 나타나고, 양성피드백회로보다는 낮은 안정한 상태를 가질 수 있다. 또한 강한 자극이 주어졌다가 사라졌을 때 생기는 진동의 진폭은 음성피드백회로에 비해서 줄어든다. 이와 같이 PN은 양성피드백회로와 음성피드백회로의 중간적 성질을 가지고 있다. 그러므로 PN은 양성피드백회로에 비해서 양안정성은 약하고, 음성피드백회로에 비해서 진동하는 경향도 약하다. 또 그림 10.19C에서와 같이 이력현상이 일어나는 양성피드백에 음성피드백을 중첩시키면 이력현상이 사라질 수도 있다. 다시 말해서 PN은 양성피드백회로에 비해 이력현상도 잘 일어나지 않는다. 그렇지만 PN은 양성피드백과 음성피드백의 성질을 모두 갖추고 있으므로 다양한 일을 할 수 있다. 예를 들면, PN은 세포 내에 존재하는 여러 가지 노이즈에 의해 생기는 세포반응의 다양성을 줄여주는 역할을 할 수 있다. 그림 10.22A와 같이 갈락토오스 자극이 주어졌을 때 이를 분해하는 효소의 농도를 조절하는 갈락토오스 신호전달경로는 양성피드백과 음성피드백이 중첩되어 있다. 이 회로에서 그림 10.22B와 같이 중첩되어 있는 양성피드백회로와 음성피드백회로를 제거한 후 갈락토오스 자극을 주면, PN이 존재하는 네트워크(그림 10.22A)에 비해서 세포들에 있는 단백질 GAL1의 농도가 더 다양하게 나타난다. 그림 10.22C는 그림 10.22A, B의 구조를 갖는 세포들에 갈락토오스 자극이 주어지지 않았을 때에 GAL1 농도의 분포도인데 두 집단 모두 대부분의 세포들이 낮은 GAL1 농도를 보인다. 두 세포 집단에 자극을 주고 6시간이 지난 후에 세포들의 분포는 그림 10.22D와 같다. 그림 10.22A와 같은 회로를 지닌 세포들의 분포를 보면 높은 농도

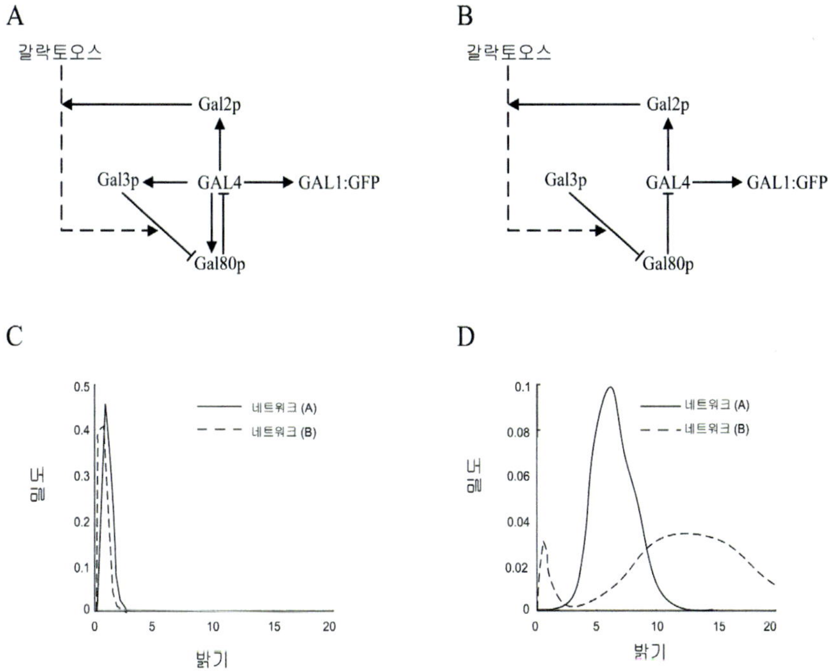

그림 10.22

(A) PN을 포함하는 갈락토오스 신호전달경로. (B) PN을 제거한 갈락토오스 신호전달경로. (C) 자극(갈락토오스)을 주기 전의 네트워크 (A)와 네트워크 (B)의 구조를 갖는 세포들의 분포. (D) 자극(갈락토오스)을 주고 6시간이 지난 후의 네트워크 (A)와 네트워크 (B)의 구조를 갖는 세포들의 분포 [12].

의 GAL1을 가지는 세포들이 가장 많이 분포하지만 그림 10.22B와 같이 PN이 제거된 회로를 지닌 세포들의 분포를 보면 GAL1을 적게 가지고 있는 세포들도 많이 분포하고, 많이 가지고 있는 세포들도 폭넓게 분포하는 것을 알 수 있다[12]. 이는 다시 말해서 PN 구조가 모든 세포로 하여금 동일한 자극에 대해 비슷하게 반응하도록 하는 역할을 하고 있음을 말해 준다.

10.4.5 중첩된 피드백회로와 진화

세포 내에 존재하는 피드백회로는 주로 중첩해서 존재한다. 아직까지 중첩된 피드백회로의 효과는 완벽하게 알려져 있지는 않다. 다만, 이 절에서 우리가 살펴본 바와 같이 중첩된 피드백회로는 단일 피드백회로의 역할을 강화시킨다. 세포의 운명을 결정하는 중요한 회로가 단일 피드백회로로 구성되어 있을 때보다 중첩되었을 때 자극에 더 적절하게 대처할 수 있을 것으로 보인다. 예를 들면, 유전자 전사조절이나 단백질-단백질 결합에는 여러 가지 요인에 의해 노이즈가 생길 수 있는데 단일 피드백회로에 비해서 중첩된 피드백회로가 이러한 노이즈를 더 잘 극복할 수 있다. 중첩된 피드백은 또한 앞에서 살펴본 바와 같이 신호에 섞여 있는 노이즈를 잘 가려내서 세포가 올바르게 결정할 수 있도록 도와준다. 또한 양성피드백과 음성 피드백의 적절한 조합은 다양한 자극에 다양한 반응을 유도할 수 있도록 한다. 이렇게 복잡한 신호를 처리하는 데에도 중첩된 피드백이 유리하다고 할 수 있다.

단일 피드백회로에 비해서 중첩된 피드백회로는 많은 장점을 가지고 있다. 신호처리, 세포의 운명 결정과 같은 중요한 과정은 단일 피드백회로로도 어느 정도 처리할 수 있음에도 중첩된 피드백회로가 실제로 많이 존재한다는 사실로부터 중첩된 피드백회로의 구조가 진화적으로 획득되어진 산물임을 추측할 수 있다.

연 습 문 제

10.1 그림 10.4는 노드가 3개인 피드포워드회로에서 가능한 구조들을 보여준다. 그렇다면 노드 3개가 모두 연결되는 피드백회로는 몇 개의 구조가 가능할까? 3개의 링크만을 포함하는 각각의 구조를 그리고, 피드백의 부호에 따라 양성 또는 음성으로 구분하라.

10.2 양성피드백은 자극의 세기에 따라, 반응이 작은 영역과 큰 영역이 확연히 차이가 난다. 따라서 특정 자극 세기를 기준으로 스위치 역할을 한다고 볼 수 있다. 이러한 생물학적 스위치에 이력현상이 존재한다면 어떤 영향을 미칠까?

10.3 세포동역학에서 적응(adaptation)이란 어떠한 회로가 입력에 반응한 후, 입력 이전 상태로 다시 돌아가는 특성을 말한다. 입력 변화가 지속되어도 회로는 초기 상태를 계속 유지하게 된다. 이러한 특성을 보일 수 있는 회로 구조는 무엇일까? 세포 내 신호전달을 담당하는 효소네트워크에서 노드가 3개인 회로 가운데 적응 기능을 보일 수 있는 구조를 두 가지 이상 설계하라. 이러한 기능을 보이는 회로 구조에 대한 일반적인 설계 원리(design principle)가 존재할까?

참 고 문 헌

1. Alon, U. Network motifs: theory and experimental approaches. Nature Reviews Genetics 8, 450–461 (2007).
2. Milo, R. et al. Superfamilies of evolved and designed networks. Science 303, 1538-42 (2004).
3. Kim, T.-H., Kim, J., Heslop-Harrison, P. & Cho, K.-H. Evolutionary design principles and functional characteristics based on kingdom-specific network motifs. Bioinformatics 27, 245-51 (2011).
4. Mangan, S., and U. Alon. Structure and function of the feed-forward loop network motif. Proc Natl Acad Sci 100:11980-5 (2003).
5. Wall, M. E., M. J. Dunlop, and W. S. Hlavacek. Multiple functions of a feed-forward-loop gene circuit. J Mol Biol 349:501-14 (2005).
6. Basu, S., R. Mehreja, S. Thiberge, M. T. Chen, and R. Weiss. Spatiotemporal control of gene expression with pulse-generating networks. Proc Natl Acad Sci 101:6355-60 (2004).
7. Levchenko, A., J. Bruck, and P. W. Sternberg. Regulatory modules that generate biphasic signal response in biological systems. Syst Biol (Stevenage) 1:139-48 (2004).
8. Ishihara, S., K. Fujimoto, and T. Shibata. Cross talking of network motifs in gene regulation that generates temporal pulses and spatial stripes. Genes Cells 10:1025-38 (2005).
9. Kim, D., Kolch, W. & Cho, K.-H. Multiple roles of the NF-kappaB signaling pathway regulated by coupled negative feedback circuits. FASEB journal 23, 2796-802 (2009).
10. S. Kalir, S. Mangan and U. Alon. A coherent feed-forward loop with a SUM input function prolongs flagella expression in Escherichia coli. Mol Syst Biol 1(2005) 0006 (2005).
11. Kim, J.-R. & Cho, K.-H. The regulatory circuits for hysteretic switching in cellular signal transduction pathways. The FEBS journal 1-9 (2012)
12. Ramsey, S.A. et al. Dual feedback loops in the GAL regulon suppress cellular heterogeneity in yeast. Nature genetics 38, 1082-7 (2006).

chapter 11

생체 네트워크의 진화

모든 살아 있는 생명체의 내부구조는 놀라울 만큼 정교한 질서로 이루어져 있다. 이러한 질서는 과연 어떻게 형성된 것일까? 생명체가 가지는 이러한 놀라운 질서가 대체 어떻게 나타났는지 설명할 수 있는 보편적인 이론은 과거 1세기 동안 자연선택론(natural selection)이 지배적이었다. 찰스 다윈(Charles Darwin) 이후 많은 생물학자들은 질서의 기원을, 수많은 시도 속에서 돌연변이를 통해 우연히 나타난 것들 중 유용한 것들이 자연선택에 의해 선택되면서 생명체의 질서가 만들어지고 점점 진화하게 된 것이라고 믿어 왔다. 하지만 최근 일련의 연구들은 질서의 기원에 대해 오랫동안 믿어왔던 이러한 관점이 완전하지 않다는 것을 보여주면서 진화과정에서의 또 다른 질서의 근원으로서 자기조직화(self-organization)를 제시하고 있다. 이제 진화는 자연선택과 자기조직화의 과정으로 이해해야 한다는 새로운 인식이 급속히 확산되고 있다. 이 장에서는 생체 네트워크의 진화과정을 이러한 새로운 진화론적 관점을 통해 설명하고자 한다.

11.1절에서는 복잡성의 과학과 자기조직화에 대한 이야기를, 11.2절에서는 생체 네트워크의 모델로서 카우프만 네트워크(Kauffman network)를 소개하고, 그에 관련된 네트워크의 동역학 특성 및 자기조직화 개념을 설명한다. 그리고 11.3절에서는 자기조직화의 실험적 증거를 소개하고, 생명시스템의 진화과정에 있어서 자기조직화의 의미를 재조명해본다.

11.1 복잡성의 과학과 자기조직화

11.1.1 새로운 혁명적 패러다임(paradigm)의 시작

아주 오랜 세월동안 과학은 환원주의(reductionism)의 과학이었다. 환원주의란, 복잡한 전체를 쪼개고 쪼개어 전체를 구성하고 있는 작은 구성요소들을 자세히 살펴보면 결국 그들의 조합으로서 전체를 이해할 수 있을 것이라는 견해이다. 이러한 환원주의적 관점을 바탕으로 여러 과학적 방법론들이 탄생되었고, 이로 인해 무수히 많은 업적들이 이루어졌다. 그럼에도 불구하고 이러한 환원주의적 관점으로부터 답하지 못하는 숱한 문제들이 여전히 존재하고 있다. 특히, 생명체를 구성하는 요소들을 장기, 세포, 분자 수준으로까지 분해하고 파헤쳤음에도 복잡한 생명현상이 어떻게 조절되는지, 인간의 사고 작용과 정신세계가 어떻게 나타나게 되는지 답하지 못하고 있다. 즉, 부분들로부터 모은 정보를 이용하면 전체를 이해할 수 있을 것이라고 생각했지만, 단순히 부분의 합으로는 전체가 가지는 집단적 성질과 창발적(emergent) 특성에 대해 이해할 수 없다는 것을 알게 되었다. 이처럼 우리가 살아가는 복잡한 세상 속에는 데카르트(Descartes)와 뉴턴(Newton)에 의해서 확립된 기계론과 분해 위주의 환원주의적 관점만으로는 답하기 어려운 문제들이 여전히 많이 존재하며 이러한 문제들을 해결하기 위한 대안으로서 20세기 후반 서구 과학계에 새로운 패러다임의 혁명이 일어났는데, 그것이 바로 복잡성의 과학(science of complexity)이다. 복잡성의 과학이라는 패러다임을 이끈 혁신적 사고의 소유자들은 1984년, 미국 뉴멕시코 주(State of New Mexico) 외딴 소도시인 산타페(Santa Fe)에 새로운 개념의 연구소를 설립하였다. 이 연구소가 현재 복잡성의 과학을 주도하고 있는 산타페 연구소(Santa Fe Institute)이다. 산타페 연구소는 다양한 학제간 연구를 통해 복잡성의 문제를 해결하고자 시도하고 있는데, 가장 중요한 역할을 수행하였던 핵심 연구원으로서 복잡계 경제학의 브라이언 아서(Brian Arthur), 이론 생물학의 스튜어트 카우프만(Stuart Kauffman), 인공생명의 크리스토퍼 랭턴(Christopher Langton), 인공주식시장과 인공생태계의 존 홀랜드(John Holland) 등이 있다.

11.1.2 질서의 또 다른 기원

산타페 연구소의 핵심 연구원 중 한 사람이었던 이론 생물학자 스튜어트 카우프만은 처음으로 진화에 대한 새로운 관점을 제시한 학자이다. 그는 다음과 같은 단순한 장난감 모형을 통해서 자기조직화에 대하여 직관적이고도 알기 쉽게 설명하였다. 20개의 단추가 마룻바닥에 흩어져 있는 상태에서 무작위로 두 개의 단추를 선택하여 실로 연결한 후 바닥에 내려놓는다. 또다시 무작위로 두 개의 단추를 선택하여 실로 연결한 후 내려놓는다. 이러한 과정을 여러 번 반복하다 보면 어느 순간 갑자기 실로 모두 연결된 거대한 단추 덩어리가 생성되게 된다. 하나로 연결된 이 거대한 덩어리는 실 대 단추의 비율이 0.5를 지남에 따라 갑자기 형성되는데 이것이 바로 자기조직화의 특성이라는 것이다. 구성 요소들 간의 상호작용이 어느 정도의 복잡성을 넘어서게 되면 자발적으로 질서가 만들어지는데 이 질서는 단순히 하나의 요소로부터 보이지 않으며, 요소들이 모여 전체를 이룰 때 나타나는 창발적 특성이다. 이와 유사하게 컴퓨터 인공 화학계 모의실험에서도 많은 수의 촉매반응이 임계치를 넘어서게 되면 갑자기 자기촉매 집합이 저절로 생겨난다는 것을 보여줌으로써 생명의 특성을 나타내는 기원이 바로 이러한 자기조직화에 의한 것임을 제안하였다. 그는 더 나아가 컴퓨터 모의실험에서 자기촉매 집합이 저절로 나타난 것처럼 생명체가 가지고 있는 질서도 이러한 자기조직화를 통해 저절로 나타난 것이라고 주장하였다. 다시 말해, 그는 생명체들이 보여주는 질서의 유일한 기원이 자연선택뿐만 아니라 자기조직화에도 있다는 것을 이야기함으로써 진화의 과정에 대해 새로운 관점을 제시하였다[1,2]. 더불어 복잡계인 생명체가 환경에 대해 안정적이면서도 유연하게 대처할 수 있는 특성을 모두 갖추고 있는데, 이러한 특성들 사이의 균형은 복잡계가 질서와 혼돈의 경계(일명 혼돈의 가장자리)에 도달함으로써 이룰 수 있다고 주장하였다.

11.1.3 자기조직화와 열역학 제 2법칙

자기조직화란 외부의 간섭 없이 시스템 내부의 구성 요소들 간의 다양한 상호작용으로부터 발생하는 전체 시스템 수준에서의 질서 창발을 의미한다[3]. 자기조직화는 자연에서 빈번하게 관찰되는데 조개나 고동 껍데기의 무늬(pattern), 크리스탈(crystal)의 성장, 물고기 또는 새 떼들에서 보이는 군집행동 등이 그 예라고 할 수 있다. 이러한 자기조직화의 다양한 예들로부터 소수의 구성 요소들 간의 상호작용으로 인해 발생한 질서가 부분과 부분, 부분과 전체 사이의 상호작용을 통해 전파되어 결국 전체의 질서가 만들어진다는 것을 알 수 있다. 그렇다면 자기조직화에 의해 창발된 질서의 정체는 과연 무엇일까? 자기조직화에 의한 질서를 엔트로피(entropy)의 개념으로 살펴보자. 자연의 기본법칙 가운데 하나로서 닫힌계의 엔트로피는 항상 증가한다. 엔트로피는 흔히 무질서도의 척도로 기술되므로 열역학 제 2법칙에 따르면 자연은 항상 더 무질서해지는 쪽으로 진행되는 경향이 있다는 것을 말한다. 하지만 생명체에 대해서는 이러한 열역학 제 2법칙이 정반대로 적용된다. 생명체는 생명의 원료가 되는 것들을 조직하여 복잡한 구조를 만들어낸다. 이 과정에서 엔트로피를 감소시키는데 그렇다고 해서 열역학 제 2법칙을 거스르는 것은 아니다. 열역학 제 2법칙은 에너지와 물질의 유·출입이 없는 닫힌계(closed-system)에 국한한 것이고, 생명체는 에너지와 물질의 유·출입이 분명히 존재하는 열린계(open system)이기 때문이다. 에너지 유입을 통한 시스템 내부의 엔트로피 감소는 외부의 에너지 공급을 포함해서 보았을 때 전체 엔트로피 증가를 의미하므로 결론적으로는 열역학 제 2법칙을 만족한다고 볼 수 있다[4]. 앞에서 설명한 내용을 간단히 요약하자면, 자기조직화는 질서를 만들어내는 과정을 의미하고 그 질서는 곧 엔트로피의 감소를 뜻한다고 할 수 있다.

11.2 카우프만 네트워크와 진화의 과정

11.2.1 카우프만 네트워크란?

1969년, 카우프만이 처음으로 유전자 조절 네트워크(gene regulatory network)의 모델로서 불리언 네트워크(Boolean network)를 제안하였는데, 이 네트워크를 NK 네트워크 혹은 카우프만 네트워크라고 한다[1,2]. N개의 노드(node)와 각 노

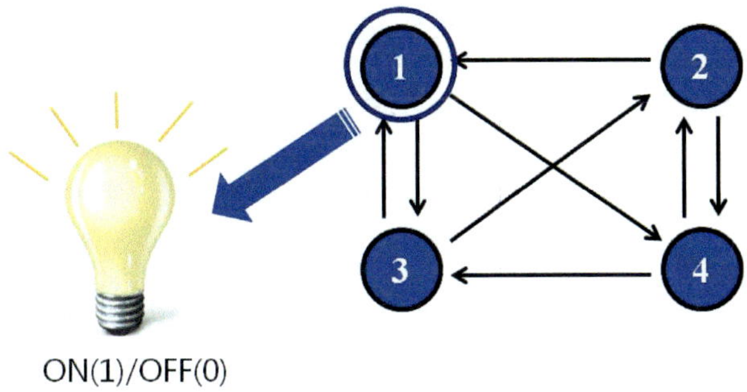

그림 11.1
N=4, K=2인 카우프만 네트워크의 예

드에 연결 된 K개의 링크(link)로 구성되어 있는 이 카우프만 네트워크에서, 각 노드는 0 또는 1의 값을 가질 수 있다. 여기서 각 노드는 유전자를 나타내는데 만약 노드가 0의 값을 가지면 '유전자가 발현되지 않았음'을, 1의 값을 가지면 '유전자가 발현되었음'을 의미한다. N개의 노드가 취할 수 있는 모든 노드 값의 경우의 수는 총 2^N개로 이는 상태 공간(state space)의 크기를 나타낸다. 시간 t+1일 때 한 노드의 상태는 시간 t에서 그 노드와 관련된 불리안 함수(Boolean function) 및 그 노드에 연결된 입력 노드들의 상태에 따라 결정된다. 이해를 돕기 위해 다음의 예를 살펴보자. 아래는 N=4, K=2인 카우프만 네트워크로, 각 노드에 대한 불리안 함수로 논리합(OR), 부정 논리합(NOR), 논리곱(AND)이 각각 사용되었다.

OR

3	2	1
0	0	0
0	1	1
1	0	1
1	1	1

OR

4	3	2
0	0	0
0	1	1
1	0	1
1	1	1

NOR

4	1	3
0	0	1
0	1	0
1	0	0
1	1	0

AND

2	1	4
0	0	0
0	1	0
1	0	0
1	1	1

그림 11.2
예제의 카우프만 네트워크에 할당된 불리안(Boolean) 함수들.

- ▶ 각 노드는 0 또는 1의 값을 가진다.
- ▶ 1번 노드의 입력노드는 2번과 3번이고, 관련된 불리안 함수는 논리합(OR) 회로이

다. 2번 노드의 입력노드는 3번과 4번이고, 관련된 불리안 함수는 논리합(OR) 회로이다. 3번 노드의 입력노드는 1번과 4번이고, 관련된 불리안 함수는 부정 논리합(NOR)회로이다. 4번 노드의 입력노드는 1번과 2번이고, 관련된 불함수는 논리곱(AND) 회로이다.

▶ 노드가 총 4개이므로 상태 공간의 크기는 $2^4 = 16$개이다.

▶ 시간 t+1일 때 1번 노드의 값은 2번과 3번의 입력 노드 및 이에 관련된 논리합(OR)에 의해 결정된다. 만약, 시간 t일 때 2번 노드의 값이 0이고, 3번 노드의 값이 1이면 t+1일 때의 1번 노드의 값은 1로 결정된다. 이와 같은 방식으로 모든 노드들의 시간에 따른 상태 값을 알 수 있다. 표 11.1이 바로 모든 노드들의 상태 값을 나타낸 상태 전이표이다. 이 표를 바탕으로 각 상태들이 어떻게 바뀌는지 상태 전이 다이어그램(state transition diagram)을 그릴 수 있는데 그림 11.3에서 이를 확인 할 수 있다.

표 11.1

예제에 대한 상태 전이표

t				t+1			
1	2	3	4	1	2	3	4
0	0	0	0	0	0	1	0
0	0	0	1	0	1	0	0
0	0	1	0	1	1	1	0
0	0	1	1	1	1	0	0
0	1	0	0	1	0	1	0
0	1	0	1	1	1	0	0
0	1	1	0	1	1	1	0
0	1	1	1	1	1	0	0
1	0	0	0	0	0	0	0
1	0	0	1	0	1	0	0
1	0	1	0	1	1	0	0
1	0	1	1	1	1	0	0
1	1	0	0	1	0	0	1
1	1	0	1	1	1	0	1
1	1	1	0	1	1	0	1
1	1	1	1	1	1	0	1

표 11.1은 시간 t에서 $2^4 = 16$가지의 모든 노드가 가질 수 있는 상태 조합들에 대해 그 다음 순간인 t+1에서 각 노드들이 취하게 되는 상태 조합들의 값을 보여주는 상태 전이표이다. 이 상태 전이표를 바탕으로 상태 공간내의 궤적(trajectory)들을 나타낸 것이 그림 11.3이다. 이 상태 공간에는 크게 2개의 궤적이 존재함을

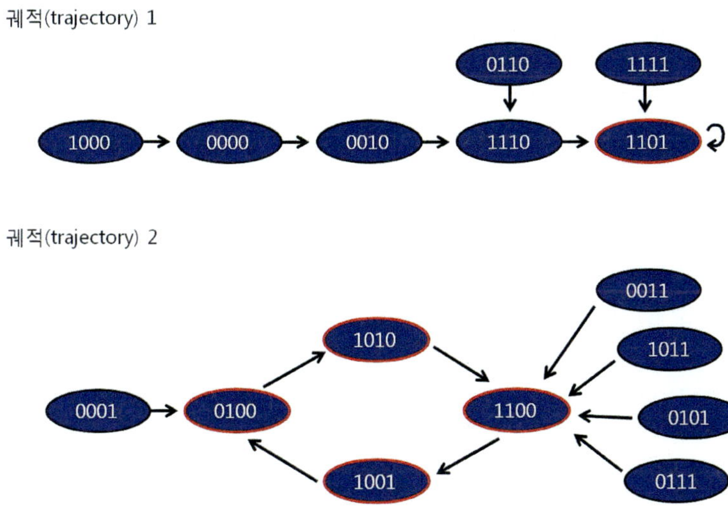

그림 11.3
상태 공간내의 상태 전이 궤적들

알 수 있다. 각 궤적을 따라가면 결국 반복되는 특정 상태에 도달함을 알 수 있는데, 그림에서 빨간 테두리로 표시된 것이 바로 그러한 상태들이다. 이렇게 각 궤적별로 궁극에 도달하게 되는, 반복되는 상태 배열들을 끌개(attractor)라고 한다. 그리고 그 끌개로 수렴되는 궤적들의 집합을 흡인 유역(basin of attraction)이라고 부른다. 그림 11.4는 이러한 끌개와 흡인 유역을 도식화한 것이다.

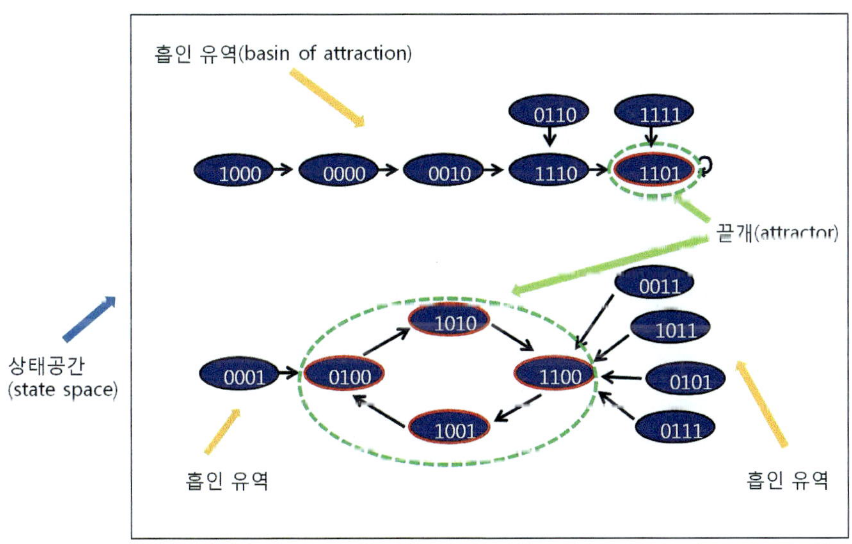

그림 11.4
상태 공간에서의 끌개 및 흡인 유역

11.2.2 카우프만 네트워크의 동역학 특성

일반적으로 카우프만 네트워크는 각 네트워크의 동역학 특성에 따라 3가지 영역에 속하는 네트워크들로 구분할 수 있다[1,2]. 그 3가지 영역은 질서 영역(ordered regime), 혼돈 영역(chaotic regime) 그리고 질서와 혼돈 영역 사이의 경계를 나타내는 임계 영역(critical regime)이다.

질서 영역에 존재하는 네트워크에서는, 임의의 2개의 초기 상태를 선택하여 끌개에 수렴할 때까지 2개의 상태 $S_1(t)$와 $S_2(t)$간 해밍 거리(Hamming distance) $H(H(t)=|S_1(t)-S_2(t)|$: 2개의 상태 $S_1(t)$와 $S_2(t)$에서 위치는 같지만 서로 다른 상태값을 가지는 노드들의 개수)를 측정했을 때, 그 값이 평균적으로 시간이 지남에 따라 감소함을 보인다[7]. 이는 평균적으로, 각 상태들이 동일한 끌개에 빨리 수렴한다는 것을 의미한다. 이러한 네트워크에서는 보통 상태들이 하나의 고정점 끌개(fixed point attractor)나 노드 수 N에 비해 작은 값의 주기 T를 가지는 한계 순환 끌개(limit cycle attractor)에 수렴하는데, 일반적으로 작은 주기 T를 가지는 적은 수의 끌개와 거대한 흡인 유역을 가지는 것이 특징이다. 또한 이러한 네트워크에서는 한 노드에 섭동(perturbation)을 가하더라도 각 단위 시간(time step)당 평균적으로 하나 이상의 다른 노드에 영향이 파급되지 않는다. 따라서 많은 노드 수를 가진 거대한 네트워크의 경우, 각각의 상태들이 어느 정도의 전이 시간(transition time) 후에 끌개로 수렴한 상태라고 한다면 이 상태에서 어떤 하나의 노드에 섭동을 가한다 하더라도 대다수의 노드들이 상태 변화를 겪지 않고 그대로 자신의 값을 유지하게 된다(여기에서 섭동이라 함은 상태가 '0'인 노드의 값을 '1'로, 혹은 상태가 '1'인 노드의 값을 '0'으로 바꾸어주는 것을 의미한다). 이러한 동역학 특성은 시스템의 안정성과 관련지어 설명할 수 있는데[9], 섭동에 대해 시스템의 상태가 거의 그대로 유지된다는 측면에서 매우 안정적인 거동을 나타낸다고 할 수 있다. 노드 수 N에 비해 상대적으로 매우 작은 주기를 가지는 적은 수의 끌개, 그리고 섭동에 대한 안정적인 거동, 이는 대단히 확고한 질서라고 할 수 있다.

혼돈 영역에 존재하는 네트워크에서는, 해밍 거리가 가까운 2개의 초기 상태를 임의로 선택하여 시간의 경과에 따라 살펴보면 서로 다른 끌개로 수렴하거나 상태

공간을 끝없이 배회함을 알 수 있다. 이는 매우 긴 주기 T를 가지는 한계 순환 끌개 때문이라고 할 수 있다. 이와 같이 무질서한 영역의 대표적인 네트워크의 예로 각 노드가 자신을 포함해서 다른 모든 노드들로부터 입력을 받는 네트워크를 생각해볼 수 있다. 이러한 네트워크의 경우 끌개의 길이가 총 상태개수의 제곱근이 된다. 만약 200개의 노드를 가진 네트워크라면 그 크기의 길이는 대략 $\sqrt{2^{200}} \approx 10^{30}$ 이다. 하나의 상태에서 다른 상태로 바뀌는데 백만분의 1초가 걸린다고 가정하자. 그러면 10^{30}이라는 끌개를 한번 도는데 걸리는 시간은 10^{30} 곱하기 백만분의 1초이다. 이것은 우주의 150억 년 역사의 수십억 배에 해당한다. 그래서 이 천문학적인 끌개의 길이를 고려해 볼 때, 이 끌개에 수렴하는 상태궤적을 추적하면, 마치 주기가 없고 끊임없이 상태를 바꾸는 전이로 보이게 된다. 이러한 네트워크는 질서 영역의 네트워크가 보이는 흡인 유역과는 달리 가느다랗고 긴 나뭇가지 형상을 띈 흡인 유역을 가진다. 또한 이러한 네트워크에서는 한 노드에 섭동을 주게 되면 각 단위 시간당 평균적으로 하나 이상의 다른 노드에 영향을 끼친다. 따라서 아주 오랜 시간이 지난다 하더라도 여전히 상태가 계속 전이되는 과정에 놓여 질 수 있다. 이러한 동역학 특성은 섭동에 대해 시스템의 상태가 계속해서 변한다는 측면에서 시스템은 안정하지 않으며 초기 상태에 대해 아주 민감한 거동을 보인다고 할 수 있다.

임계 영역에 존재하는 네트워크는 말 그대로 질서와 혼돈 영역의 경계에 위치하면서 그 두 가지 영역의 동역학 특성을 모두 적절하게 가지고 있다. 이는 비교적 적은 수의 끌개와 작은 끌개의 길이, 그리고 적절한 형태의 흡인 유역을 의미한다. 사실 임계 영역에 있는 네트워크의 평균 끌개 수 및 길이는 수많은 논문들의 연구 주제가 되어 왔다. 표 11.2에서 이에 대해 정리하였는데, 이처럼 임계 영역 네트워크의 평균 끌개 수와 크기가 중요한 연구 주제가 되어 온 것은 이 영역에 존재하는 네트워크가 섭동에 대해 안정성과 민감성 사이에서 최적의 균형을 보여주기 때문이다. 섭동에 대해서 질서 영역의 시스템은 너무나 안정적이다. 반면, 혼돈 영역에 있는 시스템은 너무나 민감하다. 상태 공간을 여기저기 배회하기 때문에 안정적인 거동을 보일 수가 없는 것이다. 하지만 임계 영역의 시스템은 그렇게 안정적이지도, 민감하지도 않다.

표 11.2

임계 영역에 있는 카우프만 네트워크의 평균 끌개 수와 길이에 대한 연구결과

저자들	발표연도	탐구방식	끌개의 개수	끌개의 길이
Stuart Kauffman [6]	1969	수치해석적	$\sqrt{N}$	$\sqrt{N}$
Ugo Bastolla, Gorgio Parisi [10]	1998	수치해석적	$N^x \; \forall x$	$N^x \; \forall x$
Sven Bilke, Fredrik Sjunnesson [11]	2002	수치해석적	N	
Joshua Socolar, Stuart Kauffman [12]	2003	수치해석적	N	
Bjorn Samuelsson, Carl Troein [13]	2003	해석적	$N^x \; \forall x$	
Viktor Kauffman, Barbara Drossel, et al. [14]	2005	해석적	$N^x \; \forall x$	$N^x \; \forall x$

그림 11.5

N=6인 각 영역별 네트워크의 상태 공간 예시

1_[질서 영역] N=6, K=1 인 상태 공간

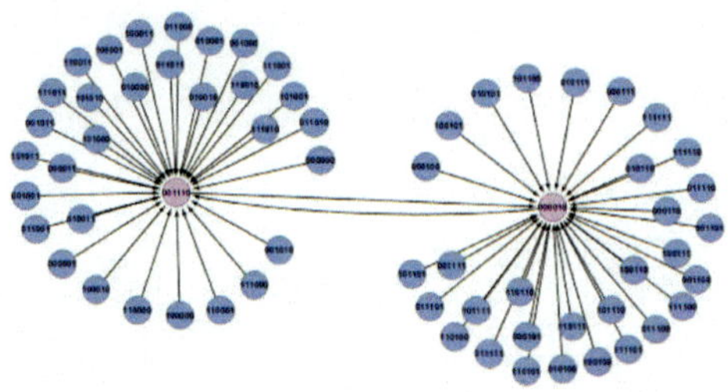

- 작은 주기 T
- 적은 수의 끌개
- 짧고 큰 흡인 유역
- 섭동에 대해 너무 안정

2_[혼돈 영역] N=6, K=6 인 상태 공간

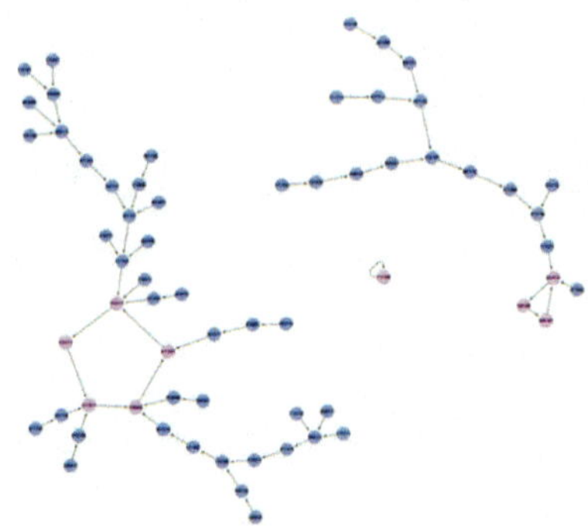

- 큰 주기 T
- 많은 수의 끌개
- 길고 좁다란 흡인 유역
- 섭동에 대해 너무 민감

3_[임계 영역] N=6, K=2 인 상태 공간

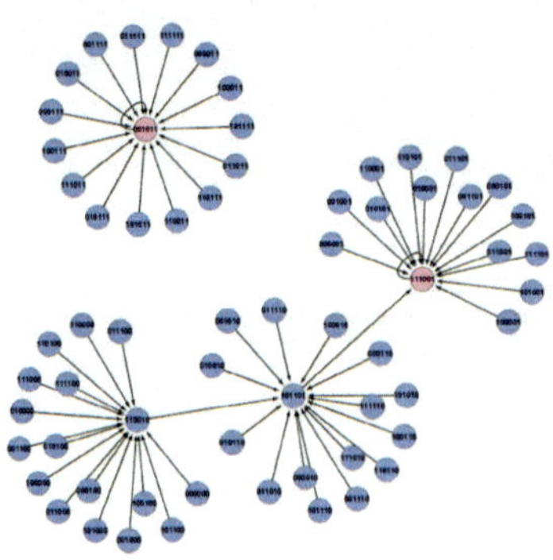

- 섭동에 대해 안정성 및 민감성을 모두 지님

그림 11.5는 N=6인 네트워크에 대해 질서 영역, 혼돈 영역, 임계 영역에 존재하는 네트워크의 상태 공간을 그려놓은 것이다. 그림에서 분홍색으로 표시된 것이 끌개를 나타낸다. 질서 영역의 네트워크는 주기가 2인 끌개가 1개 존재하고, 다수의 상태들이 재빨리 끌개에 수렴하는 형태를 취하고 있다. 혼돈 영역의 네트워크는 질서 영역에 비해 다소 주기가 큰 끌개들이 존재하고, 길고 좁다란 형태의 흡인 유역을 가지고 있음을 알 수 있다. 그리고 임계 영역의 네트워크는 질서와 혼돈 영역을 섞어 놓은 것과 같은 형태로 주기가 1인 끌개 2개를 가지고 있다.

11.2.3 카우프만 네트워크의 구조와 동역학 특성 사이의 관계

다음은 질서 영역, 혼돈 영역, 임계 영역에 존재하는 각 네트워크의 동역학 특성과 네트워크 구조 사이의 관계[5]에 대해 알아보도록 하자.

(1) 노드 당 평균 입력 수, K

불리언 네트워크에 대한 카우프만의 초기 연구는 노드 당 입력 수가 균등한 네트워크에 대한 것이었다. 즉, K=2인 네트워크라 함은 모든 노드들마다 똑같이 2개의 입력을 가진다는 것을 의미한다. 이러한 K 값에 따라 네트워크의 동역학 특성 또한 다르게 나타나는데 K=1인 네트워크의 경우는 질서 영역의 특성을, K=2일 때는 임계 영역의 특성을 보인다. 그리고 K 〉 2 경우에는 혼돈 영역의 특성을 나타낸다. 일반적으로 노드들 간의 연결정도가 성길수록 안정성이 높은 질서 영역의 동역학 특성이 보다 잘 드러난다[15].

(2) 노드에 대한 연결 분포

수많은 분자들이 복잡하게 상호작용하는 분자 네트워크들은 대부분 멱함수 법칙(power-law)을 따라 링크의 분포가 이루어져 있다. 쉽게 말하자면 감소하는 지수 함수 형태로써 입력 수가 많은 노드 수는 적고, 입력 수가 적은 노드의 수는 많은 형태의 구조를 가지고 있다. 일반적으로 멱함수 법칙을 따라 링크의 분포를 갖추고 있는 이러한 네트워크를 '무척도 네트워크(scale-free network)'라고 한다. 무척도 네트워크에서 멱함수 법칙의 지수 γ와 출력 노드에 할당된 불리안 함수에서

1 또는 0의 편향 정도를 나타내는 매개변수인 편향 매개변수 p $(0.5 < p < 1)$에 따라 네트워크의 영역이 다르게 나타난다. γ 값이 2.5보다 크다면 p 값이 무엇이든 상관없이 그 네트워크는 질서 영역의 동역학 특성을 보인다. 만약 γ 값이 2보다 크면 p 값에 따라 3가지의 영역 특성이 나타날 수가 있는데, p 값이 1에 가까울수록 질서 영역의 특성이 나타난다[16,17].

(3) 불(Bool) 함수

불리안 함수는 네트워크의 구조에 중요한 영향을 끼치는 요소로서 다음과 같은 두 가지에 의해 각 네트워크 영역의 특성을 나타낼 수 있다.

(i) 편향 매개변수 p

편향 매개변수 p는 앞서 언급했듯이 출력 노드에 할당된 불리안 함수에서 1 또는 0의 비율을 뜻한다. 따라서 p=0.5라는 것은 출력 노드에 할당된 불리안 함수의 값들 중 1과 0이 서로 반씩 있다는 것이다. 1 또는 0의 하나의 값에 많이 치우칠수록 p의 값은 증가한다.

(ii) 유도 함수(canalizing function)

함수의 입력변수들 가운데 어느 하나의 변수값에 의해 함수 값이 결정될 때 이를 유도 함수라고 한다. 논리합(OR) 함수도 대표적인 유도 함수라고 할 수 있다. 여러 개의 입력들 중 한 개가 1의 값을 가지면 다른 입력 값들에 상관없이 출력은 1이 되기 때문이다. 이해를 돕기 위해 K=2(하나의 노드에 대해 입력이 2개)인 불리안 함수를 예로 살펴보자. 입력이 2개인 경우, 총 16가지의 불리안 함수가 존재할 수 있다.

표 11.3
입력이 2개인 경우 존재할 수 있는 모든 불리안 함수

입력		출력															
X	Y	F_0	F_1	F_2	F_3	F_4	F_5	F_6	F_7	F_8	F_9	F_{10}	F_{11}	F_{12}	F_{13}	F_{14}	F_{15}
0	0	0	0	0	0	0	0	0	0	1	1	1	1	1	1	1	1
0	1	0	0	0	0	1	1	1	1	0	0	0	0	1	1	1	1
1	0	0	0	1	1	0	0	1	1	0	0	1	1	0	0	1	1
1	1	0	1	0	1	0	1	0	1	0	1	0	1	0	1	0	1

표 11.3에 제시된 불리안 함수를 불 대수로 표현하면 다음과 같다.

$$F_0 = 0$$
$$F_1 = X \cdot Y$$
$$F_2 = X \cdot Y'$$
$$F_3 = X$$
$$F_4 = X' \cdot Y$$
$$F_5 = Y$$
$$F_6 = X \cdot Y' + X' \cdot Y$$
$$F_7 = X + Y$$
$$F_8 = (X + Y)'$$
$$F_9 = X \cdot Y + X' \cdot Y'$$
$$F_{10} = Y'$$
$$F_{11} = X + Y'$$
$$F_{12} = X'$$
$$F_{13} = X' + Y$$
$$F_{14} = (X \cdot Y)'$$
$$F_{15} = 1$$

$F_1 = X \cdot Y$ 함수의 경우 X와 Y 중 하나의 값이 0을 가지게 되면 출력은 무조건 0이 된다. $F_2 = X \cdot Y'$ 함수의 경우 역시 X와 Y' 중 하나의 값이 0을 가지면 출력은 무조건 0이 된다. 반면, $F_6 = X \cdot Y' + X' \cdot Y$ 함수의 경우 X와 Y에 대한 2개의 값을 모두 알아야지만 그에 대한 출력을 알 수 있다. 따라서 위의 16가지의 불리안 함수 중에서 배타적 논리합(XOR)과 배타적 부정 논리합(XNOR)을 제외한 모든 불리안 함수는 유도함수이다.

편향 매개변수 p와 유도함수의 비율이 높을수록 시스템은 질서 영역의 동역학 특성을 보이게 된다.

11.2.4 네트워크의 영역을 구분하는 척도

데리다 그래프(Derrida plot)를 통해 네트워크의 영역을 구분할 수 있는데, 다음과

그림 11.6
데리다 그래프의 예([21]에서 인용)

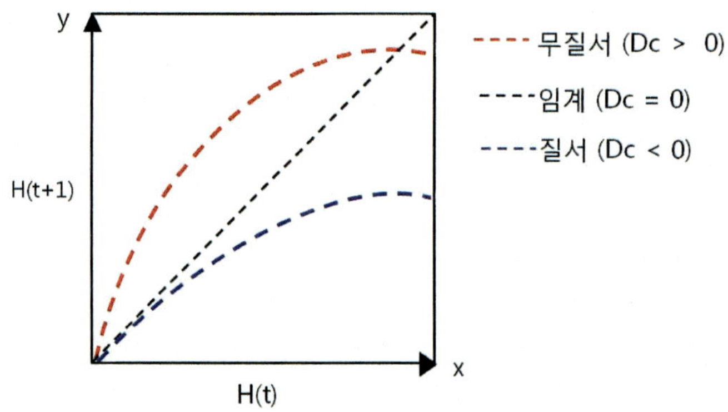

같은 단계를 여러 번 반복 수행함으로써 데리다 그래프를 그릴 수 있다[7,8].

(1) 임의의 상태 $S_1(t)$와 $S_2(t)$ 2개를 선정한다.
(2) $S_1(t+1)$과 $S_2(t+1)$의 상태 값을 계산한다.
(3) 해밍 거리 $x = H(t) = |S_1(t) - S_2(t)|$과
$y = H(t+1) = |S_1(t+1) - S_2(t+1)|$을 계산한다.
(4) (x, y)에 대한 좌표 값을 나타낸다.

데리다 그래프에서 대각선 $x = y$는 시간이 지나도 선택한 두 상태의 해밍 거리가 똑같다는 것을 의미한다. 이 대각선 아래로 그래프가 그려지면 네트워크가 질서 영역, 위로 그려지면 혼돈 영역임을 뜻한다고 볼 수 있다.

그림 11.6은 데리다 그래프의 예를 보여준다. 데리다 상수(D_c)라는 값을 통해 네트워크의 영역을 간단히 나타낼 수 있는데, 이 값은 $\log s$로 정의된다. 여기서 s는 데리다 그래프의 원점에서의 기울기를 말한다. 즉, $s = 1$이라면 $D_c = 0$이다. $D_c < 0$ 이면 네트워크가 질서 영역에 있음을, $D_c > 0$이면 혼돈 영역에 있음을 나타낸다.

요즘은 이러한 데리다 그래프를 직접 그려 보지 않고서도 네트워크의 영역을 구분할 수 있는 척도가 제안되었다. 민감도(sensitivity) [18]와 표준 압축 거리(normalized compression distance, NCD) [19]가 그것이다. 민감도는 각 노드별

로 할당된 불리안 함수에 섭동을 주었을 때 출력 상태 값이 얼마나 변하는 지를 계산한 값이다. 1을 기준으로 1보다 작으면 질서 영역, 1보다 크면 혼돈 영역, 1이면 임계 영역으로 간주한다. 표준 압축 거리는 그림, 동영상, 음성 압축에서와 같은 데이터 압축이나 통신 또는 무작위도(randomness) 측정 등에 이용되고 있는 콜모고로프 복잡도(Kolmogorov complexity)를 바탕으로 하고 있다. 콜모고로프 복잡도란 그 수열을 생성하는 최소 프로그램의 크기로 정의된다. 표준 압축 거리는 각 유전자의 상태가 나타내는 1과 0의 서열(sequence) 정보에 대해 콜모고로프 복잡도를 적용해 얻을 수 있다. $\frac{NCD(t+1)}{NCD(t)}$의 값이 1보다 작으면 질서 영역, 1보다 크면 혼돈 영역, 그리고 1이면 임계 영역에 존재하는 것으로 볼 수 있다.

11.2.5 생체 네트워크에서 자기조직화의 개념

하나의 수정란이 세포 분열(cell division)을 거듭하는 동안 서로 다른 세포 유형(cell type)을 만들어 내는데 이를 세포 분화(cell differentiation)라고 한다. 세포 분화를 통해 형성된 각각의 세포 유형들은 여러 조직과 기관 내에서 특정한 기능을 수행한다. 카우프만 네트워크가 유전자 조절 네트워크의 모델로 제안되었을 때, 카우프만은 네트워크의 끌개가 이러한 특정 세포 유형을 나타낸다는 가설을 제시했다[1,2,20-22]. 수많은 유전자들이 서로를 촉진시키거나 억제시킴으로써 특정한 유전자 패턴(gene pattern)을 형성하고, 이 패턴에 따라 단백질을 생산하여 최종적으로 특정한 기능을 수행하는 세포 유형을 만들어 낸다는 것이다. 카우프만의 이러한 가설은 실제 개체 발생 과정을 설명하는데 있어 큰 무리가 없으며, 최근 이와 관련된 실험적 증거들이 제시되고 있다[22,28].

그렇다면 카우프만이 제시하는 가설이 의미하는 것은 무엇일까? 앞서 네트워크의 동역학 특성에 따라 영역을 구분하였다. 임계 영역의 네트워크는 노드 수에 따르는 가능한 모든 상태 조합의 수에 비해 비교적 적은 수의 끌개 및 작은 길이의 끌개를 가지며, 안정성과 민감성 사이에서 최적의 균형을 갖추고 있다고 했다[27]. 이는 생명시스템의 특성과 잘 부합한다고 할 수 있다. 인간 유전자 네트워크의 예를 살펴보자. 현재 인간 유전자는 약 2만 5천개 정도로 추정되고 있다. 이러한

2만 5천개의 유전자가 서로 상호작용을 통해 연결되어 복잡한 유전자 조절 네트워크를 이루고 있으며, 서로의 발현에 영향을 미침으로써 만들어 낼 수 있는 가능한 상태 조합의 수는 $2^{25,000} \approx 10^{7,500}$개이다. 그러나 실제로 인간의 세포 유형은 대략 256가지로 발현된다. $10^{7,500}$의 천문학적인 유전자 발현 양상들의 가능한 수에 비하여 실제로 발현되는 세포 유형의 수는 256가지라니, 상대적으로 매우 적은 수이다. 또한 여러 섭동에 대해 안정적이면서도 복잡한 환경에 대해 유연하게 대처한다. 만약 생명시스템이 임계 영역에 있다고 한다면[23-25], 임계 영역에 존재하는 생명시스템이 가지는 이러한 대단히 놀라운 질서의 기원은 대체 어디에서 생겨난 것일까? 카우프만은 이를 자기조직화라고 제안하였다. 자기조직화란, 말 그대로 수많은 유전자들끼리 상호 작용을 통해 스스로 조직하여 질서를 만들어 내는 것을 말한다.

이러한 자기조직화에 의해 만들어진 질서를 샤논(Shannon)의 정보 엔트로피[26]개념으로 살펴보도록 하자. 수 천에서 수 만개에 달하는 유전자들이 0과 1의 값으로 생성할 수 있는 조합의 수는 실로 엄청나다. 생명시스템은 이처럼 무수히 많은 양의 정보량을 적은 수의 끌개에 압축하여 의미있는 일을 행하고 있는 것이다. 다시 말해 가능한 상태의 수가 굉장히 크기 때문에 엔트로피 역시 클 것 같지만 각 상태들 간의 확률분포를 통해 적은 수의 끌개에 수렴하게 함으로써 많은 정보량을 압축하여 엔트로피를 상당히 줄이고 있다. 이러한 엔트로피의 감소는 곧 질서의 생성이라고 볼 수 있다. 자기조직화에 의해 생성된 이 질서 덕분에 생명시스템은 효율적으로 정보를 압축하여 다음 세대에 전달해 줄 뿐만 아니라 최적의 안정성과 민감성 또한 확보하고 있다. 이는 개체의 자연선택에 큰 영향을 주게 된다. 섭동에 대해 안정적이면서 복잡한 환경에 유연하게 대처할 수 있는 안정성 및 민감성을 모두 가지고 있어서 더 나은 개체가 세대를 거듭하며 계속해서 선택될 수 있는 것이다.

따라서 자기조직화는 질서를 생성하는 근원이며, 자연선택은 자기조직화에 의해 만들어진 질서를 가다듬는 역할을 한다고 볼 수 있다. 이러한 관점에서 진화의 과정은 자기조직화와 자연선택의 두 가지 원리를 함께 고려하여 해석되어야 할 필요성이 있다. 더불어 이러한 진화의 과정에 의해 생명시스템은 질서 영역과 혼돈 영역의 경계, 즉 임계 영역(이러한 의미로 '혼돈의 가장자리'라고도 함)에 존재한다고 생각할 수 있다.

11.3 자기조직화의 실험적 증거 및 그 의미

11.3.1 불리언 모델을 이용한 자기조직화의 실험적 증거

카우프만이 제시한 것처럼 불리언 네트워크에서의 끌개가 정말로 특정 세포 유형을 의미하는 것일까? 그리고 실제 생명시스템이 과연 임계 영역에 존재하는가에 대한 질문은 여러 과학자들에게 큰 관심의 대상이었으며, 이에 대해 많은 실험적 증거들이 제시된 바 있다. 다음에 열거한 일련의 실험적 연구들은 끌개가 세포 유형을 의미한다는 것과 실제 생명시스템이 임계 영역에 존재함을 보여주는 구체적인 증거들이다[5].

(1) 끌개가 특정 세포 유형을 의미하는가?

(i) 후앙(Huang S.)과 그의 동료들[28]은 전골수성 백혈병 세포(HL 60)에 서로 전혀 관련이 없는 분화 유도제 트레티노인(all-trans-retinoic acid, ATRA)과 디메틸설폭사이드(dimethylsulfoxide, DMSO) 2가지를 각각 처리하여 시간이 지남에 따라 유전자 발현 패턴이 어떻게 변화되는지 관찰하는 실험을 하였다. 그림 11.7은 분화 유도제에 따라 처리된 세포가 호중구 상태로 분화되기까지 시간에 따른 유전자 발현 패턴이 어떻게 변하는지를 보여준다.

처음에는 전혀 다른 유전자 발현 패턴을 보이다가 세포가 호중구(neutrophil) 상태에 거의 도달하게 되는 168시간이 지난 후에는 서로 비슷한 발현 패턴을 나타내었다. 이는 인위적인 약물 처리를 통해 유도된 호중구 상태가 너무나 안정적인 상태이며 그렇기 때문에 서로 다른 상태로 분화를 시작했음에도 결국은 서로 비슷한 상태로 수렴하게 된다는 것을 보여준다. 물론 168시간 후 관찰된 유전자 발현 패턴들이 서로 완벽하게 동일하지는 않지만 3800개의 유전자

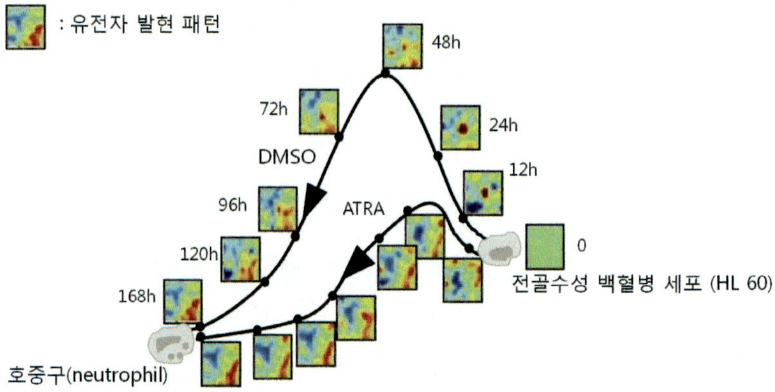

그림 11.7
2가지 유도 분화제 DMSO와 ATRA 처리에 따른 전골수성 백혈병 세포(HL60)**의 유전자 발현 패턴 변화**([28]에서 인용).

가운데 약 2800개의 유전자의 발현 패턴이 비슷하게 수렴하였다는 것은 2800개의 상태 공간이 가지는 차원을 고려해 봤을 때 분화된 상태 즉, 여기서는 호중구 상태가 엄청나게 안정적인 끌개 상태라는 것을 의미한다고 할 수 있다. 이러한 결과는 세포 유형이 곧 끌개를 나타낸다는 사실을 충분히 뒷받침해 줄 수 있는 실험적 증거이다.

(ii) 창(Chang H.)과 그의 동료들[22]은 내피/대식구 유사세포(endothelial/macrophage-like cell, EML cell)의 클론 집단에 대한 줄기 세포 항원(stem cell antigen-1, SCA-1)의 발현 정도를 살펴보는 실험을 하였다. 그림 11.8의 (가)는 내피/대식구 유사세포 클론 집단의 줄기 세포 항원이 발현되는 정도를 나타낸 히스토그램(histogram)이다.

유전적으로 동일한 클론 세포 집단이라 할지라도 세포 자체가 가지는 이질성(heterogeneity)으로 인해 분포가 다르게 나타날 수 있다. 형광활성 세포분류 장치(fluorescence-activated cell sorting, FACS)를 통해 발현 정도가 평균값보다 낮은 집단과 높은 집단을 각각 독립적으로 분류하였다. 대다수의 세포가 나타내는 평균값의 발현 정도를 끌개 상태라고 할 때, 평균값 보다 낮거나 높다는 것은 작은 섭동에 의해 끌개 상태에서 벗어난 상태를 의미한다. 각 집단이 시간이 지남에 따라 발현 정도가 어떻게 달라지는지 살펴본 결과 그림 11.8의 (나)에서 보는 바와 같이 9일 정도 후에는 비슷한 발현 정도를 보였다. 작은 섭동에 의해 끌개 상태에서 벗어나 있음에도 불구하고 시간이 지남에 따라 다

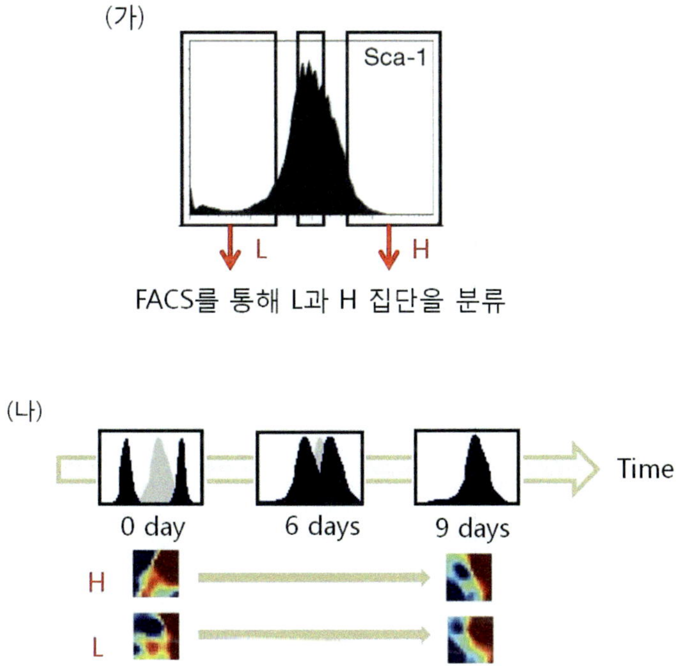

그림 11.8

EML cell 클론 집단의 SCA-1 발현에 대한 히스토그램(가) **및 시간에 따른 L과 H 집단의 발현 변화**(나) ([22]에서 인용).

시 끌개 상태로 돌아온다는 것은 끌개가 매우 안정적인 상태라는 것을 나타낸다고 볼 수 있다. 이러한 결과는 유전자 발현 상태 공간 내에서 세포 유형이 매우 안정적인 끌개 상태임을 나타내는 또 다른 실험적 증거이다.

(2) 생명시스템이 임계 영역에 존재하는가?

(i) 쉬뮬레비치(Shmulevich I.)와 그의 동료들[23]은 실제 헬라 세포(Hela cell)와 임계 영역에 존재하는 불리언 네트워크의 복잡도를 비교하는 실험을 하였다. 우선, 헬라 세포의 세포 주기(cell cycle)가 진행되는 동안 시간에 따른 유전자 발현 데이터(gene expression data)를 측정하여 렘펠-지브 복잡도(Lempel-Ziv complexity)를 구하였다. 주로 데이터 압축 등에 많이 이용되는 렘펠-지브 복잡도는 수열에서 어떤 한 개의 부분 수열도 반복하여 나타나지 않도록 분해한 후, 그 부분 수열의 개수를 통해 얼마나 복잡한 지를 나타내는 것이다. 이러한 렘펠-지브 복잡도를 질서 영역, 혼돈 영역, 임계 영역의 세 가지 영역에 존재하는 무작위로 만든 불리언 네트워크들에 대해서도 마찬가지로 적용하여 구하였

다. 앞서 구한 실제 헬라 세포의 유전자 데이터의 복잡도와 세 가지 영역에 존재하는 복잡도를 비교해 본 결과, 실제 유전자 데이터들의 동역학 특성이 혼돈 영역이 아닌 질서 혹은 임계 영역과 일치함을 발견하였다.

(ii) 라모(Ramo P.)와 그의 동료들[20]은 임계 영역에 존재하는 불리언 네트워크와 실제 효모(yeast)의 유전자 조절 네트워크에 대해 임의의 섭동에 따른 동역학 특성을 서로 비교하는 실험을 하였다. 먼저 임계 영역에 존재하는 불리언 네트워크를 무작위로 생성하여 임의의 유전자를 선택한 후 삭제하였다. 그리고 그에 따른 다른 유전자 값들의 변화를 살펴보았다. 이러한 과정을 수없이 반복한 후 결과를 살펴보았더니, 선택된 유전자를 삭제한 후 다른 유전자 값들이 변화하는 정도가 멱함수 분포를 따르며 기울기 $\gamma = 1.5$를 나타내었다. 다음으로 실제 효모에 대해서 200여 개의 유전자들을 각각 삭제한 후 그 결과를 관측해 보았더니 놀랍게도 멱함수 분포를 따를 뿐만 아니라 그 기울기 역시 $\gamma = 1.5$의 값을 나타내었다.

(iii) 쉬뮬레비치(Shmulevich I.)와 카우프만(Kauffman SA.)[18]은 대식세포(macrophage)의 유전자 조절 네트워크와 임계 영역에 존재하는 불리언 네트워크의 동역학 특성을 비교하는 실험을 하였다. 시간에 따른 대식세포의 유전자 발현 데이터를 획득한 후 표준 압축 거리(NCD)를 살펴본 결과, 평균적으로 임계 영역의 불리언 네트워크가 보이는 것과 동일한 동역학 특성을 나타냄을 밝혔다. 임계 영역은 대다수의 초기 상태들이 시간의 경과에 따라 서로의 거리가 감소하지도 증가하지도 않는 즉, 수렴하지도 발산하지도 않는 특성을 나타낸다.

11.3.2 생명시스템의 진화 과정에서 자기조직화의 의미

복잡계 과학자들은 자기조직화를, 자연선택이 완전하게 설명하지 못하는 생명의 기원에 대해 보충적인 답을 제공해 줄 수 있는 새로운 진화의 법칙이라고 믿는다. 그들은 원시 원자수프 속에서 여러 다양한 원자들이 서로 결합을 통해 많은 분자들을 만들어 내고 이러한 분자들의 다양성이 특정 임계치를 넘어서게 됨으로서 자발적으로 생명의 특성이 나타나게 되었을 것으로 추정한다. 다시 말해 끊임없이 물질과 에너지를 공급받는 원시 수프 속 열린계에서 분자들의 다양성이 아주 높아지게 되면 그들 간의 결합 과정에서 저절로 자기촉매 집합이 나타날 수 있고, 이 자기촉매 집합이 곧 생명의 기원일 것이라고 생각하는 것이다. 그리고 이러한 생명의 탄생 과정에서 자기조직화의 법칙이 중요한 역할을 하였을 것으로 여기고 있다. 외부의 어떠한 중재나 간섭 없이도 계 안의 구성 요소들끼리 상호작용을 통해 자기촉매 집합이라는 질서가 창발할 수 있다는 것은 매우 흥미로운 발상이다. 복잡계 과학자들은 생명의 기원에 대해서 뿐만 아니라 생명시스템이 보이는 다양하고 놀라운 질서들이 모두 이 자기조직화에 의해 가능하다고 말한다. 그리고 자연선택은 이렇게 자기조직화에 의해 생성된 질서를 갖춘 생명시스템이 환경에 보다 잘 적응하여 살아남을 수 있도록 그들이 가진 질서를 가다듬는 역할을 한다고 설명한다. 따라서 진화의 과정은 자기조직화와 자연선택 이 두 가지로 함께 설명되어야 한다는 것이다. 복잡계 과학자들의 이러한 설명이 설득력이 있게 받아들여지는 한 가지 이유는, 지금까지 모든 생명체들이 반복되는 우연과 자연선택에 의해서만 나타나게 되었다고 하기엔 지구의 역사를 고려해 보았을 때 그 확률이 지극히도 낮다는 것이다. 자기조직화를 발판으로 질서가 생성되고 자연선택이 이를 가다듬고, 다시 자기조직화를 통해 새로운 질서가 생성되고 이를 자연선택이 가다듬는 반복의 과정으로서 진화가 진행된 덕분에 지금과 같은 복잡하고도 다양한 형태의 생명체들이 존재하게 될 수 있었다는 것은 사실 숨겨진 진화의 또 다른 법칙을 찾았다는 것 그 이상의 의미를 지닐지도 모른다. 이에 대한 또 다른 재미있는 해석은, 바로 우리 인간의 존재가 우연히 이루어진 것이 아니라, 생명의 역사 속에서 충분히 예상될 수 있는 기대되어진 존재라는 것이다.

연 습 문 제

11.1 자기조직화의 예를 3가지 이상 들고, 각 예별로 그 과정에 대해 자세히 기술하시오.

11.2 자기조직화의 응용 사례가 무엇이 있는지 조사해 보시오 .

11.3 이 장의 내용은 스튜어트 카우프만의 주요 연구결과를 토대로 기술되었다. 스튜어트 카우프만의 주장에 대한 여러분의 의견을 자유롭게 서술해보시오.

참 고 문 헌

1. Kauffman, Stuart. *At Home in the Universe: The Search for Laws of Self-Organization and Complexity*. Oxford University Press, Oxford, 336 pages. 1995.
2. Kauffman, Stuart. *The Origins of Order*. Oxford Univ. Press, New York, 734 pages. 1993.
3. Camazine, Scott. *Self-organization in biological systems*. Princeton, New Jersey, 535 pages. 2001.
4. Heylighen, F. The Science of Self-organization and Adaptivity. Eolss Publishers, Oxford, pp. 253-280. 2003.
5. Huang Sui, Kauffman SA. Complex gene regulatory networks - from structure to biological observables: cell fate determination. Meyers R.A, editor. Encyclopedia of Complexity and Systems Science, Springer. 2009.
6. Kauffman SA. Homeostasis and differentiation in random genetic control networks. Nature, 224, pp. 177-8. 1969.
7. Derrida B and Pomeau Y. Random networks of automata: a simple annealed approximation. Europhys Lett 1, pp. 45-49. 1986.
8. B. Derrida and D. Stauffer. Phase transitions in two dimensional Kauffman cellular automata. Europhysics Letters, 2(10), pp. 739-745. 1986.
9. Kai Willadsen, and Janet Wiles. Robustness and state-space structure of Boolean gene regulatory models. *Journal of Theoretical Biology*, 249(4), pp.749-765. 2007.
10. Bastolla, Ugo and Parisi, Giorgio. The modular structure of Kauffman networks. Physica D, 115, pp. 219–233. 1998.
11. Bilke, Sven and Sjunnesson, Fredrik. Stability of the Kauffman model. Phys. Rev. E, 65, pp. 016129. 2001.
12. Socolar, Joshua E. S. and Kauffman. Scaling in ordered and critical random Boolean networks. Phys. Rev. Lett., 90, pp. 068702. 2003.
13. Samuelsson, Björn and Troein, Carl. Superpolynomial Growth in the Number of Attractors in Kauffman Networks. Phys. Rev. Lett., 90, pp. 098701. 2003.
14. Kauffman, Viktor; Mihaljev, Tamara and Drossel, Barbara. Scaling in critical random Boolean networks. Phys. Rev. E, 72, pp. 046124. 2005.
15. May RM. Will a large complex system be stable? Nature, 238, pp. 413-414. 1972.
16. Aldana M and Cluzel P. A natural class of robust networks. Proc Natl Acad

Sci U S A, 100, pp. 8710-4. 2003.

17. Fox JJ and Hill CC. From topology to dynamics in biochemical networks. Chaos, 11, pp. 809-815. 2001.
18. Shmulevich I and Kauffman SA. Activities and sensitivities in Boolean network models. Phys Rev Lett, 93(4), pp. 048701. 2004.
19. Nykter M, Price ND, Aldana M, Ramsey SA, Kauffman SA, Hood, L.Yli-Harja O and Shmulevich I. Gene expression dynamics in the macrophage exhibit criticality. Proc Natl Acad Sci U S A, 105(6), pp. 1897-1900. 2008.
20. Ramo P, Kesseli J and Yli-Harja O. Perturbation avalanches and criticality in gene regulatory networks. J Theor Biol, 242, pp. 164-70. 2006.
21. Fredrik K. and Michael H. Order or chaos in Boolean gene networks depends on the mean fraction of canalizing functions. Physica A, 384, pp. 747-757. 2007.
22. Chang H, M. H, M. B, Ingber D and Huang S. Transcriptome-wide noise controls differentiation potential of mammalian progenitor cells. Nature, 453, pp. 544-548. 2008.
23. Shmulevich I, Kauffman SA and Aldana M. Eukaryotic cells are dynamically ordered or critical but not chaotic. Proc Natl Acad Sci U S A, 102, pp. 13439-44. 2005.
24. Stuart Kauffman, Carsten Peterson, Björn Samuelsson, and Carl Troein. Random Boolean network models and the yeast transcriptional network. Proc Natl Acad Sci U S A, 100(25), pp. 14796-14799. 2003.
25. Stuart Kauffman, Carsten Peterson, Björn Samuelsson, and Carl Troein. Genetic networks with canalyzing Boolean rules are always stable. Proc Natl Acad Sci U S A, 101(49), pp. 17102-17107. 2004.
26. C. E. Shannon. A mathematical theory of communication. *Bell System Technical Journal*, 27, pp. 379-423 and 623-656. 1948.
27. Kauffman SA. Metabolic stability and epigenesis in randomly constructed genetic nets. J Theor Biol, 22, pp. 437-467. 1969.
28. Huang S, Eichler G, Bar-Yam Y and Ingber DE. Cell fates as high-dimensional attractor states of a complex gene regulatory network. Phys Rev Lett, 94, pp. 128701. 2005.

chapter 12

생체회로 모델링을 위한 표준 및 시뮬레이션 도구들

2000년대 초반 인간유전체프로젝트(human genome project)의 성공과 더불어 다양한 생물종들에 대한 유전체 서열이 차례로 밝혀짐에 따라 이제는 서열정보와 같은 대규모 생체데이터(high-throughput data)의 생산을 통해 생명체의 다양한 현상들을 종합적으로 이해하고자 하는 시도가 이루어지고 있다. 이러한 대규모 생체데이터의 분석을 통해 생성되는 방대한 정보들은 세포내 분자들 간의 복잡한 상호작용 네트워크의 구조 및 동역학 정보를 제공해주게 되었으며 세포내 분자들 간의 상호작용지도(interaction map)의 수립을 가능하게 해주었다. 생명현상에 대한 분자수준의 메커니즘을 종합적으로 탐구할 수 있는 길이 열리게 된 것이다. 하지만 이러한 방대한 규모의 데이터를 효과적으로 이용하기 위해서는 누구나 데이터 처리를 쉽게 할 수 있어야 하며 처리된 데이터는 그 대상 및 성질에 따라 적절히 분류 및 관리되어야 한다(그림 12.1). 이와 같이 데이터 처리방법과 그 처리결과를 여러 연구자들이 손쉽게 공유하고자 하는 필요성으로 부터 표준화 작업 및 이를 기반으로 한 데이터베이스와 소프트웨어 시스템의 개발이 이루어져 왔다[1,2]. 본 장에서는 신호전달경로의 모델링에 관련된 표준들에 대해 간략히 살펴본 뒤, 실제 모델링에 이용할 수 있는 여러 소프트웨어들에 대해 알아보도록 하자. 그리고 이 가운데 특히 손쉽게 사용할 수 있는 CellDesigner를 이용하여 5장에서 설명한 ERK 신호전달경로에 대해 수학모형을 만들어본다.

그림 12.1
표준화의 필요성

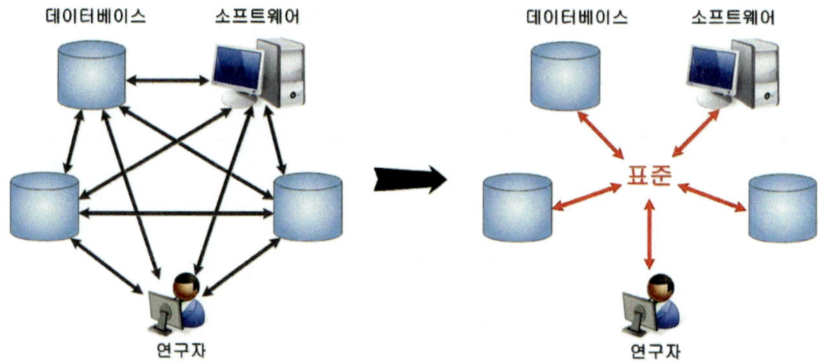

12.1 신호전달경로 모델링에 관련된 표준들

세포내 신호전달경로에 관련된 표준화의 대상은 크게 신호전달경로와 관련된 생물학 용어를 정의하기 위한 표준, 다양한 실험데이터를 공유하기 위해 필요한 기본적인 정보에 대한 표준, 신호전달경로의 위상구조에 대한 표준, 그리고 이들 여러 표준들과 동역학 정보를 통합하여 완성된 형태의 신호전달경로를 정의하기 위한 표준 및 신호전달경로의 시각화를 위한 표준 등으로 나눌 수 있으며, 이들 간의 관계는 아래 그림 12.2와 같다.

그림 12.2
신호전달경로 관련 표준들

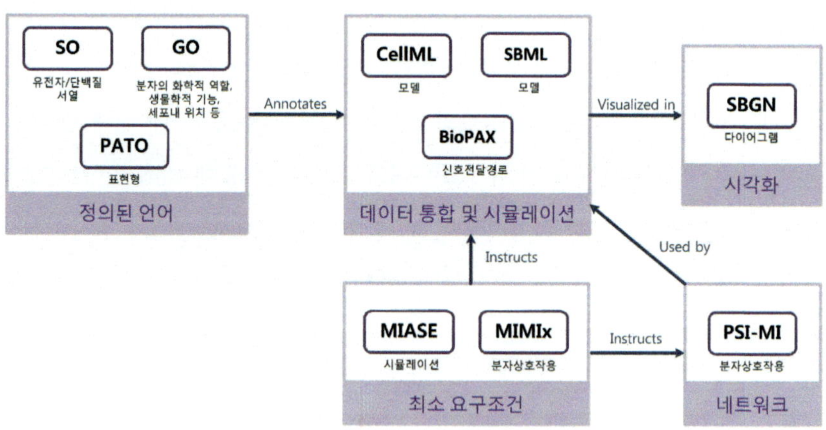

우선 동일한 생명현상을 표현하는데 서로 다른 용어들이 사용됨에 따라 발생할 수 있는 혼란을 막기 위해서는 이들을 통일하고 공통적으로 정의된 용어를 사용하여 표현해야 한다. 이를 위해, 개체가 나타낼 수 있는 표현형(phenotype)을 지칭하는 용어들에 대한 표준인 PATO(phenotypic quality ontology), 유전자의 산물인 단백질이 가지는 기능에 대한 용어를 정의한 유전자 온톨로지(gene ontology; GO), 유전자 및 단백질 등 분자구조서열에 관한 용어정의인 SO(sequence ontology) 등이 있다[3,4,5]. 한편, 세계의 수많은 연구자들이 수행한 생물실험 및 컴퓨터가상실험(computer simulation)의 과정 및 결과가 다른 연구자들에게 쉽게 공유되기 위해서는 이들 실험의 수행과정에 대한 적절한 설명이 필수적이다. 이렇게 연구자들이 수행한 실험을 공개하기 위해 최소한으로 갖춰야 할 정보들을 정의한 표준으로는 분자 상호작용 실험에 대한 MIMIx(minimum information required for reporting a molecular interaction experiment)와 컴퓨터를 이용한 가상실험에 대한 MIASE(minimum information about a simulation experiment) 등이 있다[6,7]. 또한, 여러 실험에서 측정된 단백질간의 상호작용정보를 기술하는 표준으로는 PSI-MI(proteomics standard initiative-molecular interactions) 등이 있으며, 이를 이용하여 신호전달경로의 위상구조를 기술할 수 있다[8]. 이와 같은 다양한 표준들을 분자간 동역학 정보 및 시뮬레이션을 위한 정보와 함께 통합하여 완전한 형태의 신호전달경로 모델을 기술하는 표준으로 SBML(systems biology markup language), CellML(cell markup language), BioPAX(biological pathway exchange) 등이 있다[9,10,11,12]. 특히 SBML은 세포내 신호전달경로의 모델링을 위해 가장 널리 쓰이는 표준으로 XML을 기반으로 하고 있어 수정없이 다양한 소프트웨어에서 재사용할 수 있다. 주로 상미분방정식을 이용한 모델링에 사용된다.

그림 12.3
신호전달경로 모델링을 위한 다양한 도구들[2]

프로그램 종류	프로그램	웹사이트
Stand-alone simulators	CellDesigner	http://www.celldesigner.org
	CellWare	http://www.bii.a-star.edu.sg/achievements/applications/cellware/index.asp
	COPASI	http://www.copasi.org/
	Dizzy	http://magnet.systemsbiology.net/software/Dizzy
	GEPASI	http://www.gepasi.org
Modeling environements	JDesigner/Jarnac	http://sbw.kgi.edu
	JSim	http://nsr.bioeng.washington.edu/PLN/Software
Internet simulation servers	BASIS	https://www.basis.ncl.ac.uk
	Virtual Cell	http://www.nrcam.uchc.edu

12.2 신호전달경로 모델링 도구들

세포내 신호전달경로 모델링에는 표현하고자 하는 대상 및 추상화정도에 따라 불리언 모델, 미분방정식 모델 혹은 추계적 모델 등을 선택할 수 있으나, 일반적으로 상미분방정식(ordinary differential equation)을 이용하는 경우가 많다. 신호전달경로 모델을 구현하기 위해서는 Matlab 등의 스크립트 언어나, 자바(java) 혹은 C++등의 프로그램언어를 사용하여 직접 기술할 수도 있지만, 생명시스템의 모델구축을 위해 개발된 여러 도구들을 사용할 수도 있다(그림 12.3).

위의 도구들 가운데 일부는 특정 수준이상의 프로그래밍 기술을 요하는 것도 있으나, 여기에서는 비교적 간단한 조작만으로 신호전달경로 모델을 구축할 수 있는 도구들을 소개한다.

12.2.1 COPASI(COmplex PAthway SImulator)

COPASI는 Gepasi의 후속으로 개발된 소프트웨어로서 세포내 신호전달경로의 시뮬레이션을 목적으로 하며 윈도우뿐 아니라 유닉스(UNIX)와 매킨토시(Macintosh)도 지원한다[13,14]. 프로그램은 COPASI 웹사이트(http://www.celldesigner.

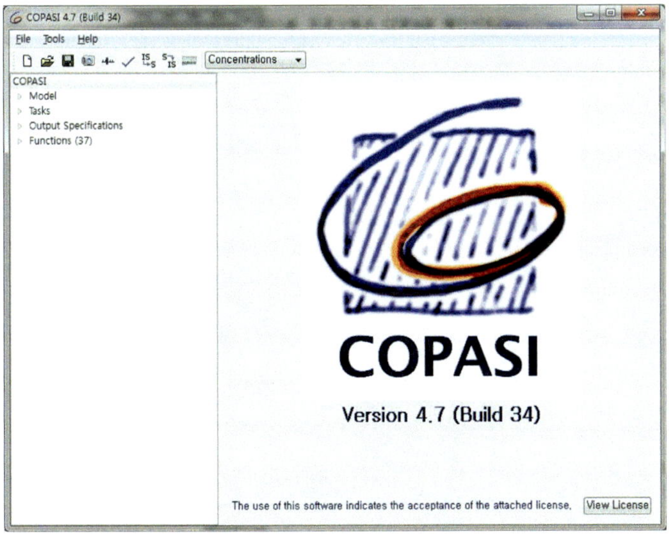

그림 12.4
COPASI의 그래픽사용자인터페이스

org)에서 다운로드받을 수 있으며 그래픽사용자인터페이스(GUI)를 포함한 풀버전(CopasiUI)과 커맨드라인만을 제공하는 단순한 버전(CoposiSE)의 두 가지 버전으로 제공된다. 간단한 그래픽사용자인터페이스를 통해 반응식을 입력하는 것으로 모델링이 가능하며 상미분방정식을 통한 시뮬레이션의 실행 결과가 그래프로 표시된다. COPASI의 그래픽사용자인터페이스는 그림 12.4와 같다.

COPASI의 왼쪽부분에는 프로그램의 주기능들이 나와 있는데, 이는 크게 모델(Model), 작업(Tasks), 출력명세(Output Specification), 함수 (Function) 등으로 나눌 수 있다.

(1) 모델

신호전달경로 모델에 포함되는 문자들에 대한 정보 및 생화학반응, 수학표현을 기술하는 부분이다(그림 12.5).

그림 12.5
COPASI의 '모델'기능을 사용한 예

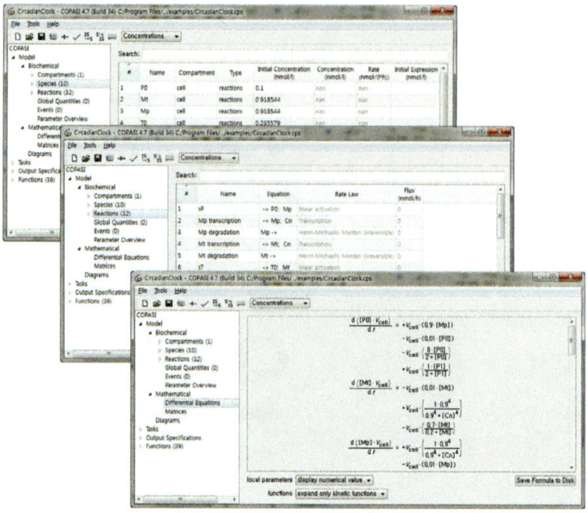

(2) 작업

주요 수치계산을 위한 값들을 정의하는 부분으로 정상상태(steady-state), 시계열(time-series)정보, 반응의 화학양론(stoichiometry)값, 대사조절분석(metabolic control analysis) 등에 대해 필요한 값들을 입력하고 시뮬레이션할 수 있다(그림 12.6).

그림 12.6
COPASI의 '작업'창에서 시계열정보 시뮬레이션

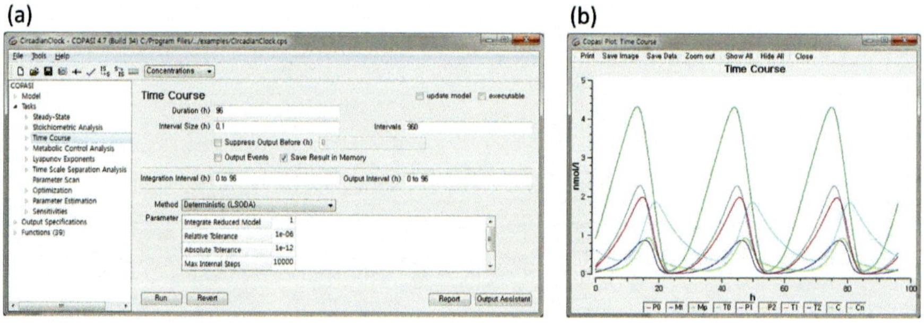

또한, 작업부분에서는 특정 단위작업들을 반복적으로 수행해야 하는 파라미터 탐색, 파라미터 최적화 및 추정 등의 기능이 갖추어져 있다. 그림 12.7은 파라미터 스캔기능을 사용하는 예로서, 스캔할 파라미터를 지정하고 파라미터의 최소/최대 값 등 스캔을 위한 여러 조건들을 입력하는 화면(그림 12.7a)을 보여주고 있으며,

이를 실행시켰을 때 생성되어진 여러 파라미터 값들에 해당되는 모델의 출력곡선들을 보여주고 있다(그림 12.7b).

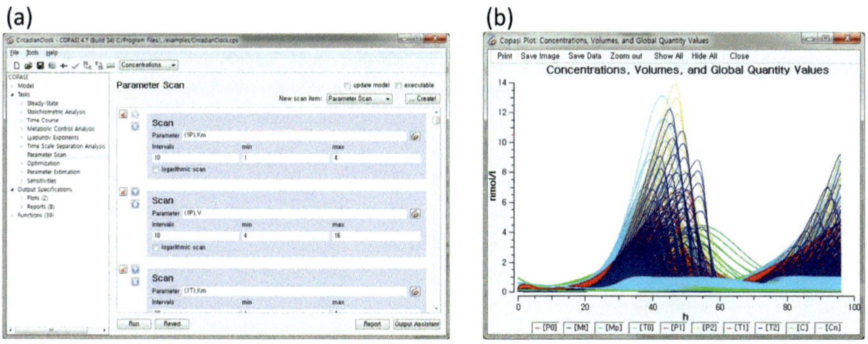

그림 12.7
COPASI의 '작업' 중 파라미터 스캔 기능의 예

(3) 출력명세

위의 '작업'에서 수행한 결과들을 어떤 형식으로 나타낼지를 정의하는 부분으로서, 그래프나 리포트의 형식 및 포함되어야 할 사항들을 지정해준다(그림 12.8).

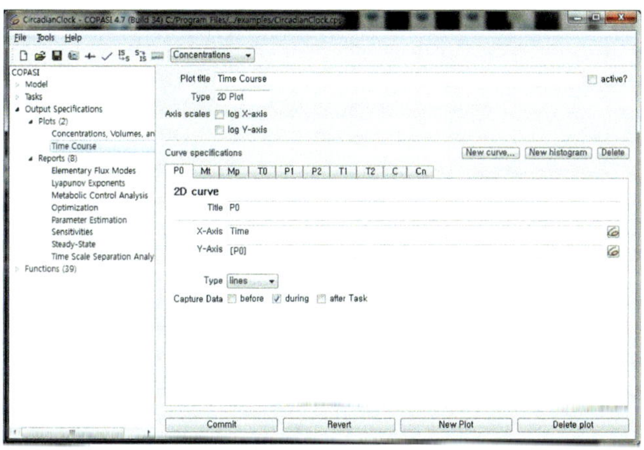

그림 12.8
COPASI의 '출력명세'

(4) 함수

질량반응의 법칙(mass action law), 미하일리스-멘텐(Michaelis-Menten) 반응식 및 알로스테릭 저해작용(allosteric inhibition) 등 잘 알려진 생화학반응에 대한 함수들을 정의해 놓은 부분이다(그림 12.9).

그림 12.9

COPASI의 '함수'기능 중 알로스테릭 저해작용의 예

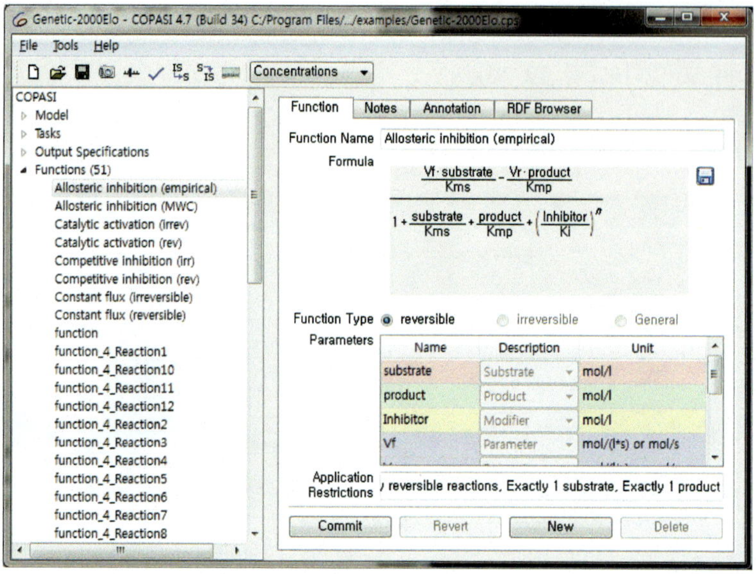

12.2.2. Virtual Cell (VCell)

VCell은 세포 모델을 만들기 위한 도구이며 해당 웹사이트(http://www.vcell.org)로부터 다운로드받을 수 있다[15]. 사용자는 GUI를 통해 다양한 구성요소들을 배치하고, 이들을 연결하여 신호전달경로를 만들 수 있으며, 상미분 방정식과 편미분 방정식을 모두 사용할 수 있는 특징을 가지고 있다. VCell은 크게 BioModel, Geometry 및 MathModel 문서들로 구성되어 있다(그림 12.10). 처음 VCell을 실행시키면 나오는 화면이 BioModel이며 이곳에서 분자들과 이들간의 반응, 플럭스(flux) 등 모델정립에 필요한 정보들을 구성한다. Geometry는 모델의 1, 2, 3차원 등 위상(topology)에 대한 정보를 설정하고 볼 수 있는 부분이다. 또한, Math Model은 상미분방정식(ODE) 및 편미분방정식(PDE) 등 수식들을 구성하는 부분이다.

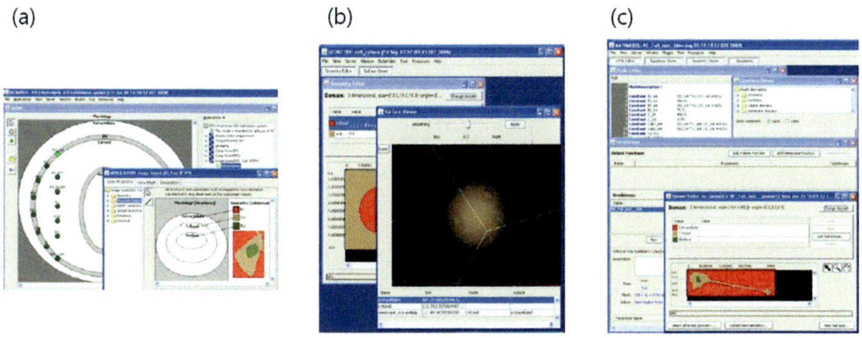

그림 12.10

VCell의 기본 요소들

BioModel (a), Geometry (b), Math Model (c)

(1) BioModel 생성

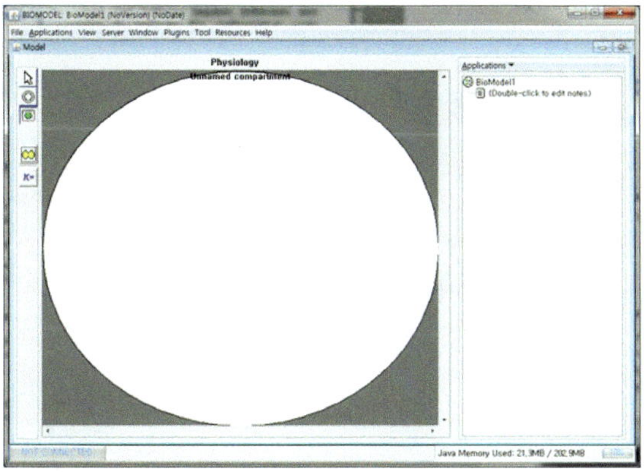

그림 12.11

BioModel 편집화면

처음 VCell을 실행시키면 그림 12.11과 같은 BioModel 편집화면이 나온다. 여기에 새로운 세포내 구조들을 추가하고 싶으면 ◎ 버튼을 이용하며, 새로운 분자들을 추가하는 경우에는 ● 버튼을 이용한다.

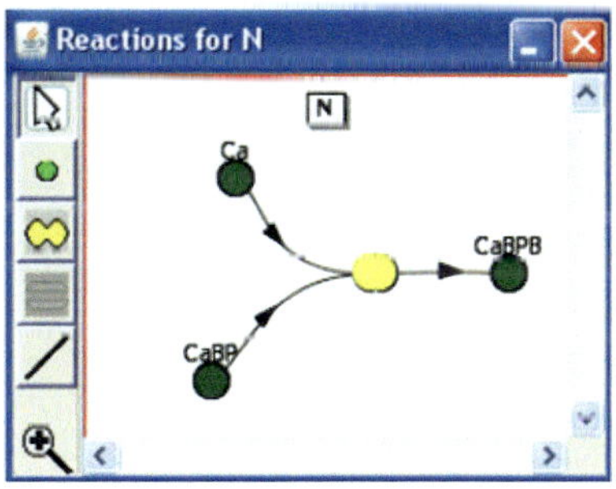

그림 12.12

분자반응 정의

세포내 구조 및 필요한 분자들을 만들어준 후에는 이 분자들 간의 반응을 정의해준다. 이를 위해 반응 아이콘 및 플럭스 아이콘 을 선택하면 그림 12.12와 같은 화면이 나오며, 를 이용해 분자간의 반응을 정해준다. 이후 버튼을 이용하여 반응의 수학적 표현방식 및 파라미터 등을 정의해준다.

(2) 어플리케이션 생성

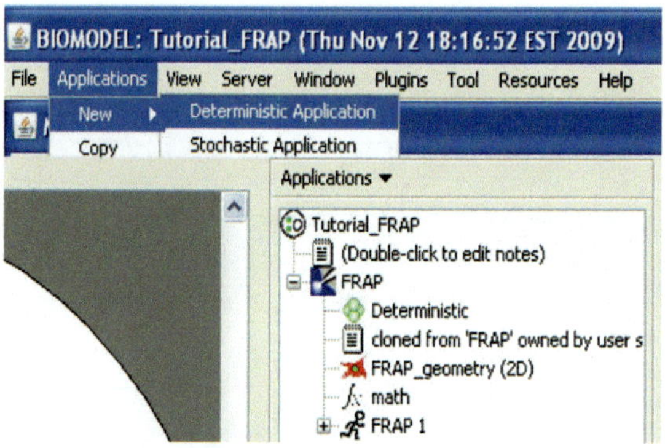

그림 12.13
어플리케이션

어플리케이션은 만들어진 BioModel을 이용하여 결정론적(deterministic) 시뮬레이션 혹은 추계적(stochastic) 시뮬레이션 모델을 생성해주며 모델의 초기조건 등 여러 정보들을 정의한다(그림 12.13). 어플리케이션 디렉토리에는 현재 로드된 BioModel 과, 어플리케이션의 타입(결정론적 혹은 추계적) 등을 볼 수 있으며, Geometry 의 편집이나 수식 및 시뮬레이션 설정 , 시뮬레이션 실행 등을 수행할 수 있다.

(3) Math Model 작성

VCell에서는 VCMDL(Virtual Cell Math Description Language)을 이용하여 사용자 고유의 수식코드를 만들 수 있다. 이를 위해 내장된 VCMDL 편집기 및 Equation 편집기 등을 이용한다(그림 12.14).

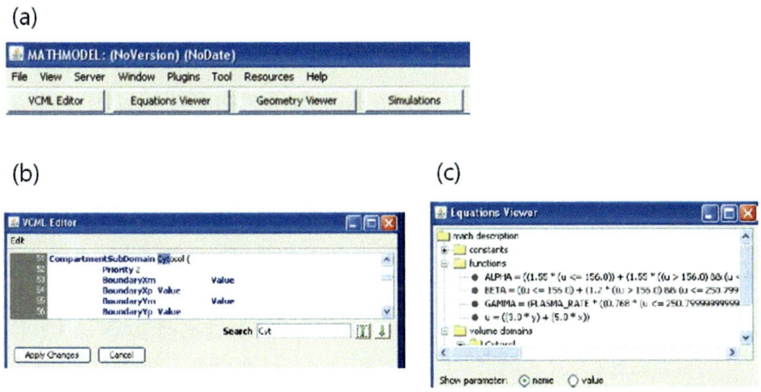

그림 12.14

Math Model 화면

Math Model 설정이 끝난 후에는 시뮬레이션 화면을 통해 모델을 시뮬레이션 할 수 있다(그림 12.15).

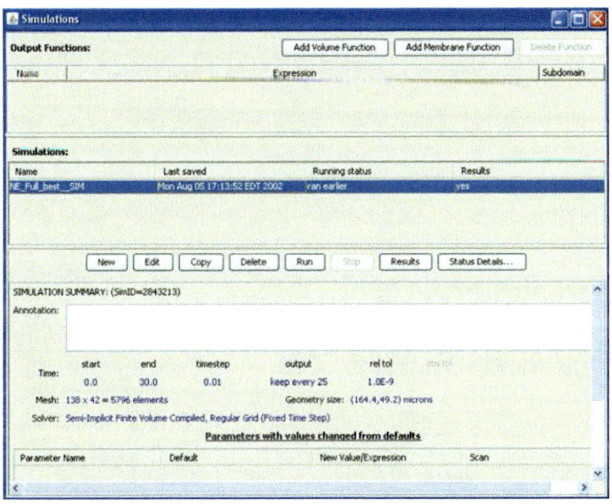

그림 12.15

시뮬레이션 화면

12.2.3 SBW (Systems Biology Workbench)

SBW는 SBML 형식으로 기술된 신호전달경로 모델을 시뮬레이션하기 위해 필요한 다양한 기능을 제공하는 시뮬레이션 엔진이다[16]. SBW로 직접 시뮬레이션을 할 수는 없으며, CellDesigner나 JDesigner등에 내부적으로 탑재되어 시뮬레이션이 가능하게끔 한다.

12.2.4 Cell Illustrator

Cell Illustrator(http://www.cellillustrator.com/)는 동경대학교에서 개발한 소프트웨어로서 TRANSPATH(http://www.gene-regulation.com/pub/databases.html)라고 하는 신호전달경로 데이터베이스로부터 다양한 신호전달경로를 불러올 수 있으며 HFPN(Hybrid Functional Petri Net) 방식으로 시뮬레이션한다. Cell Illustrator로 작성된 모델은 CSML 확장자를 사용해 저장되며 SBML, CellML 등도 함께 사용할 수 있다.

12.3 예제: CellDesigner를 이용한 MAPK 신호전달경로 모델링

12.3절에서는 CellDesigner를 이용하여 5장에서 간략히 소개된 MAPK 신호전달경로에 대한 모델링 및 시뮬레이션 과정을 살펴본다. 먼저, CellDesigner의 설치와 기본개념 등에 대해 알아본 후 모델의 구축과 시뮬레이션 방법에 대해 상세히 알아보자[18].

12.3.1 CellDesigner의 설치

(1) CellDesinger의 설치에 필요한 조건

CellDesigner는 자바가 작동하는 대부분의 컴퓨터 운영체제에서 사용이 가능하다. 구체적으로는 윈도우즈, 매킨토시, 리눅스 등에서 작동된다. CellDesigner의 실행에는 JRE(java runtime environment)가 필요하나 최근 버전의 CellDesigner를 설치하면 JRE 1.6이 함께 설치되므로 사용자가 별도로 설치할 필요는 없다.

(2) CellDesigner의 설치와 실행

이 절에서는 윈도우즈, 매킨토시, 리눅스에서 CellDesigner의 설치에 관해 알아본다. 여기에서는 윈도우즈7 환경을 예로 설명하겠으나 다른 윈도우즈환경에서도 비슷하다. 현재 버전의 CellDesigner는 http://www.celldesigner.org에서 다운로드 받을 수 있으며, 각 OS별 설치파일은 아래와 같다.

- 윈도우즈: CellDesigner-4.2-windows-installer.exe
- 매킨토시 OS X: CellDesigner-4.2-osx-installer.dmg
- 리눅스: CellDesigner-4.2-linux-installer.bin

• 윈도우즈에서의 설치

1. CellDesigner-4.2-windows-installer.exe를 더블클릭하면 설치윈도우가 나온다.
2. 설치윈도우에 나오는 지시에 따라 설치를 진행한다.

• 맥킨토시 OS X에서의 설치

1. CellDesigner-4.2-osx-installer.dmg 파일을 더블클릭하면 .dmg 파일이 자동으로 마운트되며 CellDesigner-4.2-osx-installer가 존재하는 Finder 창이 나온다.
2. 이를 더블클릭하고 지시에 따라 설치한다.

• 리눅스에서의 설치

1. 쉘을 열고 설치파일이 있는 디렉토리로 이동한다.
2. 프롬프트창에 아래와 같이 입력한다.

```
% chmod u+x CellDesigner-4.2-linux-installer.bin
% ./CellDesigner-4.2-linux-installer.bin
```

(3) CellDesigner 시작하기

• 윈도우스

1. 데스크탑의 CellDesigner 바로가기버튼 을 누른다.
2. 혹은 CellDesigner 설치 디렉토리(C:/Program Files/CellDesigner4.2)로 가서 CellDesigner4.2.exe을 실행시킨다.

- 매킨토시 OS X

  1. CellDesigner를 설치한 디렉토리에서 CellDesigner4.2 아이콘 을 누른다.

- 리눅스

  1. 홈 디렉토리에서 ./runCellDesigner4.2를 입력한다.
  2. 혹은 CellDesigner의 설치디렉토리로 이동하여 ./runCellDesigner4.2를 입력한다.

(4) CellDesigner의 사용자 인터페이스

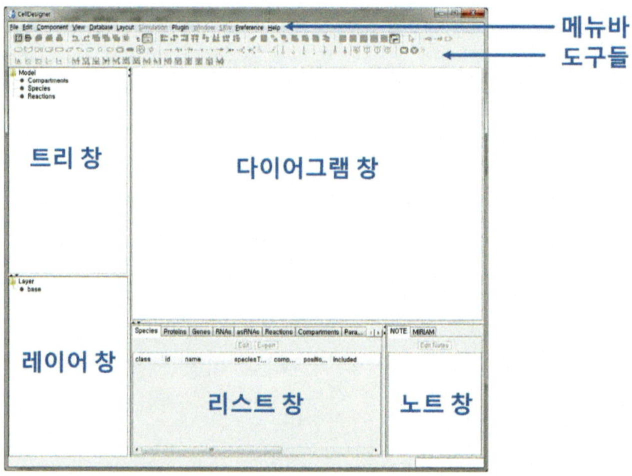

그림 12.16
CellDesigner의 사용자 인터페이스 및 네비게이션 화면

다이어그램 창에서는 여러 도구들을 이용하여 신호전달경로에 포함되는 단백질들을 만들고 그들 간의 상호작용을 지정한다. 리스트 창에서는 다이어그램 창에서 만든 단백질들에 대한 모든 정보를 볼 수 있으며 초기값 및 미분방정식, 파라메터 등의 동역학 정보들을 지정할 수 있다. 또한 노트 창은 리스트에 나온 컴포넌트들에 대한 상세한 설명을 보여주고 편집하는 부분이며, 트리창은 모델의 구성요소들을 트리(tree)형태로 보여주는 부분, 레이어창은 모델의 모든 레이어(layer)를 보여주는 부분이다.

12.3.2 CellDesigner를 이용한 ERK 신호전달경로 모델링 및 시뮬레이션

CellDesigner를 이용해 만들어 볼 모델은 2009년도 세포과학저널(Journal of Cell Science)에 발표된 ERK 신호전달경로모델로서 다음 표 12.1, 12.2에 기술된 바와 같은 상미분방정식들 및 파라미터들로 구성되어 있다[17].

$$\frac{d[RasGTP]}{dt}=\frac{K_{cat1}\cdot[RasGDP]}{(K_{mk1}+[RasGDP])\left(1+\left(\frac{[ppERK]}{K_{ierk}}\right)^{3.2}\right)}-\frac{V_{\max1}\cdot[RasGTP]}{K_{mp1}+[RasGTP]}$$

$$\frac{d[Raf^*]}{dt}=\frac{K_{cat2}\cdot[Raf]\cdot[RasGTP]}{K_{mk2}+[Raf]}-\frac{V_{\max2}\cdot[Raf^*]}{K_{mp2}+[Raf^*]}$$

$$\frac{d[ppMEK]}{dt}=\frac{K_{cat3}\cdot[MEK]\cdot[Raf^*]}{K_{mk3}\cdot\left(1+\left(\frac{[RKIP]}{K_{irkip}}\right)^{2.3}\right)+[MEK]}-\frac{V_{\max3}\cdot[ppMEK]}{K_{mp3}+[ppMEK]}$$

$$\frac{d[ppERK]}{dt}=\frac{K_{cat4}\cdot[ERK]\cdot[ppMEK]}{K_{mk4}+[ERK]}-\frac{V_{\max4}\cdot[ppERK]}{K_{mp4}+[ppERK]}$$

$$\frac{d[pRKIP]}{dt}=\frac{K_{cat5}\cdot[RKIP]\cdot[ppERK]}{K_{mk5}+[RKIP]}-\frac{V_{\max5}\cdot[pRKIP]}{K_{mp5}+[pRKIP]}$$

총량보존 :

$$[Ras]_{total}=[RasGDP]+[RasGTP]=0.35$$
$$[Raf]_{total}=[Raf]+[Raf^*]=0.12$$
$$[MEK]_{total}=[MEK]+[ppMEK]=0.36$$
$$[ERK]_{total}=[ERK]+[ppERK]=0.7$$
$$[RKIP]_{total}=[RKIP]+[pRKIP]=0.24$$

표 12.1 ERK 신호전달경로에 대한 상미분방정식

$K_{cat1}=144$	$K_{mk1}=1.0$	$V_{\max1}=7.56$	$K_{mp1}=125.64$	
$K_{cat2}=144$	$K_{mk2}=90$	$V_{\max2}=7.56$	$K_{mp2}=95$	$K_{ierk}=0.004$
$K_{cat3}=144$	$K_{mk3}=11$	$V_{\max3}=7.56$	$K_{mp3}=95$	$K_{irkip}=0.07$
$K_{cat4}=53.52$	$K_{mk4}=136.88$	$V_{\max4}=20.11$	$K_{mp4}=191.079$	
$K_{cat5}=144$	$K_{mk5}=90$	$V_{\max5}=28.8$	$K_{mp5}=95$	

표 12.2. 동역학 파라미터들

(1) 다이어그램 구성

CellDesigner에는 모델링을 위한 다양한 사용자그래픽인터페이스 도구들이 갖추어져 있다. 이를 이용하여 모델링에 필요한 분자들 및 이들 산의 상호작용을 정의해야 하는데 그 순서는 다음과 같다. 먼저 분자들이 존재하는 세포의 구획(compartment)을 정의해야하는 데 그 이유는 같은 종류의 단백질이라도 세포질이

그림 12.17
세포의 구획정의

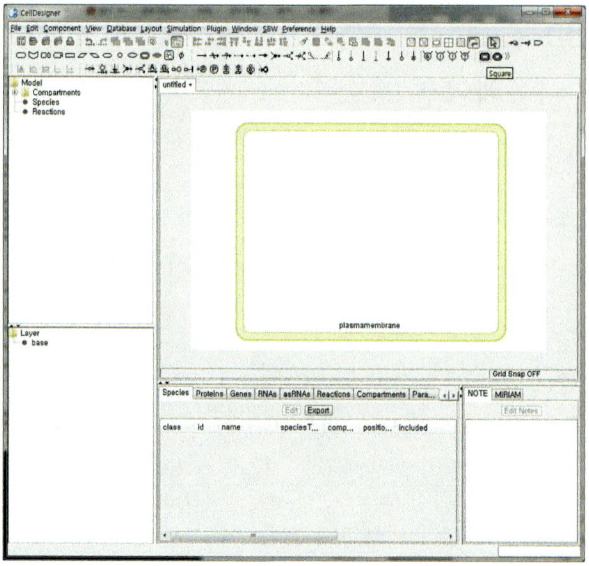

나 혹은 핵내 어디에 위치하는지에 따라 그 농도가 다를 수 있기 때문이다. 이를 위해 트리창에서 'Compartment'를 클릭하고 도구에 있는 사각형 혹은 원형 버튼을 클릭하여 다이어그램 창에 이러한 구획을 그린다. 본 예제에서는 세포막에 대한 구획 하나만을 정의해 보자(그림 12.17).

다음에는 이 구획내에 각 단백질들을 그린다. 단백질을 그리는 방법은 도구에 있는 일반단백질 버튼 을 클릭한 후 정의한 구획 안에 그리고 단백질명을 적어 준다(그림 12.18a).

그림 12.18
다이어그램에 단백질 추가하기

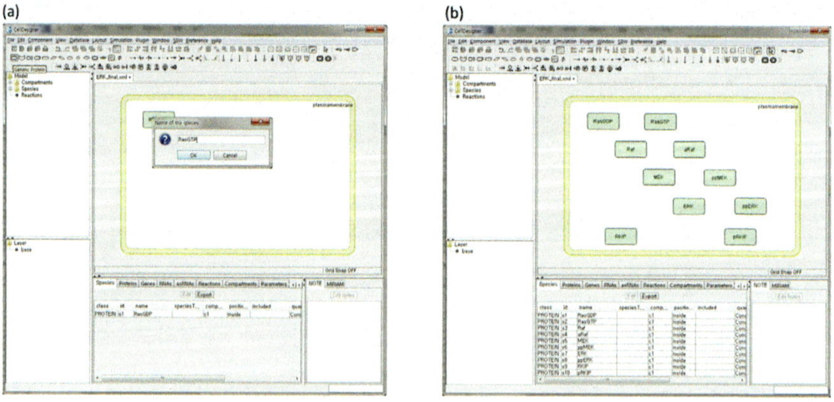

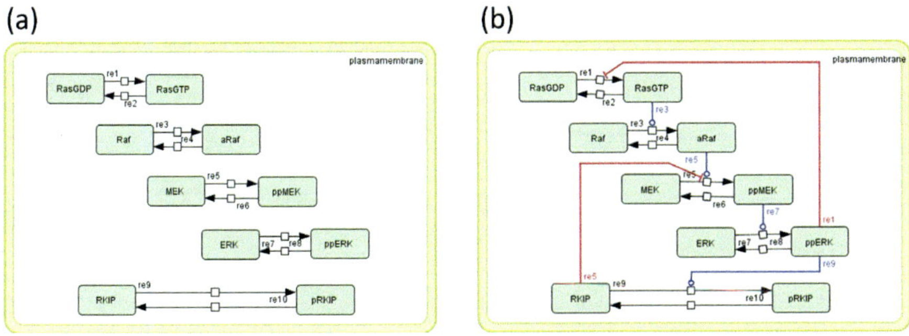

그림 12.19
단백질사이의 조절관계 정의

이와 같은 방법으로 모델의 모든 단백질들에 대한 다이어그램을 그린다(그림 12.18b). 그리고 다음으로 이들 단백질간의 상호작용 링크를 다이어그램에 추가하여 신호전달 네트워크의 구조를 정의한다(그림 12.19). 이러한 링크에는 단백질의 인산화 등 상태천이(state transition)를 나타내는 것과 이러한 상태천이를 유도하는 효소반응(catalysis)을 나타내는 것이 있다. 예를 들어, MEK가, 활성화된 Raf(즉 aRaf)에 의해 인산화되어 ppMEK가 되는 과정을 다이어그램에 표현해보자. 먼저 MEK가 인산화되어 ppMEK가 되는 과정은 상태천이버튼(→)을 이용한다. 메뉴바에 있는 상태천이버튼을 선택하고, MEK를 클릭한 후, ppMEK를 클릭하면 MEK로부터 ppMEK로의 상태천이 링크가 생성된다(그림 12.19a). 그 다음 이 상태천이에 영향을 미치는 작용들을 표시해야 한다. 이 과정에는 MEK에서 ppMEK로의 상태천이를 촉진시키는 aRaf 뿐만 아니라 이를 저해하는 RKIP에 의한 작용 모두를 고려해야 한다. 먼저 상태천이를 촉진시키는 반응은 메뉴바의 효소반응버튼( )을 이용해 표현한다. 효소반응버튼을 선택한 후 aRaf를 클릭하고 이어서 MEK와 ppMEK를 이어주는 상태천이 링크를 클릭해주면 아래 그림 12.19b와 같이 aRaf에 의해 MEK가 ppMEK가 되는 과정이 표현된다(파란색 링크). 또한, RKIP으로 인한 저해작용(inhibition)은 저해작용버튼( )을 이용하여 표시하며(빨간색 링크), 방법은 위 효소반응에서와 동일하다.

(2) 수학모델 및 파라미터 입력

위와 같이 구성단백질들과 이들 사이의 조절관계 설정이 완료되었으면 다음으로

그림 12.20

단백질에 대한 정보를 입력하는 리스트

class	id	name	speciesType	compartment	positionToCompartment	included	quantity type	initialQuantity	substanceUnits	hasOnlySubstanceUnits	b.c.	constants
PROTEIN	s1	RasGDP		c1	inside		Concentration	0.35		false	false	false
PROTEIN	s2	RasGTP		c1	inside		Concentration	0.0		false	false	false
PROTEIN	s3	Raf		c1	inside		Concentration	0.12		false	false	false
PROTEIN	s4	aRaf		c1	inside		Concentration	0.0		false	false	false
PROTEIN	s5	MEK		c1	inside		Concentration	0.36		false	false	false
PROTEIN	s6	ppMEK		c1	inside		Concentration	0.0		false	false	false
PROTEIN	s7	ERK		c1	inside		Concentration	0.7		false	false	false
PROTEIN	s8	ppERK		c1	inside		Concentration	0.0		false	false	false
PROTEIN	s9	RKIP		c1	inside		Concentration	0.24		false	false	false
PROTEIN	s10	pRKIP		c1	inside		Concentration	0.0		false	false	false

생화학반응에 대한 수학방정식을 입력하고 여러 파라미터값들을 입력한다. 리스트 창에는 단백질, 반응식, 파라미터 등이 탭으로 구분되어 필요한 모든 항목들을 입력할 수 있도록 되어 있다. 먼저 종(species) 탭을 누르면 위에서 다이어그램 창에 만들어 놓은 모든 단백질들이 리스트되어 나타난다. 이 리스트의 각 열에는 해당 단백질의 ID 및 이름, 구획, 초기농도 등 해당 단백질에 대해 모델에서 필요한 모든 정보들이 담겨 있으며, 이 값들을 수정하여 모델에 반영할 수 있다. 여러 열중에 양종류(quantity type) 부분이 디폴트로 양(amount)으로 되어 있으나 본 모델의 모든 단백질들은 농도에 대해 기술되어 있으므로 농도(concentration)로 수정해준다. 또한, 위 표 12.2에 정의된 초기값으로 초기량(initialQuantity) 값을 정해준다(그림 12.20).

이제 단백질간 상호작용을 정의하기 위해 반응(reaction) 탭으로 이동한다. 이 리스트에는 다이어그램에서 정의했던 단백질간의 반응들이 나열되어 있고 각 반응의 이름(name 열), 반응별 반응물(reactants 열)과 생성물(products 열) 및 반응에 대한 수식(math 열)이 나타나 있다(그림 12.21). 반응의 이름부분에는 각 반응을 쉽게 알아볼 수 있는 이름을 입력하면 된다.

그림 12.21

모델에 대한 반응리스트

type	id	name	reversible	fast	reactants	products	modifiers	math
STATE_TRANSITION	re1	Ras activation	false	false	s1	s2	s8	
STATE_TRANSITION	re2	Ras inactivation	false	false	s2	s1		
STATE_TRANSITION	re3	Raf activation	false	false	s3	s4	s2	
STATE_TRANSITION	re4	Raf inactivation	false	false	s4	s3		
STATE_TRANSITION	re5	MEK activation	false	false	s5	s6	s4,s9	
STATE_TRANSITION	re6	MEK inactivation	false	false	s6	s5		
STATE_TRANSITION	re7	ERK activation	false	false	s7	s8	s6	
STATE_TRANSITION	re8	ERK inactivation	false	false	s8	s7		
STATE_TRANSITION	re9	phosphorylation of RKIP	false	false	s9	s10	s8	
STATE_TRANSITION	re10	dephosphorylation of RKIP	false	false	s10	s9		

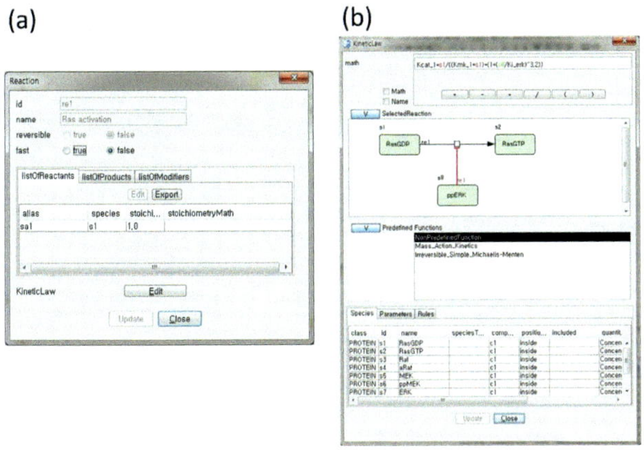

그림 12.22
반응에 대한 수식 입력화면

우리는 아직 수식을 입력하지 않았으므로 이 부분은 아직 비어 있다. 수식을 입력하기 위해 해당 반응의 수식부분을 더블클릭한다. 그림 12.22a와 같이 반응창이 나오면 아래의 동역학법칙(kinetic law) 부분의 수정(edit)버튼을 클릭한다. 동역학법칙 입력화면에는 현재 정의해주려고 하는 반응과 관계된 모는 난백질간의 조절관계가 다이어그램으로 표시된다(그림 12.22b). 이를 참고하여 맨위 수식(math)부분에 표 12.1에서 정의한 수식을 입력한다.

동일한 방법으로 모든 반응들에 대한 수식을 입력한다. 반응식에 대한 입력이 끝나면 파라미터('Parameter') 탭으로 이동하여 표 12.2에서 정의한 파라미터 값들을 입력하고 저장한다(그림 12.23).

Parameters | Functions | UnitDefinitions | Rules | Events | SpeciesTypes | ...

New | Edit | Remove | Clear All | Export

scope	id	name	value	units	constant
global	Kcat_1		144.0	substance	true
global	Kcat_2		144.0	substance	true
global	Kcat_3		144.0	substance	true
global	Kcat_4		53.52	substance	true
global	Kcat_5		144.0	substance	true
global	Kmk_1		1.0	substance	true
global	Kmk_2		90.0	substance	true
global	Kmk_3		11.0	substance	true
global	Kmk_4		136.88	substance	true
global	Kmk_5		90.0	substance	true
global	Kmax_1		7.56	substance	true
global	Kmax_2		7.56	substance	true
global	Kmax_3		7.56	substance	true
global	Kmax_4		20.11	substance	true
global	Kmax_5		28.8	substance	true
global	Kmp_1		125.64	substance	true
global	Kmp_2		95.0	substance	true
global	Kmp_3		95.0	substance	true
global	Kmp_4		191.079	substance	true
global	Kmp_5		95.0	substance	true
global	Ki_erk		0.004	substance	true
global	Ki_rkip		0.07	substance	true

그림 12.23
파라미터 입력 리스트

그림 12.24

시뮬레이션 컨트롤 패널

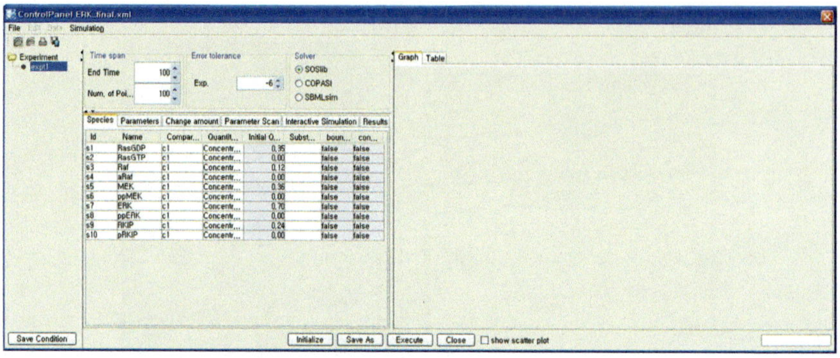

위와 같은 과정을 거치면 모델링을 위한 전 과정이 완료되며, 이제 이를 이용한 시뮬레이션을 수행할 수 있다. 시뮬레이션의 수행은 메뉴바의 시뮬레이션 탭에 있는 컨트롤패널('Control Panel')을 이용한다(그림 12.24).

여기에서 시뮬레이션 기간(time span)이나 상미분방정식 해법기(ODE solver) 등 시뮬레이션을 위한 설정들을 변경해준 후 아래의 실행(execute) 버튼을 클릭하면 시뮬레이션 결과를 볼 수 있다(그림 12.25). 오른쪽 패널의 체크박스를 이용하여 그래프에 표시하고자 하는 단백질들을 선택할 수 있다.

그림 12.25

시뮬레이션 결과 화면

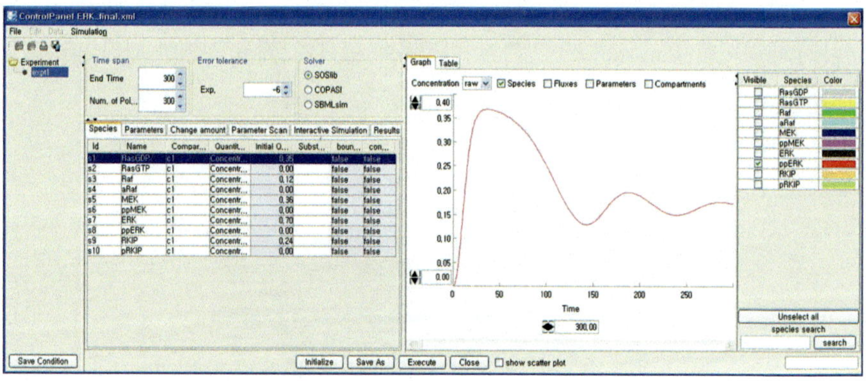

연 습 문 제

12.1 12.3절에서 다룬 ERK신호전달경로에는 활성화된 ERK가 Ras 신호를 억제하는 음성피드백(negative feedback)이 존재함으로 인해 그림 12.25와 같이 시간에 따른 ERK의 활성이 진동(oscillation)하는 현상을 보인다. 이와 같은 진동현상이 나타나기 위해서는 음성피드백의 강도가 적정한 범위내에 존재해야 한다. 이 ERK신호전달경로 모델에서 음성피드백의 강도를 결정하는 파라미터는 무엇인가? 이 파라미터를 조절하여 음성피드백의 강도에 따른 ERK의 활성에 대한 시계열그래프를 그려보라.

12.2 암의 발생 및 성장과정에는 다양한 유전자 돌연변이로 인한 ERK 신호전달경로의 과활성이 주요한 역할을 함이 보고되고 있다. 특히, Raf 단백질의 돌연변이가 매우 빈번하게 발견되는데 돌연변이 Raf 단백질은 외부 지극이나 Ras로 부터의 신호 없이도 항상 활성화된 형태로 존재하여 MEK 및 ERK를 활성화시킨다. 이러한 상황을 모사하기 위해 ERK 신호전달경로 모델의 파라미터들을 수정해 보자. 그리고 이 경우 ERK 활성의 시계열그래프를 그려보고 문제 12.1의 결과와 비교해 보자.

12.3 ERK 신호전달경로에는 음성피드백 뿐 아니라 ERK-|RKIP-|Raf->ERK의 양성피드백도 존재한다. 양성피드백이 포함된 네트워크가 가지는 특징은 외부 자극 및 단백질 총량의 변화에 대해 스위치와 비슷한(switch-like) 반응 및 쌍안정성 등을 보이는 것이다. 본 문제에서는 문제 12.2에서와 같은 Raf 돌연변이 상황에서, RKIP의 양이 0에서 1까지 변화함에 따라 나타나는 ppERK의 안정상태의 값을 그래프로 그려서 스위치 반응을 보이는지 확인해보자. 또한, 양성피드백이 끊어진 경우에 대해 동일한 작업을 수행하여 양성피드백의 유무가 스위치 반응에 미치는 영향을 확인해 보자.

참 고 문 헌

1. A. Brazma, M. Krestyaninova and U. Sarkans. Standards for systems biology, *Nature Review Genetics*, 7(8), 593-605, 2006.
2. R. Alves, F. Antunes and A. Salvador, Tools for kinetic modeling of biochemical networks, *Nature Biotechnology*, 24, 667 - 672, 2006
3. http://obofoundry.org/wiki/index.php/PATO:Main_Page
4. The Gene Ontology Consortium, Gene ontology: tool for the unification of biology. Natture Genetics 25(1), 25-29, 2000
5. K. Eilbeck, S.E. Lewis, C. J. Mungall, M. Yandell, L. Stein, R. Durbin, M. Ashburner, The Sequence Ontology: A tool for the unification of genome annotations. *Genome Biology,* 6:R44, 2005
6. S. Orchard et at., The minimum information required for reporting a molecular interaction experiment (MIMIx), *Nature Biotechnology,* 25, 894 - 898, 2007
7. D. Waltemath et al., Minimum Information About a Simulation Experiment (MIASE), *PLoS Computational Biology*, 7(4), e1001122, 2011
8. L. Stromback and P. Lambrix. Representations of molecular pathways: an evaluation of SBML, PSI MI and BioPAX, *Bioinformatics*, 21(24), 4401-4407, 2005.
9. M. Hucka, A. Finney, H. M. Sauro, H. Bolouri, J. C.Doyle, H. Kitano, A. P. Arkin, B. J. Bornstein, D. Bray, A. Cornish-Bowden, A. A. Cuellar, S. Dronov, E. D. Gilles, M. Ginkel, V. Gor, I.I. Goryanin, W. J. Hedley, T. C. Hodgman, J. H. Hofmeyr, P. J. Hunter, N. S. Juty, J. L. Kasberger, A. Kremling, U. Kummer, N. Le Novere, L. M. Loew, D. Lucio, P. Mendes, E. Minch, E. D. Mjolsness, Y. Nakayama, M. R. Nelson, P. F. Nielsen, T. Sakurada, J. C. Schaff, B. E. Shapiro, T. S. Shimizu, H. D. Spence, J. Stelling, K. Takahashi, M. Tomita, J. Wagner, J. Wang and SBML Forum. The systems biology markup language (SBML): a medium for representation and exchange of biochemical network models, *Bioinformatics*, 19(4), 524-531, 2003.
10. C. M. Lloyd, M. D. Halstead and P. F. Nielsen. CellML: its future, present and past, *Prog Biophys Mol Biol*, 85(2-3), 433-450, 2004.
11. M. J. Schilstra, L. Li, J. Matthews, A. Finney, M. Hucka and N. Le Novere. CellML2SBML: conversion of CellML into SBML, *Bioinformatics*, 22(8), 1018-1020, 2006.

12. Demir et al., The BioPAX community standard for pathway data sharing, *Nature Biotechnology*, 28, 935–942, 2010

13. P. Mendes. GEPASI: A software package for modelling the dynamics, steady states and control of biochemical and other systems. *Comput. Applic. Biosci.*, 9, 563-571, 1993.

14. P. Mendes, S. Hoops, S. Sahle, R. Gauges, J. O. Dada and U. Kummer. Computational Modeling of Biochemical Networks Using COPASI. *Methods in Molecular Biology*, Humana Press, 500, 17-59, 2009.

15. J. Schaff, C. C. Fink, B. Slepchenko, J. H. Carson, and L. M. Loew. A general computational framework for modeling cellular structure and function, *Biophysical Journal*, 73, 1135-1146, 1997.

16. Sauro, Hucka, Finney, Wellock, Bolouri, Doyle, Kitano, Next generation simulation tools: the Systems Biology Workbench and BioSPICE integration, *OMICS. 2003 Winter*, 7(4), 355-72, 2003.

17. S.-Y. Shin, O. Rath, S.-M. Choo, F. Fee, B. McFerran, W. Kolch, and K.-H. Cho, Positive- and negative-feedback regulations coordinate the dynamic behavior of the Ras-Raf-MEK-ERK signal transduction pathway, *Journal of Cell Science*, 122(3), pp. 425-435, 2009

18. A. Funahashi, N. Tanimura, M. Morohashi, H. Kitano, CellDesigner: a process diagram editor for gene-regulatory and biochemical networks, *BIOSILICO*, 1, 159-162, 2003.

chapter 13

네트워크 분석 도구

생명체내에 존재하는 세포들과 세포를 구성하고 있는 단백질, 유전자들은 서로 독립적으로 존재하는 것이 아니라 끊임없이 이웃한 세포, 단백질들과 상호작용을 하며 복잡하고 거대한 네트워크를 형성함으로써 생명현상을 유지하고 있다. 생체 네트워크에는 대사 네트워크 (metabolic network), 단백질 상호작용 네트워크 (protein-protein interaction network), 유전자 조절 네트워크 (gene regulatory network), 신호전달 네트워크 (signaling network) 등 다양한 네트워크들이 존재하는데, 이런 다양한 종류의 네트워크들을 효율적으로 분석하고, 네트워크 데이터로부터 유용한 정보를 찾아내기 위하여 시스템생물학의 발전과 더불어 네트워크 분석 도구들이 꾸준히 개발되어져 왔다. 본 장에서는 실제 네트워크 분석에 이용할 수 있는 네트워크의 시각화 및 모티프 분석 도구들에 대해 알아보도록 하고, 이 가운데 손쉽게 사용할 수 있는 Cytoscape, FANMOD, Mavisto 등을 이용하여 네트워크 분석 방법을 살펴보도록 한다.

13.1 네트워크 시각화 및 모티프 분석 도구들

생체네트워크 분석 연구의 출발점은 다양한 생체 네트워크를 어떻게 시각화하여 표현하고, 어떤 네트워크 분석 도구와 방법을 통하여 분석할 것인가를 결정하는 것이다. 네트워크 분석을 위해서는 매트랩(Matlab), 자바(Java) 또는 C++등의 프로그램 언어를 사용하여 직접 분석을 수행할 수도 있지만, 이미 상용화된 여러 도구들을 이용하여 쉽고 빠르게 접근할 수도 있다(표 13.1).

표 13.1
네트워크 시각화 및 모티프 분석 도구들.

	분석 도구	웹사이트
네트워크 시각화 도구	Cytoscape	http://www.cytoscape.org
	BioLayout Express3D	http://www.biolayout.org
	Medusa	http://www.bork.embl.de/medusa
	Osprey	http://en.bio-soft.net/protein/Osprey.html
	Proviz	http://cbi.labri.fr/eng/proviz.htm
네트워크 모티프 분석 도구	mFinder	http://www.weizmann.ac.il/mcb/UriAlon/groupNetworkMotifSW.html
	FANMOD	http://theinf1.informatik.uni-jena.de/~wernicke/motifs/
	Mavisto	http://mavisto.ipk-gatersleben.de/
	MODA	http://LBB.ut.ac.ir/Download/LBBsoft/MODA/

위에 기술한 도구들 외에도 많은 네트워크 분석 도구들이 끊임없이 개발되고 있고 일부는 상용화 되고 있으며, 기존의 도구들도 꾸준히 업데이트되며 발전을 거듭하고 있다. 다음은 위의 네트워크 분석 도구들 가운데 쉽게 접근하여 사용할 수 있는 도구들에 대해 소개한다.

13.2 네트워크 시각화 도구: Cytoscape

Cytoscape는 네트워크 시각화와 분석에 가장 널리 사용되고 있는 소프트웨어이다 [1]. Cytoscape 소프트웨어의 다운로드 및 설치에 관한 정보는 http://www.cytoscape.org에서 얻을 수 있다(그림 13.1(A)). Cytoscape에서는 편리한 사용자 그래픽인터페이스를 제공하여 사용자가 쉽게 접근하고 사용할 수 있으며, 다양한 포맷의 네트워크 파일을 불러올 수 있다. 또한 네트워크의 노드와 에지 속성을 변화시켜 분석에 용이한 형태로 네트워크를 시각화할 수 있어서 다방면의 네트워크 분석에 유용하게 사용되고 있는 소프트웨어이다. 본 절에서는 Cytoscape의 기본적인 기능과 시각화 방법에 대해 예제와 함께 알아보도록 한다. Cytoscape의 기본 사용자그래픽인터페이스는 그림 13.1(B)와 같다.

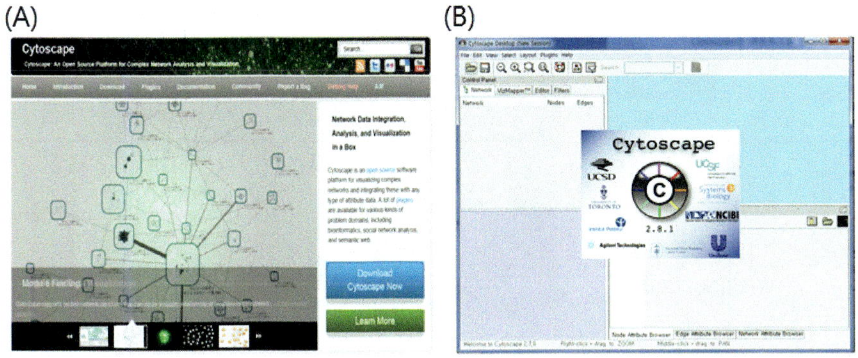

그림 13.1
(A) Cytoscape에 관한 정보를 찾을 수 있는 홈페이지, **(B)** Cytoscape의 사용자그래픽인터페이스.

13.2.1 Cytoscape의 설치와 실행

(1) Cytoscpae의 설치

Cytoscape은 자바(Java) 기반의 소프트웨어로서 실행을 위해서는 JRE(Java Runtime Environment)가 필요하다. 따라서 Cytoscape을 설치하기 이전에 최신 버전의 자바 소프트웨어를 설치해야 한다. Cytoscape은 윈도우즈, 매킨토시, 리눅스 버전의 운영체제에서 사용이 가능하다. 최신버전의 Cytoscpae은 http://www.cytoscape.org에서 다운로드 메뉴를 클릭하면 받을 수 있으며, 각 OS별 설치 파일은 다음 예시와 같다:

- 윈도우즈 64bit: Cytoscape_2_8_3_windows_64bit.exe
- 윈도우즈 32bit: Cytoscape_2_8_3_windows_32bit.exe
- 매킨토시 OS X: Cytoscape_2_8_3_macos.dmg
- 리눅스: Cytoscape_2_8_3_unix.sh

Cytoscape은 홈페이지를 통하여 최신버전의 소프트웨어를 무료로 제공하기 때문에 지속적으로 업데이트되는 프로그램을 받아서 사용할 수 있다.

(2) Cytoscpae의 사용자 인터페이스

Cytoscape의 사용자 인터페이스는 크게 네 부분으로 구성되어 있다(그림 13.2). 맨 윗줄에는 메뉴와 커맨드 버튼이 표시되어 있다. 커맨드 버튼을 이용하여 표시된 네트워크를 확대 또는 축소할 수 있고, 새로운 네트워크를 불러오거나 저장할 수

그림 13.2
Cytoscape 사용자 인터페이스의 각 부분별 설명

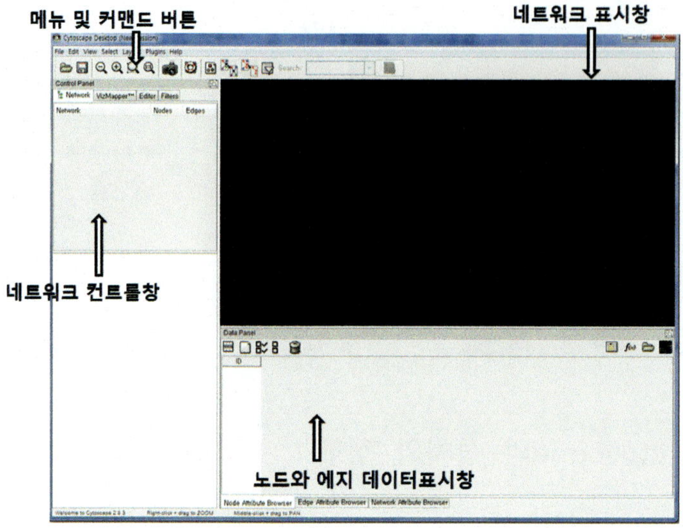

있다. 왼쪽패널은 네트워크 컨트롤 창으로서 여러 종류의 네트워크를 동시에 표시하거나, 노드 또는 에지의 속성을 변경할 때 이용할 수 있다. 네트워크 표시창은 현재 선택된 네트워크를 시각화하여 보여주며, 노드와 에지 데이터표시창에서는 선택된 노드와 에지의 정보를 표시해준다.

13.2.2 Cytoscape을 이용한 네트워크 불러오기

Cytoscape에서는 직접 네트워크를 그려서 분석하는 기능도 제공하지만, 대부분의 경우 네트워크 정보(데이터)를 불러들여서 분석을 수행한다. 네트워크 정보를 불러오는 방법은 메뉴의 "File -〉 Import"에서 수행할 수 있으며, 다음과 같은 3가지 방법 가운데 선택할 수 있다.

- Network (Multiple file types)
- Network from table (Text/MS excel)
- Network from web services

위 3가지 방법을 이용하여 다양한 파일 포맷의 네트워크 정보를 불러올 수 있으며, 다른 데이터베이스의 파일과도 연동하여 Cytoscape로 불러올 수 있다. 이번 절에서는 텍스트(.txt) 파일로 저장된 데이터로부터 효모(yeast) 네트워크 파일을

(A)

Source	Interaction	Target
YKR026C	pp	YGL122C
YGR218W	pp	YGL097W
YGL097W	pp	YOR204W
YLR249W	pp	YPR080W
YLR249W	pp	YBR118W
YLR293C	pp	YGL097W
YMR146C	pp	YDR429C
YDR429C	pp	YFL017C
YPR080W	pp	YAL003W
YBR118W	pp	YAL003W
YOL123W	pp	YGL044C
YPL211W	pp	YGR014W
YJL030W	pp	YGL229C
YJL013C	pp	YGL229C
YGL122C	pp	YOL123W
YGR014W	pp	YJL030W
YGR014W	pp	YJL013C

(B)

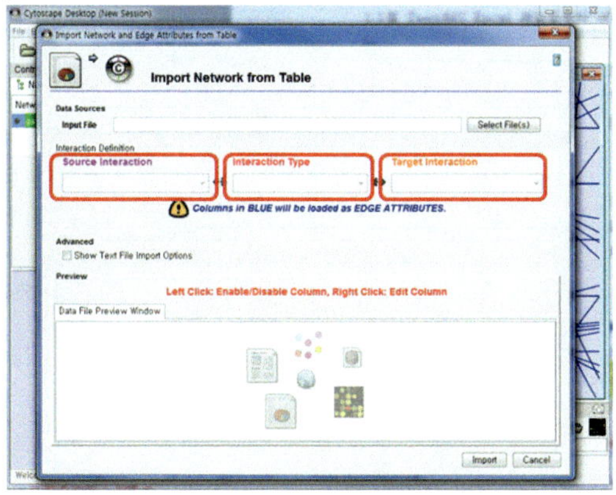

그림 13.3

(A) 텍스트 파일로 정리되어 있는 네트워크 정보, (B) Cytoscape에서 네트워크 정보 불러오기 화면

불러오는 예제를 살펴보자.

예제: 텍스트 파일로부터 효모 네트워크 불러오기

Cytoscape에서는 텍스트 파일로 정리되어 있는 네트워크 정보를 불러들여 시각화해서 표현해 줄 수 있다. 텍스트 또는 엑셀 파일의 경우 파일내의 정보는 그림 13.3(A)와 같이 열별로 Source, Interaction, Target으로 정렬되어 있어야 한다. 네트워크를 불러오는 과정은 다음과 같다:

(1) 메뉴의 "File -〉 Import -〉 Network from table (Text/Ms excel)"을 선택한다.

(2) "Import Network from table" 창의 (그림 13.3(B)) "Input file"을 선택하여 입력한다.

(3) 텍스트 또는 엑셀에 저장된 네트워크 정보로부터 "Source interaction, Interaction type, Target interaction"을 선택한 뒤, "Import" 버튼을 클릭하여 완료한다.

위의 과정을 통해 샘플로 주어진 효모 네트워크를 불러온 결과 그림 13.4와 같이 총 331개의 노드와 362개의 에지로 구성된 네트워크가 시각화된 것을 확인할 수 있다.

그림 13.4
Cytoscape에서 불러들인 효모 네트워크의 예제

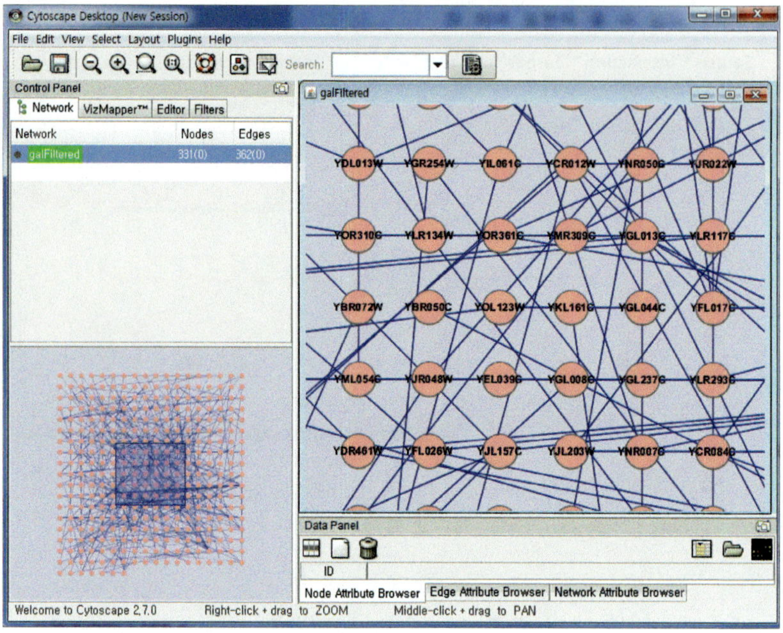

13.2.3 네트워크의 노드와 에지 속성 변경하기

Cytoscape에서는 기본적으로 제공되는 노드와 에지 속성 외에도 다양한 형태로 노드와 에지의 형태를 변경하는 것이 가능하다. 노드의 속성에서는 색, 글자의 크기, 라벨의 색, 노드의 모양, 노드의 크기 등을 변경할 수 있으며, 에지의 속성에서는 에지의 두께, 스타일, 색, 글자의 크기 등을 변경할 수 있어서 사용자가 원하는 형태로 네트워크를 시각화할 수 있다. 노드와 에지의 속성을 잘 조절하여 네트워크 분석결과를 시각화함으로써 결과를 보다 효율적으로 전달할 수 있는 장점이 있다.

예제: 효모 네트워크의 노드와 에지 속성 변경하기

앞서 불러온 효모 네트워크를 이용하여 노드와 에지의 속성을 변경하는 예제를 수행하여 보자. 네트워크의 노드와 에지의 속성을 변경하는 방법은 다음과 같다:

(1) Cytoscape의 사용자 인터페이스 중 컨트롤 창에 있는 VizMapperTM 을 클릭한다.

(2) 컨트롤창의 "Defaults"로 되어 있는 부분을 클릭하면 그림 13.5(A)와 같은 기

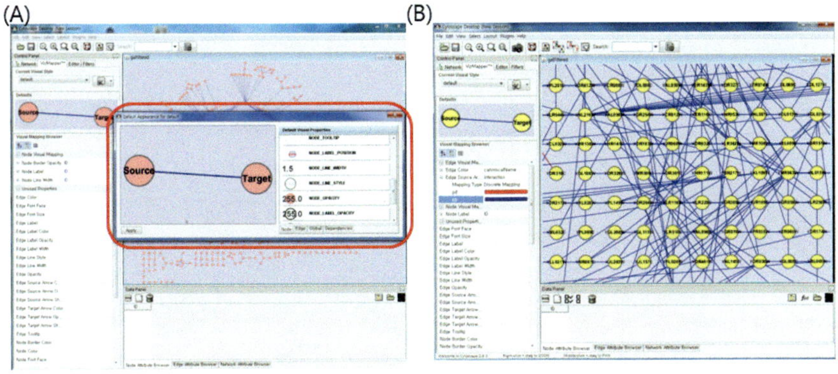

그림 13.5

(A) Cytoscape의 기본 노드 속성 변경창, (B) 노드와 에지의 속성 변경 예제

본 노드 변경 창을 볼 수 있다.

(3) 이외에도 노드, 에지의 다양한 속성을 컨트롤창의 "Visual Mapping Browser" 로부터 변경할 수 있다.

위의 방법을 통하여 간단한 노드와 에지의 속성을 변경한 결과를 그림 13.5(B)를 통해 확인 할 수 있다.

13.2.4 네트워크 레이아웃 변경하기

생체 네트워크의 구조적인 특징을 살펴보기 위해서는 레이아웃을 변경하여 다양하게 시각화해서 표현하는 것이 중요하다. Cytoscape에서는 다양한 네트워크 레이아웃을 제공하여 손쉽게 네트워크의 구조적인 특징을 시각화하는 것이 가능하다. Cytoscape의 메뉴 가운데 〈Layout〉에서 "yfiles, cytoscape layouts, JGraph layout"등의 메뉴를 통하여 변경할 수 있다.

예제: 효모 네트워크의 레이아웃 변경하기

효모 네트워크의 구조적 특징을 레이아웃 메뉴를 이용하여 표현해 보자. 이 절에서는 예제로서 〈Layout〉 메뉴의 "yfiles"을 통해 변경할 수 있는 레이아웃인 "circular, organic, hierarchical, orthogonal"을 이용하여 효모 네트워크를 변경해 보자. 레이아웃 변경 결과 그림 13.6과 같이 다양한 형태로 네트워크를 시각화

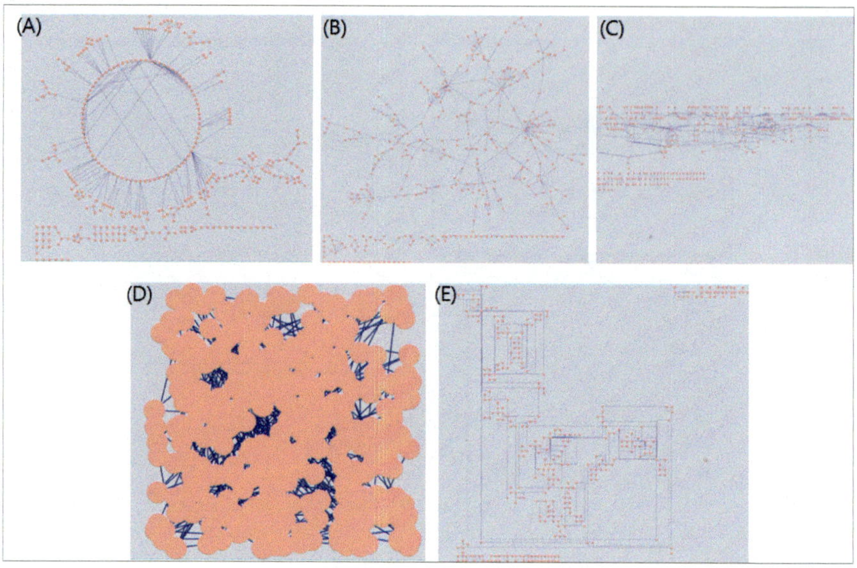

그림 13.6

효모 네트워크의 레이아웃 변경하기. **(A)** "Circular" 레이아웃 **(B)** "Organic" 레이아웃, **(C)** "Hierarchical" 레이아웃, **(D)** "Random" 레이아웃, **(E)** "Orthogonal" 레이아웃.

할 수 있음을 알 수 있다.

13.2.5 Cytoscape의 플러그인

Cytoscape의 플러그인은 "Analysis, Network and Attribute I/O, Network Inference, Functional Enrichment, Communication/Scripting, Other"의 6개 파트로 구성되어져 있으며 총 140여개의 플러그인을 제공하고 있다. 플러그인으로 제공되는 소프트웨어에서는 현재 많이 분석되고 있는 분자, 유전자 네트워크 데이터를 다양한 포맷으로 제공하고, 각각의 유전자와 단백질의 기능 정보도 함께 제공함으로써 다른 데이터베이스 검색 없이 손쉽게 연동하여 사용할 수 있는 장점이 있다. Cytoscape 홈페이지를 참조하면 플러그인에 대한 상세한 정보를 얻을 수 있으며, 기본적으로 제공되는 플러그인 이외에도 검색을 통하여 필요한 기능이 있는 플러그인을 다운받아 사용할 수 있다. 이 절에서는 Cytoscape을 통하여 사용할 수 있는 대표적인 네트워크 분석 플러그인인 "Network analyzer, Monet, BINGO"에 대해서 알아본다.

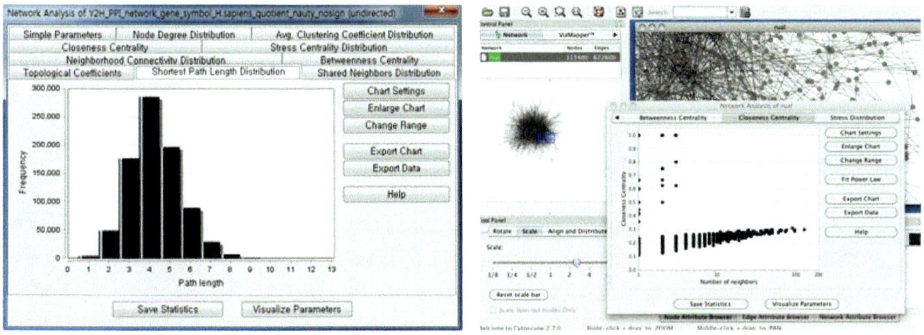

그림 13.7

Network analyzer를 이용한 네트워크의 기하학적 분포 분석의 예

(1) Network analyzer

Network analyzer는 Cytoscape에서 제공하는 대표적인 플러그인 가운데 하나로서, 플러그인 메뉴 중 "Analysis"에서 찾을 수 있다. Network analyzer는 자바 기반의 플러그인이며 네트워크의 구조적 특징을 나타내는 변수들을 쉽게 계산하고 시각화하여 나타낼 수 있어서 널리 이용되고 있다. 특히 Network analyzer에서는 네트워크의 기하학적 구조를 다양한 수치와 분포로 나타낼 수 있다. 방향성 유무 옵션에 따라 대상 네트워크의 지름, 노드 간의 평균거리, 네트워크 에지의 밀도, 평균 이웃 노드 수 등의 수치분석부터, 노드 간 최단거리 분포, 노드 밀집계수 분포 등 그래프와 차트를 통한 분석이 가능하다. Network analyzer에 대한 설치 및 자세한 정보는 http://med.bioinf.mpi-inf.mpg.de/netanalyzer/index.php에서 얻을 수 있다.

(2) Monet

Monet은 유전자 발현 정보로부터 유전자 네트워크 추론을 수행해주는 플러그인으로서 변수들을 편리하게 조절하여 네트워크를 추론할 수 있어서 네트워크 추론 및 분석에 널리 이용되고 있다. Monet 플러그인에서는 베이지안 (Bayesian) 네트워크 추론방법을 이용하여 유전자 발현 데이터로부터 네트워크를 추론하는데, 주어진 데이터로부터 정확한 네트워크를 추론하기 위해서는 유전자 및 단백질에 관한 정보가 많이 부족하기 때문에 데이터베이스에 있는 유전자, 단백질의 관계 정보를 이용하여 좀 더 정확한 네트워크를 추론해주는 기능을 제공하고 있다. 뿐만 아니라

그림 13.8

Monet **소프트웨어**의 시스템 구조 및 실행창 설명의 예시

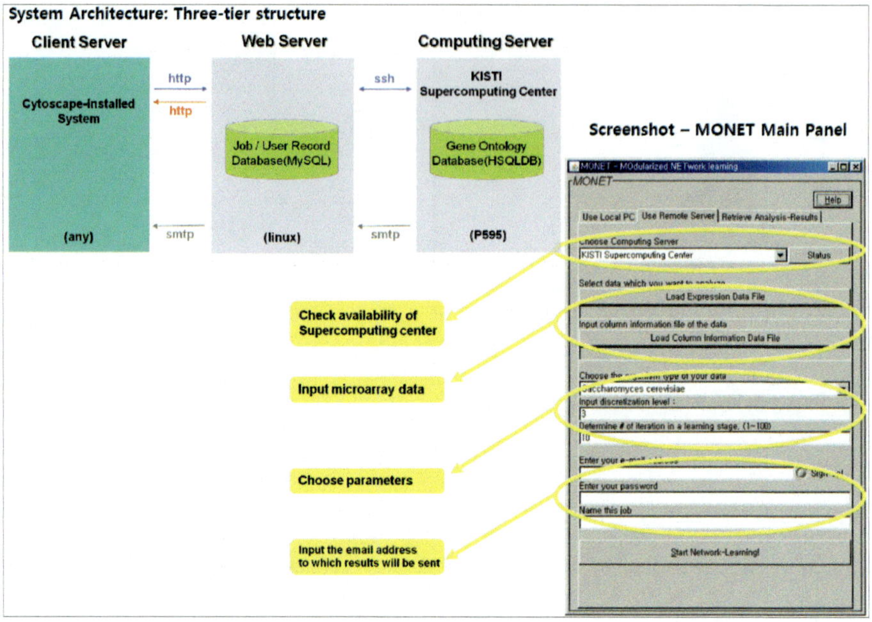

최신버전의 Monet 소프트웨어는 국내 KISTI의 슈퍼컴퓨팅 센터 장비를 이용할 수 있어서 보다 빠른 속도로 분석을 수행할 수 있는 이점이 있다. Monet 플러그인의 설치 및 자세한 정보는 http://biosoft.kisti.re.kr/index.php/ko/monet에서 얻을 수 있다.

(3) BINGO

BINGO(A tool for Biological Network Gene Ontology)는 자바를 기반으로 한 도구로서, 생체 네트워크의 부분네트워크 또는 일부 유전자 집단에 대해 통계적으로 유의한 유전자 온톨로지 (Gene Ontology) 분석을 수행해주는 플러그인이다 [11]. BINGO는 유전자 온톨로지 분석 결과를 시각화하고 네트워크 구조를 계층적으로 표현해주어 사용자가 쉽게 결과를 해석하고 분석할 수 있도록 해준다. 또한 여러 종류의 통계테스트도 제공하여 (FWER, FDR 테스트 등) 편리하게 다양한 분석을 수행할 수 있다. BINGO에서의 유전자 네트워크는 Cytoscape에서 불러온 파일을 사용하거나, 사용자가 직접 텍스트 파일을 입력하여 사용할 수 있다. BINGO 플러그인 설치 및 실행에 대한 자세한 정보는 http://www.psb.ugent.

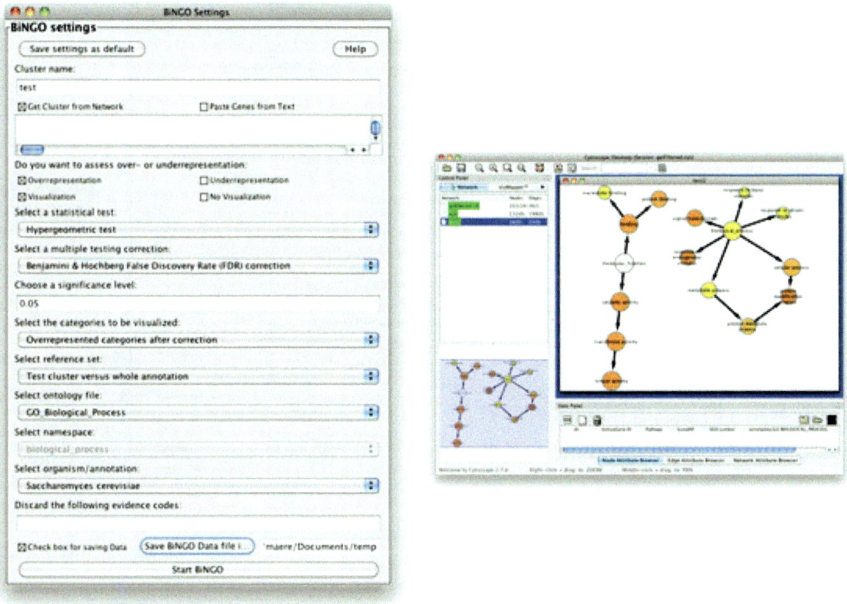

그림 13.9
BINGO 사용자인터페이스창과 BINGO를 이용한 유전자 온톨로지 분석 결과의 예시

be/cbd/papers/BiNGO/Home.html에서 얻을 수 있다.

13.3 네트워크 모티프 분석 도구들

네트워크 모티프는 네트워크의 구조에서 반복적으로 발견되는 부분네트워크를 의미한다. 생체 네트워크에서 다양하게 발견되는 이러한 네트워크 모티프에 대한 연구는 복잡한 네트워크의 동역학 특성을 파악하기 위해서도 중요한 의미를 지닌다. 따라서 네트워크 모티프의 동역학 특성 분석과 함께 네트워크 모티프를 찾아내기 위한 도구의 개발도 꾸준히 이어지고 있다. 본 절에서는 네트워크 모티프를 분석하기위해 널리 사용되고 있는 도구들 가운데 FANMOD와 Mavisto에 대해 알아본다.

13.3.1 FANMOD

FANMOD(A tool for Fast Network Motif Detection)는 2006년도에 개발된 네트워크 모티프 분석 도구로서 동일한 크기(즉, 노드와 에지수가 동일)의 무작위

그림 13.10
FANMOD의 사용자 인터페이스에 대한 설명.

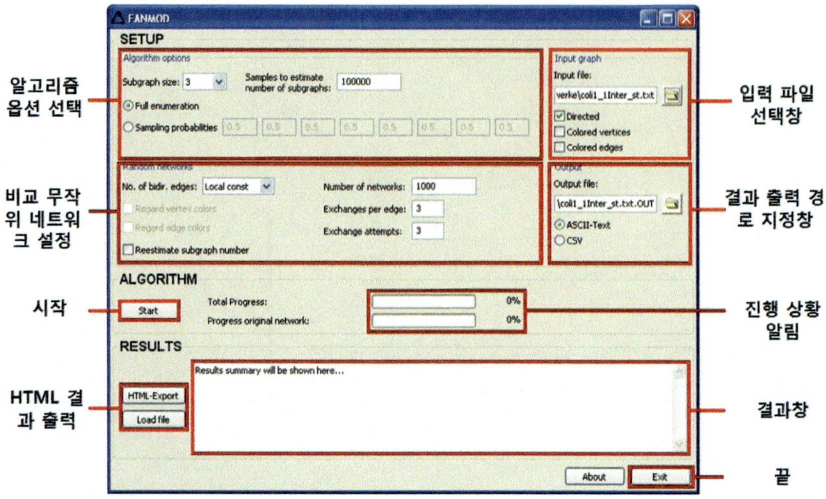

(random) 네트워크와 비교하여 통계적으로 유의한 수준으로 더 빈번히 발견되는 네트워크 모티프를 찾아준다[4]. FANMOD에서는 3-8개의 노드 크기의 모티프를 찾아내는 것이 가능하며, 네트워크의 방향성을 고려한 모티프 분석을 수행할 수 있다. 또한 FANMOD에서는 기존의 다른 방법들과 비교하여 개선된 알고리즘을 사용하기 때문에 다른 모티프 분석 프로그램 보다 더 규모가 큰 네트워크의 모티프를 빠르게 찾아주는 장점이 있다. FANMOD를 이용한 모티프 분석 결과는 HTML 파일로 저장할 수 있어서 결과의 출력이 용이하며 다용도로 활용이 가능하다. 그 외 FANMOD에 대한 상세한 정보는 http://theinf1.informatik.uni-jena.de/~wernicke/motifs/에서 찾아 볼 수 있다. 이 절에서는 FANMOD의 설치와 실행 방법, 그리고 결과분석에 대해 좀 더 자세히 살펴보도록 한다.

(1) FANMOD의 기본 사용자 인터페이스

FANMOD의 기본 인터페이스는 그림 13.10과 같다. 사용자 인터페이스는 크게 5가지 창으로 구성되어져 있는데, 알고리즘 옵션 선택창, 무작위 네트워크 설정창, 입력파일 선택창, 결과출력파일 지정창, 결과창 등이다. 모티프 분석을 수행하기 위해 중요한 선택 옵션은 다음과 같다:

(1) 입력 파일 선택창 (“Input file”): 분석을 수행하고자 하는 네트워크 파일을

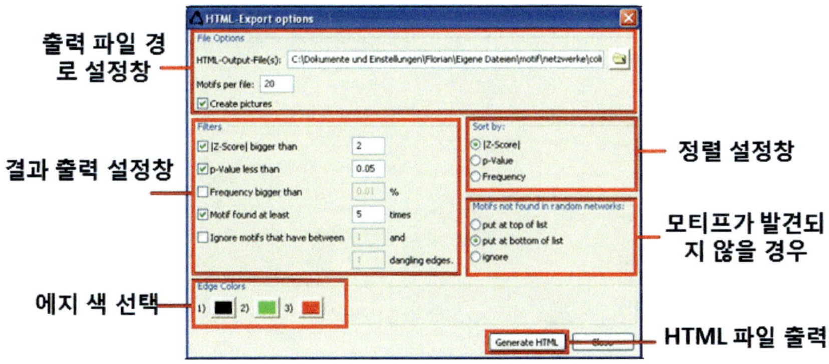

그림 13.11
FANMOD에서의 모티프 분석 결과 설정창

입력,

(2) 결과 출력경로 지정창 ("Output file"): 최종 분석결과가 저장되는 위치를 지정,

(3) 알고리즘 옵션 선택 ("Subgraph size"): 네트워크 분석을 통해 찾고자 하는 모티프의 노드 수를 3개부터 8개까지 선택,

(4) 무작위 네트워크 설정창 ("Number of networks"): 통계 테스트를 위한 무작위 네트워크 생성횟수를 지정,

(5) 결과창 ("HTML-Export"): 최종 분석결과를 HTML 파일로 출력.

(2) FANMOD의 HTML 결과 출력 인터페이스

FANMOD에서는 앞서 설명한 사용자 인터페이스를 통해 결과를 출력할 경우 그림 13.11과 같은 결과출력 화면이 나타난다. HTML 결과 출력 인터페이스는 크게 출력파일 경로 설정창, 결과 출력 설정창, 정렬 설정창으로 구성되어져 있다.

(1) 출력파일 경로 설정창: 이 설정 창에서는 최종적으로 결과가 저장될 경로를 설정할 수 있고, HTML 파일에 출력되는 모티프의 개수를 지정해 줄 수 있다.

(2) 결과출력 설정창: 출력 설정창에서는 필터 옵션을 설정하여 출력되는 결과를 정리할 수 있다. 통계분석 결과 가운데 Z-score 또는 P-value가 특정 기준을 만족시키는 (즉, 원하는 통계적 유의기준을 충족하는) 결과만 출력하도록 설정할 수 있으며, 모티프의 발생빈도수, 최소 발견횟수 등을 기준으로 선별할 수도 있다.

(3) 정렬 설정창: 결과로 출력되는 모티프를 Z-score, P-value 또는 발생빈도수

그림 13.12

(A) 효모 전사 네트워크(노드 689개, 에지 1078개)와 **(B)** FANMOD 실행화면.

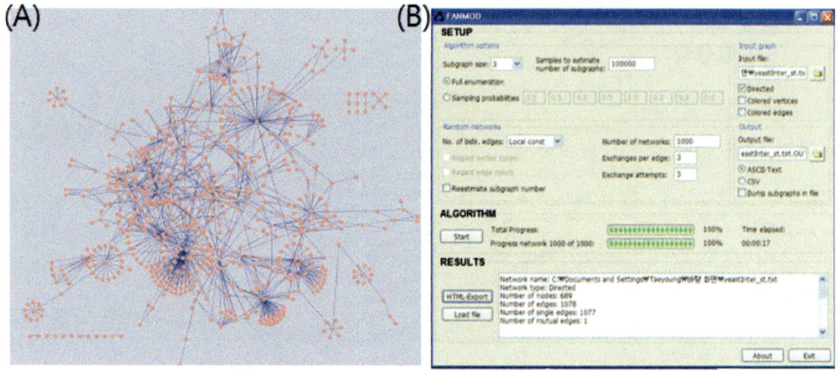

중 하나의 값으로 정렬시키고자 할 때 선택하여 사용할 수 있다.

위의 3가지 설정창을 통하여 결과로 출력되는 HTML 파일의 설정을 마쳤다면, 〈Generate HTML〉 버튼을 클릭하여 최종결과를 확인할 수 있다.

예제: 효모 전사 네트워크의 모티프 분석

이 절에서는 예제로서 FANMOD를 사용하여 효모 전사 네트워크의 네트워크 모티프를 찾아보도록 한다. 효모 전사 네트워크는 총 689개의 노드와 1078개의 에지로 구성되어 있으며, 네트워크의 전체적인 그림은 그림 13.12(A)와 같다. 이 효모 전사 네트워크 정보는 Cytoscape에서 네트워크를 불러올 때와 같은 방법으로 'Source-Interaction-Target' 순으로 정렬된 텍스트 파일을 이용한다. FANMOD를 이용한 네트워크 모티프 분석의 순서는 다음과 같다:

(1) "Input files" 메뉴로 분석하고자 하는 네트워크 텍스트 파일을 선택한다.

(2) 알고리즘 옵션 선택에서 "Subgraph size" 메뉴를 이용하여 분석하고자 하는 네트워크 모티프의 크기를 선택한다.

(3) 무작위 네트워크 설정 창에서 "Number of networks" 메뉴를 이용해 통계 테스트를 위한 무작위 네트워크의 생성횟수를 결정한다.

(4) 모든 설정을 마친 후, "Start" 버튼을 클릭하여 모티프 분석을 실행한다.

이 예제에서는 FANMOD를 이용한 네트워크 모티프 분석 결과 3개의 노드로

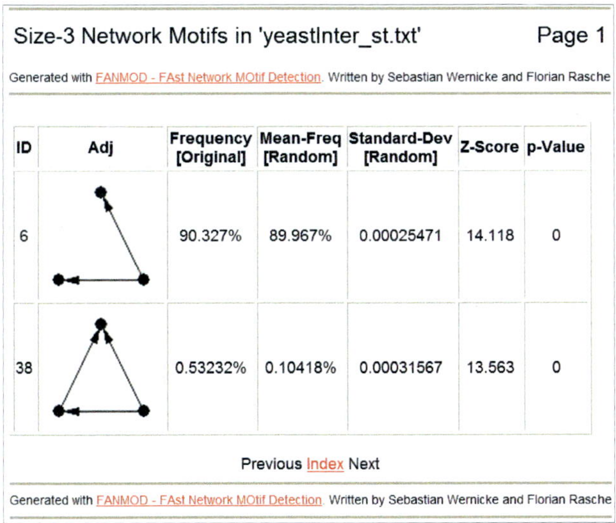

Size-3 Network Motifs in 'yeastInter_st.txt' Page 1

Generated with FANMOD - FAst Network MOtif Detection. Written by Sebastian Wernicke and Florian Rasche

ID	Adj	Frequency [Original]	Mean-Freq [Random]	Standard-Dev [Random]	Z-Score	p-Value
6		90.327%	89.967%	0.00025471	14.118	0
38		0.53232%	0.10418%	0.00031567	13.563	0

Previous Index Next

Generated with FANMOD - FAst Network MOtif Detection. Written by Sebastian Wernicke and Florian Rasche

그림 13.13

FANMOD를 이용한 효모 전사 네트워크의 모티프 분석결과

–HTML 출력

이루어진 모티프가 동정되었으며, 총 1000번의 무작위 네트워크 비교 테스트를 통하여 이를 분석하였다. 689개의 노드와 1078개의 에지로 구성된 효모 네트워크의 모티프 분석에 약 17초가 소요됐다(FANMOD의 빠른 실행속도를 확인할 수 있다). 최종 결과의 HTML 출력파일은 그림 13.13과 같다. 효모 전사 네트워크의 모티프 분석 결과, ID6, ID38과 같이 3개의 노드로 이루어진 네트워크 모티프가 통계적으로 유의하게 발견되는 것을 확인할 수 있으며, 이때의 Z-score와 P-value 그리고 발견 빈도수(Frequency)도 HTML 결과파일에서 함께 확인할 수 있다. 이 예제와 같은 방식으로 다양한 생체네트워크의 네트워크 모티프 분석을 수행할 수 있다.

13.3.2 Mavisto

Mavisto (Motif Analysis and Visualization Tool)는 자바 기반의 네트워크 모티프 분석 도구로서 모티프의 빈도, 분포 분석, 레이아웃, 사용자인터페이스를 개선한 소프트웨어이다[5]. Mavisto는 다른 네트워크 모티프분석 도구와는 다르게 사용자 인터페이스가 잘 개발되어져 있어서 모티프의 네트워크상 위치 확인, 방향성이 있는 네트워크에서의 모티프 분석, 특정 에지를 제외한 모티프 분석 등 다양한 분석을

그림 13.14
Mavisto의 기본 사용자 인터페이스.

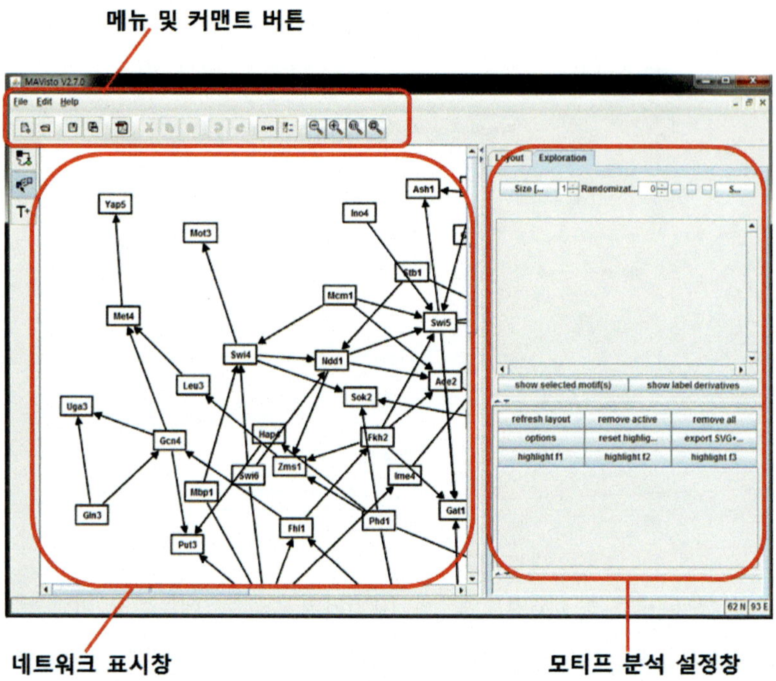

사용자인터페이스를 통해 쉽고 편리하게 수행할 수 있다. Mavisto는 http://mavisto.ipk-gatersleben.de/에서 설치 및 기타 자세한 정보를 찾아볼 수 있다. 이 절에서는 Mavisto를 이용한 네트워크 모티프 분석과 예제에 대하여 살펴보도록 한다.

(1) Mavisto의 기본 인터페이스 설명

Mavisto의 기본 사용자 인터페이스는 그림 13.14와 같다. 메뉴 및 커맨드 버튼, 네트워크 표시창, 모티프 분석 설정창의 크게 세 가지 영역으로 구성되어 있다.

(1) 메뉴 및 커맨드 버튼: 메뉴와 커맨드 버튼이 있으며, 커맨드 버튼으로는 불러오기, 저장하기, 네트워크 그림을 PDF 파일로 출력하기, 네트워크 확대 및 축소하기 등의 기능을 수행할 수 있다.

(2) 네트워크 표시창: 현재 분석을 수행하고 있는 네트워크를 시각화하여 보여준다. Mavisto의 개선된 사용자 인터페이스는 다른 모티프 분석 도구와는 달리

(A) Show selected motif(s) 버튼 사용시 **(B) Highlight 버튼 사용시**

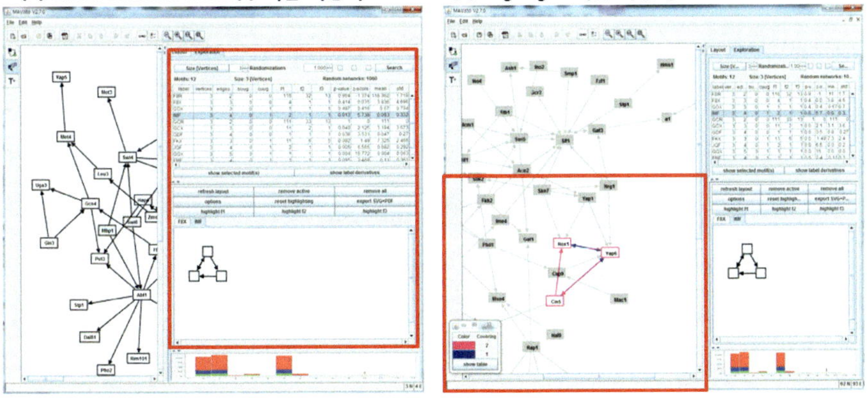

그림 13.15

모티프 분석 설정창 인터페이스 설명. (A) "Show selected motif(s)" 사용시 화면. **(B)** "Highlight" 사용시 화면.

현재 분석중인 네트워크를 시각화하여 보여주기 때문에 모티프 분석 결과를 쉽고 자세히 볼 수 있는 장점이 있다.

(3) 모티프 분석 설정창: 모티프 분석 설정 창에서는 분석에 필요한 정보를 설정할 수 있고, 결과를 출력하기 위한 설정도 선택할 수 있다.

- "Size[vertices]" : 찾고자 하는 네트워크 모티프의 노드 크기를 지정할 수 있다.
- "Randomizations" : 통계 테스트를 위한 무작위 네트워크 생성횟수를 지정할 수 있다.
- "Show selected motif(s)" : 현재 선택한 모티프가 어떤 구조를 가지고 있는지를 모티프 표시창에 나타내주는 버튼이다(그림 13.15(A)).
- "Highlight f1, f2, f3" : Highlight 기능은 분석을 통해 찾은 네트워크 모티프가 네트워크의 어느 위치에 존재하는가를 표시해줄 수 있는 기능이다(그림 13.15(B)). 이 기능에는 f1, f2, f3의 3가지 방법이 있다.

  ① "f1 highlight": 서브네트워크 및 모티프가 노드와 에시를 공유하는 경우,
  ② "f2 highlight": 노드는 공유할 수 있으나, 에지는 공유하지 않는 경우,
  ③ "f3 highlight": 모든 네트워크 모티프 및 서브네트워크가 독립적인 경우.

그 외 좀 더 상세한 정보는 http://mavisto.ipk-gatersleben.de/tutorial.html 의 Mavisto 튜토리얼에서 확인할 수 있다.

(2) Mavisto를 이용한 네트워크 모티프 분석하기

Mavisto를 이용한 네트워크 모티프 분석은 다음과 같은 순서로 진행할 수 있다:

(1) 네트워크 불러오기: Mavisto에서 네트워크를 불러오기 위해서는 Pajek과 GML 포맷 그리고 텍스트 파일 포맷 가운데 한 가지 파일 포맷을 사용할 수 있다. 이 중 가장 널리 사용되는 GML 포맷의 경우는 앞서 설명한 Cytosacpe에서의 GML 파일출력으로부터 만들어서 사용할 수 있다.

(2) 모티프 설정창을 통한 분석 설정: 모티프 분석 설정창에서 "size[vertices]", "Randomizations" 값 등을 입력한다.

(3) 네트워크 모티프 분석 실행: "Start" 버튼을 클릭하여 네트워크 모티프 분석을 실행하고, 결과로 얻어진 모티프를 분석하기 위해 "Highlight" 기능을 활용한다.

예제: Mavisto를 이용하여 대장균의 전사 네트워크 모티프 분석하기

이 절에서는 Mavisto를 이용한 네트워크 모티프 분석을 수행하기 위해 418개 노드와 519개의 에지로 구성된 대장균의 전사 네트워크를 예제로 사용한다. Mavisto로 불러들인 대장균 네트워크는 그림 13.16과 같다.

이 예제에서는 3개의 노드로 이루어진 모티프 분석을 수행하였으며, 총 1000번의 무작위 네트워크 테스트를 수행하도록 설정하였다. 분석결과를 살펴보면 F7F라는 모티프가 통계적으로 유의하게 발견되었으며, F7F라는 이름은 Mavisto에서 결과분석에 사용하기 위해 임의로 정해준 이름이다. 이 모티프가 어떤 구조를 이루고 있는지 확인하기 위해서는 "show selected motif(s)"를 클릭하여 모티프 구조를 확인할 수 있다(그림 13.17(A)).

유의하게 발견되는 네트워크 모티프가 네트워크 구조상 어디에 위치하고 있는지 확인하기 위하여 "Highlight" 기능을 활용해본다(그림 13.17(B)). 분석 결과 대장균 전사 네트워크의 중심이 되는 노드를 기준으로 통계적으로 유의하게 이 모티프가 많이 존재하는 것을 볼 수 있다.

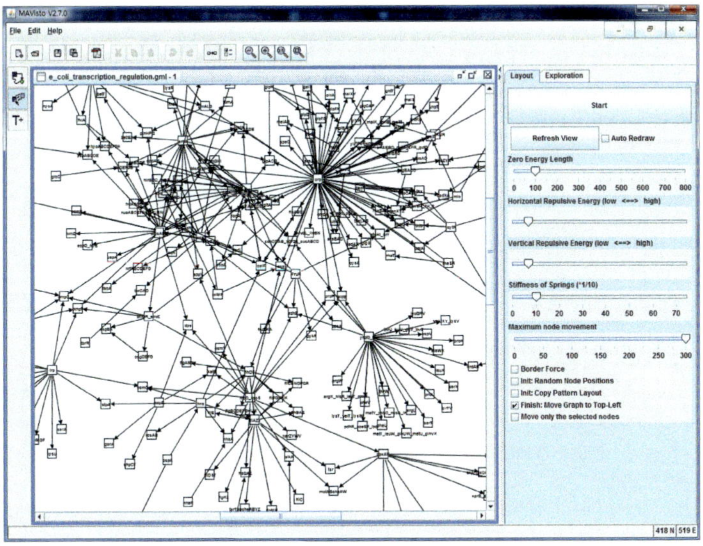

그림 13.16

Mavisto에서 불러온 대장균 전사 네트워크

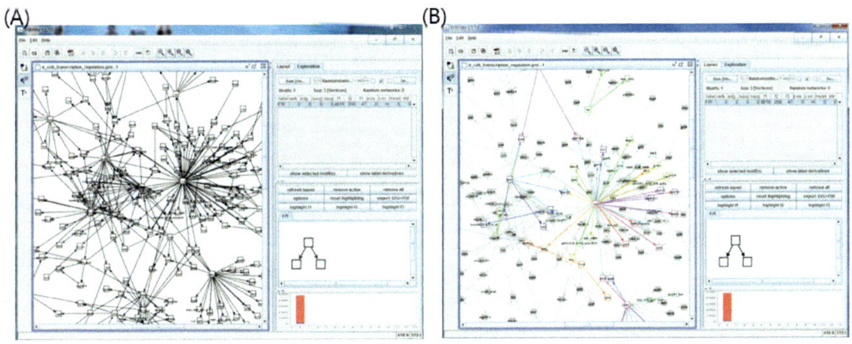

그림 13.17

(A) 대장균 전사 네트워크의 모티프 분석 결과, **(B)** 모티프 분석 결과 표시("f3 highlight")

연 습 문 제

13.1 Cytoscape의 플러그인 중 Network analyzer를 설치한 후, 샘플 데이터로 주어진 galFiltered.sif 파일을 읽어서 시각화하여 표현하고 다음의 네트워크 분석을 수행해 보자: 샘플 네트워크의 노드 연결도 분포(node degree distribution)로부터, 주어진 네트워크가 무척도 네트워크(scale-free network)라고 할 수 있는가?

13.2 Cytoscape의 플러그인 중 하나인 BINGO를 설치한 후 galFiltered.sif 파일의 노드에 해당하는 유전자 온톨로지 분석을 수행해 보자. 그리고 결과를 분석하여 galFiltered.sif의 유전자들이 생체 네트워크에서 어떤 기능을 수행하고 있는지 파악해 보자.
(참고사항: 이 때 BINGO에서 Ontology file 메뉴는 Biological_Process로 선택하고, Organism 메뉴는 Saccharomyces cerevisiae로 선택한다.)

13.3 FANMOD의 튜토리얼에서 제공하는 샘플 데이터 중 대장균 네트워크 파일(coli1_1Inter_st.txt)을 불러와 네트워크 모티프 분석을 수행해 보자.

참 고 문 헌

1. P. Shannon et al. Cytoscape: a software environment for integrated models of biomolecular interaction networks. *Genome Research.* 13:2498-2504. 2003.
2. N. Kashtan et al. Mfinder tool guide. *Technical report.* Department of Molecular Cell Biology and Computer Science and Applied Mathematics, Weizman Institute of Science, Israel. 2002.
3. F. Schreiber and H. Schwöbbermeyer. Mavisto: a tool for the exploration of network
4. S. Wernicke and F. Rasche. FANMOD: a tool for fast network motif. *Bioinformatics.* 22:1152-1153. 2006.motifs. *Bioinformatics.* 21:3572-3574. 2005.
5. Freeman TC, Goldovsky L, Brosch M, van Dongen S, Maziere P, Grocock RJ, Freilich S, Thornton J, Enright AJ: Construction, visualisation, and clustering of transcription networks from microarray expression data. *PLoS computational biology* 2007,3(10):2032-2042.
6. Hooper SD, Bork P: Medusa: a simple tool for interaction graph analysis. *Bioinformatics* 2005, 21(24):4432-4433.
7. Breitkreutz : Osprey: a network visualization system. *Genome Biol* 2003, 4(3):R22
8. Iragne F, Nikolski M, Mathieu B, Auber D, Sherman D: ProViz: protein interaction visualization and exploration. *Bioinformatics* 2005, 21(2):272-274
9. Schwobbermeyer, H.: Network Motifs. In Junker, B., Schreiber, F. (eds.) Analysis of Biological Networks. Pp. 85 – 111. NJ: John Wiley & Sons, Inc (2008)
10. Omidi, S., Schreiber, F., Masoudi-Nejad, A.: MODA: An efficient algorithm for network motif discovery in biological networks. *Genes Genet.Syst.* (2009) 84, p.385-395
11. Maere S, Heymans K, Kuiper M. BiNGO: a Cytoscape plugin to assess over representation of gene ontology categories in biological networks. *Bioinformatics.* 2005 Aug 15;21(16):3448-9. Epub 2005 Jun 21.

chapter 14

생물학 데이터베이스

14.1 NCBI 데이터베이스

그림 14.1

NCBI의 홈페이지. 좌측에는 전체보기와, 카테고리별 보기, 우측에는 자주 쓰이는 데이터베이스들을 보여주고 있다.

미국국립생물공학정보센터(National Center for Biotechnology Information, NCBI)에서는 염기서열 데이터베이스(GeneBank)를 비롯하여, 논문검색 데이터베이스(PubMed), 유전자 데이터베이스(Entrez Gene), 상동유전자 데이터베이스(HomoloGene), 단일염기서열 변이 데이터베이스(dbSNP), 단백질 구조 데이터베이스(PubChem) 등 50가지가 넘는 데이터베이스들과 이들을 활용하기 위한 프로그래밍 도구들(BLAST 등)을 제공한다[1]. 이 절에서는 이 가운데 시스템생물학 연구에 주로 이용되는 데이터베이스들을 알아보도록 하자.

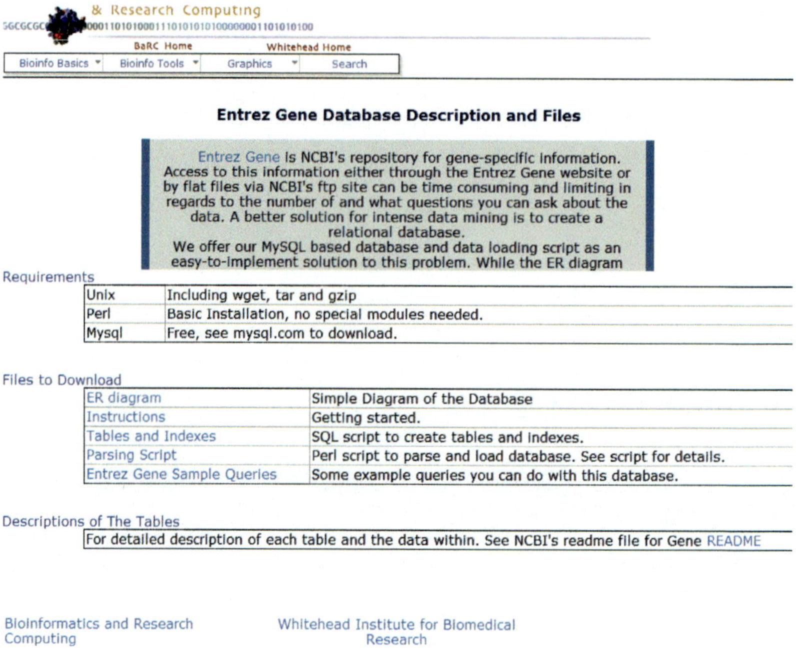

그림 14.2

Entrez Gene 데이터베이스의 홈페이지. NCBI의 ftp에 접속하여 데이터에 접근할 수 있는 Unix, Perl, Mysql 파일들을 제공하고 있다.

14.1.1 Entrez Gene

Entrez Gene은 NCBI의 유전자 데이터베이스로서, 각 유전자에 대한 명명법, 간략한 설명, 유전자 서열, 전사 단백질 서열, 염색체상 위치 등의 정보를 담고 있다. 특히 Entrez Gene에서는 유전자마다 고유한 정수로 geneID를 부여하여, 이를 HomoloGene, UniGene, RefSeq 등 NCBI의 여러 데이터베이스 및 외부 다양한 데이터베이스에서 특정 유전자를 가리키는 ID로 널리 사용하고 있다[2]. 또한 Entrez Gene에서는 RefSeq, GEO, OMIM 등 수많은 데이터베이스로의 링크를 제공하여, 특정 유전자에 대한 다양한 정보로 쉽게 접근할 수 있도록 되어 있다. Entrez Gene 데이터베이스의 정보는 웹에서 검색어를 통한 접근 및 조회가 가능하며, ftp를 통하여 전체 데이터베이스를 다운로드 받으면 웹에서 지원하는 검색방법이나 결과표시 외에 사용자의 의도에 따라 직접 필요한 조건이나 방법으로 데이터를 다룰 수 있어서 활용도가 매우 높다.

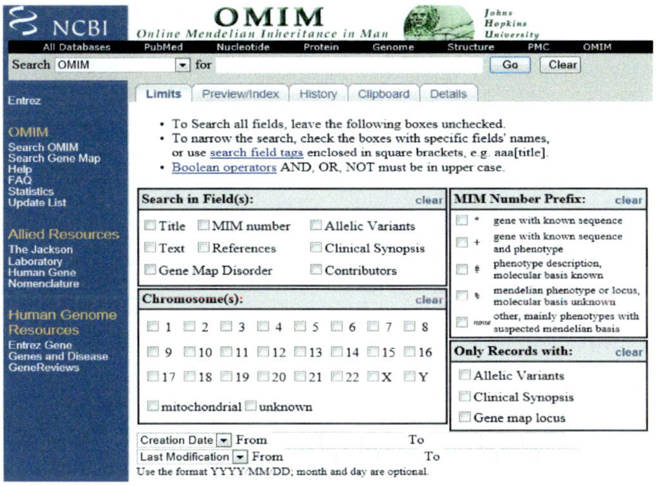

그림 14.3

OMIM의 검색 키워드 입력 화면. 여러 검색 필드나 특정 염색체에 따라 검색이 가능하며, AND/OR/NOT 등의 연산기호를 활용할 수 있다.

14.1.2 OMIM(Online Mendelian Inheritance in Man)

OMIM은 존스 홉킨스 대학에서 생물학자 및 의사들이 인간 유전자와 유전질병 및 표현형질에 대한 연구와 논문 정보들을 모아서 정리한 데이터베이스이며, Entrez 데이터베이스 모음과 함께 미국국립생물공학정보센터에서 서비스를 제공하고 있다. 이 데이터베이스에는 서열이 알려진 9,816개의 유전자와, 서열과 표현형질이 알려진 392개의 유전자 등 16,000여 개의 인간 유전자에 대해 각각의 OMIM 엔트리와 유전적으로 결정되는 표현형질에 대한 요약정보가 기술되어 있으며 DNA나 단백질 서열, PubMed의 인용논문, 서열변이 위치정보 데이터베이스(locus-specific mutation database), 환자실험결과 제공기관 등 여러 다른 데이터베이스 정보로 연결하여 준다[3].

OMIM 데이터베이스는 40년 이상에 걸쳐 인간의 유전질병을 분류하고 이와 관련된 유전자와 분자수준의 변이, 표현형질과의 관계에 대한 정보를 구축하였으며, 2010년까지 20,267개의 엔트리와 13,606개의 유전자, 그리고 7,000개 이상의 유전질병에 대한 정보를 수집해 놓았다. 각각의 엔트리에 속하는 표현형질들은 주로 하나의 유전자가 특정 질병에 관여하는 겸형 적혈구증(#MIM 603903) 등의 멘델 질병에 대하여 다루고 있으며, 그밖에 피부/머리카락/눈동자의 색소 등(MIM#

227220) 여러 유전자가 관여하는 표현형질에 대한 정보도 담고 있다. 또한 최근 유전체 마이크로어레이 기술의 발달로 윌리암스-뷰런 증후군(MIM# 194050) 등 기존에는 하나의 유전자가 관여하는 멘델 질병으로 알려진 질병들이 연속적인 유전자 변이나 복제에 의해 일어난다는 새로운 사실들이 밝혀지면서 유전자 복제 수 변이(Copy Number Variation, CNV)에 대한 질병 엔트리가 추가되었다[4].

OMIM에 등록되어 있는 엔트리들은 6자리의 식별코드를 갖추고 있으며, 그 중 첫 번째 자리의 숫자에 따라 다음과 같이 분류되어있다:

1----- (100000-) ~ 2----- (200000-) 상염색체의 유전자나 유전형질 (1994년 5월 이전)

3----- (300000-) X염색체의 유전자나 유전형질

4----- (400000-) Y염색체의 유전자나 유전형질

5----- (500000-) 미토콘드리아의 유전자나 유전형질

6----- (600000-) 상염색체의 유전자나 유전형질 (1994년 5월 이후).

또한 식별코드 앞에 특수문자들이 붙는데, '#' 기호는 일반적으로 유전형질에 대한 엔트리를 나타내며, 특정한 유전자를 지칭하지 않음을 나타낸다. '+' 기호는 유전자 서열과 형질이 알려진 유전자에 대한 엔트리 표시이며, '%' 기호는 멘델 표현형질이나 표현형질과 유전자의 위치는 알려졌으나 분자수준의 연관성이 밝혀지지 않은 엔트리에 쓰인다. 아무런 특수문자가 없는 경우는 표현형질이나 유전자 위치에 대한 정보가 밝혀지지 않은 엔트리를 나타내며, '^' 기호는 새로운 발견이나 분류기준에 의해 데이터베이스에서 삭제되거나 다른 엔트리로 통합되어 더 이상 존재하지 않는 엔트리를 나타낸다.

14.1.3 GEO(Gene Expression Omnibus)

마이크로어레이(microarray)는 현대 분자생물학의 발전에 기여한 중요한 실험기술 가운데 하나이다. 마이크로어레이 실험을 통해 대규모 유전자들의 발현에 대해 정량적인 측정을 할 수 있게 되었으며, 다양한 종류의 세포에 대한 전사체(transcriptome) 정보를 얻을 수 있게 되었다. GEO는 유전자 염기서열기반 정보

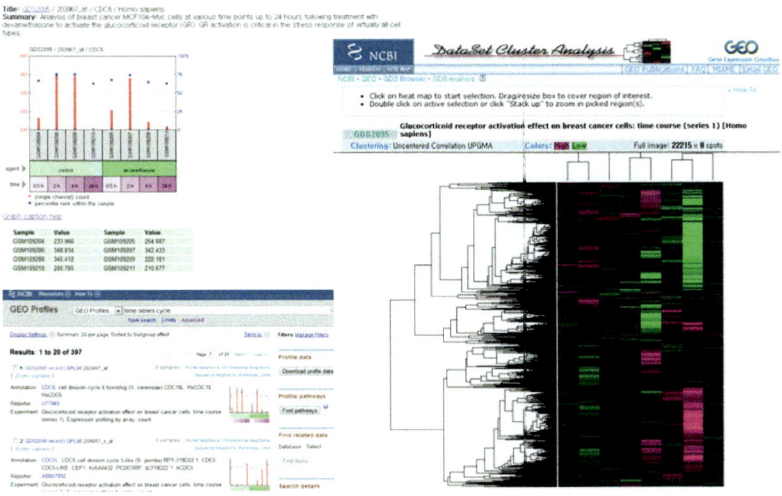

그림 14.4
GEO에서 인간 유방암에 관여하는 세포분열 주기조절 유전자 CDC6의 시간대별 발현량과 클러스터링 결과를 보여주는 화면

및 유전자 발현 프로파일 실험결과들을 모아둔 데이터베이스로서, 마이크로어레이나 칩-칩(ChIP-chip) 실험 등을 통해 측정된 mRNA, 유전자 DNA, 단백질 분자 등의 정보를 담고 있으며, 수천만 개의 유전자에 대한 발현 양상을 보여주는 수천 개의 유전자 실험에 대해 사용자 편의를 위한 웹 기반 시각화 인터페이스 등을 통해 대규모 실험결과를 다운로드 받아 이용할 수 있도록 제공하고 있다[5].

GEO에는 100개 이상의 개체들에 대하여 1,000곳 이상의 연구실로부터 50,000건 이상의 실험들이 등록되어 있다. 이는 약 5억 개의 분자들의 양에 대한 측정값을 포함하며, 이러한 실험들은 쥐를 이용한 당뇨모델부터 식물의 개화과정, 탄저균 포자 형성과정, 초파리 노화과정, 담배연기가 기관지세포에 미치는 영향, 신장 이식 거부반응, 말라리아균 항생제의 독성 등 매우 다양한 생명현상들에 대해 다루고 있다[6].

GEO 데이터베이스는 크게 플랫폼, 샘플, 시리즈, 원본데이터의 네 가지 자료영역으로 구분되어져 있다. 플랫폼은 마이크로어레이 들과, 각 어레이의 서열정보에 대한 데이터를 담고 있으며, 샘플은 실험결과 데이터, 실험대상, 실험과정에 대한 정보를 담고 있다. 시리즈는 실험적으로 연관된 샘플들을 묶어서 나타내며, 원본데이터는 선택적인 요소로서 실험별로 실험결과 원본이 TIFF(Tagged Image File Format) 파일로 제공되기도 한다.

그림 14.5

GEO Dataset 브라우저를 통해서 "cancer"를 검색해본 모습. 각 실험의 식별코드와 제목, 대상종이 검색되고, 플랫폼, 시리즈, 샘플 영역에 대한 정보가 표시된다. 쥐의 피부암에 대한 실험을 클릭하면 아래에 실험에 대한 간단한 정보를 확인할 수 있으며 링크를 통하여 구체적인 정보들을 얻을 수 있다.

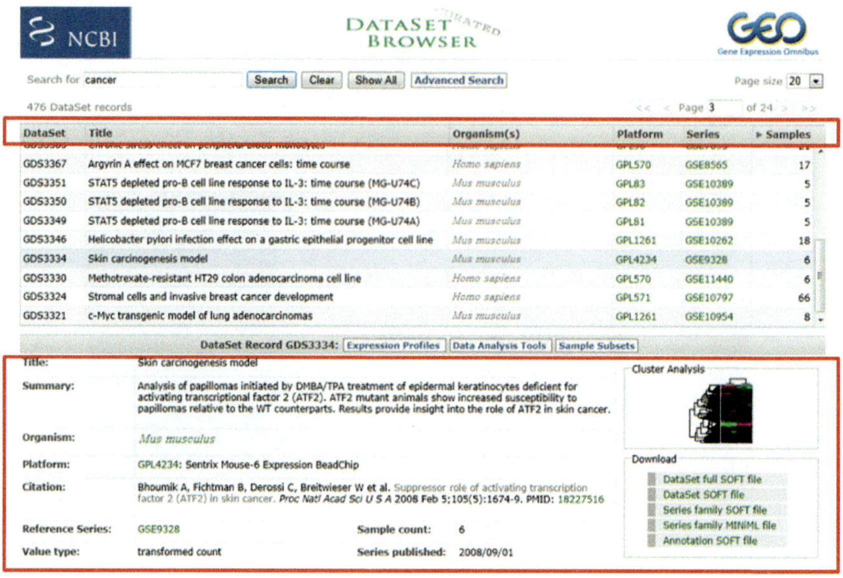

14.2 네트워크 데이터베이스

유전자 상호작용 네트워크 구축을 위해 역공학(reverse engineering) 방법에 대한 연구가 활발히 진행되면서, KEGG, Reactome, BIND, HPRD, IntAct 등 여러 네트워크 데이터베이스가 구축되었다[7]. 이 절에서는 이러한 네트워크 데이터베이스들의 특징과 각각의 차이에 관해 알아본다.

14.2.1 네트워크의 종류와 구축 방식

현대 생명과학 연구에 있어서 유전체(genome), 전사체(transcriptome), 단백질체(proteome) 등 여러 형태의 소위 오믹스(omics) 데이터의 구축과 분석은 아주 일상적인 과정이다. 다양한 계층적 단계로 이루어진 생명시스템을 각 계층별로 분석하고, 궁극적으로는 하나의 시스템으로서 통합하여 이해하고자 하는 연구들이 진행되고 있다. 또한 이렇게 축적된 다량의 데이터로부터 숨겨진 의미를 발견하기 위해서 다양한 전산학 기술과 방법들이 개발 응용되고 있다. 생물학 네트워크의 분석은 이러한 오믹스 데이터들로부터 숨겨진 의미를 찾아내는데 좋은 전략이 될

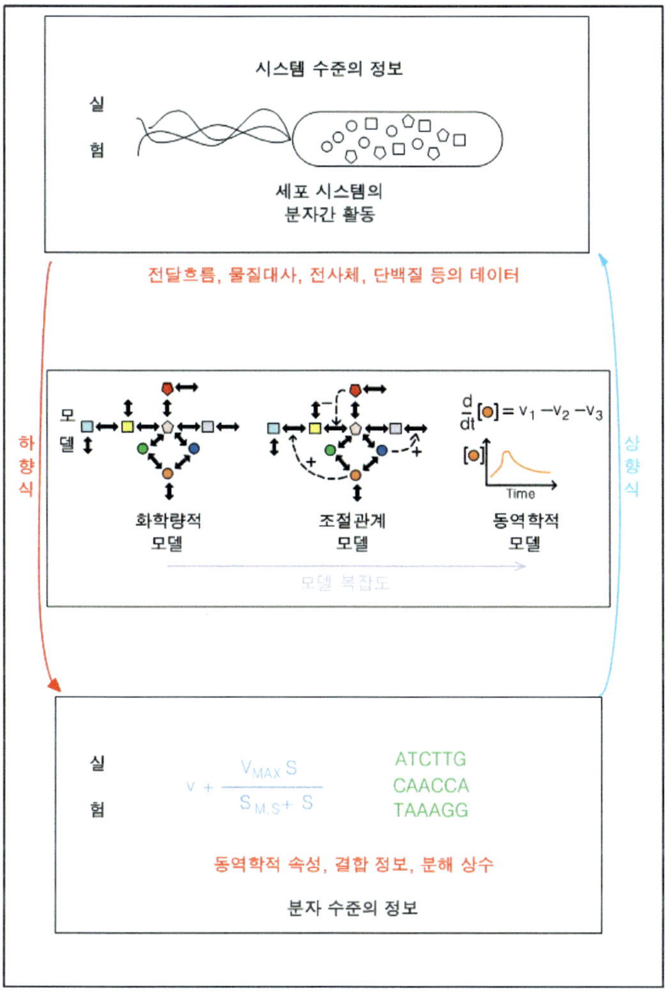

그림 14.6

상향식 구축방식은 각 분자들의 동역학 속성으로부터 네트워크 모델을 구축하는 반면, 하향식 구축방식은 오믹스 데이터로부터 분자들의 동역학을 추론하여 네트워크 모델을 구축한다 [9].

수 있다. 따라서, 생물학 네트워크를 제대로 구축하고 모델링하는 것은 이러한 연구에 있어서 가장 중요한 출발점이다[8].

네트워크의 구축에는 상향식과 하향식 두 가지 접근방식이 있는데, 상향식은 각각의 반응물질들에 대한 정보로부터 상호작용 네트워크를 구축하는 방법이고, 하향식은 오믹스 데이터로부터 통계적 방법을 통해 네트워크를 추론하는 방법이다[9]. 상향식 접근방법의 경우 이를 이용하여 단백질 상호작용 네트워크와 대사 네트워크에 대해 대규모 네트워크가 구축되어 있으며, 하향식 접근방법의 경우 이를 이용하여 오믹스 실험을 통한 단백질상호작용이나 유전자 조절 등에 대한 네트워크

그림 14.7
인간 단백질 상호작용 네트워크에 대한 데이터베이스간의 정보량 차이를 보여주는 벤 다이어그램.

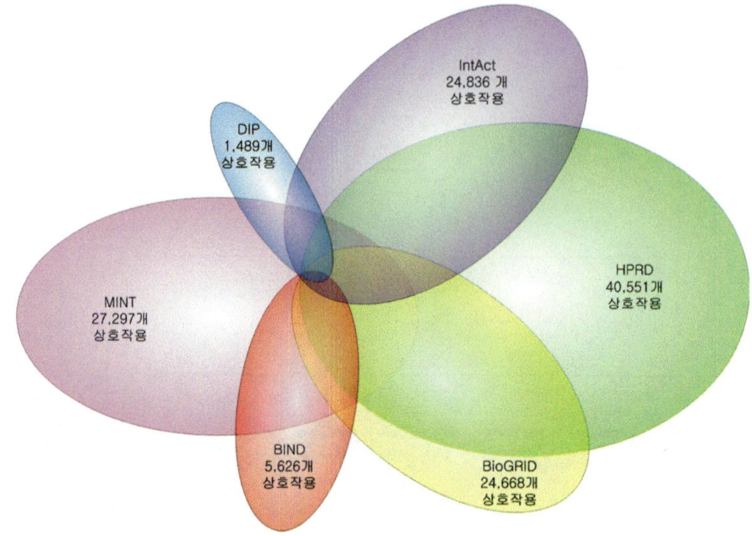

가 구축되어 있다. 개별적인 정보들로부터 상향식으로 구축된 네트워크 정보를 다시 오믹스 데이터를 활용하여 노이즈를 줄이고 전체적인 구조를 하향식으로 재구성할 수도 있으므로, 두 가지 접근방식 모두 네트워크 구축에 있어서 유용하게 활용될 수 있다.

단백질 상호작용 데이터베이스들은 논문으로 출판되는 각 실험들로부터 데이터를 수집하고 정리하여, 단백질 상호작용에 대해 어느 한쪽으로 편중되지 않고 전체적으로 정보가 완전하면서도 부분적으로 잘 분류된 네트워크를 구축하는 것을 목표로 한다[10]. 이러한 데이터베이스들로부터 네트워크를 수집할 때에는, 다루고자 하는 네트워크 영역에 있어서 어떠한 데이터베이스가 대상 네트워크를 다루고 있는지, 각 데이터베이스의 정보가 서로 어떻게 다른지, 그리고 어떤 데이터베이스가 가장 포괄적이며 보다 정확한 정보를 담고 있는지에 대해 비교해보아야 한다.

단백질 상호작용 데이터베이스를 비교하기 위한 기준으로는, 데이터의 출처와 상호작용의 종류, 총 단백질의 수와 상호작용의 수 등이 있다. 단백질 상호작용 데이터베이스는 크게 기본 데이터베이스와, 메타 데이터베이스, 그리고 예측 데이터베이스로 나눌 수 있다. 기본 데이터베이스는 소규모(small-scale, Ssc) 혹은 대규모(large-scale, Lsc) 실험을 통해 증명된 단백질 상호작용들을 문헌정보로부터 직접 수집하여 구축한 데이터베이스로서 DIP, IntAct, MINT 등이 있으며[11, 12, 13], 메타 데이터베이스는 기본 데이터베이스들의 비교를 통해 일관성이 있는 작용들로 네트워크를 재구성한 데이터베이스로서 APID, PINA 등이 있다[14, 15, 16]. 예측 데이터베이스는 실험적으로 증명된 단백질 상호작용과 더불어 단백질 구조나 서열 분석 등 여러 방법을 통해 예측된 상호작용들을 포함한다. 예측 데이터베이스를 활용할 때에는, 특히 실험을 통한 단백질 상호작용과 예측된 단백질 상호작용을 잘 구분해서 사용해야만 결과에 대한 잘못된 해석을 피할 수 있다.

생체 내에서 일어나는 단백질 간 상호작용은 매우 다양하기 때문에 실제 네트워크의 크기가 과연 어느 정도 될 지에 대해서는, 가장 활발히 연구가 진행되어진 효모에 대해서조차 아직껏 정확한 파악이 이루어지지 않고 있다. 실증적인 분석을 통한 한 결과로는 16,000±4,500가지의 상호작용이 효모에서 일어날 것으로 예측되며[17], 또 다른 분석에서는 효모의 6,000가지 단백질에 대해 30,000개 이상의 상호작용이 있을 것으로 예측되고 있다[7]. 데이터베이스에 따라서는 실험적으로 밝혀진 단백질들 간 상호작용만 50,000개 이상을 포함하고 있는 경우도 있는데, 이는 실험을 통한 결과물에도 오차(false-positive)에 해당하는 상호작용들이 상당수 포함되어 있음을 보여준다.

14.2.2 유전자 조절 네트워크

유전자 조절 네트워크는 전사인자(transcription factor)와 대상 유전자의 조절관계를 나타내는 네트워크로서, 전체 유전자 마이크로어레이 데이터로부터 얻어진 실험결과를 여러 정교한 통계적 방법들을 통해 재구성하여 구축된다. 베이지안(Bayesian) 네트워크 분석은 하향식 접근방식으로서 유전자 네트워크를 구성하기 위해 가장 빈번히 사용되는 통계적 방법이며, 실험오차(noise)의 영향을 줄이기 위해서 실험데이터와 전산데이터를 역공학 방식으로 결합하여 회귀적으로 네트워크를 추론(Network Identification by Regression, NIR)하는데 사용되기도 한다[17]. 상향식 접근방식으로 가가이 유전자들에 대한 실험문헌 조사에 기반하여 네트워크를 구축하는 방법도 널리 이용되고 있다[18]. 유전자 조절 네트워크는 대장균, 효모, 초파리 등 모델 종들에 대해서 각각의 종 데이터베이스가 잘 구축되어져 있다[19, 20, 21, 22].

14.2.3 물질대사 경로 네트워크

물질대사는 세포의 에너지 흐름과 전체 표현형질을 조절하는데 중요한 역할을 한다. 물질대사 네트워크는 대사물질, 조효소, 효소 등 모든 대사작용에 관여하는 반응들에 대한 기존 실험논문들의 수집을 통해 구축된다. 유사한 종에 대해 컴퓨터를 이용하여 예측된 전달경로나 반응의 경우에는 실험을 통한 증명이 매우 중요하다. 이를 위한 실험으로는 주로 탄소, 질소, 산소 등 대사에 이용되는 일부 물질을 제외하거나 유전자 일부를 제거하여 개체를 배양하는 방법 등이 있다. 물질대사 과정에 대한 연구가 계속 진행되고, 새로운 지식이 축적됨에 따라 데이터베이스는 이러한 정보들을 주기적으로 반영하여 업데이트되고 있다[23, 24].

14.2.4 KEGG(Kyoto Encyclopedia of Genes and Genomes)

KEGG는 인간, 쥐, 식물, 곰팡이, 세균 등에 해당하는 대표 종들 및 여러 포유동물들에 대해 유전자 및 유전체 정보, 상호작용 정보 등을 제공하는 종합적인 데이터베이스이다[25]. 유전자 정보에 대한 데이터는 각 유전자에 대하여 종명, 유전자명, 기능에 대한 명칭 등의 명명정보가 GENES 데이터베이스에 저장되어 있으며, 네트워크에 대한 데이터는 세포활동, 대사작용, 세포막 수송, 신호전달, 세포주기 등의 기능적 단위로 구분되어 PATHWAY 데이터베이스에 저장되어 있다(예: 그림 14.8). PATHWAY 데이터베이스는 종간 상동유전자 집단 표(ortholog group table)와 함께 제공되며, 모델 종을 대상으로 구성되어 있는 네트워크를 기준으로, 각 종에 존재하거나 존재하지 않는 반응들이 다른 색으로 표시되어 있어 종간의 간단한 비교가 가능하다. 또한 KEGG에는 각종 질병에 관여하는 유전자 돌연변이(disease gene)와 약물 타겟 단백질(drug target) 등 인간 질병에 대한 다양한 데이터를 확장하여 포함하고 있다[26].

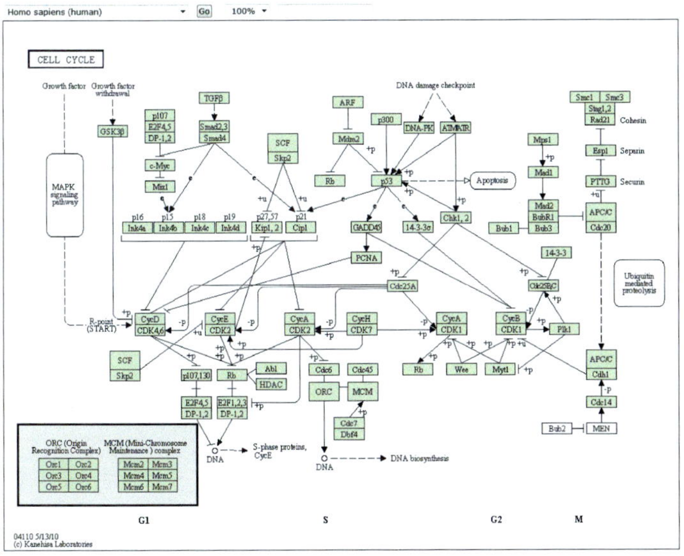

그림 14.8

KEGG에서 제공하는 신호전달 지도 가운데 인간의 세포주기에 대한 신호전달경로를 보여주는 화면

14.2.5 Reactome

Reactome은 인간의 생체분자 상호작용 네트워크에 대한 데이터베이스로서, 전문가들에 의해 직접 수집 및 검열된 데이터로 이루어져 있다. 현재 3,000여 개의 인간 단백질과 3,000여 개의 생체반응에 대한 정보를 포함하고 있으며, 이는 UniProt에 검열을 통해 등록되어 있는 20,000개 인간 단백질의 12.5%에 해당한다 [27]. Reactome에서는 인간의 생체분자 상호작용을 DNA 복제, 전사, 항상성 유지, 탄수화물 대사 등 46개의 영역으로 분류하여 제공한다. 또한 인간 네트워크 외에, 진화적으로 다양한 종들 중에 전체 유전자 서열이 잘 밝혀져 있는 22종에 대해 상동유전자 예측을 통한 추론 네트워크를 제공하며, 애기장대, 쌀, 초파리, 쥐 등 네 종에 대해 추론 및 수집·검열된 네트워크를 제공한다. Reactome에서 제공하는 네트워크는 웹에서 각각의 영역별로 제공되며, 시스템생물학 성형언어(SBML: Systems Biology Markup Language), cytoscape, BioPax등 다른 프로그램에서 호환되는 파일로 다운로드받을 수 있다. 또한 저자들이 시스템생물학 표준그림(SBGL: Systems Biology Graphical Notation)에 따라 네트워크 그림을 그릴 수 있는 도구를 제공한다(그림 14.9).

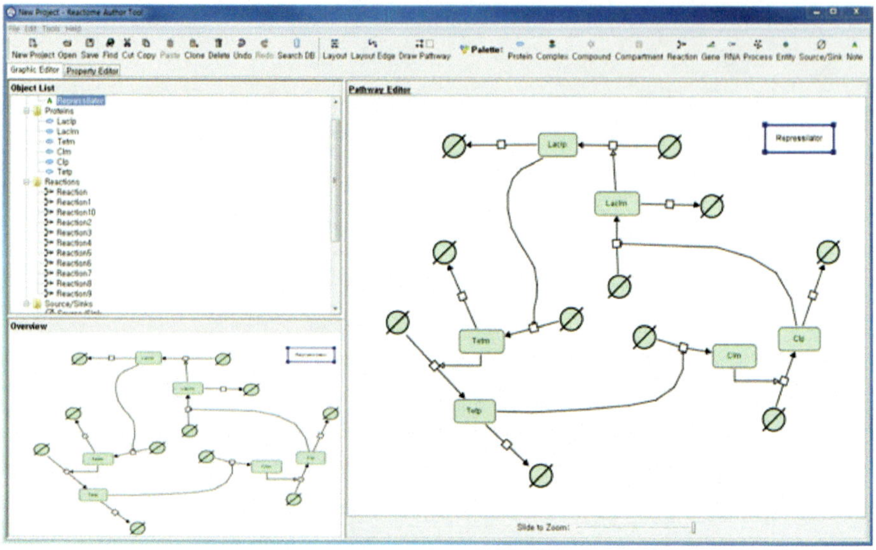

그림 14.9
Reactome에서 제공하는 시스템생물학 표준그림(SBGN)에 기반한 상호작용 그림을 그리는 도구

14.2.6 BIND(Biomolecular Interaction Network Database)

BIND는 세포내 상호작용, 분자 복합체, 신호전달경로들에 대한 정보들을 담고 있다. 이 데이터베이스는 분자들 간의 결합과 상호작용에 대한 개별적인 실험결과들과, 효모단백질잡종법(yeast two hybrid method), 질량분석 등을 통한 대규모 실험결과들로부터 수집된 정보들로 구축되어 있다. 또한 각 단백질의 구성요소를 시각적으로 확인할 수 있어서 복합체와 단백질들의 상호작용에 대한 기능적 도메인의 관련성을 파악할 수 있으며, 전체 네트워크 중에서 특정 관심 부분에 초점을 두어 분석할 수 있는 클러스터링 기능을 제공한다[28].

14.2.7 데이터베이스 수집을 통한 네트워크 구축

전달경로에 대한 분석을 하기 위해서는 대상이 되는 전달경로를 부분적으로 구축하거나, 전체 데이터베이스로부터 대상에 대한 부분네트워크를 다운로드 받아서 이용하여야 한다. 이 때 데이터베이스들 간에 가지고 있는 정보의 양이나 질에서 차이가 나기 때문에, 자료를 가져다 쓸 때에 주의하여야 한다. 예를 들어 지방산 대사과

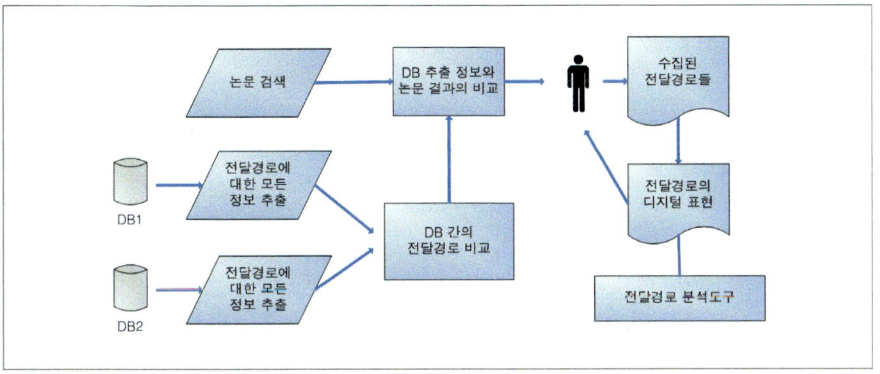

그림 14.10
데이터베이스로부터 정보를 수집하여 네트워크를 재구성하는 과정

정에 대한 네트워크들에 대한 데이터베이스간의 정보의 차이를 비교해보면 표 14.1과 같다[29].

지방산 대사	생합성		분해	수송	조절		신장
	지방산	글리세롤	w-ox	카르티닌	합성	분해	지방산
Reactome	불완전	완전	없음	없음	불완전	없음	없음
KEGG	완전	없음	없음	없음	없음	없음	완전
GeneMAPP	완전	없음	불완전	완전	없음	없음	없음
BioCarta	없음	없음	완전	완전	불완전	없음	없음

표 14.1
데이터베이스별로 지방산 대사의 관련된 전달경로들에 대한 정보량이 다르므로, 보다 완전한 네트워크를 구하기 위해 각각의 데이터베이스들로부터 전달정보를 수집할 수 있다.

KEGG 데이터베이스는 100개 이상의 종에 대하여 물질대사, 유전자 정보전달, 환경적응, 세포활동, 인간질병 및 약물반응 등 269개의 기준 신호전달경로로부터 만들어진 33,679 개의 신호전달경로에 대한 정보를 담고 있다. 대부분의 신호전달경로 관련 프로그램들이 KEGG의 정보를 활용하고 있으며, KEGG는 일반적으로 매우 잘 구축된 데이터베이스이지만, 일부 신호전달경로에 대해서는 수년 간 업데이트가 이루어지지 않고 있는 부분들도 있다. 예를 들면, KEGG에 지방산 생합성(fatty acid biosynthesis)과 지방산 신장(fatty acid elongation), 지방산 분해(fatty acid desaturation), 그리고 지방산 미토콘드리아 산화(fatty acid mitochondrial oxidation)에 대한 신호전달경로들은 존재하지만 이 과정들을 조절하는 신호전달경로에 대한 정보는 포함되어 있지 않다.

BioCarta는 신호전달경로상의 단백질들에 대한 항체를 만드는 회사에서 무료로 제공하는 데이터베이스로서, 여러 종에 걸친 12만 개 이상의 유전자에 대한 핵심 정보들을 포함하고 있으며, 미토콘드리아, 과산화수소분해효소를 통한 지방산 산화, 질병관련 산화와 카르티닌에 의해 조절되는 수송시스템 등 296개의 신호전달 경로에 대해서 주기적인 업데이트를 하고 있다.

GeneMAPP은 KEGG로부터 가져온 수백 개의 신호전달경로들 외에 200개 이상의 추가적인 신호전달경로들을 담고 있다. 그 중 인간 지방산 대사과정에 관한 신호전달경로로는 지방산 합성, 미토콘드리아 지방산 산화, 그리고 지방산 분해에 대한 정보를 담고 있는데, 이에 대한 추가적인 업데이트는 수년간 이루어지지 않고 있다.

Reactome은 인간 지방산 대사과정에 대한 대부분의 신호전달경로를 담고 있다. 불포화 지방산의 산화 등 지방산 대사과정 신호전달경로 중에는 Reactome에는 정보가 존재하지만, 다른 데이터베이스에서는 해당 신호전달경로에 대한 구체적인 정보는 없이 언급만 되어 있는 경우도 있다.

14.3 온톨로지 데이터베이스

마이크로어레이 실험을 통해 획득된 유전자들의 다양한 발현양상을 분석하기 위해, 실험결과로부터 자동으로 유전자들을 분류하고 명명하는 방법들에 대한 연구가 활발히 이루어져 왔다[30]. 이 절에서는 이러한 분류와 명명에 대하여 여러 관점의 정보를 다루고 있는 데이터베이스들에 대하여 알아보자.

14.3.1 GO(Gene Ontology)

GO는 여러 종들, 그리고 각 데이터베이스들의 유전자 및 전사체들의 속성을 표준화하여 명명한 데이터베이스이다. GO는 유전자를 효과적으로 분류하기 위하여, 잘 정리된 용어들로 유전자와 전사체들의 기능적 특징들에 대한 명칭을 정의 및 분류하였으며, AmiGO 등 다른 도구들을 통해서도 이러한 데이터를 활용할 수 있도록 되어 있다.

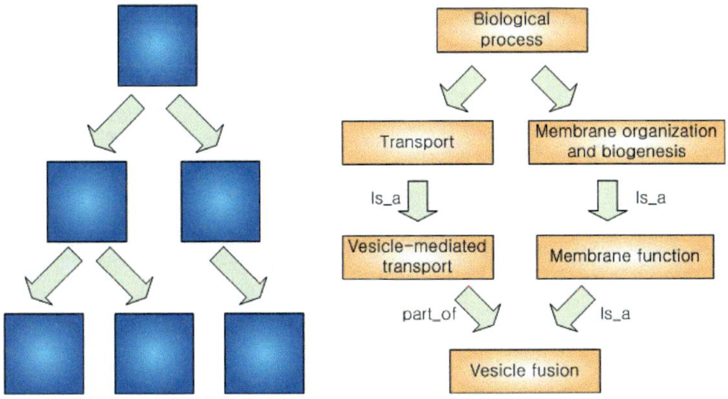

그림 14.11
GO 데이터의 방향성 비대칭 그래프 형태의 자료구조와 세포 수송 과정을 통해서 본 예시 데이터.

GO는 분자기능(Molecular Function, MF), 생명현상(Biological Process, BP), 구성세포(Cell Component, CC)의 세 가지 영역으로 구분되어 있다. 각각의 영역에 대해서 방향성이 있는 비대칭 그래프 구조로 데이터가 구성되어 있으며, 포괄적인 명칭에서부터 점차 구체적인 명칭으로 구분하여 정리되어 있다[31](그림 14.11).

GO의 분자기능은 촉매반응, 결합반응 등 실제 분자수준에서 일어나는 반응에 대한 명칭을 포함하며, 어떤 분자나 결합체를 나타내기보다 그 기능을 수행하는 반응에 대한 명칭으로 정의되어 있다. 일반적으로 각 유전자 생성물이 수행하는 반응에 대하여 명칭을 정의하고 있으나, 효소반응, 수송반응, 결합 등 복합체로서만 기능하는 반응에 대한 명칭이 정의되어 있는 경우도 있다. 더 구체적인 단계의 분자기능에 대한 GO 명칭의 예로는 아데닐레이트 사이클레이즈 반응, Toll 수용체 결합 등이 있다.

GO의 생명현상은 하나 혹은 그 이상의 분자 기능의 결합을 통한 반응의 연속을 나타내는 명칭에 대한 정의를 포함한다. 포괄적인 명칭으로는 세포 생리적 반응, 신호전달 등이 있으며, 구체적인 단계의 명칭으로는 피리미딘 대사과정, 알파 글루코사이드 수송 등이 있다.

GO의 구성세포는 해당 유전자나 단백질이 세포의 어떤 구성요소에 관여하는지에 대한 명칭을 포함한다. 예를 들어 포괄적인 명칭으로는 세포 밖, 세포막 수용체, 세포 내부 등이 있으며, 좁은 범위로는 리보솜, 프로테아솜이나 소포체, 핵 내부 등이 있다.

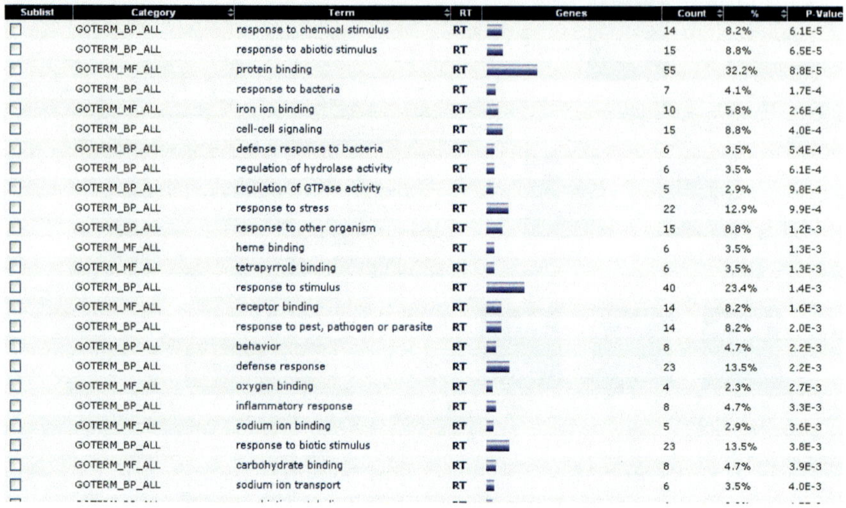

Sublist	Category	Term	RT	Genes	Count	%	P-Value
☐	GOTERM_BP_ALL	response to chemical stimulus	RT		14	8.2%	6.1E-5
☐	GOTERM_BP_ALL	response to abiotic stimulus	RT		15	8.8%	6.5E-5
☐	GOTERM_MF_ALL	protein binding	RT		55	32.2%	8.8E-5
☐	GOTERM_BP_ALL	response to bacteria	RT		7	4.1%	1.7E-4
☐	GOTERM_MF_ALL	iron ion binding	RT		10	5.8%	2.6E-4
☐	GOTERM_BP_ALL	cell-cell signaling	RT		15	8.8%	4.0E-4
☐	GOTERM_BP_ALL	defense response to bacteria	RT		6	3.5%	5.4E-4
☐	GOTERM_BP_ALL	regulation of hydrolase activity	RT		6	3.5%	6.1E-4
☐	GOTERM_BP_ALL	regulation of GTPase activity	RT		5	2.9%	9.8E-4
☐	GOTERM_BP_ALL	response to stress	RT		22	12.9%	9.9E-4
☐	GOTERM_BP_ALL	response to other organism	RT		15	8.8%	1.2E-3
☐	GOTERM_MF_ALL	heme binding	RT		6	3.5%	1.3E-3
☐	GOTERM_MF_ALL	tetrapyrrole binding	RT		6	3.5%	1.3E-3
☐	GOTERM_BP_ALL	response to stimulus	RT		40	23.4%	1.4E-3
☐	GOTERM_MF_ALL	receptor binding	RT		14	8.2%	1.6E-3
☐	GOTERM_BP_ALL	response to pest, pathogen or parasite	RT		14	8.2%	2.0E-3
☐	GOTERM_BP_ALL	behavior	RT		8	4.7%	2.2E-3
☐	GOTERM_BP_ALL	defense response	RT		23	13.5%	2.2E-3
☐	GOTERM_MF_ALL	oxygen binding	RT		4	2.3%	2.7E-3
☐	GOTERM_BP_ALL	inflammatory response	RT		8	4.7%	3.3E-3
☐	GOTERM_MF_ALL	sodium ion binding	RT		5	2.9%	3.6E-3
☐	GOTERM_BP_ALL	response to biotic stimulus	RT		23	13.5%	3.8E-3
☐	GOTERM_MF_ALL	carbohydrate binding	RT		8	4.7%	3.9E-3
☐	GOTERM_BP_ALL	sodium ion transport	RT		6	3.5%	4.0E-3

그림 14.12

DAVID에서 특정 유전자 리스트의 기능적 분포를 볼 수 있는 화면. 리스트의 전체 유전자 가운데 특정 기능에 관여하는 유전자의 개수와 그 비율을 보여준다.

14.3.2 DAVID(Database for Annotation, Visualization, and Integrated Discovery)

mRNA 마이크로어레이, 프로모터 마이크로어레이, 단백질 칩 등 유전자, 단백질에 대한 고속대량(high throughput) 실험을 통해 측정된 수많은 생명현상들에 대한 정보들은 매우 다양하게 활용될 수 있다. 예를 들어, 질병들 간의 관계에 대해 분석하고자 한다면 각 실험으로부터 특정 질병과 연관이 있는 다량의 유전자 후보군을 얻어 분석할 수 있다. 이렇게 얻어진 관련 유전자 후보군은 수십에서 수백 개까지 이를 수 있으며, 이러한 유전자들의 집합으로부터 의미있는 해석을 이끌어 내는 것은 데이터를 만들어내는 실험만큼이나 중요한 작업이다. 이 절에서는 유전자 집합 내의 복잡하고 다양한 관계들을 분석하기 위한 생명정보학 소프트웨어 패키지 중 하나인 DAVID에 대해 소개하고자 한다. DAVID는 사용자가 관심있는 유전자 후보군에 속해 있는 수많은 유전자들이 실제 어떤 기능을 하는 유전자들인지 데이터베이스들로부터 검색한 결과를 정리하여 보여주는 웹 기반 분석도구로서 사용자는 DAVID를 통해 특정 유전자 후보군을 하나씩, 또는 그룹별로 나누어 각 기능에 대한 명칭을 클러스터링하거나, 분류하여 표로 정리해서 분석할 수 있다[32, 33](그림 14.13).

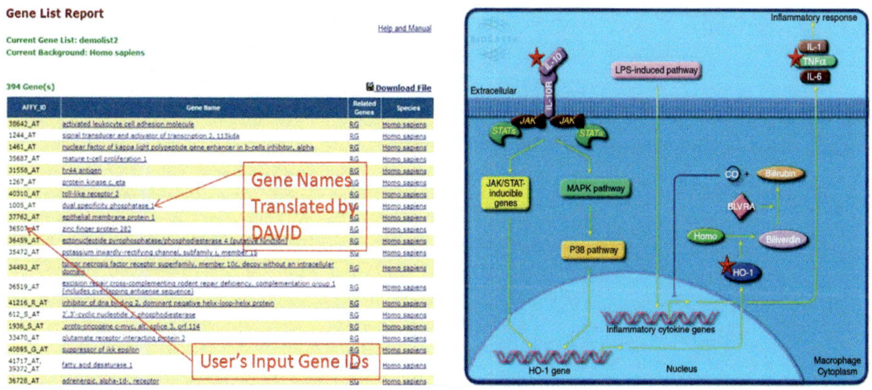

그림 14.13

유전자 리스트 검색결과와 그에 대한 신호전달경로를 보여주는 DAVID 화면

DAVID는 다량의 유전자 집합으로부터 기능적 분석을 하기 위한 여러 도구 중 하나로서, 비슷한 기능을 하는 프로그램으로는 GoMiner, GOstat, Onto-express, GoToolBox, FatiGO, GFINDer, GOBar, GSEA 등이 있다. 각각의 프로그램마다 특징과 장점을 가지고 있지만, 모두 다량의 유전자들을 다양한 생물학적 특징과 연관짓고 통계적으로 유의한 특징을 보여주기 위한 핵심전략은 동일하다. 유전자 집합 내의 공통 기능을 찾는 분석은 조사하고자 하는 생명현상과 가장 관련이 깊은 생물학적 특징들을 발견할 수 있는 가능성을 높여준다. 이러한 다량의 유전자 집합에 대한 분석은 대규모 컴퓨터 분석과 통계적 해석을 필요로 하는데, DAVID는 여러 데이터베이스들로부터 데이터를 통합하고 확장함으로써, 유전자 후보군에서 더욱 유의하게 관련성이 높은 유전자들과 기능들을 찾아준다.

연 습 문 제

14.1 Reactome 데이터베이스로부터 인간의 단백질 상호작용 네트워크를 구하여, Entrez ID로 정리하고, 중복되는 노드와 링크를 제거하여 보라.

14.2 앞서 획득한 네트워크로부터 다른 단백질들과 상호작용이 많은 단백질들 상위 1%의 목록을 구해 보자.

14.3 DAVID를 이용하여, 앞서 구한 단백질 목록이 나머지 단백질들과 어떤 다른 특성들을 가지고 있는지 GO term과 유의도를 확인하고, 결과에 대한 의미를 간략히 서술해 보자.

참 고 문 헌

1. E. W. Sayers et al. Database resources of the National Center for Biotechnology Information. *Nucleic Acids Research*, 39:D38-D51. 2011.
2. D. Maglott et al. Entrez genes: gene-centered information at NCBI. *Nucleic Acids Research,* 39(S1):D52-D57. 2003.
3. A. Hamosh et al. Online Mendelian Inheritance in Man(OMIM), a knowledgebase of human genes and genetic disorders. *Nucleic Acids Research*, 33:D514-D517. 2005.
4. J. Amberger et al. A new face and new challenges for Online Mendelian Inheritance in Man. *Wiley Online Library,* DOI: 10.1002/humu.21466. 2011.
5. T. Barrett et al. NCBI GEO: mining millions of expression profiles - database and tools. *Nucleic Acids Research*, 35:D760-D765. 2006.
6. T. Barrett and Ron Edgar. Mining microarray data at NCBI's gene expression omnibus. *Methods in Molecular Biology,* 2011.
7. E. de Jong, L. Franke, and A. Siebes. On the measurement of genetic interactions. *AIP Conference Proceedings,* 940:16-25. 2007.
8. T. Y. Lee et al. Data integration and analysis of biological networks. *Current Opinion in Biotechnology,* 21:78-84. 2010.
9. F. J. Bruggeman and H. V. Westerhoff. The nature of systems biology. *Trends in microbiology,* 15(1):45-50. 2007.
10. J. De Las Rivas, C. Fontanillo. Protein-protein interactions essentials: Key concepts to building and analyzing interactome networks. *PLoS Compt. Biol.,* *6*(6):e1000807. 2010.
11. I. Xenarios et al. the Database of Interacting Proteins: a research tool for studying cellular networks of protein interactions. *Nucleic Acids Research,* 30(1):303-305. 2002.
12. B. Aranda et al. The IntAct molecular interaction database in 2010. *PLoS, 6*(6):7. 2010.
13. A. Chatr-Arymontri et al. MINT: the Molecular INTeraction database. *Nucleic Acids Research, 35*(suppl1):D572-D574. 2007.
14. C. Prieto et al. APID: Agile Protein Interaction DataAnalyzer. *Nucleic Acids Research,* 34:W298-W302. 2006.
15. J. Hermandez-Toro et al. APID2NET: unified interactome graphic analyzer.

Bioinformatics, 23:2495-2497. 2007.

16. J. Wu et al. Integrated network analysis platform for protein-protein interactions. *Nature Methods,* 6:75-77. 2009.
17. T. S. Gardner et al. Inferring genetic networks and identifying compound mode of action via expression profiling. *Science,* 301:102-105. 2003.
18. I. Thiele et al. Genome-scale reconstruction of Escherichia coli's transcriptional and translational machinery: a knowledge base, its mathematical formulation, and its functional characterization. *PLoS Computational Biology,* 5:e1000312. 2009.
19. A. M. Huerta et al. RegulonDB: a database on transcriptional regulation in Escherichia coli. *Nucleic Acids Research,* 26(1):55-59. 1998.
20. J. M. Cherry et al. SGD: Saccharomyces genome database. *Nucleic Acids Research,* 26(1):73-79. 1998.
21. T. W. Harris et al. WormBase: a comprehensive resource for nematode research. *Nucleic Acids Research,* 38(suppl1):D463-D467. 2010.
22. M. A. Crosby et al. FlyBase: enhancing Drosophila gene ontology annotations. *Nucleic Acids Research,* 37(suppl1):D555-D559. 2009.
23. A. M. Feist and B. O. Palsson. The growing scope of application of genome-scale metabolic reconstructions using Escherichia coli. *Nature Biotechnology,* 26:659-667. 2008.
24. A. M Feist et al. A genome-scale metabolic reconstruction for Escherichia coli K-12 MG1655 that accounts for 1260 ORFs and thermo dynamic information. *Mol. Syst. Biol,* 3:121. 2007.
25. M. Kanehisa and S. Goto. KEGG: Kyoto Encyclopedia of Genes and Genomes. *Nucleic Acids Research,* 28(1):27-30. 2000.
26. M. Kanehisa et al. KEGG for representation and analysis of molecular networks involving diseases and drugs. *Nucleic Acids Research,* 38:D355-D360. 2010.
27. L. Matthews et al. Reactome knowledgebase of human biological pathways and processes. *Nucleic Acids Research,* 37:D619-D622. 2009.
28. G. D. Bader et al. BIND : The biomolecular interaction network database. *Nucleic Acids Research,* 31(1):248-250. 2003.
29. M. E. Adriaens et al. The public road to high-quality curated biological pathways. *Drug Discovery Today,* 13:856-862. 2008.
30. P. Khatri and S. Drăghici. Ontological analysis of gene expression data: current tools, limitations, and open problems. *Bioinformatics*, 21(18): 3587-3595. 2005.
31. S. Y. Rhee et al. Use and misuse of the gene ontology annotations. *Nature*

Genetics Review, 9:509-515. 2008.7.

32. G. Dennis Jr et al. DAVID : Database for annotation, visualization, and integrated discovery, *Genome Biology,* 4:R60. 2003.
33. Huang et al. Systematic and integrative analysis of large gene lists using DAVID bioinformatics resources, *Nature protocol,* 4(1):44-57. 2009.

chapter 15

시스템의학

시스템생물학은 생명현상을 구성요소간의 복잡한 상호작용에 의한 결과로서 인식하고 그러한 현상을 유발하는 '시스템' 차원의 동작원리를 규명하기 위해 서로 다른 학제간 융합연구를 추구한다. 이러한 시스템생물학의 시각은 지금껏 분자, 세포생물학에 기반을 두고 발전해온 생명과학에 있어서 원인이 되는 단일 인자를 추적해 내려가는 환원주의적(reductionistic) 방식으로부터 벗어나, 복잡한 인체의 기능과 질병이 유발되는 메커니즘을 전체적인(holistic) 시각에서 새롭게 조명하려는 시도로 이어지고 있다[1]. 이와 같이 시스템생물학 접근을 통해 인체의 질병을 보다 근본적으로 이해하고 새로운 치료전략을 발굴하려는 융합적 시도를 시스템의학(systems medicine)이라고 한다. 지금까지 밝혀진 인체내 구성요소는 약 25,000여개의 유전자들(protein-coding gene), 수십만 (또는 최대 2백만에 달할 것으로 추정되는) 종류의 단백질들, 1,000여개의 대사물질들, 그리고 다양한 기능을 수행하는 RNA 분자들이 있으며, 이들은 서로 긴밀한 상호작용을 통해 생체기능을 수행하는 것으로 알려져 있다[2]. 우리 몸에 어떠한 자극(화학물질, 약물, 자외선 등)이 주어지면 인체를 구성하는 생체물질에 변이가 발생하여 기능이상이 유발된다. 이와 같은 생체물질의 이상 발현은 생체물질간 상호작용 네트워크 전반에 영향을 미치게 되고, 이로 인하여 생체기능이 비정상적으로 조절됨으로써 결국 질병이 발생하게 된다. 질병이 발생하면 해당 세포/조직/장기에서 각 생체네트워크에 교란이 일어나고, 질병이 진행됨에 따라 교란된 생체네트워크에 동적 변화가 유발된다(그림 15.1). 시스템의학에서는 이와 같은 생체네트워크의 변형을 모델링하고 분석함으로써 병의 발생과 진행을 결정하는 주요 메커니즘을 전체적으로 이해하고, 이로부터 시스템 차원의 진단마커 및 약물표적을 발굴하는 것을 목표로 한다[3].

그림 15.1

생체네트워크의 비정상적인 변화로 인하여 질병이 발생하는 과정의 예시. 생체 내외부의 다양한 자극에 의해 상호작용체에 교란이 일어나면 유전자, 단백질 등의 생체물질에 돌연변이(황색 노드)가 발생한다. 이로 인하여 특정 생체물질들 간의 상호작용에 이상이 발생하거나 (링크의 변형) 혹은 생체분자의 기능이 억제되어(노드의 변형) 정상 네트워크의 구조에 이상이 생기게 되고 결국 상호작용체가 정상기능을 수행하지 못하게 됨으로써 질병이 발생하게 된다[4].

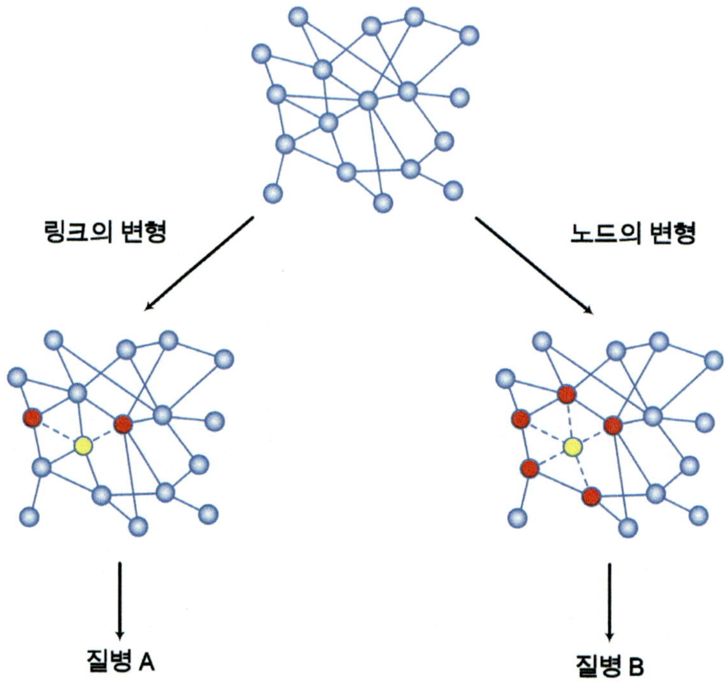

시스템의학의 연구과정을 정리하면 다음과 같다[3]. 우선 (i) 대상이 되는 생명현상으로부터 구체적인 문제를 정의하고, (ii) 문제에 관련된 대규모 데이터와 문헌자료를 수집하여 활용 가능한 형태로 가공, 재생산한다. 그리고 (iii) 이를 바탕으로 문제에 관련된 생명현상을 설명할 수 있는 네트워크를 구축하며[5], (iv) 이로부터 문제에 대한 가설수립 및 실험을 통한 검증 등의 과정을 거치게 된다. 네트워크 구성에 필요한 대규모 데이터로는 DNA 염기서열 분석 등의 유전체 정보, 마이크로어레이 등의 유전자 발현 정보, DNA 메틸화 상태 등의 후생유전학 정보, 질량분석을 이용한 단백질체 정보와 세포내 대사물질과 대사회로를 총체적으로 분석하는 대사체 정보 등이 있다[3].

시스템의학은 신약개발, 질병진단, 치료전략 수립 등 다양한 의약학 분야에 적용이 가능하다[5-8]. 포스트 게놈시대 이후 유전체 분석기술이 발달함에 따라 신규 약물표적 단백질은 매우 빠르게 발굴되고 있다. 그러나 이들의 생물학적 효능과 안전성 평가와 검증에 소요되는 시간과 비용 역시 대폭 증가함에 따라 현재 많은 제약회사들이 신약개발 초기 단계에 다수의 약물표적 단백질 후보군 중 잠재성이 높은 약물표적을 선별하는 기술개발에 집중하고 있다. 시스템의학은 생체시스템의 시뮬레이션 분석을 통해 질병발생에 중요한 역할을 하는 생체신호전달경로와 약물표적을 효율적으로 확인하는 방법을 제공함으로써 신약개발에 소모되는 시간과 비용, 그리고 위험부담을 최소화하는 데 도움을 준다. 이로 인해 최근 화이자(Pfizer)를 비롯한 많은 다국적 제약회사들은 시스템생물학 연구에 큰 투자를 기울이고 있다. 또한 시스템의학은 기존의 환원주의적 관점과 달리 생명현상을 지배하는 동작원리와 질병을 유발하는 병리 현상들의 원인, 그리고 질병의 진행과정을 단일 분자수준에서 벗어나 분자간 상호작용네트워크 수준에서 총체적으로 분석한다. 이를 통해 질병의 원인메커니즘을 근본적으로 이해하고 이를 토대로 질병발생을 예측하며(predictive), 개인맞춤형(personalized) 치료전략을 수립하고, 발병전 예방을 중요시하며(preventive), 환자가 능동적인 주체가 되는(participatory) 개념의 소위 'P4' 의학으로 발전되고 있다.

이 장에서는 생체분자네트워크를 중심으로 시스템의학의 개념을 조망해 본다.

15.1 시스템의학의 소개

15.1.1 기존 의생명과학 접근의 한계와 생체시스템의 창발적 특성에 대한 고찰

생체시스템의 창발적 특성은 구성 요소들 사이의 상호작용에 의해 발생되므로 그러한 상호작용 관계를 파악하는 것이 생명현상과 질병메커니즘을 이해하기 위해 중요하다. 다음의 몇 가지 질문예시를 중심으로 이에 대해 생각해 보자.

첫째, 피부세포와 망막세포는 동일한 유전자를 갖고 있지만 전혀 다른 표현형을 나타내는 이유는 무엇일까? 분자생물학 관점에서 전사(transciption) 및 번역(translation)과정의 차이, 후생유전학적(epigenetic) 차이를 만들어낼 수 있는 여러 단계가 있지만 그 근본적인 원동력은 생체시스템을 구성하는 여러 요소들 사이의 상호작용 관계이다[9]. 그림 15.2는 분자 A와 B가 양성피드백을 형성하는 관계로 연결되어 있는 시스템의 동역학 특성을 보여준다. 순간적인 자극에 의해 A와

그림 15.2

(A) 두 개의 구성 요소 가운데 A가 B를 활성화하고, 활성화된 B가 다시 A를 활성화시키는 양성피드백 구조. (B) 양성피드백구조에 의해 특정 범위의 자극에 대해서는 매우 사소한 입력량의 변화에 의해서도 세포의 상태나 운명에 현저한 차이가 생길 수 있음을 보여주는 입출력 그래프.

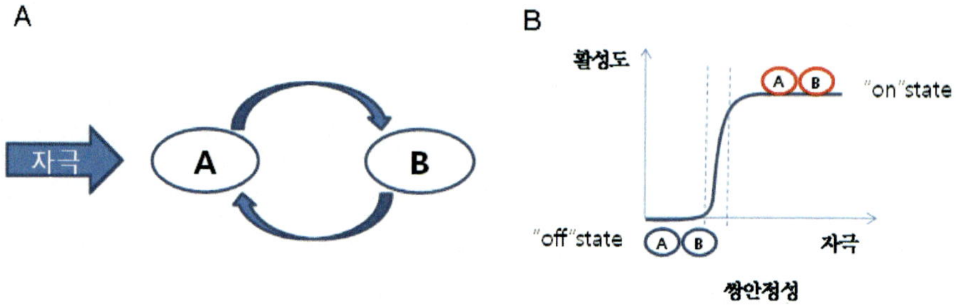

B가 모두 활성화되면 더 이상 자극이 없는 상태에서도 계속 활성화된 상태("on" state)를 유지하고 그렇지 않은 경우에는 지속적으로 불활성화된 상태("off" state)를 유지한다. 이러한 성질을 쌍안정성(bistability)이라고 하는데, 이는 동일한 유전자형과 환경조건에서도 시스템의 속성에 따라 표현형이 달라질 수 있음을 시사한다.

둘째, 세포주기(cell cycle)의 과정에서 'R 체크포인트'를 일단 넘어서면 더 이상 역으로 이행될 수 없는 이유는 무엇일까? 이에 대한 해답도 마찬가지로 세포주기의 조절과 관련된 사이클린(cyclin) 등의 다양한 단백질들 사이에 형성되어 있는 여러 양성피드백과 음성피드백들이 분자조절회로를 구성하는 각 단백질에 역동적인 변화를 유발하기 때문이다[10](그림 15.3).

셋째, 어크(ERK) 단백질이 자극의 종류에 따라 다르게 변화하는 양상도 비슷한 관점에서 설명될 수 있다. 상피성장인자(epidermal growth factor, EGF)에 의해 어크 단백질이 일시적으로 활성화(transient activation)되면 세포가 증식(cell proliferation)하는 반면, 신경성장인자(nerve growth factor, NGF)에 의해 어크 단백질이 지속적으로 활성화(sustained activation)되면 세포가 분화(cell differentiation)한다는 것이 널리 알려져 있다(그림 15.4A). 이러한 현상의 근본 메커니즘을 시스템생물학 관점에서 살펴보면 그림 15.4B로부터 원인을 설명할 수 있다. 즉, 라스(Ras)와 랩1(Rap1)에 의해 매개되는 신호전달경로의 상호작용에 의해 상피성장인자가 주어졌을 때와 신경성장인자가 주어졌을 때 각각 어크 단백질의 일시적 또는 지속적 활성화가 다르게 나타나며 이러한 동역학적 차이가 타겟 유전자를 다르게 결정하는 것이다.

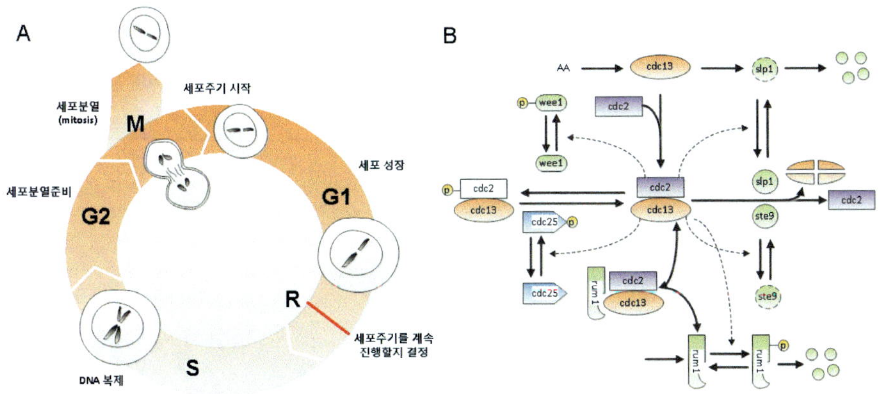

그림 15.3

(A) 세포주기 단계의 모식도. (B) 효모(fission yeast)의 세포주기 조절시스템내 단백질들의 상호작용 관계도[13]

위 예들에서와 같이 기존 의생명과학 연구에서 추구해온 환원주의적 접근으로 이해하기 어려웠던 복잡한 생명현상들에 대해 시스템생물학은 새로운 시각을 제공해준다.

15.1.2 인간 상호작용체

최근 유전체, 단백질체, 대사체 등의 오믹스 분석기술이 급속하게 발달함에 따라 축적되어진 분자상호작용 데이터를 활용한 여러 종류의 생체네트워크가 구축되고 있다. 생체네트워크는 실제 생화학 반응에 기반한 물리적 네트워크와 기능상의 유사관계를 나타내는 기능적 네트워크의 두 가지 종류로 크게 분류될 수 있다. 물리

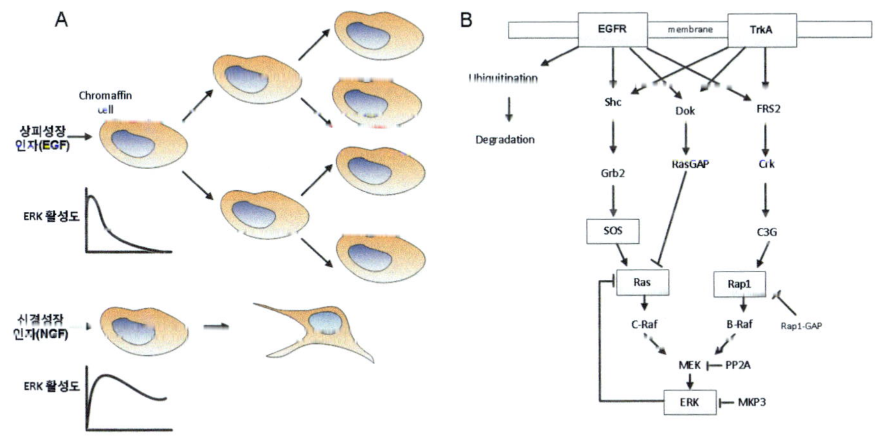

그림 15.4

(A) ERK의 동역학에 따른 세포의 서로 다른 운명 결정 예시[11] (B) EGF와 NGF자극에 따라 ERK의 동역학 차이가 형성되는 신호전달흐름의 개요도[12]

적 네트워크는 구체적인 생화학 상호작용을 나타내며, 그 예로서 단백질 간의 직접적인 결합관계를 나타내는 단백질 상호작용 네트워크(protein-protein interaction network)[14,15], 대사물질과 효소의 작용관계를 나타내는 대사네트워크(metabolic network)[16], 전사인자(transcription factor)와 대상유전자(target gene)의 조절관계를 나타내는 전사조절네트워크(transcription regulatory network)[17] 등이 있다. 기능적 네트워크는 통계적으로 유사한 생물학적 기능을 나타내는 생체분자들간의 관계를 기반으로 구축되며 대표적인 예로서 유사한 유전자 발현양상을 보이는 유전자들간의 상관관계를 반영한 공발현 네트워크(co-expression network)가 있다[18-21].

현재까지의 시스템의학 연구는 대부분 세포내 네트워크(intra-cellular network)를 대상으로 이루어지고 있다[22]. 이는 세포-세포, 조직, 기관 수준에서의 상호작용은 측정 기술의 한계로 인해 규명된 바가 부족하기 때문이다. 이 절에서는 세포내 네트워크를 중심으로 시스템의학의 기초적인 개념과 특성을 소개한다.

15.1.3 질병 네트워크의 특성

현재까지 밝혀진 연구결과들에 따르면 25,000여개의 인간유전자들 가운데 약 10% 정도만이 질병에 관여하는 것으로 알려져 있다. 최근에는 질병유전자의 특성을 네트워크 수준에서 포괄적으로 이해함으로써 질병의 근본 메커니즘을 시스템 차원에서 규명하고자 하는 접근이 대두되고 있다. 그러면 질병유전자들이 과연 어떠한 특성이 있는지, 그리고 시스템의학 연구에서 이러한 특성이 어떻게 활용될 수 있는지 알아보자.

(1) 인체상호작용 네트워크에서 질병유전자의 위상 특성

생체네트워크에 존재하는 소수의 허브(hub)노드들은 연결된 링크수가 상대적으로 적은 대다수의 다른 노드들과는 구분되는 특징적인 생체기능을 수행한다. 예를 들면, 허브단백질은 주로 필수유전자에 의해 암호화되고[23], 허브단백질을 암호화하는 유전자들은 비허브단백질을 암호화하는 유전자에 비해 느리게 진화하는 특징이

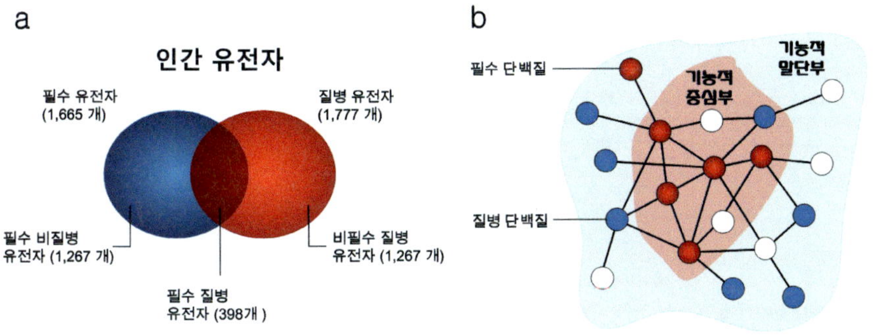

그림 15.5

상호작용체에서 질병유전자와 필수유전자의 위상학적 위치. **(a)** 인체에 존재하는 25,000여개의 유전자들 가운데 2,418개의 유전자들이 질병과 관련된 것으로 알려져 있다. 이 그림은 질병유전자와 필수유전자와의 상관관계를 나타낸다. **(b)** 필수유전자, 비필수유전자, 질병유전자의 위치 상관관계를 도식화한 그림. 대부분의 질병유전자 산물(청색 원)은 생체네트워크의 말단에 위치하는 반면 필수유전자 산물(적색 원)은 생체네트워크의 중추적 기능을 담당한다[29].

있다[24]. 또한 허브단백질을 암호화하는 유전자들의 기능발현에 이상이 생겼을 경우에는 비허브단백질을 암호화하는 유전자들의 기능이 비정상적으로 조절되는 경우에 비하여 표현형질의 변화정도가 크다[19]. 이러한 특징의 발견으로 인해 초기의 질병네트워크 연구는 허브단백질과 질병과의 상관관계를 분석하는 방향으로 전개되었다. 일례로 폐의 편평상피세포암(squamous cell carcinoma of lung)에서 비정상적으로 발현된 유전자 산물의 특성을 분석한 결과, 암에 의해 변이된 346개의 단백질은 변이되지 않은 단백질에 비해 평균적으로 2배 이상 많은 연결링크를 가지는 것으로 알려져 있다[25-28]. 또 다른 연구에서는[29,30] 허브단백질과 질병의 상관관계에 대하여 기존의 연구와는 상반된 새로운 견해가 제시되었다. 이 연구에 따르면 질병유전자는 비허브단백질을 암호화하고 특정 조직에서만 기능을 하는 반면 필수유전자는 허브단백질을 암호화하며 다양한 조직에서 기능을 수행한다. 이는 필수유전자는 생체네트워크에서 기능적 중추를 담당하지만, 질병유전자는 기능적으로 주변부에 자리하고 있음을 의미한다(그림 15.5).

(2) 질병 모듈

일반적으로 상호작용하는 단백질들은 동일한 신호전달경로 상에 위치하며 유사한 생물학적 기능을 수행하는 것으로 알려져 있다[31]. 같은 맥락에서 동일한 질병에 관여하는 단백질들은 유사한 생체기능을 수행하고 긴밀하게 상호작용한다[29]. 이러한 사실로부터 이미 알려진 질병단백질의 이웃노드를 탐색하여 신규 질병단백질을 찾아내고 유사한 질병단백질들의 집합인 질병 모듈을 밝혀냄으로써 질병의 원인

그림 15.6

질병 모듈 탐색 연구의 과정. 질병 모듈 탐색은 구축한 상호작용체 네트워크에 수집한 질병유전자 정보를 대입하여 질병관련 단백질로 이루어진 부분네트워크를 추출하고, 이를 토대로 새로운 질병단백질 후보군을 선정한 후에 기능을 검증하며 적합성을 예측하는 일련의 과정들로 이루어진다.

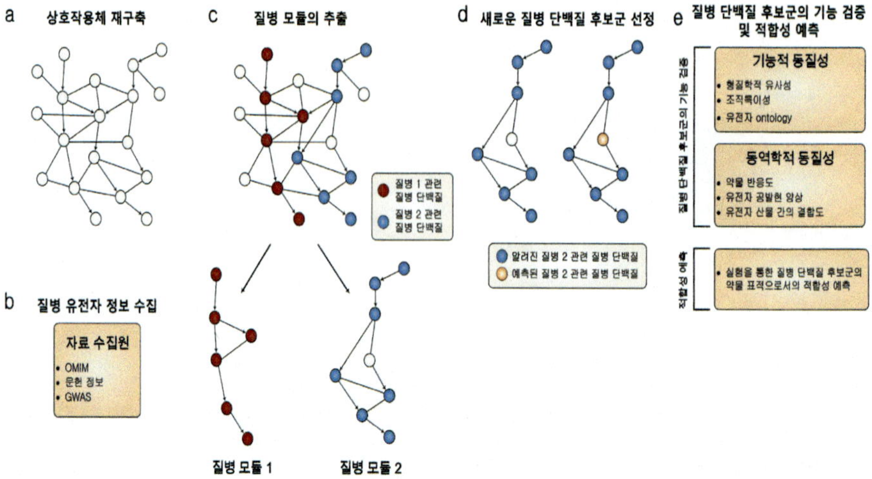

을 총체적으로 이해하려는 시도가 이루어지고 있다. 질병 모듈이란 생체기능이 유사하고 긴밀하게 상호작용하며, 만일 그 기능이 비정상적으로 조절될 경우 동일한 질병을 유발하는 단백질들의 집합을 의미한다. 질병 모듈의 탐색을 통해 신규 질병유전자를 찾아내고 공존질환을 예측할 수 있으며, 생체네트워크의 근본적인 질병메커니즘을 이해할 수 있으므로 시스템의학 연구에 있어서 중요한 접근방식이다.

질병 모듈을 밝혀내고 질병의 원인과 신규 질병유전자를 규명하는 연구는 몇 가지 과정을 거치게 된다(그림 15.6). 우선 기존에 밝혀진 단백질-단백질 상호결합, 대사경로, 신호전달경로, 전사인자-대상유전자 조절관계 등 상호작용체를 통합하여 네트워크를 구축한다. 그리고 전장유전체(whole genome)의 연관성 분석 연구결과 등으로부터 기존에 밝혀진 질병유전자에 관한 정보를 수집한다. 구축된 네트워크에 수집한 질병유전자의 정보를 대입한 후 그들이 형성하는 부분네트워크(sub-network)를 추출한다. 여기서 하나의 질병 부분네트워크는 동일한 질병에 관여하는 단백질들로 구성된다. 서로 다른 질병 부분네트워크들은 질병유전자를 공유하게 되는데, 공유하는 유전자가 많을수록 두 질병 사이의 발현양상(발병기관, 약물반응, 증상 등)이 유사하다. 이들 부분네트워크와 긴밀히 상호작용하거나 부분네트워크에 속한 단백질들 사이의 최단 경로에 위치하고 있는 단백질을 새로운 질병단백질 후보군으로 선정한다. 질병단백질의 후보군 선정이 완료되면 실험을

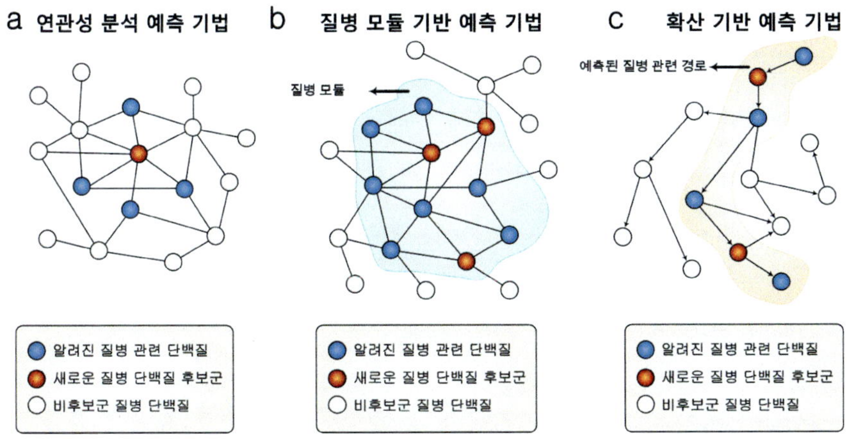

그림 15.7

질병유전자의 후보군을 규명하는 방법론들. **(a)** 연관성 분석 예측기법: 질병유전자의 유전자 산물과 긴밀하게 상호작용하는 다른 유전자와 단백질들은 잠재적인 질병유전자 후보군으로 분류된다. **(b)** 질병 모듈 기반 예측기법: 질병유전자와 동일한 모듈에 속해 있는 유전자들은 잠재적으로 질병유전자일 확률이 높다. **(c)** 확산 기반 예측기법: 질병단백질로부터 일정확률로 무작위 보행(random-walk)을 시작하여 다른 질병단백질에 도달하였을 때 그 최단 경로 상에 위치하는 유전자는 질병유전자일 확률이 높다[2].

통해 그 단백질과 질병 부분네트워크간의 기능적, 동역학적 동질성을 판단하게 되고, 이는 유전자 공발현 정도, 약물반응의 유사성, 이들 유전자 산물의 결합여부 등으로 입증된다. 최종적으로 동물실험, 임상시험 등을 통해 동정된 질병단백질 후보군이 약물표적으로서 적합한지 여부를 판단하게 된다[2].

15.1.4 질병유전자의 예측

신규 질병유전자는 일반적으로 연관지도(linkage mapping) 연구나 전장유전체 연관성분석 연구(genome-wide association study, GWAS)[32]를 통해 발견된다. 두 가지 방법론 모두 다량의 질병유전자 후보군을 선정하기엔 효과적이나 실제 질병유전자로서의 여부를 판단하기에는 적합하지 않다. 최근 잠재적인 질병유전자를 탐색하는 여러 정교한 방법들이 개발되었는데 이들은 운용원리의 관점에서 연관성 분석 예측기법(linkage methods), 질병 모듈 기반 예측기법(disease module identification), 확산 기반 예측기법(diffusion-based methods) 등 크게 세 가지로 분류된다. 이러한 질병유전자 발굴방법에 대하여 상세히 알아보자(그림 15.7).

(1) 연관성 분석 예측기법

연관성 분석 예측기법은 질병단백질과 긴밀하게 상호작용하는 단백질들이 유사한 생체기능을 수행하고 동일한 질병에 관여할 확률이 높다는 사실에 근거한다

[33-36]. 관련 연구에 의하면 특정 질병관련 유전자좌(disease locus)에 존재하는 유전자들 가운데 어떤 유전자 산물이 질병단백질과 결합하는 경우, 그 유전자가 질병유전자일 확률이 타 유전자에 비해 10배 이상 높은 것으로 나타난다[28]. 이러한 사실에 근거하여 과학자들은 중증 복합성 면역결핍 장애(severe combined immunodeficiency, SCID)에 관여하는 새로운 후보군 유전자로서 *JAK3*(Janus Kinase 3)을 선별하였고, 실험을 통해 이를 검증하는데 성공하였다.

(2) 질병 모듈 기반 예측기법

질병 모듈 기반 예측기법은 유전체 정보, 단백질체 정보, 대사체 정보 그리고 생체물질간 상호작용 정보 등 대규모 생물학 데이터를 기반으로 생체네트워크를 구축하고 이로부터 링크수, 클러스터링 계수 등 다양한 네트워크 위상 특성을 분석하여 질병 모듈을 추출한 후, 모듈을 구성하는 다양한 생체분자들의 질병관련성을 판별하는 것이다. 질병 모듈의 분석을 통해 질병유전자 혹은 단백질의 후보군이 선정되면 실험을 통해 이들의 발현양상, 질병관여 정도, 생체기능 등을 검증하여 신규 질병유전자인지를 최종 판단하게 된다. 이 방법론은 다수의 암질환[37-44], 신경질환[45-47], 심혈관계 질환[46, 48], 전신염증[49, 50], 비만[51, 52], 천식[53], 제2형 당뇨[54], 만성피로증후군[55] 등 다양한 범주의 질병 연구에 응용되었다. 테일러(Taylor) 등의 과학자들은[44] 유방선암종에 관련된 단백질 상호작용 모듈을 동정하여 질병의 예후를 예측하는 데 유용한 바이오마커를 제시하였다. 그리고 첸(Chen) 등의 과학자들은[52] 간과 지방조직에서 부분네트워크를 추출하여 비만과 당뇨에 관여하는 신규 유전자를 발견하였다. 이 연구에서는 기존에 제안되었던 비만과 대식세포 관련 물질대사 부분네트워크의 기능적 상관관계를 재확인하였고, 이로부터 *Lpl* (lipoprotein lipase), *Lactb* (beta-lactamase), 그리고 *Ppm1l* (protein phosphatase Mg/Mn dependent 1L) 등 3개의 새로운 비만 관련 유전자를 발견하였다. 또한 질병 모듈 기반 예측기법은 특정 병원균-질병 메커니즘 관계를 설명하는 데에 유용하게 이용되고 있다[56-58].

질병단백질과 결합하는 이웃 단백질들에 관한 정보가 부족한 경우 추가실험을 통해 질병단백질 주위의 상호작용 관계를 밝혀내고 이로부터 생체네트워크를 확장한 후 질병 모듈을 추출하게 된다. 이러한 방법론은 헌팅톤병[59], 척수소뇌성 실조증[60], 유방암[61], 그리고 정신분열병[62] 등의 질병연구에 성공적으로 적용되었다. 림(Lim) 등의 과학자들은[60] 효모단백질 잡종법을 이용하여 기존에 알려진 23개의 척수소뇌성 실조증에 관련된 질병단백질과 상호작용하는 새로운 단백질들을 확인하였고, 이로부터 질병네트워크를 구성한 후 척수소뇌성 실조증 질병 모듈을 동정하였다. 그리고 이 모듈에 속해 있는 퓨라트로핀 1(puratrophin 1)이라는 단백질의 기능발현을 억제한 결과 척수소뇌성 실조증과 유사한 증상이 나타나는 것을 관찰하였으며, 이로부터 퓨라트로핀 1이 척수소뇌성 실조증 발병에 관여한다는 사실을 밝혀냈다.

(3) 확산 기반 예측기법

확산 기반 예측기법은 생체네트워크에 존재하는 질병단백질들 간의 최단경로를 탐색하고 그 최단경로에 위치한 생체물실의 질병관련성을 분석하는 방식이다. 다수의 질병단백질들과 긴밀하게 상호작용하거나 혹은 근접한 거리에 있는 단백질일수록 서로 다른 질병단백질들 간의 최단경로 상에 위치할 확률이 높으며, 이들은 유력한 신규 질병단백질 후보군으로 선정된다. 확산 기반 예측기법은 진성당뇨병으로부터 전립선암, 알츠하이머병에 이르기까지 다양한 범주의 질환과 관련된 질병유전자 혹은 질병단백질을 발견하는데 응용되었다[63, 64]. 나블라카(Navlakha) 등의 과학자들은[65] 연관성 분석 예측기법, 질병 모듈 기반 예측기법 그리고 확산 기반 예측기법의 정확성을 비교하였는데, 동일한 생체네트워크에 각 기법을 적용한 결과 연관성 기반 분석 기법의 예측력이 가장 낮았고, 확산 기반 예측기법의 예측력이 가장 우수한 것으로 나타났다[65].

15.1.5 인간 질병체

생체분자들은 서로 긴밀한 상호작용을 통해 생명을 유지하므로, 생체시스템이 적정 기능을 수행하지 못하는 상태인 질병의 원인이 단일 생체분자에만 기인하는 경우는 매우 드물다. 실제로 인간의 질병 가운데 단일 유전자에 기인하는 질병

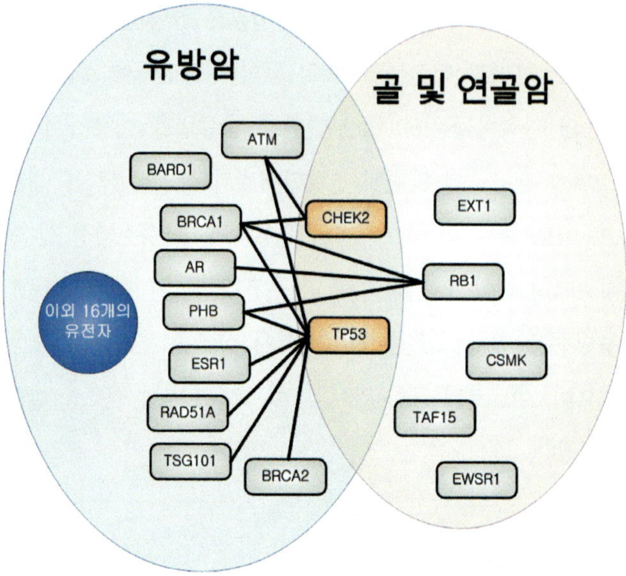

그림 15.8

인간 질병네트워크(HDN). 유방암 발병과 관련된 유전자는 27개, 골수암 발병과 관련된 유전자는 6개이다. 두 질환은 TP53와 CHEK2, 2개의 질병유전자를 공유한다. 서로 다른 두 질환이 질병유전자를 공유하는 경우 링크를 연결하게 되고 이와 같은 방식으로 인간 질병네트워크가 구축된다[29].

(monogenic disease)은 전체 질병의 약 10%에 불과한 것으로 추정되고 있고, 대부분의 질병은 다수의 유전자 혹은 단백질들의 복합적인 작용에 의해 발생되는 복합성 질환(complex disease)에 해당된다. 또한 질병유전자들은 복잡한 상호작용을 통해 여러 질환관련 신호전달경로(disease pathway)의 기능을 비정상적으로 조절함으로써 다수의 질병 발생에 관여한다. 단일 질병유전자에 기인하는 질환들은 병인과 증상, 질병 진행과정, 그리고 예후 등이 유사한 것으로 알려져 있다. 이러한 복합성 질환들 간의 연관성을 포괄적으로 이해하기 위하여 질병체라는 새로운 개념이 도입되었다. 질병체에서 노드는 질병을, 링크는 두 질병 사이의 상관관계를 나타낸다. 질병체 개념을 통해 복합성 질환의 공통된 병인을 규명할 수 있고 또한 다수의 질병을 동시에 치료하는 약물표적을 찾아낼 수 있으며 잠재적인 합병증을 예방하는 새로운 차원의 치료법을 개발할 수 있다. 질병체의 개념과 구성 원리, 그리고 이러한 개념이 질병을 이해하는데 어떻게 적용될 수 있는지 살펴본다.

(1) 공유유전자 기반 질병체

질병체에 대한 한 연구에서는[29] OMIM(Online Mendelian Inheritance in Man) 데이터베이스의 유전자-질병 관계 정보로부터 동일한 질병유전자에 기인하는 여러 질병들을 연결하여 인간 질병네트워크(human disease network, HDN)를 구축하였다. 그리고 전체 인간 질병네트워크에 존재하는 1,284개의 질병 가운데 867개의 질병은 적어도 한 개 이상의 다른 질병과 질병유전자를 공유한다는 사실을 밝혀냈다.

또 다른 질병체에 관한 연구에서는[66] 질병유전자를 공유하는 질병들 사이의 발병률 특징에 대하여 다루었다. 이 연구에서는 환자가 본래 앓고 있던 질병과 질병유전자를 공유하는 질병이 공존이환*하는 경우가 타 질병의 경우보다 평균적으로 2배 이상 높다는 것을 확인하였다(그림 15.8).

(2) 대사경로 기반 질병체

생체물질의 대사반응을 촉매하는 효소에 돌연변이가 발생하면 대사경로 상에 위치한 생체물질의 기능이 비정상적으로 조절되어 질병이 발생할 수 있다. 이에 주목한 한 연구에서는[67] 서로 다른 두 질병에 관여하는 효소들이 동일한 대사경로의 반응을 촉매하는 경우 두 질병의 관계를 연결하는 물질내사 질병네트워크(metabolic disease network, MDN)를 구성하였다. 분석 결과, 이 네트워크에서 상호 연결되어 있는 두 질병 사이에 공존이환하는 확률이 다른 질환들에 비해 1.8배 높은 것으로 나타났다.

(3) 공유 마이크로RNA 기반 질병체

최근 마이크로RNA의 생체내 기능이 점차 규명되어짐에 따라 이를 질병과 연관지어 복합성 질환의 메커니즘을 포괄적으로 이해하려는 시도가 이어지고 있다. 한 연구에서는[68] 동일한 마이크로RNA에 의해 조절되는 질병유전자가 유발하는 질병들을 서로 연결한 마이크로RNA 관련 질병네트워크를 구축하였는데, 이 네트워크를 분석한 결과 유방암, 대장암, 그리고 위암 등의 질환을 유발하는 질병유전자들은 동일한 마이크로RNA의 조절을 받을 확률이 높다는 것이 밝혀졌다.

* 공존이환 : 2개 이상의 질병이 공존하는 것.

15.2 시스템의학과 신약개발

15.2.1 시스템의학과 신약개발

지난 20여년간 신약개발은 질병과 관련된 생체의 각 구성요소를 분해하여 개별적인 기능을 이해하는 환원주의에 기반을 두고 시행되었으나, 이러한 방식으로 진행된 신약개발은 실제 환자를 대상으로 한 임상시험 막바지 단계에서 실패하는 경우가 대부분이었다. 이는 생체분자들 사이의 복합적인 상호작용으로 인하여 예측하지 못한 부작용 혹은 독성 등이 발견되었기 때문이다. 약물이 표적단백질과 결합하면, 그 약효는 단백질들 사이의 긴밀한 상호작용을 통해 생체시스템 전반에 걸쳐 다양한 경로로 파급된다. 또한 약물이 목표한 표적이 아닌 다른 비특이적 표적에 결합하여 작용을 하는 경우 시험관내(*in vitro*) 실험을 통해 평가된 약효가 생체내(*in vivo*) 실험에서는 다르게 나타나는 경우가 빈번히 발생한다. 이러한 생물학적 효능과 안전성에 대한 평가와 검증에 소요되는 시간과 비용이 천문학적으로 증가하면서 여러 제약회사는 신약개발 초기단계에서 효율이 높고 부작용이 적은 약물표적을 동정하는 기술개발에 집중하고 있다. 시스템의학은 질병 발생에 중요한 역할을 하는 생체신호전달경로의 분석과 잠재적 약물표적에 대한 약효를 효율적으로 추정하는 방법 등을 제공함으로써 신약개발에 소요되는 시간과 비용, 그리고 위험부담을 최소화하는데 크게 기여할 수 있다. 이러한 이유로 화이자(Pzifer)를 비롯한 많은 다국적 제약회사들은 시스템생물학 연구에 투자 비중을 늘리고 있으며, 미국을 비롯한 여러 나라의 학계 및 생명공학회사에서는 시스템의학을 이용한 연구를 본격적으로 진행하기에 이르렀다.

시스템의학이 신약개발 과정에 기여하는 바를 정리하면 다음과 같다(그림 15.9). 우선 시스템의학 연구를 통해 이미 생물학적 기능은 규명되었으나 특정 질병과의 상관관계에 대한 정보가 부족했던 생체물질의 질병관련성을 재조명함으로써 약물 표적단백질과 같은 신규 의약목표물을 발굴할 수 있다. 또한 시스템의학은 복잡한 신호전달체계를 총체적으로 분석하여 치료효과가 우수한 동시에 부작용 및 독성이 적은 약물 표적물질을 찾아냄으로써 효과적인 치료전략 수립에 기여할 수

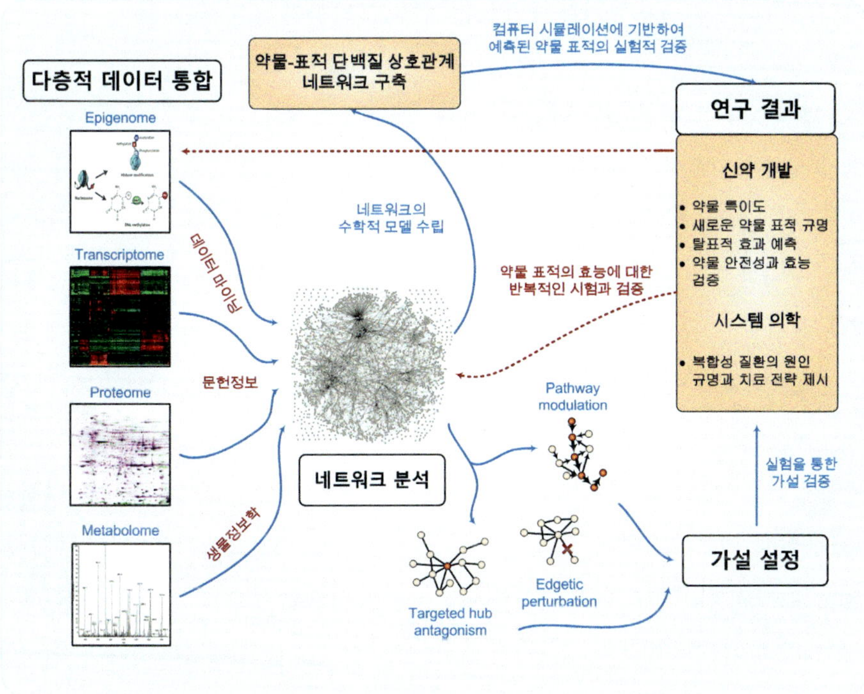

그림 15.9

시스템의학과 신약개발 프로세스의 상호작용 지도. 단백질체, 대사체 등 다양한 종류의 생물학데이터가 집대성되고 이로부터 생체 상호작용네트워크가 구축된다. 컴퓨터시뮬레이션분석에 기반한 생체네트워크의 공학적 분석을 통해 특정 생체물질이 전반적인 생체시스템에 미치는 영향을 예측한다. 이로부터 잠재적으로 활용가능한 신규 약물표적 후보군이 선정되면 실험을 통하여 약물표적으로서의 적합성과 임상에서의 활용가능성을 검증한다.

있다. 다음에는 시스템생물학이 신약개발에 어떻게 응용되고 있고, 향후 제약산업에 어떠한 파급효과를 가져올 것인지에 대해 살펴본다.

(1) 네트워크의 위상 특성 분석을 통한 신약 표적단백질 규명

링크수, 클러스터링 계수, 노드사이의 최단경로와 같은 네트워크의 다양한 위상 특성들은 약물표적으로서의 적합성을 판별하는데 유용하게 활용될 수 있는 지표이다. 무척도(scale-free) 네트워크는 적은 링크수를 가진 대다수의 노드와 많은 링크수를 가진 소수의 허브(hub)노드로 구성된다[69]. 허브노드는 다수의 노드들과 긴밀한 상호작용을 통해 생체 모듈, 신호전달경로의 전반적인 기능발현 등을 조절하고, 외부의 교란으로부터 생체시스템의 항상성을 유지하는데 중요한 역할을 하기 때문에 질병 신호전달경로 상에 존재하는 허브 질병단백질을 표적하여 치료함으로써 광범위한 치료효과를 얻고자하는 연구가 이루어져 왔다. 또한 노드사이의 최단경로, 링크수 및 클러스터링 계수와 같은 다양한 위상 특성들을 바탕으로 특정 노드가 약물표적으로 적합한지를 규명하는 연구도 활발히 진행되고 있다.

(2) 생체 신호전달경로의 약물 표적화

단일 생체물질이 아닌 동일한 신호전달경로, 대사경로 등에 존재하는 일련의 생체물질군을 표적하여 약물 치료효과를 증진하기위한 시도가 이루어지고 있다. 이 전략은 유사한 기능을 가진 다수 단백질들의 작용을 동시에 조절함으로써 시너지 효과를 유발하려는 접근법이다. 이러한 접근법은 ErbB 신호전달경로에 존재하는 여러 단백질들 가운데 최적의 약물표적 조합을 가려내는 데 활용되었다[70]. 쇼벨(Schoeberl) 등의 과학자들은[70] 컴퓨터시뮬레이션을 통해 ErbB 신호전달경로의 동역학 특성을 분석함으로써 ErbB3이 항암제에 대한 내성을 조절하는 주요 단백질임을 규명하였고, ErbB3을 억제하는데 가장 효과적인 약물표적들의 조합을 제안하였다. 그리고 이러한 결과를 단일항체를 이용한 실험을 통해 검증하는데 성공하였다. 위와 같이 질병치료에 최적화된 표적단백질의 조합을 규명하는 연구는 임상의학에서 효과적으로 활용되고 있다.

(3) 다층적 통합네트워크

여러 수준의 오믹스 데이터를 통합하여 하나의 다층적 생체 상호작용네트워크를 구축하고 이를 분석함으로써 단일 수준의 네트워크 분석으로는 밝혀낼 수 없었던 복잡한 생명현상의 원리와 질병 발생기전을 규명하는 새로운 방법론들이 대두되고 있다[71]. 이시(Ishii) 등의 과학자들은[72] 대장균의 전사체, 대사체, 단백질체 등의 생체데이터를 통합하여 다층적 네트워크를 구축한 뒤 이를 분석함으로써 대장균이 약물 등의 외부교란에 반응하는 기전을 단일 수준의 네트워크를 분석하였을 때보다 더 명확하게 설명하였다. 루(Lu) 등의 과학자들도[73] 마찬가지 방식으로 구축된 다층적 통합네트워크를 이용하여 줄기세포의 *Nanog* 유전자 발현을 억제한 후 세포운명이 어떻게 변화하는지 분석한 결과 유전자 번역(translation)과 번역후 조절(post-translational modification)과정이 전사과정보다 세포분화에 더 중요한 역할을 한다는 사실을 입증하였다.

(4) 약물-단백질 상호작용네트워크

미국식품의약국(FDA)의 승인을 받은 약품과 그 약품의 표적단백질의 정보를 바탕으로 구축된 약물-단백질 상호작용네트워크†를 분석함으로써 최근 신약개발 과정의 추세를 파악해볼 수 있다[72]. 일디림(Yildirim) 등의 과학자들에[72] 따르면 대부분의 약물은 이미 검증된 약물표적을 재활용하고 있으며, 질병유전자 혹은 단백질을 직접 표적하는 대신 그것과 상호작용하는 이웃 생체분자들의 기능을 조절함으로써 간접적인 질병치료 효과를 거두는 것으로 알려져 있다. 그러나 1996년 이전과 그 이후에 개발된 약물들의 특징을 비교한 결과, 1996년 이후 개발된 신약은 그 이전에 비해 질병 단백질을 직접 표적하는 확률이 높은 것으로 나타났다. 이와 같이 약물-단백질 상호작용네트워크를 구축하여 약물-약물, 약물-질병의 관계를 통합적으로 분석함으로써 기존 약물의 특성을 규명하고 신규약물을 개발하는데 시스템의학이 큰 기여를 할 수 있다.

(5) 시스템차원의 효과적인 치료전략 제시

세포내 신호전달경로(signal transduction pathway)는 세포내부의 단백질간 동역학적 상호작용네트워크를 형성한다. 그런데 생체 내·외부의 교란으로 인해 세포내 신호전달네트워크가 비정상적으로 작동하여 신호흐름의 항상성이 붕괴되면 악성종양과 같은 치명적인 질병이 유발된다. 신호전달네트워크는 매우 복잡한 구조를 이루고 있을 뿐 아니라, 그 네트워크의 구성요소들도 시공간적으로 변화하기 때문에 복합성 질환의 원인을 규명하고 치료전략을 수립하기 위해서는 세포 신호전달네트워크의 동역학적 특성을 분석하고 이로부터 질병의 진행에 따른 네트워크 상태(network state)의 변화양상을 예측하는 것이 필수적이다. 따라서 복합성 질환을 대상으로 하는 신약개발은 전체 시스템의 동역학 상태변이를 분석하고 이를 종합적으로 고려한 표적에 초점을 맞추어야 한다.

네트워크의 동역학 특성을 분석하여 복합성 질환의 치료법을 개발하는 연구는,

† 약물-단백질 상호작용네트워크 : 동일한 단백질표적을 공유하는 약물들 사이의 상호작용 관계를 나타내는 약물-약물 네트워크와 동일한 약물에 의해서 표적되는 단백질들 사이의 상호작용 관계를 나타내는 표적단백질-표적단백질 네트워크로 구성된다.

먼저 실험을 통해 측정된 유전자, 단백질의 활성도 등에 대한 정량적 데이터를 기반으로 생체네트워크의 수학모델을 수립하고, 이에 대한 컴퓨터시뮬레이션 분석을 수행함으로써 이루어진다. 이러한 접근법을 통해 암세포의 네트워크상태와 상태끌개를 분석하여 질병의 진행을 예방하고 생체시스템을 질병상태에서 정상상태로 이행하도록 조절하는 핵심 생체요소를 규명하는 등 네트워크의 동역학적 상태를 표적하여 복합성 질환의 효과적인 치료법을 개발하는 연구들이 진행되고 있다[74, 75].

질병세포의 행동(cell behavior), 즉 질병세포내 네트워크 상태의 변화양상을 정확히 예측하기 위해서는 항암제 등과 같은 다양한 종류의 외부교란에 대해 세포가 어떠한 시공간적인 변화양상과 동역학적인 특성을 나타내는지 이해해야 한다. 최근 한 연구에서는[76] 임상에서 사용되는 다양한 치료제를 유방암세포에 처치한 후 세포내 네트워크의 동역학적 변화를 측정하고 이를 네트워크 모델에 기반한 컴퓨터시뮬레이션 분석을 통해 삼중음성유방암세포(triple negative breast cancer cell)를 사멸시키는데 효과적인 시간의존적(time-dependent), 그리고 순서의존적(order-dependent)인 치료제 조합방식을 찾아내었다(그림 15.10). 이 연구를 수행한 과학자들은 상피성장인자수용체 저해제(epidermal growth factor receptor inhibitor)인 에로티닙(erlotinib)을 사용한 후 4시간 뒤에 DNA 손상약물(DNA-damaging agent)인 독소루비신(doxorubicin)을 사용하는 것이 삼중음성유방암을 가장 효과적으로 치료하는 전략임을 시뮬레이션을 통하여 예측하였고 이를 다양한 실험을 통해 검증하였다. 그리고 상피성장인자수용체(epidermal growth factor receptor, EGFR) 등과 같은 단일 생체요소가 아닌 생체시스템을 구성하는 네트워크의 전반적인 활성도가 암 치료전략의 표지요소임을 밝혀내어 네트워크 수준의 바이오마커가 필요함을 보여주었다. 이 연구는 시스템의학 분야에서 여러 가지로 큰 의미를 가진다. 우선 이 연구는 키나아제 억제제(kinase inhibitor)와 같은 약물이 세포에 주입되었을 때 세포내 네트워크가 재구성(network rewiring)됨을, 즉 약물에 반응하는 생체네트워크가 고정적이 아니며 매우 역동적임을 입증하였다. 그리고 복합성 질병을 치료할 때, 질병상태의 네트워크를 정상상

** 삼중음성유방암세포 : 에스트로겐 수용체 (ER), 프로게스테론 수용체 (PR) 그리고 HER2 수용체가 발현되지 않는 유방암의 한 종류로서 예후가 타 종류에 비해 안좋음.

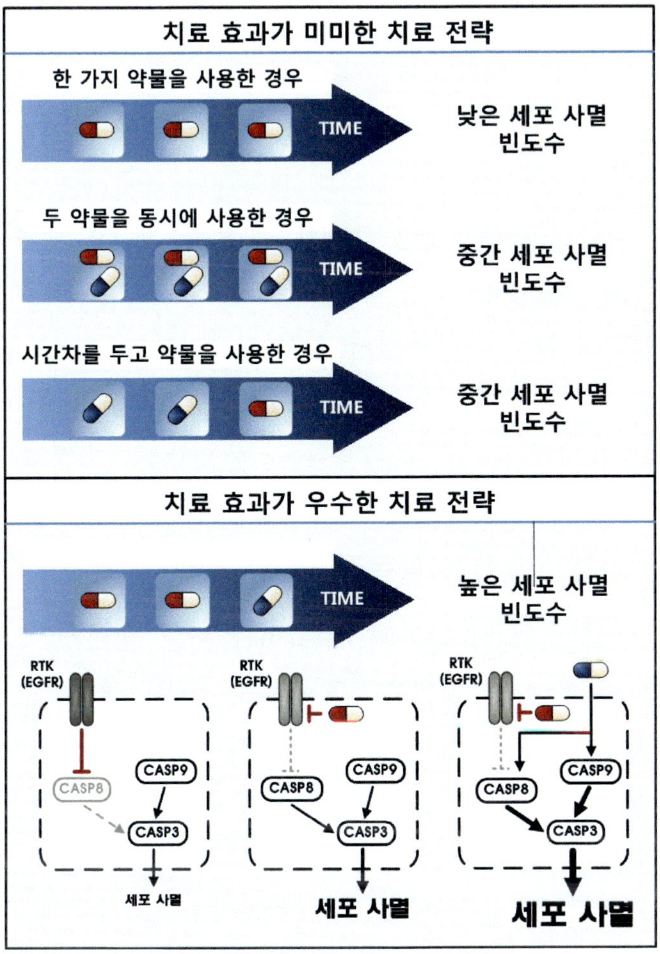

그림 15.10

삼중음성 유방암 세포에 에로티닙(erlotinib)(적색 약)을 처치한 후 일정시간이 경과한 뒤 독소루비신(doxorubicin)(청색 약)을 사용한 경우 에로티닙을 단독(위), 혹은 에로티닙과 독소루비신을 동시에 사용한 경우(중간), 그리고 독소루비신을 처리한 후 일정시간이 경과한 뒤 에로티닙을 사용한 경우(아래)보다 암세포를 가장 효과적으로 사멸시키는 것으로 밝혀졌다[76].

태의 네트워크로 이행하도록 조절하기 위해 서로 다른 약물을 조합함에 있어서 약물을 투여하는 순서와 투여 시간 등이 반드시 고려되어야 한다는 것을 정량적으로 밝혀냈다.

15.2.2 시스템의학이 제약산업에 미치는 파급효과

제약산업에서는 "약물탐색 → 전임상 → 임상 → 승인"의 단계별로 표준화된 신약 개발 과정을 거친다. 이러한 단계들 가운데 전임상, 임상, 승인 과정은 특히 잘 표준화되어 있어서 기술혁신의 요소가 매우 적으며 차별적인 경쟁력을 확보하기 어려운 과정이다. 따라서 제약산업의 기술혁신은 약물 후보물질을 탐색하는 단계에서 이루어져야 한다. 이러한 약물 후보물질의 발굴은 무작위 검색(random screening)과 설계에 기반한 발굴(discovery by design)로부터 메커니즘에 기반한 합리적 약물 설계(mechanism-based rational drug design)의 방식으로 발전하고 있다[77]§. 시스템의학은 생체시스템의 동작원리를 포괄적으로 분석함으로써 질병 발생에 결정적으로 관여하는 생체신호전달경로의 동정법과 약물표적의 저해효능을 효율적으로 확인하는 방법을 제공함으로써 제약기술의 혁신에 중요한 역할을 담당하고 있다[78]. 또한 시스템의학은 약물독성예측(predictive toxicology)과 신약재창출(drug repurposing) 등의 영역에도 큰 영향을 미칠 것으로 예견된다.

15.2.3 시스템의학과 약물독성 예측

제약산업이 극복해야 할 중요한 과제 가운데 하나는 약물개발 초기단계에 약물표적물의 잠재적 효능과 부작용 발생가능성을 예측하는 것이다. 생체에는 유사한 구조를 가진 단백질들이 많기 때문에 약물이 당초 목표로 한 표적이 아닌 다른 비특이적 표적에 결합하여 예상하지 못한 부작용을 낳을 수 있다. 또한 설사 약물과 약물표적 간의 특정한 결합이 이루어지더라도 약물의 부작용은 발생할 수 있는데 이는 표적 단백질과 이웃 단백질간의 긴밀한 상호작용을 통해 약효가 생체시스템 전반으로 확장되어 다양한 경로로 파급됨으로써, 약물효능이 사전에 예측하지 못했던 방향으로 작용할 수 있기 때문이다. 이러한 이유로 다국적 제약회사들은 약물이 의도된 효능만을 보일 수 있도록 다양한 생화학적 경로를 네트워크 수준에서 포괄적으로 분석하여, 특정 노드의 활성화를 억제하였을 때 발생 가능한 생체시스템의 변화

§ '무작위 검색'은 약물표적이 인체에서 병을 일으키는 기전에 대한 생화학적, 생리학적 분석이 없는 상태에서 화합물의 효과를 평가하여 신약을 개발하는 방식을 의미한다. '설계에 기반한 발굴'은 질병의 발생원인과 약물의 작용기전에 대한 생리학적, 생화학적 이해에 근거하여 보다 체계적이고 합리적인 방식으로 약물 후보물질을 발견하는 방식이다. 무작위 검색과의 차이점은 약물이 인체 내로 들어와 어떤 작용을 함으로써 질병을 치료하는지에 대한 이해를 기반으로 한다는 것이다. 그러나 설계에 기반한 발굴은 약물표적의 기하학적 구조를 정확히 알지 못하고 구조-활성 단계를 추적하기 때문에 '준합리적(semi-rational) 약물설계'라고도 한다. 이에 비하여 '합리적 약물설계'는 X-선 결정학을 이용하여 약물표적의 기하학적 구조를 정확하게 알아낸 후 컴퓨터를 이용해서 여기에 적합한 분자구조를 설계하는 것을 일컫는다.

를 예측하고 이로부터 유용한 약물표적 후보군을 선정하는 기술을 집중적으로 개발하고 있다. 화이자(Pfizer)는 불리언(Boolean) 모형화에 기반을 둔 사전 약물독성 평가방법과 약물처치 시 발생하는 간 손상을 예측하는 세포 영상기법을 개발하였다[79]. 그 밖에도 특정 화합물을 단백질에 처치하였을 때 네트워크에서 나타나는 물리적, 기능적 변화를 고려하여 약물의 독성을 예측하고 잠재적으로 부작용이 발생할 가능성이 높은 인체내 단백질을 선별하는 연구가 활발히 진행중이다[80]. 그러나 현재까지 개발된 대부분의 독성모델은 정성적 분석에 그치고 있어서 약물의 용량에 따른 생체효과를 예측하는데 근본적인 한계가 있기 때문에 정확한 독성평가를 위해서는 정량적인 실험데이터에 기반한 시스템독성 연구가 요구된다.

15.2.4 시스템의학과 신약재창출

신약개발이 한계에 부딪치면서 이미 임상에 사용되고 있는 다양한 종류의 약물들 가운데 본래의 사용목적이외에 다른 질병 치료에 적합한 약효를 가진 약물을 발굴하여 본연의 용도를 대체해서 사용하는 신약재창출(drug repositioning) 연구의 중요성이 대두되고 있다. 현재 전 세계적으로 임상에 사용되는 약물은 약 10,000여가지로 알려져 있으며, 이 중 3,000여가지의 유효성분¶이 미국식품의약국에 의해 승인된 약물들이다. 신약재창출 연구의 가장 큰 장점은 신약개발 연구가 가지는 위험부담 요인을 크게 감소시킨다는 점이다. 이미 임상에서 쓰이고 있는 약물들은 장기간에 걸쳐 인체에 사용되어져 왔으므로 독성 안정성이 이미 검증되었고 그 외 부작용이나 약물대사 등 임상에 적용하기 위해 필요한 정보들도 누적되어 있다. 신약재창출을 위한 일련의 연구과정은 안전성, 효능, 생체이용률‡, 제조공정 등에서 이미 검증된 약물들을 주후보군으로 삼아 진행되기 때문에 임상시험 과정에 걸리는 시간과 비용을 크게 절약할 수 있다[81].

탈리도마이드는 가장 극적인 신약재창출의 사례로 꼽힌다[82]. 1953년 독일 제약회사 그뤼네탈(Grunenthal GmbH)이 임산부의 입덧억제제 및 수면제로 처음

¶ 유효성분: 의약품의 효능 · 효과를 발현하는 물질의 주성분
‡ 생체이용률: 약물 또는 기타물질 투여시 표적조직에서 이용되는 효율.

개발한 탈리도마이드는 각종 동물실험에서 부작용이 거의 드러나지 않았기 때문에 '부작용 없는 기적의 약'으로 선전되었다. 출시 초기에는 독일과 영국에서 주로 사용되다가 곧 50여개 나라에서 사용되었을 정도로 판매량이 급증하였다. 그러나 1960년부터 1961년 사이에 이 약을 복용한 임산부들이 기형아를 출산하면서 위험성이 드러나 판매가 중지되었고 그 원인을 조사한 결과 탈리도마이드가 태아에게 영양분을 공급하는 혈관 생성을 억제하여 심각한 태아 기형을 유발한다는 사실이 보고되었다. 이후 탈리도마이드는 시판이 중지되었고 의약품의 약효와 안전성에 대한 새로운 인식이 강하게 대두되었으며 약물의 안전성에 대한 기준을 재정립하는 계기가 되었다. 그러나 탈리도마이드가 입덧뿐만 아니라 세포내 신생혈관 형성에 관여하는 TGF-알파 신호전달경로와 표적결합하여 암세포의 성장을 억제하는 효능이 있다는 것이 밝혀져 미국식품의약국은 다발성골수종 치료에 탈리도마이드를 제한적으로 사용하도록 승인하였다. 이와 같이 임상에서 효과가 불충분하여 실패한 약물 또는 시판하고 있는 의약을 재평가하여 새로운 약효를 개발하는 방법을 신약 재창출이라고 한다. 시스템의학은 질병 발생에 중요한 역할을 하는 생체 신호전달 경로간 상호작용(cross-talk)을 밝혀냄으로써 약물의 새로운 기능을 규명하는데 기여하고 있다(그림 15.11). 후속연구를 통해 탈리도마이드가 쥐, 닭 등 실험동물에서는 부작용을 유발하지 않는 것이 인간과 동물 사이의 특정 대사경로 차이 때문이라는 사실이 밝혀졌다. 최근에는 실험동물과 인간 사이의 단일 분자 수준을 뛰어넘는 네트워크 수준의 차이를 분석함으로써 동물실험에서는 나타나지 않으나 인간을 대상으로 한 임상시험에서 발생할 수 있는 약물의 잠재적 부작용을 예측하는 약물계통유전체학(pharmacophylogenomics) 연구가 활발히 진행되고 있다.

15.2.5 시스템의학과 P4의학

현재의 의학은 '예측적' 또는 '예방적' 이라기보다 '수동적'이고 '대응적'인 특성을 지니고 있다. 질병이 발생한 이후에야 적극적인 진단과 치료에 나서는 대응적이고 수동적인 모형인 것이다. 대응적 모형의 의료서비스는 인구집단에서 특정 질병이 발생한 확률은 알 수 있으나, 그 중 어느 특정 개인에게 해당 질병이 발생할지는

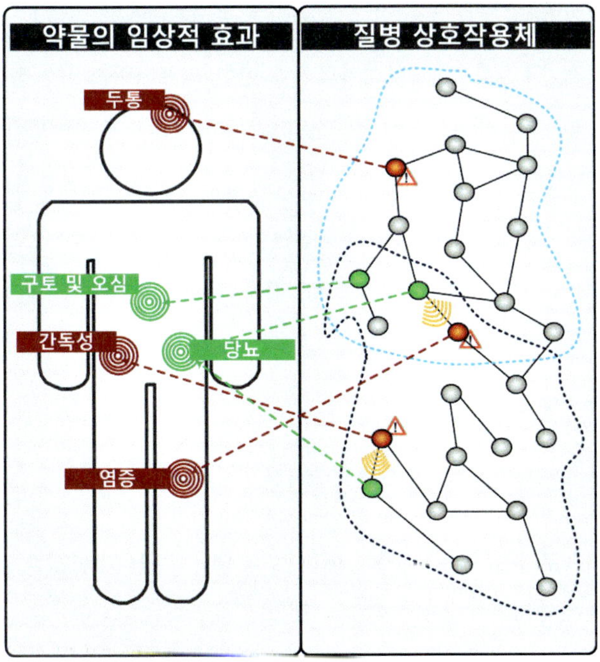

그림 15.11

시스템의학을 활용한 약물의 독성 평가와 신약재창출. 당뇨 질환네트워크(진청색)와 구토 및 오심 질환네트워크(하늘색)는 질환 특이적 약물표적(녹색 노드)과 정상기능이 억제된 경우 부작용을 유발하는 단백질(적색 노드)을 다수 포함하고 있다. 시스템의학은 신약개발 과정 초기에 부작용 발생가능성이 낮은 약물표적을 찾아내고 질환 네트워크간 경계에 위치한 생체분자의 약리학적 안전성을 예측함으로써 신약재창출을 가능하게 한다[77].

알 수 없다. 따라서 집단적 예방이나 의료수요 예측은 가능하지만 개인별 맞춤화된 예측과 예방은 불가능하다. 인간게놈프로젝트 이후 차세대 시퀀싱기술이 발전함에 따라 개인 유전자 해독에 소요되는 시간과 비용이 크게 감소하면서 의료의 패러다임이 급변하고 있다.

P4의학은 미국 시애틀에 위치한 시스템생물학연구소(Institute for Systems Biology)의 설립자인 후드(Hood) 박사가 제창한 미래 의학의 모습이다. 여기서 P4는 'Predictive', 'Preventive', 'Personalized', 그리고 'Participatory'의 4개 'P'를 의미하며 이는 '예측', '예방', '맞춤형', '능동적 참여' 의학으로서 각각 해석될 수 있다. 예방적 의학은 건강한 사람을 대상으로 유전적 요인이나 환경적 영향을 미리 확인해 가능한 조기에 병을 예방하고자 하는 것이다. 예측의학은 이미 치료를 받은 환자를 대상으로 유전자, 조직검사, 임상소견을 종합해 그 예후를 예측함으로써 향후 치료에 도움이 될 수 있도록 하는 것이다. 맞춤의학은 개별 유전체를 분석함으로써 치료효과의 유무와 치료에 따른 독성발생 유무를 미리 분석하고 개별환자에게 최적화된 치료를 구현하고자 하는 것이다. 그리고, 참여의학은 치료의 중심을

질병에서 환자로 전환하고, 환자가 능동적인 주체가 되는 개념이다. 이는 개개인의 상세한 생물학적, 유전적 정보 분석자료에 기반한 의료서비스라는 점에서 인구집단 기반의 '평균' 개념에 바탕을 둔 전통적인 의료서비스보다 진일보한 개념으로 볼 수 있다[83]. 시스템의학은 개인별 유전자 특성을 분석하여 질병치료에 효과적인 개인 특이적 약물표적을 제안하고, 질병진단에 효율적인 다중 바이오마커를 규명함으로써 P4의학 구현에 기여하고 있다[84]. 다음 절에는 P4의학 가운데 하나인 맞춤의학에 대해 좀 더 상세히 알아본다.

15.3 시스템생물학과 맞춤의학

의학은 전통적으로 표준화된 지침에 따라 수행되어져 왔다. 이러한 지침들은 역학적인 증거 및 임상연구와 같은 근거중심의학(evidence-based medicine)을 기반으로 한 지식에 의존한다. 그러나 전통적인 임상연구의 기반인 무작위 연구(large randomized studies)의 목표는 평균적인 인구집단에 대해 최적화된 치료법을 개발하는 것으로서 각 개개인에 최적화된 치료법은 아니다. 즉, 많은 환자들은 자신에게 최적화된 치료가 아닌 집단 평균에 의거한 표준화된 치료를 받게 됨으로서 치료효과의 변이가 클 뿐만 아니라 부작용에 시달릴 가능성이 늘 상존한다. 특히 암의 경우, 같은 종류의 암이라고 하더라도 환자 개인마다 암이 유발된 유전적 변이가 천차만별이고, 그에 따라 암의 진행속도나 약물에 대한 반응이 매우 다르다. 따라서 각 환자별 암세포의 유전자 프로파일을 파악하고 그에 따른 맞춤치료를 해야 할 필요성이 제기되고 있다.

집단의 평균 환자를 가정하는 현대 의학의 한계에도 불구하고, 임상의사가 되기 위해 받는 교육은 전통적으로 환자의 증상, 징후, 검사결과를 토대로 개별 환자에 적합한 맞춤치료를 하는 것이었다. 이러한 증상, 징후는 일종의 표현형으로 간주될 수 있는데, 지금까지 여러 연구를 통해 그러한 표현형은 개별 세포의 분자구성에 따라 결정된다는 것이 밝혀졌다. 그러나 분자구성은 DNA 염기서열로부터 염색체 구조에 이르기까지 매우 복잡할 뿐만 아니라, 세포는 조직, 기관, 개체 내에서 서로 상호작용하므로 그 복잡도는 한층 더 증가된다. 세포내 분자네트워크의 복잡성은 개별 세포들이 외부자극을 받아들이고, 세포 자신이 장시간 생존(long-term survival)하는 데 있어서 유연한 대처를 할 수 있도록 한다. 시스템생물학은 생체의 이러한 복잡한 구조를 시뮬레이션할 수 있는 예측모델을 도출하고 분자수준에서 개별 환자에 이르는 여러 정보를 통합함으로써 맞춤치료를 구현할 수 있는 유용한 도구를 제공할 것으로 기대된다[85].

15.3.1 암세포의 복잡성과 맞춤치료의 필요성

종양학에서는 종양에 내재하는 유전자의 불안정성으로 인해 시스템이 더욱 복잡한 구조를 띠는 것으로 알려져 있다. 종양이 발생하는 시점에는 DNA 손상 복구체계가 변화하여 미세환경의 변화가 촉발되고, 불균질한 미세환경이 만들어진다[86]. 그리고 종양세포와 미세환경 사이에는 복잡한 상호작용이 존재하는데 이 과정에 종양세포를 비롯한 내피세포(endothelial cell), 기질세포(stromal cell), 염증세포(inflammatory cell) 등이 관련된다[87,88]. 따라서 하나의 종양덩어리 내부에 존재하는 개별 세포시스템을 완벽히 밝혀낸다 하더라도 다른 세포시스템들이 동일하게 작동할 것으로 간주할 수 없으며 공간적인 위치에 따라 변화가 생길 수도 있다.

종양유전체(cancer genome)의 염기서열을 분석하면 종양시스템 전체에서 나타나는 유전자 및 특정 종양에서만 빈번하게 사용되는 유전자를 밝혀낼 수 있다[89,90]. 그러나 종양에서는 유전체 자체가 불안정하고, 끊임없이 미세환경이 변화하기 때문에 유전자를 표적으로 하는 치료전략을 수립하는 데 어려움이 따른다. 시스템생물학은 세포시스템과 미세환경의 상호작용을 모델링하고, 악성표현형(malignant phenotype)과 연관된 주요 네트워크를 밝혀냄으로써 문제해결에 중추적인 역할을 할 것으로 기대된다. 이를 위해 개인의 유전체, 단백질체, 전사체 데이터와 같은 대용량의 다중적 데이터를 통합적으로 해석함으로써 개인별 표현형(phenotype)의 차이를 설명할 수 있는 다입력(multi-input), 다출력(multi-output) 생체모델링 도구와 플랫폼이 필요하다. 특히 동일한 종양임에도 불구하고 환자에 따라 다른 유전자 변이를 가질 수 있기 때문에 개인별 차이를 반영할 수

그림 15.12

종양의 유전체, 전사체, 단백체 정보 등을 통합함으로써 개별 종양에 특이적인 분자상호작용 네트워크를 구성할 수 있다.

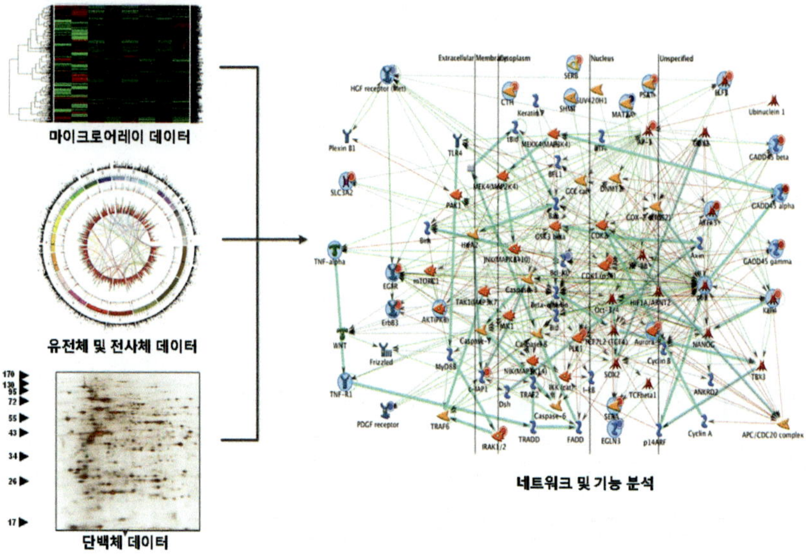

있는 모델의 필요성은 더욱 중요하게 부각되고 있다(그림 15.12).

종양치료에 있어서 정상세포와 암세포를 구분하지 못하는 기존의 세포독성치료(cytotoxic therapy)에서 개별 종양에 특이적으로 발현되는 분자를 목표로 하는 표적치료(targeted therapy)로 중심축이 이동함에 따라 이들 표적치료제의 효과를 예측하고 분석하는 연구가 중요하게 대두되고 있다. 모델링 관점에서 표적치료는 암세포의 신호전달네트워크를 구성하는 단백질 활성에 대한 섭동(perturbation)으로 해석될 수 있는데, 기본적으로 모든 생물시스템은 외부 섭동에 대해 항상성을 유지할 수 있는 어느 정도의 강건성(robustness)을 지니고 있기 때문에 시스템의 동역학 분석이 필요하다. 이러한 분석을 통해 개인별 표적치료제의 작용 메커니즘을 이해하고, 시스템 차원에서 해석함으로써 표적치료 약물에 대한 효능(drug efficacy)을 사전에 예측하여 내성(resistance)을 극복할 수 있도록 접근하면 개인 맞춤형 치료에 더욱 근접할 수 있다.

15.3.2 생체표지자 발굴을 위한 시스템생물학의 역할

생체표지자(biomarker)란 질병의 진행이나 치료효과를 예측하거나 진단하는데 사용되는 객관적으로 측정가능한 생물학적 표지자(DNA, RNA, 단백질 혹은 대사물질 등)를 의미한다. 이상적인 생체표지자는 질병 발생 전에 이를 예측할 수 있거나, 질병을 초기에 진단하거나, 질병의 진단 당시 그 예후를 알아낼 수 있거나, 질병에 적합한 치료를 제시할 수 있거나, 질병 조직에서 표적의 변화를 추적할 수 있거나, 임상반응(효능 및 독성)을 모니터링할 수 있어야 한다.

질병관리의 측면에서 임상에 유용하게 사용되는 질병표지자의 예를 살펴보면 다음과 같다. (1) 유방암 혹은 난소암의 가족력이 있는 환자에서 세포내 *BRCA1/BRCA2* 유전자의 돌연변이#를 검사해 종양발생의 고위험군을 선별하고, 예방적 수술을 통해 발병 이전에 예방할 수 있다[91]. (2) 전립선 특이항원(Prostate Specific Antigen, PSA)##을 측정하는 것은 전립선암의 조기진단에 도움을 주고 있다[92]. (3) 간세포의 사이토크롬 P450효소(cytochrome P450 enzyme)는 그 형태(isoform)에 따라 약물 대사과정에 다르게 관여하여 환자가 처방받은 약물에 어떻게 반응할 것인지를 결정한다[93,94]. (4) UGT1A1의 특정 형태(isoform)는 이리노테칸(irinotecan) 약물독성과 관련된 것으로 알려져 있다[95]. 이러한 유선사 검사를 통해 특정 환자의 위험도를 미리 평가함으로써 개별 환자에 맞는 치료를 수행할 수 있다.

시스템생물학을 응용하여 잠재적인 단백질 표지자를 찾아낼 수 있다. 이는 정상조직과 질환조직에서 유전체 수준의 마이크로어레이 실험결과를 비교함으로써 가능하다. 일예로, 중피종(mesothelioma) 환자에서 정상조직과 중피종 조직의 유전자 발현정도를 비교 분석하여 침습적인 종양에서 증가하는 혈장단백질인 오스테오폰틴(osteopontin, OPN)을 발견한 바 있다[96,97].

생체표지자는 질병이 발견되는 시점에 정확한 진단과 예후를 제공하기 위해 사용되기도 한다. 유방암에서는 여러 개의 표지자를 동시에 검사하고 특정 유전자 발현의 양상을 확인하여 수술 후 재발 가능성이 높은 고위험군을 찾아낼 수 있다[98,99]. 시스템생물학은 이러한 측면에서 다양한 데이터를 표준화(standardiza-

BRCA1/BRCA2 : 이 유전자에 돌연변이가 있으면 유방암 및 난소암의 발병위험도가 증가하는 것으로 알려져 있다.

전립선 특이항원 : 전립선암의 표지자로서 질환의 스크리닝(screening), 예후(prognosis), 경과관찰(monitoring), 재발평가(recurrence)에 모두 사용된다.

그림 15.13
Ras-Raf-MEK-ERK 경로와 PI3K-AKT 경로를 포함하는 수학모델의 회로도[110]

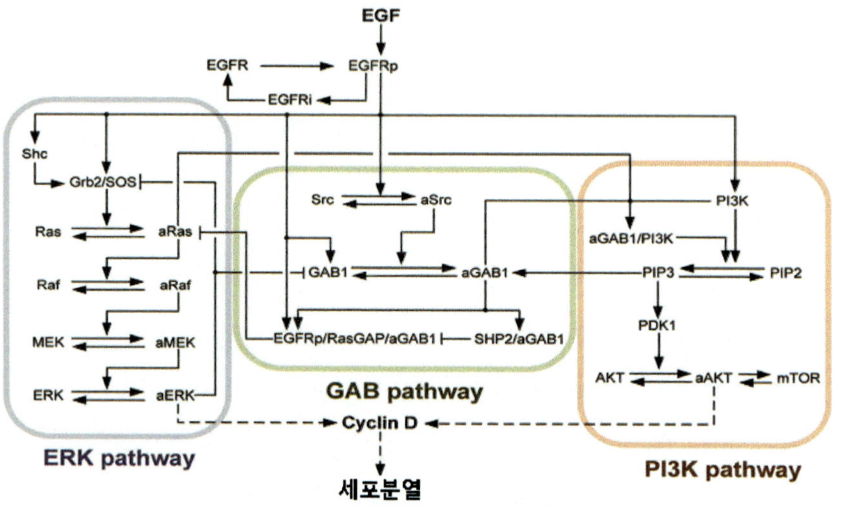

tion)하고, 대규모 분석을 수행하여 네트워크에 기반한 판별을 통해 진단의 최적화를 도모할 수 있다[100].

적절한 치료를 선택하는 단계에서도 생체표지자는 유용한 지표가 된다. 만성 골수성 백혈병의 치료제로서 활성화된 ABL 키나제(kinase)를 표적으로 하는 이마티닙(imatinib, 상품명: 글리벡)이 개발되었다[101]. 하지만 이후 이마티닙에 내성을 지닌 종양이 보고되었는데 그 기전은 신호전달네트워크에서 ABL 키나제의 하단부에 돌연변이가 발생하여 ABL 키나제가 소용없는 조건이 형성된 것이었다[101]. 다른 표적치료제에서도 비슷한 결과들이 나타났는데, 이러한 현상은 네트워크를 중첩성(redundancy)과 강건성(robustness) 측면에서 분석함으로써 예측 가능한 것이었다[102]. 다음에는 내성 발생기전에 대한 시스템생물학 연구의 한 예를 살펴보도록 하겠다.

15.3.3 표적항암제에 대한 반응예측과 내성기전 연구의 예

앞에서 설명한 이마티닙 이외에도 수많은 종류의 표적항암제가 개발되어 실제 임상에서 사용되고 있다. 그러나 이들 가운데 대부분은 예상과 달리 치료효과가 제한적이거나 궁극적으로 내성이 발생하게 된다.

$$\frac{d[Ras\_GTP]}{dt}=\begin{cases}\frac{Kcat33\times[Ras\_GDP]\times([Rp\_GS]+[Rp\_pShc\_GS]+[mGABp\_GS]+[mGABp\_pSHP2\_GS])}{km33+[Ras\_GDP]}\\-\frac{Kcat34\times[Ras\_GTP]\times([bRasGAP]+[mGABp\_RasGAP]+[Rp\_RasGAP])}{Km34+[Ras\_GTP]}\end{cases}$$

$$\frac{d[aaRaf]}{dt}=\frac{Kcat36\times[aSrc]\times[aRaf]}{Km36+[aRaf]}-\frac{Kcat37\times[aaRaf]\times[PKA]}{Km37+[aaRaf]}-alpha37\times[aaRaf]\times([pAkt]+[ppAkt])$$

$$\frac{d[ppMEK]}{dt}=\frac{Kcat38\times[aaRaf]\times[MEK]}{Km38+[MEK]}-\frac{V\max 39\times[ppMEK]}{Km39+[ppMEK]}$$

$$\frac{d[ppERK]}{dt}=\frac{Kcat41\times[pERK]\times[ppMEK]}{Km41+[pERK]+[ERK]\times Km41/Km42}-\frac{V\max 42\times[ppERK]}{Km42+[ppERK]+[pERK]\times Km42/Km43}$$

그림 15.14

그림 15.13의 신호전달네트워크에 대한 미분방정식 모델의 예시. 전체 수학모델은 이와 같은 58개의 방정식들과 136개의 파라메터들로 구성된다[110].

예를 들어 MEK저해제는 암 신호전달경로들 중에서 Ras-Raf-MEK-ERK 경로를 차단하여 암세포의 증식과 생존을 억제하는 중요한 역할을 하지만 Raf에 변이가 있는 일부 종양에서만 효과가 있는 것으로 알려졌고[103,104], 어느 정도 효과를 보이더라도 일정기간 후에는 내성이 발생한다[105-107]. MEK저해제가 신호전달체계에 미치는 영향을 알아보고 내성 발생기전을 이해하기 위해 필자의 연구팀은 Ras-Raf-MEK-ERK 경로와 PI3K-AKT 경로를 포함하는 신호전달경로 네트워크를 구성하고(그림 15.13) 상미분방정식을 이용하여 수학모델을 구축하였다(그림 15.14)[110].

이 수학모델을 이용하여 MEK저해제 투여 후 발생하는 변화를 시뮬레이션하면 MEK저해제에 의해 ERK활성도는 떨어지지만 AKT활성도가 뚜렷하게 증가하고, 그 정도는 BRAF변이가 있을 경우 가장 크다는 것을 알 수 있다. 한편 BRAF변이를 갖는 흑색종 세포주(BRAF-mutant melanoma cell line)에서 AKT활성화를 억제하는 PI3K저해제와 MEK저해제를 병용 투여하면 효능은 증가하고 내성은 감소하는 것으로 예측되었다. 이는 MEK저해제에 대한 내성이 ERK의 활성화가 차단되어도 AKT가 활성화됨으로써 세포 전체적으로 생존신호(survival signal)가 증가하기 때문이다. 이러한 결과는 실제 암세포주를 이용한 실험으로 검증되었다(그림 15.15). 이 연구로부터 MEK저해제를 통해 시스템에 가한 섭동(perturbation)으로 인해 이전에는 활성화되어 있지 않던 신호경로(redundant pathway)를 활성화시키는 신호흐름의 재편성(signal flux reorganization)이 일어남을 알 수 있다. 이는 시스템의 강건성(robustness)을 유지하는 원동력이며 표적치료제에 대한 내성으로 이어진다. 따라서 이를 미리 예상하고 방지하는 것이 맞춤 항암치료의 성공

그림 15.15

정립된 수학모델의 컴퓨터시뮬레이션(A)과 실험결과(B)의 비교. BRAF의 변이가 있는 경우 특히 MEK저해제에 의해 AKT가 상대적으로 활성화되는 경향을 보인다. (C) 단일세포를 이용한 분자영상실험으로 세포내 분자농도를 정량적으로 측정하였다[110].

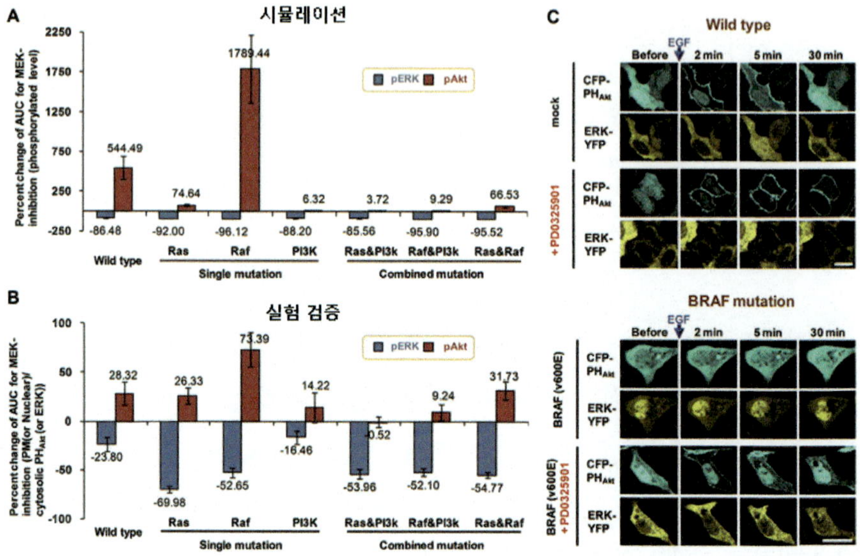

에 매우 중요한 열쇠가 된다. 수학모델을 이용한 시뮬레이션과 생화학 실험의 융합적 접근은 표적치료에 대한 효능을 예측하고 최적의 병용요법(combination therapy)에 다가설 수 있는 새로운 접근법이다.

15.4 시스템의학의 미래

분자, 세포생물학에 기반을 둔 현대의 생명과학은 각 구성요소를 분해하여 개별적인 기능을 분석하는 환원주의적인 방식으로 발전해왔다. 그리고 이러한 방식은 특정 생체물질, 혹은 단일 신호전달경로의 기능과 특성을 규명하는데 효과적이었다. 그러나 인체는 수많은 유전자와 단백질들, 그리고 그 밖의 많은 다양한 생체 구성요소들이 서로 긴밀하게 상호작용하며 생명현상을 만들어내기 때문에 생체기능의 운용원리를 규명하기 위해서는 복잡한 생명현상을 시스템 수준에서 총체적으로 분석하고 내재된 상호작용 메커니즘을 포괄적으로 이해해야만 한다.

수많은 변인들의 연결고리를 찾아내고 이들을 연결함으로써 질병에 대한 근원적인 이해와 치료를 추구하는 것이 시스템의학의 궁극적인 목적이다. 시스템의학은 생체 내 각 유전자와 단백질의 활동을 서로 연결하여 생명현상을 통합적으로 이해하고 연구하는 새로운 융합생명과학인 것이다. 정비공이 배선도에 대한 전체적인 이해 없이 자동차의 복잡한 전자제어장치를 수리할 수 없듯이 질병을 근본적으로 치료하기 위해서는 상호작용으로 복잡하게 얽혀있는 세포내 분자조절네트워크를 총체적으로 이해해야만 한다. 시스템의학은 인체를 전일적인 관점에서 바라보고 인간의 건강과 질병에 대한 새로운 관점을 제시한다. 시스템의학은 분자조절네트워크의 분석을 통해 인체 시스템을 해석함으로써 질병 발생시 생체분자들의 변화와 연계하여 질병의 예후를 예측하고, 환자를 정상상태로 되돌리기 위한 최적의 약물 표적 정보를 제공할 수 있다[82].

시스템의학 연구를 통해 신약개발 과정에서 수반되는 무분별한 실험동물의 희생을 방지할 수 있을 뿐 아니라, 약물의 치료기전과 발생가능한 부작용을 컴퓨터시뮬레이션을 통해 사전에 예측함으로써, 통상 15년 이상 소요되는 신약개발기간을 대폭 줄이고 막대한 비용과 노력을 절감할 수 있다. 또한 암과 같은 난치성 질환의 생체내 확산경로를 다각적으로 예측할 수 있으며, 그에 따른 최적의 치료법은 물론 각종 환경오염이나 급격한 기후변화에 대한 생체 적응과정을 체계적으로 예측하여 대응정보를 얻는 등 생물학 · 의학 산업에 커다란 기술혁신을 가져올 수 있다. 이 때문에 미국, 일본, 영국, 캐나다 등 여러 선진국에서는 이미 관련된 연구소를 설립하였거나 많은 연구팀을 육성하고 집중적인 투자를 기울이고 있으며, 하버드대학교처럼 시스템생물학과를 독자적으로 창설해 고급인력 양성에 박차를 가하는 등 미래를 위해 적극적인 대응을 하고 있다.

바야흐로 현대의 과학은 융합학문의 시대이며 국가적으로도 IT, BT, NT 등 핵심기술의 융합연구를 적극 육성하고 있다. 특히 생명과학은 21세기의 중심 학문으로서 여타 학문들이 접근하여 수렴하는(converging) 학문이 되었다. 따라서 다양한 분야를 이해하고 이질적인 자료를 통합적으로 분석하는 일은 연구개발 및 산업발전의 가장 중요한 부분이 될 것이다. 이러한 측면에서 시스템의학의 경제적, 사회적 파급효과는 매우 크다. 특히 한 개인의 게놈지도를 1주일 내에 100만원 이하의 비용으로 얻을 수 있는 개인유전체 시대가 곧 도래할 것으로 예상되고 있고, 이런 시기가 되면 유전체 서열과 질병의 연관성을 대규모로 규명함으로써 새로운 방식의 신약개발, 질병진단, 맞춤처방 및 치료 등이 가능할 것으로 예상된다. 이는 현재의 생명과학, 의학, 약학에 일대 혁신을 가져올 것으로 전망된다. 그러한 과정에서 가장 핵심적인 역할을 담당할 분야가 시스템의학이다.

연 습 문 제

15.1 시스템의학의 연구과정을 서술하라.

15.2 잠재적 질병유전자를 탐색하기 위한 방법 3가지를 간략히 서술하시오.

15.3 시스템생물학이 개인맞춤의학의 어떤 부분에 기여할 수 있을지 구체적으로 서술하시오.

참 고 문 헌

1. L. Hood and R. M. Perlmutter. The impact of systems approaches on biological problems in drug discovery. *Nature Biotechnology*. 22:1215-1217. 2004.
2. A. L. Barabasi, N. Gulbahce and J. Loscalzo. Network medicine: a network-based approach to human disease. *Nature Reviews Genetics,* 12:56-68. 2011.
3. 김종민, 황대희. Systems Biology를 통한 맞춤형 예방 의학. 생화학·분자생물학 소식지, 14(4):31-36. 2007.
4. Wang et al., Network-based methods for human disease gene prediction. *Briefings in Functional Genomics*. 10(5):280-293. 2011.
5. D. Hwang et al., A data integration methodology for systems biology. *Proc. Natl Acad. Sci. USA*. 102:17296-17301. 2005.
6. N. S. Baliga et al., Systems level insights into the stress response to UV radiation in the halophilic archaeon Halobacterium NRC-1. *Genome Research* 14:1025-1035. 2004.
7. B. Lin et al., Evidence for the presence of disease-perturbed networks in prostate cancer cells by genomic and proteomic analyses: a systems approach to disease. *Cancer Research*. 65:3081-3091. 2005.
8. J. M. Stuart et al., A gene-coexpression network for global discovery of conserved genetic modules. *Science*. 302(5643):249-255. 2003.
9. Vidal, M. A unifying view of 21st century systems biology. *FEBS Lett*. 583:3891-3894. 2009.
10. Ciliberto, A et al., Mathematical model of the morphogenesis checkpoint in budding yeast. *J Cell Biol*. 163:1243-1254. 2003.
11. Marshall, C.J. Specificity of receptor tyrosine kinase signaling: transient versus sustained extracellularsignal-regulated kinase activation. *Cell*. 80:179-185. 1995.
12. Sasagawa, S et al., Prediction and validation of the distinct dynamics of transient and sustained ERK activation. *Nat Cell Biol*. 7:365-373. 2005.
13. Tyson J.J et al., Network dynamics and cell physiology. *Nat Rev Mol Cell Biol*. 2:908-916. 2001.
14. Rual et al., Towards a proteome-scale map of the human protein-protein interaction network. *Nature*. 437:1173-1178. 2005.
15. U. Stelzl et al., A human protein-protein interaction network. *Cell*.

122(6):957-968. 2005.

16. H. Jeong et al., The large-scale organization of metabolic networks. *Nature.* 407:651-654. 2000.

17. P. Carcini et al., The transcriptional landscape of mammlian genomes. *Science.* 309(5740):1559-1563. 2005.

18. A. R. Joyce and B. Palsson. The model organism as a system: integrating 'omics' data sets. *Nature Reviews Molecular Cell Biology.* 7:198-210. 2006.

19. H. Yu et al., High-quality binary protein interaction map of the yeast interactome network. *Science.* 322(5898):104-110. 2008.

20. K. Venkatesan et al., An empirical framework for binary interactome mapping. *Nature Methods.* 6:83-90. 2008.

21. A. S. Schwartz et al., Cost-effective strategies for completing the interactome. *Nature Methods.* 6:55-61. 2009.

22. D. C. Kirouac et al., Dynamic interaction networks in a hierarchically organized tissue. *Mol. Syst. Biol.* 6:417. 2010.

23. H. Jeong et al., Lethality and centrality in protein networks. *Nature.* 411:41-42. 2001.

24. H. B. Fraser et al., Evolutionary rate in the protein interaction network. *Science.* 296(5568):750-752. 2002.

25. S. Wachi, K. Yoneda and R. Wu. Interactome-transcriptome analysis reveals the high centrality of genes differentially expressed in lung cancer tissues. *Bioinformatics.* 21(23):104-110. 2005.

26. P. F. Jonsson and P. A. Bates, Global topological features of cancer proteins in the human interactome. *Bioinformatics.* 22(18):2291-2297. 2006.

27. J. Amberger et al., McKusick's Online Mendelian Inheritance in Man. *Nucleic Acids Research.* 37:D793-D796. 2009.

28. J. Xu and Y. Li. Discovering disease-genes by topological features in human protein-protein interaction network. *Bioinformatics.* 22(22):2800-2805. 2006.

29. Goh et al., The human disease network. *Proc. Natl Acad. Sci. USA.* 104(21):8685-8690. 2007.

30. I. Feldman, A. Rzhetsky and D. Vitkup. Network properties of genes harboring inherited disease mutations. *Proc. Natl Acad. Sci. USA.* 105(11):4323-4328. 2008

31. L. H. Hartwell et al., From molecular to modular cell biology. *Nature.* 402:C47-C52. 1999.

32. J. N. Hirschhorn et al., Genomewide association studies¬illuminating biologic

pathways. *N. Engl. J. Med.* 360:1699-1701. 2009.

33. M. Oti et al., Predicting disease genes using protein-protein interactions. *Journal of Medical Genetics.* 43:691-698. 2006.
34. M. Krauthammer et al., Molecular triangulation: Bridging linkage and molecular-network information for identifying candidate genes in Alzheimer's disease. *Proc. Natl. Acad. Sci. USA.* 101(42):15148-15153. 2004.
35. L. Franke et al., Reconstruction of a functional human gene network, with an application for prioritizing positional candidate genes. *Am. J. Hum. Genet.* 78(6):1011-1025. 2006.
36. I. Iossifov et al., Genetic-linkage mapping of complex hereditary disorders to a whole-genome molecular-interaction network. *Genome Research.* 18:1150-1162. 2008.
37. Lee et al., Analysis of AML genes in dysregulated molecular networks. *BMC bioinformatics.* 10:S2. 2009.
38. N. Bonifaci et al., Biological processes, properties, and molecular wiring diagrams of candidate low-penetrance breast cancer susceptibility genes. *BMC Medical Genomics.* 1:62. 2008.
39. L. M. Heiser et al., Integrated analysis of breast cancer cell lines reveals unique signaling pathways. *Genome Biology.* 10(3):R31. 2009.
40. R. K. Nibbe et al., Discovery and scoring of protein interaction subnetworks discriminative of late stage human colon cancer. *Mol. Cell. Proteomics.* 8:827-845. 2009.
41. W. Chang et al., Identification of novel hub genes associated with liver metastasis of gastric cancer. *Int. J. Cancer.* 125(12):2844-2853. 2009.
42. Z. Dezso et al., Identifying disease-specific genes based on their topological significance in protein networks. *BMC systems biology.* 3:36. 2009.
43. A. Ergun et al., A network biology approach to prostate cancer. *Mol. Syst. Biol.* 3:82. 2007.
44. I. W. Talor et al., Dynamic modularity in protein interaction networks predicts breast cancer outcome. *Nature Biotechnology.* 27:199-204. 2009.
45. L. B. Moran and M. B. Graeber. Towards a pathway definition of Parkinson's disease: a complex disorder with links to cancer, diabetes and inflammation. *Neurogenetics.* 9(1):1-13. 2008.
46. M. Ray, J. Ruan and W. Zhang. Variations in the transcriptome of Alzheimer's disease reveal molecular networks involved in cardiovascular diseases. *Genome*

Biology. 9:R148. 2008.

47. D. Hwang et al., A systems approach to prion disease. *Mol. Syst. Biol.* 5:252. 2009.
48. C. E. Wheelock et al., Systems biology approaches and pathway tools for investigating cardiovascular disease. *Mol. Biosyst.* 5:588-602. 2009.
49. S. E. Calvano et al., A network-based analysis of systemic inflammation. *Nature.* 437:1032-1037. 2005.
50. D. Iliopoulos et al., Integrative microRNA and proteomic approaches identify novel osteoarthritis genes and their collaborative metabolic and inflammatory networks. *PLoS ONE.* 3(11):e3740. 2008.
51. R. Dobrin et al., Multi-tissue coexpression networks reveal unexpected subnetworks associated with disease. *Genome Biology.* 10:R55. 2009.
52. Y. Chen et al., Variations in DNA elucidate molecular networks that cause disease. *Nature.* 452: 429-435. 2008.
53. S. Hwang et al., A protein interaction network associated with asthma. *J. Theor. Biol.* 252(4):722-731. 2008.
54. M. Liu et al., Network-based analysis of affected processes in type 2 diabetes models. *PLoS Genet.* 3(6):e96. 2007.
55. A. Presson et al., Integrated weighted gene co-expression network analysis with an application to chronic fatigue syndrome. *BMC Syst. Biol.* 2:95. 2008.
56. P. Uetz et al., Herpesviral protein networks and their interaction with the human proteome. *Science.* 311(5758):239-242. 2006.
57. M. A. Calderwood et al., Epstein-Barr virus and virus human protein interaction maps. *Proc. Natl. Acad. Sci. USA.* 104(18):7606-7611. 2007.
58. A. Bordbar et al., Insight into human alveolar macrophage and M. tuberculosis interactions via metabolic reconstructions. *Mol. Syst. Biol.* 6:422. 2010.
59. H. Goehler et al., A protein interaction network links GIT1, and enhancer of huntington aggregation, to Huntington's disease. *Mol. Cell.* 15:853-865. 2004.
60. J. Lim et al., A Protein-protein interaction network for human inherited ataxias and disorders of Purkinje cell degeneration. *Cell.* 125(4):801-814. 2006.
61. M. A. Pujana et al, Network modeling links breast cancer susceptibility and centrosome dysfuntion. *Nature Genetics.* 39:1338-1349. 2007.
62. L. M. Camargo et al., Disrupted in Schizophrenia 1 Interactome: evidence for the close connectivity of risk genes and a potential synaptic basis for schizophrenia. *Mol. Psychiatry.* 12:74-86. 2007.

63. S. Kohler et al., Walking the interactome for prioritization of candidate disease genes. *Am. J. Hum. Genet.* 82(4):949-958. 2008.

64. O. Vanunu et al., Associating genes and protein complexes with disease via network propagation. *PLoS Comput. Biol.* 6(1):e1000641. 2010.

65. S. Navlakha and C. Kingsford. The power of protein interaction networks for associating genes with disease. *Bioinformatics.* 26(8):1057-1063. 2010.

66. J. Park et al., The impact of cellular networks on disease comorbidity. *Mol. Syst. Biol.* 5:262. 2009.

67. D. S. Lee et al., The implications of human metabolic network topology for disease comorbidity. *Proc. Natl. Acad. Sci. USA.* 105(29):9880-9885. 2008.

68. M. Lu et al., An analysis of human microRNA and disease associations. *PLoS ONE.* 3(10):e3420. 2008.

69. R. Albert, H, Jeong and A, L. Barabasi. Error and attack tolerance of complex networks. *Nature.* 406:378-382. 2008.

70. B. Schoeberl et al., Therapeutically Targeting ErbB3: A Key Node in Ligand-Induced Activation of the ErbB Receptor-PI3K Axis, *Science Signaling.* 2(77):ra31 2009.

71. N. Ishii et al., Multiple high-throughput analyses monitor the response of E. coli to perturbations. *Science.* 316(5824):539-597. 2007.

72. M. A. Yildirim et al., Drug-target network. *Nature Biotechnology.* 25(10):1119-1126. 2007.

73. R. Lu et al., Systems-level dynamics of fate change in murine embryonic stem cells. *Nature.* 462:358-362. 2009.

74. J. Erler and R. Linding. Network-based drugs and biomarkers. *J. Pathol.* 220:290-296. 2009.

75. T. Pawson and R. Linding. Network medicine. *FEBS letters.* 582:1266-1270. 2008.

76. Lee et al., Sequential application of anticancer drugs enhances cell death by rewiring apoptotic signaling networks. *Cell.* 149:780-794. 2012.

77. A. Pujol et al., Unveiling the role of network and systems biology in drug discovery. *Trends in Pharmacological Sciences.* 31(3):115-123. 2010.

78. A. Henney and G. Superti-Furga. A network solution. *Nature.* 455:730-731. 2008.

79. J. Saez-Rodriguez et al., Flexible informatics for linking experimental data to mathematical models via DataRail. *Bioinformatics.* 24(6):840-847. 2008.

80. G. Apic et al., Illuminating drug discovery with biological pathways. *FEBS letters.*

579(8):1872-1877. 2005.

81. M. S. Boguski et al.,. Drug discovery: Repurposing with a difference. *Science*. 324(5933):1394-1395. 2009.

82. D. K. Arrell et al., A Pharmacoproteommics: advancing the efficacy and safety of regenerative therapeutics. *Clin. Pharmacol. Ther.* 82:316-319. 2007.

83. 한국 학술 협의회 외, 우리 학문이 가야할 길, 아카넷, 2010.

84. L. Hood et al., Revoultionizing medicine in the 21st century through systems approach, *Biotechnol. J.*, 1-10, 2012.

85. van der Greef J et al., The art and practice of Systems Biology in medicine: mapping pattern of relationsships. *J Proteome Res.* 6(4):1540-1559. 2007.

86. Wang E et al., Cancer Systems BIology: Exploring cancer-associated genes on cellular network. *Cell Mol Life Sci.* 64(14):1752-1762. 2007.

87. Hanahan D, Weinberg RA. The hallmarks of cancer. *Cell;* 100:57-70. 2000.

88. Webb CP, Vande Woude GF. Genes that regulate metastasis and angiogenesis. *J Neurooncol* 50(1-2):71-87. 2000.

89. Balakrishnan A et al., Novel somatic and germline mutations in cancer candidate genes in glioblastoma, melanoma, and pancreatic carcinoma. *Cancer Res* 67(8):3545-50. 2007.

90. Sjoblom T et al., The consensus coding sequences of human breast and colorectal cancers. *Science* 314(5797):268-274. 2006

91. Nusbaum R, Isaacs C. Management updates for women with a BRCA1 or BRCA2 mutation. *Mol Diagn Ther* 11(3):133–44. 2007.

92. Thompson IM, Ankerst DP. Prostate-specific antigen in the early detection of prostate cancer. *Cmaj* 176(13):1853–1858. 2007.

93. Daly AK. Individualized drug therapy. *Curr Opin Drug Discov Devel* 10(1):29–36. 2007

94. de Leon J et al, TheAmpliChip CYP450 genotyping test: Integrating a new clinical tool. *Mol Diagn Ther* 10(3):135–151. 2006.

95. Marsh S. Impact of pharmacogenomics on clinical practice in oncology. *Mol Diagn Ther* 11(2):79 82. 2007.

96. Webb CP, Pass HI. Translation research: from accurate diagnosis to appropriate treatment. *J Transl Med* 2(1):35. 2004.

97. Pass HI. et al, Asbestos exposure, pleural mesothelioma, and serum osteopontin levels. *N Engl J Med* 353(15):1564–1573. 2005.

98. Miller LD, Liu ET. Expression genomics in breast cancer research: microarrays

at the crossroads of biology and medicine. *Breast Cancer Res* 9(2):206. 2007.

99. Kaklamani VG, Gradishar WJ. Gene expression in breast cancer. *Curr Treat Options Oncol* 7(2):123–128. 2006.
100. Rhodes DR et al, Molecular concepts analyzes links tumors, pathways, mechanisms, and drugs. *Neoplasia* 9(5):443–454. 2007.
101. Hochhaus A. et al, Resistance to targeted therapy in chronic myelogenous leukemia. *Semin Hematol* 44(1 Suppl 1):S15–24. 2007.
102. Bublil EM, Yarden Y. The EGF receptor family: spearheading amerger of signaling and therapeutics. *Curr Opin Cell Biol* 19(2):124–134. 2007.
103. Solit, D.B. et al, BRAF mutation predicts sensitivity to MEK inhibition. *Nature* 439:358-362. 2006.
104. Wickenden, J.A. et al, Colorectal cancer cells with the BRAF(V600E) mutation are addicted to the ERK1/2 pathway for growth factor-independent survival and repression of BIM. *Oncogene* 27:7150-7161. 2008.
105. Corcoran, R.B. et al, BRAF gene amplification can promote acquired resistance to MEK inhibitors in cancer cells harboring the BRAF V600E mutation. *Sci Signal* 3(149):ra84. 2010.
106. Emery, C.M. et al, MEK1 mutations confer resistance to MEK and B-RAF inhibition. *Proc Natl Acad Sci USA* 106(48):20411-20416. 2009.
107. Nazarian, R. et al, Melanomas acquire resistance to B-RAF(V600E) inhibition by RTK or N-RAS upregulation. *Nature* 468:973-977. 2010.
108. Won, J.-K. et al, The crossregulation between ERK and PI3K signaling pathways determines the tumoricidal efficacy of MEK inhibitor. *J Mol Cell Biol* 4(3):153-163. 2012.

chapter 16

시스템생물학의 미래

시스템생물학에 대한 사회의 기대는 단연 질병극복에 관한 것이다. 이는 지금까지 의생명과학의 접근이 주로 단일 유발인자(유전자, 단백질 등)로부터 특정 질병의 발생을 선형적으로 연결하고자 하였던 시도의 실패와 반성에 기인하기도 한다. 인간유전체 프로젝트가 종료되고 첫 휴먼게놈지도의 초안이 발표된 후 10여년이 지난 시점에 〈사이언스〉지의 편집총론으로 게재된 "유전체만으론 부족하다(Genome is not enough)"란 기사에서, 유전체 서열 정보를 모두 알더라도 실제 많은 질병에 대한 우리의 이해는 달라질 것이 별로 없다는 충격적 메시지가 시사하는 바는 사실상 시스템생물학 관점에서 이미 예고된 것이었다. 이와 유사한 지적은 공학잡지인 〈미국전기전자공학회 회로 및 시스템 매거진 (IEEE Circuits and Systems Magazine)〉의 생명과학특집호(2012년)에서도 찾아볼 수 있다. 이 잡지의 기사에서는 가까운 미래에 많은 사람들이 기대하는 휴먼게놈 1천불이하의 시대가 도래하더라도 그렇게 얻어진 데이터로부터 유익한 정보를 찾기 위해서는 또다시 그 수만배에 달하는 비용을 치러야 할 것이며, 어떤 신약이 통계적으로 환자 5%에게 효능이 있다는 것보다 과연 그 5%를 어떻게 구분해낼 것인가가 중요하다는 논의로부터 시스템생물학의 중요성을 강조하고 있다. 사실 단일 유전자의 발현 이상만으로 유발되는 멘델리안 유전질환은 극히 일부이며 대부분의 질병은 이와 같이 단일 유전자 또는 단백질의 기능 이상으로 설명하기 어려운, 소위 복잡계 질환이다. 중요한 것은 특정 분자가 아닌 다수 분자들의 조절네트워크에 문제의 원인이 있다는 것이다. 즉, 모든 유전자나 단백질들은 이러한 거대 네트워크의 한 구성요소일 뿐이며 어떤 특정 요소에 이상이 발생하더라도 대부분의 경우 네트워크의 적응조절기능에 의해 우회경로를 통하여 정상 동작이 가능하다. 따라서 생명현상의 조절과 질병발생은 단일 인자 차원이 아니라 여러 조절인자들의 복잡한 네트워크 관점에서 새롭게 조망되어야 한다. 이러한 관점에서 시스템생물학이 가까운 미래에 의생명과학 발전에 미칠 영향은 매우 지대할 것으로 보인다.

현대 의학의 한 가지 로망은 환자 개개인의 특성을 반영한 맞춤형 진단과 치료이다. 여기서 두 가지 중요한 기술의 발전에 주목할 필요가 있다. 첫째는 유전체서열분석 기술이다. 휴먼게놈프로젝트가 진행되었던 20세기말 한 사람의 유전체 염기서열 전체를 분석하는데 10여년간 1조원이 소요된 것에 반해 21세기를 접어들며 서열분석에 괄목할만한 기술적 진보가 이루어졌다. 어느덧 두달내 1천만원이면 서열분석이 가능한 수준에 와있으며, 앞서 언급하였듯이 가까운 미래에, 이틀내 1백만원 이내로 소요기간과 비용이 크게 줄어들 것으로 예측되고 있다. 이 기술은 더욱 진화하여 곧 대부분의 사람들이 자신의 유전체 정보를 손쉽게 얻게 되는 시점에 도달할 것이다. 그리고 많은 환자들이 개개인의 유전체서열 정보를 통해 자신에게 보다 적합한 의료서비스를 받게 될 것이다. 이러한 유전체 정보로부터 환자맞춤형 진단과 치료를 잇는 가교는 시스템생물학의 몫이다. 두 번째 주목하고자 하는 기술은 병렬 및 분산컴퓨팅 기술이다. 슈퍼컴퓨팅, 클라우드 컴퓨팅, 대규모 클러스터 컴퓨팅, 그래픽프로세싱유닛(GPU) 컴퓨팅 등의 기술적 진보로 인해 과거 컴퓨팅 자원의 한계로 인해 불가능하였던 계산들이 이제는 점차 가능해지고 있다. 이러한 개인 유전체 서열분석 데이터와 확장된 컴퓨팅 자원을 활용함으로써 우리는 곧 시스템생물학을 응용하여 환자 맞춤형 진단과 치료라는 새로운 패러다임을 개척하게 될 것이다.

개인맞춤형 진단과 치료에 관하여 유럽연합에서 추진되고 있는 가상생체인간(Virtual Phyiological Human: VPH) 프로젝트의 진행에 특히 주목할 필요가 있다. 이 프로젝트가 추진된 배경에는 현재 병원에서 환자에게 처방하는 약물치료 대부분은 '평균인간'을 가정한 것이라는데 있다. 즉, 질병발생의 원인뿐만 아니라 개인 간의 큰 생체적 차이에도 불구하고 우리는 평균적 처방에 의존하고 있다는 현실을 직시하고 생체현상에 대한 시스템 차원의 메커니즘 이해와 개인 간의 차이를 반영한 모델로부터 최적의 치료전략을 찾고자 하는 시도인 것이다.

질병발생의 메커니즘에 대한 새로운 시스템 차원의 이해와 개인 맞춤형 치료라는 응용을 넘어서서, 생명에 관한 연구의 근저에는 언제나 생명의 기원과 진화의 원리에 대한 호기심이 남아 있다. 시스템생물학 연구의 발전은 이러한 원천적 질문에도 새로운 발상의 대답을 제공하게 될 것이다. 이를 위하여 분자수준 또는 세포 그 이상의 수준에서 서로 상호작용하며 형성된 거대 네트워크의 어떠한 특정 구조가 '창발'하는 현상을 빚어내는지에 대한 심도 깊은 연구가 필요하다. 진화하는 네트워크의 구조는 과연 어느 순간 생명의 특징을 만들어내는 것일까?

인간의 호기심은 생명의 기원과 진화의 비밀을 염탐하는 것으로부터 더 나아가서, 아직 비록 미미한 차원이긴 하지만, 생명회로를 조작하고 창조하려는 시도에 이르고 있다. 합성생물학(Synthetic Biology) 연구자들은 많은 생체회로가 진화과정에서 기능적으로 모듈화되었다는 사실에 주목하고, 특정 기능을 담당하는 작은 회로를 인공적으로 합성하여 동작시키는 바이오 '레고' 놀이를 시작하였다. 생명윤리에 대한 우려와 기대가 교차하고 있는 가운데 어떠한 결과가 있을지 주목된다.

시스템생물학의 미래는 일일이 열거하기 어려울 정도로 다양하며 유망하고 또한 복잡하다. 그러나 시스템생물학의 가장 큰 성과는 지금껏 많은 시행착오를 통한 우연적 발견의 과정으로 발전되어져 온 생명과학 연구에 커다란 피드백루프를 연결하는 것이라고 할 수 있다. 이 피드백루프는 어떠한 발견이 왜 이루어지게 되었는지, 또 예상과 다른 결과는 왜 관측이 된 것인지에 대한 '논리'를 제공해줌으로써 생명과학을 더 이상 우연한 발견의 학문이 아닌 논리적 접근과 분석이 가능한 영역으로 패러다임을 바꾸게 할 것이다.

본서에서 소개한 내용들은 시스템생물학에 대한 매우 기초적인 지식에 불과하다. 보다 흥미진진하고 현재 진행형인 최신의 연구를 접하려면 저널에 게재되는 연구논문을 참조하기 바란다. 그리고 저자의 시스템생물학 및 바이오영상공학 연구실 홈페이지(http://sbie.kaist.ac.kr/)를 방문하면 지금도 진화하고 있는 시스템생물학 연구의 최신 현황을 찾아볼 수 있을 것이다.

찾아보기

ㄴ

ㄷ

ㄹ

ㅇ

ㅈ

ㅊ

ㅋ

ㅌ

ㅍ

ㅎ

| 저자 소개 |

조 광 현

조광현 교수는 전자공학을 전공하였고 시스템과학과 제어공학을 연구하며 '생명'시스템의 본질에 호기심을 가지게 되었다. 1990년대에 독자적으로 시작한 이러한 연구는 '시스템생물학' 분야의 시작이 되었고 IT와 BT 융합연구의 효시가 되었다. 조광현 교수는 여러 복잡한 생명현상 이면의 동작원리를 시스템 차원에서 규명하여 생명의 본질을 새로운 관점에서 해석해내고 이를 제어하는 기술을 개발하고 있다. 서울대학교 의과대학 의학과 교수로 재직하였으며 현재 KAIST 바이오및뇌공학과 석좌교수로 재직중이다. IEEE/IEEK 젊은 IT공학인상, 젊은과학자상, 월튼 펠로우상 등을 수상하였고, 국제저널 IET Systems Biology의 편집위원장을 역임하고 있다. 시스템생물학, 네트워크 메디슨, 바이오영감공학 연구와 후학양성에 노력을 기울이고 있다.

[표지그림 : 조광현]

정가 35,000원

시스템생물학

2013년 6월 20일 초판 인쇄
2013년 6월 30일 초판 발행
저 자 : 조광현
발행자 : 우명찬, 송 준
발행처 : 홍릉과학출판사
주 소 : 서울시 강북구 인수동 455-60
142-885
등 록 : 1976년 10월 21일 제5-66호
전 화 : (02) 999-2274~5, 903-7037
팩 스 : (02) 905-6729
e-mail: hongpub@hongpub.co.kr
http://www.hongpub.co.kr
ISBN : 978-89-97570-90-4